全国地层多重划分对比研究

（45）

广西壮族自治区岩石地层

主 编：殷保安
编 者：陈 建 潘罗忠 刘融涛
张继淹 黄宏伟 廖庆康
殷德伟 卢宏金 蔡宁红
李英华 蔡贺清
技术指导：张忠伟 王汉荣

中国地质大学出版社

内 容 简 介

广西地层发育齐全，研究历史悠久，地层单位繁多。本书作者以前人研究资料为基础，同时组织专人对多数重要地层剖面进行了实地核查，依照《国际地层指南》和《中国地层指南及中国地层指南说明书》的要求，按照现代地层学理论和方法，对广西元古宙到第三纪原有的地层单位进行了全面清理。确认132个岩石地层单位，对其定义、划分沿革、层型剖面、岩性、生物、沉积环境等地质特征及区域变化进行了较为详细的论述，同时建议停止使用219个地层单位名称。建立了广西地层数据库。系统建立了广西块状岩石谱系单位，即23个超单位（序列），108个单元（独立侵入体）。

本书内容丰富，资料翔实，对指导当前和今后一段时间1∶5万区调填图、提高地层学研究水平具有重要意义。本书可供从事地质、地层研究人员，野外地质调查、找矿人员以及高等院校有关专业师生参考。

图书在版编目(CIP)数据

广西壮族自治区岩石地层/殷保安主编．—武汉：中国地质大学出版社，1997.7（2014.5 重印）
（全国地层多重划分对比研究；45）
ISBN 978-7-5625-1132-8

Ⅰ．广…
Ⅱ．殷…
Ⅲ．地层学—广西
Ⅳ．P535.267

中国版本图书馆 CIP 数据核字(2008)第 062437 号

广西壮族自治区岩石地层　　殷保安　主　编

责任编辑：褚松和　　责任校对：杨　霖

出版发行：中国地质大学出版社（武汉市洪山区鲁磨路 388 号）　　邮编：430074
电话：(027)67883511　　传真：67883580　　**E-mail**：cbb @ cug. edu. cn
经　销：全国新华书店　　**http**：//www. cugp. cn

开本：787 毫米×1092 毫米　1/16　　字数：510 千字　印张：20　插页 1
版次：1997 年 7 月第 1 版　　印次：2014 年 5 月第 3 次印刷
印刷：武汉教文印刷厂　　印数：1001—1500 册

ISBN 978-7-5625-1132-8　　定价：60.00 元

序

100多年来，地层学始终是地质学的重要基础学科的支柱，甚至还可以说是基础中的基础，它为近代地质学的建立和发展发挥了十分重要的作用。随着板块构造学说的提出和发展，地质科学正经历着一场深刻的变革，古老的地层学和其他分支学科一样还面临着满足社会不断进步与发展的物质需要和解决人类的重大环境问题等双重任务的挑战。为了迎接这一挑战，依靠现代科技进步及各学科之间相互渗透，地层学的研究范围将不断扩大，研究途径更为宽广，研究方法日趋多样化，并萌发出许多新的思路和学术思想，产生出许多分支学科，如生态地层学、磁性地层学、地震地层学、化学地层学、定量地层学、事件地层学、气候地层学、构造地层学和月球地层学等等，它们的综合又导致了“综合地层学”和“全球地层学”概念的提出。所有这一切，标志着地层学研究向高度综合化方向发展。

我国的地层学和与其密切相关的古生物学早在本世纪前期的创立阶段，就涌现出一批杰出的地层古生物学家和先驱，他们的研究成果奠定了我国地层学的基础。但是大规模的进展，还是从1949年以后，尤其是随着全国中小比例尺区域地质调查的有计划开展，以及若干重大科学计划的执行而发展起来的。正像我国著名的地质学家尹赞勋先生在第一届全国地层会议上所讲：“区域地质调查成果的最大受益者就是地层古生物学。”1959年召开的中国第一届全国地层会议，总结了建国十年来所获的新资料，制定了中国第一份地层规范（草案），标志着我国地层学和地层工作进入了一个新的阶段。过了20年，地层学在国内的发展经历了几乎十年停滞以后，于1979年召开了中国第二届全国地层会议，会议在某种程度上吸收学习了国际地层学研究的新成果，还讨论制定了《中国地层指南及中国地层指南说明书》，为推动地层学在中国的发展，缩小同国际地层学研究水平的差距奠定了良好基础。这次会议以后所进行的一系列工作，包括应用地层单位的多重性概念所进行的地层划分对比研究、区域地层格架及地层模型的研究，现代地层学与沉积学相结合所进行的盆地分析以及1∶5万区域地质填图方法的改进与完善等，都成为我国地层学进一步发展的强大推动力。为此，地质矿产部组织了一项“全国地层多重划分对比研究（清理）”的系统工程，在30个省、直辖市、自治区（含台湾省，不含上海市）范围内，自下而上由省（市、区）、大区和全国设立三个层次的课题，在现代地层学和沉积学理论指导下，对以往所建立的地层单位进行研究（清理），追溯地层单位创名的沿革，重新厘定单位含义、层型类型与特征、区域延伸与对比，消除同物异名，查清同名异物，在大范围内建立若干断代岩石地层单位的时空格架、编制符合现代地层学含义的新一代区域地层序列表，并与地层多重划分对比研究工作同步开展了省（市、区）和全国两级地层数据库的研建，对巩固地层多重划分对比研究（清理）成果，为地层学的科学化、系统化和现代化发展打下了良好基础。这项研究工作在部、省（市、区）各级领导的支持关怀下，全体研究人员经过5年的艰苦努力已圆满地完成了任务，高兴地看到许多成果已陆续要出版了。这项工作涉及的范围之广、参加的单位及人员之多、文件的时间跨度之长，以及现代科学理论与计算机技术的应用等各方面，都可以说是在我国地层学工作不断发展中具有里程碑意义的。这项研究中不同层次成果的出版问世，不仅对区域地质调查、地质图件的编测、区域矿产普查与勘查、地质科研和教学等方面都具有现实的指导作用和实用价值，而且对我国地层学的发展和科学化、系统化将起到积极的促进作用。

首次组织实施这样一项规模空前的全国性的研究工作，尽管全体参与人员付出了极大的辛勤劳动，全国项目办和各大区办进行了大量卓有成效和细致的组织协调工作，取得了巨大的成绩，但由于种种原因，难免会有疏漏甚至失误之处。即使这样，该系列研究是认识地层学真理长河中的一个相对真理的阶段，其成果仍不失其宝贵的科学意义和巨大的实用价值。我相信经过广大地质工作者的使用与检验，在修订再版时，其内容将会更加完美。在此祝贺这一系列地层研究成果的公开出版，它必将发挥出巨大社会经济效益，为地质科学的发展做出新的贡献。

程裕淇

前　言

地层学在地质科学中是一门奠基性的基础学科，是基础地质的基础。自从19世纪初由W史密斯奠定的基本原理和方法以来的一个半世纪中，地层学是地质科学中最活跃的一个分支学科，对现代地质学的建立和发展产生了深刻的影响，作出了不可磨灭的贡献，特别是在20世纪60年代由于板块构造学说兴起引发的一场“地学革命”，其表现更为显著。随着板块构造学的确立，沉积学和古生态学的发展，地球历史和生物演化中的灾变论思想的复兴和地质事件概念的建立，使地层学的分支学科，如时间地层学、生态地层学、地震地层学、同位素地层学、气候地层学、磁性地层学、定量地层学和构造地层学等像雨后春笋般地蓬勃发展，这种情况必然对地层学、生物地层和沉积地层等的传统理论认识和方法提出了严峻的挑战。经过20年的论战，充分体现当代国际地质科学先进思想的《国际地层指南》（英文版）于1976年见诸于世，之后在不到20年的时间里又于1979、1987、1993年连续三次进行了修改补充，陆续补充了《磁性地层极性单位》、《不整合界限地层单位》，以及把岩浆岩与变质岩等作为广义地层学范畴纳入地层指南而又补充编写了《火成岩和变质岩岩体的地层划分与命名》等内容。

国际地层学上述重大变革，对我国地学界产生了强烈冲击，十年动乱形成的政治禁锢被打开，迎来了科学的春天，先进的科学思潮像潮水般涌来，于是在1980年第二届全国地层工作会议上通过并公开出版了《中国地层指南及中国地层指南说明书》，阐述了地层多重划分概念。于1983年按地层多重划分概念和岩石地层单位填图在安徽区调队进行了首次试点。1985年《贵州省区域地质志》中地层部分吸取了地层多重划分概念进行撰写。1986年地质矿产部设立了“七五”重点科技攻关项目——“1∶5万区调中填图方法研究项目”，把以岩石地层单位填图，多重地层划分对比，识别基本地层层序等现代地层学和现代沉积学相结合的内容列为沉积岩区区调填图方法研究课题，从此拉开了新一轮1∶5万区调填图的序幕，由试点的贵州、安徽和陕西三省逐步推向全国。

1∶5万区调填图方法研究试点中遇到的最大问题是如何按照现代地层学的理论和方法来对待与处理按传统理论和方法所建立的地层单位？如果维持长期沿用的按传统理论建立的地层单位，虽然很省事，但是又如何体现现代地层学和现代沉积学相结合的理论与方法呢？这样就谈不上紧跟世界潮流，迎接这一场由板块构造学说兴起所带来的“地学革命”。如果要坚持这一技术领域的革命性变革，就要下决心花费很大力气克服人力、财力和技术性等方面的重重困难，对长期沿用的不规范化的地层单位进行彻底的清理。经过反复研究比较，我们认识到科学技术的变革也和社会经济改革的潮流一样是不可逆转的，只有坚持改革才能前进，不进则退，否则就将被历史所淘汰，别无选择。在这一关键时刻，地质矿产部和原地矿部直管局领导作出了正确决策，从1991年开始，从地勘经费中设立一项重大基础地质研究项目——全国地层多重划分对比研究项目，简称全国地层清理项目，开始了一场地层学改革的系统工程，在全国范围内由下而上地按照现代地层学的理论和方法对原有的地层单位重新明确其定义、划分对比标准、延伸范围及各类地层单位的相互关系，与此同时研建全国地层数据库，巩固地层清理成果，推动我国地层学研究和地层单位管理的规范化和现代化，指导当前和今后一个时期1∶5万、1∶25万等区调填图等，提高我国地层学研究水平。1991年地质矿产部原直管局将地层清理作为部指令性任务以地直发(1991)005号文和1992年以地直发(1992)014号文下发了《地矿部全国地层多重划分对比（清理）研究项目第一次工作会议纪要》，明确了各省（市、自治区）地质矿产局（厅）清理研究任务，并于1993年2月补办了专项地勘科技项目合同（编号直科专92-1)，并明确这一任务分别设立部、大区和省（市、自治区）三级领导小组，实行三级管理。

部级成立全国项目领导小组

组长	李廷栋	地质矿产部副总工程师
副组长	叶天竺	地质矿产部原直管局副局长
	赵　逊	中国地质科学院副院长

成立全国地层清理项目办公室，受领导小组委托对全国地层清理工作进行技术业务指导和协调以及经常性业务组织管理工作，并设立在中国地质科学院区域地质调查处（简称区调处）。

项目办公室主任	陈克强	区调处处长，教授级高级工程师
副主任	高振家	区调处总工，教授级高级工程师
	简人初	区调处高级工程师
专家	张守信	中国科学院地质研究所研究员
	魏家庸	贵州省地质矿产局区调院教授级高级工程师
成员	姜　义	区调处工程师
	李　忠	会计师
	周统顺	中国地质科学院地质研究所研究员

大区一级成立大区领导小组，由大区内各省（市、自治区）局级领导成员和地科院沈阳、天津、西安、宜昌、成都、南京六个地质矿产研究所各推荐一名专家组成。领导小组对本大区地层清理工作进行组织、指导、协调、仲裁并承担研究的职责。下设大区办公室，负责大区地层清理的技术业务指导和经常性业务技术管理工作。在全国项目办直接领导下，成立全国地层数据库研建小组，由福建区调队和部区调处承担，负责全国和省（市、自治区）二级地层数据库软件开发研制。

各省（市、自治区）成立省级领导小组，以省（市、自治区）局总工或副总工为组长，有区调主管及有关处室负责人组成，在专业区调队（所、院）等单位成立地层清理小组，具体负责地层清理工作，同时成立省级地层数据库录入小组，按照全国地层数据库研建小组研制的软件及时将本省清理的成果进行数据录入，并检验软件运行情况，及时反馈意见，不断改进和优化软件。在全国地层清理的三个级次的项目中，省级项目是基础，因此要求各省（市、自治区）地层清理工作必须实行室内清理与野外核查相结合，清理工作与区调填图相结合，清理与研究相结合，地层清理与地层数据库建立相结合，“生产”单位与科研教学单位相结合，并强调地层清理人员要用现代地层学和现代沉积学的理论武装起来，彻底打破传统观点，统一标准内容，严格要求，高标准地完成这一历史使命。实践的结果，凡是按上述五个相结合去做的效果都比较好，不仅出了好成果，而且通过地层清理培养锻炼了一支科学技术队伍，从总体上把我国区调水平提高到一个新台阶。

三年多以来，参加全国地层清理工作的人员总数达 400 多人，总计查阅文献约24 000份，野外核查剖面约 16 472.6 km，新测剖面 70 余条约 300 km，清理原有地层单位有 12 880 个，通过清查保留的地层单位约 4721 个（还有省与省之间重复的），占总数 36.6%，建议停止使用或废弃的单位有 8159 个（为同物异名或非岩石地层单位等），占总数 63.4%，清查中通过实测剖面新建地层单位 134 个。与此同时研制了地层单位的查询、检索、命名和研究对比功能的数据库，通过各省（市、自治区）数据录入小组将 12 880 个地层单位（每个单位 5 张数据卡片）和 10 000 多条各类层型剖面全部录入，首次建立起全国 30 个（不含上海市）省（市、自治区）基础地层数据库，为全国地层数据库全面建成奠定了坚实的基础。从 1994 年 7 月—11 月，分七个片对 30 个省（市、自治区）地层清理成果报告及数据库的数据录入进行了评审验收，到 1994 年底可以说基本上完成了省一级地层清理任务。1995—1996 年将全面完成大区和总项目的清理研究任务。由此可见，这次全国地层清理工作无论是参加人数之多，涉及面之广，新方法新技术的应用以及理论指导的高度和研究的深度都可以堪称中国地层学研究的第三个里程碑。这一系统工程所完成的成果，不仅是这次直接参加清理的 400 多人的成果，而且亦应该归功于全国地层工作者、区域地质调查者、地层学科研与教学人员以及为地层工作做过贡献的普查勘探人员。全国地层清理成果的公开出版，必将对提高我国地层学研究水平，统一岩石地层划分和命名指导区调填图，加强地层单位的管理以及地质勘察和科研教学等方面发挥重要的作用。

鉴于本次地层清理工作和地层数据库的研建是过去从未进行过的一项研究性很强的系统工程，涉及的范围很广，时间跨度长达 100 多年，参加该项工作的人员多达 300～400 人，由于时间短，经费有限，人员水平不一，文献资料掌握程度等种种主客观原因，尽管所有人员都尽了最大努力，但是在本书中少数地层单位的名称、出处、命名人和命名时间等不可避免地存在一些问题。本书中地层单位名称出现的“岩群”、“岩组”等名词，是根据 1990 年公开出版的程裕淇主编的《中国地质图（1∶500 万）及说明书》所阐述的定义。为了考虑不同观点的读者使用，本书对有“岩群”、“岩组”的地层单位，均暂以（岩）群、（岩）组处理。如鞍山（岩）群、迁西（岩）群。总之，本书中存在的错漏及不足之处，衷心地欢迎广大读者提出宝贵意见，以便今后不断改正和补充。

在 30 个省（市、自治区）地层清理系统成果即将公开出版之际，我代表全国地层清理项目办公室向参加 30 个省（市、自治区）地层清理、数据库研建和数据录入的同志所付出的辛勤劳动表示衷心的感谢和亲切的慰问。在全国地层清理项目立项过程中，原直管局王新华、黄崇轲副局长给予了大力支持，原直管局局长兼财务司司长现地矿部副部长陈洲其在项目论证会上作了立项论证报告，在人、财、物方面给予过很大支持；全国地层委员会副主任程裕淇院士一直对地层清理工作给予极大的关心和支持，并在立项论证会上作了重要讲话；中国地质大学教授、全国地层委员会地层分类命名小组组长王鸿祯院士是本项目的顾问，在地层清理的指导思想、方法步骤及许多重大技术问题上给予了具体的指导和帮助；中国地质大学教授杨遵仪院士对这项工作热情关心并给以指导；中国地质科学院院长、部总工程师陈毓川研究员参加了第三次全国地层清理工作会议并作了重要指示与鼓励性讲话；部科技司姜作勤高工，计算中心邬宽廉、陈传霖，信息院赵精满，地科院刘心铸等专家对地层数据库设计进行评审，为研建地层数据库提出许多有意义的建议。中国科学院地质研究所，南京古生物研究所，中国地质科学院地质研究所，天津、沈阳、南京、宜昌、成都和西安地质矿产研究所，南京大学，西北大学，中国地质大学，长春地质学院，西安地质学院等单位的知名专家、教授和学者，各省（市、自治区）地矿局领导、总工程师、区调主管、质量检查员和区调队、地研所、综合大队等单位的区域地质学家共600余人次参加了各省（市、自治区）地层清理研究成果和六个大区区域地层成果报告的评审和鉴定验收，给予了友善的帮助；各省（市、自治区）地矿局（厅）、区调队（所、院）等各级领导给予地层清理工作在人、财、物方面的大力支持。可以肯定，没有以上各有关单位和部门的领导和众多的专家教授对地层清理工作多方面的关心和支持，这项工作是难以完成的。在30个省（市、自治区）地层清理成果评审过程中一直到成果出版之前，中国地质大学出版社，特别是以褚松和副社长和刘粤湘编辑为组长的全国地层多重划分对比研究报告编辑出版组为本套书编辑出版付出了极大的辛苦劳动，使这一套系统成果能够如此快地、规范化地出版了！在全国项目办设在区调处的几年中，除了参加项目办的成员外，区调处的陈兆棉、其和日格、田玉莹、魏书章、刘凤仁多次承担地层清理会议的会务工作，赵洪伟和于庆文同志除了承担会议事务还为会议打印文稿，于庆文同志还协助绘制地层区划图及文稿复印等工作。

在此，向上面提到的单位和所有同志一并表示我们最诚挚的谢意，并希望继续得到他们的关心和支持。

全国地层清理项目办公室（陈克强执笔）

目　录

第一章
绪　论

一、目的与任务

根据国内外研究现状，结合区调工作和基础地质研究的需要，开展全国性的地层清理、研究工作；建立能为大多数人接受的、客观、稳定且适用的地层划分标准；作出符合当前科学水平和发展需要的全国地层多重划分、对比、研究成果，建立地层数据库，是我国地层学研究实现现代化，跻于世界先进行列的必由之路。

为此目的，地质矿产部直管局于1991年1月以地直发［1991］005号文正式下达，要求"各省、自治区、直辖市地质矿产局要将本地区的地层划分对比研究列入1991—1995年地质勘探项目计划，并结合区调填图工作统筹安排，按全国部署要求按时完成"。与此同时，广西地质矿产局（简称广西地矿局）于1991年以桂地矿［1991］021号文正式下达"广西地层单位清理研究、广西岩浆岩研究、广西地质构造研究、广西第三代1∶50万地质图编制任务书"，该项任务由广西区域地质调查研究院完成。

二、地层综合区划及区域地层发育简况

（一）广西岩石地层综合区划

根据全国地层多重划分对比研究项目办制定的全国地层区划，广西在全国地层区划中，隶属华南地层大区的东南地层区。

东南地层区的划分，经中南大区项目办和有关省（区）协商，划分为5个地层分区。其中广西横跨了湘中地层分区、桂-湘-赣地层分区、右江地层分区、钦州地层分区，部分跨入云开地层分区等5个三级地层分区（图1-1）。

（二）区域地层发育概况

广西地处南华准地台西南部。各时代地层发育齐全、分布广泛，面积21万余平方公里，约占全区面积的90%。出露地层自中元古界至第四系，共有12个系和2个相当于系的（岩）群，其中古生界最为发育，尤以泥盆系得天独厚，是华南标准地区之一。广西岩石地层大部分已划分到组或段，本次清理将广西中元古代—第三纪地层划分为132个岩石地层单位（表1-1）。

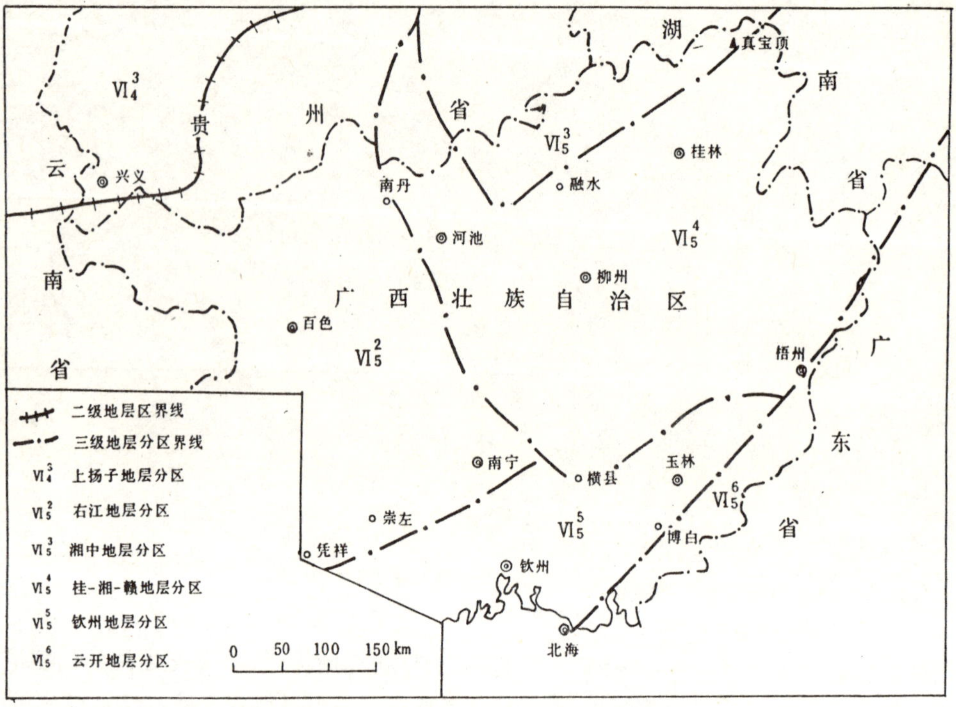

图 1-1 广西壮族自治区岩石地层区划图

广西地层按沉积特征主要可分为前泥盆纪地槽型沉积、晚古生代准地台型沉积、中新生代陆缘活动带盆地型沉积三大发展阶段。此外，早古生代桂西有小面积地台型沉积，晚古生代钦州—玉林一带有残留的地槽型沉积，早—中三叠世桂西为再生地槽型沉积。

中-晚元古代地层主要分布于桂北地区的九万大山至越城岭一带。其中四堡群及丹洲群以半深海—深海碎屑岩为主，具复理石沉积特征，部分地区夹科马提岩和火山碎屑岩，并有似层状基性-超基性岩顺层侵入；早震旦世长安组为重力流和冰海含砾砂、泥岩夹砂岩或泥岩，富禄组属间冰期海相碎屑岩，鹰阳关组为半深海—深海碎屑岩夹多层碳酸盐岩、细碧角斑岩和火山碎屑岩，晚震旦世为深海—半深海相泥质岩、硅质岩（桂东相变为泥质岩）。整个中-晚元古代岩石普遍经受区域变质，属浅变质的绿片岩相。

早古生代地层主要出露于桂北、桂东及桂东南，桂西南及桂西亦有零星分布。寒武纪地层自西至东依次由台地碳酸盐岩、碳酸盐岩夹碎屑岩及陆源碎屑浊积岩夹少量硅质岩、灰岩组成，分别含华北型、过渡型、东南型动物群。过渡带位于靖西—天峨一带，宽约 130 km。奥陶纪地层以桂北发育较全，为富含笔石的砂页岩夹少量碳酸盐岩。桂东南早奥陶世地层与桂北基本相似，但中、晚奥陶世不含笔石，仅产少量介壳相化石。大明山早奥陶世下部地层尚夹砾岩及一层数十米厚的角斑岩。志留纪地层以钦州—玉林一带较发育，主要由半深海、深海陆源碎屑浊积岩、海底峡谷浊积扇组成，富含笔石。特别是中、晚志留世地层笔石带发育良好，是华南同期地层对比的基础。岑溪县太平白板附近，下志留统尚夹一层厚 80 m 的中基性火山岩。

晚古生代地层遍布全区，以浅海台地相碳酸盐岩为主，兼有盆地相硅质岩及陆相碎屑岩等沉积。早泥盆世早、中期以陆、海陆过渡、滨海砾岩、碎屑岩为主。早泥盆世晚期—中泥盆世晚期，南丹一带以黑色泥岩、泥灰岩为主，富含漂浮和游泳生物菊石、竹节石，沉积最大厚度1 300余米；象州、北流一带以灰岩、白云岩为主，腕足类、珊瑚、层孔虫等底栖生物繁盛，局部构成生物礁，厚2 200余米；桂西南一带灰岩、白云岩、硅质岩均有沉积，火山岩也较发育，既含底栖生物珊瑚、腕足类，也含漂浮生物菊石和竹节石，沉积最大厚度696 m。钦州—玉林一带早、中泥盆世主要为槽盆相泥质岩、硅质岩，早泥盆世钦州组富含笔石、竹节石并与晚志留世地层连续沉积为特征。晚泥盆世榴江组为硅质岩，五指山组为扁豆状灰岩，融县组为灰岩、白云岩。

早石炭世早期，在桂北和桂东剥蚀区的边缘为滨海沼泽、滨海碎屑滩的碎屑岩夹灰岩、硅质岩及少许碳质页岩、煤线、薄煤层等。厚度几十米至近千米；而在南丹—平乐、靖西—上林、西林—百色等狭长地带和桂南上思、钦州、玉林一带则接受了盆地和浅海盆地碳酸盐岩和硅酸盐岩沉积，主要为灰岩、含燧石灰岩夹硅质岩、泥质岩和硅质岩夹硅质页岩、生物碎屑硅质岩、页岩，间夹灰岩。早石炭世晚期之初，继续了早石炭世早期的海侵，以碳酸盐岩沉积为主，后经较大规模的海退，陆源碎屑物增多，局部形成工业煤层，最终海水相对加深，碳酸盐岩沉积重占主导地位。中石炭世，全区局限海台地碳酸盐岩沉积异常广泛，主要为白云岩、白云质灰岩夹少量灰岩或灰岩、含燧石灰岩夹白云岩。晚石炭世是石炭纪最大的海侵时期，广布开阔海台地碳酸盐岩沉积之灰—浅灰色灰岩夹生物碎屑灰岩、生物灰岩，局部夹少量深色含燧石灰岩、硅质岩、页岩等。晚石炭世末，由于黔桂运动的影响，早二叠世早期，南丹县罗富、大厂、六寨、里湖及河池六甲等地具滨海陆屑滩沉积之浅色中—厚层状石英砂岩，少量泥质岩和深灰色泥晶灰岩，砾屑、砂屑灰岩及硅质岩，局部夹碳质页岩或煤凸镜体。桂东北的平乐附近为滨海沼泽沉积之深色页岩、泥质粉砂岩夹砂岩、硅质岩、碳质页岩及煤层。桂西百色一带和钦州附近则继续了盆地和浅海盆地沉积。早二叠世晚期，多为开阔海台地和盆地碳酸盐岩沉积。晚二叠世与早二叠世沉积特征相比有巨大的变化，泥盆纪以来长期存在的钦州海盆（槽），经东吴运动褶皱回返，再经剥蚀下沉沦为滨岸环境，造成晚二叠世底砾岩与下伏不同时代地层的角度不整合接触。由于物质来源丰富，堆积速度也快，沉积了四到五千米厚的中、粗粒碎屑岩。而在宁明、南宁、柳州一线以东，桂西百色、南丹等地则沉积了盆地相硅质岩。

显然上述陆相、滨岸相碎屑沉积的形成与展布，是受引张边缘断裂控制的，越近边缘断裂碎屑物越粗，远离则沉积物变细；而盆内台、盆交错，在台地上沉积碳酸盐岩，在槽盆中发育硅泥质沉积，这种格局受断裂制约且是由于断裂发生差异性断块活动以及发生水平引张作用造成的。

中、新生代地层除早-中三叠世地层大面积分布于桂西地区外，其余皆零星出露。早三叠世为盆地相沉积之泥岩夹灰岩，局部夹中基性、酸性火山岩和台地相灰岩及白云岩。上思—横县一带为一套陆源物质的砂岩、泥质岩夹含砾砂岩沉积；靖西—武鸣一带以灰岩、泥质条带灰岩及白云质灰岩为主；来宾县北泗、平果县果化、田阳县五村，德保县多敬、荣华，那坡县百都等地普遍存在砾屑灰岩和角砾状灰岩。中三叠世，除平果县果化、德保县多敬谷留、隆林县者保、南丹县中堡等地仍保持碳酸盐岩或礁（滩）沉积外，整个桂西盆地基本上为具复理石特征的槽盆相陆源碎屑浊积岩，其底部普遍夹一至数层中酸性火山碎屑岩（崇左县昌蒲一带最厚达1 600 m），那坡县百南一带尚夹泥砾岩。中三叠世末的印支运动，使晚三叠世地层转为海陆交互相或陆相沉积，其底部常具厚度不等的花岗质碎屑岩，早期岩性普遍为灰绿—灰黑色碎屑岩，如平垌组；晚三叠世晚期，十万大山均已转化为内陆湖泊，因而形成了一套紫红色碎屑岩夹煤线、煤包的沉积，如扶隆坳组。侏罗纪地层主要呈断陷盆地分布于桂东南和桂东北。早侏罗世初期，一些盆地有较厚的粗碎屑堆积，后沉积物逐渐变细，泥质岩占了主导地位，局部形成可采煤层。十万大山盆地，一方面继承了晚三叠世晚期的沉积，同时由于盆地继续不均衡下降、湖面扩大，致使汪门组在盆地的东北部和西北翼普遍超覆于不同时代地层之上。中侏罗世初期，在桂东北回龙盆地和十万大山盆地东北部有中、粗碎屑岩沉积，尔后仍以泥质岩沉积为主，这时期钦州盆地向西南扩大到防城港一带，故出现中侏罗世地层超覆现象。晚侏罗世，多数盆地未见此阶段沉积，十万大山盆地，以砂岩为主，并夹粗碎屑岩。白垩纪盆地分布较广，尤以桂东南显著。早白垩世，十万大山仍是一继承性大盆地，其他盆地为断陷盆地。桂东南盆地多不对称，使盆地两翼沉积层物质成分及厚度相差较大，缓翼（一般为西北翼）沉积物较细，厚度较薄，陡翼（一般为东南翼）则相反。此现象以大洲、自良盆地最为明显。晚白垩世盆地集中分布于桂东南，都安附近及宾阳亦有几个小盆地，晚白垩世早期多沉积较厚的粗碎屑岩和火山岩流、火山碎屑岩；晚期则主要沉积了一套陆源碎屑砂、泥岩。

由于燕山运动的影响，在桂东南及右江两个地带形成星散分布的第三纪断陷盆地。古新世，主要为山麓-洪积堆积的红色砾岩，且厚度较大，各盆地沉积物成分因地而异。始新世初，广西地壳再度上升，结束了古新世红色盆地，并使其中沉积遭受短暂的剥蚀。始新世—渐新世在桂东南及右江地区，形成新的且比早期规模更大的断陷盆地，其中沉积了含煤、油碎屑岩，且往往超覆于前第三纪地层之上。渐新世末至早中新世，广西大部分地区为剥蚀山地，没有中新世早期沉积。中新世—上新世，在南康—涠洲岛一带沉积了河湖交替相过渡到泻湖三角洲相及滨海三角洲相粘土岩、砂岩、粉砂岩、砂砾岩、砾岩夹数层褐煤、劣质油页岩之南康组。

三、地层清理工作遵循的原则及有关规定

本项专题的具体要求，严格按照《中国地层指南及中国地层指南说明书》和《国际地层指南》所述地层的多重划分对比概念、原则、方法和要求，并参照国内外的同类总结，结合广西地层的研究状况，着重以清理岩石地层单位为主。

本次地层清理范围为各种比例尺的区调、勘探报告、地质刊物和专门著作中命名或修订的地层单位。

专题中使用的组采用下列定义："组的重要性含义在于具有岩性、岩相和变质程度的统一性"和"组或由一种岩石所构成，或包括一种主要岩石而兼有重复的夹层，或由两三种岩石反复重叠所构成，还可能以很复杂的岩石组分为一组的特征，而与其他比较单纯的组相区别。"

专题组遵循：岩石地层单位的数量宜少不宜多，尽可能多采用非正式岩石地层单位名称，并体现对历史的尊重，坚持优先权与科学性相结合的原则，同时照顾到习惯用法，一些可变可不变、可建可不建的地层单位以不变、不建为好，以避免造成不必要的混乱。不同类别地层单位的划分、对比，一定要依据不同的方法，并按照地层工作程序进行——在广泛收集和研究已有资料基础上，清理各类地层单位名称、名称出处、原始定义、划分标准及其演变历史；各单位的地质特征、分布范围与变化情况、各单位间的相互关系；同物异名与异物同名，对应停止使用的地层名称提出建议。并尽可能的进行了野外实地核查。

参加本专题报告编写及修改工作的有：绪论与结语由殷保安执笔，前震旦纪与震旦纪—志留纪由潘罗忠、殷德伟执笔，泥盆纪由陈建、殷保安执笔，石炭纪由黄宏伟、殷保安执笔，

二叠纪由殷保安、蔡宁红执笔，三叠纪由张继淹执笔，侏罗纪—第三纪由刘融涛、殷保安、卢宏金执笔，各断代生物地层由殷保安执笔，块状岩石由廖庆康执笔，经殷保安、陈建、刘融涛修改，最后由殷保安统稿而成。地层卡片输入工作有李英华、蔡贺清完成。此外参加先期工作的有周江、陈贵英、彭金兰、姚宗海、荣谱清等。

完成本项工作的起迄时间为1992年—1994年8月，评审验收工作由广西地矿局组织，于1994年9月16日—21日在四川成都市进行，通过函审及会审，经综合评分获优秀成果。

本项目是在“全国地层多重划分对比研究”项目办公室，中南区、东南区项目办公室的直接领导和指导下完成的。在实施过程中，为了加强对该项目工作的领导，区地矿局成立了地层清理领导小组：组长张忠伟，副组长王汉荣、树皋，成员韦仁彦、邝国敦、李明声、李镇梁、李家骧、李孝全、张继淹、周怀玲、钟铿、殷保安、董宝林、傅中平、黄志强；领导小组办公室主任张继淹，副主任殷保安、黄志强。领导小组对项目各项工作进行了领导与具体指导。张守信、陈晋镳、项礼文、侯鸿飞、汪啸风、吴顺宝、张太贵等专家对本书提出了具体修改意见，在此一并感谢。

第二章
前震旦纪

广西前震旦纪地层包括四堡群和丹洲群两大部分（表 1－1），分布在桂北九万大山至越城岭一带，地层区划属东南地层区湘中分区。

广西前震旦纪地层研究历史较长，早在 1941 年赵金科、吴燕生等便将其统称为丹洲片岩及千枚岩；1962 年湘、黔、桂三省前寒武纪地层踏勘组提出了上、下板溪群的划分意见；1964 年广西区域地质测量队（以下简称广西区测队）在开展 1：20 万兴安幅区域地质调查中，使用了上板溪群、下板溪群划分方案；1973 年，广西区测队将下板溪群改称四堡群，而上板溪群称为板溪群；1985 年，广西地矿局将板溪群改为丹洲群。四堡群在三防岩体以南的四堡地区以火山岩为标志层，可划分为九小组、文通组、鱼西组；其他地区由于研究程度较低而未能进一步划分，统称四堡群。丹洲群可划分为白竹组、合桐组、三门街组、拱洞组。

前震旦纪地层为重要的含矿层位，其中锡、锑、滑石等具有较大的工业价值。

四堡群　Pt_2S　（06－45－0101）

【创名及原始定义】　广西区测队（1973）① 根据 1972 年《中南地区区域地层表》修编会议决定创名，创名地点在罗城仫佬族自治县宝坛乡四堡村。指平行不整合或角度不整合于板溪群之下的一套变质砂泥质岩夹火山碎屑岩、细碧岩、角斑岩，自下而上分为尧等组、河村组、白岩顶组、九小组、文通组、鱼西组。

【沿革】　创名后，广西区测队（1976）又将四堡群划分三部分；《广西壮族自治区区域地质志》(1985）划分为九小组、文通组、鱼西组；广西区调队（1987）② 则划分为 2 个组，即文通组、鱼西组；本书采用广西地矿局（1985）划分方案。

【现在定义】　指角度不整合或平行不整合伏于丹洲群之下的一套变质砂泥质岩夹中-基性熔岩，火山碎屑岩及层状或似层状基性-超基性岩，自下而上包括九小组、文通组、鱼西组。

【地质特征及区域变化】　四堡群主要由灰、灰绿色变质细砂岩、变质粉砂岩及变质泥质粉砂岩组成，其中夹有中、基性熔岩、科马提岩、火山碎屑岩及层状或似层状基性-超基性岩。

四堡群分布于桂北九万大山至元宝山一带，由东向西，与上覆丹洲群呈平行不整合或角

① 广西区域地质测量队，1973，桂北前震旦纪地层。地质科技，5 期。
② 广西区域地质调查队，1987，1：5 万宝坛地区区域地质调查报告。

度不整合接触。关于四堡群的时代，根据侵入四堡群而被丹洲群不整合覆盖的本洞花岗闪长岩体的同位素年龄，全岩 Rb－Sr 等时线法年龄值为 1 063±95 Ma，锆石 U－Pb 法年龄值为 1 100Ma，可以确定四堡群形成年代老于 1 000 Ma。同时，根据四堡群中部文通组科马提岩 Rb－Sr 等时线法年龄值为 1 667±247 Ma，但其下伏还有九小组。另据陈毓川、毛景文等（1995）通过对四堡群镁铁质-超镁铁质岩的 Sm－Nb 同位素年龄加密测试获得 2 219 Ma。故四堡群形成于 2 219～1 000 Ma，相当于早—中元古代。四堡群各地岩性变化特征在其下属各组中叙述。

九小组　Pt_2j　(06－45－0104)

【创名及原始定义】　广西区测队（1968）创名，创名地点在环江毛南族自治县东兴乡九小村。指白岩顶组之上的一套地层，岩性下部为浅紫灰、灰色厚层块状含黑云变粒岩；中部为灰、灰绿色变质泥质长石石英砂岩、长石石英砂岩、粉砂岩夹绢云千枚岩及绢云板岩；上部为浅灰绿色绢云板岩、绢云千枚岩夹少量变质砂岩及粉砂岩。

【沿革】　广西地矿局（1985）加以修订，将文通组火山岩层之下的一套地层统称九小组。本书继续沿用。

【现在定义】　指整合于文通组之下的一套地层，岩性为变质砂岩、变质粉砂岩、变质泥质粉砂岩、千枚岩与变质长石石英砂岩互层。上以文通组火山角砾岩、基性熔岩的出现作为顶界，未见底。

【层型】　原命名剖面经研究认为是鱼西组。选层型剖面位于融水苗族自治县三防镇黄蜂山至罗城仫佬族自治县宝坛乡红岗山（108°45′，25°09′）（广西区调队 1987 年测制）。

上覆地层：**文通组**　灰绿色基性火山角砾岩、基性熔岩

——————　整　合　——————

九小组	总厚度＞655.00 m
5. 上部为灰—灰绿色变质泥质粉砂岩、变质粉砂岩；下部为浅灰白色变质细粒长石石英砂岩夹石英绢云母千枚岩、变质粉砂岩	194.80 m
4. 灰—灰绿色石英绢云千枚岩夹变质细砂岩、变质粉砂岩	93.00 m
3. 浅灰白色中—厚层状变质中—细粒长石石英砂岩	142.30 m
2. 浅灰绿色蚀变辉绿岩及浅绿色透闪石化、阳起石化橄榄岩	196.20 m
1. 灰色中—薄层状变质泥质粉砂岩夹变质粉砂岩。（未见底）	28.00 m

【地质特征及区域变化】　本组岩性为灰—灰绿色变质泥质粉砂岩、变质粉砂岩夹变质长石石英砂岩、变质砂岩、石英绢云千枚岩，局部夹有层状或似层状基性-超基性岩。与上覆文通组灰绿色火山角砾岩、基性熔岩呈整合接触；未见底。

岩石中水平层理、条纹、条带发育，局部见有小型交错层理、微包卷层理、递变层理等沉积构造，常见不完整的鲍马序列，说明九小组为一套深海环境沉积。

本组分布于桂北九万大山一带，为一套轻变质碎屑岩，岩性变化不大。由于底部出露不全，厚度变化不清。局部地区见有辉绿岩、橄榄岩侵入本组之中。

文通组　Pt_2w　(06－45－0102)

【创名及原始定义】　广西区测队（1973）将原鱼西组下部夹有火山喷发岩的地层单独分

出，命名为文通组，创名地点为罗城仫佬族自治县宝坛乡文通村。指位于九小组之上，鱼西组之下的一套细碧角斑岩系。无原始剖面资料。

【沿革】 创名后沿用至今。

【现在定义】 指整合于九小组与鱼西组之间的一套地层，岩性由灰色变质砂岩、变质粉砂岩、千枚岩、板岩及基性火山喷发岩组成。下以变质砂岩的消失或火山角砾岩、基性熔岩的出现与九小组分界；上以凝灰岩、火山角砾岩的消失或变质泥质粉砂岩的出现与鱼西组分界。

【层型】 本书指定融水苗族自治县三防镇黄蜂山至罗城仫佬族自治县宝坛乡红岗山剖面（108°45′，25°09′）作为选层型（广西区调队1987年测制）。

上覆地层：**鱼西组** 灰绿色变质泥质粉砂岩

——————— 整 合 ———————

文通组	总厚度 2 514.10 m
28. 灰绿色火山角砾岩、沉凝灰岩、粗凝灰岩	169.00 m
27. 灰色变质粉砂质细砂岩夹变质粉砂岩	92.60 m
26. 上部为中、基性岩，下部为蚀变橄辉岩	401.60 m
25. 灰、灰白色变质细砂岩夹变质粉砂岩	125.30 m
24. 深灰绿色透闪石化玄武质科马提岩	3.00 m
23. 深灰色基性-超基性岩及灰、灰白色石英闪长岩	271.20 m
22. 灰绿色中—厚层状变质泥质粉砂岩	77.20 m
21. 深灰色基性岩	24.40 m
20. 上部为灰绿色透闪石化玄武质科马提岩，中部为透闪石化帚状科马提岩；下部为透闪石化超基性火山堆积岩	64.20 m
19. 变质泥质粉砂岩	11.30 m
18. 深灰色透闪石化、阳起石化基性岩	240.30 m
17. 上部灰绿色透闪石化玄武质科马提岩；下部为透闪石化基性凝灰岩	4.30 m
16. 灰绿色中—薄层状变质泥质粉砂岩、变质粉砂岩夹变质细砂岩	405.00 m
15. 上部为碎裂岩，下部为超基性岩	37.10 m
14. 灰色变质含泥粉砂岩	35.40 m
13. 深灰绿色基性岩	84.10 m
12. 灰、灰绿色中—薄层状变质含粉砂绢云母泥岩	79.70 m
11. 灰绿色基性岩	63.50 m
10. 灰绿色变质绢云母泥岩夹变质泥质粉砂岩。底部为变质泥质细砂岩	102.10 m
9—8. 上部为深灰绿色玄武质科马提岩，具鬣刺结构；中下部为深灰绿色玄武质熔岩。其间有灰绿色蚀变中、基性岩侵入	189.80 m
7. 顶部为轻微硅化细粒长石质石英砂岩和轻微硅化粉砂岩，其余为灰白色变质含粉砂泥岩	20.40 m
6. 灰绿色基性火山角砾岩、基性熔岩	9.00 m

——————— 整 合 ———————

下伏地层：**九小组** 灰—灰绿色变质泥质粉砂岩、变质粉砂岩

【地质特征及区域变化】 文通组主要由深灰色、绿灰色变质细砂岩、变质粉砂岩、变质泥质粉砂岩、基性熔岩、凝灰岩、科马提岩组成，局部夹石英绢云千枚岩或板岩以及层状、似

层状基性-超基性岩。该组以夹多层火山岩为特征，区别于上覆、下伏地层。

本组岩石均发生区域变质作用，但变质程度较浅，沉积岩层的原始层理、递变层理，火山岩的气孔、杏仁构造、科马提岩的鬣刺结构等，均保存较好。根据典型矿物共生组合，属低绿片岩相区域变质岩。

本组分布于桂北九万大山一带，为一套变质碎屑岩夹火山岩。碎屑岩为变质细砂岩、变质粉砂岩、变质泥质粉砂岩及千枚岩（或板岩）；火山岩主要为火山角砾岩、基性熔岩、科马提岩、凝灰岩等。其岩性变化主要表现为火山岩夹层的多少，黄蜂山一带火山岩夹层最多，共计有 6 大层，代表 6 次较大的喷发活动，每个大层内又包括许多单层火山岩。向东、西两侧，火山岩夹层减少。

本组厚度以黄蜂山一带最厚，约 2 514 m，向东、西两侧变薄，但由于出露不全，具体厚度不详。

鱼西组　Pt_2y　（06－45－0103）

【创名及原始定义】　广西区测队 1968 年创名，创名地点为罗城仫佬族自治县黄金乡鱼西村。指九小组之上的一套地层，底部为凝灰岩与九小组分界，分上、下两段；下段为千枚岩、板岩、变质砂岩、变质泥质粉砂岩夹凝灰岩、细碧岩；上段为变质长石石英砂岩、千枚岩。

【沿革】　自创名后，1973 年广西区测队在研究桂北前震旦纪地层时，以火山岩为标志层，将原鱼西组下部（下段）夹有火山岩的地层部分命名为文通组，其上段为鱼西组。1985 年，广西地矿局引用并加以推广。

【现在定义】　指整合于文通组之上的一套地层，岩性为千枚岩、板岩、变质砂岩、变质粉砂岩及变质长石石英砂岩。下以火山角砾岩、凝灰岩的消失或变质细砂岩的出现与文通组分界，上未见顶。

【层型】　正层型剖面位于罗城仫佬族自治县黄金乡鱼西村（108°47′，25°05′）（广西区测队 1972 年测制）。

鱼西组	总厚度＞1 405.00 m
9. 灰色厚层状变质细砂岩夹绢云板岩或砂质板岩。底部为 3 m 厚变质长石砂岩。（未见顶）	70.00 m
8. 浅灰—灰色中厚层状变质细砂岩，顶部为绢云板岩夹变质砂岩	143.00 m
7. 上部绢云板岩夹变质粉砂岩，下部为绢云板岩与变质细砂岩互层	207.00 m
6. 灰黑色绢云板岩夹灰色中厚层状变质细砂岩、变质粉砂岩	254.00 m
5. 灰—深灰色中厚层状变质细砂岩、粉砂岩夹绢云板岩	130.00 m
4. 浅灰—灰黑色绢云板岩夹变质细砂岩、变质粉砂岩	278.00 m
3. 灰—浅灰绿色厚层状变质长石砂岩及变质粉砂岩	93.00 m
2. 灰绿色中厚层状变质细砂岩、变质粉砂岩夹砂质板岩、绢云板岩	112.00 m
1. 上部为砂质板岩；中部为变质粉砂岩或变质细砂岩夹绢云板岩及砂质板岩；下部为浅灰—深灰色中厚层状变质细砂岩	118.00 m

———————— 整　合 ————————

下伏地层：**文通组**　灰绿色火山角砾岩、凝灰岩

【地质特征及区域变化】 鱼西组以板岩夹层较多，极少有火山岩与下伏文通组相区别。岩石具条带、条纹构造，发育水平层理、单向斜层理，同时沉积物颗粒较细，以泥质为主，有少量细砂，说明鱼西组为深海环境沉积。

本组与文通组分布一致，黄金乡鱼西村一带出露最厚，泥质岩较多，并夹有少量长石砂岩。向东南至宝坛一带以变质粉砂岩、变质细砂岩为主，夹少量板岩或千枚岩，以及层状中—基性、超基性岩。向西北至黄蜂山一带，为变质粉砂岩与变质细砂岩互层，夹少量变质泥质粉砂岩，局部夹中—酸性火山喷出岩。

丹洲群 $\mathrm{Pt_3}D$ （06－45－0201）

【创名及原始定义】 1941年，赵金科、吴燕生等在融安县丹洲乡创名。原意指桂北地区长安砂岩之下的一套云母片岩及千枚岩地层，称为丹洲片岩及千枚岩。

【沿革】 1973年，广西区测队将下板溪群改称为四堡群，上板溪群称为板溪群；1985年，广西地矿局将板溪群改称为丹洲群。

【现在定义】 指整合于长安组之下，角度不整合或平行不整合于四堡群之上的一套浅变质岩系。丹洲群由下至上包括白竹组、合桐组、三门街组、拱洞组，各组间均为整合接触。

【地质特征及区域变化】 丹洲群由变质的砂泥质岩夹少量碳酸盐岩组成。在元宝山一带，丹洲群底部以含砾片岩、含砾千枚岩与下伏四堡群呈平行不整合接触；在元宝山以西地区，底部为变质砾岩、变质砂砾岩与四堡群呈角度不整合接触。丹洲群与上覆长安组含砾泥质砂岩整合接触。

本群分布于桂北九万大山至越城岭一带，龙胜各族自治县三门一带夹有多层火山岩，并有大量凸镜状、似层状基性-超基性岩顺层侵入（图2－1）。

关于丹洲群的时代问题，根据被丹洲群沉积覆盖而侵入四堡群的本洞花岗闪长岩体的全岩Rb－Sr等时线法年龄值为1 063±95 Ma，锆石U－Pb法年龄值为1 100 Ma，而丹洲群与四堡群之间为不整合接触；此外，根据三门街组中基性岩体中的锆石U－Pb法年龄值为837 Ma，推测丹洲群形成时代为1 000～800 Ma，即其时代为晚元古代青白口纪。

白竹组 $\mathrm{Pt_3}b$ （06－45－0202）

【创名及原始定义】 广西区测队1966年创名，创名地点在融水苗族自治县安泰乡白竹村。指白竹剖面5—11层、整合于合桐组之下的一套变质砾质泥岩、片岩、钙质片岩，顶部为大理岩，与下伏“下板溪群”平行不整合接触。

【沿革】 1973年广西区测队在研究桂北前震旦纪地层时，将白竹组定义为平行不整合或角度不整合于四堡群之上、整合于合桐组之下的一套片岩或千枚岩、大理岩；1985年，广西地矿局进一步推广使用。

【现在定义】 指合桐组之下、四堡群之上的一套地层，主要岩性为含砾片岩、绿泥片岩、千枚岩、钙质片岩及大理岩。下以含砾片岩与四堡群平行不整合接触；上以大理岩的消失或片岩的出现与合桐组分界，整合接触。

【层型】 正层型剖面位于广西融水苗族自治县安泰乡白竹村（109°06′，25°23′）（广西区测队1966年测制）。

上覆地层：**合桐组** 灰—银灰色白云母石英片岩及白云母片岩

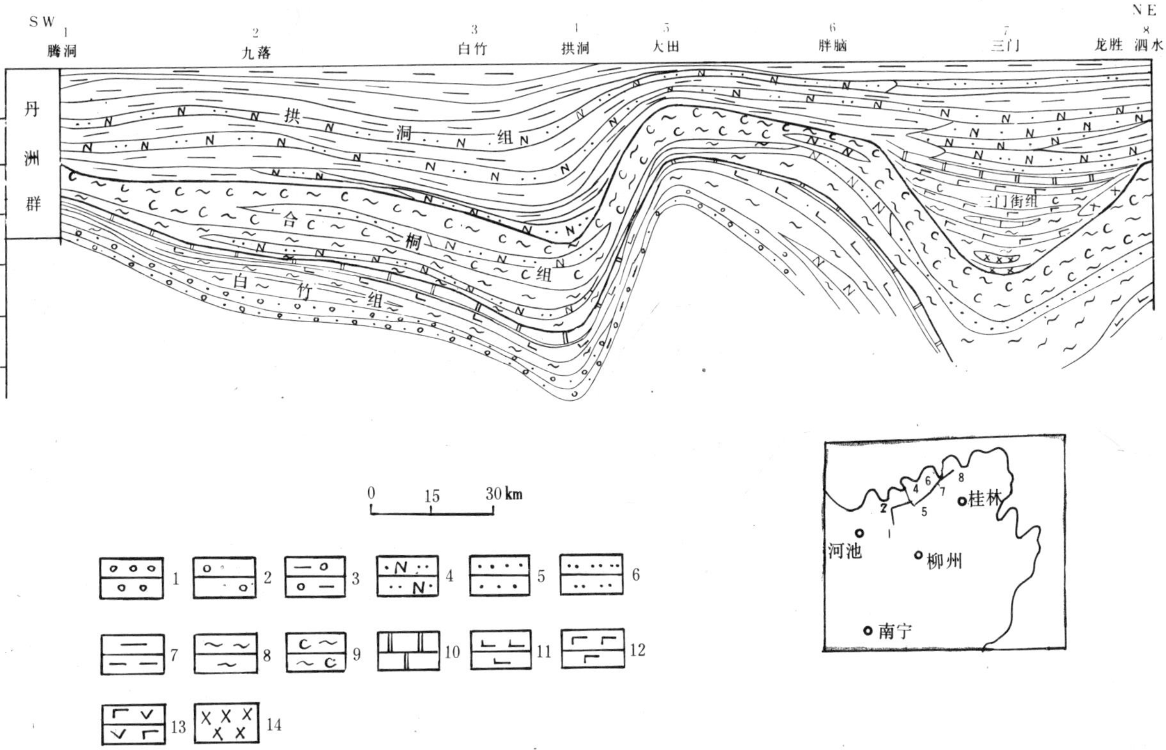

图 2-1　广西罗城腾洞至龙胜泗水丹洲群横剖面图

1. 砾岩；2. 含砾砂岩；3. 含砾泥岩；4. 长石砂岩；5. 砂岩；6. 粉砂岩；7. 板岩；8. 千枚岩；9. 碳质千枚岩；10. 大理岩；11. 钙质片岩；12. 基性熔岩；13. 中基性熔岩；14. 辉长辉绿岩

——————— 整　合 ———————

白竹组	总厚度 703.00 m
11. 浅肉红色白云方解片岩夹少量条带状大理岩	60.00 m
10. 浮土	78.00 m
9. 灰—银灰色白云石英片岩、白云片岩，底部夹灰白色方解片岩	51.00 m
8. 浅灰—灰绿色白云母石英片岩夹白云片岩	126.00 m
7. 浮土	47.00 m
6. 灰绿色绿泥石英片岩	5.00 m
5. 浅灰绿色砾质白云石英片岩	59.00 m
4. 浅灰绿色变质含砾砂岩、长石石英砂岩夹白云片岩	163.00 m
3. 深灰绿色绿泥石英片岩	47.00 m
2. 深灰色含砾绿泥石英片岩	67.00 m

——————— 平行不整合 ———————

下伏地层：**四堡群**　深灰绿色绿泥石英片岩

【地质特征及区域变化】　白竹组根据岩性可分为上下两段。下段：底部为灰、灰绿色变质砾岩、变质含砾砂岩或含砾绿泥石英片岩（或千枚岩）；下部为变质砂岩夹千枚岩或片岩；上部为千枚岩或片岩。上段：灰—灰绿色钙质片岩、钙质千枚岩夹绢云千枚岩、条带状大理岩。该段在区域上分布稳定，地貌上常呈岩溶地形，是良好的标志层。

本组岩性纵向上由下部碎屑岩向上逐渐过渡为碳酸盐岩，沉积物粒度由粗变细，单层厚度由厚变薄，为退积型地层结构。

根据白竹组岩性为砾岩、含砾砂岩、砂岩、泥质岩到碳酸盐岩，发育各种交错层理、水平层理及不对称波痕，说明白竹组为滨岸到潮坪环境沉积。

白竹组分布于桂北九万大山至龙胜各族自治县一带。元宝山一带，底部砾石成分较简单，多以下伏变质砂岩、片岩为主，少量脉石英，多为长扁圆状或不规则长条状，个别为滚圆状；下部为片岩或千枚岩夹变质砂岩；上部钙质层厚度较大，厚约 200 m 左右。总厚度大于 600 m。

元宝山以西的环江、罗城一带，底部为变砾岩、变质含砾砂岩与下伏四堡群变质砂岩、片岩呈不整合接触，砾石成分复杂，主要有变质砂岩、片岩、千枚岩、中—基性岩、花岗闪长岩等，大小不一，磨圆度较好；下部片岩或千枚岩夹较多的变质砂岩及少量变质石英砂岩；上部钙质层较薄，多在 80 m 以下。总厚度 345～618 m。

元宝山以东地区，白竹组未见底，以千枚岩为主，上部钙质层厚达 400 m 以上。

综上所述，由西向东，白竹组与下伏地层由角度不整合接触变为平行不整合接触，沉积物粒度由粗变细，厚度增大，特别是上部钙质层，厚度增大较明显。

合桐组　Pt_3h　（06－45－0203）

【创名及原始定义】　广西区测队 1966 年创名，创名地点在三江侗族自治县丹洲乡合桐村。指合桐剖面 1—5 层部分，上覆及下伏地层分别为拱洞组、白竹组，岩性为千枚岩、碳质千枚岩夹变质砂岩。

【沿革】　董宝林 1990 年① 将龙胜三门地区合桐组上部夹有火山喷发岩的地层称为三门街组，下部仍使用合桐组。本书使用其原来含义，只在三门地区上部夹有火山岩部分称为三门街组，下部仍使用合桐组。

【现在定义】　指整合于白竹组与拱洞组之间的一套地层，主要岩性为黑色千枚岩、碳质千枚岩夹变质砂岩。下以大理岩的消失或绢云千枚岩的出现与白竹组分界；上以碳质千枚岩的消失或石英千枚岩的出现与拱洞组分界。

【层型】　由于修建水电站，原命名剖面被水淹没，故选择原剖面北约 3 km 处的三江侗族自治县丹洲乡胖脑剖面作为新层型（109°32′，25°35′）（广西区调队 1979 年测制）。

上覆地层：**拱洞组**　灰黄色石英千枚岩夹变质细砂岩

——————— 整　合 ———————

合桐组	总厚度 395.00 m
36. 灰绿、灰黑色绢云千枚岩夹少量砂质板岩。下部砂质板岩增多	24.00 m
35. 浅灰、灰黑色绢云千枚岩夹少量石英绢云千枚岩	53.00 m
34. 浅灰、灰黑色绢云千枚岩夹少量浅灰色石英绢云千枚岩及石英岩。下部石英绢云千枚岩增多	107.00 m
33. 灰—灰黑色绢云千枚岩夹少量石英绢云千枚岩	29.00 m
32. 灰—灰黑色绢云千枚岩与浅灰绿色绢云石英千枚岩及变质砂岩互层	33.00 m
31. 灰绿色变质砂岩夹绢云石英千枚岩	28.00 m
30. 浮土。仅见少量石英绢云千枚岩	24.00 m

① 董宝林，1990，关于在桂北龙胜一带丹洲群中建立三门街组的建议。广西区域地质，(18)：20—23。

29. 浮土　　29.00 m

28. 浅灰绿色绢云千枚岩　　32.00 m

27. 灰绿色石英绢云千枚岩夹绢云石英千枚岩，中部局部夹变质砂岩　　36.00 m

——————— 整　合 ———————

下伏地层：**白竹组**　灰绿色钙质千枚岩夹大理岩

【地质特征及区域变化】　合桐组下部为灰绿—深灰色绢云千枚岩、绢云石英千枚岩夹变质砂岩、变质粉砂岩、变质长石石英砂岩，局部夹白云岩凸镜体及磷块岩结核；上部以深灰—黑色碳质页岩为主，夹少量绿灰色绢云石英千枚岩、绢云千枚岩，砂质板岩及变质砂岩，局部夹海底水道砾岩以及滑塌岩块、角砾岩，为一套以泥质沉积为主的地层，上部普遍含碳质。

本组在三门地区顶界为黑色含碳千枚岩与三门街组变质砂岩整合接触。

合桐组岩性以深色泥质岩为主，局部含碳质，部分地区夹有海底水道沉积及滑塌构造，说明其沉积环境以斜坡为主。

本组古生物稀少，仅在罗城仫佬族自治县金峒一带上部含碳千枚岩中产微古植物：*Laminarites* sp.，*Trachysphaeridium* sp.，*Asperatopsophosphaera* sp.，*Leiosphaeridia* sp.，*Protosphaeridium* sp.，*Synsphaeridium* sp.。

本组随白竹组分布于桂北九万大山至龙胜各族自治县一带。

本组岩性变化不大，均以变质泥质岩为主，夹少量变质砂岩，上部含碳质较多。罗城仫佬族自治县四堡一带，上部夹有碳酸盐岩的滑塌角砾岩、滑塌岩块及海底水道砾岩，它们多呈凸镜状夹在黑色含碳千枚岩中。龙胜各族自治县三门一带，合桐组与上覆三门街组呈整合接触，未见底，夹有较多的变质砂岩。龙胜泗水一带，夹有许多粉砂岩、砂岩。从西南向东北总体上厚度呈增大趋势（图 2－1）。

三门街组　Pt_3s　(06－45－0204)

【创名及原始定义】　董宝林 1990 年创名于龙胜各族自治县三门乡。指三门街—花桥剖面 12—28 层，岩性为千枚岩夹变质砂岩、层状基性-超基性岩、火山岩。底为变质砂岩与合桐组黑色碳质千枚岩分界；顶为大理岩与拱洞组板岩分界。

【沿革】　创名后，沿用至今。

【现在定义】　指整合于合桐组与拱洞组之间的一套地层，岩性为层状基性-超基性岩、火山岩夹碳质千枚岩、千枚岩及变质粉砂岩。下以变质砂岩的出现与合桐组碳质千枚岩分界；上以大理岩的消失或千枚岩的出现与拱洞组分界。

【层型】　正层型剖面位于龙胜各族自治县三门乡三门街至花桥（109°50′，25°43′）（广西区测队 1977 年测制）。

上覆地层：**拱洞组**　灰黑、灰绿色千枚岩、绢英板岩

——————— 整　合 ———————

三门街组　　总厚度 1 193.00 m

28. 上部大理岩夹千枚岩、下部千枚岩夹大理岩凸镜体　　13.00 m

27. 中基性熔岩与黑色千枚岩、含碳千枚岩互层　　54.00 m

26. 浮土。下部仅见少许基性熔岩露头，局部具气孔　　215.00 m

25. 黑色千枚岩、含碳千枚岩夹中性熔岩、基性熔岩薄层或凸镜体。近底部的千枚岩中

局部偶含少量粉砂岩细砾	128.00 m
24. 中基性熔岩与黑色千枚岩、含碳千枚岩互层	139.00 m
23. 中基性熔岩，强片理化、碳酸盐化	65.00 m
22. 灰黑色绢英千枚岩、绢云千枚岩夹极少量中基性熔岩	81.00 m
21. 浮土	103.00 m
20. 基性熔岩夹极少千枚岩。熔岩具片理化	20.00 m
19. 灰色千枚岩	22.00 m
18. 变辉绿岩	11.00 m
17. 浮土	59.00 m
16. 超基性岩。顺层侵入	52.00 m
15. 浮土	57.00 m
14. 变辉绿岩	17.00 m
13. 含碳千枚岩、绢云千枚岩、绢云千枚岩夹变质砂岩	92.00 m
12. 变质砂岩夹千枚岩	42.00 m

———— 整 合 ————

下伏地层：**合桐组** 黑色含碳千枚岩、绢云千枚岩、绢云千枚岩夹变质砂岩

【地质特征及区域变化】 三门街组下部为灰黑色含碳千枚岩、千枚岩夹层状基性-超基性岩；上部为细碧角斑岩系，主要由细碧岩、中基性熔岩、黑色千枚岩、大理岩组成，熔岩中多发育气孔、杏仁构造及枕状构造。三门街组呈凸镜状穿插于拱洞组与合桐组之间（如图 2-1）。其上部产微古植物：*Protoleiosphaeridium* sp.，*Brocholaminaria* sp.，*Leiominuscula* sp.。

三门街组分布于三门、龙胜等地。三门一带下部为黑色含碳千枚岩、绢云千枚岩夹层状基性-超基性岩，上部为绢云千枚岩、含碳绢云千枚岩夹细碧岩，中基性熔岩、角斑岩、凝灰熔岩、火山角砾岩及大理岩、硅质岩等，下部厚度较上部小。厚 850～1 056 m。龙胜一带，下部为层状基性岩夹千枚岩或板岩，上部为细碧岩、基性熔岩、火山角砾岩夹绢云千枚岩，下部厚度较上部大。总厚约为 1 705 m。综上所述，三门街组由西向东，厚度减小，火山喷出岩夹层逐渐减少。

拱洞组 Pt_3g （06-45-0205）

【创名及原始定义】 广西区测队 1966 年创名于广西融水苗族自治县拱洞乡拱洞村。原始定义："下部条纹状石英板岩、绢云板岩夹绢云石英板岩；上部以灰绿色绢云千枚岩为主夹斜长变粒岩。"

【沿革】 创名至今一直沿用。

【现在定义】 指位于合桐组与长安组之间的一套地层，岩性为千枚岩、板岩夹变质长石石英砂岩、变质粉砂岩。下以碳质千枚岩的消失或硅质板岩的出现与合桐组分界；上以千枚岩的消失或含砾砂岩的出现与长安组分界。与下、上地层均为整合接触。

【层型】 正层型剖面位于融水苗族自治县拱洞乡拱洞村（109°10′，25°36′）（广西区测队 1966 年测制）。

上覆地层：**长安组** 含砾砂泥岩

———— 整 合 ————

拱洞组　　总厚度 1 793.00 m

11. 浅—深灰绿色绢云千枚岩	120.00 m
10. 灰绿色绢云板岩，底部夹少量变质粉砂岩。具条带状构造	203.00 m
9. 灰绿色绢云板岩及绢云千枚岩	310.00 m
8. 灰绿色绢云千枚岩夹变质长石粉砂岩	45.00 m
7. 浅灰绿色绢云千枚岩，下部夹变质长石砂岩、变质粉砂岩	164.00 m
6. 灰绿色绢云千枚岩。具条带状构造	165.00 m
5. 灰绿色绢云板岩夹变质粉砂岩，局部具条纹构造	274.00 m
4. 灰绿色条带状绢云板岩，偶夹薄层变质长石石英砂岩	224.00 m
3. 灰—灰绿色绢云板岩夹变质长石石英砂岩及粉砂岩	133.00 m
2. 灰—灰绿色绢云千枚岩，中部夹变质粉砂岩，底部为硅质板岩。具条带状构造	155.00 m

———————— 整　合 ————————

下伏地层：**合桐组**　黑色绢云千枚岩

【地质特征及区域变化】　本组为灰、灰绿色绢云板岩、绢云千枚岩夹变质砂岩、变质长石石英砂岩、变质粉砂岩，底部为硅质板岩，局部地区夹水道砾岩、滑塌角砾岩和白云岩凸镜体。

拱洞组在龙胜、三门等地底部为绢云千枚岩与三门街组大理岩呈整合接触。

本组为一套以泥质沉积为主，夹少量细砂质沉积，条纹、条带发育，罗城四堡一带夹有水道沉积及滑塌角砾岩，发育底冲刷面，递变层理、交错层理、平行层理及水平层理，鲍马序列十分发育。这些特征表明，拱洞组为一套大陆斜坡至半深海环境沉积。

本组分布于桂北九万大山至越城岭一带（图 2-1）。东部龙胜一带夹有较多的变质长石石英砂岩、变质粉砂岩，特别是下部，以砂质岩为主。罗城四堡一带夹有水道沉积的砾岩、含砾砂岩及滑塌角砾岩。

本组厚度在拱洞最厚，为 1 793 m，龙胜界口一带次之，为 1 184 m，罗城仫佬族自治县江口一带最薄，为 384 m。

第三章
震旦纪—志留纪

本自然断代包括震旦纪、寒武纪、奥陶纪、志留纪。由29个岩石地层单位组成，分布于广西全境，地层区划属东南地层区中的右江地层分区、湘中地层分区、桂-湘-赣地层分区、钦州地层分区、云开地层分区（表1-1）。

震旦纪地层分布于桂北九万大山至越城岭一带，以及桂东、桂东南一带，地层出露完整，层序清楚，但生物化石稀少，仅含少量微古植物。桂北地区震旦系由一套轻变质的含砾砂岩、含砾泥岩及砂岩、泥岩、硅质岩组成，上部夹有碳质页岩、白云岩凸镜体，厚360～4 859 m。桂东及桂东南地区震旦系由变质火山岩、火山碎屑岩、千枚岩、板岩、钙质千枚岩、泥质灰岩及变质含砾泥质岩组成，中部夹铁矿层及低磷层，顶部为硅质岩、长石石英砂岩、石英砂岩、页岩。全区震旦系岩性厚度变化较大（图3-1），反映了当时沉积环境的变化。

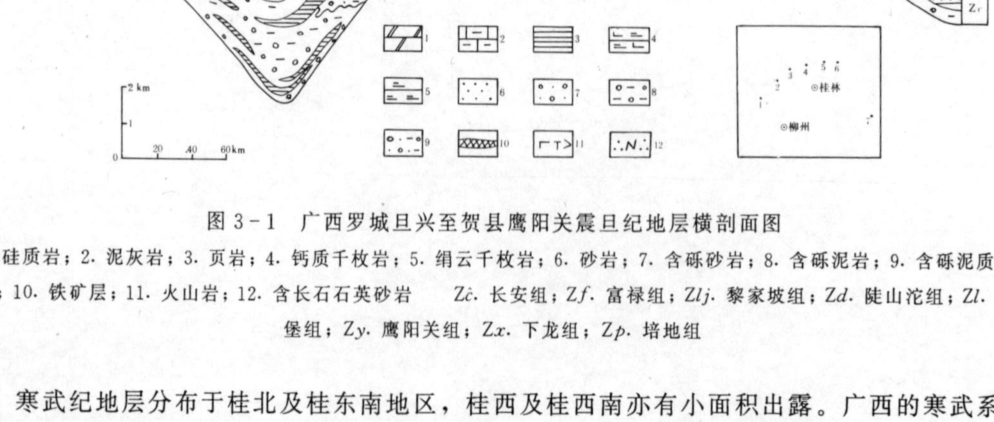

图3-1　广西罗城旦兴至贺县鹰阳关震旦纪地层横剖面图

1. 硅质岩；2. 泥灰岩；3. 页岩；4. 钙质千枚岩；5. 绢云千枚岩；6. 砂岩；7. 含砾砂岩；8. 含砾泥岩；9. 含砾泥质砂岩；10. 铁矿层；11. 火山岩；12. 含长石石英砂岩　*Zĉ*. 长安组；*Zf*. 富禄组；*Zlj*. 黎家坡组；*Zd*. 陡山沱组；*Zl*. 老堡组；*Zy*. 鹰阳关组；*Zx*. 下龙组；*Zp*. 培地组

寒武纪地层分布于桂北及桂东南地区，桂西及桂西南亦有小面积出露。广西的寒武系研究程度较低，60 年代以前，除桂北地区划分为水口系、清溪系、边溪系之外（赵金科、吴燕生，1941），其它地区包括下古生界统称龙山系。50 年代末至 60 年代初，随着区域地质调查工作的进行，桂东南地区相继发现了笔石、三叶虫、海绵骨针及腕足类等化石，查明龙山系包括了寒武系、奥陶系及志留系，并将寒武纪地层统称为水口群，并根据岩性特征划分为下亚群、中亚群及上亚群三个部分，桂西地区则划分为若干阶。现按照岩性特征，寒武系可分为桂西、靖西、桂北、桂东南四个沉积区，其中，桂西区以碳酸盐岩为主，夹有少量泥岩，含三叶虫化石，仅出露龙哈组和博菜田组。靖西区则为碳酸盐岩与碎屑岩互层，仅出露三都组。桂北区包括清溪组和边溪组，以砂岩、页岩为主，夹碳质页岩及少量灰岩、硅质岩，产海绵骨针。桂东南区由小内冲组和黄洞口组组成，为一套砂岩、不等粒砂岩、粉砂岩与页岩、砂质页岩互层，夹少量碳质页岩，产海绵骨针，局部含三叶虫及腕足类化石。

奥陶纪地层分布于桂北、桂东南及大明山一带。桂北地区奥陶系为一套富含笔石的砂、页岩互层，底部为灰岩，中部夹碳质页岩及少量灰岩，与下伏寒武纪地层呈整合接触，局部地区底部为火山质砾岩与寒武系呈平行不整合接触，上被莲花山组不整合覆盖，厚 1 146～2 879 m。桂东南及大明山地区奥陶系沉积物相对较粗，为砂岩与页岩互层，局部地区底部尚夹砾岩、火山碎屑岩，下部除含笔石外，兼含少量介壳类，中上部则全为介壳相，与上覆、下伏地层均为整合接触。云开地区下部普遍发生区域变质及混合岩化作用，上部则为正常沉积碎屑岩，岩性为片麻岩、片岩、千枚岩及灰岩、砂岩、页岩。

志留纪地层分布于桂东南地区，为一套巨厚的含笔石碎屑岩，底部为一套深水三角洲沉积的砾岩，往上基本上为砂岩、页岩、砂质页岩互层，并夹有石英砂岩、碳质页岩及砂砾岩，属地槽型沉积。本区志留纪地层发育完善，出露完整，与下伏奥陶系、上覆泥盆系均为连续沉积，不但是华南唯一有海相志留系与泥盆系连续出露的地区，也是研究我国中、晚志留世笔石带及志留纪与泥盆纪地层界线较为理想的地区之一，对于建立中、晚志留世及早志留世笔石带，正确认识广西运动的影响和范围，具有十分重要意义。

第一节　岩石地层单位

长安组　$Z_1\hat{c}$　（06－45－0301）

【创名及原始定义】　原称长安砂岩。系赵金科、吴燕生等 1941 年创名于广西融安县长安镇。指整合于丹洲片岩及千枚岩之上，富禄凝灰岩之下的一套地层，称为“长安砂岩，厚 600±公尺，为绿色砂岩含椭圆状卵石”。

【沿革】　1966 年广西区测队将整合（局部平行不整合）于拱洞组绢云板岩之上，平行不整合于富禄组之下的一套含砾砂、泥岩称为长安组，此后便一直沿用。1985 年，广西地矿局认为长安组与丹洲群在龙胜断裂以西为整合接触，以东为平行不整合接触；同时，将桂东鹰阳关地区位于鹰阳关组之下的一套以含砾泥质岩为主的地层亦称为长安组。本书认为，桂北地区长安组与下伏拱洞组板岩呈整合接触，与上覆富禄组呈平行不整合接触。桂东地区长安组整合于鹰阳关组之下，未见底。

【现在定义】　指位于拱洞组与富禄组之间的一套巨厚层状含砾泥岩、含砾砂岩，中夹细砂岩、粉砂岩及泥岩。下以千枚状板岩的消失或砂岩的出现与拱洞组分界，呈整合接触；上以块状含砾砂泥岩的消失或含铁页岩的出现与富禄组分界，呈平行不整合接触。

【层型】 长安组无原始命名剖面，广西地矿局以交通方便、出露较好的三江侗族自治县城北石显剖面作为其代表性剖面，本书将该剖面作为长安组选层型（109°36′，25°48′）（广西区调队陈显伟等1979年测制）。

上覆地层：**富禄组** 灰色中厚层状长石石英砂岩夹砂质板岩，底为含铁板岩

——————— 平行不整合 ———————

长安组	总厚度 1 453.60 m
29—26. 块状含砾砂泥岩及泥岩，含钙镁质岩凸镜体	324.80 m
25—24. 块状含砾砂岩，砂泥岩，砾石稀少	144.10 m
23. 灰绿色含粉砂质板岩	5.50 m
22—20. 块状含砾砂泥岩及泥岩，层理不清，下部夹碳酸盐岩凸镜体	212.40 m
19. 块状含砾泥质砂岩、砂泥岩及砂岩凸镜体	73.40 m
18. 灰绿色层纹状粉砂质板岩，底部为变质砂岩	13.10 m
17—15. 块状含砾砂泥岩	128.40 m
14. 块状含砾泥岩及砂泥岩，偶夹砂砾岩凸镜体	86.60 m
13. 浅灰色层状变余长石石英砂岩夹石英质砂砾岩凸镜体	17.30 m
12—10. 块状含砾泥岩及砂岩	169.10 m
9—8. 灰绿色砂质板岩，具水平层理，上部偶夹石英砂岩	113.00 m
7. 块状含砾砂泥岩，上部夹砂砾岩凸镜体	39.90 m
6. 灰绿色块状变质砂岩及砂质板岩	40.00 m
5—4. 灰绿色厚层块状变质砂岩及板岩	86.80 m

——————— 整 合 ———————

下伏地层：**拱洞组** 灰绿色千枚状板岩及粉砂质板岩

【地质特征及区域变化】 本组下部为灰绿色块状砂岩、长石石英砂岩夹含砾砂岩、含砾砂质泥岩、泥岩及砂砾岩凸镜体；上部为灰绿色块状含砾砂泥岩，含砾砂岩、含砾泥岩夹泥岩、砂岩、长石石英砂岩。含砾质岩多为块状构造，分选性差，泥、砂、砾混杂。其中砾石成分复杂，除泥岩、泥质粉砂岩外，还有砂岩、脉石英、含碳泥岩、含钙泥岩、中酸性浅成岩、花岗岩、火山岩及砾岩、含砾砂岩等，砾石大小悬殊，磨圆度差别很大，部分砾石具擦痕、扭裂痕、压凹面，常见“落石构造”及“泥包砾”。

长安组在桂东鹰阳关一带，顶部为粉砂质泥岩与鹰阳关组凝灰岩呈整合接触，未见底。根据长安组与拱洞组整合接触，推测其时代为早震旦世早期。

长安组随拱洞组分布于桂北九万大山至越城岭一带，此外桂东鹰阳关一带有小面积出露。三江一带以含砾砂岩、含砾砂泥岩夹砂岩、泥岩为主。向东至融安马架，上部以含砾泥岩为主，下部以含砾长石石英砂岩为主；罗城旦兴一带以含砾不等粒砂岩、含砾泥质砂岩为主，夹少量页岩。往东至龙胜、全州一带为含砾长石石英砂岩、含砾砂岩夹页岩。桂东鹰阳关一带为灰绿色含砾砂岩、含砾板岩、含砾泥质粉砂岩与变质砂岩、板岩互层；含砾质岩一般呈块状，层理不清，砾石大小不等，杂乱排列，形态各异，除椭圆状外，还有长条状、竹叶状等形态。

厚度以融安马架最厚为1 974 m，三江石显次之为1 453 m，往西至罗城旦兴为979 m，往东厚度变小，三江九峃为693 m，到全州茶圆头仅129 m，鹰阳关厚510 m（图3-1）。

富禄组　Z_1f　(06-45-0302)

【创名及原始定义】　原称富禄凝灰岩。系赵金科、吴燕生等1941年创名于广西三江侗族自治县富禄乡。指整合于长安砂岩之上，车田矽化层之下的一套地层为富禄凝灰岩，“灰绿色凝灰岩含棱角长石等。100±公尺。”

【沿革】　1959年，赵金科、张文佑改称为富禄层；1966年广西区测队将位于长安组之上、南沱组之下的一套以灰绿、浅灰色长石石英砂岩、长石砂岩为主的地层称为富禄组；1987年，广西区调队将其上覆地层改称为泗里口组；本书采用富禄组。

【现在定义】　指长安组与黎家坡组之间的一套地层，岩性为层理清晰的砂岩、泥岩，局部夹含砾砂岩、凸镜状白云岩。下以紫红色含铁页岩的出现与长安组分界，呈平行不整合接触；上以黑色碳质页岩的消失或黎家坡组含砾砂泥岩的出现为界，二者呈整合接触。

【层型】　正层型剖面位于三江侗族自治县富禄乡（109°10′，25°43′）（广西区测队1966年测制）。

上覆地层：黎家坡组　灰绿色含砾泥质砂岩

———————— 整　合 ————————

富禄组	总厚度 647.00 m
14—13. 灰绿色岩屑长石砂岩，顶部为灰黑色页岩	61.00 m
12. 灰绿色厚层状岩屑长石石英砂岩，具条带状构造	69.00 m
11. 灰绿色厚层状岩屑砂岩	27.00 m
10. 浮土	108.00 m
9. 顶部为浅灰绿色页岩，含砂岩团块；下部为灰绿色岩屑长石石英砂岩	44.00 m
8. 浮土	42.00 m
7—6. 上部为灰绿色巨厚层状长石岩屑砂岩；中—下部为浅灰绿色岩屑长石石英砂岩，砂质条带发育，具递变层理	171.00 m
5—4. 浅灰色岩屑砂岩，具不规则砂质条带，见交错层理；下部为灰绿色厚层块状含砾岩屑长石石英砂岩	59.00 m
3. 零星出露薄层砂岩，厚层块状细砂岩	43.00 m
2. 上部为紫红色含铁页岩，下部为紫红色、灰绿色页岩夹钙质长石砂岩凸镜体	23.00 m

——————— 平行不整合 ———————

下伏地层：**长安组**　浅灰绿色厚层块状含砾泥质砂岩

【地质特征及区域变化】　本组岩性复杂，主要为灰、灰绿色岩屑长石石英砂岩、岩屑砂岩、岩屑长石砂岩、砂岩夹泥岩，局部夹含砾砂岩、白云岩凸镜体；底部常夹1～3层赤铁矿、含铁砂岩、含铁页岩或凸镜状砾岩、砂砾岩；顶部普遍为一层黑色页岩、碳质页岩。

本组岩性多为长石质砂岩、岩屑砂岩，局部夹白云岩，发育斜层理、平行层理、递变层理及底冲刷面，各种不对称波痕常见，推测富禄组沉积于气候温暖的滨浅海环境。

三江侗族自治县城西六合一带顶部产微古植物：*Asperatopsophosphaera bavlensis*，*A. partialis*，*A. umishanensis*，*Pseudozonosphaera verrucosa*。富禄组时代为早震旦世早期。

本组分布于桂北九万大山至越城岭一带，三江侗族自治县以西地区，岩性以长石质砂岩及岩屑砂岩为主，普遍夹白云岩，底部多数夹含铁页岩，顶部为黑色碳质页岩，厚度稳定在600～800 m左右；三江侗族自治县以东以长石石英砂岩为主，厚度减小，多在100 m以下

(图 3-1)。

黎家坡组 Z_1lj (06-45-0303)

【创名及原始定义】 贵州区域地质测量队(以下简称贵州区测队)林树基1964年命名于贵州省丛江县黎家坡。原义指摆堵组与灯影组间一套冰碛砾岩,岩性为灰绿、浅紫色块状冰碛砾岩及含砾泥岩,中上部夹绢云母板岩。冰碛砾岩呈块状无层理,砾石排列无序,分选差,呈半棱角—半浑圆状。成分有石英岩、石英砂岩、板岩及花岗岩等,砾径一般为1~5 cm,大者达40 cm,砾面见钉形擦痕及磨光面,含砾率10%~50%,砂泥质胶结。厚2 320 m。底部有底砾岩,与下伏地层呈平行不整合接触。

【沿革】 1966年,广西区测队引用南沱组,代表富禄组之上,陡山沱组之下的一套含砾砂泥岩;1987年,广西区调队① 改称为泗里口组。由于这套地层与贵州区测队1964年创建的黎家坡组岩性相似、层位相当,因此本书采用黎家坡组,代表我区富禄组之上,陡山沱组之下的地层。

【现在定义】 指大塘坡组与陡山沱组间的一套碎屑沉积,岩性为灰绿、浅紫色块状砾质砂泥岩、砾质泥岩,中上部夹浅紫红色粘土岩。砾石形状各异、成分复杂、大小悬殊、排列无序,砂泥质胶结。下部以砾质砂泥岩与大塘坡组碳质粘土岩分界,界线清楚。

广西使用含义指富禄组与陡山沱组之间的一套以砾质砂泥岩及砾质泥砂岩为主,夹砂岩、泥岩的地层。下以含砾砂泥岩整合于富禄组黑色碳质泥岩之上,上以深灰色砾质砂泥岩与陡山沱组黑色砂质页岩分界,呈平行不整合接触。

【层型】 正层型在贵州省。广西次层型在三江侗族自治县城西(06-45-0303-4-1)。

【地质特征及区域变化】 广西境内黎家坡组岩性为浅灰、灰绿色、深灰色含砾砂岩、含砾泥岩、含砾泥质砂岩、含砾砂质泥岩、含砾岩屑砂岩、含砾长石砂岩,夹少量长石砂岩、泥质粉砂岩、泥岩,局部夹含锰白云岩及砾岩。以不含砾的夹层少、层理不明显、含黄铁矿结核为特征而与上下地层相区别。含砾质岩呈块状构造,分选极差,粒径相差悬殊的砾石与砂、泥混杂,砂岩、泥岩多为薄层状。与含砾质岩构成向上变细变薄的基本层序。

本组顶部有的地段为含砾泥岩或含砾砂岩与陡山沱组页岩或砂岩呈整合接触。在桂东鹰阳关地区,本组底部为含砾泥岩与鹰阳关组绢云板岩呈整合接触。

本组岩石多为深灰色、普遍含星点状黄铁矿及黄铁矿团块。砂岩、粉砂岩中普遍具递变层理,局部见交错层理、平行层理及变形构造,底部见有冲刷面。含砾质岩中砾石表面具擦痕、扭裂痕、压凹面及"泥包砾"构造等。说明黎家坡组为斜坡—半深海环境下的碎屑流沉积夹有浮冰沉积。

本组化石为属种单调、形态简单的微古植物,主要有:*Trachyminuscula simplex*, *Trachysphaeridium planum*, *T. cultum*, *T. rude*, *T. incrassatum*, *Polyporata obsoleta*, *P. microporosa*, *Asperatopsophosphaera partialis*, *A. rugosa*, *A. bavlensis*, *A. umishanensis* 等。时代为早震旦世晚期。

本组分布于桂北九万大山至越城岭一带,桂东鹰阳关一带亦有小面积出露。

本组岩性、厚度变化较大,罗城仫佬族自治县一带以含砾泥岩、含砾不等粒砂岩为主,夹少量泥岩,厚410~1 356 m;融水苗族自治县一带几乎全为含砾绢云千枚岩,厚1 413 m;三

① 广西区域地质调查队,1987,1:5万宝坛地区区域地质调查报告。

江侗族自治县一带除含砾泥岩外，尚夹有不含砾的砂页岩，厚 1 100～1 600 m；龙胜各族自治县、资源、全州一带则以含砾砂岩、含砾长石砂岩为主，厚度 400 m 以下；到了桂东鹰阳关一带则为含砾泥岩，厚度仅 4 m 左右。综上所述，黎家坡组由西向东厚度变小（图 3－1）。

陡山沱组　Z_2d　（06－45－0304）

【创名及原始定义】　系李四光等（1924）创名的陡山沱岩系（Toushantou series）演变而来。命名地点在宜昌市陡山沱。原始定义："中震旦系，陡山沱岩系：它主要含页岩和薄层石灰岩。在下部主要为页岩，……含有盘状黑色燧石的硬质页岩是这个地层下部的突出特征。……顺次地向上追索，页岩渐渐变得富于钙质。它们先后顺序是：最初为泥质的层纹状蓝色硬石灰岩，其次局部呈鲕状的纯石灰岩层，最后是薄层状白云岩局部被砂质页岩盖覆。"

【沿革】　广西区测队 1966 年引用陡山沱组，代表南沱组之上，老堡组之下的一套深色页岩、碳质页岩、硅质页岩夹白云岩；本次对比研究指位于黎家坡组之上、老堡组之下的一套深灰、黑色页岩、硅质页岩、碳质页岩夹白云岩。

【现在定义】　平行不整合于南沱组之上，整合在灯影组之下，以灰、褐灰、灰白色白云岩为主，下部为灰—褐灰色白云岩，含泥质和硅质磷质结核；中部为灰黑色页片状含粉砂质白云岩；上部为灰、灰白色中—厚层状白云岩夹硅质层或燧石团块组成。顶部以黑色碳质页岩与上覆灯影组分界；底以一层含砾白云岩的底面与下伏南沱组分界。

广西使用含义：指位于黎家坡组与老堡组之间的地层，岩性为深灰、黑色页岩、碳质页岩、硅质页岩夹白云岩凸镜体。底以页岩的出现与黎家坡组分界，呈平行不整合或整合接触；顶以碳质页岩与老堡组分界，呈整合接触。

【层型】　正层型在湖北省。广西次层型为三江侗族自治县古宜镇泗里口剖面（06－45－0304－4－1）。

【地质特征及区域变化】　广西境内陡山沱组为深灰、黑色薄层状页岩、碳质页岩、硅质页岩夹白云岩凸镜体，局部夹粉砂质页岩、砂质页岩及砂岩。

本组产微古植物及几丁虫。微古植物：*Asperatopsophosphaera umishanensis*，*Archaeohystrichosphaeridium* sp.，*Leiominuscula* sp.，*Leiosphaeria* sp.，*Microconcentrica* sp.，*Trachysphaeridium* sp. 等；几丁虫：*Desmochitina* sp.，*Ollachitina* sp.。陡山沱组时代为晚震旦世早期。

本组分布于桂北九万大山至越城岭一带，出露较完整。本组岩性变化较大，融水以西地区以页岩为主，夹少量碳质页岩、泥质粉砂岩、硅质岩；融水西牛山上部夹一层厚 6.5 m 的石煤，厚 49～101 m。向东三江、永福、龙胜一带，为碳质页岩夹页岩、硅质页岩及白云岩凸镜体，局部夹赤铁矿层及锰质页岩、砂岩，厚 8～87 m。再往东至灵川东岭、资源、全州一带，为页岩、砂质页岩夹白云岩凸镜体及少量碳质页岩，厚度均大于 150 m。由上述可知，本组厚度总体由西向东增厚。

老堡组　Z_2l　（06－45－0305）

【创名及原始定义】　赵金科、张文佑 1952 年创名于广西三江侗族自治县老堡乡。原称老堡层。指整合于龙上系之上、水口群之下的地层。当时无剖面及岩性描述。

【沿革】　赵金科、吴燕生等（1941）称为车田矽化层，赵金科、张文佑（1959）称作车田矽质层：上覆地层为清溪页岩，下伏富禄层灰色长石砂岩（该地层名称很少有人使用）；1966

年，广西区测队将整合于陡山沱组之上，清溪组之下的一套硅质岩称作老堡组。之后，老堡组被广泛沿用。

【现在定义】 指整合于陡山沱组与清溪组之间的一套灰、灰黑色薄层—中层状硅质岩。下以碳质页岩的消失或硅质岩的出现与陡山沱组分界；上以硅质岩的消失或含碳含泥硅质岩的出现与清溪组分界。

【层型】 选层型剖面位于三江侗族自治县古宜镇泗里口（109°31′，25°44′）（广西区调队1979年测制）。

上覆地层：**清溪组** 灰黑色薄—中层状含碳含泥硅质岩

——————— 整 合 ———————

老堡组 总厚度 129.00 m

22. 灰黑色薄—中层状石英硅质岩。产微古植物 *Trachysphaeridium incrassatum*, *T. rude*, *T. simplex*, *T. planum*, *Asperatopsophosphaera umishanensis*, *A. bavlensis*, *Pseudozonosphaera asperella* 24.00 m
21. 灰黑色薄—中层状石英硅质岩。产微古植物 *Trachysphaeridium* sp., *Orygmatosphaeridium rubiginosum* 32.00 m
20. 灰、黑灰色薄层状石英硅质岩 19.00 m
19. 深灰色薄层状石英硅质岩。产微古植物 *Hubeisphaera radiata*, *Trachysphaeridium incrassatum*, *Pseudozonosphaera verrucosa*, *Asperatopsophosphaera partialis*, *A. rugosa*, *Pseudodiacrodium* aff. *verticale*, *Paleamorpha figurata* 54.00 m

——————— 整 合 ———————

下伏地层：**陡山沱组** 深灰、灰黑色含碳质页岩、粉砂质页岩夹硅质岩、含碳石英硅质岩

【地质特征及区域变化】 本组岩性单一，为灰、深灰色、灰黑色薄—中层状硅质岩，仅局部地区夹少量碳质页岩或碳质硅质页岩及顶部夹含磷层。

三江侗族自治县一带老堡组富含微古植物:*Asperatopsophosphaera partialis*, *A. bavlensis*, *A. rugosa*, *A. umishanensis*, *Trachysphaeridium* sp., *T. incrassatum*, *T. rude*, *T. planum*, *Trachyminuscula simplex*, *Pseudozonosphaera verrucosa*, *P. asperella*, *Pseudodiacrodium* cff. *verticale*, *Paleamorpha figurata*, *Orygmatosphaeridium rubiginosum*, *Hubeisphaera radiata*。龙胜一带产几丁虫 *Ollachitina* sp.。

根据老堡组整合于陡山沱组之上，清溪组之下，故其时代为晚震旦世晚期。

老堡组分布于环江毛难族自治县至龙胜各族自治县一带。岩性、厚度稳定（图 3-1），除硅质岩外，仅局部地区中上部夹少量碳质页岩或碳质硅质岩。龙胜各族自治县三寨、马提一带，顶部夹含磷层。罗城仫佬族自治县一带夹玻屑凝灰物质及火山灰球等。厚度17～228 m。

鹰阳关组 Z_1y （06-45-0306）

【创名及原始定义】 李自惠1979年① 创名于广西贺县大宁镇鹰阳关。将“寒武系水口群”中的一套“细碧角斑岩系”称为鹰阳关组。

① 李自惠，1979，广西贺县鹰阳关海相火山岩基本地质特征初步认识。广西地质学会第二届会员代表及学术报告论文摘要集。

【沿革】 1983年陈显伟等① 加以修订，明确其界线，下伏地层为合水组砂岩，上覆地层为富禄组铁矿层；1985年，广西地矿局进一步明确其含义，鹰阳关组是指整合于长安组砂岩之上、南沱组含砾砂岩之下的一套火山岩、钙质千枚岩、绢云千枚岩、板岩夹铁矿层，时代为早震旦世。本书采用广西地矿局（1985）之含义，但其上覆地层改称为黎家坡组。

【现在定义】 指整合于长安组与黎家坡组之间的一套地层，岩性为浅变质火山岩、钙质千枚岩、千枚岩、板岩夹铁矿层。下以含砾泥质粉砂岩的消失或凝灰岩的出现与长安组分界；上以灰黑色绢云板岩的消失或含砾砂岩的出现与黎加坡组分界。

【层型】 正层型剖面位于广西贺县大宁镇鹰阳关(111°54′,24°38′)(陈显伟、何崇泉1983年重测)。

上覆地层：**黎家坡组** 深灰、灰黑色含砾砂岩夹少量板岩

——————— 整 合 ———————

鹰阳关组	总厚度2 090 m
36. 灰黑色绢云板岩夹泥质白云岩凸镜体	12 m
35. 浅灰色板岩	78 m
34. 灰白色绢云千枚岩、板岩夹少量变质粉砂岩	99 m
33. 浅灰色绢云千枚岩夹少量凸镜状白云岩	118 m
32. 暗灰色、黑色磁、赤铁矿层夹绿泥石岩及石英变粒岩	21 m
31. 灰绿色绢云千枚岩	18 m
30. 深灰色绢云千枚岩。上部含星点状磁铁矿	329 m
29. 青灰色绢云千枚岩	78 m
28. 灰白、深灰色绢云千枚岩	83 m
27. 灰绿色绢云千枚岩	115 m
26. 深灰色绢云千枚岩。上部微含磷，下部含星点状磁铁矿	253 m
25. 黑色碳质绢云千枚岩	10 m
24. 石英岩与结晶灰岩互层。下部石英岩含低品位磷矿	14 m
23. 深灰色钙质绢云千枚岩、绢云千枚岩夹泥质灰岩凸镜体	42 m
22. 灰白色泥质灰岩及钙质千枚岩。中上部夹变质火山碎屑岩	174 m
21. 深灰色薄层钙质千枚岩夹泥质灰岩	56 m
20. 灰绿色绿泥石英千枚岩与泥质灰岩互层	63 m
19. 灰绿色钙质绢云千枚岩、千枚岩。上部夹灰岩凸镜体	81 m
18. 青灰色泥质灰岩夹钙质千枚岩	31 m
17. 深灰色绢云千枚岩、绢云石英千枚岩、绢云绿泥千枚岩夹少许火山碎屑岩及灰岩	49 m
16. 暗灰绿色变质火山角砾岩、变质角砾岩。顶部为灰绿色角斑岩夹变质灰岩、变质砾岩	107 m
15. 深灰色泥质灰岩或硅质白云岩及暗绿色绿泥绢云千枚岩，底及上部夹角砾状泥质白云岩、石英岩等	65 m
14. 深灰色层状变质火山岩夹石英绿泥石岩，底部夹磁铁矿化层	88 m
13. 强风化变质火山角砾岩或角砾状凝灰岩	24 m
12. 绢云片岩、钠长白云片岩夹白云石英片岩	43 m
11. 灰绿色变细碧-角斑岩夹硅质岩	21 m
10. 灰绿色变凝灰岩夹绿泥石岩	18 m

① 陈显伟、何崇泉，1983，桂湘粤边境鹰阳关震旦系剖面。广西区测，(1)：8—22。

——————— 整　合 ———————

下伏地层：**长安组**　深灰色粉砂质泥岩、含砾泥质粉砂岩

【地质特征及区域变化】　本组根据岩性组合可分四段：第一段（10—16层），为火山岩段，由变质火山角砾岩、凝灰岩、细碧岩、角斑岩夹灰岩、白云岩、片岩、绿泥石岩及硅质岩组成，厚366 m；第二段（17—24层），普遍含钙质，为深灰色、灰绿色钙质千枚岩、泥质灰岩夹绢云千枚岩及少量火山碎屑岩，厚510 m；第三段（25—31层），为单一的绢云千枚岩组成，水平细纹层理发育，厚886 m；第四段（32—36层），底部为约20 m厚的黑色磁、赤铁矿夹绿泥石岩及石英变粒岩，往上为绢云千枚岩及绢云板岩，夹少量白云岩，厚328 m。时代为早震旦世。

本组分布于贺县鹰阳关一带，出露范围较小，变化不大（图3-1）。

下龙组　Z_2x　（06-45-0307）

【创名及原始定义】　原名下龙沟组，系陈显伟、何崇泉1983年① 创名于广西贺县大宁镇下龙村。指连续于陡山沱组之上的晚震旦世晚期地层，岩性为灰绿色厚层状石英绢云板岩，上部夹杏仁状英安岩。

【沿革】　后查因无下龙沟地名，广西地矿局（1985）改称下龙组，并将原底界下移（含原陡山沱组），沿用至今（表3-1）。本次对比研究将其下伏南沱组改为黎家坡组。

表3-1　下龙组划分沿革表

陈显伟、何崇泉		广西地质矿产局		单勇、张友桂	本　书	
1983		1985		1990		
∈	水口群一组	$\in_1$	培地组	寒武系	Z_2	培地组
Z_2	下龙沟组	Z_2	下龙组	下龙组		下龙组
	陡山沱组					
Z_1	南沱组	Z_1	南沱组	泗里口组	Z_1	黎家坡组

【现在定义】　指整合于黎家坡组与培地组之间的一套地层，岩性主要为灰、浅灰色条带状绢云板岩、石英绢云板岩，下部夹少量粉砂质板岩、泥质白云岩，上部夹杏仁状英安岩。下以含砾泥岩的消失与黎家坡组分界；上以含白云母长石石英砂岩的出现与培地组分界。

【层型】　正层型剖面位于广西贺县大宁镇下龙村（111°54′，24°38′）（陈显伟、何崇泉1983年实测）。

上覆地层：**培地组**　含白云母长石石英砂岩

——————— 整　合 ———————

下龙组　　总厚度92 m

40. 灰绿色厚层状石英绢云板岩夹杏仁状英安岩　　32 m

39. 灰绿色薄—中层状绢云板岩，水平层理发育　　55 m

① 陈显伟、何崇泉，1983，桂湘粤边境鹰阳关震旦系剖面。广西区测，(1)：8—22。

38. 浅—深灰色绢云板岩，下部夹白云岩凸镜体　5 m

——————— 整　合 ———————

下伏地层：**黎家坡组**　深灰—灰黑色含砾砂岩夹少量板岩

【地质特征及区域变化】　本组下部为灰绿色绢云板岩，底部夹白云岩凸镜体；上部为绢云石英千枚岩夹杏仁状英安岩。

通过区域横向对比，下龙组与桂北陡山沱组相当，故其时代为晚震旦世早期。本组分布于贺县鹰阳关地区，岩性变化不大。

培地组　Z_2p　(06-45-0308)

【创名及原始定义】　广西区测队1976年① 创名于广西贺县大宁镇培地村。指位于小内冲组之下的一套地层，岩性为灰绿色细砂岩、粉砂岩、页岩夹多层硅质岩组成。未见底。

【沿革】　1976年，广西区测队将原水口群下亚群命名为培地组，并一直沿用至今。

【现在定义】　指整合于下龙组之上、小内冲组之下的一套地层，岩性为灰绿色长石石英砂岩、石英砂岩、页岩夹多层硅质岩。下以绢云板岩的消失或长石石英砂岩的出现与下龙组分界；上以硅质岩的消失或砂质页岩的出现与小内冲组分界。

【层型】　正层型剖面位于贺县大宁镇炭冲—培地—螺石口（111°45′，24°25′）（广西区域地质普查大队1965年测制）。

上覆地层：**小内冲组**　黄绿色、灰绿色砂质页岩

——————— 整　合 ———————

培地组	总厚度 1 301 m
7. 碧绿色、灰白色厚层硅质岩	27 m
6. 灰绿色块状不等粒砂岩夹灰绿色页岩	309 m
5. 浅绿、淡黄色厚层硅质岩	27 m
4. 顶部黄绿色厚层粉砂岩夹砂质页岩，产 *Protospongia* sp.，下部为黄绿色块状中细粒石英砂岩夹少量长石石英砂岩	108 m
3. 灰绿色厚层长石石英砂岩夹灰绿色页岩	572 m
2. 浅绿色厚层硅质岩	34 m
1. 灰绿色厚层不等粒长石石英砂岩夹页岩。(未见底)	224 m

培地组次层型剖面位于贺县大宁镇下龙村（111°54′，24°38′）（陈显伟、何崇泉1983年测制）。

培地组	总厚度 209 m
45. 灰、灰黄色不等粒长石质石英砂岩夹灰黑色页岩、泥质粉砂岩	112 m
44. 黑色厚层页岩夹黄灰色不等粒长石质砂岩、少许泥质粉砂岩	68 m
43. 浅灰色—深灰色不等粒长石质石英砂岩夹黑色页岩	29 m

——————— 整　合 ———————

下伏地层：**下龙组**　绢云板岩

① 广西区域地质测量队，1976，广西地质（征求意见稿）。

【地质特征及区域变化】 本组下部及中部为灰绿、灰黑色厚层不等粒长石石英砂岩、长石石英砂岩夹页岩、硅质岩，上部为厚层砂岩、不等粒砂岩、粉砂岩夹页岩、硅质岩。在贺县大宁镇下龙村该组底为长石石英砂岩与下龙组绢云板岩整合接触。

本组含 *Protospongia* sp.。此外，在贺县七星岭培地组上部产微古植物:*Stenozonotriletes* aff. *dedaleus*，*Lephotriletes* aff. *crassus*，*Tyloligotriletes* sp.。

培地组通过区域对比，其时代与桂北老堡组相当，为晚震旦世晚期。

培地组分布于大瑶山以东至贺县鹰阳关一带。鹰阳关至大桂山一带，下部为长石石英砂岩为主，夹页岩及硅质岩，上部为砂岩、不等粒砂岩夹页岩、硅质岩。仅鹰阳关一带出露底界。大桂山至大瑶山一带，为黄绿、深灰色细砂岩夹不等粒砂岩、页岩、粉砂质页岩及硅质岩，上部夹少量长石石英砂岩，硅质岩夹层减少，多数地区仅见顶部一层硅质岩，往下为硅质岩凸镜体或团块。

清溪组 $\in_{1-2}q$ （06-45-0401）

【创名及原始定义】 原称清溪系。李捷、朱森1932年创名于湖南省城步县县城附近清溪。指湖南省城步县清溪及广西三江县老堡口，上、下石门等地，南岭层之上岩性为黑色页岩、中夹不洁薄层黑色灰岩、底部为黑色硅质页岩之地层，与南岭层为不整合接触。

【沿革】 1941年，赵金科、吴燕生等将整合于“车田矽化层”之上、边溪系之下的一套黑色含碳质页岩称为清溪系；1959年，赵金科、张文佑改称清溪页岩；1966年，广西区测队称为清溪组，沿用至今（表3-2）。本书采用清溪组，其上界与赵金科、张文佑（1959）的划法相当。

表3-2 广西清溪组划分沿革表

	李捷 朱森	赵金科 吴燕生	赵金科 张文佑	广西区域地质 测量队	广西地质 矿产局	本书
	1932	1941	1959	1966	1985	
$\in_3$	边溪系	边溪系	边溪砂岩	边溪组	边溪组	边溪组
$\in_2$—$\in_1$	清溪系	清溪系	清溪页岩	清溪组	清溪组	清溪组
Z_2	南岭层	车田 矽化层	车田 矽质层	老堡组	老堡组	老堡组

【现在定义】 指整合于老堡组与边溪组之间的一套地层，岩性为黑色碳质页岩、硅质页岩、页岩夹少量砂岩、灰岩。下以硅质岩的消失或碳质页岩的出现与老堡组分界；上以碳质页岩的消失与边溪组分界。

【层型】 清溪组无命名剖面，本次对比研究将广西灵川县九屋乡东岭—汀江剖面作为选层型（110°13′，25°42′）（广西区域地质普查大队1964年测制）。

上覆地层：**边溪组** 不等粒砂岩夹绢云母页岩

——————— 整 合 ———————

清溪组	总厚度 715.00 m
13. 黑色碳质页岩	89.00 m
12. 灰—深灰色薄层状细粒白云质页岩	10.00 m
11. 深灰色砂质页岩夹黑色碳质页岩	423.00 m
10. 浅灰、灰绿色不等粒砂岩	25.00 m
9. 黑色碳质页岩	28.00 m
8. 浅灰、灰绿色不等粒砂岩夹绢云母页岩	56.00 m
7. 黑色碳质页岩、绢云母页岩夹砂岩	84.00 m

———— 整 合 ————

下伏地层：**老堡组** 深灰—黑色硅质岩

【地质特征及区域变化】 本组主要岩性为碳质页岩、页岩夹砂岩、灰岩或白云质灰岩，部分地区夹不等粒砂岩、长石石英砂岩、岩屑砂岩、硅质岩、粉砂岩、砂质页岩。

该组普遍具碳质页岩，碳质页岩中含磷结核、磷块石，下部碳质页岩伴生钒、铀、钼等元素，局部富集成矿。岩石中发育平行层理、交错层理、斜层理、包卷层理及底冲刷面、同生页岩角砾，具鲍马序列，为一套浊流沉积。表明清溪组沉积于缺氧的深海环境。

本组普遍含 *Protospongia* sp.，此外，产微古植物:*Laminarites* sp.，*Trachysphaeridium* sp.，*T. planum*，*Pterospemopsimorpha* sp.，*Polyporata obsoleta*，*P. microporosa*，*Pseudozonosphaera verrucosa*，*P. asperella*，*Paleamorpha figurata*，*P. punctalata*，*Micrhystridium* sp.。几丁虫:*Lagenochitina* sp.，*Amphorachitina* sp.，*Desmochitina* sp.。

清溪组与下伏老堡组呈整合接触，时代为早、中寒武世。

本组分布于桂北融安县至全州县一带，以及灌阳县、富川瑶族自治县一带。

本组岩性变化较大，罗城、融水、永福寿城以北一直到全州一带，以碳质页岩、黑色页岩为主，下部夹碳质硅质岩，中部夹砂岩、粉砂岩，上部夹薄层或凸镜状灰岩、白云质灰岩。永福寿城、灵川海洋山一带沉积物变粗，下部为灰绿色砂岩、不等粒砂岩夹硅质岩及碳质页岩、页岩，中上部为砂岩夹页岩、灰岩。

总体上，本组横向变化是自北向南、砂岩、硅质岩增多，页岩、碳质页岩及灰岩减少，厚度增大。

边溪组 $\in_{2-3}b$ **(06-45-0402)**

【创名及原始定义】 原称边溪系。李捷、朱森 1932 年创名于湖南省城步县城南边溪附近。原始定义为“地层为黑色或暗灰色板岩、夹黑色页岩，于湖南城步之南下边溪附近甚为发育，故名边溪系。”

【沿革】 1941 年赵金科、吴燕生将整合于清溪系之上、溶江系之下的一套灰色细砂岩、页岩夹灰岩亦称为边溪系；1959 年，赵金科、张文佑改称边溪砂岩，与下伏清溪页岩及上覆白洞灰岩均为整合接触；1966 年，广西区测队称为边溪组，以清溪组顶部灰岩层之顶作为底界，以白洞组灰岩之底作为顶界，岩性为砂岩夹页岩，下部夹碳质页岩及少量灰岩；此后广泛使用。本书将清溪组上部碳质页岩之顶作为边溪组的底界，顶界为白洞组灰岩之底。

【现在定义】 指整合于清溪组与白洞组之间的一套地层，岩性为砂岩夹页岩、灰岩。下以碳质页岩的消失或砂岩的出现与清溪组分界;上以砂岩的消失或灰岩的出现与白洞组分界。

【层型】 边溪组无命名剖面，选层型剖面位于广西灵川县九屋乡东岭—汀江（110°13′，

25°42′)（广西区域地质普查大队 1964 年测制)。

上覆地层：**白洞组** 灰、深灰色薄层状灰岩

——————— 整 合 ———————

边溪组	总厚度 874.00 m
25. 浅灰绿色不等粒砂岩夹绢云母页岩	50.00 m
24. 浅灰、灰绿色绢云母页岩	52.00 m
23. 黄绿、灰绿色泥质砂岩与浅灰绿色绢云母页岩互层	51.00 m
22. 黄绿、浅灰绿色细砂岩夹绢云母页岩	333.00 m
21. 浅灰绿色厚层状绢云母页岩	13.00 m
20. 黄绿、浅绿色细砂岩	14.00 m
19. 浅灰绿色绢云母页岩	18.00 m
18. 黄绿、灰绿、浅绿色不等粒砂岩及页岩	68.00 m
17. 浅灰、灰绿色厚层块状细砂岩	81.00 m
16. 不等粒砂岩夹页岩	55.00 m
15. 浅灰、灰绿色细砂岩	26.00 m
14. 浅灰—灰绿色不等粒砂岩夹浅绿色绢云母页岩	113.00 m

——————— 整 合 ———————

下伏地层：**清溪组** 灰黑、黑色薄层状碳质页岩

【地质特征及区域变化】 边溪组以灰绿色厚层状不等粒砂岩、砂岩、长石石英砂岩为主，夹少量灰黑、灰绿色页岩，局部夹少量灰岩。本组顶部在灌阳一带为页岩与上覆黄隘组砾岩平行不整合接触。

本组古生物稀少，仅含 *Protospongia* sp.。根据边溪组整合于清溪组之上，早奥陶世白洞组之下，故其时代为中到晚寒武世。

本组主要分布于融水苗族自治县至全州县一带，此外，灌阳县、富川瑶族自治县、恭城县一带也有出露。融水苗族自治县、永福寿城以北至全州一带，均为长石石英砂岩、砂岩、不等粒砂岩夹页岩，下伏清溪组碳质页岩，上覆白洞组灰岩、白云质灰岩。厚度 654～874 m。

往东南至永福一带，为灰绿色块状砂岩夹页岩或粉砂岩，局部夹灰岩、泥灰岩或钙质页岩，未见顶，厚度大于 1 368 m。兴安楼底塘一带为灰、灰绿色长石石英砂岩夹少量泥岩，上覆地层为黄隘组火山碎屑岩。灌阳、观音阁一带为石英砂岩、长石石英砂岩、细粒杂砂岩夹绢云板岩及少量灰岩凸镜体，顶为绢云板岩与黄隘组含火山碎屑杂砾岩接触。

往西至环江毛南族自治县驯乐一带，上部变为三都组泥晶灰岩夹白云岩、页岩（图 3-2）。

小内冲组 $\in_{1-2}x$ (06-45-0403)

【创名及原始定义】 广西区测队 1976 年[1]创名，标准地点位于广西贺县大宁镇小内冲。指位于黄洞口组与培地组之间的地层，岩性为灰绿色块状砂岩、长石石英砂岩、粉砂质页岩及页岩组成。下以硅质岩的消失或砂质页岩的出现与培地组分界；上以砂质页岩的消失或含砾粗砂岩的出现与黄洞口组分界。

① 广西区域地质测量队，1976，广西地质（征求意见稿）。

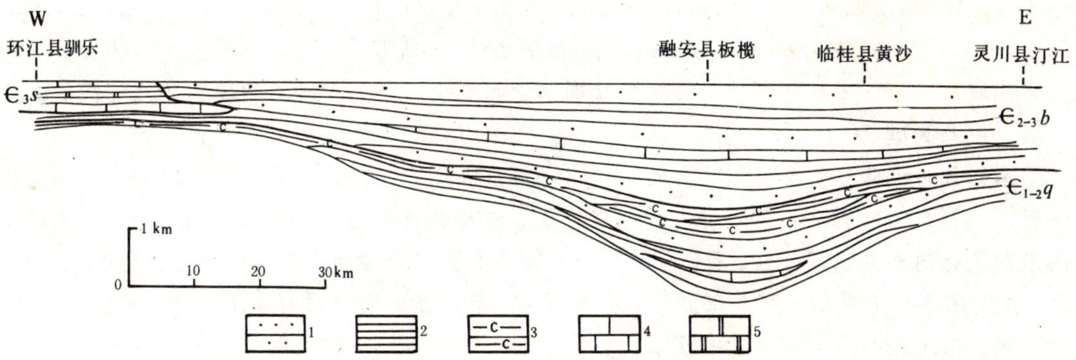

图 3-2　广西环江驯乐—灵川汀江寒武纪地层剖面图

1. 砂岩；2. 页岩；3. 碳质页岩；4. 灰岩；5. 白云岩

$\in_{1-2}q$. 清溪组；$\in_{2-3}b$. 边溪组；$\in_{3}s$. 三都组

【沿革】　1976 年，广西区测队创名小内冲组，用以代表桂东南一带原水口群中亚群。1985 年，广西地矿局正式使用，上覆地层称为黄洞口组。本书继续沿用。

【现在定义】　指整合于培地组与黄洞口组之间的一套地层，岩性为灰绿色块状砂岩、长石石英砂岩与砂质页岩、页岩互层，局部夹碳质页岩。下以硅质岩的消失或砂质页岩的出现与培地组分界；上以砂质页岩的消失或含砾粗砂岩的出现与黄洞口组分界。

【层型】　正层型剖面位于贺县大宁镇小内冲（111°45′，24°25′）（广西区域地质普查大队 1965 年测制）。

上覆地层：**黄洞口组**　含细砾粗砂岩、细砂岩与页岩互层

——————— 整　合 ———————

小内冲组	总厚度 1 413.00 m
16. 黄绿色粉砂质页岩、页岩夹长石石英砂岩。含 *Protospongia* sp.	196.00 m
15. 黄绿色块状砂岩与黄绿色页岩互层。含 *Protospongia* sp.	208.00 m
14. 灰绿色粉砂质页岩夹灰绿色薄层砂岩	174.00 m
13. 灰绿色中细粒长石石英砂岩夹粉砂质页岩、页岩	151.00 m
12. 灰绿色粉砂质页岩与灰色长石石英砂岩互层，夹碳质、硅质页岩	210.00 m
11. 黄绿色厚层不等粒砂岩与灰色页岩互层	166.00 m
10. 灰绿色粉砂质页岩、含黄铁矿结核。含 *Protospongia* sp.	102.00 m
9. 黄绿色中细粒砂岩夹页岩、砂质页岩	176.00 m
8. 顶部为 7 m 厚含磷结核的碳质页岩，其下为黄绿色、灰绿色砂质页岩	30.00 m

——————— 整　合 ———————

下伏地层：**培地组**　碧绿色、灰白色厚层硅质岩

【地质特征及区域变化】　本组岩性为灰绿色砂岩、长石石英砂岩、石英砂岩、不等粒砂岩与砂质页岩、页岩互层，局部夹粉砂岩、碳质页岩。

本组岩性主要为较细的砂质岩与泥质岩互层，局部尚夹碳质泥岩。发育水平纹层，生物以 *Protospongia* sp. 为主。说明小内冲组为深海环境沉积。

古生物特点是普遍含 *Protospongia* sp. 。此外，在贺县七星岭尚有植物孢子:*Acanthotriletes* sp., *Trachyotrites* sp., *T.* aff. *nevelensis*, *Stenozitrilensis* sp., *Punctus* sp., *Tyloligotriletes induratus*, *Conglobulosphaera incrustus*, *Lophotriletes* sp., *Uerrucosatriletes* aff. *induratus* 等，其时代属寒武纪。本组与下伏晚震旦世晚期培地组整合接触，层位与清溪组相当，故其时代为早—中寒武世。

本组分布于桂东贺县鹰阳关至西大明山一带。大瑶山东部，贺县一带，以细粒—不等粒砂岩、长石石英砂岩、石英砂岩为主，夹少量页岩及碳质页岩，厚 1 413～1 780 m。大瑶山西南侧及苍梧地区以细砂岩、粉砂岩为主，夹较多的页岩及碳质页岩，厚度大于 573 m。镇龙山、大明山及西大明山一带为细砂岩、长石石英砂岩、粉砂岩与页岩互层，局部夹碳质页岩，未见底。由东北向西南方向粒度变细。

黄洞口组　$\in_{2-3}h$　(06-45-0404)

【创名及原始定义】　广西地矿局 1985 年创名，创名地点位于广西贺县大宁镇黄洞口。指桂东南地区寒武系上部层位，岩性为不等粒砂岩、长石石英砂岩、粉砂岩夹页岩、少量碳质页岩及透镜状砂岩。

【沿革】　1963 年，广西区域地质普查大队将这套寒武系上部地层称水口群上亚群；1976 年，广西区测队按沉积旋回，将水口群上亚群自下而上分为三个组：六坡组、中团组、大屋地组；1985 年，广西地矿局将其合并称为黄洞口组。本书认为，由于六坡组、中团组、大屋地组岩性相似，分层标志不明显，广西地矿局（1985）修订是合理的，本书沿用。

【现在定义】　指整合于小内冲组与六陈组之间的一套地层，岩性为不等粒砂岩、长石石英砂岩、粉砂岩与页岩、粉砂质页岩呈不等厚互层。下以页岩的消失或含砾粗砂岩的出现与小内冲组分界；上以页岩的消失或丰产笔石动物群的砂页岩互层的出现与六陈组分界，呈整合接触，区域上局部为平行不整合。

【层型】　正层型剖面位于贺县大宁镇黄洞口（111°45′，24°25′）（广西区域地质普查大队 1965 年测制）。

黄洞口组	总厚度 1 971.00 m
26. 灰绿色厚层状不等粒石英砂岩与页岩互层。含 *Protospongia* sp.	540.00 m
25. 黄绿色不等粒石英砂岩	57.00 m
24. 灰绿色石英砂岩与页岩互层	124.00 m
23. 石英细砂岩夹页岩	106.00 m
22. 灰绿色粉砂岩与页岩互层，局部夹碳质页岩	84.00 m
21. 黄绿色中粒砂岩与页岩互层	308.00 m
20. 灰绿色不等粒石英砂岩夹页岩。含 *Protospongia* sp.	350.00 m
19. 灰绿色中粒长石石英砂岩夹页岩	108.00 m
18. 灰绿色细砂岩与页岩互层	170.00 m
17. 含细砾石英粗砂岩、细砂岩与页岩互层	124.00 m

———— 整　合 ————

下伏地层：**小内冲组**　黄绿色粉砂质页岩、页岩夹长石石英砂岩

【地质特征及区域变化】　本组为灰绿色、黄绿色不等粒砂岩、石英砂岩、长石石英砂岩、砂岩、粉砂岩与页岩、粉砂质页岩呈不等厚互层，局部夹含碳质页岩及灰岩凸镜体，底部多

数为含细砾粗砂岩。黄洞口组顶在武鸣县山窑为页岩与六陈组砾岩呈平行不整合接触。本组岩性为含砾砂岩、不等粒砂岩、砂岩与页岩互层；具槽模及底冲刷构造，发育粒序层理、斜层理、波状沙纹层理及水平层理，具鲍马序列。从古生物群的生态看，滨浅海环境的微古植物、腕足类及三叶虫与海绵骨针共生。以上特征表明，黄洞口组为深海浊流沉积。

古生物特点是普遍含 *Protospongia* sp.，部分地区产腕足类、微古植物及三叶虫。腕足类：*Acrothele* sp.，*A.* aff. *cheni*、*Homotreta* sp.，*Paterina* sp.，*Obolus* sp.，*O.* aff. *shansiensis*，*Lingulella* sp. 等。微古植物：*Leiopsophosphaera solida*，*L. infriata*，*Trachysphaeridium cultum*，*T. rugosum*，*T.* sp.，*Lophosphaeridium* sp.，*Asperatopsophosphaera* sp.，*Reticulum simplex*，*Stictosphaeridium* sp.，*Zonosphaeridium* sp.，*Polyporato olsoleta*，*Snysphaeridium conglutinatum*，*Lignum* sp.，*Leiofusa ficornuta*，*Micrhystridium* sp.，*Tsematosphaeridium* sp.，*Polyedryxium* sp.，*Ouadratimospha* sp. 等。三叶虫：*Lotagnostus* sp.，*Hedinaspis* sp.，*Charchaqia* sp. 等。

由于黄洞口组与下伏小内冲组及上覆六陈组均呈整合接触，故其时代为中—晚寒武世。

黄洞口组分布于贵县、梧州至大瑶山、大明山及西大明山一带。贵县以东的广大地区，本组由砂岩、粉砂岩夹页岩、不等粒砂岩组成，局部夹长石石英砂岩、碳质页岩、底为含砾砂岩、含砾长石石英砂岩与下伏小内冲组整合接触，多数未见顶，仅南端桂平麻垌、藤县、苍梧马栏塘等地，夹有较多的长石石英砂岩，含腕足类、三叶虫化石，顶为页岩与上覆六陈组含笔石页岩整合接触。大明山、西大明山一带，本组主要由长石石英砂岩、不等粒砂岩、砂岩夹页岩、粉砂质页岩组成，局部夹灰岩凸镜体。

综上所述，黄洞口组由西向东沉积物颗粒变细、长石石英砂岩减少、碳质页岩夹层增多。

三都组　$\in_3 s$　(06-45-0405)

【创名及原始定义】　卢衍豪 1954 年创名于贵州省三都县城附近。原称三都页岩。指该地含晚寒武世三叶虫的一套页岩，厚数百米。

【沿革】　广西 1985 年开始引用三都组，一直至今。

【现在定义】　指整合于锅塘组与杨家湾组间的一套以黄灰、青灰色泥灰岩为主，下部夹薄层瘤状灰岩及砾屑灰岩，底部为厚层块状砾屑灰岩，富含三叶虫化石。底以灰、深灰色薄层泥灰岩的消失和砾屑灰岩及泥灰岩夹中层砾屑灰岩的出现与杨家湾组分界；顶以灰、灰绿色钙质页岩、泥灰岩的消失和泥晶灰岩的出现与锅塘组分界。

【层型】　正层型在贵州省。广西次层型在靖西县吞盘乡那美（06-45-0405-4-1）。

【地质特征及区域变化】　区内本组岩性为灰、灰黄、灰绿色条带状灰岩、泥质灰岩夹页岩、砂质页岩，含三叶虫化石，顶、底均未出露。

古生物特点是东南型动物群与华北型动物群混生，有 *Lotagnostus* sp.，*Charchaqia* sp.，*Proceratopyge* sp.，*Yuepingia* sp.，*Saukia* sp.，*Prosaukia* sp.，*Dictyites* sp.，*Mansuyia* sp. 以及 *Sanduspis* sp.，*Pseudognostus* sp.，*Homagnostus* sp. 等。此外，尚含少量腕足类:*Eoorthis* sp.，*E.* cf. *linnarssoni*，*Palaeostrophia* sp.，*Billingsella* sp. 等。

根据所含三叶虫化石，三都组时代为晚寒武世。

本组分布于靖西吞盘、和温，环江驯乐一带。吞盘、和温一带，下部以泥质灰岩、条带状灰岩为主，中部以页岩、粉砂质页岩为主，夹条带状灰岩，上部泥质条带灰岩、灰岩与页岩、粉砂质页岩相间组成，出露厚度 2 095 m。驯乐一带为灰岩夹页岩、白云岩，向东逐渐过渡为边溪组（图 3-2）。

龙哈组 $\in_{2-3}l$ （06-45-0406）

【创名及原始定义】 罗惠麟（1975）创名于云南省富宁县田蓬区龙哈附近，项礼文等（1981）介绍。原始定义：灰、深灰色白云质灰岩、白云岩夹泥质灰岩、砂质泥岩、粉砂岩，厚 600～800 m，产 *Solenoparia* 等三叶虫，与华北张夏阶相当。

【沿革】 该套地层在广西一直称为张夏阶。本书认为，这套以白云岩为主的地层与罗惠麟所命名的龙哈组岩性相似，层位相当，因而采用龙哈组一名。

【现在定义】 深灰、浅灰色厚层状白云岩、白云质灰岩夹少量薄层粉砂岩、粉砂质泥岩、页岩，厚度较大，生物较少。底部以厚层状白云质灰岩出现与田蓬组分界；顶部以厚层状白云岩或白云质灰岩结束与唐家坝组分界，均呈整合关系。

【层型】 正层型在云南省。广西次层型在隆林各族自治县蛇场乡（06-45-0406-4-1）。

【地质特征及区域变化】 在广西境内为灰—深灰色中厚层状白云岩、泥晶白云岩夹粉砂岩、灰质白云岩、泥晶灰岩及少量细砂岩，含三叶虫化石，顶、底均未出露，厚度大于 295 m。

本组含较丰富的三叶虫化石，主要有 *Mufushania* sp.，*M.* cf. *shalangensis*，*Kunmingaspis* sp.，*Proasaphiscus* sp.，*Chittidilla* sp.，*Kailiella* sp.，*Kaotaia* sp.，*Pagetia* sp.，*Dictyella* sp.，*Saukia* sp.，*Tsinania* sp. 等。根据所含三叶虫，龙哈组时代为中寒武世至晚寒武世。

本组出露于桂西隆林蛇场外，还见于德峨及那坡弄化等地，均出露不全，岩性变化不大，厚度不详。

博莱田组 $\in_{3}bc$ （06-45-0407）

【创名及原始定义】 罗惠麟（1975）创名于云南省麻栗坡县南利至博莱田，项礼文等介绍（1981）。原始定义：灰紫、灰绿、灰色云母质泥岩、粉砂岩、泥质条带灰岩，产 *Prosaukia* 及 *Calvinella* 等化石，厚 1 000～2 000 m。与华北凤山阶相当。

【沿革】 广西这套地层原称凤山阶；由于与博莱田组岩性相似、层位相当，故本书引用博莱田组。

【现在定义】 下、中部为浅灰、灰绿、灰紫色砂质泥岩、泥质粉砂岩夹少量深灰色泥质灰岩、灰岩；上部为灰白、浅灰色厚层灰岩、灰色白云岩、白云质灰岩夹板岩。底以大量砂质泥岩的出现与下伏唐家坝组泥质条带灰岩整合接触。

【层型】 正层型在云南省。广西次层型在那坡县坡笨（06-45-0407-4-1）。

【地质特征及区域变化】 本组在广西境内岩性主要为灰绿、深灰色泥晶灰岩夹条带状灰岩、泥岩，顶、底均未出露，厚度大于 288 m。

古生物特点为富含三叶虫:*Haniwa* sp.，*Neoagnostus* sp.，*Richardsonella* sp.，*Shumardia* sp.，*Fatocephalus* sp.，*Geragnostus*（*Micragnostus*）sp.，*Mictosaukia* sp.，*Shergoldia* sp.，*Raptagnostus* sp.，*Tellerina* sp.，*Saukia* sp.，*Quadraticephalus* sp.，*Pseudagnostus* sp.，*Homagnostus* sp. 及少量腕足类、棘皮动物。根据该组所含的三叶虫化石，认为博莱田组时代为晚寒武世晚期。

白洞组 O_1b （06-45-0501）

【创名及原始定义】 原称白洞灰岩。赵金科、张文佑 1959 年创名，创名地点为广西资源县车田乡白洞村。指广西资源县车田乡白洞村边溪砂岩之上的灰岩层，为黑色厚层状灰岩，微含硅质，中夹泥质灰岩块，上覆地层为黄隘页岩。

【沿革】 1964年广西区域地质普查大队改称白洞组。此后一直沿用至今。

【现在定义】 指整合于黄隘组与边溪组之间的一套地层，岩性为灰、黑色灰岩、泥质灰岩，下以石英砂岩的消失或灰岩的出现与边溪组分界，上以灰岩的消失或细砂岩的出现与黄隘组分界。

【层型】 白洞组命名时无剖面，选层型剖面在兴安县松江口（110°22′，25°36′）（广西区域地质普查大队1964年测制）。

上覆地层：**黄隘组** 灰绿色厚层块状细砂岩夹黑色页岩

——————— 整 合 ———————

白洞组 总厚度34 m

灰黑色中厚层状细晶灰岩 34 m

——————— 整 合 ———————

下伏地层：**边溪组** 灰绿色石英砂岩

【地质特征及区域变化】 本组为一套灰、深灰色灰岩，局部夹钙质页岩及白云岩。白洞组未见化石，根据上下地层时代，推测本组时代为早奥陶世早期。

本组分布于桂北临桂、兴安、资源、全州等地。兴安松江口一带为灰黑色中厚层状细晶灰岩，厚34 m；往西至临桂宛田一带为灰—灰黑色薄层状泥灰岩夹钙质页岩，厚仅16 m；往东至全州鹞子江一带为灰、深灰色薄层灰岩夹白云岩，厚达120 m。总的变化趋势是由西向东厚度增大。白洞组往南至全州楼底塘一带逐渐尖灭，与黄隘组底部火山岩夹砂岩呈相变关系。（如图3-3）。

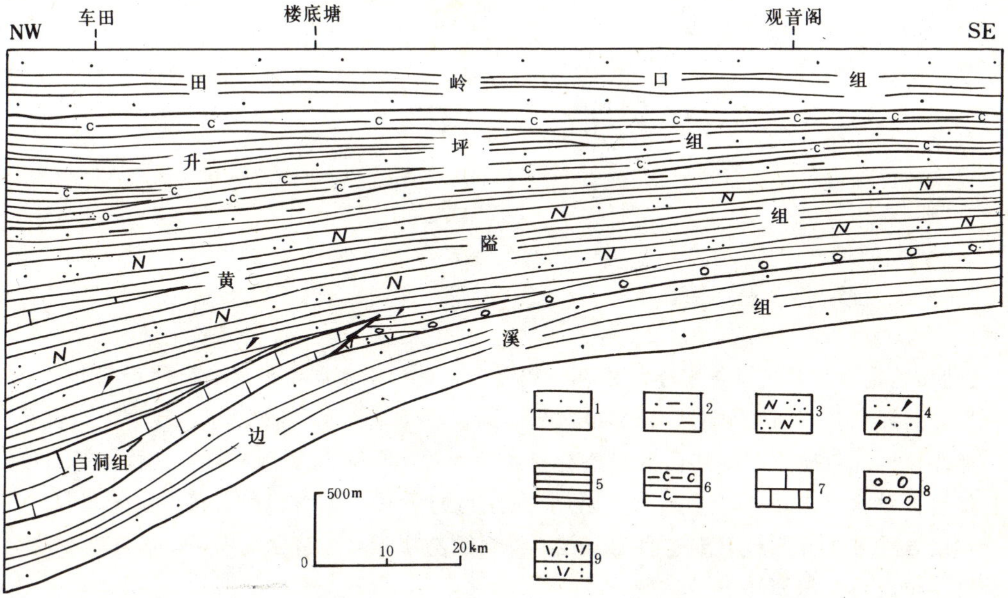

图3-3 资源县车田至灌阳县观音阁奥陶纪地层剖面

1. 砂岩；2. 泥质砂岩；3. 长石石英砂岩；4. 岩屑质砂岩；5. 页岩；6. 碳质页岩；7. 灰岩；8. 砾岩；9. 凝灰岩

黄隘组　O_1h　（06－45－0502）

【创名及原始定义】　原称黄隘页岩。赵金科、张文佑1959年创名，创名地点在广西兴安县华江乡黄隘村。原指“黄隘页岩整合于白洞灰岩层之上，因首先见于兴安县华江乡黄隘南二里故名，岩石为灰绿色岩层，黑色页岩及灰色砂岩所组成。”

【沿革】　1964年，广西区域地质普查大队将黄隘页岩上部的碳质页岩单独划分出来，并命名为升坪组，下部改称黄隘组；1966年，广西区测队将容县一带印渚埠组之上的一套砂页岩亦称为黄隘组；1985年，广西地矿局在《广西壮族自治区区域地质志》中使用黄隘组，其含义是指桂北地区整合于白洞组之上，升坪组之下或桂东南地区整合于六陈组之上的一套以砂、页岩互层为特征的地层。本书采用广西地矿局（1985）的含义。

【现在定义】　指整合于白洞组与升坪组之间的一套地层，岩性为灰绿色富含笔石的砂岩与页岩互层。下以白洞组灰岩的消失作为分界标志；上以升坪组黑色碳质页岩的出现作为分界标志。

【层型】　正层型剖面位于兴安县华江乡升坪圩黄隘村（110°28′，25°47′）（广西区域地质普查大队1964年测制）。

上覆地层：升坪组　含碳粉砂质页岩

——————　整　合　——————

黄隘组	总厚度 1 748.0 m
11. 中细粒砂岩夹页岩或与页岩互层	55.0 m
10. 灰、灰绿色页岩，含笔石 *Trigonograptus ensiformis*	70.00 m
9. 页岩夹中粗粒砂岩。含笔石 *Phyllograptus angustifolius*，*Didymograptus* cf. *nitidus*	52.0 m
8. 页岩。含笔石 *Didymograptus* cf. *abnormis*，*D. extensus*，*D. huloensis*	262.0 m
7. 页岩，下部夹含长石砂岩	125.0 m
6. 细砂岩夹页岩	146.0 m
5. 灰绿色页岩，上部大部分为浮土掩盖	434.0 m
4. 灰绿色页岩	203.0 m
3. 细砂岩夹页岩或互层	362.0 m
2. 灰绿色页岩	39.0 m

——————　整　合　——————

下伏地层：白洞组　细粒灰岩

【地质特征及区域变化】　本组由灰、灰绿、灰黑色中厚层状砂岩、粉砂岩与页岩互层组成，部分地区为长石石英砂岩，局部地区夹页岩、白云岩及砾岩凸镜体，富含笔石化石。

桂北地区，黄隘组与下伏白洞组整合接触，与边溪组则为平行不整合接触；与上覆升坪组为整合接触（如图3－3）。桂东南地区，黄隘组与下伏六陈组为整合接触，未见顶。

本组岩性多为深灰色砂岩与页岩互层，发育微斜层理，普遍含黄铁矿，富含笔石动物群，说明黄隘组沉积于深海环境。

本组富含笔石动物群，此外，桂东南地区尚含少量腕足类。笔石：*Tetragraptus approximatus*，*T. quadribrachiatus*，*T. immaturus*，*Didymograptus balticus*，*D. abnormis*，*D. extensus*，*Cardiograptus amplus*，*Glyptograptus austrodentatus*，*Phyllograptus angustifolius*，*P. anna* 等。

腕足类：*Lingulella* sp.，*Homotreta* sp. 以及 *Westonia kayseri*。根据黄隘组所含的笔石化石，判断其时代为早奥陶世中—晚期。

本组分布于桂北的临桂宛田至兴安、全州以及灵川海洋山一带。此外，桂东南的苍梧马栏塘、平南濛江、六陈以及桂平中和圩等尚有小面积出露。临桂宛田到兴安升坪及全州一带，为灰绿色页岩夹砂岩，长石石英砂岩及少量钙质页岩，泥灰岩或白云岩，与下伏白洞组灰岩整合接触。厚 789～1 748 m。兴安中峰、百里村一带，为灰色长石石英砂岩、细砂岩夹页岩、粉砂质页岩及少量灰岩，底部为厚度不等（最厚 161 m）的凝灰岩、火山角砾岩夹长石石英砂岩，与下伏边溪组石英砂岩平行不整合接触。厚 789 m。灵川海洋山一带为细砂岩、长石石英砂岩夹少量泥岩，底部为厚 2.4～11.8 m 的深灰色厚层状含火山碎屑质杂砾岩，与下伏边溪组呈平行不整合接触。厚 625 m。桂东南地区，黄隘组多为黄褐色、黄绿色、砖红色、灰白色细砂岩、粉砂岩夹页岩、粉砂质页岩及少量含砾不等粒砂岩。厚 327～3 962 m。

由上述可看出，黄隘组由西北向东南方向沉积物粒度变粗，与下伏地层由整合到平行不整合接触（如图 3-3）。

升坪组　$O_1\hat{s}$　（06-45-0503）

【创名及原始定义】　广西区域地质普查大队 1964 年创名，创名地点在广西兴安县华江乡升坪圩。指广西区域地质普查大队（1964）测制的兴安升坪剖面 12—17 层：上部及下部为黑色页岩、碳质页岩，中部夹少量灰绿色细砂岩或粉砂岩，产丰富的笔石。

【沿革】　自创名至今一直沿用。详见表 3-3。

表 3-3　桂北奥陶纪地层划分沿革表

<table>
<tr><td colspan="2">赵金科
张文佑</td><td colspan="2">赵金科
张文佑</td><td colspan="2">广西区域
地质普查大队</td><td colspan="2">广西区域
地质测量队</td><td colspan="2">广西地质
矿产局</td><td colspan="2">本书</td></tr>
<tr><td colspan="2">1952</td><td colspan="2">1959</td><td colspan="2">1964</td><td colspan="2">1976</td><td colspan="2">1985</td><td colspan="2"></td></tr>
<tr><td rowspan="3">O_2</td><td rowspan="3">田岭口层</td><td rowspan="5">溶江系</td><td rowspan="3">田岭口层</td><td>S_1</td><td>田岭口组</td><td>S_1</td><td>田岭口组</td><td>S_1</td><td>田岭口组</td><td rowspan="3">O_{2-3}</td><td rowspan="3">田岭口组</td></tr>
<tr><td rowspan="4">O</td><td rowspan="2">中上统</td><td rowspan="4">O</td><td>上统</td><td>O_3</td><td>上统</td></tr>
<tr><td>中统</td><td>O_2</td><td>中统</td></tr>
<tr><td rowspan="2">O_1</td><td rowspan="2">溶江系</td><td rowspan="2">黄隘页岩</td><td>升坪组</td><td>升坪组</td><td rowspan="2">O_1</td><td>升坪组</td><td rowspan="2">O_1</td><td>升坪组</td></tr>
<tr><td>黄隘组</td><td>黄隘组</td><td>黄隘组</td><td>黄隘组</td></tr>
</table>

【现在定义】　指整合于黄隘组与田岭口组之间由含丰富笔石化石的黑色页岩，碳质页岩夹少量细砂岩或粉砂岩组成的一套地层。下以黑色碳质页岩的出现或砂、页岩互层的消失与黄隘组分界；上以黑色碳质页岩的消失或砂页岩互层的出现与田岭口组分界。

【层型】　正层型剖面位于广西兴安县华江乡升坪圩（110°28′，25°47′）（广西区域地质普查大队 1964 年测制）。

上覆地层：**田岭口组** 泥质细砂岩夹页岩

—————— 整 合 ——————

升坪组 总厚度 665 m

17. 页岩，上部含碳质及粉砂质。产腕足类及笔石。*Climacograptus* sp.，*Glyptograptus* sp.，*G.* cf. *teretiusculus*，*Dicellograptus* sp.，*D.* cf. *elegans*，*Orthograptus calcatus* 42.0 m
16. 含碳粉砂质页岩。含笔石 *Phyllograptus bigsbyi*，*P. ilicifolius*，*Didymograptus* cf. *nicholsoni*，*D. hirundo*，*D. extensus*，*Trigonograptus ensiformis*，*Tetragraptus bigsbyi*，*Glyptograptus* sp. 288.0 m
15. 泥质细砂岩夹含粉砂质页岩。含笔石 *Climacograptus* sp. 148.0 m
14. 含粉砂质页岩，顶部为页岩，夹一层细砂岩。含笔石 *Tetragraptus serra*，*Didymograptus* cf. *ellesae* 43.0 m
13. 含碳质页岩。产笔石 *Amplexograptus confertus*，*Glyptograptus dentatus*，*Tetragraptus serra*，*Didymograptus* cf. *ellesae* 122.0 m
12. 含碳粉砂质页岩。产笔石 *Phyllograptus* sp.，*Glyptograptus* sp.，*Climacograptus* sp.，*Trigonograptus ensiformis*，*Tetragraptus* cf. *bigsbyi* 22.0 m

—————— 整 合 ——————

下伏地层：**黄隘组** 中细粒砂岩与页岩互层

【地质特征及区域变化】 本组岩性纵向可明显分为三部分：下部碳质页岩为主，夹少量砂岩、页岩；中部为页岩夹砂岩；上部为碳质页岩夹少量页岩、砂岩。顶、底均以碳质页岩为标志层与上覆及下伏地层分界。

本组岩性以富含笔石的灰黑色页岩，碳质页岩为主，局部夹放射虫硅质岩，水平层理、微层理及条带状构造很发育，并普遍含有机质及黄铁矿，说明升坪组沉积于闭塞的深海环境。

本组富含笔石动物群，局部含头足类及三叶虫。笔石主要有：*Amplexograptus confertus*，*Didymograptus ellesae*，*D. linealis*，*D. regularis*，*D. nanus*，*Phyllograptus anna*，*P. ilicifolius*，*P. angustifolius*，*Pseudoclimacograptus wannanensis*，*Cryptograptus gracilicornis*，*Trigonograptus ensiformis* 等。根据所含笔石化石，升坪组时代为早奥陶世晚期，即宁国阶晚期。

本组岩性较稳定，变化不大。厚度变化较大，兴安一带 700 m 左右，向东至全州一带约 200 m，恭城、灌阳一带厚度更小，局部仅 80 余米。

田岭口组 $O_{2-3}t$ (06-45-0504)

【创名及原始定义】 原称田岭口层。赵金科、张文佑 1952 年创名，创名地点在兴安县华江乡田岭口村。指整合于早奥陶世“溶江系之上的一套地层称为田岭口层”。

【沿革】 1964 年，广西区域地质普查大队改称田岭口组，并认为其时代为早志留世。本书田岭口组代表整合于升坪组之上的一套地层，时代为中—晚奥陶世（如表 3-3）。

【现在定义】 指整合覆于升坪组之上，不整合伏于莲花山组之下的地层，岩性为灰绿色细砂岩、长石石英砂岩、岩屑质砂岩、不等粒砂岩与页岩互层。下以碳质页岩的消失或细砂岩的出现与升坪组分界；上未见顶。

【层型】 正层型剖面位于广西兴安县华江乡升坪圩田岭口（110°28′，25°47′）（广西区域地质普查大队 1964 年测制）。

上覆地层：**莲花山组**　紫红色含砾砂岩、砂岩

~~~~~~~~~~ 不 整 合 ~~~~~~~~~~

田岭口组	出露厚度 726.0 m
25. 灰绿色厚层状细砂岩夹灰绿色页岩。产笔石 *Glyptograptus* cf. *tamariscus*, *Petalolithus palmeus*	240.0 m
24. 灰绿色中厚层状细砂岩与浅绿色页岩互层	51.0 m
23. 浅灰绿色页岩夹灰绿色厚层状中细粒砂岩	79.0 m
22. 灰绿、灰色厚层状不等粒砂岩夹深灰色页岩	80.0 m
21. 灰、灰绿色厚层状不等粒砂岩与页岩互层。产笔石 *Dicellograptus excavatus*, *D. complanatus*, *Orthograptus truncatus*	36.0 m
20. 灰、深灰色厚层状不等粒砂岩夹页岩	81.0 m
19. 灰色砂质页岩	28.0 m
18. 灰、灰绿色厚层状泥质细砂岩夹页岩	131.0 m

———— 整 合 ————

下伏地层：**升坪组**　深灰色含碳质页岩

【地质特征及区域变化】　田岭口组为一套厚层块状砂岩与薄层页岩互层，构成明显的复理石韵律。砂质岩主要有长石石英砂岩、岩屑质砂岩、不等粒砂岩、中—细粒砂岩等；页岩中富含笔石。

笔石主要有 *Glyptograptus teretiusculus*, *Dicranograptus nicholsoni diapason*, *Dicellograptus complanatus ornatus*, *D. szechuanensis*。根据所含笔石化石，田岭口组时代为中到晚奥陶世。

本组分布于临桂天平山至全州北部一带。本组岩性均为一套砂质岩与页岩互层，岩性变化表现在砂质岩的种类不同：临桂宛田一带以长石石英砂岩为主，少量岩屑质砂岩、砂岩、粉砂岩；兴安升坪一带为不等粒砂岩、砂岩；兴安浪江一带则基本上为岩屑质砂岩；全州一带为砂岩；灌阳一带则为泥质细砂岩及少量泥质粉砂岩、含长石泥质细砂岩。

六陈组　O_1l　(06-45-0505)

【创名及原始定义】　广西区测队 1976 年创名，标准地点在广西平南县六陈镇。指黄隘组与水口群之间的一套地层，分布于桂东南地区，以富含早奥陶世底部笔石带分子为特征，岩性由富含笔石的细砂岩与页岩组成。底部为含笔石页岩与水口群页岩分界；顶部为页岩与黄隘组细砂岩分界。

【沿革】　1985 年，广西地矿局在《广西壮族自治区区域地质志》中使用，一直沿用至今。

【现在定义】　指整合于黄洞口组与黄隘组之间的一套地层，岩性由富含笔石的细砂岩与页岩组成。下以富含笔石动物群页岩的出现与黄洞口组分界（区域上，与黄洞口组局部为平行不整合接触）；上以页岩的消失或厚层块状细砂岩的出现与黄隘组分界。

【层型】　正层型剖面位于平南县六陈镇林村—深辽村(110°21′,23°12′)(广西区测队 1966 年测制)。

上覆地层：**黄隘组**　灰白色厚层块状细砂岩与砂质页岩互层

———— 整 合 ————

六陈组	总厚度 930.0 m

14. 灰白色粉砂质页岩及页岩夹少量细砂岩。含笔石 *Herrmannograptus* sp., *Tetragrap-*
~~~~~~~~~~

tus sp., *Pseudobryograptus* sp., *Clonograptus* sp. 等 198.0 m

13—12. 掩盖。中下部棕黄色页岩夹中层状细砂岩 106.0 m

11. 灰白色厚层状砂岩夹页岩。含笔石 *Pseudobryograptus* sp. 等 131.0 m

10—9. 灰白色厚层细砂岩与页岩互层 91.0 m

8. 灰白色厚层细砂岩夹薄层页岩 34.0 m

7. 浅灰色厚层中细粒砂岩夹页岩。下部掩盖 146.0 m

6—4. 上部砂岩夹少量页岩；中部紫红色薄层状页岩；下部暗红色页岩夹细砂岩 142.0 m

3. 紫红色薄层页岩，下部夹细砂岩。含笔石 *Bryograptus* sp., *B.* cf. *divergens*, *Clonograptus tenellus* 及腕足类 *Acrotreta* sp. 等 39.0 m

2. 浅红色厚层状细砂岩夹暗红色页岩。含笔石 *Bryograptus* sp., *B. divergens*, *Clonograptus* sp. 等 17.0 m

1. 紫红色薄层状页岩。含笔石 *Dictyonema* sp., *D.* cf. *flabelliforme* 及腕足类 *Acrotreta* sp., *Lingulella* sp., *Curticia* sp. 等 26.0 m

——— 整 合 ———

下伏地层：**黄洞口组** 灰绿色页岩。产三叶虫 *Hedinaspis* sp.

【地质特征及区域变化】 六陈组岩性为砂岩与页岩互层，局部夹长石石英砂岩、粉砂岩、泥质细砂岩及粉砂质页岩、碳质页岩，以页岩夹层较多而与上覆地层相区别，以含笔石化石与下伏地层相区别。

在大明山地区，本组底部为砾岩与下伏黄洞口组页岩呈平行不整合接触。

六陈组岩性以细砂岩、页岩为主，局部地区底为砾岩，见有波痕、小型交错层理、水平微层理，笔石与腕足类共生，说明该组形成于浅海陆架环境。

本组富含笔石及少量腕足类。笔石以多枝的树形笔石目为特征，主要有：*Dictyonema flabelliforme*, *D.* cf. *flabelliforme*, *Bryograptus* sp., *B. divergens*, *Clonograptus* sp., *C. tenellus*, *Anisograptus* sp., *Adelograptus* sp., *Dendrograptus* sp. 等。腕足类：*Acrotreta* sp., *Lingulella* sp., *Curticia* sp. 等。根据所含笔石化石，六陈组时代为早奥陶世早期。

本组分布于苍梧、平南、桂平、博白及大明山等地。平南六陈一带为灰白色细砂岩与页岩互层，下部为紫红色页岩夹砂岩，富含笔石及少量腕足类，厚 930 m。向东苍梧马栏塘一带，为棕黄、黄色细砂岩、泥质细砂岩与页岩、粉砂质页岩互层，未见顶，厚度大于 654 m。向西至桂平中和圩一带，下部为紫红、黄绿色页岩夹少量灰黄色细砂岩；中部为深灰色厚层块状细砂岩夹页岩，夹一层厚 1～1.5 m、延长约 400～500 m 的凸镜状砾岩，砾石呈半圆到滚圆状，砾径 3～60 mm，砾石成分为石英砂岩、泥质砂岩、页岩、石英等；上部为灰白色、黄褐色页岩夹少量细砂岩，厚 759 m。再往西至武鸣山窑一带，底部为灰色厚层状砾岩，厚 8～24 m，由东南向西北方向厚度增大，砾石多为半圆到次棱角状，略具定向排列，砾石成分复杂，有泥岩，含泥硅质岩、砂岩、灰岩、方解石、酸性熔岩等，砾岩底部有铁锰质层，推测六陈组与下伏黄洞口组为平行不整合接触；下部为灰色中厚层状细砂岩、粉砂岩、含钙粉砂泥岩、泥岩呈不等厚互层，夹少量碳质页岩，其中含笔石动物群；上部为灰色中厚层状含钙细粒石英砂岩、长石砂岩与泥岩互层，夹一层厚 101～201 m 的灰绿色中性角斑岩，未见顶，厚度大于 626 m。

综上所述，六陈组由东向西厚度减小，沉积物粒度变粗。

天堂山片麻岩　*ZOt*　(06 - 45 - 0507)

【创名及原始定义】　原称天堂山变质岩系。姚文光、乐森璕1933年创名，创名地点在广西容县灵山乡附近天堂山。指岩石以浅色片麻岩为主，条纹、条带明显，且多眼球状结构，内含石英长石及黑云母极多，似为花岗岩所变，这套地层称为天堂山变质岩系。

【沿革】　1959年，赵金科、张文佑将整合于灵山片岩之下以片麻岩为主的一套地层称为天堂山片麻岩，本书采用之。

【现在定义】　指灵山片岩之下的一套地层，岩性以花岗片麻岩为主，夹二云石英片岩、条带状长英质片麻岩、片理化变粒岩及变质砂岩。上以花岗片麻岩的消失或片岩的出现与灵山片岩分界；底部未出露。

【层型】　天堂山片麻岩创名时无实测剖面，选层型剖面位于广西容县灵山乡峡口（110°35′，22°39′）（广西区调队梁廷苞等1993年测制）。

上覆地层：**灵山片岩**　二云石英片岩

——————— 整　合 ———————

天堂山片麻岩	总厚度 3 068.00 m
6. 长英质片麻岩	30.0 m
7. 石英岩	7.0 m
8. 浮土	296.0 m
9. 片理化角岩	24.0 m
10. 片麻岩	220.0 m
11. 变粒岩	177.0 m
12. 长英质片麻岩	94.0 m
13. 条纹状二长花岗片麻岩	898.0 m
14. 浮土	168.0 m
15. 混合质变粒岩	163.0 m
16. 条纹状花岗片麻岩	147.0 m
17. 变粒岩、混合质变粒岩	82.0 m
18. 变质砂岩	358.0 m
19. 变粒岩、混合质变粒岩	291.0 m
20. 条带状花岗片麻岩。(未见底)	113.0 m

【地质特征及区域变化】　天堂山片麻岩为一套夹有片麻岩的地层，以花岗片麻岩为主，还有长英质片麻岩、黑云片麻岩、二云斜长片麻岩、黑云长石片麻岩、混合片麻岩等，除片麻岩外，还有混合岩、变粒岩、片岩及变质砂岩等。顶部以片麻岩的消失与灵山片岩分界。呈整合接触；底界不详，局部与混合花岗岩呈过渡关系。

根据广西区调院三分院在容县黎村镇眼球状花岗片麻岩中锆石U-Pb同位素年龄值为694±12 Ma；北流分水水库条纹状黑云花岗片麻岩锆石U-Pb同位素年龄值为564～502±Ma，推测天堂山片麻岩时代为震旦纪—早奥陶世。

天堂山片麻岩分布于云开大山一带。岩性变化较大：岑溪一带下部为混合质变粒岩、混合质片岩、条痕状混合岩、眼球状混合岩、阴影状混合岩；上部为堇青变粒岩、黑云变粒岩、长石石英岩、白云片岩、二云片岩夹少量斜长角闪岩、矽线片麻岩。下与花岗岩呈过渡关系。

天堂山一带，为片麻岩、花岗片麻岩夹混合质变粒岩、变粒岩、石英岩。玉林隆盛、陆川米场等地，下部为眼球状、条纹条痕状混合岩、混合质变粒岩、混合质黑云片岩夹混合质黑云石英片岩、混合质片麻岩、混合质黑云片麻岩、混合质矽线黑云长石片麻岩；上部为混合岩、条纹及条痕状混合岩、浅粒岩、黑云片岩、变粒岩、混合质片岩夹混合质二云斜长片麻岩、混合质片麻岩、混合质黑云长石片麻岩、斜长角闪岩等。陆川大桥一带，为混合岩、条痕及条带状混合岩夹混合质奥长片麻岩、混合质黑云片麻岩、混合质二长斜长片麻岩、混合质黑云片岩、混合质黑云石英片岩、混合质二云片岩、混合质变粒岩等。

天堂山片麻岩是区域混合岩化的产物，是在区域变质作用的基础上进一步发展起来的。从混合岩相带和区域变质带的分布看，由东向西，混合岩化程度由深变浅，区域变质作用由强变弱，但区域变质作用波及范围较混合岩化作用大得多。

灵山片岩　$O_1\hat{ls}$　(06－45－0510)

【创名及原始定义】　赵金科、张文佑 1959 年创名，创名地点为广西容县灵山乡。原指“与天堂山片麻岩无明显交角，露于天堂山麓，岭溪南乡樟木圩东南亦有之，以白云母片岩为主，有时含绿泥石，厚仅百公尺许。”

【沿革】　创名后，未被推广使用，这套地层亦未重新命名。本书恢复使用灵山片岩。

【现在定义】　指整合于天堂山片麻岩之上、石圭组之下的一套地层，岩性以石英绢云片岩、二云片岩为主。上以灰岩或钙质页岩的出现与石圭组分界；下与天堂山片麻岩呈连续过渡。选层型剖面上，灵山片岩与上覆石圭组为断层接触，其它地区则呈整合接触。

【层型】　创名时无实测剖面，选层型剖面位于广西容县灵山乡峡口（110°35′，22°39′）（广西区调队梁廷苞等 1993 年测制）。

上覆地层：**石圭组**　灰白色厚层灰岩

＝＝＝＝＝＝ 断　层 ＝＝＝＝＝＝

灵山片岩	总厚度 532.0 m
2. 石英绢云片岩	180.0 m
3. 条带状混合岩	10.0 m
4. 混合质石英绢云片岩	112.0 m
5. 二云石英片岩	230.0 m

———————— 整　合 ————————

下伏地层：**天堂山片麻岩**　长英质片麻岩

【地质特征及区域变化】　灵山片岩以石英片岩及石英绢云片岩、白云片岩为主，局部夹变质砂岩、变质长石石英砂岩及少量变质含砾砂岩，上以石圭组灰岩之底作为顶界，下以天堂山片麻岩的顶作为底界。

灵山片岩包括两个变质相带，即白云母带和黑云母带。典型矿物组合，白云母带为：白云母＋石英＋绢云母±纳长石，相当于绿片岩相；黑云母带为：斜长石＋白云母＋黑云母＋蓝晶石（±十字石）＋铁榴石（＋石英），相当于角闪岩相。因此，灵山片岩变质相为绿片岩—角闪岩相。

由于灵山片岩与上下地层均为整合接触，推断其时代为早奥陶世。

灵山片岩分布于云开大山西麓边缘的容县旺茂、灵山、博白三滩、北流蟠龙及岑溪等地。

岑溪到容县灵山、北流蟠龙一带，为白云石英片岩、白云片岩、二云石英片岩、石英绢云片岩、云母石英片岩夹变质砂岩、变质粉砂岩，厚493～532 m。陆川米场、大桥一带，为二云石英片岩、白云石英片岩、云母石英片岩夹变质砂岩，变质长石石英砂岩、变质粉砂岩及变质含砾砂岩，厚2104～3008 m。

综上所述，灵山片岩由北向南，变质砂岩增多，出现变质含砾砂岩，厚度明显增大。

石圭组　$O_{1-2}\hat{s}g$　(06-45-0508)

【创名及原始定义】　原称石圭大理石，赵金科、张文佑1959年创名，标准地点为广西容县灵山乡石圭村。原指“石圭大理石（W_3）——露于容县灵山乡石圭村附近，在天堂山周围与灵山片岩为整合接触，但在石圭附近则逆掩于灵山片岩之上。”

【沿革】　创名后，未被推广使用，这套地层亦未重新命名。本书认为：“石圭大理石”岩性为灰岩、钙质页岩，分布范围较广，层位稳定，因此将其修订为石圭组，代表灵山片岩之上、东冲组之下的一套地层。

【现在定义】　指位于灵山片岩之上，整合于东冲组千枚岩之下的一套深灰色灰岩夹钙质页岩。在选层型剖面上与下伏灵山片岩为断层接触，其它地区则为整合接触。

【层型】　创名时未测剖面，选层型剖面位于广西容县灵山乡石圭村峡口（110°35′，22°39′）（广西区调队梁廷苞等1993年测制）。

上覆地层：**东冲组**　千枚岩

——————　整　合　——————

石圭组

1. 灰白色厚层灰岩　　15.0 m

══════　断　层　══════

下伏地层：**灵山片岩**　石英绢云片岩

【地质特征及区域变化】　石圭组岩性为灰岩，局部夹钙质页岩。时代为早奥陶世。石圭组分布于云开大山西麓之博白县三滩、北流县蟠龙、容县灵山一带。博白一带为钙质泥岩及灰、浅灰色中层状白云岩，厚约28 m。北流蟠龙一带为深灰色灰岩夹深灰至黑色钙质泥岩，厚30 m。容县灵山为灰色千枚状钙质泥岩夹中薄层状灰岩，局部全为灰白色厚层状灰岩，厚10～15 m。

东冲组　O_2d　(06-45-0509)

【创名及原始定义】　广东区调队（1992）以云浮县南乡东冲剖面创名。指位于罗东组与兰瓮组之间的一套黄白、灰黄、浅紫灰色含钙质细粒石英砂岩和砂岩夹石英绢云母微片岩的细碎屑岩地层序列。下与罗东组断层接触，上与兰瓮组含砾细粒石英砂岩呈整合接触。

【沿革】　广西云开地区相当于东冲组的一套地层一直未命名，统称中奥陶统。本书认为，该地区石圭组之上的一套浅变质细碎屑岩，岩性与广东省东冲组相似，且层位相当，因此现引用东冲组一名代表之。

【现在定义】　同原始定义。

广西使用含义：指整合于兰瓮组与石圭组之间的一套地层，岩性为千枚岩、石英千枚岩、绢云千枚岩夹千枚状粉砂岩、细砂岩、岩屑质石英砂岩及粉砂质板岩。下以千枚岩与石圭组灰岩分界；上以长石石英砂岩的出现与兰瓮组分界。

【层型】 正层型在广东省。广西次层型在北流县蟠龙（06-45-0509-4-1）。

【地质特征及区域变化】 东冲组为一套千枚岩、变质粉砂岩、变质细砂岩及少量绢云板岩，局部夹菱铁矿及褐铁矿层。

东冲组沉积物以细砂质（主要为石英砂岩）和泥质为主，夹有铁矿层，岩石中发育斜层理、凸镜状层理及波痕等，不含笔石，代之为腕足类和三叶虫，说明其沉积于滨海环境。东冲组主要含腕足类:*Plectorthis* sp., *Orthambonites* sp., *Harknessella* sp., *Smeathenella* sp.,少量海百合茎 *Pentagonocyclicus* sp. 及三叶虫等。

广西境内东冲组层位与广东省相应地层相当，故其时代为中奥陶世。

东冲组分布于博白三滩至北流县蟠龙、岑溪一带。博白三滩一带，为灰、浅灰色片理化砂岩，变质粉砂岩夹千枚岩、绢云千枚岩、石英绢云千枚岩；下伏石圭组灰、浅灰色厚层状白云岩，无顶，出露厚度为 347 m。北流蟠龙一带为浅灰白、紫灰色石英千枚岩、千枚岩、轻变质粉砂岩夹绢云石英千枚岩、轻变质含粉砂泥岩，局部夹菱铁矿 4～5 层及黑色、褐黑色似层状、凸镜状次生锰褐铁矿 1～2 层，含腕足类及三叶虫；下伏石圭组灰岩、钙质页岩，上覆兰瓮组长石石英砂岩，厚 438 m。容县灵山一带，为浅灰绿、灰黄色千枚状泥岩，千枚岩夹中—薄层状细砂岩；下伏石圭组灰黑色灰岩，上覆兰瓮组砂岩，厚 238 m。岑溪都目一带为灰色石英绢云板岩夹深灰色细砂岩，厚度大于 363 m。

由上述可知，东冲组由南向北砂质岩增多，泥质岩相对减少，厚度增大。

兰瓮组 O_3l （06-45-0506）

【创名及原始定义】 广东区调队（1992）创名于云浮县南乡兰瓮村。兰瓮组指东冲组与大岗顶组之间的一套灰黄、紫红、灰、灰白色含砾细粒石英砂岩与泥质粉砂岩的地层序列。其下以含砾细砂岩的消失与东冲组呈整合接触，其上与大岗顶组复成分砾岩呈平行不整合接触。

【沿革】 广西云开地区相当于兰瓮组这套地层一直未命名，统称上奥陶统；1992 年广东区调队命名兰瓮组。本书认为，东冲组之上的这套地层与广东省兰瓮组岩性相似，层位相当，因此，引用兰瓮组。

【现在定义】 同原始定义。

广西使用含义：指整合于东冲组与平行不整合于大岗顶组之间的一套地层，岩性为灰白、浅灰色石英砂岩、含砾石英砂岩、细砂岩夹粉砂岩、泥质粉砂岩、页岩及砂质页岩。上以含砾砂岩的出现与大岗顶组分界；下以千枚岩的消失或中细粒石英砂岩的出现与东冲组分界。

【层型】 正层型在广东省。广西次层型为容县灵山乡泉塘村剖面（06-45-0506-4-3）。

【地质特征及区域变化】 本组为一套灰、灰黄色砂岩、粉砂岩、不等粒砂岩夹泥岩、含砾砂岩组成的地层，局部夹长石石英砂岩。该组顶部在岑溪一带为钙质粉砂岩与大岗顶组砂岩平行不整合接触。

本组岩性为砂岩、泥岩夹石英砂岩、含砾砂岩，发育斜层理、水平层理，富含腕足类、三叶虫、苔藓虫、海百合茎、双壳类等化石，属滨海沉积环境。本组含三叶虫:*Dionide* sp., *Cyclopyge* aff. *recurva*, *Jiangxilithus* sp., *Tangyaia* sp., *Dindymene* sp., *Miaopopsis* sp., *Birmanites* sp., *Trinodus* sp., *Lonchodomas* sp., *Lichas* sp. 等；腕足类:*Nicolella* sp., *Sowerbyella* sp.,

Lingula sp.，*Rafinesquina* sp.，*Christiania* sp. 等；双壳类 *Cypricardella* sp. 等。

兰瓮组与下伏东冲组整合接触，上覆大岗顶组下部含早志留世初期化石，故其时代为晚奥陶世。

兰瓮组分布于岑溪县都目、马路，北流县蟠龙及容县灵山等地。本组岩性、厚度变化较大。岑溪都目、马路一带为浅灰、灰褐色细砂岩、长石石英砂岩夹石英砂岩、页岩、砂质页岩、粉砂岩，上部夹含砾中粗粒石英砂岩，出露厚 2 223 m。容县灵山一带，底为灰白色中层状含砾粗粒石英砂岩夹石英砂岩，下部及中部为灰黄色泥岩夹细砂岩、砂岩，上部为泥岩、泥质粉砂岩夹细砂岩及含砾砂岩、砾岩凸镜体，厚度 1 493 m。北流三板、六朗一带为页岩、粉砂岩夹砂岩、砂质砾岩、长石石英砂岩，厚 821 m。北流北容一带为灰、浅红色页岩夹砂质页岩及少量砂岩，出露厚 1 207 m。

大岗顶组　S_1d　（06－45－0601）

【创名及原始定义】　广东区调队（1992）创名于云浮县南乡大岗顶。指位于兰瓮组与古墓组之间的一套黄白及灰—灰白色复成分砾岩、砂砾岩与含砾砂岩，底部以复成分砾岩与下伏兰瓮组平行不整合接触，上与古墓组条带状页岩呈整合接触。

【沿革】　广西境内与之相当的这套地层原划归灵山群底部；由于广西境内这套以砾岩、砂砾岩为主的地层分布范围较广，岩性与上、下地层有明显差异，而且其岩性与广东省境内大岗顶组相似、层位相当，故本书引用大岗顶组，代表桂东南地区平行不整合于兰瓮组之上、整合于古墓组之下的地层。

【现在定义】　同原始定义。

广西应用含义：指平行不整合于兰瓮组之上、整合于古墓组之下的一套厚层块状砾岩、含砾砂岩夹少量砂岩、页岩。下伏与兰瓮组页岩、上覆与古墓组深灰色薄层状页岩分界。

【层型】　正层型在广东省。广西次层型为北流县北容至大元村剖面（06－45－0601－4－1）。

【地质特征及区域变化】　本组为一套复成分砾岩、砂砾岩、含砾砂岩夹砂岩、页岩，具塌积特征的沉积混杂体。

本组发育半塑性流动的沉积构造，如叠瓦状构造、滑塌构造等；下伏滨海环境介壳相砂页岩，上覆深水环境的笔石页岩，横向上与富含笔石的浊积岩共生。说明大岗顶组为斜坡环境沉积形成的。

根据大岗顶组与下伏晚奥陶世兰瓮组平行不整合接触，以及与古墓组的相互关系，而古墓组底部含笔石 *Glyptograptus persculptus*，因此推断大岗顶组时代为早志留世早期。

该组区域上呈两个分布区，即玉林区和钦防区。玉林区呈 NE 向带状分布于博白-岑溪深断裂西侧，主要见于北流新高、六华、蟠龙、三板、北容及容县四端、西山塘等地；钦防区呈 NE 向带状分布于灵山-藤县深断裂东南侧，主要见于防城港市长龙、丹竹江及钦州市黄屋屯、大垌，灵山县陆屋、斌屋等地。防城港一带底部与下伏地层呈断层接触，顶部与古墓组页岩、砂岩整合接触，出露厚度 371 m。岩性为灰绿色厚层块状砾岩、含砾砂岩；砾石成分主要为粉砂岩、泥质粉砂岩、石英砂岩、含砾粉砂岩，砾径 5～25 cm，多为次棱角状、滚圆状，砾石与基质呈混合无分选堆积，局部见砾岩定向排列的叠瓦构造及砾石间差异压实特征。钦州市黄屋屯一带，底部与下伏地层呈断层接触，顶部与古墓组灰绿色细砂岩、泥岩整合接触，厚 679 m；砾岩中砾石成分较简单，主要为粉砂岩、泥质粉砂岩、粉砂质泥岩，呈明显长轴的棱角状、次棱角状及滚圆状，总体上以磨圆度极差的砾石为主，分布不均，含量50%～60%，砾石大小常见5～15 cm，局部见2～3 m的巨砾，基质主要为灰、灰绿色砂屑为主，次为紫褐红色砂屑及粉砂质泥岩和泥岩，砾石无定向，大小混杂堆积于基质之中。钦州市大垌一带本组底部为断层截切，顶部为邕宁群不整合覆盖，厚344 m；砾岩中砾石成分主要有石英砂岩、细砂岩、粉砂岩及泥质粉砂岩，磨圆度均好，多呈滚圆状、椭圆状、凸镜状，大小多在5～20 cm之间，基质下部及上部以柔碎杂乱分布的砂泥质为主，中部为具明显沉积纹层的泥质粉砂岩及粉砂质泥岩，砾石悬浮于基质中，呈基底式胶结。北流六华一带大岗顶组与上下地层均为整合接触，厚223 m；垂向上可分为3部分：下部以大小砾石混杂、无定向为特征，中部以大小砾石定向分布为特征，上部以含大量长石砂岩砾石且具定向排列为特征，砾石为不同颜色、不同成分的砂岩和泥岩，大小一般为5～20 cm，基质主要为砂质、泥质。北流蟠龙、陆川渭河一带，为大小相差悬殊的砾石与泥、砂基质混杂组成，局部具明显的特征，如磨圆较好的砾石组成叠瓦状构造。北流三板一带，下部为中—薄层状中、细粒长石砂岩，中上部为厚层块状含砾长石砂岩和砾岩；砾岩中砾石以细砾为主，部分为中砾，由下往上砾石增大；砾石成分为千枚岩、长石砂岩、石英岩和脉石英，呈扁圆状，次棱角状，基质以不等粒的长石为主，其次为泥质，厚644 m。北流北容一带为灰色厚层块状含砾不等粒砂岩、砾岩夹少量页岩。砾石成分以细砂岩、粉砂岩为主，砾径0.5～30 cm，呈半滚圆状及次棱角状，具定向排列，含量5%～60%，分布极不均匀，厚302 m。

古墓组　S_1g　(06-45-0602)

【创名及原始定义】　广东区调队（1992）创建于云浮县南乡古墓。指整合于大岗顶组与连滩组之间的以黄白、灰白色细粒长石石英砂岩为主，与条带状页岩呈互层的地层序列。下与大岗顶组砂砾岩为底界，上以灰色条带状页岩的大量出现为连滩组底界。

【沿革】　1976年广西区测队①，创名灵山群，用以代表桂东南一带早志留世沉积，而之前一直引用广东省“连滩群”一名。由于灵山群与灵山片岩为异物同名，所以本书停止使用灵山群，并根据岩性特征，引用广东省所命名的古墓组，代表原灵山群底部砾岩层之上的一套砂页岩互层，底部砾岩层即大岗顶组，将原上覆合浦群改称合浦组。

【现在定义】　同原始定义。

广西应用含义：指整合于大岗顶组之上、合浦组之下的一套地层，岩性为细砂岩、岩屑砂岩、粉砂岩与页岩互层，夹少量含砾砂岩，富含笔石动物群。底为页岩与大岗顶组砾岩分界；顶为粉砂质页岩与合浦组石英砂岩分界。

【层型】　正层型在广东省。广西次层型在岑溪县太平乡七坪林场（06-45-0602-4-6）。

【地质特征及区域变化】　该组岩性以细砂岩、岩屑砂岩及粉砂岩为主，与页岩互层，局部夹含砾砂岩，富含笔石动物群。岑溪一带与下伏兰瓮组接触。

本组为一套砂页岩互层，底冲刷面、印模及鲍马序列发育的浊流沉积为主的地层，泥岩颜色较深，局部含碳质，岩层以水平层理为主，条带、条纹构造发育，富含笔石动物群，说明古墓组为半深海—深海环境沉积。

古生物特点是富含笔石、局部含三叶虫、腕足类。笔石有 *Glyptograptus persculptus*, *Aki-*

① 广西区域地质测量队，1976，广西地质（征求意见稿）。

dograptus acuminatus, *Pristiograptus cyphus*, *Demirastrites triangulatus*, *D. convolutus*, *Monograptus sedgwickii*, *Spirograptus turriculatus*, *S. crispus*, *Monoclimacis griestoniensis*, *Stomatograptus grandis*, *Oktavites spiralia* 等；三叶虫有 *Encrinuroides* sp.，*Coronocephalus rex* 等；腕足类:*Nalivkinia* sp.，*Zygospiraella* sp.，*Rhynchonella* sp. 等。根据所含笔石化石，古墓组时代为早志留世。

本组分布于桂东南防城港、钦州、合浦、博白、陆川、玉林、北流、容县、岑溪等地。

岑溪七坪一带为灰、灰白、灰绿色细砂岩、粉砂岩夹页岩、不等粒砂岩及少量含砾不等粒砂岩，顶部为泥灰岩与合浦组不等粒砂岩分界，未见底；除含笔石外，尚含三叶虫，腕足类，出露厚度 1 629 m。太平乡白板、大爽一带尚夹一层厚约 80 m 的中-基性火山岩，由火山角砾岩、角斑岩、细碧岩、凝灰熔岩等组成。北流北容、三板及容县等地，岩性为不等粒砂岩、砂岩与页岩、砂质页岩互层，局部夹长石砂岩及含砾砂岩，出露厚度 716～1 038 m。博白一带为泥质粉砂岩、粉砂质泥岩夹页岩及少量不等粒砂岩、砂岩，厚 2 842 m。灵山、合浦一带为砂岩、粉砂岩与页岩互层，下部夹岩屑砂岩、含砾砂岩，上部夹岩屑砂岩，厚 5 078 m。钦州市、防城港市一带为岩屑砂岩与页岩互层，厚 3 295～4 725 m。

综上所述，古墓组由东北向西南方向砂质岩增多，特别是岩屑砂岩增多，厚度增大。

合浦组　S_2h　(06－45－0603)

【创名及原始定义】　原称合浦群。广西区测队 1976 年① 创名，标准地点在广西合浦县牛寮底。指灵山群与防城群之间的一套地层，岩性较单一，为一套粉砂岩、泥质岩等细碎屑岩组成，具复理石或类复理石特征。

【沿革】　1985 年，广西地矿局正式使用后，便被广泛沿用。本书改称合浦组。

【现在定义】　指整合于古墓组与防城组之间的一套地层，岩性为富含笔石动物群的泥质粉砂岩、粉砂质页岩与页岩互层，中夹少量细粒石英砂岩。下以条带状页岩的消失或石英砂岩的出现与古墓组分界；上以黑色条带状页岩的消失或细砂岩的出现与防城组分界。

【层型】　正层型剖面位于广西合浦县石湾乡牛寮底（109°15′，21°51′）（广东地质局综合研究大队 1966 年测制）。

上覆地层：**防城组**　黄灰色泥质细砂岩与泥质粉砂岩互层

——————— 整　合 ———————

合浦组	总厚度 248.00 m
11. 黑灰色页岩、具条带状构造，产笔石 *Monograptus priodon*，*M.* sp.，*Streptograptus* sp.，*Plectograptus* sp.，*Pristiograptus* sp.	9.00 m
10. 紫灰色泥质粉砂岩与页岩互层。产笔石 *Pristiograptus* sp.，*Monograptus* cf. *riccartonensis*	3.00 m
9. 紫灰色泥质粉砂岩与粉砂质页岩互层	46.00 m
8. 灰色泥质粉砂岩、粉砂质页岩夹黑色条带状页岩、细粒石英砂岩。上部产笔石 *Pristiograptus* sp.，*Monoclimacis* sp.	18.00 m
7. 紫灰色泥质粉砂岩与粉砂质页岩互层	50.00 m
6. 黄灰、灰白色泥质石英粉砂岩与页岩互层，中夹细粒石英砂岩	82.00 m

① 广西区域地质测量队，1976，广西地质（征求意见稿）。

5. 灰色条带状页岩夹泥质粉砂岩。产笔石 *Monograptus* sp.，*M. priodon*，*Streptograptus* sp.，*S.* cf. *crispus*，*Pristiograptus* sp.，*Cyrtograptus* aff. *angustus* 13.00 m

4. 浮土 20.00 m

3. 黄灰色泥质粉砂岩夹页岩，底部为细粒石英砂岩 7.00 m

———— 整　合 ————

下伏地层：**古墓组**　黑色条带状页岩。产笔石 *Pristiograptus* sp.，*Monograptus* sp. 等

【地质特征及区域变化】　合浦组岩性为灰、灰黄、灰黑色页岩、粉砂质页岩夹砂岩及石英砂岩，富含笔石动物群，以颜色较深、条纹、条带状构造发育以及以页岩为主、夹较多石英砂岩为特征，与上、下地层相区别。

本组以灰黑、黑色页岩、砂质页岩及粉砂岩为主，局部夹有碳质页岩，含星点状、凸镜状黄铁矿，条纹状及条带状构造发育，富含笔石化石。说明其形成于闭塞的深海环境。

本组除含笔石:*Cyrtograptus angustus*，*C. murchisoni*，*Monograptus riccartonensis*，*Pristiograptus dubius*，*P. vulgaris* 等，以及各种类型的弓笔石空前繁盛和骤然灭绝为特点外，尚含少量腕足类、珊瑚、棘皮动物。根据所含笔石化石，合浦组时代为中志留世。

合浦组零星分布于防城、钦州、合浦、玉林、岑溪等地。合浦牛寮底、洪潮、水瀑滩等地以泥质粉砂岩、页岩为主，局部夹细砂岩、石英砂岩，厚 120～435 m。灵山山塘、钦州市小乐一带为细砂岩、岩屑细砂岩、泥质粉砂岩夹页岩、粉砂质页岩及少量碳质页岩，厚约 400 m。由合浦往西南至钦州、防城一带，岩性为页岩、粉砂质页岩夹细砂岩、石英砂岩、泥质粉砂岩，上部及下部夹菱铁矿层，厚 600～800 m。合浦往东北至北流一带以页岩为主，夹少量砂岩、石英砂岩、砂质页岩，厚度 639～1 963 m。岑溪一带为页岩与石英砂岩、砂岩互层，出露厚度仅 200 m。

上述表明，本组岩性变化较大，总体上由南向北页岩增多，砂岩减少，特别是石英砂岩夹层减少；厚度由合浦县向西南及东北方向增大。

防城组　S_3f　(06－45－0604)

【创名及原始定义】　原称防城页岩。张捷芳 1959 年创名于广西防城各族自治县县城(今防城港市防城区)附近。张捷芳根据笔石动物群的发现，将防城地区的晚志留世地层统称为“防城页岩。”

【沿革】　1976 年，广西区测队改称防城群，本书改称防城组。

【现在定义】　指整合于合浦组与钦州组之间的一套地层，岩性为粉砂岩、细砂岩夹页岩。底为细砂岩与合浦组分界；顶为页岩与钦州组石英砂岩分界。

【层型】　创名时未指定剖面，选层型剖面位于广西钦州市那丽乡埠围村(108°52′，21°48′)(广西区测队 1974 年测制)。

上覆地层：**钦州组**　浅灰色中层状细粒石英砂岩

———— 整　合 ————

防城组　总厚度 1 530.00 m

23. 黄绿色、灰绿色砂质页岩与灰色页岩互层。产笔石 *Monograptus* ex gr. *decoratus*, *Monograptus* sp. (*micropoma* type)，*M.* ex gr. *uncinatus* 207.00 m

22. 浮土 222.00 m

21. 灰黑色页岩与粉砂质页岩、细砂岩互层。产笔石 *Pristiograptus* sp.，*Monograptus* sp. (*uncinatus* type) 18.00 m

20. 灰白色细粒石英砂岩。产笔石 *Pristiograptus* sp. 49.00 m

19. 细砂岩夹页岩 48.00 m

18. 细砂岩与泥质粉砂岩、页岩互层。产笔石 *Linograptus* sp.，*Pristiograptus* cf. *bohemicus*、*P.* cf. *dubius* 23.00 m

17. 浮土 81.00 m

16. 细砂岩、泥质粉砂岩、页岩互层 42.00 m

15. 浅灰色中粒石英砂岩 13.00 m

14. 细砂岩与泥质粉砂岩、页岩互层。产笔石 *Pristiograptus* cf. *nilssoni*，*P.* cf. *bohemicus*、*P. bohemicus* 152.00 m

13. 细砂岩夹页岩 77.00 m

12. 细砂岩夹少量页岩 29.00 m

11. 细砂岩 18.00 m

10. 细砂岩与页岩互层。产笔石 *Pristiograptus* sp.，*P.* cf. *bohemicus* 92.00 m

9. 细砂岩 28.00 m

8. 浮土 57.00 m

7. 细砂岩夹页岩。产笔石 *Pristiograptus* cf. *ultimus*、*P.* sp.，*P.* cf. *dubius*，*P. nilssoni* var. *rarus*，*Monoclimacis* sp. 88.00 m

6. 浮土 22.00 m

5. 细砂岩夹页岩 27.00 m

4. 浮土 22.00 m

3. 细砂岩 38.00 m

2. 浮土 112.00 m

1. 浅紫灰色细砂岩夹泥质粉砂岩、页岩。产笔石 *Pristiograptus* sp. 67.00 m

———— 整　合 ————

下伏地层：**合浦组**　浅灰色细粒石英砂岩

【地质特征及区域变化】　本组下部为砂岩或长石石英砂岩、粉砂岩夹黑色页岩、石英砂岩，上部为泥质粉砂岩、页岩夹粉砂岩、细砂岩，局部夹长石质粉砂岩、岩屑砂岩。富含笔石动物群。该组冲刷作用明显，页岩中具泥裂现象。富含笔石化石，局部含有腕足类、三叶虫、海百合茎及苔藓虫等。说明防城组沉积于滨浅海环境。

笔石主要有 *Pristiograptus nilssoni*，*P. tumescens*，*P. tumescens minor*，*P. ultimus*，*P. transgrediens*，*P. fengchengensis*，*P. vicinus*，*Saetograptus chimaera*，*S. fengchengensis*，*Monograptus* cf. *micropoma*，*M. ramstalensis*，*Neodiversograptus* ex gr. *nilssoni*，*Plectograptus* sp. 等；腕足类:*Camarotoechia* cf. *fengkangensis*，*Eospirifer* cf. *tingi*，*E.* sp.，*Coelospira* sp.，*Chonetia* sp.，*Protathyris* sp. 等以及少量的三叶虫 *Encrinurus* sp. 和海百合茎 *Cyclocyclicus* sp.。

根据所含笔石化石，防城组时代为晚志留世。

该组零星分布于防城港、钦州、合浦、玉林、北流、岑溪等地。合浦一带为灰绿色砂岩、粉砂岩夹页岩，局部夹长石石英砂岩，仅出露下部。由合浦向西至钦州一带，下部为浅灰、灰绿色砂岩夹页岩及少量石英砂岩，底为砂岩与合浦组石英砂岩分界，上部为粉砂岩、砂质页岩与页岩互层，局部夹岩屑砂岩，顶为页岩与钦州组石英砂岩分界，厚1 532 m。防城港一带，下部为长石石英砂岩夹页岩，中上部为浅灰绿色泥质粉砂岩、粉砂质页岩夹砂岩、页岩及长石粉砂岩，局部夹含锰灰岩及钙质粉砂岩，顶为泥质粉砂岩与钦州组石英砂岩分界，出露厚度1 593 m。钦州向东至玉林、北流一带，为粉砂岩、页岩夹砂岩、未见顶，产丰富的腕足类、三叶虫、海百合茎及苔藓虫等。

第二节 生物地层

广西早古生代生物以寒武纪三叶虫与奥陶纪、志留纪笔石最具地层意义，经古生物学家、地层学家多年研究，目前它们的生物地层序列已初步建立，现介绍如下。

1. 三叶虫

广西寒武纪三叶虫动物群可区分出华北型、过渡型、东南型三种类型，在广西自西向东展布，即隆林、那坡地区，靖西地区和广大的桂东南、桂北地区。

华北型三叶虫动物群在隆林、那坡地区发现的属种并不十分丰富，但其中的许多分子为华北动物群的标准分子，并可识别以下三叶虫带（表3-4）：

表3-4 广西与华北三叶虫带对比表

时代		华北	广西
世	期	生物带（组合）	生物带（组合）
晚寒武世	凤山期	*Mictosaukia* 组合	*Tellerina* 带
		Sinoeremoceras 带	
		Quadraticephalus 带	*Quadraticephalus* 带
		Tsinania 带	
	长山期	*Kaolishania* 带	
		Changshania 带	
		Chuangia 带	
	崮山期	*Drepanura* 带	
		Blackwelderia 带	
中寒武世	张夏期	*Damesella* 带	
		Taitzuia 带	
		Amphotom 带	
		Crepicephalina 带	
		Liaoyangaspis 带	
	徐庄期	*Bailiella* 带	
		Poriagraulos nanum 带	
		Sunaspis 带	*Kaotaia* 带
		Hsuchuangia-Ruichengella 带	*Kunmingaspis-Chittidilla* 带

中寒武世

Kunmingaspis-Chittidilla 带：*Kunmingaspis* sp.，*Chittidilla* sp.，*Pagetia* sp.，*Mufushania* sp.，*Proasaphiscus* sp.。

Kaotaia 带：*Kaotaia magnum*，*Kailiella angustata*。

晚寒武世

Quadraticephalus 带：*Quadraticephalus* sp.，*Saukia* sp.，*Shumardia* sp.，*Pseudagnostus* sp.，*Homagnostus* sp.。

Tellerina 带：*Tellerina* sp.，*Saukia* sp.。

过渡型三叶虫动物群仅见于靖西一隅之地，属东南型晚寒武世标准分子有 *Lotagnostus* sp.，*Charchaqia* sp.，*Proceratopyge* sp.，*Yuepingia* sp.；属华北型动物群标准分子有 *Saukia* sp.，*Prosaukia* sp.，*Dictyites* sp.，*Mansuyia* sp. 等。此外还含有过渡型的特有分子 *Sanduspis* sp. 及漂浮球接子 *Pseudagnostus* sp.，*Homagnostus* sp. 等。

东南型三叶虫动物群在广西极为稀少，常见的则为原始海绵骨针。在桂东南地区桂平一地的晚寒武世黄洞口组中发现三叶虫 *Charchaqia* sp.，*Hedinaspis* sp.，*Lotagnostus* sp.。

2. 笔石

广西笔石动物主要发育于奥陶纪、志留纪和早泥盆世。

奥陶纪

奥陶纪笔石动物群自下而上共划分出 12 个笔石带，如表 3-5 所示。

表 3-5　广西奥陶纪笔石带序列表

世＼带	中国笔石带	广西笔石带
晚奥陶世	*Diplograptus bohemicus*	
	Parorthograptus uniformis	
	Diceratograptus mirus	
	Tangyagraptus typicus	
	Dicellograptus szechuanensis	*Dicellograptus szechuanensis*
	Amplexograptus disjunctus yangtziensis	
	Dicellograptus johnstrupi	*Dicellograptus complanatus ornatus*
	Orthograptus quadrimucronatus	
中奥陶世	*Dicranograptus clingani*	
	Pseudozygograptus chongyiensis	
	Dicranograptus sinensis	
	Dicranograptus nicholsoni diapason	*Dicranograptus nicholsoni diapason*
	Glyptograptus teretiusculus	*Glyptograptus teretiusculus*
早奥陶世	*Pterograptus elegans*	*Amplexograptus confertus*
	Amplexograptus confertus	
	Glyptograptus austrodentatus	*Glyptograptus austrodentatus*
	Cardiograptus amplus	*Cardiograptus amplus*
	Oncograptus magnus	*Didymograptus abnormis*
	Didymograptus abnormis	
	Didymograptus protobifidus	*Didymograptus. balticus*
	Tetragraptus fruticosus	*T.（Etagraptus）approximatus*
	T.（Etagraptus）approximatus	
	Adelograptus-Clonograptus	*Bryograptusi-Clonograptus*
	Aletograptus-Trigongraptus	
	Staurograptus-Anisograptus	*Dictyonema flabelliforme*

早奥陶世时期赋存于六陈组的笔石以多枝的树形笔石目为特征；赋存于黄隘组的笔石属种较多，主要以无轴亚目 Didymograptidae，Tetragraptidae 和隐轴亚目 Phyllograptidae，Cardiograptidae 中的笔石占多数；产于升坪组的笔石甚丰，以 *Amplexograptus confertus* 为代表，

对笔石中则包括向下斜伸和下垂的2种类型，前者以 *Didymograptus ellesae* 为代表，后者如 *D. nanus* 等，并且 *Phyllograptus*，*Pseudoclimacograptus*，*Cryptograptus* 等亦较为常见。

中奥陶世早期多见栅笔石、叉笔石、双头笔石，如 *Climacograptus brevis*，*Dicellograptus sextans*，*Dicranograptus nicholsoni diapason* 等，此外还有一些两枝平伸和微向上斜的对笔石。晚奥陶世所见笔石较少，以叉笔石和直笔石为主，其中以 *Dicellograptus complanatus*，*D. szechuanensis* 为最多。

志留纪

广西志留纪时期的笔石生物地层可认别出18个笔石带，如表3-6所示。这里笔石带在岩石地层单位中的分布如下：

表3-6　广西志留纪笔石带序列表

时代	中国笔石带	广西笔石带
晚志留世	*Pristiograptus transgrediens*	*Pristiograptus transgrediens*
	Pristiograptus tumescens	*Pristiograptus tumescens*
	Pristiograptus nilssoni	*Pristiograptus nilssoni*
中志留世	*Pristiograptus vulgaris*	*Pristiograptus vulgaris*
	Pristiograptus dubius	*Pristiograptus dubius*
	Cyrtograptus lundgreni	
	Cyrtograptus ramosus	
	Monograptus flexilis	
	Cyrtograptus rigidus	
	Monograptus riccartonensis	*Monograptus riccartonensis*
	Cyrtograptus murchisoni	*Cyrtograptus murchisoni*
	Cyrtograptus centrifugus	
	Cyrtograptus insectus	*Cyrtograptus angustus*
早志留世	*Stomatograptus grandis - Oktavites spiralis*	*Stomatograptus grandis-Oktavites spiralis*
	Monoclimacis greistoniensis	*Monoclimacis greistoniensis*
		Streptograptus crispus
	Spirograptus turriculatus	*Spirograptus turriculatus*
	Monograptus sedgwickii	*Monograptus sedgwickii*
	Demirastrites convolutus	*Demirastrites convolutus*
	D. triangulatus	*D. triangulatus*
	Pristiograptus leei/P. cyphus	*Pristiograptus cyphus*
	Orthograptus vesiculosus	*Akidograptus acuminatus*
	Akidograptus acuminatus	
	Glyptograptus persculptus	*Glyptograptus persculptus*

早志留世古墓组下部，是以 *Glyptograptus persculptus*，*Diplograptus modestus* 为代表的

双列有轴笔石大量存在为特点，出现了具有时代意义的始部开始拉长的 *Akidograptus*，以及存在晚奥陶世延续下来的双列笔石孑遗分子。古墓组中部的笔石以胞管孤立和呈三角形的单笔石类（如 *Demirastrites*，*Rastrites*，*Oktavites*）的繁盛，以及双笔石动物群的衰落为特点。古墓组上部的笔石动物则以出现具有钩状胞管等的单笔石（如 *Monograptus sedgwickii* 等），胞管口部卷曲呈瘤状的卷笔石，以及出现笔石体平旋或螺旋的笔石如 *Spirograptus turriculatus*、*Oktavites spiralis* 等为特征。

中志留世合浦组下部所见笔石以 *Cyrtograptus* 为大宗，*Monograptus riccartonensis* 单笔石类和单栅笔石类也是常见分子；上部则开始出现 *Pristiograptus* 为特点。

晚志留世防城组赋存的笔石，下部以具有刺发育的 *Saetograptus*，胞管外形简单的 *Pristiograptus*，以及出现的胞管两形的 *Colonograptus* 为特征；上部以有 *uncinatus* 型单笔石类为特点；顶部则出现 *Pristiograptus transgrediens* 类群锯笔石类。

第四章
泥盆纪—中三叠世

本断代包括泥盆纪、石炭纪、二叠纪、早—中三叠世，共由67个（其中泥盆纪32个、石炭纪15个、二叠纪11个、早—中三叠世9个）岩石地层单位组成，遍布全区，地层区划属东南地层区中的桂-湘-赣地层分区、右江地层分区、钦州地层分区以及华南地层区中的云开地层分区（表1-1）。

广西泥盆系—二叠系研究历史悠久，自1926年始，我国著名地质学家丁文江、朱庭祜、乐森玥、张更、张席禔、李殿臣、冯景兰、徐瑞麟、张兆瑾、李四光、赵金科、张文佑、李捷等曾先后进行过研究，并建立了一些重要的地层单位，为广西泥盆系—二叠系的划分和对比奠定了基础，其中一部分地层单位的名称为后人所接受而沿用至今。解放后，广西的泥盆系—二叠系研究工作得到迅猛发展，主要有广西地矿局广西地质研究所、广西区调队、石油地质大队以及地质部地质研究所、宜昌地质研究所、中国科学院南京地质古生物研究所、北京大学地质系和广西石油勘探开发指挥部等单位先后对广西泥盆纪—二叠纪地层开展了系统调查和研究，积累了大量丰富的实际资料，并获得丰硕的成果，查明广西泥盆纪—二叠纪岩石地层、沉积相和古生物组合特征。其中《广西地层》（徐怀大等，1959）、《广西地质（一）地层概要》（赵金科、张文佑，1959）、《广西壮族自治区区域地质志》（广西地质矿产局，1985）、《广西泥盆纪沉积相古地理及矿产》（吴诒、周怀玲等，1987）、《广西的泥盆系》（钟铿、吴诒等，1992）、《广西的石炭系》（广西地质研究所，1992）（待刊）等的编写和出版，大大提高了广西泥盆系、石炭系的研究程度，同时也分别代表了广西各阶段泥盆系—二叠系的研究水平，其中泥盆系研究程度达到国际水平。同样，研究广西早、中三叠世地层学者众多，1929年乐森玥、冯景兰首先提到广西二叠系之上有三叠系很厚的灰岩，但未命名；1932年徐瑞麟在现今凭祥市平而关一带地质调查时发现中三叠统化石，命为“平而关页岩”；李捷、朱森则将柳江附近三叠系页岩命名为“南寨系”及“高荒系”；1938年张文佑、陈家天将原来宾县河里至北泗一带的三叠纪地层划分为“南洪页岩”、“马脚岭灰岩”、“北泗灰岩”和“红高岭系”；1939年，许德佑在原凌乐县罗楼圩剖面上发现丰富菊石化石，并在广西地层表中命名为“罗楼层”，代表广西西部早三叠世地层；1948年，赵金科根据罗楼剖面的菊石化石，将广西下三叠统分为四个层，1959年又分为四个组八个菊石带。建国后，广西三叠系研究工作得到长足的发展，主要有广西石油普查大队、广西区域地质调查队先后开展的1∶20万石油调查和区域地质调查，滇黔桂石油指挥部在桂西和十万大山的油气剖面研究；近年来，围绕桂西黄金找矿工作的开展，在一些成矿有利地段相继开展了1∶5万区调以及三叠系与金的关系等多项专题研究，系统地查明了下、中三叠统岩性岩相变化及含金情况，并获得一大批重要成果，为本次多重地层划分对比研究打下了良好的基础。

广西泥盆纪地层分布广泛，出露良好，接触界线清楚，层序完整，发育齐全，化石丰富，沉积类型多样，既有滨岸海陆交互相的碎屑岩沉积，也有滨海或局限、开阔台地相的泥灰岩、灰岩、白云岩及泥岩沉积，又有台地边缘相的灰岩、白云岩沉积，并发育生物礁及滩，还有盆地相的硅质岩、泥岩为主的沉积，是华南海相泥盆系最发育的省区之一，也是广西研究最为详细的地层，同时也是广西重要的赋矿层位。

石炭纪地层除桂北九万大山至越城岭、桂东南大瑶山至云开大山外，其余地区均有分布，且发育齐全，以海相碳酸盐岩为主，次为海陆交互相碎屑岩，局部硅质岩。赋存煤、磷、锰等矿产。该纪广西海、陆分布和沉积环境基本继承了泥盆纪末的格架，桂北仍存在江南古陆，古陆边缘为近岸碳酸盐台地，往南、往西变为远岸碳酸盐台地，桂西和桂中地区发育一些浅水盆地，钦防盆地南侧的合浦一带的岩性及古生物特征与桂北地区近似。与下伏泥盆系一般呈整合接触，局部地区呈平行不整合接触。

二叠纪地层分布于桂中、桂西、桂东北、桂北以及桂西南、桂南地区，发育完整，地层层序清楚，具有各种不同类型的沉积，既有陆相沉积，亦有海相沉积，海相中又可分为台地相沉积和盆地相沉积。生物群丰富多彩，是华南二叠纪地层、古生物重要发育地区之一，是广西主要含煤、含铝土矿的地层。该系与下伏石炭系呈整合或平行不整合接触，上、下统之间大部分地区为平行不整合接触，少数地区为整合接触，桂南钦州一带，上统彭久组不整合于下二叠统至志留系不同层位上。

早、中三叠世地层发育良好，广泛分布于桂西地区，桂中合山、来宾亦有出露，为一套厚度巨大的海相碳酸盐岩及碎屑岩夹少量中基性、中酸性火山岩沉积，是广西重要的含金层位。下、中三叠统岩性复杂，沉积相类型多样，生物化石丰富，除局部属稳定型碳酸盐台地沉积外，大部属槽盆相活动型重力流沉积。

第一节 岩石地层单位

莲花山组 $D_{1-2}l$ （06－45－0701）

【创名及原始定义】 原名莲花山系。朱庭祜1928年创名，标准地点在贵县（今贵港市）之北龙山圩附近的莲花山。原义为“莲花山系，贵县北境，龙山圩之东，有莲花山，为作者首见此地层之处，即以此名之。其最下部，有砾岩一层，厚仅数米。次为坚质厚层石英岩，与薄层页岩，相间而生……。再上，页岩渐多，砂岩渐少，……。间有薄层或不整齐石灰岩存在，至最上部，乃有薄层石灰岩，与薄层之砂岩页岩，相间而生，……。莲花山系地层，与龙山系地层，为不整合接触，莲花山系之上，与石灰岩层间，因露头不全，接触情形，未敢断定。”

【沿革】 创名时用于代表广西东南部的全部泥盆纪和部分志留纪地层。冯景兰1929年在桂林与寿城（旧古化县，今辖永福县）交界的金竹坳附近，将不整合于“龙山系”之上的砂岩命名为“金竹坳砂岩”，时代定为志留纪，按其岩性及上下关系看，实相当朱氏的“莲花山系”下部。李四光、张文佑、赵金科等（1941）厘定“莲花山系”的含义，用以代表广西境内早泥盆世早期的海陆交互相沉积。中国科学院地质研究所（1956）编制的《中国区域地层表（草案）》中，改称莲花山组，代表加里东（广西）运动后开始沉积的砾岩、砂岩、页岩地层。王钰、俞昌民等（1959）将莲花山组改为阶。嗣后，大多数地质工作者采用莲花山组一名，部分学者使用莲花山阶。

【现在定义】 指不整合于前泥盆系之上，整合于那高岭组之下的一套紫红、暗紫、灰绿、浅灰等杂色砂砾岩、砂岩、粉砂岩、泥岩及少量碳酸盐岩组成的碎屑岩地层序列。下以不整合面为界；上以紫红色细砂岩的消失或灰绿色粉砂质泥岩的出现与那高岭组分界。

【层型】 该组为选层型。由于命名地无剖面，侯鸿飞（1974，1978）建议将莲花山组的代表剖面选在横县六景剖面，此建议为后来的研究者所接受。该剖面位于湘桂铁路六景火车站北侧的霞义岭东坡（108°52′，22°52′）（邝国敦等1989年测制，略修改）。

上覆地层：**那高岭组** 灰绿色粉砂质泥岩 0.4 m

—————— 整 合 ——————

莲花山组 总厚度 334.70 m

12. 紫红色极细砂岩，泥质粉砂岩与泥质细砂岩互层夹黄绿色薄层状含泥质细砂岩。含较丰富的介形类、双壳类、鱼碎片及虫迹 *Leiodysodonta* cf. *guangxiensis*, *Leperditia* sp., *Beyrichia* (*Scabribeyrichia*) cf. *churkini* 等 92.40 m

11. 紫红色夹灰黄色含钙质泥岩及含粉砂质泥岩夹薄层泥质粉砂岩，产双壳类 *Dysodonta angulata*, *Leiodysodonta* cf. *L. guangxiensis* 及介形类 *Beyrichia* sp., *Leperditia* sp. 42.50 m

10. 紫红色含钙质泥岩及含粉砂质生物灰云岩夹黄色薄层状粉砂质泥岩，局部节理发育并具小型交错层理，含较丰富的双壳类及介形类 *Leiodysodonta henxiensis*, *L.* cf. *guangxiensis*, *Healdianella* sp.; *Leperditia* sp., *Bairdiocypris*; 鱼 *Yunnanolepis* sp. 13.40 m

9. 紫红色铁染砂质泥岩夹疙瘩状含泥泥晶灰岩及含砂质云灰岩，含双壳类和介形类 *Leiodysodonta* sp., *L. henxianensis*, *L.* cf. *gunagxiensis*, *Leptodesma* (*Leptodesma*) *guangxiensis*, *Dysodonta angulata*, *Jefina* sp. 6.60 m

8. 下部紫红色泥质粉砂岩夹薄层状灰色泥质粉—细砂岩，风化后呈小碎块或球状，其中含较多的锰质结核，中上部大部分覆盖，顶部为紫红色砂质泥岩，化石以介形类为主，少量鱼碎片及双壳类 *Leperditia* sp., *Dysodonta* sp. 80.90 m

7. 紫红色薄层状泥质粉—细砂岩及灰紫色泥质粉砂岩 7.00 m

6. 紫红色薄层状铁染中—细粒含泥石英砂岩夹杂色泥岩、泥质粉砂岩，普遍含白云母片。上部含少量鱼碎片及 *Lingula* sp. 22.60 m

5. 灰黄色薄层状泥岩，上部紫红色薄层状泥质岩夹泥质粉砂岩，含少量双壳类及介形类 5.80 m

4. 灰白色厚层状石英极细砂岩，含少量介形类，局部较多 *Leperditia* sp. 37.30 m

3. 上部紫红色夹灰色泥质细—粉砂岩，中部灰色石英砂岩，下部紫红色中层状含铁砂泥岩 14.80 m

2. 灰白色中厚层状细—中粒石英砂岩，具交错层理 10.40 m

1. 灰色砾岩、含砾砂岩及杂砂岩。其中砾岩层厚约20～30 cm 1.00 m

~~~~~~~~ 不 整 合 ~~~~~~~~

下伏地层：**寒武系** 灰绿色不等粒含泥石英砂岩夹轻变质含铁绢云母泥岩及黑色碳染页岩
~~~~~~~~

【地质特征及区域变化】　该组主要为一套砂砾岩、砂岩、粉砂岩、泥质粉砂岩夹少量碳酸盐岩的碎屑岩组合。底部灰白色石英砂岩中具楔形、槽状、板状交错层，中上部紫红色砂岩、粉砂质泥岩具垂直虫孔，小型交错层、人字形交错层等。据上述沉积特征，莲花山组属滨岸潮间带的砂坪、泥坪、局部为潮坪的沉积环境，有的地区为陆相—海陆交互相沉积。区域上该组与下伏前泥盆系呈不整合接触，与上覆地层则因海侵方向由南向北推进而与不同的岩石地层单位整合接触（图 4-1)。

莲花山组含有较多的双壳类、介形类、腕足类、鱼类及植物化石。腕足类在六景地区从莲花山组下部开始至顶部均有少数 *Lingula* 产出，顶部出现小个体的 *Kwangsirhynchus liujingensis*；博白六林一带产 *Orientospirifer wangi*，*Acrospirifer* sp.，*Rostrospirifer* cf. *tonkinenisi*，*Cymostrophia* sp.，*Glyptospirifer* sp.，*Howellella* sp.，*Otospirifer* sp.，*Schellwienella* sp.，*Striispirifer* sp.，*Rhynchospirifer* sp. 等；罗城宝坛产 *Euryspirifer* cf. *kwangis*，*Eospiriferina lachrymosa*，*Xenospirifer fongi* 等。其它生物有：双壳类以 *Leiodysodonta* sp. 和 *Dysodonta* sp. 为特征，以 *Leiodysodonta-Dysodonta-Cypricardella-Leptodesma*（*L.*）*guangxiensis* 组成双壳类组合带；介形类:*Leperditia* sp.，*Primitia* sp.，*Kloedenella* sp.，*Beyrichia* sp. 等；鱼类:*Asiaspis expansa*，*Yunnanolepis chii*，*Y.* sp.，*Lianhuashanolepis liujingensis*，*Orientolepis neokwangsiensis*，*Asiacanthus suni*，*A. leaai*，*Galeaspis* sp. 等。植物化石:*Lepidostrobas* sp.，*Lepidodendropis* sp.，*Taeniocrada decheniana*，*Zosterophyllum sinensis*，*Drepanophycus* sp. 等。

根据上述生物组合，莲花山组为一个穿时的岩石地层单位，其时限为早泥盆世早期—中泥盆世早期。

莲花山组在区域上主要分布于西起龙州至大新、西、东大明山周围；南自北海、合浦至博白、玉林、北流，绕云开古陆西侧分布；桂中分布于鸳桥岭及大瑶山周围，桂东北沿江南古陆边缘分布。在龙州一带，莲花山组的岩性与六景地区相近，只是中部的泥质灰岩、白云质灰岩夹层增厚。在武鸣高峰坳，中部的泥质灰岩夹层已不存在，到上林大明山地区，下部以灰、灰白色石英砂岩为主且呈厚层块状，上部的泥质岩与泥质粉砂岩的比例大减而被浅紫红色石英砂岩所取代。大新下雷一带莲花山组底部为灰白色砾岩，厚仅 13 m。桂南、桂东南，沿云开古陆西侧分布的莲花山组岩性变化较大。在合浦公馆径口，下部为浅灰、浅灰白色厚层底砾岩、细砾岩、含砾粗砂岩、粗砂岩、中粗粒砂岩组合，厚 361 m；上部为浅灰、灰白、灰色含砾粗砂岩、粗砂岩、中细粒砂岩、粉砂岩、粉砂质泥岩组合，厚 595 m，未发现化石。在博白六林等地为灰、浅灰、黄褐色粉砂岩、细砂岩、泥岩组合，产腕足类、珊瑚、双壳类化石。在贵港市龙山圩，武宣二塘，象州大乐，金秀河口，荔浦一带，下部灰白—紫红色砾岩及中细粒石英砂岩；中部紫红色细砂岩、泥质粉砂岩、粉砂质泥岩夹少量黄绿色粉砂岩；上部紫红色粉砂岩、细砂岩、泥质粉砂岩、粉砂质泥岩互层；龙山圩一带厚 477 m，至河口厚 1 124 m。南丹罗富一带相变为浅灰、灰白色泥质粉砂岩、细砂岩及中粒砂岩互层，下部为灰白色细粒石英砂岩夹层间砾岩，厚约 665.6 m。在桂东、桂东北、桂北地区，莲花山组自下而上为砾岩、含砾粗砂岩、粗砂岩、细砂岩、粉砂岩，厚 300～500 m。在江南古陆边缘的临桂宛田、兴安东花门、全州鲁塘、桐油冲等地，下部为紫红、浅黄、浅灰色中—厚层状含细砾粗砂岩，局部变为不含砾石的粗砂岩—巨粒砂岩；其砾岩厚 4.5～45 m 不等；上部为杂色中—厚层状粉砂岩、细砂岩、粉砂质页岩等，局部夹有赤铁矿层，厚 174～790 m。罗城宝坛一带，莲花山组底部为紫红色中层状砾岩、砂质砾岩、局部夹薄层状、结核状赤铁矿；中部为灰—

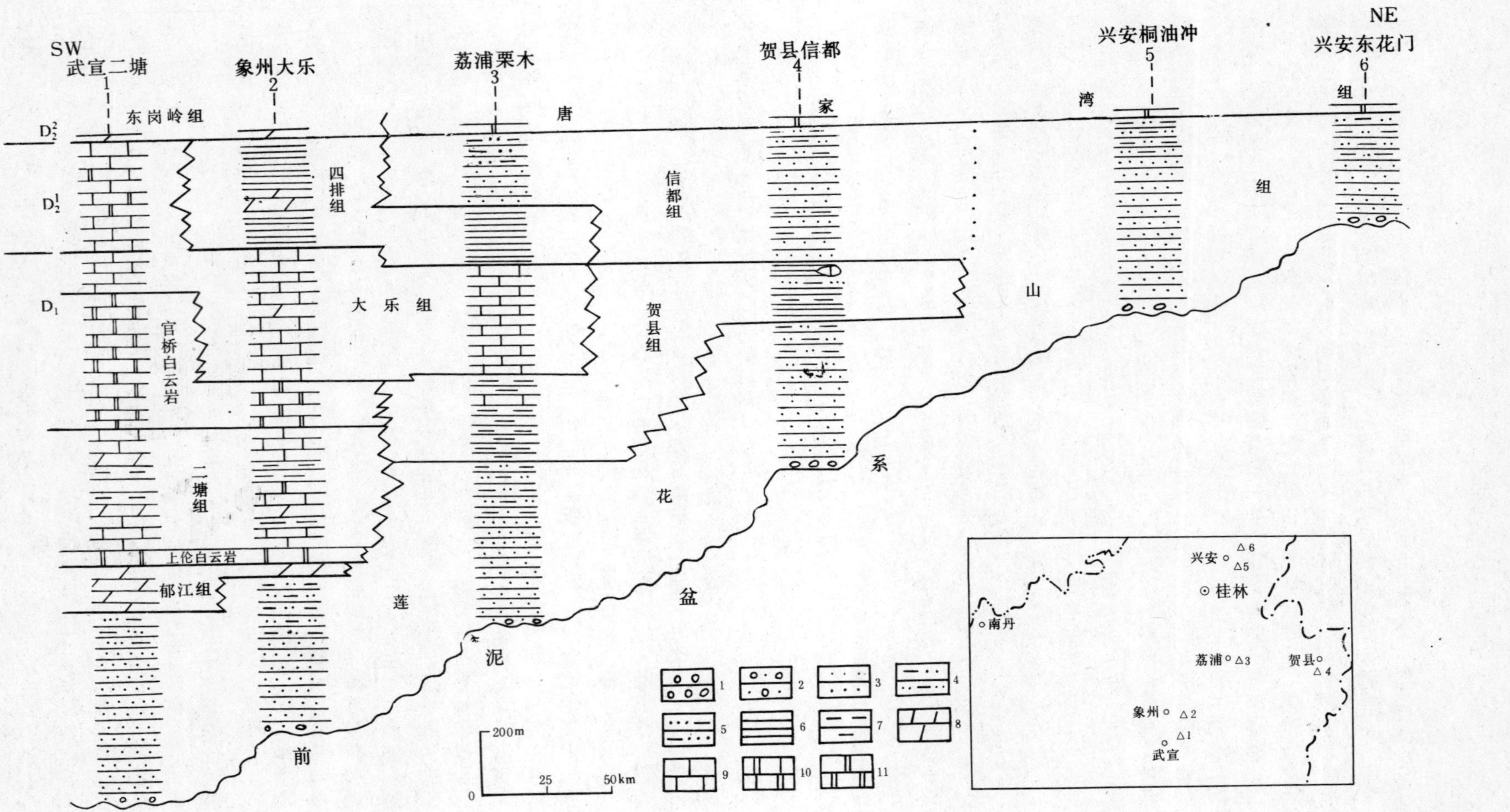

图 4-1　广西武宣县—兴安早泥盆世各组剖面示意图

1. 砾岩；2. 砂质砾岩；3. 砂岩；4. 含泥质砂岩；5. 含泥质粉砂岩；6. 页岩；7. 泥岩；8. 泥灰岩；9. 灰岩；10. 白云质灰岩；11. 白云岩

灰白色中厚层状砂岩、含砾砂岩夹深灰色薄—中层状粉砂岩、泥岩，其底部的砾岩在横向变化是北部四堡地区较厚、南部地区较薄；纵向上砾岩含量由多到少，砾径由大到小；厚度变化大，一般厚 20～70 m，在拉郎村附近厚达 121 m。该组在宝坛 1∶5 万图幅范围内从西南向东北超覆，西南部的时代大致相当于晚埃姆斯期，东北部地区则相当于艾菲尔期。

总之，广西境内的莲花山组因海侵由南西向北东方向推进，所以各地的海侵时期先后有差异，其特点由南向北、愈往北或东北时代愈新（图 4 - 2、4 - 3），但形成的岩性组合却大体相同，均属海侵底部的滨岸碎屑岩相组合。厚度相对西南薄而东北较厚。

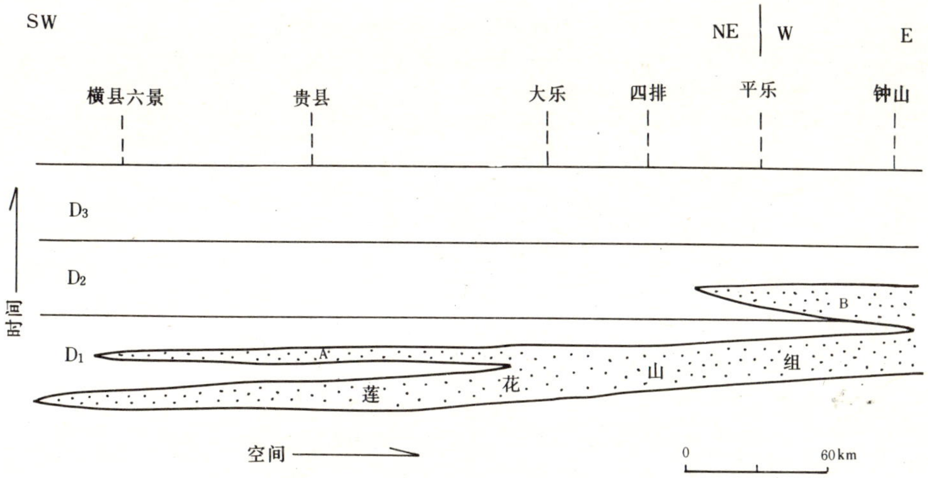

图 4 - 2　广西横县—富贺钟地区莲花山组的穿时示意图

A. 郁江组底部砂岩；B. 信都组砂岩　　（据张守信，1975，修改）

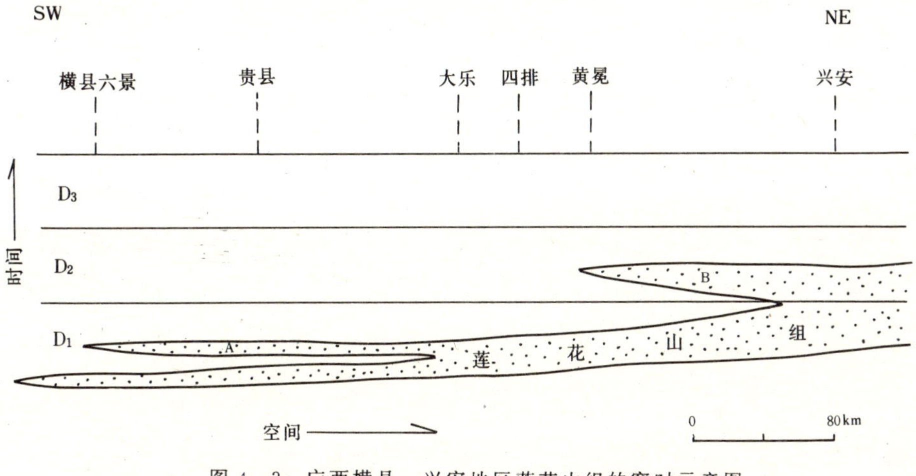

图 4 - 3　广西横县—兴安地区莲花山组的穿时示意图

A. 郁江组底部砂岩；B. 信都组砂岩　　（据张守信，1975，修改）

那高岭组　D_1n　（06 - 45 - 0702）

【创名及原始定义】　原称“那高岭页岩”。系王钰 1956 年创名，标准地点在横县六景火车站北侧百余米。原义“那高岭页岩厚约 50 米，上部是绿色、黄褐色致密坚硬的页岩，下部除绿色页岩外，还有若干薄的石灰岩夹层或凸镜体。”

【沿革】 1928—1952 年间，冯景兰、赵金科、张文佑等称莲花山组的上覆地层为四排页岩。王钰等（1964）将原命名那高岭页岩的这套地层改称那高岭组。侯鸿飞等（1975）将上覆地层郁江组下段按沉积旋回韵律考虑，归入那高岭组顶部。邝国敦等（1989）再次研究后，将那高岭组的顶界置于剖面的 22 层石英砂岩之底。吴诒等（1992）认为，从岩性组合考虑，那高岭组的顶界应以原命名那高岭页岩的原义置于剖面 20 层的底界。本书采用后者的划分方案（表 4-1）。

表 4-1 那高岭组、郁江组划分沿革表

<table>
<tr><td colspan="2">王钰</td><td colspan="3">王钰 俞昌民等</td><td colspan="3">侯鸿飞 鲜思远</td><td colspan="3">邝国敦 赵明特等</td><td colspan="2">吴诒 梁演林</td><td colspan="2">本书</td></tr>
<tr><td colspan="2">1956</td><td colspan="3">1965</td><td colspan="3">1975</td><td colspan="3">1989</td><td colspan="2">1992</td><td colspan="2"></td></tr>
<tr><td colspan="2">横县六景</td><td colspan="3">六景</td><td colspan="3">六景</td><td colspan="3">六景</td><td colspan="2">六景</td><td colspan="2"></td></tr>
<tr><td rowspan="5">D_2</td><td>莫丁组</td><td rowspan="5">D_2</td><td colspan="2">那叫组</td><td rowspan="8">D_1</td><td colspan="2">白云岩组</td><td rowspan="8">D_1</td><td colspan="2">未命名组</td><td rowspan="8">D_1</td><td>莫丁组</td><td rowspan="8">D_1</td><td>莫丁组</td></tr>
<tr><td rowspan="4">郁江建造</td><td rowspan="4">郁江组</td><td>六景段</td><td rowspan="3">郁江组</td><td>六景段</td><td rowspan="4">郁江组</td><td>六景段</td><td rowspan="4">郁江组</td><td rowspan="4">郁江组</td></tr>
<tr><td>大联村段</td><td>大联村段</td><td>大联村段</td></tr>
<tr><td>石洲段</td><td>石洲段</td><td>石洲段</td></tr>
<tr><td>霞义岭段</td><td rowspan="3">那高岭组</td><td>霞义岭段</td><td>霞义岭段</td></tr>
<tr><td rowspan="3">D_1</td><td rowspan="2">那高岭页岩</td><td rowspan="3">D_1</td><td colspan="2" rowspan="2">那高岭组</td><td>蚂蟥岭段</td><td rowspan="2">那高岭组</td><td>蚂蟥岭段</td><td rowspan="2">那高岭组</td><td rowspan="2">那高岭组</td></tr>
<tr><td>高岭段</td><td>高岭段</td></tr>
<tr><td>莲花山组</td><td colspan="2">莲花山组</td><td colspan="2">莲花山组</td><td colspan="2">莲花山组</td><td>莲花山组</td><td>莲花山组</td></tr>
</table>

【现在定义】 指位于莲花山组和郁江组之间的一套灰绿色泥岩、粉砂岩为主夹少量碳酸盐岩的岩石地层。下以紫红色细砂岩的消失或灰绿色粉砂质泥岩的出现与莲花山组分界，上以灰绿色泥岩的消失或灰色极细石英砂岩的出现与郁江组分界。与上、下地层均为整合接触。

【层型】 正层型剖面位于横县六景火车站北侧（108°52′，22°52′）（邝国敦等 1989 年重测，略修改）。

上覆地层：**郁江组**

20. 灰绿色极细砂岩，下部灰色薄—中厚层状含泥石英极细砂岩及石英砂岩 2.00 m

——————— 整 合 ———————

那高岭组 总厚度 122.00 m

19. 灰绿色泥岩及粉砂质泥岩，夹少量胶磷矿结核及泥灰岩凸镜体，产腕足类 *Orientospirifer wangi* 4.70 m

18. 灰绿、青灰色薄—中层状含泥粉砂岩及灰绿色粉砂质泥岩，含少量腕足类、双壳类、竹节石 *Sanguinolites* cf. *nagaolingensis* 39.90 m

17. 黄绿色薄层状生物泥岩夹粉砂泥岩，贝壳状断口，局部夹胶磷矿结核，含腕足类、双

壳类 *Orientospirifer wangi*，*Howellella* sp.；*Paracyclas rugosa*，*Edmondia*? sp. 等　19.10 m

16. 深灰色中层状细晶灰岩，不等晶灰岩与泥灰岩、泥岩互层，普遍含磷。含腕足类 *Orientospirifer nakaolingensis*，*Kwangsirhynchus liujingensi* 等；牙形类 *Pandorinellina exigua guangxiensis*，*Polygnathus dehiscens* 等；双壳类 *Edmondia* sp.，*Paracyclas* sp. 等；珊瑚 *Chalcidophyllum nakaolingensis*，*Eoglossophyllum minor*　36.10 m

15. 黄绿色含粉砂泥岩及灰绿色粉砂质泥岩夹生物介壳泥质灰岩，含腕足类 *Orientospirifer nakaolingensis*，*Kwangsirhynchus liujingensis* 等；双壳类 *Leptodesma* (*Leptodesma*) cf. *L.* (*L.*) *venusta* 等及介形类　9.90 m

14. 灰绿色中层状粉砂质泥岩夹暗灰色含磷钙质泥质粉砂岩，底部含较多磷结核。含双壳类 *Asiaspis expansa*，*Paracyclas* sp. 及鱼碎片　11.90 m

13. 灰绿色粉砂质泥岩。含腕足类 *Kwangsirhynchus* sp.，*Lingula* sp. 及双壳类 *Leiodysodonta guangxiensis*　0.40 m

——————— 整　合 ———————

下伏地层：**莲花山组**　紫红色极细砂岩、泥质粉砂岩与细粒杂砂岩互层夹黄绿色薄层状含泥质细砂岩

【地质特征及区域变化】　该组主要岩性为灰绿、灰色粉砂质泥岩、泥质粉砂岩、泥岩为主，夹灰岩、泥灰岩组合。该组的沉积环境属滨岸外潮下带。

化石丰富，以腕足类为主，双壳类、介形类、珊瑚、竹节石、牙形石、鱼类次之，还有孢子、几丁虫及疑源类。腕足类：*Orientospirifer* sp.，*Howellella* sp.，*Aseptalium* sp.，*Kwangsirhynchus* sp.，*Corvinopugnax* sp.，*Fergamella* sp.，*Protathyris* sp.，*Chonetes* sp.，*Atrypa* sp.，*Lingula* sp. 等属。双壳类：*Leiodysodonta guangxiensis*，*Dysodonta angulata*，*Edmondia* sp.，*Sanguinolites* cf. *nagaolingensis*，*Eoschizodus* sp. 等。珊瑚：*Chalcidophyllum nakaolingensis*，*Eoglossophyllum minor*。竹节石：*Tentaculites* sp.，*Volynites* sp. 等。牙形石：*Eognathodus linearis postclinatus*，*E. sulcatus*，*Pandorinellina exigua guangsiensis*，*Panderodus striatus striatus*，*Polygnathus dehiscens*? 等。几丁虫：*Ancyrochitina ancyrea*，*Angochitina devonia*，*Sphaerochitina sphaerocephala*，*Desmochitina urna* 等。该组古孢子和疑源类可划分为 3 个组合带：*Leiotriletes*-*Punctatisporites* 组合带；*Retusotriletes*-*Acanthotriletes*-*Stenozonotriletes* 组合带；*Veryhachium*-*Micrhystridium*-*Cymatisphaera* 组合带。

根据上述生物组合，该组的时限为早泥盆世早期。

该组在区域上主要沿当时的东、西大明山的西南、东南侧分布。见于靖西、龙州、德保、大新、崇左、隆安、南宁、横县以及宾阳、贵港等地。其他地区的那高岭组沉积为海侵形成的砂砾岩组合，与莲花山组连为一体，无法划分，划入莲花山组，作为莲花山组的穿时产物。

那高岭组的岩性在横县、南宁、大新、崇左、隆安、龙州一带与六景剖面的岩性相近，以灰绿色泥岩为主，泥质粉砂岩次之，并夹灰岩凸镜体，岩层普遍具水平层理。在德保钦甲、靖西化峒可见那高岭组超覆在寒武系之上，与下伏地层上寒武统灰绿色厚层砂岩夹角岩化页岩呈不整合接触，那高岭组的岩石组合相变为上部为深灰、浅黄色中厚层泥岩、含磷结核及灰岩凸镜体，厚 40 m；下部为灰带紫、褐色厚层状含钙质砂岩、砂质泥岩、浅灰绿色含砾砂岩、砾岩，厚 26 m。南宁以北武鸣高峰、上林大明山等地的那高岭组相变为以黄褐、黄绿色粉砂岩、泥质粉砂岩、细砂岩为主，无灰岩夹层产出，化石稀少。宾阳露圩、贵港市蒙公一带为

灰绿色薄层状泥质粉砂岩夹页岩，厚 88～110 m。往北至武宣一带那高岭组已相变为紫红色、灰绿色中—厚层含泥细粒岩屑石英砂岩、含泥细砂岩、泥质粉砂岩、含泥粉砂岩夹粉砂质泥岩，厚 217～491 m。

郁江组　D_1y　(06－45－0703)

【创名及原始定义】　原称郁江建造。该组系赵金科 1950 年建议用郁江建造一名代替"吴村页岩"演变而来，王钰 1956 年介绍。标准地点在横县六景圩附近。指那高岭页岩之上，"自下而上，依岩性与化石带可分为四层：1 层为厚层的坚硬砂岩，下部夹少数页岩；2 层为绿色及银灰色页岩夹灰岩凸镜体；3 层为黑灰色灰岩；4 层为灰绿色砂质页岩，夹灰岩或凸镜体。"上覆东岗岭石灰岩或榴江组。总厚 230m。

【沿革】　赵金科、张文佑（1952）编制 1∶25 万《广西地质图》时称郁江层；中国科学院地质研究所（1956）《中国区域地层表（草案）》称为郁江组；赵金科、张文佑（1959）称为郁江统；王钰、俞昌民等（1965）将郁江组自下而上分为霞义岭段、石洲段、大联村段、六景段，上覆地层称那叫组。稍后王钰、俞昌民等（1974）仍称郁江组。侯鸿飞等（1975）明确提出上覆地层为白云岩组，下伏地层为那高岭组，并认为那高岭组由泥岩至上部砂岩层段为一个完整的海进→海退小韵律，故将郁江组霞义岭段划归那高岭组。邝国敦等（1989）将郁江组霞义岭段的底界上移至 22 层之底；吴诒等（1992）将郁江组的底界下移至 20 层之底。本书采用吴诒等的划分方案（见表 4－1）。

【现在定义】　指整合于那高岭组和莫丁组之间的一套下部为黄褐、灰黄色泥质粉砂岩、细砂岩；中部为黄绿、灰绿色泥岩夹泥质灰岩凸镜体；上部为生物灰岩、泥灰岩、泥晶灰岩的岩石组合。下以灰色极细砂岩与那高岭组灰绿色泥岩分界；上以泥灰岩与莫丁组灰、深灰色细晶灰云岩分界。

【层型】　正层型剖面位于横县六景圩附近（108°52′，22°52′）（邝国敦等 1989 年重测，略修改）。

上覆地层：**莫丁组**　灰—深灰色厚层状含生物屑硅质团块细—粉晶白云岩，底部厚层状细晶灰云岩。含竹节石 *Nowakia* sp.，*Styliolina* sp.　4.00 m

——————　整　合　——————

郁江组　总厚度 241.60 m

34. 风化后红褐色薄层状含生物泥晶灰岩及泥灰岩。化石丰富，含腕足类 *Parathyrisina tangnae*，*Rostrospirifer tonkinensis*，*Eosophragmophora sinensis*，*Dicoelostrophia punctata*，*Xenostrophia yukiangensis* 等；珊瑚 *Amplexiphyllum* sp.，*Siphonophrentis angusta* 等；三叶虫 *Gravicalymene* sp. 等；牙形类 *Polygnathus dehiscens* 及竹节石　2.80 m
33. 灰色中厚层状含泥质生物泥晶—细粉晶灰岩，下部夹薄层状泥晶—粉晶灰岩。产丰富的腕足类 *Levenea depressa*，*Luanquella kwangsiensis*，*Xenostrophia yukiangensis*，*Dicoelostrophia punctata*，*Rostrospirifer tonkinensis*，*Cymostrophia semepheroidea* 等；珊瑚 *Favosites* sp.，*Pleurodictyum* sp. 以及竹节石、双壳类、三叶虫、腹足类等　26.20 m
32. 灰黄色泥岩及含泥生物泥—粉晶灰岩夹薄层状含泥晶生物灰岩。含较丰富的腕足类 *Rostrospirifer tonkinensis*，*Xenostrophia yukiangensis*，*Dicoelostrophia punctata*，*Elymospirifer kwangsiensis*，*Howellella yukiangensis* 等；珊瑚 *Favosites* sp.，*Calceola* sp.　15.50 m

31. 黑灰色中—厚层状含生物泥晶灰岩夹瘤状含生物泥灰岩，含腕足类 *Rostrospirifer* sp.，*Kransia fasciger*；珊瑚 *Pseudomicroplasma* sp. 11.60 m

30. 上部灰黄色泥岩夹含泥生物泥晶灰岩及凸镜体；中部灰黄色薄—中层状泥晶灰岩及灰绿色粉砂质泥岩夹泥质粉砂岩；下部灰黄色泥灰岩及生物介壳含泥灰岩夹少量灰绿色泥岩。含腕足类 *Xenostrophia yukiangensis*，*Dicoelostrophia crenata*，*Kransia fasciger*，*Rostrospirifer tonkinensis*，*Howellella yukiangensis*，*Elymospirifer kwangsiensis*，*Parachonetes liujingensis* 等，珊瑚 *Thamnopora* sp.，*Xystriphylloides nobilis*，*Mytilarca* sp. 等 36.20 m

29. 上部灰绿色含粉砂泥岩夹薄层含泥石英极细砂岩；下部灰黄—灰绿色中层状泥岩，泥质粉砂岩，粉砂岩夹泥灰岩，泥岩中含磷结核。含腕足类 *Rostrospirifer tonkinensis*，*R. hemiretundus*，*Howellella yukiangensis*，*Dicoelostrophia crenata*. 55.20 m

28. 青灰色中层状含泥生物碎屑含云灰岩夹灰黄色含生物泥岩。含腕足类 *Rostrospirifer tonkinensis*，*Chonetes* sp.，*Luanquella kwangsiensis*，*Cymostrophia* sp.；三叶虫 *Lobopyge* sp.，*Acanthopyge* sp. 等；珊瑚 *Favosites* sp.，*Xystrigona* sp. 10.20 m

27. 深灰色薄—中层状粉砂质含泥灰岩，上部凸镜状生物含泥灰岩及泥岩。含腕足类 *Cymostrophia semipheroidea*，*Atrypa* sp.，*Rostrospirifer tonkinensis*，*Dicoelostrophia punctata*；牙形类 *Polygnathus dehiscens* 等 4.40 m

26. 灰绿色含粉砂泥岩，中部夹一层含磷结核。含少量腕足类 *Atrypa* sp.，*Rostrospirifer tonkinensis* 8.20 m

25. 灰黄、灰绿色薄层状泥岩及含粉砂泥岩。含腕足类 *Dicoelostrophia punctata*，*Rostrospirifer* sp.，*Chonetes* sp.，*Cymostrophia quadrata*，*Parachonetes liujingensis*，*Howellella* sp. 及双壳类 24.30 m

24. 灰、灰白色薄层状粉砂岩，含泥石英砂岩夹含粉砂泥岩，含腕足类 *Rostrospirifer* sp.，*Megastrophia semispheroidea*，*Chonetes* sp. 及珊瑚、海百合、鱼碎片 9.70 m

23. 灰黄色、灰绿色粉砂质泥岩、泥岩及钙质细砂岩。含腕足类 *Aseptalium guangxiensis*，*Ferganella transversa*，*Corvinopugnax globosus* 及双壳类 *Eoschizodus* sp.，*Sanguinolites elegans* 12.50 m

22. 浅灰色薄层状含泥石英极细砂岩，往上渐变为含粉砂质泥岩 0.80 m

21. 灰黄、灰绿色中—薄层状含粉砂泥岩夹泥质粉砂岩及砂质泥岩夹磷结核层，下部灰绿色含生物粉砂质泥岩夹泥岩。含腕足类 *Orientospirifer wangi*，*Howellella* sp. 22.00 m

20. 灰绿色极细砂岩，下部灰色薄—中厚层状含泥石英极细砂岩及石英砂岩 2.00 m

——————— 整　合 ———————

下伏地层：**那高岭组**　灰绿色泥岩及粉砂质泥岩

【地质特征及区域变化】　该组主要岩性为黄褐、灰黄、灰绿、深灰色泥质粉砂岩、细砂岩、泥岩夹泥灰岩，上部生物灰岩、泥灰岩。

郁江组属潮间—潮下—碳酸盐台地的沉积环境。

郁江组古生物众多，化石异常丰富，共发现有腕足类、双壳类、珊瑚、三叶虫、竹节石、牙形石等种类。腕足类：*Cryptospirifer* sp.，*Cymostrophia* sp.，*Howellella* sp.，*Acrospirifer* sp.，*Dicoelostrophia* sp.，*Atrypa* sp.，*Schigophria* sp.，*Elymospirifer* sp.，*Nadiastrophia* sp.，*Uncinulus* sp.，*Rostrospirifer* sp.，*Parathyrisina* sp.，*Gypidula* sp.，*Eosophragmophora* sp. 等等，属种数及个体数都很丰富，可称为 *Dicoelostrophia-Rostrospirifer* 动物群。珊瑚：*Xystriphylloides* sp.，*Siphonophrentis* sp.，*Amplexiphyllum* sp.，*Heterophaulastis* sp.，*Microcyclus* sp., *Calceola* sp., *Favosites* sp., *Aulopora* sp. 等。三叶虫：*Lobopyge* sp., *Lacunoporaspis* sp., *Dinolichao* sp., *Acanthopyge* sp., *Proctus* sp., *Schigoproetoides* sp., *Gravicalymene* sp., *Phacops* sp., *Denchenella* sp. 等。牙形石：*Polygnathus dehiscens*，*Pandorinellina exigua guangxiensis*。此外还有少量的层孔虫 *Clathrodictyon amygdaloides subresiculosum*；竹节石：*Tentaculites* sp., *Nowakia* sp., *Styliolina* sp. 及头足类:*Gonionoedyceras* sp., *Buchanoceras* sp.，并出现具旋壳的鹦鹉螺类。

综合上述，郁江组的时代属早泥盆世早期。

该组主要分布于桂西、桂西南的南宁、邕宁、武鸣、上林、崇左、大新、龙州、天等、德保、靖西、那坡、百色、田林、隆林；桂西北见于南丹罗富；桂中分布于武宣、象州；桂东南的玉林、北流等地。

由于该组的地理位置分布不同，各地的沉积时间长短有差异，致使岩性变化相当明显。在南宁五象岭一带，岩性与六景剖面基本相同，但到武鸣高峰坳至林圩一带，下部以黄褐、黄绿色细砂岩、粉砂岩为主夹泥岩及钙质泥岩；上部为黑色泥岩，含大量黄铁矿结核或粉末状黄铁矿；往西到西大明山北侧的隆安古潭、屏山等地，下部以黄绿、黄白色细砂岩、粉砂岩为主，夹粉砂质泥岩、泥岩，上部为黄绿、黄褐色泥岩、粉砂质泥岩夹泥灰岩凸镜体及结核。厚 165～237 m。在桂西和桂西北地区，岩性主要以灰绿、黄褐色泥岩为主夹泥质粉砂岩及黄灰、黄绿色细砂岩，底部为细砂岩。当上覆地层为黄猄山组白云岩时，该组顶部一般为黄褐色泥岩及泥质粉砂岩，局部地区为一层深灰色泥质灰岩。在上林大丰、南丹罗富等地，上覆地层为塘丁组黑色泥岩。隆林德峨、靖西吞盘至荣劳及和温一带，郁江组超覆不整合于上寒武统之上，厚 3～303 m，其底部有薄层细砾岩或含砾砂岩。玉林茂林、北流大风门一带相变为黄褐色、黄绿色泥岩与细砂岩互层产出。武宣、象州、鹿寨、金秀等地，下部以灰、黄褐色细粒石英砂岩为主，夹少数紫红色石英砂岩、泥质粉砂岩、粉砂质泥岩，上部为黄褐色泥岩、灰绿色泥质粉砂岩及深灰色粉砂质白云岩。

贺县组　D_1h　(06-45-0704)

【创名及原始定义】　广西区测队 1976 年① 创名，标准地点位于广西贺县仁义乡洪范至山口一带。指位于石桥组之上，信都组之下的一套以紫红、灰绿色页岩、泥岩、砂质页岩为主，夹泥质砂岩、粉砂岩、细砂岩、白云岩、灰岩等岩石组合。

【沿革】　命名前，桂东北地区这套灰绿色砂质泥岩、粉砂岩、细砂岩夹白云岩或灰岩凸镜体地层称为那高岭组。广西区测队（1974）建立石桥群，用以代表桂东北地区整个早泥盆世地层。稍后，广西区测队（1976）①将石桥群的下部称为石桥组，上部称为贺县组。广西泥盆系专题组（1982）将这套地层自下而上划分为苍梧组、旱圳组。吴诒等（1992）沿用贺县组一名。本书亦采用此名称。

【现在定义】　指整合于莲花山组紫红色砂岩之上，信都组灰黄、灰白色砂泥岩、细砂岩之下的一套杂色泥（页）岩为主，夹细砂岩的地层。下以砂岩的消失或砂质页岩的出现与莲花山组分界；上以黄白色页岩与信都组灰白色细砂岩分界。

【层型】　正层型剖面位于广西贺县仁义乡洪范至山口一带(110°41′,23°55′)(罗璋等 1964 年实测)。

---

① 广西区域地质测量队，1976，广西地质（征求意见稿）。

上覆地层：**信都组**　灰白色中—厚层细砂岩

——————— 整　合 ———————

贺县组	总厚度 187.00 m
6. 黄白色页岩夹少量砂质页岩，底部的一层灰白色杂砂岩，含双壳类 *Pierirea* cf. *lineaia*	18.00 m
5—4. 页岩、中上部夹灰色泥质白云岩	53.00 m
3. 紫红色、灰绿色页岩夹中—厚层杂砂岩，底部为一层紫红色砂质泥岩	21.00 m
2. 紫红、灰黄、灰白色页岩夹黄色中层泥质粉砂岩，含鱼化石 *Yunnanolepis chii* 及双壳类等	26.00 m
1. 上部为紫红色页岩夹一层紫灰色泥质粉砂岩，下部为紫红色砂质页岩	69.00 m

——————— 整　合 ———————

下伏地层：**莲花山组**　紫红色砂岩

【地质特征及区域变化】　该组主要岩性为紫红夹黄绿色泥岩、粉砂质泥岩、泥质粉砂岩夹少量细砂岩及白云岩等。

该组总的沉积环境属潮间带，由砂坪、泥坪交替组成滨岸潮间带，其间也有泻湖沉积。

该组生物化石较少，以双壳类为主，腕足类次之，少量鱼类、介形类及珊瑚。双壳类：*Leptodesma* sp.，*Edmondia* sp.，*Modiomorpha* sp.，*Glassites* sp.，*Solemya* sp.，*Cypricardinia* sp.，*Praecardium* sp.，*Pierinea* sp. 等，主要见于苍梧石桥、贺县信都一带。腕足类：*Spirifer* sp.，*Euryspirifer* sp.，*Nadiastrophia* sp.，*Athyrisina* sp.，*Acrospirifer* sp. 等，见于罗城、环江一带。少量介形类 *Paramoelleritia* sp.，鱼类 *Yunanolepis* sp. 及珊瑚 *Favosites* sp. 等。

根据以上生物特征，贺县组的时限大致为埃姆斯期。其中南部较老，向北时代较新。

贺县组主要分布于桂东北的苍梧、贺县、钟山、昭平、富川、恭城、阳朔、灌阳、灵川、临桂及罗城、环江的部分地区。该组一般以紫红色夹灰绿、棕黄色页岩、砂质页岩为主。在苍梧石桥、贺县仁义一带，岩性以紫红、灰绿、棕黄色页岩、砂质页岩为主，中部夹少量黄白色薄—厚层状杂砂岩，上部夹一层至数层灰、灰黑色泥质白云岩、钙质白云岩，白云岩之上的页岩以棕黄色为主，厚 48～278 m。向北至贺县梅花、莲塘寨及昭平黄姚镇、钟山珊瑚矿一带，主要为页岩及粉砂质页岩，夹少量粉砂岩及细粉砂岩，上部常夹灰岩、白云岩、泥灰岩及粉砂泥质灰岩，厚 73～440 m。向西至荔浦栗木一带，岩性基本相同，厚度 197～242 m。继续往西至蒲芦、金秀七建一带以灰绿、黄色页岩为主，其次白云岩、生物碎屑灰岩及灰绿色薄层状粉砂质页岩夹泥灰岩。荔浦、蒙山一带该组底部的页岩厚度变化较大，在蒲芦剖面厚 23 m，长滩剖面厚 63 m，蒙山一带厚仅 8 m。由东向西砂、泥质减少，碳酸盐岩增多，实际上荔浦附近的贺县组是桂中和桂东北地区之间的过渡带。向北至阳朔、恭城、临桂、灵川、灌阳一带，主要由细砂岩、粉砂岩夹页岩、粉砂质页岩及少量白云岩组成，纵向上岩性较稳定，横向上，由南往北，碎屑物渐增而碳酸盐岩则减少。厚度变化较大，角古正屯一带厚约 330 m，势江一带厚 340 m，老村一带厚 225 m，卫东一带厚 92 m。往东北至上江门、满家、东花门一带已相变为一套较粗的碎屑岩，属莲花山组。

综上所述，贺县组岩性有从西南向东北由细逐渐变粗，碎屑物增多，碳酸盐岩减少甚至缺失，厚度由厚逐渐变薄的趋势。

信都组　D_2x　(06-45-0716)

【创名及原始定义】　系广西区测队1975年①命名，创名地位于贺县仁义乡洪范—山口一带。当时误认洪范—山口属信都乡管辖，故名。原指位于石桥群紫红色泥岩—粉砂质泥岩、砂岩之上，东岗岭组灰岩、生物屑灰岩之下的一套灰绿色泥岩—细砂岩夹泥质灰岩组合序列。

【沿革】　命名前桂东北地区这一套地层划为中泥盆统下部的郁江组；自1975年创名后，广为采用。

【现在定义】　指整合于贺县组与唐家湾组之间的一套灰绿色泥岩—细砂岩夹泥质灰岩组合。下以黄白色页岩的消失或灰白色细砂岩的出现与贺县组分界；上以灰—深灰色页岩与唐家湾组生物碎屑泥质灰岩分界。

【层型】　正层型剖面位于广西贺县仁义乡洪范—山口一带（110°41′，23°55′）（广西区调队1974测制）。

上覆地层：**唐家湾组**　灰色中层生物碎屑泥质灰岩与灰岩互层

——————整　合——————

信都组　　总厚度216.00 m

14. 浅灰—深灰色中层细砂岩夹页岩，底部为鲕状赤铁矿　　10.00 m

13. 灰白色薄—厚层细粒石英砂岩夹页岩，底部为鲕状赤铁矿　　17.00 m

12. 灰、灰褐色、深灰色页岩，下部夹薄层泥质粉砂岩。含双壳类、腕足类化石　　49.00 m

11. 灰色中—厚层细粒石英砂岩夹少数杂色泥质细、粉砂岩、砂质页岩，底部有一层鲕状赤铁矿。含双壳类化石　　32.00 m

10. 灰、灰绿色夹紫红色砂质页岩、粉砂岩。含双壳类等化石　　50.00 m

9—8. 中上部白色薄—中层细粒石英砂岩夹杂色页岩。在附近相当本层含腕足类*Eospiriferina lachrymosa*等。下部掩盖　　38.00 m

7. 灰白色中—厚层细砂岩、粉砂岩及杂色中层泥质粉砂岩夹页岩、砂质页岩。含植物*Protolepidodendron scharyanum*，鱼化石*Hohsienolepis hsintuensis*等　　20.00 m

——————整　合——————

下伏地层：**贺县组**　黄白色页岩夹少量砂质页岩

【地质特征及区域变化】　信都组主要岩性以粉砂岩、泥质粉砂岩、细砂岩为主，夹页岩、砂质页岩、白云质灰岩，局部夹1～3层鲕状赤铁矿。

在桂东北地区，信都组与上、下地层均为连续沉积。在桂北罗城地区信都组却超覆不整合于前泥盆系之上。

该组岩石中具水平层理、部分具生物搅动构造，小型交错层，波状层理及少量不对称波痕等，并夹数层鲕状赤铁矿及不稳定的泥质灰岩、泥灰岩。据沉积特征，其沉积环境为滨岸碎屑岩相的潮间带至潮下带。

生物种类较多，以腕足类、双壳类为主，尚有介形类、轮藻、植物、珊瑚、鱼类等。腕足类：*Eospirifer lachrymosa*，*Acrospirifer* cf. *hurshanensis*，*Athyrisina squamosaeformis*，*Yingtangella mingtangella minor*，*Xenospirifer fongi*，*Emanuella takwanensis*，*Indospirifer* sp.，

① 广西区域地质测量队，1975，关于广西泥盆纪地层划分的意见。广西地质科技情报（内部刊物）。

Plectospirifer sp. , *Atrypa* sp. , *Productella* sp. 等。双壳类：*Modiola antiqua*，*Straparollus* sp. ，*Palaeonucula paucidonta*，*Glossites* sp. ，*Pteronitella* sp. ，*Lepertodesma* sp. ，*L. gabbi*，*L. venusta*，*Palaeoneilo* cf. *tiaomajianensis*，*Paracyclas* sp. 等。植物：*Protolepidodendron scharyanum*，*Drepanophycus* sp. ，*Taeniocrada* sp. ，*Lepidodendrospsis* sp. ，*Knorria* sp. ，*Arghaeocalamites*? sp. 等。轮藻：*Sycidium melo*，*S. xizangense*，*S. guangxiense*，*S. fusiforme* 等。介形类：*Beyrichia zhaopingense*，*Margasaccus obulongs*，*Cavellina corpulenta*，*Parasulcicunens hexianensis*，*Eurychilina* sp. ，*Ctenoloculina guangxiensis*，*Tuberobeyrichia monobereulata* 等。此外，还有少量珊瑚：*Temnophyllum* sp. ，*Disphyllum* sp. ，鱼类 *Bothriolepis* sp. 等。

根据上述生物群分析，其时代为中泥盆世早期，即艾菲尔期。

该组分布于桂东的苍梧、昭平、贺县、钟山，桂北的荔浦、平乐、富川、恭城、桂林、灵川、灌阳、融安、罗城以及桂东南的北流、陆川、博白、合浦及桂西的部分地区。在苍梧石桥、贺县仁义一带，岩性下部为薄—中层状泥质粉砂岩、灰白色细砂岩夹页岩、砂质页岩及少数粉砂岩；中部为一层灰带灰绿色，少数紫红色页岩、砂质页岩夹细—粉砂岩，此层页岩层位稳定；上部为灰白色薄—厚层状细粒石英砂岩、页岩夹薄层泥质粉砂岩，厚 49～279 m。石桥、信都一带夹 2～3 层鲕状赤铁矿（厚 0.2～1.48 m）。往西北至昭平黄姚镇一带，岩性变化不大，厚 535 m。再往西北至钟山清塘街一带，细砂岩的比例显著增加，下部为粉砂岩、砂岩、页岩夹 0.85 m 厚的鲕状赤铁矿及泥质灰岩扁豆体；上部砂质页岩夹含鲕绿泥石铁质粉砂岩、铁质细砂岩；顶部泥质灰岩、含磷泥质粉砂岩、含铁砂岩等，厚 389～420 m。自珊瑚锡矿到贺县梅花、莲塘寨一带，岩性以石英砂岩、粉砂岩为主，夹页岩、碳质页岩及含铁石英砂岩，厚 399～453 m。自英家街向西，以荔浦—蒙山一带为界，东部地区下部以灰绿色、深灰色页岩为主，夹较多粉砂岩，中部灰绿、灰白色泥质粉砂岩、细砂岩夹深灰色灰岩凸镜体，部分地区夹 15 cm 厚的鲕状含粉砂铁质岩，上部暗绿色、灰白色粉砂岩夹黑色页岩、粉砂质页岩，厚 704～900 m。往西逐渐相变为四排组。在阳朔、恭城、桂林一带由灰、灰白、紫红色石英砂岩夹页岩、粉砂质页岩及数层铁矿组成。铁矿层一般厚 0.3～4.5 m，厚度 177～739 m。往北到接龙峡、半江、满家，西北上江门、宛田一带，底部为粗砂岩；下部杂色中—厚层粉砂岩、细砂岩、粉砂质页岩、页岩，厚 40～336 m；中部紫红色粉砂质页岩、页岩、粉砂岩及细砂岩，夹赤铁矿，厚 61～159 m；上部灰白、浅灰、灰绿色细砂岩夹粉砂岩、中粒石英砂岩、粉砂质页岩及赤铁矿或含铁砂岩，顶部灰、棕黄色页岩，厚 36～236 m。再往东北到东花门、十里山口、桐油冲一带相变为莲花山组的杂色含细砾粗砂岩，块状砾岩等。罗城宝坛、龙岸一带为紫红色中层砾岩、砂砾岩，灰、灰白色砂岩、粉砂岩，上部夹薄层状或结核状赤铁矿及瘤状泥灰岩，所产植物属种与贺县地区相同，底部超覆在震旦系之上。桂东南地区茂林至马尾冲、新桥一带，由下部浅灰、灰白色中、厚层细砂岩，上部浅灰、灰黄、紫红色中、厚层细砂岩、粉砂岩、砂质页岩、页岩组成，厚 185 m。博白下六司、南山水、大江窝、墨菜水、蟠龙一带，下部为灰白、浅灰色中层中—粗粒石英砂岩和含砾粗砂岩，灰白色细粒石英砂岩、粉砂岩、泥质粉砂岩、页岩，夹碳质页岩及薄层灰岩，厚度 801～2 206 m；上部为灰色中层含砾细砂岩、粉砂岩、泥质粉砂岩、细砂岩夹页岩，厚 209～397 m。合浦公馆一带，由底部灰白色厚层含砾粗砂岩、粗砂岩与中细粒砂岩互层；中部灰色厚层细砂岩与泥质粉砂岩互层、细砂岩夹千枚状粉砂质页岩及不等粒砂岩，夹层有较好的含磷反应；上部细砂岩、粗砂岩、钙质粉砂岩、钙质页岩、石英粉砂岩等组成，厚度 578～973 m。

综合上述，桂东北地区信都组的变化规律为：横向上从南到北岩性有细变粗的趋势，即灰岩、页岩、砂岩→页岩、砂岩、粗砂岩、砾岩。厚度西南厚，东北薄。桂东南地区则表现为由东北到西南岩性由细变粗，厚度变化大，185～2 600 m。

四排组　$D_{1-2}s$　(06－45－0717)

【创名及原始定义】　原名四排页岩。系冯景兰1929年创名，标准地点位于鹿寨县（旧修仁县）四排圩附近禄马村。原指“四排页岩，黄绿色之页岩，见于修仁县四排圩南之禄马村……。”当时无剖面描述，顶底关系不明，据所产大量腕足化石“似属下泥盆纪。”

【沿革】　王钰1956年将四排页岩与郁江组、那高岭页岩对比，划为早—中泥盆世；从此四排页岩的时代归属问题引起了争论。王钰、俞昌民1964年称四排组，划为早泥盆世；同年，王钰、俞昌民等对四排组作了专门研究，发现原四排页岩之下还有一套厚约300 m以泥灰岩为主的地层，将其命名为鹿马段，原四排页岩称四排段，划为中泥盆世早期；华南泥盆系会议1978年明确了四排组位于郁江组之上，属早泥盆世；吴诒等1992年四排组划为早泥盆世晚期；本书划分见表4－2所示。

表4－2　四排组划分沿革表

<table>
<tr><td colspan="2">冯景兰</td><td colspan="2">王　钰　俞昌民等</td><td colspan="3">侯鸿飞　王士涛等</td><td colspan="2">吴　诒　梁演林</td><td colspan="2">本书</td></tr>
<tr><td colspan="2">1929</td><td colspan="2">1964</td><td colspan="3">1988</td><td colspan="2">1992</td><td colspan="2"></td></tr>
<tr><td colspan="2">鹿寨四排</td><td colspan="2">鹿寨四排</td><td colspan="3">鹿寨四排</td><td colspan="2">鹿寨四排</td><td colspan="2"></td></tr>
<tr><td rowspan="2">D₂</td><td rowspan="2">榴江系</td><td rowspan="4">D₂</td><td rowspan="2"></td><td rowspan="2">D₂</td><td colspan="2"></td><td rowspan="2">D₂</td><td></td><td rowspan="2">D₂</td><td>东岗岭组</td></tr>
<tr><td colspan="2">应堂阶</td><td>应堂群</td><td rowspan="2">四排组</td></tr>
<tr><td rowspan="3">D₁</td><td rowspan="3">四排页岩</td><td>四排段</td><td rowspan="3">D₁</td><td rowspan="2">四排组</td><td>四排段</td><td rowspan="3">D₁</td><td rowspan="2">四排组</td><td rowspan="3">D₁</td></tr>
<tr><td>鹿马段</td><td>鹿马段</td><td>大乐组</td></tr>
<tr><td>D₁</td><td>那高岭组</td><td></td><td>下伏地层</td><td>?</td><td></td></tr>
</table>

【现在定义】　指整合于大乐组灰岩、泥灰岩之上，东岗岭组之下的一套黄绿色、灰色泥（页）岩夹灰岩的地层。下以灰色生物灰岩的消失或黄绿色含粉砂质泥岩的出现与大乐组分界；上以钙质页岩的消失或泥质灰岩的出现与东岗岭组分界。

【层型】　正层型剖面位于广西鹿寨县四排圩鹿马村（109°59′，24°22′）（王瑞刚等1984年重测）。

四排组　　　　总厚度＞392.90 m

25. 灰黄色泥岩。含腕足类 *Xenospirifer fongi*, *Eospiriferina lachrymosa* 等。(未见顶)　45.00 m

24. 掩盖　15.00 m

23. 深灰、绿色中—厚层粉砂质泥岩。含腕足类 *Glyptospirifer uniplicatus*, *Nadiastrophia* sp., *Euryspirifer paradoxus shujiapinensis*　57.00 m

22. 深灰、绿色中一厚层粉砂质泥岩。含腕足类 *Euryspirifer paradoxus shujiapinensis*, *Glyptospirifer guadriplicatus*, *Nadiastrophia* sp.；三叶虫 *Gravicalymene* sp.；竹节石 *Viriatellina* sp. 6.50 m

21. 深灰色中层泥岩 16.40 m

20. 浮土 34.50 m

19. 深灰色中层泥岩。含腕足类 *Euryspirifer paradoxus shujiapinensis* 23.90 m

18. 深灰色中厚层泥岩夹少量生物屑细晶灰岩。含三叶虫 *Shipaia* sp. 8.50 m

17. 浮土 13.80 m

16. 深灰色中层泥岩，上部夹少量细晶灰岩，含腕足类 *Otospirifer shipaiensis*, *Spinulicosta* 21.50 m

15. 深灰色中厚层含钙质生物屑泥岩，夹含生物屑细晶灰岩 6.90 m

14. 暗灰色中层泥晶灰岩 2.00 m

13. 深灰色中层含生物屑细晶灰岩，夹泥岩。含复体珊瑚，鱼碎片 43.50 m

12. 深灰色中层泥岩。含三叶虫 *Shipaia hexaspina*，腕足类 *Glyptospirifer quadriplicatus* 23.50 m

11. 深灰色中层泥岩 8.40 m

10. 深灰、黑灰色中层泥岩。含腕足类 *Otospirifer shipaiensis*, *Athyrisina luhuiensis*；双壳类 *Paracyclus* sp. 17.50 m

9. 深灰色薄一中层泥晶生物碎屑灰岩。含珊瑚和三叶虫 *Shipaia hexaspina* 4.10 m

8. 黄灰色含粉砂质泥岩，夹少量生物碎屑灰岩。含腕足类 *Productella* sp. 44.90 m

———— 整　合 ————

下伏地层：**大乐组**　灰色中层生物碎屑细晶灰岩

由于正层型剖面未见顶，现将象州大乐剖面（109°58′，24°03′）（据白顺良等1982年资料修改）作参考剖面。

上覆地层：**东岗岭组**　灰色薄一中层含泥质灰岩

———— 整　合 ————

四排组　　总厚度 418.40 m

51. 灰绿色钙质页岩 8.10 m

50. 灰绿色页岩偶夹薄的龟裂纹泥灰岩。含少量双壳类及腹足类 68.00 m

49. 绿灰色页岩。含腕足类 *Indospirifer changuliensis* 等 39.60 m

48b. 灰绿色页岩。含腕足类 *Emanuella* aff. *transversa* 64.30 m

48a. 黄色中层泥灰岩 3.00 m

47. 灰色中层泥灰岩夹灰绿色页岩，含腕足类 *Emanuella* aff. *transversa* 等 28.10 m

46. 灰绿色页岩夹7层薄层泥灰岩含牙形类 *Icriodus corngier corngier*；腕足类 *Uncinulus longdogshuiensis*, *Rhynchospirifer* sp. 及珊瑚 *Calceola sandalina* 等 44.30 m

45. 灰绿色页岩，上部夹一层薄泥灰岩。含腕足类及珊瑚 *Nardophyllum arcanum* 33.60 m

44. 深灰色中层含泥质灰岩。含腕足类"*Acrospirifer*" *supraspeciosus houershanensis*, *Yingtangella sulcatilis* 等；珊瑚 *Pseudomicroplasma dorsatum*, *Zelolasma gemmatum* 14.90 m

43. 灰色厚层灰岩，下部夹燧石条带及结核 30.40 m

42—41. 黄灰色中层泥灰岩、下部为深灰色中层灰岩。含腕足类 *Athyrisina squamosaeformis*, *Productella sinensis*；珊瑚 *Diplochone gonionema* 等 18.90 m

40. 灰绿色页岩，顶部偶夹薄层泥灰岩。含丰富的腕足类及珊瑚 51.80 m

39. 灰绿色页岩。含腕足类 *Xenospirifer fongi*，*Eospiriferina lachrymosa*，*Chonetes* sp.；珊瑚 *Utaratuia sinensis* 6.70 m

38. 灰色页岩与泥灰岩互层。含竹节石 *Nowakia sulcata*，*Uniconus*；腕足类 *Xenospirifer fongi*，*Eospiriferina lachrymosa*，*Emanuella* aff. *transversa*，*Athyrisina yohi*，*Indospirifer extensus* 等；珊瑚 *Utaratuia pinghuangshanensis*，*Leptoinophyllum angustum* 等 6.70 m

———— 整 合 ————

下伏地层：**大乐组** 灰色厚层灰岩，含燧石团块

【地质特征及区域变化】 该组总的岩性特征为灰、深灰、灰绿、黄绿色泥（页）岩、砂质泥岩夹薄—中层泥灰岩、灰岩组合。在象州地区与上覆东岗岭组呈整合接触；在荔浦栗木一带与上覆信都组亦呈整合接触。

从岩性组合以泥岩、泥灰岩为主，泥岩具水平纹层，表明沉积环境较平静，生物以腕足类、珊瑚为主，属滨外浅海潮下带沉积。

生物特征以腕足类为主，珊瑚、双壳类、介形类次之，少量三叶虫。腕足类：*Subcuspidella trigonata*、*Otospirifer shipaiensis*，*Euryspirifer paradoxus*，*Xenospirifer fongi*，*Glyptospirifer quadriplicatus*，*Eospiriferina lachrymosa*，*Uncinulus* sp.，*Indospirifer qiansiensis* 等。珊瑚：*Utaratuia sinensis*，*U. pinghuangshanensis*，*Leptoinophyllum angustum*，*Zonophyllum multifidum*，*Nardophyllum arcanum*，*Diplochone gonionema* 等。双壳类：*Paracyclas rugosa*，*Deceptrix* sp.，*Byssopteria* sp.。介形类：*Hanaites lipuensis*，*Eurychilina guangxiensis*，*Primitia* sp. 等。少量三叶虫：*Shipaia* sp.，*Gravicalumen* sp.。

根据上述生物特征分析，四排组是一个穿时的岩石地层单位，时代应为早泥盆世晚期—中泥盆世早期（图 4-4）。

该组主要分布于鹿寨四排至荔浦栗木、杜莫一带，向北至永福和平，南至象州大乐、妙皇一带，罗城宝坛有少量分布。

命名地岩性以灰绿、黄绿色泥岩及砂质泥岩为主，夹薄—中层灰岩，可见厚度大于 320 m；往南金秀七建、象州大乐岩性变化不大，为黄绿色页岩夹灰岩，产丰富的腕足类及珊瑚，少量菊石、双壳类、苔藓虫等，厚度大于 330 m；至武宣二塘一带相变为大乐组的灰岩、泥质灰岩、生物灰岩组合；至东部荔浦一带，为灰色灰岩、黄绿色页岩互层，厚 276 m；再往东至珊瑚矿一带已相变为信都组，岩性为灰白色粉砂岩、泥质粉砂岩、泥质砂岩夹细砂岩组合；北部永福和平一带泥岩夹较多砂岩；罗城宝坛一带岩性下部为深灰色中层泥质灰岩、泥灰岩，中、上部深灰色夹泥岩及粉砂岩、泥灰岩等，厚 40～48 m。

帽子峰组 D_3m （06-45-0731）

【创名及原始定义】 徐瑞麟（1937）创名于广东韶关帽子峰，原名帽子峰页岩。"系指朱庭祜（1929）的曲江县城至皇岗岭剖面的 3—10 层（皇岗岭系下部），以其出露于帽子峰故名。岩石大部为灰绿色及黄红色之页岩及薄层砂岩互层，下与天子岭石灰岩整合接触，上与"英德石灰岩"下部接触处则为黑色钙质页岩及不纯净之石灰岩薄层"。

【沿革】 王钰等（1962）改称为组，并沿用至今，只是后来的研究者把该组的上下分层界线变动，各家划分不一。本书沿用该名称，用于代表合浦地区天子岭组之上，额头村组之下的一套碎屑岩地层。

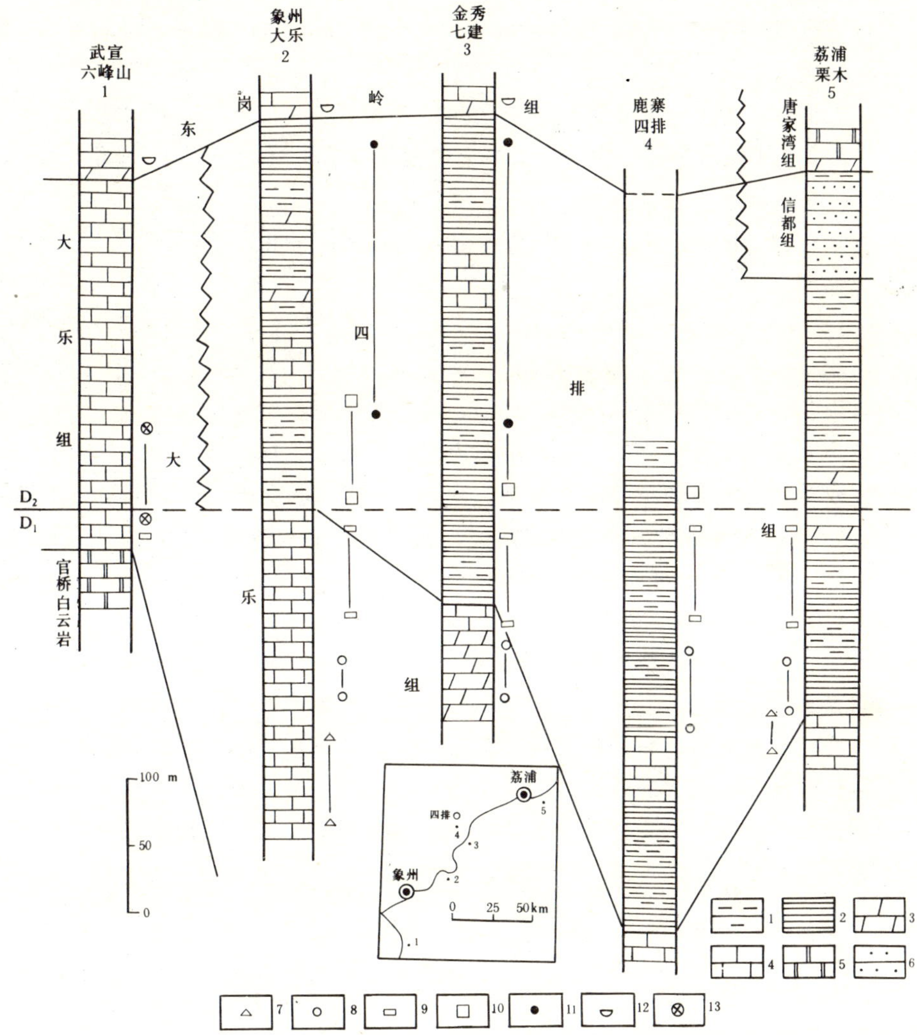

图 4-4 广西四排组柱状对比图

1. 泥岩；2. 页岩；3. 泥灰岩；4. 灰岩；5. 白云岩；6. 砂岩；7. *Subcuspidella trigonata*；8. *Otospirifer shipaiensis*；9. *Euryspirifer paradoxna*；10. *Xenospirifer fongi*；11. *Yingtangella sulcatilis*；12. *Stringocephalus burtini*；13. *Utaratuia* sp.

【现在定义】 指整合于天子岭组与长垑组两套碳酸盐岩地层体之间的一套灰绿、灰红、黄灰等杂色之砂泥质或钙质碎屑岩。其下部（升平路段）主要为钙泥质粉砂岩、钙质或粉砂质泥岩（局部夹粉砂泥质泥晶灰岩薄层），往上钙泥质成分逐渐减少；中部（北门段）以石英砂岩为主夹少量粉砂岩或粉砂质泥岩；上部（石角咀段）的岩石组合及生物面貌与下部大致相似，但钙泥质成分往上逐渐增加。

广西应用含义：指整合于天子岭组和额头村组之间的一套灰、灰绿、灰黑色粉砂岩与页岩互层并夹细砂岩、薄层泥质灰岩、白云质灰岩的地层。下以泥质灰岩的消失或灰绿色泥灰岩与钙质石英粉砂岩互层的出现与天子岭组分界；上以砂页岩的消失或白云质灰岩的出现与额头村组分界。

【层型】 正层型位于广东省。广西的次层型为合浦县海塘帽子峰组剖面（45-0731-4-

1）。

【地质特征及区域变化】　帽子峰组主要岩性为灰绿色细砂岩、粉砂岩、黄绿色页岩夹少量泥灰岩，底部常为一层灰绿色含磷细砂岩。局部地区出露不全，可见厚度18～263m。该组以碎屑岩组合为特征介于上下两套碳酸盐岩之间，界线明显。区域上与下伏地层天子岭组呈整合接触，在参考剖面该组上部出露不全，与上覆地层关系不清，在闸口、海角、石子坝、山口岭等地与上覆额头村组为整合接触。

据岩性组合、古生物群特征，帽子峰组大体上属滨海至陆相沉积环境。

该组既含海相动物也含陆相植物和少量鱼碎片等化石。有腕足类：*Camarotoechia* sp.，*Cyrtospirifer* sp.，*Chonetes* sp.，*Athyris* sp.；海百合茎：*Cyclocyclicus* sp.，*Tetracyclicus* sp.，*Pentaganocyclicus* sp. 及苔藓虫。陆相植物为 *Leptophloeum rhombicum* 等，并有少量鱼碎片。该组产标准植物化石 *Leptophloeum rhombicum*，时代属晚泥盆世晚期。

帽子峰组主要分布于合浦公馆向斜及东部大坝、河浪坡、垭埇尾等地。

该组岩性变化较大，海塘一带岩性为灰、灰绿、灰黑色粉砂岩与页岩互层夹细砂岩、薄层泥灰岩，可见厚度263 m；由海塘向西南沿走向至闸口一带为粉砂岩、粉砂质绢云母泥质页岩夹白云质灰岩，厚214 m；再由海塘向东南至朱屋—海角—公馆—香山一带岩性变化不大，仍为粉砂岩、页岩夹泥质灰岩，厚度177 m；再往东南至河浪坡、大坝一带，为青灰、浅灰白、棕黄色细砂岩、粉砂岩互层夹薄层粉砂质页岩，未见灰岩出现，在河浪坡地区底部见一层厚约3.8 m的含胶磷矿细砂岩、粉砂岩与砂质页岩互层，可见厚度194 m；继续至包墩水库及石码头一带，岩性为细砂岩、粉砂岩夹黄褐色页岩及黑色页岩，厚167 m。

综合上述，该组变化规律表现在横向上由东向西灰岩逐渐增多；碎屑粒度由粗变细，即细砂岩→粉砂岩→泥质粉砂岩→页岩；含磷减少；厚度逐渐增大；生物变化由陆相生物群→海陆混生→海相生物群。

上伦白云岩　$D_1\hat{s}$　（06-45-0705）

【创名及原始定义】　原称上伦段。刘金荣1975年① 创名，标准地点位于广西象州县妙皇乡上伦村附近。指位于象州县妙皇乡上伦村附近的郁江阶那宜段之上，马力段之下的一套灰—浅灰、灰黑—深灰色的含钙质微粒白云岩，不等粒白云岩及细粒白云岩。

【沿革】　俞昌民、殷保安（1978）将此段白云岩划为二塘组底部；吴诒等（1992）提升为上伦组；本书称上伦白云岩。

【现在定义】　指整合于郁江组之上、二塘组之下的一套灰—深灰色中—厚层白云岩为主，夹少量泥晶灰岩的岩石组合。下以泥灰岩的消失或白云岩的出现与郁江组分界；上以白云岩的消失或灰—深灰色泥晶灰岩的出现与二塘组分界。

【层型】　正层型剖面位于广西象州县妙皇乡东北2 km上伦村附近（109°46′，23°53′）（广西第七地质队1992年重测）。

上覆地层：**二塘组**　灰—深灰色中—厚层夹少许薄层含生物屑泥晶灰岩

———— 整　合 ————

上伦白云岩　　　　总厚度177.00 m

① 刘金荣，1975，象州地区泥盆系。广西地质科技情报，(1)（内部刊物）。

42. 灰色中层状泥晶白云岩 6.00 m

41. 深灰色薄—中层泥晶含藻团粒介壳云质灰岩 3.50 m

40. 浅灰色中层泥晶白云岩 11.00 m

39. 深灰色中—厚层棘屑细—粉晶白云岩 132.00 m

38. 深灰色中层含生物屑泥晶灰岩。含腕足类 *Atrypa variabilis*，*Acrospirifer* sp.，*Xenostrophia gukiangensis* 14.50 m

37. 深灰色中—厚层生物屑细晶白云岩 10.00 m

———— 整　合 ————

下伏地层：**郁江组**　上部深灰色生物屑泥灰岩

【地质特征及区域变化】　上伦白云岩以白云岩为主要特征，夹少量生物屑粉—泥晶灰岩、薄层页岩，白云岩局部含砂屑。

上伦白云岩属局限碳酸盐台地沉积。

该组在区域上生物群稀少，只见少数腕足类 *Orientospirifer* sp. 及 *Thamnopora* sp. 等。其时代对比，从所产的 *Orientospirifer wangi* 分析，并结合上、下地层综合考虑，时限应属早泥盆世中期。

上伦白云岩主要分布于大瑶山西侧，南起宾阳黎塘，北至金秀桐木、七建一带。分布区内主要为灰、深灰、灰黑色细晶白云岩，夹少数泥晶灰岩、薄层页岩。沿走向向北到大乐、七建一带厚度变薄，仅 35 m，灰岩增多；向南到乐梅、朋村逐渐加厚，朋村一带厚 500 m。

二塘组　D_1e　（06-45-0706）

【创名及原始定义】　俞昌民、殷保安 1978 年创名，标准地点位于广西武宣县二塘乡吠卜岭西坡、屯头村至六峰山林场。原指位于郁江组砂泥岩及泥灰岩和官桥白云岩之间的一套泥岩夹薄层灰岩和上伦白云岩组合序列。上以薄层灰岩与官桥白云岩分界，下以灰色白云岩与郁江组泥灰岩分界。

【沿革】　创名后，广西地矿局（1985）、广西第七地质队（1993）等广为采用，吴诒等（1992）将二塘组下部上伦白云岩分出，本书采用吴诒的划分方案。

【现在定义】　指整合于上伦白云岩、官桥白云岩之间的一套泥灰岩、泥质灰岩夹泥岩、白云质灰岩组合。下上均以薄层灰岩与上伦白云岩及官桥白云岩分界。

【层型】　正层型剖面位于广西武宣县二塘乡吠卜岭西坡、屯头村至六峰山林场（109°45′，23°44′）（据俞昌民等 1978 年资料修改）。

上覆地层：**官桥白云岩**

———— 整　合 ————

二塘组　　总厚度 448.07 m

37. 灰色薄层灰岩。产床板珊瑚 *Sinocladopora* sp.，*Cladopora* sp.；腕足类 *Undispirifer ovatus*，*Acrospirifer* sp. 20.03 m

36. 深灰—黑色薄层泥岩及钙质泥岩 6.89 m

35. 深灰—黑色页岩夹少量泥灰岩、泥质灰岩。产腕足类 *Glyptospirifer* sp.，*Howellella yukiangensis* 20.23 m

34. 深灰色页岩夹薄层灰岩。产腕足类 *Howellella* sp.，*Undispirifer ovatus*，*Parachonetes* sp.；竹节石 *Styliolina* sp. 18.80 m

33. 黑色页岩夹薄层泥质灰岩。产腕足类 *Undispirifer ovatus*，*Acrospirifer*? *subregularis*；竹节石 *Styliolina* sp. 14.37 m

32. 深灰—黑色页岩夹少量泥灰岩。产牙形石 *Polygnathus perbonus*，*Hindeodella* sp.，*Ozarkodina* sp. 2.11 m

31. 深灰—黑色页岩夹少量泥灰岩 3.79 m

30. 深灰色泥质灰岩 3.43 m

29. 深灰色中厚层灰岩。产腕足类 *Undispirifer ovatus*，*Howellella* sp. 8.01 m

28. 灰色薄层泥灰岩 6.88 m

27. 灰、深灰色页岩夹薄层泥质灰岩、灰岩 15.90 m

26. 灰色、浅绿色薄层泥灰岩。产床板珊瑚 *Thecostegites* sp.；四射珊瑚 *Pseudomicroplasma* sp.；腕足类 *Acrospirifer papaoensis* 等；竹节石 *Nowakia* sp. 6.53 m

25. 深灰—黑色页岩夹薄层瘤状泥质灰岩。产床板珊瑚 *Cladopora* sp.，*Favosites* sp.；腕足类 *Undispirifer* sp. 及竹节石 4.86 m

24. 浅灰—深灰色薄层灰岩。产腕足类 *Acrospirifer ordinaris*，*Undispirifer* sp. 14.86 m

23. 灰色中厚层灰岩夹薄层瘤状灰岩。产床板珊瑚 *Favosites* sp.，*Cladopora*，四射珊瑚 *Zonophyllum simplex*，腕足类 *Acrospirifer subregularis* 等；竹节石 *Tentaculites* sp. 及头足类 19.04 m

22. 灰色薄层瘤状泥灰岩夹薄层灰岩。产床板珊瑚 *Squameofavosites* sp.；腕足类 *Glyptospirifer* sp.，*Eospirifer* sp.，头足类 *Stereotoceras* sp. 12.91 m

21. 灰色薄层泥质灰岩 6.07 m

20. 含燧石结核白云质灰岩。化石丰富，产珊瑚、腕足类、层孔虫 26.27 m

19. 浅灰—黑色页岩。产腕足类 *Glyptospirifer* sp.；竹节石 *Nowakia* sp. 19.13 m

18. 浅灰—黑色薄层灰岩 5.33 m

17. 薄层灰岩与页岩互层 13.45 m

16. 薄层灰岩与页岩，上部为薄层灰岩夹页岩，产腕足类 *Glyptospirifer* sp. 22.55 m

15. 灰色白云质灰岩 9.75 m

14. 灰色页岩 9.80 m

13. 掩盖（见页岩转石） 20.89 m

12. 褐灰—黑色页岩 27.26 m

11. 绿灰色泥岩夹少量薄层灰岩、泥灰岩。产床板珊瑚 *Pachyfavosites* sp.，*Cladopora* sp.；腕足类 *Glyptospirifer* sp. 21.43 m

10. 灰色薄层灰岩。产床板珊瑚 *Syringopora* sp.，腕足类 *Acrospirifer subregularis*，*Glyptospirifer* sp. 11.26 m

9. 灰色薄层泥岩及页岩 4.08 m

8. 深灰—黑色薄层灰岩，下部夹深灰色薄层泥岩。产腕足类 *Acrospirifer*? *ordinaris* 18.44 m

7. 掩盖（转石为页岩及灰岩） 28.43 m

6. 灰色—黑色薄层灰岩夹薄层泥岩。产床板珊瑚 *Pachyfavosites* sp.；腕足类 *Glyptospirifer* sp. 5.48 m

5. 绿灰、深灰色页岩 4.35 m

4. 深灰色薄层灰岩，下部夹深灰色页岩。产床板珊瑚及腕足类 *Athyrisina* cf. *tellitula* 等 15.46 m

———— 整 合 ————

下伏地层：上伦白云岩

【地质特征及区域变化】 该组主要岩性为灰、深灰、灰绿色泥页岩、薄层灰岩、泥灰岩组合。

该组为开阔碳酸盐台地沉积。

生物特征以珊瑚、腕足类为主，牙形石、介形类、双壳类、竹节石次之。床板珊瑚：*Favosites* sp.，*Squameofavosites* sp.，*Alveolites* sp.，*Thamnopora* sp.，*Cladopora* sp. 等；四射珊瑚：*Lyrielasma guangxiense*，*Xiangzhouphyllum minor*，*Zonophyllum* sp.，*Tryplasma* sp.，*Pseudomicroplasma* 等。腕足类：*Acrospirifer subregularis*，*Howellella fecunda*，*Reticulariopsis ertangensis*，*Undispirifer ovatus*，*Glyptospirifer* sp.，*Eospirifer* sp. 等。牙形石：*Polygnathus perbonus*，*Po.* cf. *dehiscens* 等。双壳类：*Newellipecten guangxiensis*，*Paracyclas rugosa*，*Leptodesma* sp.，*Actinopteria* sp. 等。竹节石：*Nowakia longlinensis*，*Homoctenus* sp.。

根据上述生物化石组合分析，二塘组的时代应属早埃姆斯期中晚时。

二塘组分布范围较小，北起鹿寨、金秀，向南象州至武宣二塘、乐梅、朋村、通挽一带。该组命名地的岩性为泥灰岩、灰岩、泥岩组合。自北向南泥岩减少，碳酸盐岩增加。在北部鹿寨、金秀七建、象州大乐一带，为泥岩、薄层灰岩、泥质灰岩夹少量白云岩组合；象州热水—武宣乐梅一带，为灰岩、白云岩及泥岩组合，南部武宣朋村—通挽一带灰岩、白云岩明显增加。厚度约 219～487 m。

官桥白云岩 D_1g (06-45-0707)

【创名及原始定义】 原称官桥段。王钰、俞昌民等 1965 年创名，命名地点位于武宣县二塘乡北东六峰山林场附近的官桥村西南 1 km 的龟头岭。指位于“郁江组”的泥灰岩之上，新造村段薄层灰岩之下，岩性为灰色厚层状白云岩，底部有一层厚约 19 米的浅灰色至灰色白云质灰岩的地层。总厚 292 米。

【沿革】 王钰等（1979）称为官桥白云岩，并一直沿用至今。

【现在定义】 指整合于二塘组之上、大乐组之下的一套灰、浅灰色中—厚层状白云岩、白云质灰岩及薄层钙质泥岩的岩石组合。下以薄层泥岩的消失或白云岩的出现与二塘组分界，上以白云岩的消失或生物粉晶灰岩的出现与大乐组分界。

【层型】 正层型剖面位于广西武宣县二塘乡北东六峰山林场西南 1.2 km（109°45′，23°44′）（广西第七地质队 1993 年重测）。

上覆地层：**大乐组** 灰—深灰色中层生物屑粉晶灰岩

——————— 整 合 ———————

官桥白云岩	总厚度 590.77 m
81. 灰—深灰色中层粉晶白云岩	20.60 m
80. 灰—深灰色中层细晶白云岩	21.50 m
79. 掩盖	1.17 m
78. 灰色中层细晶灰岩	20.60 m
77. 深灰色中层极细晶白云岩，具虫孔——生物扰动构造	23.70 m
76. 深灰色细晶白云岩	4.70 m
75. 掩盖	6.20 m
74. 深灰色中层细晶白云岩，偶见通孔珊瑚	13.00 m
73. 掩盖	15.50 m

72. 深灰色中—厚层细晶白云岩	18.00 m
71. 掩盖	10.00 m
70. 深灰色中层粉晶白云岩，偶见腹足类碎屑，局部具鸟眼构造	21.50 m
69. 深灰色中层鸟眼粉晶白云岩	17.30 m
68. 深灰色中层粉晶白云岩	6.30 m
67. 深灰色中层泥晶白云岩	6.20 m
66. 深灰色中层条纹状泥—粉晶白云岩	22.40 m
65. 深灰色中层泥—粉晶白云岩，局部具藻纹层	5.00 m
64. 掩盖	5.60 m
63. 深灰色中—厚层泥晶白云岩，局部具鸟眼构造	4.10 m
62. 深灰色中—厚层粉—细晶白云岩	12.90 m
61. 掩盖	27.20 m
60. 灰—深灰色中—厚层泥—粉晶白云岩	5.90 m
59—58. 深灰色中—厚层泥—粉晶白云岩	36.10 m
57. 灰—深灰色中—厚层藻纹层粉—泥晶灰岩，上部偶夹鸟眼藻团粒粉—泥晶白云岩	22.40 m
56. 灰色厚层—块状粉晶白云岩	3.40 m
55. 灰—深灰色中—厚层粉晶白云岩与藻纹层粉—泥晶白云岩互层	15.00 m
54. 灰—深灰色具微条带构造藻凝块泥—粉晶白云岩	9.90 m
53. 灰—深灰色中层泥—粉晶灰岩，局部具虫孔和鸟眼构造	16.40 m
52. 深灰色中层粉—细晶白云岩，顶部具虫孔构造	11.70 m
51. 深灰色中层粉—泥晶白云岩	29.00 m
50. 灰—深灰色中层粉晶白云岩	14.90 m
49. 深灰色中—厚层粉晶白云岩与中层含团粒泥晶白云岩组成韵律	13.00 m
48. 深灰色薄—中层粉—泥晶白云岩，上部夹厚 20 cm 泥岩	19.00 m
47. 掩盖	60.80 m
46. 深灰色中层含藻凝块粉晶白云岩，局部具水平纹层	14.60 m
45. 掩盖	9.70 m
44. 深灰色中层粉晶白云岩	25.50 m

——————— 整　合 ———————

下伏地层：**二塘组**　灰绿色薄层泥岩夹少量凸镜状含生物碎屑含泥云质灰岩

【地质特征及区域变化】　官桥白云岩主要岩性为深灰色中—厚层状粉晶白云岩、泥晶白云岩和细晶白云岩，局部夹砂屑白云岩、云灰岩、灰岩和泥岩。部分岩石含藻凝块，介形虫、腕足类、双壳类、海百合茎等残余生物碎屑。

官桥白云岩为局限—半局限碳酸盐台地沉积。

官桥白云岩化石稀少，只见有少数 *Thamnopora* sp. 及少数海百合茎。根据与下伏二塘组和上覆大乐组的关系推测官桥白云岩的时代为早泥盆世。

官桥白云岩主要分布于南起宾阳黎塘，向北经武宣二塘、象州妙皇至大乐、中平及金秀七建一带。大乐一带以白云岩为主夹泥岩，往北泥岩增多，七建一带上、下部白云岩夹较多泥岩，中部泥岩为主夹白云岩。往南白云岩中含砂屑和生物屑。其厚度北薄南厚，241～585 m。

大乐组　D_1d　(06-45-0708)

【创名及原始定义】　贾慧贞、杨德骊 1979 年创名，命名地点位于广西象州县大乐乡。指位于侣塘组之上，应堂组之下的地层。自下而上分为石朋段灰岩、泥质灰岩夹黑色页岩；六回段灰岩、泥质灰岩，夹薄层页岩；丁山岭段灰岩、泥灰岩三个岩性段。上下地层均为整合接触。

【沿革】 侯鸿飞等（1975）恢复四排组一名，以象州大乐剖面作主要参考剖面，时代为早泥盆世最晚时期，当时分为三个岩性段。贾慧贞等（1979）将大乐剖面的四排组改称大乐组，仍保留原划分的三个岩性段。白顺良等（1982）将四排阶分大乐段、侣塘段、落脉段，其中大乐段又细分为三个亚段，本书将大乐段的三个亚段统称大乐组。

【现在定义】 指整合于官桥白云岩之上、四排组黄绿色页岩之下的一套深灰色生物屑灰岩，泥质灰岩夹页岩的岩石组合。下以白云岩的消失或灰色中层灰岩的出现与官桥白云岩分界；上以灰色厚层灰岩的消失或灰色页岩的出现与四排组分界。

【层型】 正层型剖面位于广西象州县大乐乡（109°58′，24°03′）（据白顺良等1982年重测剖面，略修改）。

上覆地层：**四排组** 灰色页岩与泥灰岩互层

——————— 整 合 ———————

大乐组 总厚度 474.20 m

37. 灰色厚层灰岩，含燧石团块，顶部4 m含化石。含腕足类 *Euryspirifer kwangsiensis*, *Indospirifer extensus*, *Lazutkinia lata*, *Nadiastrophis nitida* 19.70 m

36b. 灰色薄层泥灰岩，中夹4 m灰岩。含腕足类 *Euryspirifer paradoxus*, *Indospirifer quadriplicata*, *Nadiastrophia nitida* 等；珊瑚 *Zelolasma elegantula*, *Trapezophyllum cystosum*, *Psydracophyllum irregulare* 等以及头足类、牙形石 42.40 m

36a. 灰色中层灰岩 30.30 m

35. 灰色中层灰岩，顶部为富含腕足类之泥灰岩。含竹节石？*Nowakia holynensis*；腕足类 *Euryspirifer paradoxus*, *Reticularopsis indifferens*, *Athyrisina squamosa* 等；珊瑚 *Trapezophyllum gracile*, *Embolophyllum obovatum* 及三叶虫 21.30 m

33—34. 深灰色中层灰岩与含泥质灰岩互层。含腕足类 *Otospirifer daleensis*, *O. shipaiensis* 73.80 m

32. 深灰色中层灰岩与含泥质灰岩互层。含牙形石 *Polygnathus perbonus*；竹节石 *Nowakia praecursor*；腕足类 *Xenospirifer heterosinus* 等；珊瑚 *Thamnophylloides sinensis* 39.30 m

30—31. 深灰色中层灰岩，底部6 m夹页岩。含竹节石 *Tentaculites*；珊瑚 *Calceola sandalina* 33.40 m

29. 深灰色中层细晶灰岩 8.80 m

28. 灰色中层灰岩与含泥质灰岩互层。含珊瑚 *Trapezophyllum cystosum*, *Lyrielasma acanthophylloides*, *Leptoinophyllum entovallum* 等 30.10 m

27. 灰色中层灰岩与含泥质灰岩互层。含竹节石 *Tentaculites*；头足类 *Nothoceras sianghsienense* 30.10 m

26. 深灰色中层含砂质细晶灰岩 17.10 m

25. 深灰色中层灰岩夹黑色页岩。含腕足类 *Subcuspidella trigonata*, *Reticulariopsis indifferens* 及介形类 21.60 m

24. 深灰色中层灰岩与泥质灰岩互层，间夹有黑色页岩 14.10 m

23. 深灰色中层灰岩与泥质灰岩互层，下部夹黑色页岩。含腕足类 *Subcuspidella trigonata*, *Nadiastrophia nitida*；介形类 *Paramoelleritia xiangzhouensis* 17.80 m

22. 深灰色中层灰岩夹黑色页岩。含介形类 *Paramoelleritia xiangzhouensis*，*P. guangxiensis* 16.80 m

21. 深灰色中层灰岩夹黑色页岩 19.50 m

20. 深灰色中层灰岩 30.10 m

19. 灰色中层灰黑色页岩 8.00 m

——————— 整 合 ———————

下伏地层：**官桥白云岩**

【地质特征及区域变化】 大乐组主要岩性为灰—深灰色厚—中层生物屑灰岩、疙瘩状泥灰岩、灰岩，夹泥岩、云灰岩及白云岩。局部灰岩含团粒、藻凝块。

大乐组岩石具有水平虫迹、蠕虫管道、生物扰动构造。偶见垂直虫孔。生物丰富，以底栖生物为主，属碳酸盐台地沉积。

生物群以腕足类、珊瑚为主，双壳类、介形类、层孔虫次之，并有少数牙形石及竹节石。

腕足类：*Subcuspidella trigonata*，*Otospirifer shipaiensis*，*O. daleensis*，*O. shipaiensis*，*Euryspirifer kwangsiensis*，*E.* cf. *shujiapingensis*，*Indospirifer quadriplicatus* 等。珊瑚：*Trapezophyllum cystosum*，*Phacellophyllum uniense*，*Embolophyllum* sp.，*Psydracophyllum cystosum*，*P. irregulare*，*Tryplasma concavotabulata*，*Argulastraea* sp.，*Cladopora* sp.，*Favosites arschaenensis*，*Lythophyllum vesiculosum* 等。此外，还有少量的双壳类:*Edmonia* sp.，*Schuchertella* sp.，*Similoconcha* sp.；层孔虫 *Amphipora* sp.；腹足类 *Tropidodiscus* sp.；牙形石:*Polygnathus guangxiensis*，*P. linguiformis linguiformis*；竹节石:*Tentaculites* sp.，*T.* cf. *lucasi*，*Nowakia pancicostata*，*Homoctenris* sp. 等。

根据上述古生物特征分析，大乐组时代属早泥盆世晚期。

大乐组主要分布于北起鹿寨县头排经金秀七建、桐木、象州大乐、妙皇，南到武宣乐梅、经堂以及宾阳黎塘、桂平、贵港等地。岩性北部七建一带泥岩含量增加，到四排圩上部岩性已相变为以泥岩为主的四排组；往南泥质减少，钙质增多，南部夹白云岩。沉积厚度北厚，如大乐—七建一带厚 407～471 m；南薄，如六峰山以南骤然变薄，仅有 23～101 m。古生物方面，北部竹节石、牙形石较多，南部腕足类、珊瑚化石较丰富，显示具有南北向的变化。

黄猄山组 D_1hj (06-45-0710)

【创名及原始定义】 王钰、俞昌民等 1965 年创名，创名地点位于广西北流市东北 3 km 大风门水泥厂公路边。系指发育于“北流县至民乐圩的公路里程碑 3 公里附近黄猄山村西侧。主要是指深灰色厚层状白云岩，厚约 329 米，上部有一层含 *Thamnopora* sp. 的薄层泥质灰岩。”上覆地层北流组，下伏地层郁江组，均为整合接触。

【沿革】 见北流组。

【现在定义】 指整合于郁江组之上、北流组生物灰岩之下的一套灰色、深灰色白云岩、白云质灰岩夹少数灰岩组合。下以砂页岩的消失或白云岩的出现与郁江组分界；上以白云岩的消失或生物灰岩的出现与北流组分界。

【层型】 正层型剖面位于北流市东北大风门水泥厂以北，距市区 3 km (110°21′, 22°45′)(据蒋廷操、韦腾明等 1981 年重测剖面，略加修改)。

上覆地层：**北流组** 微晶灰岩

——————整　合——————

黄猄山组

65—62. 上、中部为灰色细晶白云岩、浅灰色含生物碎屑细晶钙质白云岩及团粒微晶白云岩互层；下部为深灰色疙瘩状中晶—细晶白云岩夹灰质砂屑白云岩。上部含珊瑚 *Thamnopora* sp.；腕足类 *Reticulariopsis* sp. 37.10 m

61—57. 上部为灰色团粒微晶白云岩；下部以细晶白云岩为主，少量灰色藻团凝块石微晶含白云质灰岩，前者夹硅化、方解石化砾屑微晶白云岩及团块粉—细晶白云岩；底部夹层孔虫细晶白云岩 54.70 m

56—49. 深灰色细晶白云岩（局部含生物碎屑）夹含生物碎屑微晶白云岩及少量微晶白云岩，局部夹纹层状白云岩 68.10 m

48. 浮土掩盖 44.50 m

47—43. 含生物碎屑细晶白云岩。上部夹纹层状藻团粒粉晶白云岩及纹层状藻团粒微晶白云岩；下部夹凝块石微晶白云岩；底部夹纹层状生物碎屑微晶白云岩 51.70 m

42. 灰色生物碎屑微晶白云岩 6.00 m

41. 细晶白云岩 7.70 m

40. 深灰色细晶白云岩 >6.70 m

……………… 接触关系不明 ………………

下伏地层：**郁江组**

39. 浮土掩盖 229.70 m

38. 浅灰色风化后带黄褐色中层状角砾状压碎中—细粒石英砂岩

【地质特征及区域变化】 该组以深灰色白云岩、白云质灰岩组合为特征。在层型剖面上，与下伏地层郁江组因浮土掩盖关系不清，区域上为连续沉积。

黄猄山组岩石常具纹层构造，生物为枝状层孔虫及通孔珊瑚为主，偶见少数小团块 *Favosites*，系低能的闭塞环境，故黄猄山组属局限台地沉积。

该组生物群较单调，有床板珊瑚，枝状层孔虫，并见少量腕足类和四射珊瑚及海百合茎。床板珊瑚有 *Favosites* sp.，*Thamnopora* sp.；腕足类 *Reticulariopsis* sp.，而 *Reticulariopsis* sp. 只能确定为下泥盆统，其他化石无时代意义，故该组的时代根据上覆地层推测属早泥盆世。

黄猄山组分布较广，东起北流，向西经玉林茂林，灵山，宾阳黎塘，马山，隆安古潭，天等把荷，德保龙光、那甲，靖西渌洞、龙临果乐，田阳五村，龙州武德，百色巴平以东，隆林弄桑等地。继续往西延伸到滇东南的富宁、文山、邱北、麻栗坡等地。

在上述分布地区岩性变化不大，为深灰色白云岩、白云质灰岩组合，从北流向西北至贵港市蒙公乡附近，仍为白云岩组合；只有天等把荷、德保燕洞枯球等地，白云岩中夹数层四射珊瑚或 *Favosites* 薄层；玉林茂林、仁东一带上部浅灰、灰色白云岩夹白云质灰岩及凸镜状灰岩，往上白云质减少，灰质增多，厚 436 m；再往北至武宣乐梅，黄猄山组与二塘组处于相变地段，黄猄山组分为上下两个分枝，二塘组呈楔状插入白云岩中，到武宣县二塘乡屯头剖面下分枝的白云岩称上伦白云岩，上分枝称官桥白云岩，其间为二塘组；往北至大乐—七建一带白云岩为主夹泥岩。厚度各地不等。

唐家湾组　D_2t　（06－45－0719）

【创名及原始定义】 殷保安等（1990）创名，俞昌民等（1991）介绍。地点位于桂林市瓦窑口西南 4.5 km 的唐家湾村北西。指整合于信都组砂、页岩之上与桂林组厚层状层纹石灰岩之下一套深灰—灰黑色白云质层孔虫灰岩、层孔虫白云岩、生物屑灰岩等碳酸盐岩组合。下以泥质泥晶生物屑灰岩与信都组砂页岩分界；上以层纹石灰岩的出现与桂林组分界。

【沿革】 该组命名前划归东岗岭组。自殷保安等（1990）创名后，一直沿用。

【现在定义】 同原始定义。

【层型】 正层型剖面位于桂林市瓦窑口西南 4.5 km 的唐家湾村西北，即桂林市空军疗养院公路的北侧 200 m 处（110°15′，25°12′）（据周江等 1992 年重测剖面，略简化）。

上覆地层：**桂林组** 深灰色中—厚层状纹层石灰岩

——————— 整 合 ———————

唐家湾组 总厚度 236.20 m

28. 灰—灰黑色厚层状、球状层孔虫灰岩。含层孔虫 *Stromatopora* sp.，*Parallelopora* sp.，*Amphipora* sp.；腕足类 *Stringocephalus* sp. 及珊瑚 11.0 m

27. 灰—灰黑色厚层状层孔虫白云岩。含腕足类 *Stringocephalus* sp.，珊瑚 *Sunophyllum* sp.，*Temnophyllum lantensis*，*Crassialveolitella* sp.，层孔虫 *Paralleiopora simplex* 14.4 m

26—25. 浅灰色白云质生物屑灰岩、微晶灰岩。产腕足类 *Stringocephalus*，sp.，珊瑚 *Sunophyllum* sp.，*Temnophyllum waltheri*，*Hexagonaria* sp. 等；层孔虫 *Salairella* sp.，*Gerronostroma* sp.，*Amphipora* sp. 等 14.4 m

24—23. 灰—灰黑色厚层状层孔虫白云岩。产腕足类 *Stringocephalus* sp. 11.4 m

22—21. 灰—灰黑色厚层状层孔虫白云质灰岩。产腕足类 *Stringocephalus* sp.；珊瑚 *Temnophyllum waltheri*，*Thamnopora* sp.，*Galiapora* sp. 等；层孔虫 *Actinostroma* sp.，*Gerronostroma* sp. 16.7 m

20—16. 灰—灰黑色厚层状层孔虫白云岩。产腕足类 *Stringocephalus* sp.；珊瑚 *Temnophyllum* sp.，*Crassialveolitella* sp.；层孔虫 *Stromatopora* sp.，*Anostylostroma* sp. 等 27.5 m

15—14. 灰黑色中—厚层状层孔虫白云岩 20.1 m

13. 灰黑色中—厚层状生物白云岩。产层孔虫 *Actinostroma* sp.，珊瑚及腕足类 8.1 m

12—10. 深灰—灰黑色中厚层状粗晶白云岩，上部夹灰岩。含少量层孔虫 *Actinostroma* sp.，*Trupetostroma* sp.，珊瑚及腕足类 14.9 m

9. 灰白色中—厚层状含生物白云岩。产腕足类 *Stringocephalus* sp.；珊瑚 *Sinospongophyllum* sp.，*Stringophyllum* sp.；层孔虫 *Gerronostroma* sp.，*Anostylostroma* sp. 7.4 m

8. 深灰色中厚层状生物白云岩。产层孔虫 *Amphipora* sp.，*Hermatostroma* sp.；珊瑚 *Temnophyllum* sp.，*Nalivkinella*? sp. 及腕足类 15.6 m

7. 深灰色中—厚层状生物屑微晶灰岩。产枝状层孔虫及少量珊瑚、腕足类 3.8 m

6. 灰—灰白色中—厚层白云岩 22.9 m

5. 灰黑色厚层状层孔虫白云岩。产层孔虫 *Actinostroma* sp.；珊瑚 *Caliapora battersbyi* 17.0 m

4. 灰黑色厚层白云岩。产腕足类 *Stringocephalus* sp.；珊瑚 *Sunophyllum typicum*，*Temnophyllum* sp.；层孔虫 *Actinostroma* sp. 7.0 m

3. 灰黑色薄层状含白云质微晶生物屑灰岩，沿走向变为层状层孔虫灰岩。产腕足类 *Stringocephalus burtini*，*Gipidula* cf. *lubrica* 等；珊瑚 *Pseudomicroplasma fongi*，*Thamnopora* sp.；层孔虫 *Actinostroma clathratum*，*Amphipora* sp. 等 10.4 m

2. 灰黑色中薄层微晶灰岩及生物微晶灰岩，底部有一层 0.8 m 的含铁泥质泥晶生物屑灰岩。含珊瑚 *Pseudomicroplasma* sp.，*Thamnopora* sp.，*Sinophyllum* sp. 13.6 m

——————— 整 合 ———————

下伏地层：**信都组**　黄褐色厚层砂岩

【地质特征及区域变化】　该组主要岩性为灰、灰黑色中—厚层状层孔虫白云岩，生物屑微晶灰岩，白云质灰岩、白云岩，局部地区夹含砾砂岩、页岩。底部常见泥质灰岩、泥灰岩。在唐家湾剖面，该组与下伏地层信都组及上覆地层桂林组均为整合接触。在部分地区如永福和平军屯、阳朔杨堤、融安泗顶等，其上覆地层为巴漆组，亦为整合接触。

据唐家湾组岩石具纹层，常呈水平、微波状，生物扰动、垂直虫孔屡见不鲜，并有鸟眼、窗孔构造，沉积韵律发育等，该组的沉积环境总的来说，为开阔台地边缘的局限至半局限台地。但局部地区由于古断裂活动的影响，引起陆地和陆地边缘的不均衡升降而造成沉积环境的差异，如在桂北驯乐、上甫地区接受了河口湾及近滨带的沉积，岩性除碳酸盐岩外，夹有石英砂岩、含砾石英砂岩、泥质粉砂岩、粉砂质泥岩、含泥灰岩、钙质泥岩等。

该组生物极其丰富，底栖生物达到了泥盆纪以来的全盛时期，珊瑚、层孔虫、腕足类大量发育，属种繁多，常堆积成生物灰岩，其中丰富的 *Amphipora* 是该组的一个生物标志。腕足动物以 *Stringocephalus* sp. 种群为代表，从该组近底部至顶部均有分布。其它还有 *Buchanathyris subplana*, *Ilmenia sinensis*, *Emanuella takwanensis*, *E. plicata*, *Athyris* sp., *Gypidula* cf. *lubrica*, *Schizophoria* sp., *Atrypa* sp., *Cyrtina* sp., *Reticulariopsis* sp., *Spinatrypa* sp., *Desquamatia* sp. 等。四射珊瑚：*Endophyllum* sp., *Sinospongophyllum* sp., *Disphyllum* sp., *Temnophyllum* sp., *Hexagonaria* sp., *Faseiphyllum* sp., *Stringophyllum* sp., *Pseudomicroplasma* sp. 等。层孔虫：*Actinostroma* sp., *Anostylostroma* sp., *Clathrodictyon* sp., *Gerronostroma* sp., *Ferestromatopora* sp., *Hammatostroma* sp., *Hermatostroma* sp., *Parallelopora* sp., *Stromatopora* sp., *Trupetostroma* sp. 以及枝状层孔虫：*Stachyoides* sp., *Amphipora* sp. 等。此外，介形虫中的 *Leperditia* sp.，床板珊瑚中的 *Thamnopora* sp.，*Coenites* sp.，藻类中的 *Sphaerocoedicum* sp. 等，都是唐家湾组的常见分子。

从该组所含的生物群特征来看，其时代为中泥盆世晚期。

该组主要分布于桂东北、桂北地区的全州、灌阳、兴安、灵川、桂林、永福、阳朔、荔浦、平乐、富川、恭城、钟山、贺县、融水、罗城及环江等地。在区域上，各地岩性略有差异，罗城爱洞至环江县驯乐、上朝、川山一带岩性差别较大，所见碳酸盐岩中常夹 1～2 层碎屑岩，其岩性下部为泥—粉晶灰岩、泥质灰岩、生物灰岩、含砾砂岩、钙质石英砂岩等，厚 304～914 m；中部以碎屑岩、泥质岩为主，厚 102～504 m；上部为泥—粉晶灰岩、含生物屑灰岩，泥质灰岩，局部为中晶白云岩、生物屑白云岩，厚 30～316 m。罗城坡庙一带主要为泥灰岩、泥质灰岩、泥晶灰岩、生物屑泥晶灰岩、含白云石窗孔状泥晶灰岩及钙质泥岩等，厚 30～80 m。融水、融安一带主要为白云岩、灰岩组合，底部为灰色灰岩或疙瘩状泥质灰岩，最底部为泥灰岩；在融安泗顶夹薄层石英砂岩或薄层砂砾岩，厚 17～440 m。永福军屯一带为白云岩、白云质灰岩、泥灰岩等组合，下部夹石英砂岩，厚 166～683 m。桂林市唐家湾—阳朔一带以白云岩、灰岩为主，夹层状层孔虫灰岩，并可见不同生物屑分层堆集由粗—细的粒序，或层孔虫灰岩与介壳灰岩互层，厚 227～337 m。恭城一带为白云岩夹灰岩组合。

东岗岭组　D_2d　(06-45-0721)

【创名及原始定义】　原称东岗岭层。乐森玥 1928 年创名，地点在象州县城东 1.5 km 的东岗岭（斗蓬岭）。原指“……以东岗岭层为最古。其极佳之露头在象县城外四里之东岗岭。

此山下部，初为浅黄色之脆质页岩，及灰色之结晶石灰岩所构成。厚约三四十英尺，渐上则为一层较厚之淡绿色泥质石灰岩，厚不过六十英尺……。”

【沿革】 徐瑞麟（1938）沿用其名称；广西石油普查大队（1958）改称东岗岭组。自此，沿用至今（表 4-3）。

【现在定义】 指整合于四排组之上、巴漆组之下的一套灰、深灰色薄—中层状灰岩、泥灰岩、泥质灰岩夹泥岩、含生物碎屑灰岩组合。下以深灰色泥灰岩与四排组灰绿色泥岩分界；上以深灰色薄—中层疙瘩状泥晶灰岩与巴漆组泥晶灰岩夹硅质泥岩分界。

【层型】 由于东岗岭组命名时无剖面描述，现以象州中平乡马鞍山剖面作为选层型，位于象州县中平乡向北 4 km 至古磨村西 2 km 的马鞍山东侧（109°56′，24°02′）（据广西石油地质大队 1987 年资料，略简化）。

表 4-3 东岗岭组划分沿革表

作者	年代	地点	D_3	D_2
乐森珣	1928	象州		东岗岭层
徐瑞麟	1938	象州		东岗岭层；吴村层
王钰 俞昌民等	1965	武宣二塘	榴江组	东岗岭组；北流组
刘金荣	1978	象州		东岗岭阶；应堂阶
侯鸿飞	1978	象州		东岗岭阶（东岗岭组、长村段）；应堂阶
王钰 俞昌民等	1979	象州	榴江组	东岗岭组；应堂组
广西地质矿产局	1985	象州	榴江组	东岗岭组；应堂组
侯鸿飞 王士涛	1988	象州	佘田桥阶	东岗岭阶（巴漆组、鸡德组）；长村组
本书			融县组	巴漆组；东岗岭组；四排组

上覆地层：**巴漆组** 深灰色薄中层状含竹节石粉—泥晶灰岩与含团粒介壳粉—泥晶灰岩互层夹薄层硅质泥岩

——————整 合——————

东岗岭组 总厚度 203.32 m

273. 深灰色薄—中层疙瘩状含生物屑泥晶灰岩。产牙形石 *Polygnathus l. linguiformis*，*P. varcus*，*Icriodus expansus* 等；竹节石 *Costulatostyliolina vesca*，*Styliolina minutissima*；腕足类 *Atrypa* sp.，*Emanuella takwanensis*，*Stringocephalus burtini* 17.03 m
272. 深灰色中—厚层状含生物屑粉—泥晶灰岩 5.05 m
271. 深灰色薄—中层状泥晶介屑灰岩 6.04 m
270. 深灰色薄—中层状虫孔含生物屑泥晶灰岩与含黄铁矿水云母泥岩互层。产牙形类 *Polygnathus* sp.；腕足类 *Emanuella* sp. 16.02 m
269. 深灰色中层状含生物屑泥晶灰岩 5.01 m
268. 深灰色中层状生物屑泥晶灰岩与水云母泥岩互层。产腕足类 *Stringocephalus* sp.，*Meristella tumidioides*，*Desquamatia* sp. 等；双壳类 *Actinopteria* sp.，*Mila* sp.，*De-*

ceptrix sp. 23.51 m

267. 灰绿色中层状含生物屑钙质泥岩 0.40 m

266. 灰色薄中层状生物屑粉晶灰岩。产腕足类 *Emanuella plicata*，*Septothyris* sp.，*Zhongpingia* sp. 等 6.46 m

265. 灰色薄中层状泥晶有孔虫屑含泥灰岩 8.88 m

264. 深灰色薄层状泥—粉晶砂屑生物屑含泥灰岩。产腕足类 *Emanuella takwanensis*，*Schuchertella liumengensis*，*Paracrothyris acuminata* 等 2.96 m

263. 灰色生物屑钙质泥岩 2.96 m

262. 灰色生物屑泥晶灰岩 5.02 m

261. 灰色中层状淀晶藻鲕灰岩。产腕足灰 *Athyris* sp. 1.25 m

260. 深灰色薄中层状淀晶含生物屑藻鲕灰岩。产腕足类 *Emanuella plicata*，*Indospirifer* sp.，*Stringocephalus obesus*，*Bornhardtina speciosa* 6.70 m

259. 深灰、灰色中层状淀晶生物屑藻鲕灰岩 9.99 m

258. 深灰色中层状泥—淀晶海百合茎有孔虫灰岩 5.99 m

257. 深灰色中层状生物屑泥晶灰岩。产腕足类 *Ruedemannia* sp.，*Micholia* sp.，*Luciella* sp.，*Micromphalus* sp. 8.47 m

256. 深灰色薄—中层状泥晶生物屑灰岩，夹细—粉晶生物屑藻砂屑灰岩 11.63 m

255. 灰色中层状生物屑泥—粉晶灰岩。产双壳类 *Actinopteria* sp. 4.20 m

254. 深灰色中层状泥晶砂屑生物屑灰岩。产腕足类 *Stringocephalus burtini*、*S. obesus*，*Bornhardtina burtiniformis*，*Rhynchospirifer liujingensis*，*Acrothyris kwangsiensis*，*Paracrothyris distorta* 等 16.10 m

253. 深灰色薄—中层粉—泥晶生物屑、藻、砂屑泥灰岩 3.52 m

252. 深灰色中层状淀晶苔藓虫灰岩 2.60 m

251. 深灰色中层状鸟眼泥晶灰岩。产腕足类 *Stringocephalus* sp.，*Athyris* sp.，*Emanuella takwanensis*，*Bornhardtina rhiphaeica*，*Septothyris* sp. 等 9.26 m

250. 深灰色中层状介屑泥晶灰岩。产腕足类 *Stringocephalus burtini*，*Bornhardtina burtiniformis* 等 6.76 m

249. 灰色薄—中层状生物屑泥晶含泥灰岩。产腕足类 *Stringocephalus* sp.，*Buchanathyris subplana*，*Bornhardtina* sp. 10.83 m

248. 深灰色中层状泥晶生物屑灰岩夹含粉砂质含泥质含砂屑粉晶灰岩。产腕足类 *Buchanathyris subplana*；双壳类 *Actinopteria* sp.，*Byssopteria* sp. 4.09 m

247. 深灰色泥晶层孔虫珊瑚灰岩。产腕足类 *Paracrothyris* sp.，*Bornhardtina* sp.，*Buchanathyris subplana* 2.59 m

———— 整　合 ————

下伏地层：**四排组**　灰绿色薄层状泥岩

【地质特征及区域变化】　该组主要岩性以灰、深灰色薄—中层状灰岩、泥灰岩、泥质灰岩夹泥岩，含生物碎屑灰岩为特征。在桂北地区及武宣二塘上覆地层为榴江组。本组岩石具水平层理、斜层理、水平虫迹、疙瘩状构造、生物扰动构造等，底栖生物丰富，特别是腕足类、珊瑚、层孔虫十分发育。鉴于上述沉积特征，东岗岭组形成于开阔台地环境。

该组以富含腕足类、珊瑚、层孔虫等底栖固着生物群而著称于世，尤以产腕足动物 *Stringocephalus* 最为特征，与其共生的有 *Bornhardtina* sp.，*Acrothyris* sp.，*Paracrothyris* sp.，*Emanuella* sp.，*Rhynchospirifer* sp.，*Cyrtina* sp.，*Desquamatia* sp.，*Devonoproductus* sp. , *Independatrypa* sp. , *Indospirifer* sp. , *Leioseptothyris* sp. , *Schizophoria* sp. , *Schuchertella* sp. , *Septothyris* sp. 等属种；四射珊瑚空前繁盛，计有 *Temnophyllum* sp. , *Dialythophyllum* sp. , *Disphyllum* sp. , *Hexagonaria* sp. , *Billingsastraea* sp. , *Stringophyllum* sp. , *Sunophyllum* sp. , *Puacellophyllum* sp. , *Cystiphylloides* sp. , *Dialythophyllum* sp. , *Pseudomicroplasma* sp. , *Nordophyllum* sp. , *Acanthophyllum* sp. , *Argutastrea* sp. , *Philipsastraea* sp. 等属的一些种；层孔虫有 *Amphipora* sp. , *Clavidictyon* sp. , *Dendrostroma* sp. , *Anostylostroma* sp. , *Trupetostroma* sp. , *Pseudoactinodictyon* sp. , *Stromatopora* sp. , *Ferestromatopora* sp. , *Parallelopora* sp. 等属；底栖介形类:*Samarella crassa*、*Tuberokloedenia* sp. , *Margasaccus* sp. 等；牙形石有 *Polygnathus timorensis*, *P. l. linguiformis*, *P. varcus*, *P. bokmanni*, *Icriodus expansus*, *I. difficilis* 等；此外还有少数双壳类等。

综上所述，东岗岭组的时代可以确定为中泥盆世晚期。

该组主要分布于桂中的金秀七建、桐木，象州大乐、中平至武宣二塘，宾阳黎塘以及桂东北的兴安、临桂、灵川、荔浦、桂东的贺县、钟山，鹿寨等地也有零星分布。在临桂五通、灵川及高尚田、兴安长冲一带，由灰黑色疙瘩状泥质灰岩及泥灰岩夹页岩组成，以泥质灰岩为主，富产腕足类，厚 22～228 m 余。往南至平乐—荔浦修仁沿公路以北，下部为风化成黄色页岩夹深灰色薄层灰岩或灰岩凸镜体，中上部为疙瘩状泥质灰岩、含白云质灰岩，厚 51 m。继续往南到金秀七建、桐木、鹿寨一带为泥岩、泥灰岩夹生物屑泥灰岩，厚度约 659 m。象州大乐、中平一带为灰色泥岩夹泥灰岩、生物屑泥质灰岩、生物屑藻䲗灰岩，厚度约 402 m。从大乐往南到象州妙皇、武宣二塘一带，为灰—深灰色灰岩、泥灰岩夹页岩、生物灰岩及中—薄层疙瘩状含生物泥晶灰岩夹生物屑粉—泥晶灰岩，厚度约 316～549 m。宾阳黎塘为灰、深灰色泥灰岩、泥质灰岩。

总的来看，该组的岩性变化不大，只在横向上表现为自北向南钙质逐渐增多，泥质逐渐减少的趋势。

天子岭组　D_3t　（06－45－0730）

【创名及原始定义】　徐瑞麟（1937）创名于广东省韶关市河西天子岭，原名天子岭灰岩。“天子岭石灰岩出露于曲江县西天子岭一带，故名。大部由黑色、灰黑色或灰白色石灰岩所组成，层理清晰，间夹黄色或绿色页岩薄层，全层厚至 300 m 以上。含腕足类、珊瑚及腹足类。与滞泷薄层石灰岩未见直接接触。继天子岭石灰岩之上者为帽子峰页岩。”

【沿革】　广东 761 队 4 分队（1959）称天子岭组，沿用至今。

【现在定义】　指整合于东坪组与帽子峰组两套碎屑岩之间的一套碳酸盐岩。其上部为薄层条带状泥晶灰岩（滞泷段）；下部以中—厚层状生物屑泥晶灰岩为主夹少量白云质灰岩和薄层钙质页岩（十里亭段），常含泥质或粉砂碎屑，核形石和叠层石常在某些层中富集，发育花斑状和瘤状构造。

广西应用含义：指整合于帽子峰组之下、下未见底的一套灰色薄—厚层微晶灰岩、条带状灰岩夹页岩及白云质灰岩的岩石组合。上以厚层灰岩的消失或灰绿色钙质石英粉砂岩的出现与帽子峰组分界。

【层型】　正层型位于广东省。广西次层型为合浦县海塘天子岭组剖面（45－0730－4－1）。

【地质特征及区域变化】　该组主要岩性为薄—厚层灰岩、泥质灰岩、泥质条带灰岩、生物灰岩，夹少量页岩。富含珊瑚、腕足类及海百合茎等化石。与上覆地层帽子峰组为连续沉积，帽子峰组为碎屑岩组合易于区别。下未见底，与下伏地层关系不明。该组属浅海碳酸盐台地沉积。

该组古生物有珊瑚：*Hexagonaria* sp.，*H. orientalis*，*H. asymmetrica*，*Disphyllum frechi*，*D.* sp.，*Temnophyllum* sp. 等；腕足类：*Cyrtospirifer* sp.，*C. pellizzariformis*，*Tenticospirifer vilis*，*T. gortani*，*Yunnanella* sp.，*Y. grandis*，*Y. synplicata*，*Schizophoria* sp. 等。

据生物组合特征，该组为一个穿时的岩石地层单位，不仅包括了弗拉斯期的沉积，也包括了法门期的一部分沉积。

该组在广西境内分布不广，仅见于合浦公馆铁山港、蛇地、乌龟墩等地。区域上岩性变化不大，因下部出露不全，可见厚度 35～413 m。由海塘向东南至朱屋—海角—田宝—公馆—香山一带为灰黑色微晶灰岩，局部夹薄层泥质灰岩。含丰富的珊瑚、腕足类及少量海百合茎等。可见厚度 226～280 m。海角地区天子岭组顶部灰色薄层状石英粉砂质绢云母微晶灰岩中含磷反应较好，厚 11 m。再往东南至大坝、河浪坡一带，岩性不变，可见厚度 50 m。继续向东南至包墩水库一带，岩性为灰黑色薄层状含白云质灰岩，含珊瑚及腕足类，可见厚度 140 m。

桂林组　D_3g　(06－45－0724)

【创名及原始定义】　原称桂林灰岩。冯景兰 1929 年创名，当时无指定剖面。指广西桂林阳朔一带的灰岩："上部色淡质纯，层理甚厚，以在桂林阳朔一带露头最广，其中虽少标准化石，但就其下部石灰岩整合连续之关系推之，似为上泥盆纪之最上部。"

【沿革】　赵金科作了修订，将上泥盆统含 *Cyrtospirifer* 的灰岩定为"桂林灰岩"，并含 *Amphipora* 等，时代为晚泥盆世早期，其标准地点在桂林城西老人山一带。广西区调队（1963）改称桂林组，沿用至今。

【现在定义】　指整合于唐家湾组层孔虫白云岩之上与东村组具鸟眼窗孔构造灰岩之下一套灰、深灰、灰黑色中—厚层状层孔虫泥晶灰岩和白云岩、泥晶灰岩、细晶白云岩、砂屑泥晶灰岩、偶夹钙质页岩。下以深灰色中层层纹石灰岩与唐家湾组分界；上以深灰色中—厚层豹斑状灰质白云岩与东村组分界。

【层型】　殷保安、彭金兰（1992）建议桂林市南郊约 4.5 km 唐家湾的中、上泥盆统剖面为选层型（110°16′，25°13′）（据殷保安等 1992 年资料，略简化）。

上覆地层：**东村组**

85. 灰色中—厚层含窗孔凝块石—球粒灰岩

——————— 整　合 ———————

桂林组	总厚度 512.15 m
84. 深灰色中—厚层豹斑状灰质白云岩	3.4 m
83. 灰色中层状含窗孔孢子-球粒灰岩	10.6 m
82. 灰、深灰色中—厚层纹层状微晶粒屑灰岩。产层孔虫 *Paramphipora* sp.，*Hammatostroma* sp.	9.1 m
81. 灰、深灰色中—厚层状含窗孔纹层状球粒—砂屑灰岩。产层孔虫 *Paramphipora* sp.	8.4 m
80. 灰、深灰色中—厚层状层孔虫灰岩与微晶灰岩互层。产层孔虫 *Hammatostroma* sp. 及珊瑚、腕足类	6.1 m
79. 深灰色厚层状微晶层孔虫灰岩。产层孔虫 *Hammatostroma delicatulum* 及珊瑚、腕足	

类、腹足类 7.7 m

78. 深灰色中—厚层状微晶层孔虫粒屑灰岩。产层孔虫 *Paramphipora* sp.，*Stromatopora* sp.，腕足类 *Cyrtospirifer* sp. 及珊瑚 17.9 m

77. 灰色厚层状白云质层孔虫灰岩，下部夹少量白云岩。产层孔虫 *Stromatopora* sp.，*Hammatostroma delicatulum*；腕足类 *Cyrtospirifer* sp. 及珊瑚 14.0 m

76. 灰色薄层状钙质页岩 0.3 m

75. 灰黄色页岩 0.75 m

74. 深灰色微晶层孔虫粒屑灰岩。产层孔虫 *Ferestromatopora* sp. 等及腕足类、珊瑚 13.3 m

73. 深灰色中—厚层状枝状层孔虫灰岩。除含大量 *Paramphipora* sp. 外，尚含腕足类 *Tenticospirifer* cf. *vilis kwangsiensis*，*Cyrtospirifer* sp. 及珊瑚等 18.2 m

72. 灰、深灰色中—厚层含微晶层孔虫粒屑灰岩。含层孔虫 11.8 m

71. 深灰色厚层状豹斑状含灰质细晶白云岩，夹含白云质微晶生物凝块石灰岩。产层孔虫、腕足类 *Cyrtospirifer* sp. 及珊瑚 20.6 m

70. 灰、深灰色中层状豹斑状白云质微晶生物屑灰岩。含少量球状层孔虫、珊瑚 6.9 m

69. 深灰色中—厚层微晶生物粒屑灰岩。含层孔虫、珊瑚、腕足类 7.6 m

68. 灰色中—厚层微晶生物灰岩夹砾屑灰岩。产层孔虫 *Clathrostroma* sp. 珊瑚、腕足类 5.6 m

67. 灰、深灰色中—厚层状层纹石、纹层状微晶生物灰岩。产层孔虫、珊瑚及腕足类 *Cyrtospirifer* sp. 16.4 m

66. 深灰色中—厚层状微晶层孔虫粒屑灰岩。产层孔虫 *Paramphipora* sp.，*Clathrostroma* sp. 及珊瑚、腕足类 8.2 m

65. 深灰色微晶层孔虫灰岩夹纹层状灰岩。产层孔虫 *Plectostroma* sp. 及腕足类 *Cyrtospirifer* sp. 7.4 m

64. 深灰色中—厚层状含白云质微晶层孔虫灰岩夹层纹石。产层孔虫 10.2 m

63. 灰色层孔虫灰岩。底部为厚 28 cm 介壳灰岩。产层孔虫 9.8 m

62. 灰色纹层状微晶粒屑灰岩。产层孔虫、床板珊瑚 11.20 m

61. 灰色中—厚层状微晶层孔虫凝块石灰岩。产层孔虫 *Stromatopora* sp.，*Clathrostroma* sp. 12.0 m

60. 灰、深灰色层纹石灰岩。产层孔虫、床板珊瑚、腹足类及腕足类 *Tenticospirifer* sp.，*Atrypa* sp.，*Emanuella* sp. 等 18.5 m

59. 深灰色厚层状粒屑灰质白云岩 8.6 m

58. 灰色厚层状凝块石—层孔虫灰岩。产层孔虫 *Stictostroma* sp. 等及苔藓虫、腕足类 8.4 m

57. 灰色厚层状白云质砾屑—粒屑灰岩。含腕足类 10.3 m

56. 灰色厚层状含白云质团粒灰岩 8.1 m

55. 浅灰色中—厚层状粒屑灰岩。含层孔虫 *Paramphipora* sp. 8.7 m

54. 灰色含层孔虫白云岩 9.2 m

53. 浅灰色中—厚层状白云质灰岩 4.5 m

52—51. 灰色中—厚层状层孔虫白云岩。含层孔虫及腕足类 13.3 m

50. 灰色含白云质豹斑状含层孔虫砂—砾屑灰岩。产腕足类 *Emanuella* sp. 9.5 m

49—48. 灰色纹层状白云岩，顶部为含白云质灰岩。含层孔虫 9.0 m

47. 灰色中—厚层纹层状团粒—砂屑灰岩，底部为 0.4 m 生物白云岩。含层孔虫、珊瑚 7.4 m

46—45. 灰、深灰色含白云质层纹状灰岩，底部白云岩 9.6 m

44—41. 灰色中—厚层团粒-生物灰岩，中部为粒屑灰岩。含层孔虫 16.7 m

40—39. 灰色含绵层藻、白云质层孔虫灰岩。产层孔虫 *Paramphipora tschussovensis*；珊瑚 *Temnophyllum* sp. 5.8 m

38. 灰、深灰色厚层含白云质砂屑灰岩与白云岩互层。产层孔虫 25.0 m

37—35. 深灰、灰黑色白云岩、中部含白云质团粒灰岩。产层孔虫 16.8 m

34—33. 灰、灰白色中—厚层白云质砂屑团粒灰岩夹团粒灰岩 16.7 m

32. 灰色厚层团粒微晶灰岩夹白云质微晶灰岩 20.1 m

31. 深灰色中—厚层白云岩。产层孔虫 *Actinostroma* sp. 12.3 m

30. 深灰色中—厚层凝块石-藻团粒灰岩夹白云质微晶灰岩 24.1 m

29. 深灰色中层层纹石灰岩。产层孔虫 *Clathrodictyon* sp.；珊瑚 *Temnophyllum* sp.，*Grypophyllum* sp. 12.1 m

——————整　合——————

下伏地层：**唐家湾组**　灰、灰黑色厚层球状层孔虫灰岩

【地质特征及区域变化】　该组岩性特征为灰、深灰、灰黑色中—厚层状层孔虫泥晶灰岩、含白云质团块灰岩、白云岩、砂屑泥晶灰岩、层纹石灰岩，局部地区偶夹钙质页岩或页岩。

桂林组的沉积环境为半局限、局限台地。

本组富含层孔虫、尤其枝状层孔虫最多，并伴有珊瑚、腕足类、介形类及牙形石等。层孔虫以枝状层孔虫 *Amphipora* sp.，*Paramphipora* sp. 为代表，其他还有 *Actinostroma* sp.，*Clathrodictyon* sp.，*Clathrostroma* sp.，*Ferestromatopora* sp.，*Hammatostroma* sp.，*Plectostroma* sp.，*Stromatopora* sp.，*Anostylostroma* sp.，*Atelodictyon* sp.，*Trupetostroma* sp. 等属的一些种。腕足类具有晚泥盆世的标准化石，以 *Cyrtospirifer* sp. 和 *Tenticospirifer* sp. 为特征，尚有 *Athyris* sp.，*Atrypa* sp.，*Spinatrypa* sp.，*Emanuella* sp.，*Ambocoelia* sp.，*Productellana* sp.，*Hypothyridina* sp. 等。珊瑚：*Temnophyllum* sp.，*Grypophyllum* sp.，*Pseudozaphrentis* sp.，*Sinodisphyllum* sp.，*Peneckiella* sp.，*Smithiphyllum* sp.，*Thamnopora* sp.，*Cladopora* sp.，*Syringopora* sp.，*Aulopora* sp.，*Alveolites* sp. 等。牙形石：*Icriodus alternatus alternatus*，*I. a. helms*，*Ozarkodina poster*。

据上述化石，桂林组时代应为晚泥盆世早期。

该组主要分布于桂北地区的环江、罗城、融安、全州、灌阳、桂林、灵川、临桂、阳朔、恭城、永福，桂东北的富川、贺县、钟山，在桂南、桂西南的马山、都安、靖西一带也有出露。桂东北地区主要由灰岩组成，夹白云质灰岩和白云岩。贺县以东底部有少量角砾状灰岩和角砾状白云质灰岩，厚 150～250 m。全州、灌阳至观音阁一带，下部为含白云质团块灰岩，核形石泥晶灰岩、微晶灰岩夹生物碎屑灰岩，白云岩及层孔虫灰岩；上部为灰岩夹白云质条带灰岩，核形石灰岩等，厚 356～577 m。灵川、桂林、临桂一带，下部主要为灰、深灰色中—厚层状微晶粒屑灰岩，常夹纹层状白云质灰岩、白云岩及少量藻纹层灰岩；上部深灰—灰黑色中—厚层状粒屑微晶灰岩、枝状层孔虫灰岩夹少量层纹石灰岩、白云质灰岩及多层薄层状泥质生物灰岩或页岩、钙质页岩。层孔虫丰富，大小不同的个体常分层堆积，犹如杂乱的细短树枝；顶部深灰色层孔虫灰岩或豹斑状白云质灰岩，厚 376～512 m。在与开阔台地过渡地区，如桂林奇峰镇附近，老人山一叠彩山以北，桂林第二造纸厂至芦笛岩、猴山一带，渐变为浅灰—灰白色灰岩为主，夹深灰—灰黑色灰岩、层孔虫灰岩，并出现较多藻类，形成含藻灰岩、核形石灰岩夹层。横向上与融县组呈相变关系（图 4－5）。永福地区，以石牌为界，南部军屯一带是硅质岩、扁豆状灰岩相向灰岩、白云岩的过渡带，因此，在 3～4 km 范围内二者岩性呈相变关系，其岩性由灰—灰黑色灰岩夹扁豆状灰岩、泥质条带灰岩、含白云质团块灰岩及少量豹皮状灰岩和白云岩组成，厚度大于 1 140 m。北部凤眼界一带颜色变浅，下部

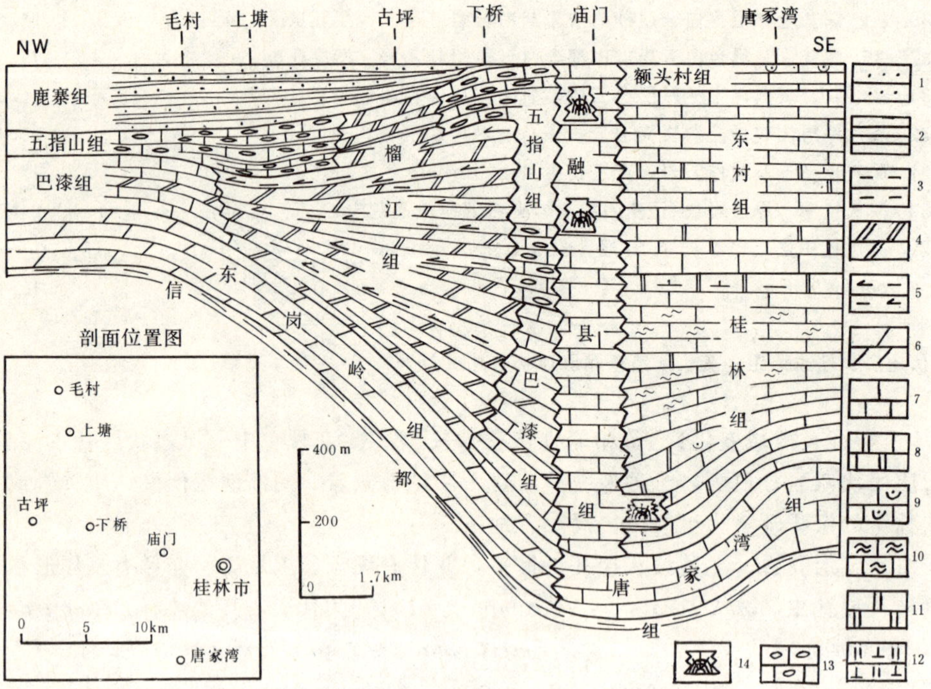

图 4－5　桂林唐家湾—灵川毛村桂林组与其他各组剖面示意图

1. 砂岩；2. 页岩；3. 泥岩；4. 硅质岩；5. 硅质页岩；6. 泥灰岩；7. 灰岩；8. 白云质灰岩；9. 生物灰岩；10. 枝状层孔虫灰岩；11. 白云岩；12. 钙质白云岩；13. 扁豆状灰岩；14. 生物礁

为浅灰—灰色灰岩、白云岩，灰白—深灰色灰岩夹白云质灰岩及少量白云岩；上部为灰白—浅灰色白云岩夹白云质灰岩、灰岩、含白云质团块灰岩，白云质灰岩部分可见水平条纹状构造，厚度 663～1 055 m。该地区纵向上岩性无明显变化，但厚度变化较大，南部厚度大，愈往北厚度愈小。往西到融水一带岩性基本相同。罗城宝坛地区，由枝状层孔虫、生物屑灰岩、泥晶灰岩、纹层灰岩、白云岩、条带状白云岩等岩石组成，生物化石较丰富，厚 469～545 m。往西至榕木、怀群、东兴一带，为一套深灰、灰黑色（少许浅色）灰岩为主，夹细晶白云岩、白云质灰岩；向北至傍洞白云岩增多，灰岩常因含有不规则白云质小团块，风化后白云质凸出，而呈明显的豹皮状构造，厚 366～633 m。在环江龙岩蚕洞至东兴布洞一带，桂林组超覆不整合于下震旦统之上，底部具有 10～45 m 厚的灰、灰绿、暗灰色砾岩、石英砂岩夹粉砂岩、砂质页岩。在龙岩，砂质页岩中产弓石燕及菊石等；上部为灰岩、白云岩。布洞西南水洞、欧家一带，灰岩直接超覆于震旦系之上，而缺失下部碎屑岩。桂南的马山、都安一带为深灰色中层半球状层孔虫泥晶灰岩、双孔层孔虫泥晶灰岩、薄—中层纹层状微晶灰岩组成不等厚韵律，局部夹深灰—灰色中厚—厚层白云岩，厚 705～731 m。

东村组　D_3d　（06－45－0725）

【创名及原始定义】　殷保安等 1987 年创名，创名地在桂林市瓦窑口南约 5 km 的东村一带。指整合于额头村组之下、桂林组之上的一套浅灰白色中厚层状灰岩、白云质灰岩、白云岩等地层，常具鸟眼及窗孔构造。额头村组为深色生物碎屑灰岩，桂林组为深灰、灰黑色生物屑灰岩，含较多枝状层孔虫，两者与东村组都极易区别。

【沿革】　自创名后，一直沿用。

【现在定义】 指整合于桂林组和额头村组之间的一套浅灰白色中厚层状灰岩、白云质灰岩、白云岩等岩石组合。下与深灰色中—厚层豹斑状灰质白云岩的消失或灰色含窗孔凝块石—球粒灰岩的出现与桂林组分界；上与灰、浅灰色微晶粒屑灰岩的消失或含生物碎屑灰岩的出现与额头村组分界。

【层型】 正层型剖面位于桂林市瓦窗口南约 5 km 东村一带（110°15′，25°10′）（周 江等 1986 年测制）。

上覆地层：**额头村组** 含生物碎屑灰岩

——————— 整 合 ———————

东村组 总厚度 486.2 m

113. 灰、浅灰色中—厚层微晶粒屑灰岩 5.7 m
112. 浅灰色中—厚层粒屑微晶灰岩。偶含介形类 8.6 m
111. 灰、浅灰色中—厚层窗孔状含白云质亮晶不等粒砂屑灰岩 6.4 m
110. 浅灰色中—厚层含鸟眼、白云质，球粒微晶灰岩。偶含介形类 13.0 m
109. 灰色中层状不等粒砂屑灰岩。含有孔虫 *Septatournayella rauserae*，*Eovolutina* sp.，*Bisphaera* sp.；介形类 *Leperditia* sp. 8.2 m
108. 灰、浅灰色中—厚层微晶灰岩、含鸟眼微晶灰岩。中部夹一层瘤状灰岩，底部层间夹 1～2 cm 页岩。含介形类 *Leperditia mansueta* 21.7 m
107. 浅灰色中—厚层含鸟眼球粒微晶灰岩夹微晶灰岩 16.2 m
106. 浅灰色中—厚层细砂屑微晶灰岩，层间夹黄褐色页岩凸镜体 14.7 m
105. 浅灰色中—厚层含鸟眼、虫孔微晶灰岩 32 m
104. 浅灰色中—厚层窗孔状含微晶砂屑灰岩 9.9 m
103. 浅灰色中—厚层亮晶粒屑灰岩 14.2 m
102. 浅灰色中—厚层窗孔状砂屑-球粒灰岩 32.2 m
101. 浅灰色中厚层层纹状含窗孔砂屑-球粒灰岩 38.6 m
100. 灰色中—厚层白云质含球粒微晶灰岩 10.3 m
99. 浅灰色层纹状含蓝藻灰质白云岩 20.2 m
98. 浮土 11.4 m
97. 浅灰色层纹状白云质微晶灰岩 10.5 m
96. 灰、浅灰色中层窗孔状白云质砂屑灰岩、微晶灰岩、含球粒灰岩 24.7 m
95. 浅灰色中—厚层层纹状球粒微晶灰岩 17.4 m
94. 灰色中—厚层含白云质层纹状微晶砂屑-球粒灰岩 19.9 m
93. 浅灰—灰色中厚层层纹状灰质白云岩、白云岩 18.5 m
92. 浅灰色中—厚层含窗孔层纹状微晶球粒灰岩 19.9 m
91. 深灰色中—厚层豹斑状含白云质砂—砾屑灰岩。含少量腕足类、腹足类 20.2 m
90. 灰色中层层纹状含白云质微晶灰岩，夹白云岩、砂—砾屑灰岩，顶部有 3 m 竹叶状灰岩，下部具龟裂纹 11.6 m
89. 灰色中层层纹状含微晶粒屑灰岩夹细晶白云岩 12.4 m
88. 灰色中层层纹状白云质球粒-微晶灰岩。常具龟裂纹及虫管。含少量腕足类 *Tenticospirifer* sp. 25.1 m
87. 灰色中—厚层鸟眼状含微晶球粒灰岩夹白云质微晶灰岩 11.2 m
86. 浅灰色中—厚层层纹状鸟眼球粒微晶灰岩、微晶球粒灰岩 24.5 m
85. 灰色中—厚层含窗孔凝块石-球粒灰岩 7.0 m

——————— 整 合 ———————

下伏地层：**桂林组**

84. 深灰色中—厚层豹斑状灰质白云岩

【地质特征及区域变化】 该组主要岩性为浅灰—灰白色中厚层状灰岩、白云质球粒微晶灰岩、细晶白云岩、局部竹叶状灰岩，岩石常具鸟眼及窗孔构造，局部可见干裂、垂直虫孔，含有孔虫、介形类、小腕足类等。据岩石构造特征，该组形成于局限台地潮坪环境。

该组古生物特点是受到全球性的弗拉斯阶与法门阶之间的 Kellwasser 事件影响，加上东村组沉积时为局限、半局限环境，生物化石与桂林组相比大为减少，桂林组出现大量的 *Paramphipora* sp. 在东村组已绝迹，仅有一些底栖介形类、腕足类及有孔虫。介形类：*Leperditia mansueta*，*L.* sp.，在广西各地的东村组中或多或少都可发现。有孔虫：*Septatournayella rauserae*，*Bisphaera* sp.，*Eovolutina* sp. 等。腕足类：*Cyrtospirifer* sp.，*Tenticospirifer* sp.，见于大部分地区的东村组，局部产 *Yunnanella* sp.，*Yunnanellina* sp.。

从东村组上覆地层额头村组与下伏地层桂林组，以及生物群分析，该组的时代应属晚泥盆世晚期，它的底界大致相当法门阶底界，顶界似不会超过牙形石 *expansa* 带。

该组分布于桂北、桂东北地区以及桂中、桂西的部分地区。在富川、贺县、钟山等地，以浅灰、灰白色厚层灰岩为主，夹少量浅灰色细—中晶白云岩、白云质灰岩、泥质灰岩、泥灰岩及钙质页岩等，厚 137～417 m；全州、灌阳、恭城一带为灰—深灰色厚层状白云质灰岩、灰岩，顶部夹硅质团块或硅质条带灰岩及豹皮状灰岩，底部夹数层泥灰岩，泥灰岩中产云南贝等腕足类化石，厚度大于 272～314 m。在全州大西江东村一带，本组为塞卜哈沉积，岩性为纹层状白云质灰岩、白云岩、泥灰岩、含碳质泥岩、粉砂岩夹石膏层，白云岩普遍具水平纹层构造，部分属藻纹层。灵川、桂林、阳朔一带，为浅灰—灰白色中—厚层状砂屑（球粒）微晶灰岩夹白云质灰岩、白云岩或白云岩凸镜体，局部偶夹鲕粒灰岩，有时夹具粒序砾屑—砂屑灰岩，近顶部常夹 0.3～1.5 m 深灰色灰岩，窗孔、鸟眼及缝合线构造发育，常见虫管、下部有龟裂纹，横向上与融县组呈相变关系，厚 486～492 m。永福—英山一线以西、至融水北高一带，主要由浅灰、灰白色灰岩夹白云岩、鲕状灰岩组成。和平、东乡一带为浅灰色厚层块状灰岩、含白云质团块灰岩夹白云岩。白田、寿城一带为浅灰、灰白色灰岩及白云岩夹鲕状灰岩。向西至大良、古当一带为鲕状灰岩夹扁豆状灰岩、泥质灰岩、页岩及生物碎屑灰岩；该地区岩石多呈厚层—块状，具鸟眼、窗孔及缝合线构造等，厚 157～620 m。罗城—环江一带灰岩相对减少，白云岩相对增多。罗城宝坛地区为含泥晶粒屑灰岩、含生物屑泥晶灰岩、泥晶灰岩、砂屑灰岩、亮晶砂屑灰岩、鸟眼泥晶灰岩、纹层泥晶灰岩、中—细晶白云岩、条带状白云岩等，厚 424～528 m。环江甲旺地区为一套浅灰—深灰色极细—中晶白云岩。上朝及建旺至永安一带为浅灰色、灰色藻砂屑灰岩、藻凝块粉晶灰岩、泥—淀晶藻砂屑鲕粒灰岩、细晶白云岩。下干一带为细晶灰岩、白云质灰岩、白云岩。含少量钙球、介形类等碎屑，厚度大于 605 m。都安、马山一带岩性变化较大，镇圩地区浅灰色厚层细晶白云岩、砂砾屑微晶灰岩。古零、卢雷地区浅灰色厚层块状含砂屑泥晶灰岩、砂屑灰岩，局部夹微晶灰岩和亮晶砂屑灰岩，含少量有机质和黄铁矿，化石稀少，仅见少量生物屑及钙球，厚度大于 353 m。靖西、德保一带为一套浅灰色厚层块状微晶灰岩夹鲕状灰岩，顶、底部夹团块状白云岩及白云质灰岩，厚 131～1 087 m。

额头村组 D_3e （06－45－0726）

【创名及原始定义】 殷保安等1987年创名，地点位于桂林市瓦窑口南约5.5 km额头村一带。原指位于东村组之上与上月山组之下，一套灰、深灰色中厚层状灰岩夹泥质灰岩、生物碎屑灰岩、白云质灰岩等碳酸盐岩组合。其下以灰、浅灰色中—厚层微晶粒屑灰岩（常具鸟眼、窗孔构造）为东村组，其上以灰、深灰色薄层微晶生物灰岩为上月山组。时代为晚泥盆世最晚期。

【沿革】 该组自创名后，沿用至今。

【现在定义】 指整合于东村组之上、尧云岭组上月山段之下的一套灰—深灰色中厚层状灰岩夹泥质灰岩、生物碎屑灰岩、微晶砂屑灰岩等碳酸盐岩组合。下以粒屑灰岩的消失或含生物碎屑灰岩的出现与东村组分界；上以中厚层生物碎屑灰岩的消失或薄层生物灰岩的出现与尧云岭组上月山段分界。

【层型】 正层型剖面位于桂林市瓦窑口南约5.5 km额头村一带（110°16′，25°13′）（周江等1986年测制）。

上覆地层：**尧云岭组** 上月山段 薄层微晶生物灰岩

——————— 整 合 ———————

额头村组 总厚度63.55 m

83. 灰—暗灰色中—厚层生物碎屑灰岩。产有孔虫 *Septatournayella rauserae*，*Septaglomospiranella romanica*，*S. primaevae*，*Glomospiranella* sp.，*Quasiendothyra communis communis*，*Q. konensis*；层孔虫 *Anostydostroma* sp. 2.0 m
82. 深灰色薄层页岩 0.05 m
81. 灰色中—厚层生物碎屑灰岩。产有孔虫 *Septatournayella rauserae*，*Quasiendothyra c. communis*，*Q. konensis typica*，*Bisphaera irregularis*，*Septabrunsiina* sp.；珊瑚 *Cystophrentis* sp. 8.5 m
80. 暗灰色中—厚层微晶灰岩。产有孔虫 *Septatournayella rauserae*，*Septaglomospiranella* sp.，*Septabrunsiina* sp. 0.1 m
79. 灰色中—厚层微晶生物砂屑灰岩。产有孔虫 *Septatournayella rauserae*，*Quasiendothyra c. communis*，*Q. konensis*，*Bisphaera irregularis*；层孔虫 *Pennastroma* sp. 4.0 m
78. 灰色中—厚层生物砂屑灰岩。产有孔虫 *Septatournayella* sp.，*Quasiendothyra konensis*；珊瑚 *Cystophrentis* sp. 4.3 m
77. 灰色中—厚层微晶生物砂屑灰岩。产有孔虫 *Septatournayella rauserae*，*Quasiendothyra c. communis*，*Septabrunsiina* sp；层孔虫 *Pennastroma* sp. 7.2 m
76. 暗灰色中—厚层生物砂屑灰岩。产有孔虫 *Septatournayella* sp.，*Septaglomospiranella primaevae*，*S. crassa*，*Quasiendothyra c. communis*，*Q. communis regularis*，*Bisphaera* sp.；层孔虫 *Stromatocerium* sp.；珊瑚 *Syringopora* sp. 5.2 m
75. 灰—暗灰色中层核形石灰岩。产有孔虫 *Septatournayella rauserae*，*Septaglomospiranella romanica*，*Quasiendothyra c. communis* 7.4 m
74. 灰色中—厚层核形石灰岩。产有孔虫 *Septaglomospiranella primaevae*，*Glomospiranella* sp. 12.5 m
73. 灰色中—厚层含生物碎屑灰岩。产有孔虫 *Septatournayella rauserae*，*Septaglomo-*

spiranella romanica, *S. primaevae*, *Glomospiranella* sp., *Bisphaera* sp.；层孔虫 *Anostylostroma* sp.， *Actinostroma* sp.， *Plotiferostroma* sp. 12.3 m

——————整　合——————

下伏地层：**东村组**　灰、浅灰色中—厚层微晶粒屑灰岩

【地质特征及区域变化】　该组主要岩性为灰—深灰色中厚层状灰岩夹泥质灰岩、生物碎屑灰岩、白云质灰岩、核形石灰岩等。

额头村组属半局限台地的沉积环境。

生物特点以产底栖的有孔虫、块状层孔虫、珊瑚、腕足类等化石为主。有孔虫：*Septatournayella rauserae*，*Septaglomospiranella romanica*，*S. primaevae*，*S. crassa crassa*，*S.* sp.，*Glomospiranella* sp.，*Quasiendothyra communis communis*，*Q. communis regularis*，*Q. konensis*，*Bisphaera irregularis*，*Diplosphaerina* sp. 等。层孔虫：*Anostylostroma* sp.，*Actinostroma* sp.，*Plotiferostroma* sp.，*Stromatocerium* sp.，*Pennastroma* sp. 等属。珊瑚：*Cystophrentis kolaohoensis*，*C. grandis*，*C. tieni*，*Lophophyllum* sp.，*Stringopora* sp.，*Caninia* sp. 等。腕足类：*Composita hunanensis*，*C. ovata*，*C.* cf. *globularis*，*Camarotoechia kinlingensis*，*Schuchertella* cf. *gelaohoensis*，*Fusella tornacensis* 等。

传统将珊瑚 *Cystophrentis* 带归于下石炭统，由于产 *Cystophrentis* 的层段中所含有孔虫 *Quasiendothyra* 的一些种与典型的晚泥盆世牙形石 *Palmatolepis gracilis expansa*，*Polygnathus znepolensis* 等共生，据此，额头村组的时代应为晚泥盆世最晚期，大致相当于牙形石 *praesulcata* 带的时限。

该组分布于桂北的全州、灵川、临桂、灌阳、桂林、阳朔、恭城、平乐、永福、融水、罗城、环江；桂东北的富川、贺县、钟山；桂中的都安、平果及桂南的合浦等地。恭城、钟山、贺县、永福一带，以灰黑色白云岩、白云质灰岩为主，夹少量灰岩或其团块。永福和平、融水、柳城等地沿江南古陆边缘岩性以灰岩、泥质灰岩为主，夹少量白云岩。由东向西该组岩性表现为白云岩减少，灰岩、泥质灰岩增多的特点。合浦公馆一带为黑灰色灰岩、泥质灰岩，产大量泡沫内沟珊瑚及层孔虫等。

那叫组　$D_{1-2}nj$　（06－45－0711）

【创名及原始定义】　王钰、俞昌民等 1965 年命名，命名地点在横县六景圩。指位于相当于东岗岭组的民塘组之下，郁江组之上的一套厚约 178 米的白云岩。其间均为整合接触。

【沿革】　命名前划归为东岗岭组下部。侯鸿飞、鲜思远等（1974）认为，那叫组白云岩是一个跨统的岩石地层单位，下部相当四排组、上部相当应堂组，可与国外早泥盆世埃姆斯期至中泥盆世艾菲尔期地层对比。自命名后一直沿用至今。

【现在定义】　指整合于莫丁组之上、民塘组之下的一套灰、深灰色薄—厚层生物碎屑白云岩、细晶白云岩、纹层白云岩的岩石组合。下以深灰色薄层含生物碎屑微晶白云岩与莫丁组黑色竹节石屑硅质条带灰云岩分界；上以灰色中层含生物碎屑白云岩与民塘组底部 2～4 cm 含赤铁矿钙质泥岩分界。

【层型】　正层型剖面位于横县六景圩附近（108°52′，22°52′）（据邝国敦等 1989 重测剖面，略简化）。

上覆地层：**民塘组**

48. 灰色薄—中层状生物砂屑灰岩，顶部粉晶内碎屑生物含云灰岩，下部 40 cm 海百合茎碎屑灰岩层，最底部为 2～4 cm 含赤铁矿钙质泥岩

——————— 整　合 ———————

那叫组　　总厚度＞249.50 m

47. 灰色中层状夹薄层状含生物碎屑白云岩。产牙形石 *Polygnathus costatus*, *P. pseudofoliatus*　　10.00 m

46. 上部灰色厚层状残余团粒细—中晶白云岩；中部残余团粒生物碎屑中晶白云岩；下部灰色厚层状生物碎屑粉—细晶白云岩。产牙形石 *Po. pseudofoliatus*, *Nothognathus* sp.　　21.80 m

45. 灰色中—薄层状含生物碎屑细晶白云岩。产牙形石 *Po. costatus*, *Po. pseudofoliatus*, *Po. linguiformis parawebbi*, *Neoprioniodus* 等　　46.10 m

44. 底部灰色中层状夹薄层状含颗粒微—中晶白云岩；中部中层状—薄层状棘屑细—中晶白云岩；上部灰色厚层状生物碎屑粉—细晶白云岩。薄层白云岩中产牙形石 *Po. costatus patulus*, *Po. robusticostatus*　　44.50 m

43. 深灰色厚层状含海百合茎细—中晶白云岩。产腕足类 *Atrypa* sp., *Zdimir* sp., *Megastrophia* sp.；牙形石 *Po. serotinus*　　45.60 m

42. 灰色中—厚层状细晶白云岩夹薄层状细晶生物砾屑白云岩　　15.80 m

41. 灰、深灰色中层夹薄层状细晶生物砾屑白云岩。产牙形石 *Po. inversus*　　4.50 m

40. 灰色厚层状微晶白云岩及生物碎屑白云岩，砾屑 70%由层孔虫、海百合以及腕足类组成，局部礁前生物碎屑堆积。所有化石全部白云岩化　　14.80 m

39. 灰色中厚层状细—中晶含生物屑白云岩　　16.10 m

38. 底部灰色中层状含生物微晶白云岩，上部灰色中厚层状细晶生物碎屑白云岩　　27.80 m

37. 灰、深灰色薄层状含生物碎屑微晶白云岩，生物屑以竹节石为主　　＞2.50 m

═══════ 断　层 ═══════

下伏地层：**莫丁组**　硅质条带灰云岩

【地质特征及区域变化】　那叫组岩性为灰、深灰色薄—厚层生物碎屑白云岩、细晶白云岩、纹层白云岩、残余团粒细—中晶白云岩、棘屑白云岩组合。在区域上，那叫组与上覆地层民塘组及下伏地层莫丁组均为连续沉积。

根据岩性特征，那叫组总的沉积环境为台地边缘环境。

古生物特点为：下部产块状层孔虫、苔藓虫、蜂巢珊瑚、单体珊瑚及腕足类等，但因白云岩化化石保存不好。中上部产腕足类：*Zdimir* sp., *Megastrophia* sp.；牙形石：*Polygnathus inversus*, *Po. serotinus*, *Po. costatus*, *Po. pseudofoliatus*, *Nothognathus* sp. 等。

根据以上的生物组合特征，那叫组为一个跨时代的岩石地层单位，其时代为早泥盆世晚期至中泥盆世早期。

那叫组在区域上分布不广，已知有横县六景、隆安刘家、靖西现龙等地。岩性较稳定，无大的变化，皆为灰、深灰色薄层—厚层状白云岩组合。

北流组　$D_{1-2}b$　(06-45-0709)

【创名及原始定义】　王钰、俞昌民等 1965 年创名，命名地点在广西北流市东北大风门，距市区 2 km。指“北流县城北 2 km 的大风门至暗螺岭一带，北流组出露完整，底部是一套

白云岩，与其下相当郁江组的砂岩及砂质泥岩整合接触，顶部与其上的东岗岭组亦系连续沉积。根据化石组合及岩性特征，北流组自下而上可分为黄猄山段……，贵塘段……，鸭壤段……，大风门段……。”

【沿革】 命名前将这套地层划为东岗岭组。命名后，各家提法不一。侯鸿飞、鲜思远（1975）沿用黄猄山段，划为早泥盆世，将贵塘段提升为组，层位介于东岗岭组之下，“白云岩组”之上，并与艾菲尔阶对比；广西地矿局（1985）将黄猄山段提升为组，仍将北流组划在中泥盆统；吴诒、周怀玲等（1987）将贵塘段和黄猄山组划归下泥盆统，与上埃姆斯阶对比；侯鸿飞、王士涛等（1988）取消北流组，改称贵塘组、鸭壤组，并将贵塘组划归为下—中泥盆统；吴诒等（1992）考虑桂西南和桂东南部分地区的贵塘组和鸭壤组不易区分，将北流组提升为北流群。本书采用北流组一名，其中包括王钰、俞昌民等（1974）的贵塘段和鸭壤段（表4-4）。

表4-4 北流组、黄猄山组划分沿革表

王钰 俞昌民等	王钰 俞昌民等	侯鸿飞 鲜思远	桂区综	侯鸿飞	鲜思远 王守德等	广西地矿局	吴诒 周怀玲等	侯鸿飞 王士涛	吴诒 梁演林	本书
1965	1974	1975	1978	1978	1979	1985	1987	1988	1992	
北流	北流	北流	北流	北流	北流	北流	北流	北流	北流	
D_2：东岗岭组 北流组（大风门段、鸭壤段、贵塘段、黄猄山段） 郁江组	D_2：东岗岭组 北流组（鸭壤段、贵塘段、黄猄山段） 郁江组	D_2：东岗岭组、贵塘组 D_1：黄猄山段、郁江组	D_2：东岗岭组 北流组（鸭壤段、贵塘段、黄猄山段） D_1：郁江组	D_2：东岗岭组、贵塘组 D_1：黄猄山段、郁江组	D_2：东岗岭组 D_1：北流组、郁江组	D_2：东岗岭组、北流组 D_1：黄猄山组、郁江组	D_2：东岗岭组 北流组（D_2：鸭壤段；D_1：贵塘段） D_1：黄猄山组、郁江组	D_2：东岗岭组、鸭壤组 D_1：贵塘组、黄猄山组、郁江组	D_2：螺村组 北流群（D_2：鸭壤组；D_1：贵塘组） D_1：黄猄山组、坡脚组	D_2：螺村礁、唐家湾组、北流组 D_1：黄猄山组、郁江组

【现在定义】 指整合于黄猄山组和唐家湾组之间的一套下部为灰、浅灰、深灰色生物灰岩、细晶灰岩夹数层钙质砂岩；上部为灰、深灰、灰黑色生物碎屑灰岩，夹少量薄层泥灰岩、白云质灰岩等的岩石组合。下以白云岩的消失或微晶灰岩的出现与黄猄山组分界；上以含生物碎屑微晶灰岩的消失或含微晶生物碎屑含白云质灰岩的出现与唐家湾组分界。

【层型】 正层型剖面位于北流市东北大风门水泥厂以北，距市区2 km（110°21′，22°45′）（据蒋廷操、韦腾明等1981年重测剖面，略加修改）。

上覆地层：**唐家湾组**　灰—深灰色含微晶生物碎屑含白云质灰岩，底部含砂—砾屑

——————整　合——————

北流组　　总厚度 914.20 m

184—174. 灰—深灰色含生物碎屑微晶灰岩　54.60 m

173. 灰微带绿色细晶钙质白云岩　3.10 m

172. 深灰色含生物砂屑泥晶灰岩夹细晶灰岩、微晶珊瑚白云质灰岩　6.90 m

171. 中上部为生物碎屑微晶灰岩；下部为灰绿色方解石化含泥质白云岩　2.60 m

170. 灰绿色生物碎屑泥灰岩夹含生物碎屑细晶灰岩　6.90 m

169. 上部为灰色含生物砂屑细晶灰岩；中部为深灰色含生物碎屑疙瘩状泥灰岩；下部为灰黑色生物碎屑微晶灰岩　3.70 m

168. 深灰色微晶不等粒砂屑含白云质灰岩　1.90 m

167. 深灰—灰黑色压碎含微晶生物碎屑灰岩与泥晶灰岩互层；底部有约 40 cm 厚含生物泥灰岩。含珊瑚 *Cystitrypanopora beiliuensis*　5.90 m

166. 上部为深灰色微晶砂屑灰岩；下部为灰绿色粉砂质微晶砂屑灰岩　0.70 m

165. 深灰色含砾屑生物碎屑微晶灰岩夹深灰—灰色表面具泥条的泥晶灰岩　4.20 m

164. 深灰—灰黑色微晶层孔虫礁灰岩与灰色亮晶凝块石灰岩、灰色生物碎屑微晶含白云质灰岩互层　4.20 m

163. 浅灰色含亮晶砂屑灰岩与灰色微晶含白云质灰岩互层　7.50 m

162. 浅灰色含亮晶砂屑灰岩　11.20 m

161. 深灰色团块状白云质灰岩　7.20 m

160. 灰—灰黑色由含沥青质和凝块石（二者互层）组成具层状构造的微晶灰岩夹细晶—粉晶泥灰岩和泥质条带微晶灰岩　7.90 m

159—156. 深灰色含生物碎屑微晶灰岩及微晶灰岩。含珊瑚 *Dendrostella* sp.　22.00 m

155. 深灰色含白云质泥晶灰岩，底部为含鸟眼泥—微晶灰质白云岩　9.00 m

154. 含生物碎屑、含硅质白云质灰岩。含珊瑚 *Disphyllum* sp.　7.50 m

153. 深灰色含生物碎屑微晶灰岩　4.50 m

152. 灰绿色含泥质灰岩　1.20 m

151. 微晶生物碎屑含白云质灰岩夹含生物碎屑微晶灰岩　5.50 m

150. 深灰色，风化后为浅灰色含燧石结核含生物碎屑灰质白云岩　2.60 m

149—148. 珊瑚-层孔虫礁白云质灰岩及灰黑色珊瑚-层孔虫礁硅质灰岩　26.10 m

147. 深灰—浅灰色白云质灰岩夹微晶灰岩　15.90 m

146. 深灰—灰黑色含生物碎屑细晶灰质白云岩夹礁状微晶灰岩。含腕足类 *Eospiriferina lachrymosa*　4.00 m

145—137. 上部为浅灰色鸟眼状微晶灰岩及深灰—灰黑色生物碎屑细晶—微晶白云质灰岩；下部为深灰—灰黑色微晶生物灰岩及深灰—灰黑色生物碎屑微晶灰岩；底部为黄绿色泥灰岩与灰色微晶灰岩互层。含腕足类 *Rhynchospirifer*? sp.，*Athyrisina squamosaefermis*、*Eospiriferina lachrymosa*；珊瑚 *Dendrostella* sp.　67.20 m

136. 灰黑色微晶珊瑚礁灰岩夹钙质页岩。含珊瑚 *Utaratuia sinensis* 等　4.10 m

135—122. 灰—深灰色含生物碎屑微晶灰岩；下部有少量微晶灰岩，纹层状含团粒微晶灰岩，鸟眼状含球粒、砾屑含生物碎屑灰岩及泥灰岩；底部夹有厚 1.5 m 浅灰—灰白色绿藻屑灰岩。含腕足类 *Eospiriferina lachrymosa*、*Xenospirifer fongi* 等　79.10 m

121. 黄褐色—灰白色细粒石英砂岩夹细粒含泥质石英砂岩及少量钙质砂岩　11.70 m

120. 灰色微晶珊瑚、层孔虫礁白云质灰岩。含珊瑚 *Acanthophyllum* sp.，*Calceola sandalina sandalina*　13.00 m

119—117. 上部为灰色微晶生物碎屑灰岩；中部灰色中—细晶生物灰岩夹深灰色微晶生物砾屑灰岩；下部为灰色中—细晶层孔虫礁灰岩夹含生物灰岩。含腕足类 *Megastrophia* sp.，*Zdimir* sp.；珊瑚 *Dohmophyllum* sp.，*Tryplasma multispinatum*、*Beiliupora beiliuensis* 42.10 m

116—109. 灰—浅灰色微晶生物碎屑灰岩、微晶—细晶珊瑚、层孔虫礁灰岩、微晶生物碎屑含白云质灰岩及粉细晶生物碎屑灰岩；顶部为细晶颗粒灰岩；底部为浅灰色细粒钙质石英砂岩。含腕足类 *Zdimir* cf. *baschkiricus*，*Z. guitangensis*，*Megastrophia* sp. 等；珊瑚 *Beiliupora beiliuensis* 56.50 m

108—107. 灰色含生物碎屑含内碎屑中—细晶白云质灰岩 10.10 m

106. 灰色中—细粒钙质石英砂岩 5.50 m

105—104. 灰色含微晶—亮晶颗粒灰岩及含生物碎屑微晶灰岩；底部为中—细粒含钙质石英砂岩 7.50 m

103—102. 上部为含生物灰岩夹礁状生物灰岩，砂质细晶灰岩夹中—细粒钙质石英砂岩；中下部为灰色含生物碎屑细晶灰岩夹深灰—灰黑色含生物碎屑微晶灰岩及生物灰岩 13.00 m

101. 上部为灰色颗粒微细晶灰岩夹疙瘩状砂泥质灰岩；中部为浅灰色砾状砂质灰岩；下部为浅灰色细粒含钙质石英砂岩 3.40 m

100. 上部为深灰—灰黑色含生物碎屑含凝块石中—细粒灰岩；中部为钙质石英砂岩夹含砂灰岩；下部为中—细粒钙质石英砂岩与砾状灰岩互层。含腕足类 *Reticulariopsis* sp. 6.00 m

99. 灰白色中—细粒钙质石英砂岩夹细晶灰岩 4.80 m

98. 中上部为浅灰色亮晶砂屑灰岩；下部为细粒钙质石英砂岩夹砂质灰岩、砂质灰岩凸镜体（或团块） 6.70 m

97. 浅灰色亮晶含生物碎屑灰岩夹钙质石英砂岩 7.60 m

96—94. 上部为深灰色含生物碎屑含白云质灰岩夹浅灰色微晶灰岩；下部为深灰—灰黑色微晶生物碎屑灰岩夹灰—浅灰色亮晶含生物碎屑灰岩，层间夹碳质泥质条带；底部有 8～10 cm 细粒钙质石英砂岩 26.60 m

93. 灰—深灰色微晶含砂屑生物碎屑灰岩；中部为灰色中—细粒钙质石英砂岩；底部有 10～30 cm 厚的砾状灰岩。含珊瑚 *Neostringophyllum* sp. 10.20 m

92—91. 灰色薄层状层孔虫、珊瑚礁灰岩及凝块石珊瑚白云质灰岩。含珊瑚 *Embolophyllum* sp.，*Beiliupora* sp.；腕足类 *Megastrophia* sp.，*Zdimir* sp. 26.40 m

90. 浅灰色细粒钙质岩屑石英砂岩 1.80 m

89. 灰色薄层状生物碎屑微晶灰岩 8.50 m

88. 上、下部为灰色细粒石英砂岩；中部为灰白色细粒含钙岩屑石英砂岩 2.00 m

87—86. 深灰、灰色薄层状生物碎屑微晶灰岩；底部有 50 cm 厚礁灰岩 22.50 m

85. 深灰色薄层含砂屑含生物碎屑微晶灰岩与浅灰色含生物碎屑含白云质微晶灰岩互层 17.10 m

84. 灰色含生物碎屑白云质微晶灰岩 18.50 m

83. 灰—深灰色，风化后呈灰带黑色生物碎屑微晶灰岩和呈条带、团块状含生物碎屑白云质硅质岩 14.50 m

82. 灰色薄层状微晶颗粒灰岩，间夹泥质条带、硅质条带和团块状白云岩 19.30 m

81. 浅灰色微晶凝块石生物碎屑灰岩夹浅灰—深灰色生物灰岩 14.60 m

80. 灰色生物碎屑微晶灰岩 11.50 m

79. 灰色生物碎屑微晶灰岩，层间夹 2～3 mm 的泥质条带 12.40 m

78. 浅灰色薄层状含团粒珊瑚礁灰岩夹灰黑色含碳质生物礁灰岩 20.30 m

77. 深灰色夹浅灰色微—细晶生物碎屑白云质灰岩。含床板珊瑚 *Favosites* aff. *regularissimus* 33.80 m

76. 含凝块石、生物碎屑、含白云质微晶灰岩夹灰色生物碎屑细晶白云岩 2.20 m

75. 灰色含凝块石生物碎屑微晶灰岩 7.80 m

74. 灰色薄层状生物碎屑凝块石微晶灰岩夹薄层状白云岩 3.20 m

73. 浅灰色薄层状生物碎屑细晶白云岩夹浅灰色含生物白云质灰岩及生物礁灰岩 8.80 m

72. 含凝块石生物碎屑含白云质微晶灰岩夹珊瑚礁微晶灰岩。含床板珊瑚 *Pachyfavosites kozlowskii* 1.60 m

71. 浅灰色含凝块石、生物碎屑含白云质微晶灰岩 11.70 m

70—69. 上部为深灰色生物碎屑钙质白云岩夹灰色薄层状生物灰岩；下部为灰色珊瑚、层孔虫礁微晶灰岩。上部含牙形石 *Belodella triangularis*? 24.90 m

68—66. 上部为灰色含团粒生物碎屑微晶灰岩；中部为灰色具条纹状微晶颗粒灰岩夹深灰色具条带状凝块石微晶灰岩；下部为浅灰—深灰微晶颗粒灰岩 28.90 m

———————— 整　合 ————————

下伏地层：**黄猄山组**　灰色细晶白云岩

【地质特征及区域变化】　北流组主要为生物灰岩、生物屑泥晶灰岩、亮晶砂屑灰岩与层孔虫珊瑚礁灰岩交替沉积，间夹数层中—薄层钙质细砂岩，微晶灰岩夹薄层泥灰岩等岩性组合。该组总的沉积环境为碳酸盐台地边缘礁相—半局限台地。

生物以珊瑚、腕足类、藻类、层孔虫为主，也含双壳类、介形类等。珊瑚：*Trapezophyllum cystosum*，*Embolophyllum acanthophylloides*，*Psydracophyllum cystosum*，*Phacellophyllum uniense*，*Utaratuia sinensis*，*Tabularia* cf. *devoniana*，*Beiliucyathus* sp. 等；床板珊瑚：*Beiliupora beiliuensis*，*Stringopora* sp.，*Favosites* sp.，*Squameofavosites* sp. 等。腕足类主要有：*Zdimir triangulicostatus*，*Z. baschkiricus*，*Z. pseudobaschkiricus*，*Z. beiliuensis*，*Megastrophia* sp.，*Eifelatrypa* sp.，*Athyrithina* sp.，*Eospiriferina lachrymosa*，*Xenospirifer fongi*，*Rhynchospirifer* sp. 等属种。介形类：*Paramoelleritia subavata* 等。

从上述生物群分析，北流组为一个跨时的岩石地层单位，时代为早泥盆世晚期—中泥盆世早期，即晚埃姆斯期到艾菲尔期。

北流组在广西境内分布较广，分布于北流、玉林茂林、桂平社步、贵港蒙公、灵山六峰山、横县车云岭、天等把荷、隆安屏山、龙州武德、德保龙光、陇条及钦甲、百色巴平、南丹大厂等地。该组岩性在区域上变化较大，北流大风门可分上下两部分：下部为灰、浅灰、深灰色灰岩、细晶灰岩、生物礁灰岩及介壳灰岩并夹数层钙质砂岩，产珊瑚、腕足类、藻类、层孔虫等化石，厚 368 m；上部为灰、深灰、灰黑色生物碎屑微晶灰岩夹少数薄层泥灰岩、白云质灰岩，产珊瑚、腕足类、介形虫等，厚 107 m，底部有一层厚 12 m 黄褐色、灰白色细粒石英砂岩与下部区分。玉林仁东、茂林一带，岩性以浅灰—深灰色中—厚层状细晶灰岩为主，底部有 21 m 厚的角砾岩，中部具 40 m 厚的介壳灰岩，往上泥质灰岩和白云质灰岩，厚 549 m。贵港蒙公、横县车云岭一带，则以灰、深灰色泥晶灰岩为主，夹少量白云岩及泥灰岩，灰岩中含泥质较高，在横县车云岭厚 150 m。大新恩城、福隆，崇左那隆，隆安刘家、屏山，邕宁富庶一带，以灰—深灰色中厚层状白云岩为主，夹浅灰—灰白色白云岩及硅质岩，产 *Zdimir* 等腕足类及珊瑚化石，厚 158～366 m。在昌平—福隆一带已相变为平恩组，岩性为深灰色薄层状燧石灰岩、硅质岩。靖西、德保一带主要为灰、浅灰、灰黑色中—厚层状白云岩，时夹白云质灰岩和灰岩。德保陇条则为白云质灰岩夹灰岩，厚 50～230 m。钦甲、多闻、足表一带为浅灰—深灰色薄—厚层状灰岩、泥灰岩、泥质灰岩、白云质灰岩，生物碎屑灰岩、白云岩等，上部产腕足类、珊瑚，下部产竹节石，厚 230～306 m。横向上与平恩组呈相变关系（见图 4-6）。龙州武德一带为灰—深灰色厚层细晶白云岩、白云质灰岩及灰岩，部分地区相变为厚层灰岩夹白云质灰岩，厚 81～106 m。

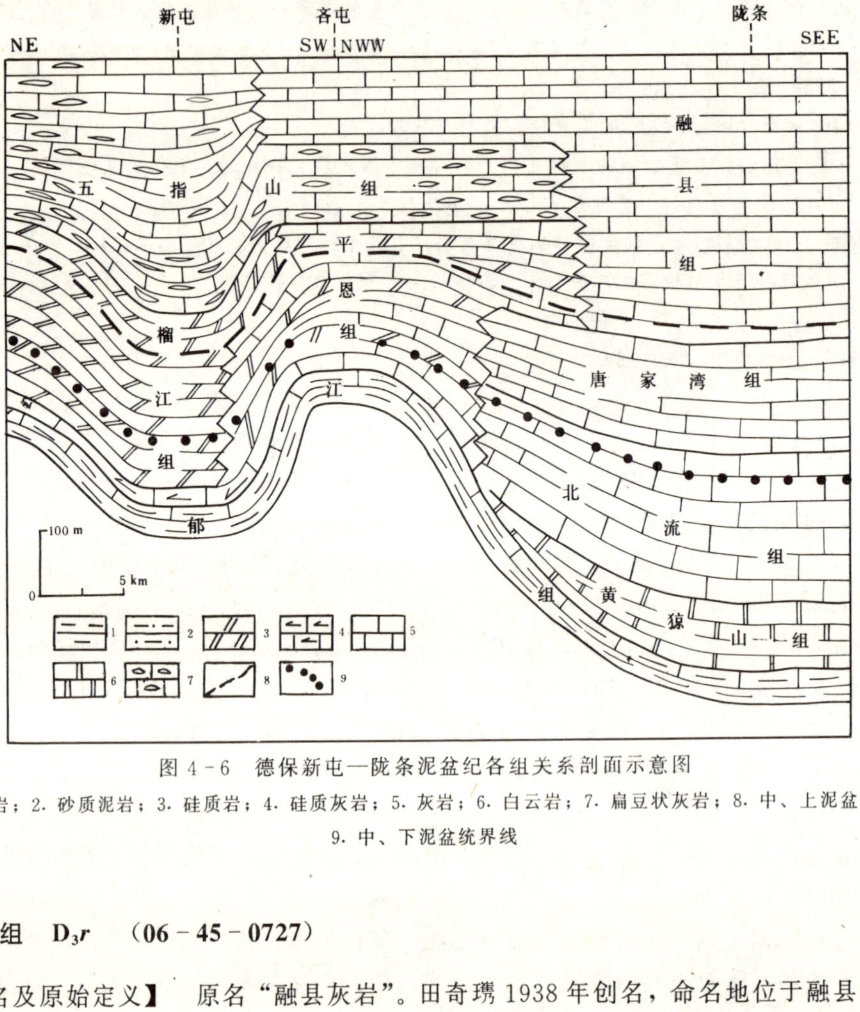

图 4-6 德保新屯—陇条泥盆纪各组关系剖面示意图

1. 泥岩；2. 砂质泥岩；3. 硅质岩；4. 硅质灰岩；5. 灰岩；6. 白云岩；7. 扁豆状灰岩；8. 中、上泥盆统界线；9. 中、下泥盆统界线

融县组 D$_3$*r* （06-45-0727）

【创名及原始定义】 原名“融县灰岩”。田奇琇 1938 年创名，命名地位于融县（现融水苗族自治县）县城附近。指“据乐氏，其出露之处，在广西东北部如融县全县一带，为一种色白质纯之石灰岩，厚达三十公尺以上。富含腕足化石。”田氏当时认为“融县灰岩”是上泥盆统最上部的地层。

【沿革】 乐森玥（1928）在旧融县城郊附近看到很厚的灰岩层，质细密、呈浅灰色，上部多块状，无层理，下部作整齐的厚层状，当时认为相当于“古化系”，未命名；广西区调队（1963）称融县组；王钰、俞昌民（1964）的“融县灰岩”岩性以灰白色、浅灰色厚层状灰岩为主，具鲕状结构，时夹白云质灰岩，厚约 200 m。其下伏地层是含 *Cyrtospirifer sinensis* 等的“桂林灰岩”，并位于早石炭世泥灰岩层之下；殷保安等（1992）的融县组是指开阔台地、台地边缘相的一套浅灰、灰白色灰岩、藻灰岩、鲕状灰岩等组成的地层；本书采用后者方案。

【现在定义】 指整合于巴漆组之上，平行不整合于英塘组之下的一套以浅灰、灰白色中—厚层状球粒—砂屑灰岩、藻砂屑（球粒）灰岩夹蓝藻微晶灰岩、鲕粒灰岩、砾屑灰岩等组成的地层。下以深灰色薄层灰岩的消失或灰白色厚层灰岩的出现与巴漆组分界；上以中层状砂屑灰岩的消失或含铁泥质岩的出现与英塘组分界。

【层型】 创名时未测剖面，选层型剖面位于桂林市南东约 9 km 的奇峰镇东侧至华侨农场附近（110°21′，25°11′）（据广西区调队 1988 年测制剖面，略修改）。

上覆地层：**英塘组**

94. 深灰—灰黑色薄—中层状泥质灰岩、泥灰岩互层。底部有 1～2 cm 含铁泥质岩

——————— 平行不整合 ———————

融县组	总厚度 1 233.4 m
93. 灰—深灰色中层砂屑灰岩	13.5 m
92. 灰—深灰色中层微晶灰岩夹砂屑灰岩	28.0 m
91. 灰—深灰色中层白云岩夹白云质灰岩	5.0 m
90. 灰白夹浅灰色厚层蓝藻微晶灰岩	26.5 m
89. 灰—灰白色中—厚层藻砂屑灰岩	18.7 m
88. 浅灰—灰白色中层藻砂屑灰岩夹微晶藻灰岩	37.4 m
87. 浅灰—灰白色中层藻砂屑—球粒灰岩夹亮晶砾屑—砂屑灰岩	26.4 m
86. 浅灰—灰白色中层藻球粒—砂屑灰岩夹蓝藻微晶灰岩	69.9 m
85. 浮土掩盖。沿走向追索自上而下为	76.0 m
浅灰—灰白色中层含砾砂屑灰岩浅灰—灰白色中层具鸟眼砂屑—球粒灰岩	
浅灰—灰白色厚层亮晶藻砂屑灰岩浅灰—灰白色中层具栉壳状构造藻砂屑蓝藻灰岩	
84. 浅灰—灰白色中层含藻鲕粒灰岩夹微晶粒屑灰岩	19.9 m
83. 浅灰色厚层微晶藻球粒灰岩	11.8 m
82. 灰白色中层微晶藻球粒灰岩	9.7 m
81. 浅灰—灰白色中层条纹、栉壳状藻球粒—鲕粒灰岩	13.2 m
80. 浅灰色中层含鲕粒藻球粒—砂屑灰岩，蓝藻鲕粒灰岩	34.7 m
79. 浅灰色中层含鲕粒砂屑灰岩夹鲕粒灰岩	39.5 m
78. 浅灰—灰白色薄—中层藻团粒鲕粒灰岩、含鲕粒砂—砾屑灰岩	20.8 m
77. 浅灰—灰白色厚层鲕粒—球粒灰岩	3.1 m
76. 浅灰色厚层鲕粒灰岩	6.2 m
75. 灰色中层纹层状球粒—鲕粒灰岩、粒屑蓝藻灰岩	9.2 m
74. 灰色厚层含鲕粒亮晶粒屑灰岩夹鲕粒灰岩	23.5 m
73. 浅灰—灰色厚层含鲕粒亮晶粒屑灰岩	15.2 m
72. 灰—浅灰色中层亮晶鲕粒灰岩夹含鲕粒藻砂屑灰岩	54.6 m
71. 浅灰夹灰白色厚层砂屑灰岩夹灰—深灰色薄层微晶蓝藻灰岩	49.4 m
70. 灰色厚层藻球粒—鲕粒灰岩	7.6 m
69. 浅灰夹灰白色厚层—块状藻球粒—鲕粒灰岩	79.0 m
68. 浮土掩盖	15.4 m
67. 灰—紫红色角砾状亮晶砂屑灰岩、鲕粒灰岩	19.4 m
66. 浅灰色厚层窗孔状含鲕粒藻灰岩、藻团粒灰岩	14.1 m
65. 浅灰—灰白色厚层—块状微晶蓝藻灰岩	8.5 m
64. 浅灰—灰白色块状微晶藻砂屑—蓝藻灰岩、微晶蓝藻鲕粒灰岩	28.6 m
63. 灰白色厚层微晶蓝藻灰岩	98.4 m
62. 浅灰—灰白色厚层—块状微晶蓝藻灰岩夹藻砂屑含云灰岩、鲕粒灰岩	35.8 m

61. 浅灰—灰白色厚层—块状微晶蓝藻灰岩夹微晶藻砂屑—藻球粒灰岩	40.9 m
60. 浅灰色中层微晶藻砾—砂屑灰岩夹微晶灰岩	7.5 m
59. 灰—浅灰色厚层微晶蓝藻灰岩	8.7 m
58. 浅灰色厚层微晶砾屑灰岩	7.7 m
57. 浅灰—灰白色厚层微晶蓝藻灰岩夹鲕粒灰岩	39.6 m
56. 浅灰—灰白色中层微晶蓝藻灰岩、含藻微晶粒屑灰岩	23.4 m
55. 浅灰—灰白色厚层微晶砂—砾屑灰岩，上部夹一层微晶蓝藻灰岩	47.0 m
54. 灰白色厚层微晶灰岩夹白云岩团块	16.3 m
53. 灰白色厚层微晶蓝藻—粒屑灰岩、微晶砂屑灰岩	54.4 m
52. 浅灰—灰白色厚层亮晶球粒—砂屑灰岩、纹层状鸟眼微晶球粒灰岩、砾屑灰岩	68.9 m

——————— 整　合 ———————

下伏地层：**巴漆组**　深灰色薄层灰岩夹燧石条带

【地质特征及区域变化】　区域上该组岩性以浅灰、灰白色中厚层块状灰岩、鲕粒灰岩、生物碎屑灰岩、藻灰岩、砾屑灰岩为主，部分地区夹白云质灰岩、白云岩。生物藻礁发育。

由于区域上融县组所处的古地理位置不同，故与下伏不同的岩石地层单位接触，如德保燕峒、融水等地与唐家湾组接触；横县六景、灵川江尾等地与五指山组接触，均呈连续沉积。

融县组沉积环境为台地边缘—开阔台地。

古生物特点为：当融县组包括整个上泥盆统时，下部以底栖生物为主；上部则以藻类为主并多处形成藻礁。浮游生物牙形石在邻接榴江组、五指山组的地区则断续产出。见有腕足类：*Hypothyridina* sp.，*Coeloterhynchus* sp.，*Parapugnax* sp.，*Miaomenrhychia* sp.，*Axiodeania* sp.，*Sinotecticostrum* sp.，*Pugnax* sp.，*Atrypa* sp.，*Tenticospirifer* sp.，*Pseudoleiorhynchus* sp. 等属。珊瑚：*Pseudozaphrentis* sp.，*Temnophyllum* sp.，*Tortophyllum* sp.，*Mictophyllum* sp.，*Pexiphyllum* sp.，*Disphyllum* sp.，*Yishanophyllum* sp.，*Kielcephyllum* sp.，*Neaxon* sp.，*Prosmilia* sp.，*Zaphriphyllum* sp.，等。藻类丰富，主要有 *Casycladacea* sp.，*Garwoodia* sp.，*Keega* sp.，*Solenopora* sp.，*Shuguria* sp.，*Sphaeroporella* sp.，*Renalcis* sp.，*Epiphton* sp. 等，后两属在不同层位形成少数藻礁。牙形石主要有：*Polygnathus asymmetricus*，*Ancyrognathus triangularis*，*Palmatolepis gigas*，*Pa. linguiformis*，*Pa. triangularis*，*Pa. crepida*，*Pa. rhomboidea*，*Pa. m. marginfera*，*Pa. rugosa trachytera*，*Pa. perlobata postera*，*Pa. gracilis expansa*，*Siphonodella praesulcata*；局部地区产 *Siphonodella sulcata*，*S. duplicata*，*S. sandbergi*。

据上述化石，大部分地区的融县组的时代属晚泥盆世，但各地的融县组所处的古地理位置不同，它们的顶底界各地不一，为一个穿时的岩石地层单位。如宜山的融县组顶部产有早石炭世的牙形石带化石；象州大乐巴漆的融县组底部有 8 m 厚的灰岩大致为中泥盆世晚期的 *asymmetricus* 带所在位置；横县六景的融县组从底部开始即产晚泥盆世晚期的牙形石。因此，各地的融县组时代的确定，需做详细的研究方能得出正确的结论。

该组广泛分布于广西境内，北起钟山、兴安一线，西北至融安、环江，南起柳州、象州延至玉林、北流，西起武鸣、隆安，经靖西、百色、田林、隆林等地。且厚度巨大，如桂北的兴安黄路坪厚为 1 066 m，桂中柳州附近达 1 866 m 余，桂西南的天等龙马厚 1 712 m，靖西化峒厚 1 087 m 等。当融县组远离榴江组或五指山组时，岩性为灰岩、白云质灰岩、白云岩组合，如靖西龙临上表及城郊三联、田林甘田、德保足荣等地。南丹六寨龙里，融县组常夹厚层大型核形石灰岩，核形石大小不等，最大达4 cm，多呈球状、椭球状产出，组成核形石灰岩。

融县组中普遍含藻类，多处夹藻粘结灰岩、藻灰岩。如横县六景、桂林市郊庙门及寨江形成藻礁-泥丘组合。桂西南的龙州及那坡一带融县组中夹基性火山岩类的玄武玢岩、粗面岩及凝灰岩。

莫丁组 D_1m (06-45-0713)

【创名及原始定义】 广西地质矿产局1985年命名，横县六景火车站附近之小丘名莫丁，故命名为莫丁组。指主要岩性为泥质灰岩、白云质灰岩、灰岩、泥质岩夹硅质岩、磷块岩。部分地区为硅质岩夹硅质页岩、泥岩、含磷硅质岩的地层组合。

【沿革】 该组未命名前属王钰等（1965）建立的那叫组的底部层位；阮亦萍等（1979）将它单独划出叫“未命名组”；邝国敦等（1989）沿用“未命名组”；吴诒等（1992）沿用莫丁组一名。本书亦称莫丁组。

【现在定义】 指位于郁江组砂岩、泥岩、泥灰岩之上，那叫组灰、深灰色薄—厚层生物屑白云岩之下的一套为深灰色白云岩、硅质岩夹黑色燧石条带的地层组合。底部以厚层状细晶灰云岩与郁江组薄层含生物泥晶灰岩整合接触；上界与那叫组为断层接触（区域上为整合接触）。

【层型】 正层型剖面位于广西横县六景火车站附近（108°52′，22°52′）（据邝国敦等1989年重测剖面，略简化）。

上覆地层：**那叫组**

37. 灰、深灰色薄层状含生物碎屑微晶白云岩

═══════ 断　层 ═══════

莫丁组　　总厚度>19.00 m

36. 黑灰色薄—中层状竹节石屑硅质条带灰云岩。含菊石 *Erbenoceras elegantulum*，*Teicherticeras* sp.，*Convoluticeras* sp.；竹节石 *Nowakia*(*N.*)*barrandei*、*N.*(*N.*)*elegans*，*Viriatellina hercynica*；牙形石 *Polygnathus perbonus*　　>15.00 m

35. 灰、深灰色厚层状含生物屑硅质团块细—粉晶白云岩，底部厚层状细晶灰云岩。含竹节石 *Nowakia* sp.，*Styliolina* sp.　　4.00 m

——————— 整　合 ———————

下伏地层：**郁江组**　风化后红褐色薄层状含生物屑泥晶灰岩及泥灰岩

【地质特征及区域变化】 该组主要岩性为灰、深灰色、黑灰色白云岩、硅质岩，夹燧石条带。该组在南宁五象岭出露较好，与上下地层均为整合接触。

该组沉积环境为下斜坡至盆地。生物群以浮游生物竹节石、菊石为主，少数腕足类。竹节石：*Nowakia* cf. *elegans*、*N. barrandei*、*Viriatellina hercynica*、*Styliolina* sp. 等。菊石：*Erbenoceras elegartulum*、*Teicherticeras* sp.，*Convoluticeras* sp.，*Mimagoniatites* sp.，*Anetoceras* sp. 等。腕足类：*Acrospirifer* sp.，*Desquamatia* sp. 等。牙形石：*Polygnathus perbonus* 等。根据上述生物群的组合特征，该组时代为早泥盆世晚期。

莫丁组分布范围小，仅见于横县六景、南宁五象岭等地。在六景地区岩性以黑灰、深灰色薄—中层状硅质条带灰云岩、白云岩为主，厚度大于19 m；南宁五象岭地区则以硅质岩为

主，夹多层凝灰岩、黑色燧石条带及凸镜状硅质白云岩，厚度约 55 m。

平恩组　$D_{1-2}p$　（06－45－0715）

【创名及原始定义】　鲜思远、王守德等 1980 年创名，创名地点广西那坡县那池乡三叉河水库东侧。指位于三叉河组灰黑色致密灰岩、泥质灰岩之上，五相岭组硅质岩、硅质页岩之下的一套夹硅质条带的薄层状灰岩、泥质灰岩、白云质灰岩的岩石组合。

【沿革】　命名前划归北流组。穆道成、阮亦萍等（1982）采用滇东南的地层名称，将下部称为达莲塘组，上部称坡折落组；侯鸿飞等（1988）沿用平恩组一名；吴诒、梁演林等（1992）采用坡折落组，本书采用平恩组一名（表 4－5）。

【现在定义】　指整合于郁江组之上、榴江组之下的一套夹硅质条带的薄层灰岩、泥质灰岩、白云质灰岩的地层。下以深灰—灰黑色中层含碳质灰岩与郁江组深灰色中—厚层含白云质灰岩分界；上以中层状硅质灰岩与榴江组深灰、灰黑色硅质岩分界。

【层型】　正层型剖面位于广西那坡县那池乡三叉河水库东侧（105°56′，23°18′）（据穆道成、阮亦萍等 1982 年重测剖面，略修改）。

表 4－5　平恩组划分沿革表

<table>
<tr><td colspan="2">桂区综</td><td colspan="3">鲜思远
王守德等</td><td colspan="2">穆道成
阮亦萍等</td><td colspan="2">广西
地矿局</td><td colspan="3">侯鸿飞
王士涛</td><td colspan="2">吴诒
梁演林</td><td colspan="2">本书</td></tr>
<tr><td colspan="2">1978</td><td colspan="3">1980</td><td colspan="2">1982</td><td colspan="2">1985</td><td colspan="3">1988</td><td colspan="2">1992</td><td colspan="2"></td></tr>
<tr><td colspan="2">桂西</td><td colspan="3">那坡</td><td colspan="2">那坡</td><td colspan="2">那坡</td><td colspan="3">那坡</td><td colspan="2">桂西</td><td colspan="2"></td></tr>
<tr><td rowspan="4">D2</td><td>东岗岭组</td><td rowspan="2">D2</td><td colspan="2">五相岭组</td><td rowspan="3">D2</td><td>分水岭组</td><td rowspan="3">D2</td><td>罗富组</td><td rowspan="2">D2</td><td colspan="2">五相岭组</td><td rowspan="2">D2</td><td>分水岭组</td><td rowspan="2">D2</td><td>榴江组</td></tr>
<tr><td rowspan="3">北流组</td><td rowspan="3">平恩组</td><td rowspan="2">上段</td><td rowspan="2">坡折落组</td><td rowspan="2">纳标组</td><td rowspan="3">平恩组</td><td rowspan="2">上段</td><td rowspan="2">坡折落组</td><td rowspan="3">平恩组</td></tr>
<tr><td rowspan="5">D1</td><td rowspan="5">D1</td><td rowspan="5">D1</td><td rowspan="5">D1</td></tr>
<tr><td>下段</td><td rowspan="4">D1</td><td rowspan="3">达莲塘组</td><td rowspan="4">D1</td><td>莫丁组</td><td>下段</td><td rowspan="3">达莲塘组</td></tr>
<tr><td rowspan="3">D1</td><td rowspan="3">郁江组</td><td colspan="2">三叉河组</td><td rowspan="3">郁江组</td><td colspan="2">三叉河组</td><td rowspan="3">郁江组</td></tr>
<tr><td colspan="2" rowspan="2">郁江组</td><td colspan="2" rowspan="2">郁江组</td></tr>
<tr><td>坡脚组</td><td>坡脚组</td></tr>
</table>

上覆地层：**榴江组**　薄层硅质岩，夹薄层硅质泥岩

——————— 整　合 ———————

平恩组　　　　总厚度 284.90 m

16. 灰黑色薄到中层硅质灰岩，夹薄层泥质包裹的疙瘩状灰岩。产牙形石 *Polygnathus costatus costatus*，*Po. costatus partitus*，*Neoprioniodus* sp.，*Icriodus* sp.，竹节石 *Styliolina* sp.　23.80 m

15. 深灰—灰黑色薄—中层灰岩和薄层硅质灰岩互层。产牙形石 *Polygnathus linguiformis*，*Po. linguiformis cooperi*，*Po. costatus patulus*，*Neoprioniodus bicurvatus*，*Belodella triangularis* 等，竹节石 *Nowakia holynensis*　13.70 m

14. 薄层硅质灰岩，夹薄层硅质泥岩及少量薄层灰岩。产牙形石 *Hindeodella equidentata* 等，竹节石 *Nowakia holynensis*，*N. densicostata*　9.00 m

13. 黑—灰黑色中厚层夹薄层灰岩，碳质成分较高，间夹薄层硅质条带，底部有一层厚 3～5 cm 的石煤层。产牙形石 *Po. serotinus*，*Po. linguiformis*，*Panderodus striatus striatus* 等，竹节石 *Nowakia holynensis*，*N. maureri*，*N. densicostata* 5.90 m

12. 灰—深灰色中厚层含白云质灰岩，间夹白色薄层灰岩。产牙形石 *Po. inversus*，*Po. serotinus*，*Panderodus striatus striatus*，*Neoprioniodus bicurvatus* 等，竹节石 *Nowakia richteri*，*N. karpinskii*，*Viriatellina irregularis* 等 58.10 m

11. 灰—深灰色中厚层含白云质灰岩。含竹节石 *Nowakia cancellata*，*N. richteri* 17.40 m

10. 灰—深灰色中厚层灰岩，间夹薄层燧石条带。产牙形石 *Po. inversus* 等，竹节石 *Nowakia elegans* 2.90 m

9. 灰黑色薄层灰岩，间夹薄层燧石层。含牙形石 *Po. inversus*，*Po. perbonus*，*Panderodus striatus striatus* 等，竹节石 *Nowakia praecursor*，*N. barrandei* 等，菊石 *Erbenoceras elegantulum*，*Mimosphinctes bipartitus* 及鹦鹉螺 50.70 m

8. 灰—灰黑色薄层灰岩。产牙形石 *Po. perbonus*，*Ozarkodina denckmanni* 等，竹节石 *Nowakia praecursor*，*Viriatellina gemuendina* 等，菊石 *Erbenoceras elegantulum* 30.10 m

7. 灰黑色薄—中层灰岩，含碳质成分高。含牙形石 *Po. perbonus*，*Neoprioniodus bicurvatus* 等，竹节石 *Nowakia praecursor*，*Viriatellina hercynica* 等 16.00 m

6. 灰黑色薄—中层灰岩，夹薄层泥质条带。产牙形石 *Po. perbonus*，*Po. dehiscens*，竹节石 *Nowakia praecursor* 等 3.00 m

5. 中、下部为深灰—灰黑色中层灰岩，间夹薄层泥质条带，碳质含量高，顶部为含大量竹节石薄层灰岩。含牙形石 *Po. dehiscens*，*Po. perbonus* 等，竹节石 *Nowakia praecursor*，*Striatostyliolina minor* 等，菊石 *Erbenoceras elegantulum*，腕足类 *Eosophragmophora*，*Acrospirifer* 及鹦鹉螺 54.30 m

——————— 整　合 ———————

下伏地层：**郁江组**　深灰色中—厚含白云质灰岩

【地质特征及区域变化】　平恩组为深灰、灰黑色薄—中层泥晶灰岩、泥质灰岩夹硅质岩及燧石条带组合。局部地区夹巨型瘤状灰岩，多层钙质浊积岩。该组部分地区，如德保四红山地区，上覆地层则为五指山组的薄层灰岩、扁豆状灰岩。

沉积环境为碳酸盐台地斜坡。

生物群以浮游生物竹节石、牙形石、菊石为主，也有少量的珊瑚、薄壳腕足类、三叶虫、鹦鹉螺等。牙形石：*Polygnathus perbonus*，*Po. dehiscens*，*Po. inversus*，*Po. serotinus*，*Po. costatus patulus*，*Po. costatus costatus*，*Po. triganicus*，*Po. varcus*，*Hindeodella* sp.，*Neoprioniodus* sp.，*Ozarkodina* sp.，*Tortodus kockelianus kockelianus* 等。竹节石：*Viriatellina* sp.，*V. hercynica*，*Nowakia barrandei*，*N. elegans*，*N. cancellata*，*N. richteri*，*N. holynensis*，*N. otomari*，*Styliolina* sp. 等。菊石：*Mimagoniatites* sp.，*Gyroceratites* sp.，*Pinacites* sp.，*Anetoceras* (*E*) *elegantulum*，*Werneroceras* sp.，*Foordites* sp. 等。三叶虫：*Phacops* sp.，*Otarion* sp.，*Plagiolaria* sp.，*Ductina* sp.，*Calymene* sp.，*Leonaspis* sp.，*Aulacopleurina* sp.，*Hemiarges* sp. 等。少量珊瑚：*Favosites* sp.，*Keriophyllum* sp. 等。

根据上述生物组合，平恩组的时代为早泥盆世晚期至中泥盆世，德保四红山地区延至晚泥盆世早期，为一跨时岩石地层单位。

该组分布范围较广，自东往西分布于上林燕西，崇左左州、那隆，龙州武德，大新榄圩，天等把荷，德保上敏、西渎、中列、那布、都安，靖西武平、大本，那坡三叉河、龙合，田林八渡，隆林含山等地。往西进入云南省境内的富宁砂斗、者桑，广南达莲塘及邱北的东南部。该组岩性在区域上变化不大，只在崇左那隆、左州，大新榄圩、德保三角山周围以及靖西武平等地，下部夹巨大瘤状灰岩结核或凸镜体的泥晶灰岩与含黑色胶磷矿条纹的泥质灰岩互层产出，上部为深灰色泥晶（泥质）灰岩夹硅质岩及燧石条带，泥晶灰岩有时具椭圆形的藕节状构造，其间夹泥质灰岩或泥灰岩。那坡、龙州、隆林等地为层面平坦的深灰、灰黑色泥晶灰岩、泥质灰岩，具正粒序，硅质灰岩夹硅质岩及黑色燧石条带。隆林含山、那坡三叉河剖面夹有多层钙屑浊积岩。上林西燕、那黑等地下部夹黑色泥岩。德保新屯、沓屯一带，平恩组横向上与榴江组呈相变关系（图 4 - 6）。

民塘组　D_2m　（06 - 45 - 0722）

【创名及原始定义】　系王钰、俞昌民等 1965 年创名，创名地点在横县六景圩以东约 1 km。指六景地区相当于中泥盆世东岗岭期的灰、深灰色生物碎屑灰岩、瓦片状薄层灰岩及中厚层状灰岩的岩石组合。

【沿革】　该组创名后，一直沿用至今，只是与上覆地层的分界线上、下有点变动（表 4 - 6）。

表 4 - 6　民塘组划分沿革表

王钰 俞昌民 方大卫		王钰 俞昌民 吴岐		王成源等		王钰 俞昌民等		邝国敦 赵明特等		姚肇贵		本　书	
1965		1974		1979		1979		1989		1992			
横县六景		横县六景		横县六景		横县六景		横县六景		横县六景			
D_3		D_3	桂林组			D_3	融县组	D_3	谷闭组	D_3	谷闭组	D_3	五指山组
D_2	民塘组	D_2	民塘组	D_2	民塘组	D_2	民塘组	D_2	民塘组	D_2	民塘组	D_2	民塘组
	那叫组		那叫组		那叫组	D_1	那叫组	D_1	那叫组	D_1	那叫组	D_1	那叫组

【现在定义】　指整合于那叫组之上与五指山组之下的一套灰色薄板状灰岩、生物屑灰岩、中—厚层状砾屑生物灰岩、生物砂屑灰岩，含少量硅质团块的岩性组合。底部以一层 2～4 cm 含赤铁矿钙质泥岩与那叫组白云岩分界；上以含生物屑灰岩与五指山组扁豆状灰岩分界。

【层型】　正层型剖面位于横县六景圩以东约 1 km 的小山包（108°52′，22°52′）（据邝国敦等 1989 年重测剖面，略简化）。

上覆地层：**五指山组**

57. 深灰色扁豆状或疙瘩状含硅质条带及团块的生物屑泥晶灰岩，及灰色硅质结核团块砂屑泥—粉晶灰岩

——————　整　合　——————

民塘组　　　　　　　　　　　　　　　　　　　　　　　总厚度 121.0 m

56. 上部深灰色薄—中厚层状含生物屑泥—粉晶灰岩夹灰色粉—细晶生物屑灰岩，产珊瑚 *Temnophyllum* sp.，*Paracolumnaria* sp.；中部深灰色中薄层状、扁豆状或疙瘩状生物屑—粉砂屑质泥晶灰岩，含少量硅质团块及浅灰、灰色中厚层状亮晶不等粒砂—砾屑生物屑灰岩夹生物屑粉晶灰岩；下部深灰色、黑灰色中薄层状粉—泥晶生物屑—砂屑灰岩夹生物碎屑灰岩及凸镜体。含牙形石 *Polygnathus asymmetricus* 17.3 m

55. 灰、深灰色中薄层状粉晶生物屑灰岩、砂屑灰岩及亮晶生物碎屑灰岩，中—厚层状残余生物碎屑泥晶含灰白云岩。下部含牙形石 *Polygnathus asymmetricus*，*Palmatolepis disparilis* 等 15.5 m

54. 上部灰色厚—中层状生物碎屑灰岩；下部灰色薄层状含生物泥—粉晶灰岩夹中层生物碎屑灰岩。含珊瑚 *Haplothecia*（*Kwangsiastraea*）、*Temnophyllum* sp.，*Truncicarinulum* sp.等；腕足类 *Stringocephalus* sp.，*Atrypa* sp.；牙形石 *Polygnathus varcus*，*Schmidtognathus hermanni* 及藻类 7.4 m

53. 灰、深灰色薄层夹中层条带状泥—粉晶含生物屑灰岩。含珊瑚 *Siphonophrentis* sp.，*Dialythophyllum liujingensis*；腕足类 *Atrypa* sp.，*Stringocephalus* sp. 等及牙形石 25.8 m

52. 灰色中厚层状亮晶生物砾屑灰岩。含珊瑚 *Stringophyllum mintangensis*，*Haplothecia*（*Kwangsiastraea*）cf. *elegans*、*Dohmophyllum liujingense* 等；腕足类 *Gypidula* sp.，*Rensselandia* sp. *Stringocephalus* sp.，*Desquamatia* sp.；层孔虫 *Actinostroma clathratum* 等。该层还夹有浅灰色厚层块状藻粘结岩大滚块 6.2 m

51. 灰色中厚层状粉晶砂屑生物砾屑灰岩夹少量灰色薄层微晶颗粒灰岩。产层孔虫 *Actinostroma clathratum*，*Trupetostroma ruedmanni* 等；腕足类 *Bornhardtina* sp.，*Stringocephalus* sp. 等；珊瑚 *Dialythophyllum liujingensis*、*Nadotia* sp.，*Temnophyllum* sp.，*Macgeea* sp. 等及牙形石 20.4 m

50. 灰色薄层瓦片状含竹节石细晶砂屑灰岩。产腕足类 *Bornhardtina yunnanensis*，*Stringocephalus burtini*，*Acrothyris kwangsiensis* 等；牙形石 *Polygnathus linguiformis parawebbi* 等；竹节石 *Nowakia otomari* 13.2 m

49. 深灰色薄片状团粒生物碎屑淀晶—粉晶灰岩夹—中层状含生物细晶灰岩。产竹节石 *Nowakia otomari*；腕足类 *Stringocephalus* sp.，*Bornhardtina* sp.；珊瑚 *Stringophyllum* sp.，*Grypophyllum* sp. 等以及牙形石 13.7 m

48. 灰色薄—中层状生物砂屑灰岩，顶部粉晶内碎屑生物含云质灰岩，下部 40 cm 海百合茎碎屑灰岩，最底部为 2～4 cm 含赤铁矿钙质泥岩。产腕足类 *Bornhardtina* sp.；珊瑚及牙形石 1.5 m

——————— 整　合 ———————

下伏地层：**那叫组**

47. 灰色中层状夹薄层状含生物碎屑白云岩

【地质特征及区域变化】 民塘组分布范围小，已知仅在横县六景一带出露。岩性上部为灰色中—厚层生物屑灰岩、砾屑灰岩、薄层泥晶灰岩，下部为灰黑色瓦片状灰岩。延到邕宁长塘，民塘组下部已相变为硅质岩夹硅质页岩。该组富含底栖生物，并以塌积方式埋藏，多数的珊瑚、层孔虫、腕足类等化石呈角砾状砾屑的形式保存，许多单体珊瑚的体壁均遭受不同程度的破损，丛状复体珊瑚呈各单体分离破碎，或呈单体保存。薄板状灰岩中具滑塌构造，并见有粒序结构，多为正粒序，组成韵律层，具有浊流沉积的特征。据上述特点，民塘组形成于碳酸盐台地前缘斜坡环境。

该组生物群极为丰富，既有众多的底栖生物（包括原地生长的和异地搬运来的），又有浮游生物，构成该组生物群的显著特点。

底栖生物有腕足类：*Bornlardtina*，*Stringocephalus*，*Gypidula*，*Acrothyris*，*Atrypa*，*Lazutkinia*，*Rensselandia*，*Desquamatia*，*Camarotoechia*，*Hypothyridina*，*Spinatrypa* 等属种；珊瑚：*Dialythophyllum*，*Altaiophyllum*，*Phacellophyllum*，*Temnophyllum*（*Temnocarina*），*Stringophyllum*，*Cystiphyllum*，*Nadotia*，*Phillipsastraea*，*Kwangsiastraea*，*Grypophyllum*，*Pexiphyllum* 以及 *Acanthophyllum*，*Dohmophyllum*，*Lyrielasma*，*Sociophyllum* 等属；层孔虫也很丰富，以 *Plectostroma*，*Pseudoactinodictyon*，*Glyptostroma*，*Trupetostroma Stromatopora*，*Actinostroma* 等属的一些种。浮游生物有竹节石：*Nowakia otomari*，*Styliolina* sp. 等；牙形石：*Polygnathus asymmetricus*，*Po. cristatus*，*Po. varcus*，*Po. xylus ensensis*，*Palmatolepis disparilis*，*Schmidtognathus hermanni* 等。

据上述生物组合特征，民塘组底部包含了中泥盆世早期的一部分，顶部包含了晚泥盆世早期的一部分。在层型剖面上，中、上统界线从 55 层底界之上 3.5 m 处通过。但总体来看，民塘组的时代主要为中泥盆世晚期。

巴漆组　$D_{2-3}b$　（06－45－0720）

【创名及原始定义】　原称巴漆段。白顺良、宁宗善、金善燏等 1979 年创名，创名地点位于象州县大乐乡西北的巴漆村附近。指“在象州大乐中、上泥盆统沉积是连续的，其中有 26 米厚的过渡层，称巴漆段。”其岩性为深灰色薄层状灰岩夹硅质岩、燧石条带。

【沿革】　侯鸿飞、季强等（1986）提升为组；本书沿用之。

【现在定义】　指整合于东岗岭组与融县组之间的地层，以深灰色薄层灰岩夹燧石条带为特征。下与东岗岭组灰色中厚层状灰岩分界；上与融县组灰色厚层灰岩分界。

【层型】　正层型剖面位于广西象州县大乐乡西北的巴漆村（109°57′，24°06′）（白顺良、金善燏等 1979 年测制）。

上覆地层：**融县组**　灰色厚层灰岩

——————— 整　合 ———————

巴漆组　　　　总厚度 21.70 m

62b.（上）深灰色薄层灰岩夹硅质岩。含牙形石 *Palmatolepis disparilis*，*Polygnathus latifossatus*　　0.60 m

62b.（中）深灰色薄层灰岩夹硅质岩。含牙形石 *Polygnathus ovatinodosus*，*P. latifossatus*，*Schmidtognathus wittekindti*，*S. pietzneri*；珊瑚 *Pseudozaphrentis paracurvata*，*Macgeea inculta*　　6.60 m

62b.（下）深灰色薄层灰岩夹燧石条带。含牙形石 *Polygnathus varcus*，*P. timorensis*，*P. latifossatus*，*P. ovatinodosus*，*P. l. linguiformis*，*P. ansatus*，*P. beckmanni*；腕足类 *Stringocephalus burtini*，*Emanuella takwanensis*；珊瑚 *Pseudozaphrentis paracurvata*　　14.50 m

——————— 整　合 ———————

下伏地层：**东岗岭组**　62a. 灰色中—厚层灰岩

【地质特征及区域变化】　巴漆组主要岩性以深灰色薄—中层状灰岩、粉晶灰岩、泥晶灰岩夹燧石条带为特征，部分地区含生物屑、砂屑、砾屑灰岩，薄层竹节石泥质硅质岩、生物碎屑泥质灰岩等。但在区域上，由于各地的沉积环境不同，其上、下岩石地层也不同，如在环江、永福、阳朔等地，下伏地层为唐家湾组，河池五圩上覆地层为榴江组。

该组岩石具水平层理、纹层理，滑塌、条带状构造等，含大量的浮游生物，伴有少数腕足类及珊瑚等化石。据上述特点，巴漆组形成于台地前缘斜坡环境。

古生物特点以含浮游生物为主，伴有少量腕足类及珊瑚等。牙形石：*Polygnathus ansatus*，*Po. timorensis*，*Po. varcus*，*Po. latifossatus*，*Po. ovatinodosus*，*Po. cristatus*，*Po. a. asymmetricus*，*Schmidtognathus hermanni*，*Palmatolepis disparilis*，*Ancyrodella binodosa* 等。竹节石：*Homoctenus daleensis*，*H. aciformis*，*Viriatellina* cf. *kinelensis*，*Parardenticulites pulcherus*，*P. regularis*，*Nowakia tenella*，*Styliolina* sp. 等。腕足类：*Leiorhynchus kwangsiensis*，*L. obesus*，*Stringocephalus burtini*，*Bornhardtina* sp.，*Schizophoria* sp.，*Chonetes kwangsiensis*，*Atrypabodini* sp.，*Atrypa* sp. 等。珊瑚：*Pseudozaphrentis paracurvata*，*Macgeea inculta*，*Temnophyllum* sp.；菊石 *Probeloceras* sp. 等。

综合上述的古生物特征，巴漆组是一个穿时的岩石地层单位。以象州中平马鞍山剖面和象州大乐秀峰剖面为例，在马鞍山剖面，牙形石下 *asymmetricus* 带出现在巴漆组顶部 3.5 m 厚的层段内，即中、上泥盆统界线在该组内通过，而在相距 8 km 的秀峰剖面，下 *asymmetricus* 带产在巴漆组上覆地层融县组底部，距巴漆组顶界之上 8 m，中、上泥盆统界线在融县组通过。因此，该组的顶界在各地不是等时的，岩性顶界面是一个穿时面（图 4－7）。其时代为中泥盆世晚期到晚泥盆世早期。

该组主要分布于桂西北的河池、环江；桂北的兴安、灵川、永福、阳朔、平乐、荔浦；桂中的象州；桂东的贺县等地。由于各地碳酸盐台地的特点各具特色，因此各地的巴漆组岩性也别具一格。如桂西北地区的河池五圩为黑—深灰色中—厚层状泥晶灰岩、内碎屑泥晶灰岩夹含白云质含生物屑砾屑微晶灰岩，薄—中层状泥晶灰岩与含燧石结核粉晶灰岩互层，厚 103 m；往北至北香为深灰—灰黑色中层状含生物屑粉—细晶灰岩，含生物屑泥灰岩，含泥微晶灰岩，含燧石含生物屑砂屑灰岩及含砾生物微晶灰岩，厚约 242 m；再往北至环江川北一带为深灰色中—厚层状含硅质条带生物屑团粒泥—粉晶灰岩组合，厚 140 m。桂中地区金秀七建、桐木、鹿寨一带为黑色薄层状硅质岩与灰黑色薄—中层状灰岩互层夹疙瘩状泥灰岩、含生物灰岩；象州中平、大乐及桂北的灵川海洋、大圩等地为灰黑色薄层状含硅质灰岩，或含硅质结核，薄—中层竹节石泥、粉晶灰岩、夹竹节石含玉髓硅质岩、泥质灰岩；永福和平军屯、石牌一带为灰—深灰色灰岩、燧石结核灰岩夹硅质岩、硅质灰岩等；阳朔地区为灰黑色薄层状微晶灰岩夹硅质岩、硅质页岩，夹砾状纹层云灰岩及砾屑灰岩等，必须指出，在该地区阳朔县城北凉水井及杨堤付合一带，巴漆组薄层状泥晶灰岩中夹有两套台地相的藻纹层灰岩、双孔层孔虫灰岩、介壳灰岩组合；往南荔浦一带为灰黑色薄层状硅质岩与灰黑色薄层状灰岩互层或灰岩夹硅质岩；贺县鹅塘圩、贺街、新路村一带为灰—深灰色中—厚层灰岩、生物灰岩、泥质灰岩及含燧石灰岩、薄层硅质岩等。

钦州组　D_1q　(06－45－0712)

【创名及原始定义】　原称钦州群。广西区测队 1974 年命名，命名地点钦州市板城乡倒流村。指位于上志留统与小董群之间的一套岩性为灰黑、黑色薄层泥岩，浅灰色薄层状粉砂质泥岩、浅灰、灰、棕黄色薄—厚层状细砂质粉砂岩、粉砂岩、泥质粉砂岩，薄层状泥质硅质岩、硅质岩为主，局部夹含锰、含磷层的地层。

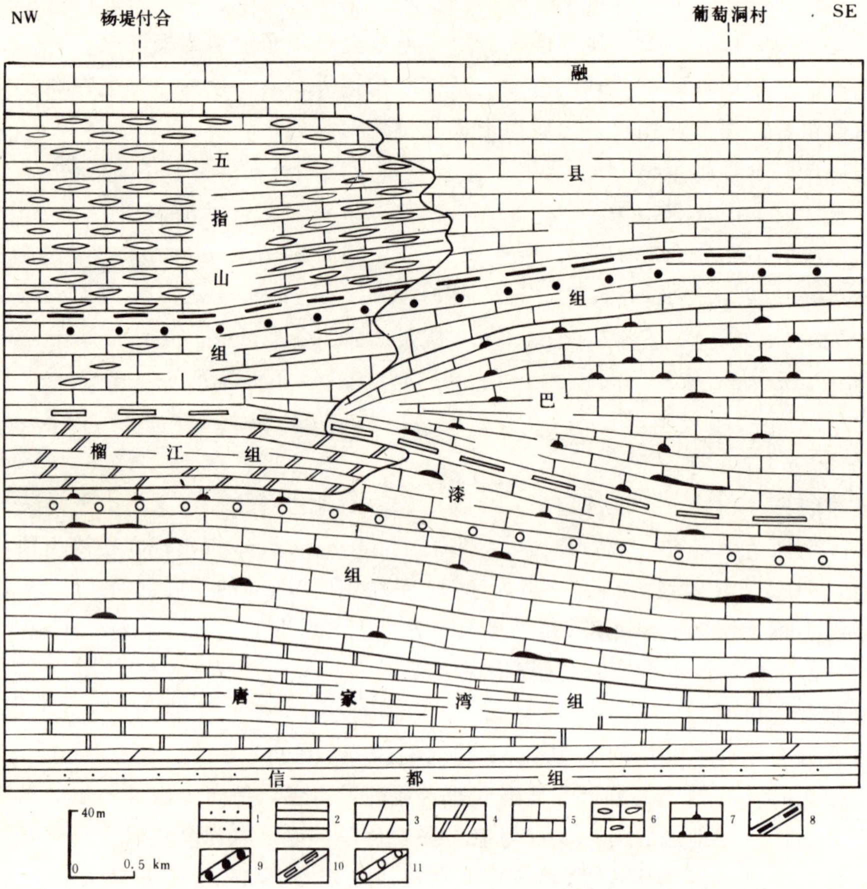

图 4-7　阳朔付合—洞村中、晚泥盆世各组剖面示意图

1. 砂岩；2. 页岩；3. 泥灰岩；4. 硅质岩；5. 灰岩；6. 扁豆状灰岩；7. 燧石团块灰岩；8. *Palmatolepis triangularis*；9. *Palmatolepis linguiformis*；10. *Palmatolepis punctata*；11. *Mesotaxis falsiovalis*

【沿革】　汪啸风（1977、1978）将这套地层称钦州组；白顺良、金善燏、宁宗善等（1982）研究钦州市那丽乡大岭村附近的剖面时，建立大岭组；穆恩之等（1983）将含笔石的地层沿用钦州组一名；广西区调队（1986）① 将玉林市樟木乡一带的下泥盆统含笔石泥页岩层自下而上命名为北均塘组、良禾塘组、樟木组；吴诒等（1992）沿用钦州群，本书采用命名时的含义，但称钦州组。

【现在定义】　指整合于防城组之上、小董组之下的一套以灰黑、黑色薄层泥岩、浅灰色薄层粉砂质泥岩、薄—厚层状细砂质粉砂岩、粉砂岩、泥质粉砂岩、薄层状泥质硅质岩、硅质岩为主，局部夹含锰、含磷层的地层。下以黄白色石英砂岩与防城组黄绿色砂质页岩分界；上以紫红色泥岩与小董组灰色薄层泥岩分界。

【层型】　正层型剖面位于钦州市板城乡倒流村（108°43′，22°16′）（广西区调队 1974 年测制）。

上覆地层：**小董组**　灰色薄层泥岩，产竹节石 *Nowakia cancellata*，*N. richteri*

① 广西区域地质调查队，1986，1∶5 万玉林、米场、沙田、隆盛幅区域地质调查报告。

——————— 整 合 ———————

钦州组	总厚度＞747.00 m
12. 浅紫红色泥岩夹粉砂岩	54.00 m
11. 浅紫红色薄层状泥岩夹褐黄色薄层细砂岩	34.00 m
10. 灰色斜黝帘石角岩夹变质细砂质粉砂岩	32.00 m
9. 灰色薄层状黑云、绢云母角岩	24.00 m
8. 浮土	63.00 m
7. 灰白、浅黄色薄层状黑云、绢云母角岩。产竹节石	94.00 m
6. 灰、深灰色微层状黑云、绢云母角岩。下部产笔石 *Monograptus uniformis*, *M.* cf. *aequabilis*, *M. prachercynicus* 及竹节石；上部产 *M. yukonensis*	44.00 m
5. 浮土	22.00 m
4. 灰、深灰色微层—薄层黑云、绢云母角岩	165.00 m
3. 浮土	25.00 m
2. 褐黄色薄层空晶石角岩夹灰色黑云绢云母角岩	100.00 m
1. 灰色薄层状空晶石角岩。（未见底）	90.00 m

其下被花岗岩岩体破坏

由于倒流村剖面浮土覆盖多，岩层遭受花岗岩穿切并烘烤变质，作为层型剖面不够理想，另选钦州市那丽乡埠围村剖面作为次层型（据穆恩之等1988年资料，略简化）。

钦州组	总厚度 123.40 m
8. 深灰色千枚状页岩夹粉砂岩，产竹节石 *Nowakia acuaria*	42.30 m
7. 灰白、黄白色粉砂岩、页岩	3.10 m
6. 深灰色千枚状页岩	15.90 m
5. 灰白色板岩夹砂岩	20.00 m
4. 绿色千枚状页岩夹粉砂岩	5.30 m
3. 黑灰、灰白色千枚状页岩。产笔石 *Monograptus microdon*, *M. aequabilis*, *Pristiograptus* ex gr. *lochkovensis* 等	17.[illegible] m
2. 深灰色千枚状泥岩夹粉砂岩，产笔石 *Mongraptus microdon*, *M.* cf. *microdon* 等	19.[illegible] m
1. 浅灰色石英砂岩	

——————— 整 合 ———————

下伏地层：**防城组**

【地质特征及区域变化】 该组主要岩性为灰黑色薄层泥岩，浅灰色粉砂质泥岩、粉砂岩等，底部为黄白色石英砂岩。钦州组底部往往有一层厚度变化较大的黄白色石英砂岩与下伏防城组顶部界线清楚。与上覆地层小董组在小董地区为整合接触，而在防城平旺等地的小董组超覆在上志留统之上，呈不整合接触。

该组底部为灰黄色石英砂岩，厚度变化较大，岩石具不对称波痕、干扰波痕，属滨岸浅水环境的潮坪沉积。以后海水大量入侵，为较深水的盆地，沉积了一套以黑色泥岩为主的地层，岩石具水平层理，生物以浮游生物为主。故钦州组总的沉积环境为盆地。

在钦州地区该组的生物群较单调，只有单笔石及拟塔节石、塔节石等，往东北方向玉林地区的钦州组则共生有较多的腕足类，中上部除了笔石、竹节石、腕足类外，尚有介形虫、珊瑚、三叶虫、双壳类等化石。笔石：*Monograptus* cf. *uniformis*, *M. aequabilis*, *M. yukonesis*,

M. yukonesis fangensis, *Neomonograptus hercynicus*, *N.* cf. *falcarius*, *N. himalayensis* 等。竹节石：*Paranowakia bochemica*, *P. intermedia*, *Nowakia acuaria*, *N. longlinensis*, *Viriatellina* sp. 等。腕足类仅见于玉林一带，有 *Delthyris*, *Howellella*, *Stratispirifer*, *Eospirifer*, *Xinanospirifer*, *Schizophoria*, *Cymostrophia*, *Orientospirifer*, *Undispirifer* 等属。珊瑚：*Spongophyllum*, *Tryplasma*, *Zonophyllum*, *Favosites* 等属。三叶虫：*Proetus*, *Gravicalymene*, *Phacops* 等属，见于玉林樟木一带。浮游介形虫：*Trisulcoentomozoe*, *Monosulcoentomozoe*, *Yulinentomozoe*, *Entomozoe* 等属。此外还有少量双壳类。

根据古生物组合特征分析，钦州组的时代为早泥盆世早期。

该组主要分布于桂南地区的防城平旺、钦州那丽、小董、板城、玉林樟木等地，呈北东-南西向展布，长约200 km。该组在横向上变化较大，如在防城平旺、米坎一带，岩性以浅灰、灰、棕黄色薄—中层细砂岩、粉砂岩为主，夹泥质粉砂岩、泥质硅质岩、硅质岩，厚度大于589 m，顶部被小董组超覆；往东北至小董地区以泥质粉砂岩、粉砂质泥岩、黑色泥岩为主夹浅灰红色、黄褐色细粒岩屑石英砂岩；再往东北至倒流村一带，岩性以浅紫红色泥岩夹粉砂岩及细砂岩为主；丰后坪、牛荣一带，为灰、灰黑色薄层泥质硅质岩、硅质岩与灰、浅灰、暗绿色薄—中层粉砂质泥岩、泥岩互层，厚825 m；那丁地区，则以灰绿、紫红、黄褐色微—薄层粉砂岩、粉砂质页岩、页岩为主，厚度大于206 m；玉林樟木、玉林火车站一带，岩性可分为3部分：下部为黑色泥岩、含碳质泥岩夹中—薄层粉砂岩及砂岩凸镜体，厚度大于730 m；中部为灰黑、黑色薄层泥岩夹粉砂质泥岩，偶夹粉砂岩、细砂岩及灰岩凸镜体，厚度210 m；上部为灰黑色泥岩、粉砂质泥岩夹中—薄层粉砂岩、细砂岩，厚度大于538 m。

综合上述，钦州组由西南向东北岩性变化特征为岩石粒度由粗变细；厚度逐渐增大。

另外，在防城米坎地区，该组中下部硅质岩中夹两层结核磷矿，并共生有淋滤锰矿；那王、牛荣、卜地湖等地有淋滤锰矿分布。

塘丁组　D_1t　(06-45-0732)

【创名及原始定义】　地质部第五普查大队（简称五普）(1961) 创名，创名地位于南丹县罗富乡塘丁至塘乡村之间的公路旁。广西区调队（1968）介绍。指一套富含浮游生物黑色泥（页）岩的地层。

【沿革】　五普（1961）命名塘丁组，包括塘丁段（下）和纳标段（上），时代划归中泥盆世；侯鸿飞等（1965）沿用塘丁组，将纳标段提升为组；广西区调队（1968）编写1∶20万南丹幅区调报告时考虑上述意见尚未发表，又将塘丁组改为段，归在中泥盆统郁江组上部，纳标组亦改为段，归在东岗岭阶下部。自创名后，以后的研究者是以生物群组合的差异分为下部塘丁组、上部纳标组或塘乡组等等，而实际上两者在岩性上是不易区分的，因此，本书恢复原来命名时的含义称塘丁组。

【现在定义】　指整合于郁江组之上、罗富组之下的一套黑色泥（页）岩为主，夹少量粉砂质泥岩、含泥灰岩的地层。下以黑色、风化后呈紫红色薄层竹节石泥岩与郁江组顶部灰黑色虫迹泥岩夹粉砂质泥岩分界；上以灰黑色泥岩与罗富组底部深灰色石英砂岩分界。

【层型】　正层型剖面位于南丹县罗富乡附近的塘丁至塘乡村之间的公路旁（107°25′，24°58′）（据单勇等1982年重测剖面，略修改及简化）。

上覆地层：**罗富组**

139. 深灰色石英砂岩 7.0 m

——————整　合——————

塘丁组 总厚度 489.6 m

138—137. 灰黑色泥岩 15.4 m

136—130. 黑灰、深灰色泥岩。顶部夹薄—中层含灰泥岩；中上部有 18 m 厚的竹节石泥岩和竹节石碎屑泥岩。135 层含菊石 *Pinacites* sp.；133 层含竹节石 *Nowakia procera*；132 层含菊石 *Foordites platypleura*；130 层含竹节石 *Nowakia holynensis* 等 64.7 m

129—121. 黑色，风化后呈褐黄、褐灰色竹节石碎屑泥岩，顶部夹钙质泥岩。129 层含菊石 *Mimagoniatites fecundus*，*Anarcestes* sp.；127—126 层含竹节石 *Nowakia multicostata*，菊石 *Anarcetes* (*Latanarcestes*) *noeggerati*；123—121 层含竹节石 *Nowakia richteri*，*Viriatellina irregularis* 81.6 m

120—118. 黑色，风化呈暗紫红、灰紫、褐黄色含磷泥岩。含竹节石 *Viriatellina irregularis*，*Nowakia richteri*，*N. cancellata* 22.1 m

117—114. 黑灰色，风化为灰白、紫灰、褐红色竹节石泥岩，底部层间夹菱铁矿条带。含菊石 *Mimagoniatites fecundus*、*M. bohemicus*，*Convoluticeras discordans*，*Anetoceras* sp.；竹节石 *Nowakia elegans*，*N. cancellata*、*N. barrandei* 31.6 m

113—108. 灰黄、紫红色薄层竹节石泥岩及泥岩 67.6 m

107. 浅灰黄、紫红色薄层生物泥岩夹粉砂质泥岩 16.1 m

106. 浮土 14.4 m

105. 灰—紫红色薄层含生物泥岩 14.5 m

104—103. 紫红、灰白色薄层泥岩。含竹节石 *Nowakia barrandei*，*N. praecursor*；菊石 *Anetoceras obliguecostatum*，*Teicherticeras nantanense* 21.0 m

102—76. 黑色，风化后呈紫红色薄层竹节石泥岩。含菊石 *Teicherticeras ilanense*，*Anetoceras obliguecostatum*，*Erbenoceras elegantulum*；竹节石 *Nowakia praecursor*，*N. subtilis*，*N. zlichovensis* 等；腕足类 *Eosophragmophora* sp. 等 140.6 m

——————整　合——————

下伏地层：**郁江组**　灰黑色薄层虫迹泥岩夹粉砂质泥岩

【地质特征及区域变化】　该组总的岩性为黑色薄层泥岩、含生物屑泥岩、含碳泥岩、粉砂质泥岩、少量泥灰岩及砂岩等，富含竹节石及菊石等化石。岩石水平层理发育。据沉积构造及生物特征，塘丁组形成于盆地环境。

该组含丰富的竹节石、菊石及少量腕足类、介形类及三叶虫等化石。竹节石：*Nowakia zlichovensis*，*N. subtilis*，*N. praecursor*，*N. barrandei*，*N. elegans*，*N. richteri*，*N. holynensis*，*Viriatellina irregularis* 等。菊石：*Erbenoceras elegantulum*，*Teicherticeras ilanense*，*T. nantanense*，*Anetoceras obliguecostatum*，*Mimagoniatites fecundus*，*M. bohemicus*，*Convoluticeras discordans*，*Anarcestes* (*Latanarcestes*) *noeggerati*，*Pinacites* sp. 等。

据上述化石，该组时限为早泥盆世晚期至中泥盆世早期。

塘丁组主要分布于南丹县大部分地区，河池长老、五圩一带及上林部分地区。区域上，塘丁组主要由黑、灰黑色，风化后呈灰白、紫灰、紫红、灰黄等色泥岩、页岩为主，夹碳质泥岩、粉砂质泥岩及少量细砂岩、泥灰岩等组成。厚 507～1 692 m 不等。局部（车河地区）变质，以轻变质页岩、各种角岩为主。罗富地区为一套薄层泥岩、生物泥岩；向北至黄江、芒场一带砂岩显著增多；向南至河池北香、五圩一带，为灰—灰黑色薄层条带状含灰质泥岩、粉砂质泥岩夹钙质粉砂岩、泥质生物屑灰岩凸镜体。上林雷黄—大丰—巷贤一带，为灰黑色薄—中层含硅碳质泥岩，夹薄层硅质岩及泥晶灰岩，自下而上，颜色由灰黑色逐渐变为灰白色，单层厚度从薄—微层状逐渐变为中层状。

小董组　$D_{1-2}xd$　（06－45－0714）

【创名及原始定义】　原称小董群。广西区测队1974年命名，创名地点位于钦州市小董镇那道村。指位于钦州群之上的一套灰、灰黑色薄—厚层状泥岩、粉砂质泥岩、浅灰、黄绿色厚层状粉砂岩，局部夹含锰泥岩，底部细砂岩的地层。未见顶。

【沿革】　穆恩之等（1983）称塘乡组，划为中泥盆统；吴诒等（1992）沿用小董群一名；本书称小董组。

【现在定义】　指位于钦州组之上、石夹组之下的一套含竹节石及介形类的灰、灰黑色薄、厚层状泥岩、粉砂质泥岩，浅灰、黄绿色厚层状粉砂岩，局部含锰泥岩。下与钦州组为整合接触；上与石夹组为断层接触（区域上为整合接触）。

【层型】　正层型剖面位于钦州市小董镇那道村（108°38′，22°13′）（广西区调队1974年测制）。

上覆地层：**石夹组**　硅质岩

═══════ 断　层 ═══════

小董组　　总厚度 514.00 m

24. 棕褐色薄层状含砾砂岩夹泥质粉砂岩凸镜体　22.00 m
23. 上部浅灰色含砾泥岩，中部浅灰色页岩，下部浅灰、紫褐色泥岩夹薄层细砂岩　35.00 m
22. 棕黄、浅灰白色中—薄层状泥质粉砂岩，薄层状粉砂质泥岩夹碳酸锰（铁）泥岩、砂岩凸镜体。中部产竹节石 *Nowakia* cf. *cancellata*，*Styliolina* cf. *fissurella*；介形类 *Primitia* sp.，*Primitiella* sp.，*Bythocypris* sp.；三叶虫 *Proetus* sp. 等　92.00 m
21. 浮土掩盖　38.00 m
20. 浅灰色薄层泥质粉砂岩、粉砂岩。含竹节石、海百合茎等　30.00 m
19. 浅灰色薄层泥岩。产介形类 *Hollinella* sp.，*Primitia* sp.，*Bythocypris* sp.，*Macronotella* sp. 和竹节石、双壳类　19.00 m
18. 中、上部浅灰色薄层含黄铁矿粉砂岩夹泥质粉砂岩；下部浅灰色薄层泥质粉砂岩夹砂质泥岩　76.00 m
17. 浅灰色薄层泥岩夹凸镜状（或薄层）含碳酸（铁）锰泥岩　41.00 m
16. 浅灰色中—薄层碳酸（铁）锰泥岩　85.00 m
15. 灰黑、浅灰色薄—中层粉砂质泥岩夹砂岩凸镜体。产竹节石 *Nowakia* cf. *canellata*，*Styliolina* cf. *fissurella*，*Viriatellina* sp. 等，下部为浅灰色粉砂质泥岩　76.00 m

——— 整　合 ———

下伏地层：**钦州组**　砂泥岩

【地质特征及区域变化】　该组主要岩性为粉砂岩、泥质粉砂岩、泥岩组合，以泥质含量较多为特征区别于钦州组。区域上小董组与石夹组呈整合接触关系。

该组的沉积环境从岩性多具复理石韵律，泥岩具水平纹层并夹有碳酸锰泥岩，以浮游生物为主分析，应形成于较深水的盆地。

生物群以竹节石、介形类为主，少量海百合茎、双壳类、腕足类、三叶虫等。竹节石：

Nowakia elegans，*N. cancellata*，*N. richteri*，*N. holynensis*，*N. otomari*，*Striatostyliolina* sp.，*Styliolina* cf. *fissurella*，*Viriatellina* sp. 等。介形类：*Primitia*，*Primitiella*，*Bythocypris*，*Hollinella*，*Macronotella*，*Bairdia*，*Healdianella* 等属。三叶虫：*Ceratonurus*，*Proetus*，*Aulacopleurina*，*Dechenella* 等属。腕足类：*Schuchertella*，*Acrospirifer*，*Chonetes*，*Plectodonta*，*Costanoplia* 等属。此外有少量海百合茎、双壳类及放射虫。

根据所产的生物群分析，小董组时代为早泥盆世至中泥盆世。

该组主要分布于防城平旺、钦州那道，向东北至灵山陆屋及丰后坪等地，全长 140 km。

小董组岩性在横向上变化较大，西南的防城平旺木马隘一带，底部浅灰色厚层—块状砾岩，厚仅 19 m，向上为浅灰色含砾粉砂质泥岩、硅质泥岩、含碳质粉砂岩，上部出露不全，厚度不详。往东南至菠萝根一带，下部被花岗岩体破坏，往上为浅灰色角岩化硅质粉砂岩，角岩化泥岩，厚层粉砂岩、含碳质泥质粉砂岩、灰黑色薄层含铁锰质泥岩等，厚度大于 656 m。往东北至小董那道一带，为灰色泥岩、泥质粉砂岩、粉砂岩、细砂岩组合，厚度大于 514 m。再往东北至杨梅一带，底部为细粒岩屑质砂岩，往上为泥岩、粉砂质泥岩夹少量细砂岩、硅质岩，厚度大于 412 m。

罗富组　D_2l　（06－45－0733）

【创名及原始定义】　五普（1961）创名罗富组，地点位于南丹罗富附近南丹至天峨的公路旁。广西区调队（1968）介绍，称罗富段。为一套黑色钙质泥岩、碳质泥岩夹泥灰岩及少量砂岩的地层。含丰富的竹节石、浮游介形类、腕足类及三叶虫等化石。

【沿革】　广西区调队（1968）编写 1：20 万南丹幅区调报告时采用罗富段。自创名后一直沿用。

【现在定义】　指整合于塘丁组之上和榴江组之下的一套黑色泥岩、碳质泥岩、钙质泥（页）岩、泥灰岩及少量砂岩的地层。下以黑色泥岩的消失或深灰色石英砂岩的出现与塘丁组分界；上以黑色薄层泥岩的消失或灰色薄层硅质泥岩夹硅质岩的出现与榴江组分界。

【层型】　正层型剖面位于南丹罗富附近南丹—天峨公路旁（107°25′，24°58′）（据单勇等 1982 年重测剖面，略修改）。

上覆地层：**榴江组**　灰色薄层硅质泥岩夹硅质岩或条带

——————— 整　合 ———————

罗富组	总厚度 257.30 m
175—174. 黑色泥岩、硅质泥岩	3.50 m
173. 泥岩	11.90 m
172. 泥岩夹少量黑色条带。产竹节石 *Viriatellina multicostata*，*Nowakia* sp.	5.90 m
171—169. 泥岩	22.10 m
168. 竹节石泥岩夹少量磷结核	10.60 m
167—165. 泥岩。下部产竹节石 *Nowakia otomari*	34.00 m
164. 含钙页岩夹泥灰岩。产竹节石 *N. otomari*	3.00 m
163. 泥灰岩夹钙质页岩及泥晶灰岩凸镜体。产竹节石 *N. otomari*，*Viriatellina minuta*，*Styliolina nandanensis*	10.40 m
162. 泥灰岩夹钙质页岩及少量磷结核	4.10 m
161. 钙质页岩夹泥灰岩及泥灰岩凸镜体。产竹节石 *Viriatellina minuta*	5.40 m

160. 钙质页岩夹泥灰岩。产竹节石 *Nowakia otomari* 7.70 m

159—158. 泥灰岩夹钙质页岩及泥晶灰岩 6.30 m

157. 含钙泥岩夹黑色泥岩。含竹节石 *Viriatellina minuta*，*Nowakia otomari* 7.10 m

156. 风化后呈灰色、褐红色泥岩。产竹节石 *Nowakia otomari* 7.60 m

155. 风化后呈褐黄色含竹节石碎屑泥岩夹少量菱铁矿条带。产竹节石 *Nowakia otomari* 6.90 m

154. 灰色含竹节石泥岩。含竹节石 *Nowakia otomari*、*Styliolina* sp. 8.20 m

153. 泥岩 8.70 m

152. 风化后为浅褐黄色泥岩。含竹节石 *Nowakia otomari* 9.10 m

151. 风化后呈褐灰、褐黄及灰白色竹节石泥岩 4.70 m

150. 风化后呈褐灰、褐红、褐黄色泥岩 5.80 m

149. 浮土 5.40 m

148—143. 风化后呈褐灰、灰黄、灰白色泥岩，局部夹钙质结核。上部含竹节石 *Viriatellina guangxiensis*，下部含三叶虫 *Ductina* sp.，*Phacopidae* sp.，*Leonaspis* sp. 48.50 m

142—140. 黑色泥岩，上部夹黑色微晶竹节石含泥灰岩。含竹节石 *Viriatellina guangxiensis* 13.40 m

139. 深灰色石英砂岩 7.00 m

——————— 整　合 ———————

下伏地层：**塘丁组**　灰黑色泥岩

【地质特征及区域变化】　该组总的岩性以灰黑色含碳泥岩、钙质泥（页）岩为主，夹生物屑泥灰岩、泥晶灰岩凸镜体及少许硅质泥岩等。岩石具水平层理为主，部分具水平纹层，偶见正粒序层理，沉积厚度 272～913 m。区域上，罗富组与上、下地层均呈整合接触，底部以深灰色石英砂岩与塘丁组黑色泥岩分界，与上覆地层榴江组硅质岩、硅质泥岩易于区别。据其沉积构造及古生物化石，该组形成于盆地环境。

罗富组含丰富的生物化石，主要门类为竹节石、浮游介形类、少量薄壳腕足类及三叶虫等化石。竹节石：*Nowakia otomari*，*Styliolina* sp.，*Viriatellina guangxiensis*，*V. minuta*，*V. multicostata* 等。介形类：*Entomozoe*（*Richteria*）*longisulcata*，*Bertillonella praeerecta*，*B. suberecta* 等。此外还有少量的三叶虫 *Ductina*，*Leonaspis* 及腕足类 *Bornhardtina*? sp. 等化石。

据上述化石，罗富组时代为中泥盆世晚期。

该组主要分布于南丹、河池、南宁、上林、田林等地。但不同地区岩性略有变化。罗富一带，下部为黑色水平纹层的泥岩、竹节石泥岩为主，上部为薄层泥岩夹泥灰岩及少量钙质粉砂岩，偶见胶磷矿结核和菱铁矿条带；向北至黄江、罗屯一带，岩性虽以泥岩为主，但岩石含较多粉砂质或钙质，底部出现一些细粒石英砂岩，灰岩夹层也增多；黄江以北地区，砂岩显著增多；东部大山一带，岩性与黄江地区无大的变化，只是泥灰岩夹层略有增多，且夹5层厚约 0.15～0.35 m 中酸性沉凝灰岩；罗更、芒场一带偶夹一层厚 0.1 m 含磷凝灰质含砾泥岩；车河、大厂、长老一带，灰岩增多，近大厂的龙头山一带发育珊瑚、层孔虫礁；北香、五圩一带为薄—厚层泥灰岩夹钙质泥岩或钙质泥岩夹泥灰岩、泥岩；上林雷黄—大丰—巷贤一带为灰—灰黑色薄—中层泥岩为主，局部夹少许硅质泥岩；向南到水台一带以及南宁五象岭，田林八渡等地的黑色泥岩呈舌状体伸进榴江组硅质岩中。

综合上述，在桂北地区，罗富组在纵向上从下往上以及横向上由南向北表现为：泥岩由多变少，碳酸盐岩由少变多的变化趋势。

石夹组 $D_3C_1\hat{s}j$ （06-45-0723）

【创名及原始定义】 钟铿、邝国敦、李家骧等 1992 年① 创名，创名地点位于钦州市板城石梯水库北西 2 km 石夹水库附近。指“顶部褐灰、褐绿色硅质岩、硅质页岩及深灰色硅质岩、少量锰硅质岩。上部深灰色、黑灰色硅质岩、泥质粉砂岩、泥岩、火山凝灰岩、熔凝灰岩。下部深灰、黑灰色硅质岩、硅质页岩、黑色泥岩及墨绿色硅质岩等，含少量牙形类和放射虫化石。”

【沿革】 创名前，前人划为榴江组或早二叠世孤峰组；广西区测队（1974）划为未分石炭系之下部；本次对比研究考虑钦州地区的晚泥盆世—早石炭世的硅质岩岩性单一，地层间无明显分层标志，故将此套地层统称石夹组。

【现在定义】 指一套岩性为灰黄、灰绿、深灰—黑灰色硅质岩、泥质硅质岩、硅质页岩，硅质岩夹含锰硅质岩的地层。含牙形石及放射虫化石。正层型剖面未见顶、底，区域上与上、下地层均为整合接触。

【层型】 正层型剖面位于钦州市板城石梯水库西北 2 km 石夹水库附近(108°42′,22°20′)（钟铿、邝国敦等 1992 年测制）。

石夹组 总厚度>129 m

9. 灰色、灰黄色硅质岩、硅质页岩断续出露。覆盖多，出露不好，其上为花岗岩侵入。（未见顶） >30 m

8. 深灰、黑灰色夹灰黄、少量灰绿色硅质岩，泥质硅质岩。灰绿色硅质岩中含少量牙形石 *Scaliognathus anchoralis* 8 m

7. 灰黄、灰绿色硅质岩夹含锰硅质岩，有些夹层岩性疏松，含少量介形类 18 m

6. 灰绿色硅质岩夹薄层硅质页岩，部分夹层的硅质岩中含灰白色小球粒（放射虫），最大直径可达 0.5～1 mm 20 m

5. 暗灰绿色夹墨绿色硅质岩，含少量泥质，断面粗糙，墨绿色硅质岩性坚硬，具贝状断口。此层含少量牙形石 *Hindeodella* sp.，*Scaliognathus anchoralis* 18 m

4. 灰黑色薄层泥质硅质岩及硅质岩，断面粗糙 15 m

3. 破碎带、掩盖 约 10 m

2. 灰绿色、浅灰绿色、浅紫灰色及少量灰黄色硅质岩、硅质页岩，岩层面平整，产较多牙形石 *Palmatolepis perlobata*、*P. glabra distorta*、*P. glabra pectinata* 等。（未见底） >20 m

【地质特征及区域变化】 该组上部为褐灰、褐绿、深灰色硅质岩、硅质页岩，夹泥岩及火山凝灰岩、熔岩凝灰岩、泥质粉砂岩，少量含锰硅质岩；中部为深灰、黑灰色、墨绿色硅质岩、硅质页岩及泥岩，层面多不平整，常夹含锰硅质岩及含锰硅质页岩；下部为浅灰绿、灰绿色薄层硅质岩及硅质页岩夹紫灰色、灰色硅质岩及硅质页岩。岩层层面平整。总厚度约 280～360 m。

该组在层型剖面上因出露不全，与上下地层的关系不清。其他地区如菠萝根、美稻岭等地与下伏小董组为整合接触，在板城乡田车一带与上覆板城组为整合接触。

---

① 钟铿、邝国敦、李家骧等，1992，广西的石炭系（供审稿）。

石夹组的沉积环境，据岩性组合、生物群以牙形石、浮游介形类和放射虫等为主要特征，属深水盆地沉积。

古生物特征以牙形石、放射虫、竹节石、介形类为主，含少量菊石。牙形石：*Scaliognathus anchoralis*，*Siphonodella* sp.，*Pseudopolygnathus triangulus triangulus*，*Hindeodella* sp.，*Palmatolepis perlobata*，*P. glabra distorta*，*P. glabra pectinata* 等。放射虫：*Albaillella indensis*，*Entactinia* sp.，*Pylentonema mendax*，*Archocyrtium* cf. *lagubriella*，*A.* cf. *riedeli*，*Entactinosphaera* sp. 等。竹节石：*Viriatellina multicostata*，*Nowakia* sp.，*Striatostyliolina* sp.，*Lingula* sp. 等。介形类：*Paraparchites* sp.，*Baridia* sp. 等。菊石：*Musteroceras* sp.。

该组的形成时代属晚泥盆世—早石炭世。

该组分布范围较小，主要分布在钦州小董至板城、灵山太平一带。岩性变化不大，较为稳定，均以各类硅质岩、硅质页岩及泥岩为主，部分地段上部夹火山凝灰岩及粉砂质泥岩、泥质粉砂岩。该组下部普遍夹多层碳酸锰层、含磷层。

榴江组　D_3l　(06－45－0728)

【创名及原始定义】　原称榴江系。冯景兰 1929 年创名，创名地点位于广西鹿寨县寨沙镇（旧榴江县城）东侧。指一套岩性为“绿色及红色页岩及其中所夹之扁豆状石灰岩等岩层，下与金竹坳砂岩或四排页岩相接，上与块状石灰岩相接”。当时在“扁豆状灰岩”中找到 *Stringocephalus burtini* 等，时代定为中泥盆世。

【沿革】　张文佑、吴磊伯（1941）在驾桥岭以西将产 *Stringocephalus* sp. 等的层段分出归东岗岭系，上部灰岩夹燧石层、黑色页岩及硅质页岩夹灰岩条带、扁豆状灰岩划为榴江系，时代为中泥盆世；赵金科、张文佑（1959）改称为榴江组。本书沿用。

【现在定义】　指整合于东岗岭组之上、五指山组之下的一套以灰黑—棕色薄层硅质岩、硅质泥岩为特征的岩层。下以泥晶灰岩的消失或硅质岩的出现与东岗岭组分界；上以硅质岩的消失或扁豆状灰岩的出现与五指山组分界。

【层型】　正层型剖面位于柳州东北鹿寨县寨沙镇的东侧(109°58′,24°29′)(阮亦萍等 1985 年重测剖面，化石名称略)。

上覆地层：**五指山组**　浅灰色中—薄层泥晶灰岩夹扁豆状灰岩

—————— 整　合 ——————

榴江组	总厚度 94.91 m
8. 掩盖	50.31 m
7. 灰黑—灰白色薄层硅质岩，夹绢云母页岩、粉砂质页岩。产竹节石、介形类、牙形石	14.21 m
6. 灰黑色薄层硅质岩，夹硅质页岩、粉砂质泥岩。上部产竹节石，中部产菊石，下部产腕足类	13.99 m
5. 浅灰色薄层硅质岩夹杂色页岩。产竹节石及介形类	5.00 m
4. 灰黑色薄层硅质岩夹杂色页岩、含锰粘土层。产腕足类、介形类、竹节石	5.81 m
3. 灰黑色薄层硅质岩，夹硅质页岩及含锰伊利石粘土岩数层。产腕足类及竹节石	4.37 m
2. 灰黑色薄层含碳质绢云母粘土岩，下部含灰岩团块，上部含硅质结核。产腕足类、竹节石	1.22 m

—————— 整　合 ——————

下伏地层：**东岗岭组**　深灰色中—薄层泥晶灰岩

【地质特征及区域变化】 该组主要为一套灰到灰黑色薄层状硅质岩、硅质泥岩组成的地层，岩石具水平层理，生物以产大量浮游介形类、薄壳竹节石、牙形石及菊石等为特征。

寨沙剖面本组与下伏地层东岗岭组为整合接触；顶界则被浮土掩盖，推测8层为硅质岩系，9层为五指山组浅灰色中—薄层泥晶灰岩夹扁豆状灰岩，并以此层的出现与榴江组分界。其它各地因古地理环境不同，而上、下的地层也有所不同，如南丹罗富下伏地层为罗富组；临桂梅田寨下伏地层为巴漆组，上覆地层为鹿寨组等，均呈整合接触。

榴江组的沉积环境为盆地环境。

该组以富含浮游生物为特征，尤以竹节石、浮游介形类最丰富，牙形石、菊石次之，放射虫、腕足类亦有零星发现。竹节石：*Nowakia otomari*，*N. regularis*，*N. barrandei*，*Metastyliolina*，*Viriatellina multicostata*，*V. minuta*，*Styliolina grandis*，*Sty. devoniana*，*Homoctenus derkaouaensis*，*H. acutus*，*H. ultimus derkaouaensis*，*H. tenuicinctus*，*tenuicinctus*，*Striatostyliolina striata*，*Str. grandis*，*Polycylindrites tenuigradatus* 等。介形类：*Ungerella torleyi*，*U. calcarata*，*Bertillonella cicatricosa*，*B. reichi*，*Entomoprimitia nitida*，*Entomozoe* (*Nehdentomis*) *pseudophthalmus*，*Richterina eocostata*，*Maternella hemisphaerica* 等。菊石：*Erbenoceras elegantulum*，*Mimagoniates* sp.，*Ponticeras* sp.，*Probiloceras* sp.，*Manticoceras* sp.，*Mesobeloceras* sp.，*Neomanticoceras* sp. 等。牙形石：*Palmatolepis minuta elognatula*，*Pa. gigas*，*Polygnathus xylus ensensis* 等。

据上述古生物化石，榴江组为一个跨时的岩石地层单位，桂西—桂西南地区，其底部包括了埃姆斯期的沉积，如百色阳圩，武鸣东山、林圩地区，榴江组下部产有埃姆斯期菊石 *Erbenoceras elegantulus*，*Mimagoniates* sp.，竹节石 *Nowakia barrandei* 等。有些地区不仅包括了弗拉斯期的沉积，还包括了法门期的沉积，如贺县信都抗日亭，榴江组上部产有法门期的牙形石 *Palmatolepis glabra glabra*，*Pa. gracilis* 等，临桂五通地区的榴江组上部产有法门期的浮游介形类 *Maternella hemisphaerica*，*Richterina* (*Richterina*) *eocostata* 等。故榴江组的时代应属早泥盆世晚期到晚泥盆世晚期，但大部分地区为晚泥盆世早期。因此该组时代的确定，要视其所在古地理位置，要深入细致的工作才能得出正确的结论。

榴江组在广西境内分布广泛，呈带状展布。桂东、桂北地区呈 NNE 向；部分桂西南地区呈 NE 向；桂中呈 SN 向；桂西北呈 NNW 及 NW 向展布。

该组的岩性在各地大同小异，为浅灰、灰、灰黑、棕色薄层硅质岩、硅质泥（页）岩，含磷硅质岩、含锰硅质岩、局部夹泥质眼球状硅质岩、含绿泥石玉髓质硅质岩，部分地区夹含锰灰岩、含锰泥岩或薄层菱铁矿、重晶石矿。厚度各地不等。南丹大厂、南宁五象岭、百色阳圩赖良等地夹基性熔岩、桂平木圭夹酸性熔岩，田林八渡夹玄武岩及凝灰岩。

广西境内的榴江组在柳州一线以南含锰较高，有从南向北含锰量逐渐减少的趋势。岩性组合特征却表现为泥质含量南部低北部较高。榴江组的另一特点是南部含磷高于北部，所有的次生磷矿小矿点均分布于柳州以南地区。

五指山组 D_3w (06-45-0729)

【创名及原始定义】 原名五指山层。张兆瑾1941年创名，创名地点在南丹大厂东部之五指山。“五指山层以南丹大厂东部之五指山而得名。分布颇广，如丹池公路东西两旁高山之上部，八面山东西两翼，南丹罗富秧哨间以及河池三合村以东皆是。全层厚约五十公尺。下部为灰白或灰绿色薄层状矽质灰岩，上部为浅灰色层状不纯之矽质灰岩，外表及内部均成扁豆状或鱼鳞状之结构，为他种灰岩所罕见。”

【沿革】 张更、吴磊伯（1941）将原“五指山层”下部硅质岩层称为腊烛台层，上部扁豆状灰岩称为五指山层。中国科学院地质研究所（1956）编《中国区域地层表（草案）》时将五指山层改称五指山组后，一直沿用至今。

【现在定义】 指整合于榴江组黑色硅质岩、硅质泥岩之上和鹿寨组薄层硅质岩、硅质泥岩、泥岩、碳质页岩之下的一套浅灰、灰、浅褐色中—厚层扁豆状灰岩、泥质条带灰岩、薄层泥晶灰岩等岩性组合。下以黑色页岩的消失或浅灰色薄层泥晶灰岩夹泥质条带灰岩的出现与榴江组分界；上以扁豆状灰岩的消失或黑色页岩的出现与鹿寨组分界。

【层型】 由于命名时无剖面描述，选层型剖面位于南丹大厂五指山西北侧约 1 km 与五指山相连的羊角山（107°37′，24°50′）（据吴诒等 1988 年测制，化石名称略）。

上覆地层：**鹿寨组** 黑色硅质页岩

——————— 整 合 ———————

五指山组 总厚度 95.08 m

10. 浅灰色中层状大扁豆状灰岩、泥晶灰岩，风化后外表呈眼球状周围被泥质条带包绕。灰岩的眼球状凸镜体高 3～5 cm，长 5～10 cm。顶部有少量硅质条带。未见大化石，产牙形石及介形类 3.26 m

9. 浅灰色小扁豆状灰岩，风化后扁豆体的灰岩呈空洞平行层面排列，形成不规则扁豆体串，夹硅质条带或结核。产牙形石、介形类 17.39 m

8. 浅褐、浅灰色厚层扁豆状灰岩 23.60 m

7. 褐、浅灰色泥质条带状灰岩。产牙形石 15.24 m

6. 灰色花斑状泥质灰岩，单层厚 60 cm，底部厚达 2 m，泥质条带穿插于灰岩中形成花斑网纹。产牙形石 9.12 m

5. 浅灰色泥晶薄层状灰岩夹泥质条带灰岩。泥质条带灰岩风化后外表突出呈扁豆状。往上泥质条带增多，顶部扁豆结构明显。产牙形石 26.47 m

——————— 整 合 ———————

下伏地层：**榴江组** 硅质页岩、硅质岩，顶部为 8 m 厚的黑色页岩

【地质特征及区域变化】 该组总的岩性为浅灰、浅灰绿、浅灰黄、浅灰红色，局部为深灰—灰黑色的扁豆状灰岩、泥质条带灰岩及砾屑灰岩。岩石一般具水平纹层构造，个别具角砾状、滑塌构造。除六景地区的五指山组上覆地层为融县组厚层块状灰岩、白云岩，下伏地层为民塘组深灰色中薄层粉—细晶生物屑灰岩外，其余地区的五指山组上覆地层为鹿寨组，下伏地层为榴江组，均为连续沉积。

五指山组形成于盆地环境，局部地区发育台地边缘滩及台地斜坡的沉积。

该组富含浮游介形类和牙形石及少量的腕足动物小嘴贝类和单体单带型珊瑚，南丹一带还产菊石、小型三叶虫。牙形石主要为：*Palmatolepis triangularis*，*Pal. crepida*，*Pal. rhomboidea*，*Pal. marginifera marginifera*，*Pal. rugosa trachytera*，*Pal. perlobata postera*，*Pal. gracilis expana*，*Siphonodella praesulcata*，*Protognathodus kockeli* 等。上述属种是法门期的重要化石，但也有弗拉斯期和杜内期的化石，如 *Polygnathus asymmetricus*，*Siphonodella duplicata*，*S. lobata*，*S. cooperi* 等。介形类：*Ungerella sigmoidale*，*Entomozoe*（*Nandania*）*pseudophthalmus*，*Entomozoe*（*Richterina*）*serratostriata*，*E.*（*Nehdentomis*）*nehdensis*，*Entomo-*

primitia rabieni，*Maternella hemispaerica*，*M. dichotoma* 等。菊石：*Clymenia*，*Progonioclymenia*，*Kosmoclymenia*，*Cyrtoclymenia*，*Wocklumenia*，*Parawocklumenia*，*Cymaclymenia*，*Initoceras* 等属。此外，五指山组还发现少量的三叶虫、腕足类、单体珊瑚、放射虫等化石。

据广西大部分地区的五指山组所产的牙形石、浮游介形类、菊石等化石分析，其时代以晚泥盆世晚期为主。然而，五指山组的顶面界线往往是穿时的，如南丹巴平、邕宁蒲庙、武宣六峰山林场南洞等地，五指山组包含了早石炭世早期的部分沉积；崇左那艺等地尚未达到泥盆系的顶界；南丹巴平的五指山组的底部含弗拉斯期的牙形石 *Polygnathus asymmetricus asymmetricus* 等，上部含法门期的牙形石 *Palmatolepis gracilis expansa* 等，似乎为整个晚泥盆世。总之，五指山组时限的长短，是由它所处的古地理位置决定的。除个别地区外，该组的顶、底界线都是穿时的。

除六景地区外，五指山组的分布范围在空间上与下伏地层榴江组有密切的依附关系。各地的岩性大同小异，变化较大的部分地区夹有火山岩，如那坡县德隆乡的中山、马浪及坡荷乡附近的五指山组中夹粗面岩、细碧角斑岩，厚 7～150 m；桂平木圭亚公山夹浅色酸性熔岩及霏细岩；南丹大厂的局部地区夹数层毫米纹层状层凝灰岩。南丹巴平、宜山拉利、德保都安等地，五指山组岩性均为扁豆状灰岩和泥质灰岩。另外，南丹巴平、靖西化峒、南宁市郊苏圩邑燕山、上林镇圩等地五指山组中夹有多层碎屑流角砾岩，具滑塌构造。

区域上，南宁—大新—德保—靖西一带以浅灰、浅黄、粉土红、浅绿色为主。桂中的鹿寨一带及灵川海洋等地，底部为浅黄、浅绿、暗红色扁豆状灰岩，往上逐渐被浅灰、灰白色泥质条带灰岩取代，在灵川海洋一带横向上五指山组上部已相变为融县组的浅灰、灰白色亮晶砂屑灰岩，泥质条带显著减少并夹有鲕粒灰岩。

尧云岭组　C_1y　(06-45-0901)

【创名及原始定义】　原名尧云岭段。广西区测队（1976）① 创名，命名地点为广西罗城仫佬族自治县东门镇天水。指英塘下段之下，英沟峒段之上的一套“深灰、灰黑色灰岩、泥质灰岩及生物灰岩，有时含燧石或具缝合线构造。”属下石炭统岩关阶中部。

【沿革】　李捷、丘捷（1933）将十字圩系引入广西，代表罗城地区的下石炭统；之后，李四光、赵金科、张文佑（1941）改称十字圩层；广西石油普查大队（1959）改称十字圩段；杨敬之、盛金章等（1962）定为十字圩组；广西区测队（1968）在 1∶20 万罗城幅区域地质测量报告中用“岩关阶”代之；广西区测队（1976）在《广西地质》（征求意见稿）中首次细分出尧云岭段；王克良（1987）改段为组；本书沿用。

【现在定义】　指整合于额头村组之上、英塘组之下的一套灰、深灰色中厚层灰岩、含泥质灰岩、生物屑灰岩，含硅质团块及大量海百合茎。下以深灰色中厚层疙瘩状泥质灰岩的消失或薄层灰岩、泥质条带灰岩的出现与额头村组分界；上以泥质灰岩、生物屑灰岩的消失或砂、页岩的出现与英塘组分界。

【层型】　正层型剖面位于广西罗城仫佬族自治县东门镇天水（108°53′，24°48′）（广西区测队 1968 年测制）。

上覆地层：**英塘组**　灰黑色、浅灰黄色薄—中层状细粒石英砂岩、页岩，产珊瑚 *Pseu-*

---

① 广西区域地质测量队，1976，广西地质（征求意见稿）。

douralinia sp.

——————— 整 合 ———————

尧云岭组　　　　　　　　　　　　　　　　　　　　　　　　　　　　　　总厚度 83.00 m

11. 深灰色中厚层含泥质灰岩、生物屑灰岩、含海百合茎灰岩。含少量小单体珊瑚 *Pseudouralinia* sp.，*Zaphrentites* sp.　　48.00 m

上月山段

10. 薄层灰岩夹泥质条带灰岩，常形成小陡坎，灰岩质较纯，含少量腹足类　　35.00 m

——————— 整 合 ———————

下伏地层：**额头村组**　深灰色中厚层疙瘩状泥质灰岩

【地质特征及区域变化】　尧云岭组主要岩性为深灰色薄层微晶灰岩、泥质灰岩以及中厚层生物屑灰岩。岩石中具水平层理、条带状及疙瘩状构造，生物下部少，据此推测该组沉积环境下部为较局限的碳酸盐台地，上部为半局限到开阔碳酸盐台地。

该组古生物主要有珊瑚、腕足类、有孔虫、介形类及牙形石。珊瑚：*Pseudouralinia gigantea*，*Ps. tangpakouensis*，*Keyserlingophyllum* sp. 等；腕足类：*Chonetes*（*Rugosochonetes*）*hardrensis*，*Eochoristites* sp.，*Fusella* sp. 等；有孔虫：*Bisphaera variabilis*，*Earlandia* sp.，*Tournayella beata*，*Palaeospiroplectammina* 等；介形类：*Shiraella nichesi*，*Primitia* sp.。

根据上述古生物组合，推断该组形成时代为早石炭世杜内期。

尧云岭组几乎遍布全区，罗城、环江、柳城、永福、桂林、恭城、钟山、武宣、来宾、宾阳、合浦、都安、马山、隆安、德保、靖西、那坡等地均有出露。在大多数地区，尧云岭组可分为两部分，下部称**上月山段**，为深灰色薄层灰岩夹泥质条带灰岩；上部为深灰色中厚层含泥质灰岩、生物碎屑灰岩。罗城往西至环江，尧云岭组岩性变化不大，下部的上月山段为薄层泥灰岩。在驯乐至上朝一带，尧云岭组尖灭，上朝组直接覆于额头村组之上。东门往北至龙岸，下部为灰—灰黑色页岩，上部为中—厚层含燧石灰岩及生物灰岩、泥灰岩，顶部夹砂岩凸镜体，厚 160 m。罗城往东至柳城太平，尧云岭组下部为深灰色中—厚层生物灰岩夹砾屑灰岩、扁豆状灰岩，层间有较多的硅质结核和硅质条带；上部为深灰—灰黑色薄—中层含泥质灰岩和生物屑灰岩，夹硅质岩和硅质条带，有少量泥灰岩和角砾状灰岩，含自生石英细晶和分散固体沥青，厚 270 m。由永福往东，本组内部开始夹白云岩。在恭城蚂蝗塘，尧云岭组下部为灰岩，上部为白云岩，厚 135 m。至钟山县望高，本组以白云岩为主。桂林附近的尧云岭组与罗城东门相近，下部的上月山段为灰—灰黑色薄—中层微晶生物灰岩；上部为灰—深灰色中—厚层微晶灰岩、生物屑灰岩、白云质灰岩、白云岩，中上部含燧石条带和团块，白云岩从下往上逐渐增多，灰岩具瘤状构造、生物扰动构造、虫孔构造，产珊瑚、腕足类、有孔虫、介形类等。在宾阳黎塘附近，该组全部变为灰—深灰色薄层条带状微晶灰岩、白云质灰岩，含燧石团块，具水平层理、正粒序层理，虫孔发育，厚 72 m。在合浦闸口圩，上月山段下部为灰绿色薄层状泥质粉砂岩夹粉砂质页岩，厚 14 m；中部为灰黑色薄层泥晶—粉晶灰岩，厚 21 m；上部为灰黑色薄层含泥质灰岩，厚 21 m；尧云岭组上部为灰黑色厚层粉晶生物屑灰岩夹薄层泥质灰岩，厚 60 m。在都安、马山一带，本组下部的薄层灰岩中夹少量硅质条带和结核。在田东附近，本组下部的深灰—灰黑色薄层泥质灰岩中夹厚约 0.3～3 m 的泥岩。在崇左、大新、靖西等地，尧云岭组下部的上月山段为深灰—灰黑色薄层含燧石微晶灰岩；在崇左左州上月山段夹疙瘩状、扁豆状灰岩，尧云岭组上部为灰—深灰色中—厚层微晶灰岩，其中靖西附近夹 4～57 m 厚的海底基性喷发岩。

总之，尧云岭组区域分布广，层位稳定，岩性变化不大。除局部碳酸盐浅滩缺少下部的上月山段、局限台地内部缺失上部中厚层灰岩外，大多可分上、下两部分。

英塘组　C_1yt　（06－45－0903）

【创名及原始定义】　原名英塘段。广西区测队（1976）[1]创名，命名地点位于广西罗城仫佬族自治县东门镇天水。创名时仅在表格中列示英塘段位于尧云岭段之上、黄金段之下，代表岩关阶之上部，未阐明具体含义。

【沿革】　创名前，研究者分别用“燕子系下部”、“十字圩层”、“十字圩组”及“岩关阶”等名称描述桂北地区的下石炭统下部。广西区测队（1976）首次使用“英塘段”一名（表4－7），钟锉、邝国敦等（1992）改称英塘组，其上部包括黄金组的一部分。本书采用英塘组，含义与广西区测队（1976）相同。

表4－7　广西英塘组沿革简表

作者	年代	地区	系	划分（自上而下）
李四光、赵金科等	1941	罗城	C_1	燕子系上部、寺门灰岩及煤系 / 燕子系下部、十字圩层
徐怀大等	1959	罗城		上燕子系、黄金灰岩 / 下燕子系、十字圩组
杨敬之、盛金章等	1962	罗城	C_1	大塘阶（黄金段） / 岩关阶（十字圩组）
广西区测队	1968	罗城		大塘阶（黄金段） / 岩关阶（上段、下段）
吴望始等	1974	桂北		黄金组 / 十字圩组
广西区测队[1]	1976	广西		大塘阶（黄金组） / 岩关阶（英塘段、尧云岭段）
广西地矿局	1985	罗城	C_1	大塘阶（黄金段） / 岩关阶（英塘上段、英塘下段、尧云岭段）
钟锉、邝国敦等[2]	1992	罗城	C_1	黄金组 / 英塘组（上段、下段） / 尧云岭组
本书			C_1	黄金组 / 英塘组 / 尧云岭组

【现在定义】　指整合于尧云岭组之上、黄金组之下的一套灰—灰黑色泥岩、砂岩、泥灰岩、泥质灰岩、灰岩、燧石灰岩等岩石组合。下以砂页岩的出现或泥质灰岩的消失与尧云岭组分界；上以灰岩的消失或砂岩的出现与黄金组分界。

【层型】　正层型剖面位于广西罗城仫佬族自治县东门镇天水一带（108°53′，24°48′）（广西区测队1968年测制）。

上覆地层：**黄金组**　灰黄色细砂岩，中部夹硅质团块灰岩，含生物碎屑

———————— 整　合 ————————

英塘组　　　　　　　　　　　　　　　　　　　　　　总厚度150 m

① 广西区域地质测量队，1976，广西地质（征求意见稿）。

② 钟锉、邝国敦等，1992，广西的石炭系（供审稿）。

15. 深灰—黑灰色中厚层含燧石团块灰岩，夹少量泥灰岩薄层。产少量珊瑚 *Donophyllum* sp.，*Aphrophyllum* sp.，*Caninia* sp.，*Pseudouralinia*? sp. 50 m

14. 灰黑色中厚层含泥质灰岩，上部夹少量燧石团块。产少量珊瑚 *Pseudouralinia* sp. 46 m

13. 灰黑色泥岩与薄层细砂岩互层 26 m

12. 灰黄色、浅灰黄色细粒石英砂岩，薄—中层状，常形成小陡壁 28 m

——————整　合——————

下伏地层：**尧云岭组**　深灰色中厚层含泥质灰岩，上部为海百合茎灰岩，含少量小单体珊瑚

【地质特征及区域变化】　本组上部岩性主要为深灰—黑灰色中厚层灰岩、含燧石团块灰岩及泥质灰岩、泥灰岩、少量白云岩，含少量珊瑚；下部岩性大部分为灰黑色泥岩、页岩、碳质页岩、细砂岩，灰黄色细粒石英砂岩，局部夹灰岩凸镜体。

该组的沉积环境属滨海至浅海碳酸盐台地环境。

本组含有丰富的珊瑚、腕足类、有孔虫和少量苔藓虫、双壳类、三叶虫。珊瑚：*Pseudouralinia* sp.，*Zaphrentites* sp.，*Heterocaninia* sp.，*Keyserlingophyllum* sp.，*Lithostrotion* sp.，*Donophyllum* sp.，*Syringopora* sp. 等。腕足类：*Camarotoechia* sp.，*Neospirifer* sp.，*Fusella* sp.，*Eochoristites* sp.，*Martiniella* sp.，*Linoproductus* sp.，*Schuchertella* sp. 等。有孔虫：见于桂林磨盘山，有 *Palaeospiroplectommia* sp.，*Plectogyra tuberculata*，*P. parakosuensis*，*P. margarita*，*P. kosuensis*，*Septaglomospironella* sp.，*Pseudostrorhiza*?sp.，*Septabrunsilina krainica* 等。

根据上述生物组合，该组的时代为早石炭世杜内晚期，局部跨入维宪早期。

英塘组主要分布于桂北、桂中—桂西的罗城、环江、柳城、宜州、永福恭城、都安、马山、田东、崇左、大新、靖西、德保、宾阳、贵港、来宾等地，合浦也有出露。罗城往西至环江古昌，英塘组下部砂岩尖灭，泥岩减少，变为泥灰岩夹页岩；上部灰岩中夹白云质灰岩和泥灰岩，厚 342 m。东门往北至龙岸，英塘组下部以灰—灰黑色页岩夹泥灰岩凸镜体为主，其中上部夹灰白—浅灰色石英细砂岩，厚 85 m；上部为深灰—灰黑色中层燧石灰岩夹泥灰岩，厚 80 m。罗城往东至柳城，英塘组厚度增大，下部仍以灰—黑色页岩为主夹碳质页岩、含海绵骨针泥灰岩、泥质灰岩、粉砂岩、细砂岩，星散状黄铁矿和固体沥青，厚 587 m；上部为深灰色中—厚层生物灰岩夹薄层泥灰岩和白云岩，含较多的燧石结核和条带及分散的固体沥青，厚 596 m。再往东至永福、恭城等地，英塘组下部的砂岩基本消失，页岩减少。在永福和平附近下部为灰色中厚层灰岩夹钙质页岩、泥灰岩，厚 75 m；上部为深灰—灰黑色中厚层灰岩，厚 102 m。而恭城蚂蝗塘一带则全部变为灰岩、燧石灰岩。在宾阳黎塘，英塘组下部的砂岩、页岩尖灭，英塘组全部为深灰—灰黑色中厚层含燧石团块微晶灰岩、砂屑灰岩夹白云质灰岩、白云岩，厚 100 m。与下伏尧云岭组的接触面上具轻微铁染。在合浦一带，英塘组下部为灰黑色厚层灰岩夹中层灰岩，质较纯，含泥质少，厚约 240 m；上部为灰黑色中厚层含泥质灰岩夹燧石条带，厚约 116 m。在桂西地区，本组岩性为深灰—灰黑色中—厚层含燧石灰岩，底部夹少量泥质灰岩。在马山古欧底部岩性为黑色薄层含碳质微晶灰岩。

综上所述，本组为一完整的海侵旋回，往北靠近古陆海水变浅，砂岩增多，灰岩减少；往南远离物源区，陆源碎屑减少，砂页岩逐渐尖灭，全部相变为灰岩，局部因环境局限而发育少量白云岩。

黄金组　C_1h　(06－45－0907)

【创名及原始定义】　原名黄金石灰岩。赵金科、张文佑（1952）创名，命名地点在广西

罗城仫佬族自治县黄金乡。指天河灰岩（浅色）之上、寺门煤系之下的一套黑色厚层石灰岩。属下石炭统下部。

【沿革】 赵金科、张文佑（1952）创名时没有文字说明，仅在地质图中用黄金石灰岩代表广西北部的下石炭统下部。1959年，他们阐明了用黄金石灰岩代替十字圩系的原因，同年10月的全国地层会议期间，地质科学研究院把赵金科、张文佑的黄金石灰岩改称黄金组或黄金层。杨敬之等（1962）、广西地质矿产局（1985）则称黄金段（表4-8）。本书采用黄金组。

表4-8 广西黄金组沿革简表

李捷 丘捷	赵金科 张文佑	赵金科 张文佑	徐怀大等	杨敬之 盛金章等	广西区测队	广西地矿局	本 书
1933	1952	1959	1959	1962	1968	1985	
罗 城							全 区
C_1：寺门煤系 寺门石灰岩 十字圩系	C_1：寺门煤系 黄金石灰岩	寺门煤组 黄金石灰岩	寺门煤组 黄金灰岩 十字圩组	寺门段 黄金段 十字圩组	大塘阶：寺门段 黄金段 岩关阶：上段	大塘阶：寺门段 黄金段 岩关阶：英塘上段	C_1^2：寺门组 黄金组 C_1^1：英塘组

【现在定义】 指整合于英塘组含燧石灰岩之上、寺门组砂、页岩之下的一套灰—深灰色中—厚层细晶、粉晶生物屑灰岩夹泥质灰岩、泥岩及少量砂岩、硅质灰岩等岩石组合。下以灰岩的消失或砂岩的出现与英塘组分界；上以灰岩的消失或页岩的出现与寺门组分界。

【层型】 选层型剖面位于广西罗城仫佬族自治县黄金乡下冷峒村（108°，55′，24°58′）（广西区测队1967年重测）。

上覆地层：**寺门组** 下部为黑色碳质页岩夹石英细砂岩、粉砂质页岩

——————— 整 合 ———————

黄金组 总厚度 140.0 m

5. 深灰—灰黑色泥质灰岩、灰岩夹泥灰岩、页岩。灰岩偶具燧石条带。产珊瑚 *Baoshanophyllum vesicotabulata*；腕足类 *Chonetes* (*Rugosochonetes*) *kansuensis* 128.0 m

4. 灰白—棕黄色、灰色中薄层状石英细砂岩夹中薄层页岩、粉砂质页岩 12.0 m

——————— 整 合 ———————

下伏地层：**英塘组** 顶部为深灰—灰黑色中层状灰岩、燧石灰岩

【地质特征及区域变化】 黄金组主要是一套灰色泥质灰岩、页岩、粉砂质页岩、石英细砂岩，灰岩中偶具燧石条带。黄金组通常可分为两部分：下部为石英砂岩夹页岩、粉砂质页岩；上部为泥质灰岩、灰岩夹泥灰岩、页岩。

黄金组的沉积环境为滨岸砂滩至开阔台地环境。

黄金组产有丰富的珊瑚、腕足类、有孔虫、牙形石及海百合茎、腹足类、介形类化石。珊瑚：*Thysanophyllum* sp.，*Clisiophyllum* sp.，*Kuangsiphyllum* sp.，*Hunanclisia* sp.，*Lithostrotion* sp.，*Donophyllum* sp.，*Arachouphyllum* sp.，*Diphyphyllum* sp.，*Yuanophyllum* sp.，*Thysanophyllum* sp.，等属。腕足类：*Gigantoproductus* sp.，*Productus* sp.，*Martinia* sp.，*Athyris* sp.，*Wellerella* sp.，*Cancrinella* sp.，*Camarotoechia* sp.，*Schizophoria* sp.，*Spirifer* sp. 等。有孔虫：比较丰富，以桂林、柳州等地研究较细，有 *Plectogyra exelikta*，*P. omphalota*，*P. antiqua*，*P. dendrei*，*P. bowmani*，*P. similis*，*P. acuntha*，*P. valida*，*P. bradyi*，*Glomospirella pseudopulchra*，*G. pulchra* 等。牙形石：见于柳州附近，有 *Gnathodus* cf. *taxanus*，*G. bilineatus*，*Paragnathodus commutatus*，*P. nodosus*，*Mestognathus bipluti* 等。

综上所述，该组主要形成时代应为早石炭世维宪早期，而在桂林周围一带黄金组属早石炭世晚期。

黄金组主要分布于桂北、桂中地区的环江、罗城、柳江、柳州、桂林、兴安、全州等地，钟山、合浦也有出露。黄金往南至天水，该组仍可分为两部分：下部为深灰—灰黑色薄层泥岩、泥质粉砂岩、钙质粉砂岩夹泥质灰岩、泥灰岩，底部为灰黄色细砂岩夹硅质团块灰岩、硅质灰岩，含较多生物碎屑，见水平虫管，厚 143 m；上部为深灰—灰黑色中厚层灰岩、泥质灰岩夹少量泥岩，泥岩中含大量的水平虫管及觅食迹，厚 100 m。黄金往北不远至龙岸，黄金组砂岩尖灭，岩性以泥质灰岩为主夹少量页岩，厚 290 m。罗城往西至环江古昌、下干等地，黄金组下部的砂、页岩尖灭，岩性以生物屑灰岩、鲕粒灰岩为主，下部夹少量泥灰岩，局部灰岩白云岩化，厚 268～299 m。罗城往东至柳城太平，黄金组岩性以灰—灰黑色厚层灰岩、生物碎屑灰岩、硅质灰岩为主，上、下部夹少量泥质灰岩和泥灰岩，产丰富的珊瑚、腕足类、介形类及䗴化石，总厚 813 m。在桂北、桂东北的永福、桂林、兴安、全州、恭城、钟山、贺县等地，黄金组岩性以灰—深灰色中—厚层含燧石结核或条带灰岩为主，桂林、全州、钟山一带中部夹泥灰岩，兴安附近中部夹白云质灰岩，贺县一带底部有一层厚约 2 m 的钙质页岩和泥质灰岩。这些地区地层厚度较大，兴安提地村厚达 1 103 m，全州金堂为 400 m，钟山望高 430 m，桂林大圩 725 m。在合浦一带，岩性为灰黑色厚层灰岩、白云质灰岩、角砾状灰岩、生物碎屑泥晶灰岩夹泥质灰岩、泥灰岩，产珊瑚、腕足类、腹足类化石，厚 381 m。

综上所述，以罗城黄金、天水为中心，向外黄金组碎屑岩减少或尖灭，灰岩增多，局部夹白云岩。

寺门组　C_1s　(06-45-0908)

【创名及原始定义】　原名寺门煤系。冯景兰、乐森玥（1929）创名，命名地点在广西罗城仫佬族自治县寺门圩大罗山。指“上连上二叠纪之马平石灰岩，下接下二叠纪之栖霞珊瑚层”之地层，下部为煤系，约有五六公尺之砂岩及页岩，中含烟煤一层，上部为黑色层状之石灰岩。

【沿革】　李捷、丘捷（1933）将桂北维宪阶划为三部分：下部称寺门石灰岩、中部称寺门煤系、上部称罗城介层。中国科学院地质研究所（1956）《中国区域地层表（草案）》中称寺门组，广西地矿局（1985）称寺门段，本书采用寺门组（表 4-9）。

表 4-9　广西寺门组沿革简表

<table>
<tr><td colspan="2">冯景兰
乐森玥</td><td colspan="3">乐森玥</td><td colspan="2">李　捷
丘　捷</td><td colspan="2">俞建章</td><td>田奇瑰</td><td colspan="2">李四光
赵金科
张文佑</td><td>刘鸿允</td><td>中国科学院地质研究所</td><td>赵金科
张文佑</td><td colspan="2">徐怀大等</td><td>杨敬之等</td><td colspan="2">广西区测队</td><td colspan="3">广西地矿局</td><td colspan="2">本书</td></tr>
<tr><td colspan="2">1929</td><td colspan="3">1929</td><td colspan="2">1933</td><td colspan="2">1933</td><td>1936</td><td colspan="2">1941</td><td>1955</td><td>1956</td><td>1959</td><td colspan="2">1959</td><td>1962</td><td colspan="2">1968</td><td colspan="3">1985</td><td colspan="2"></td></tr>
<tr><td colspan="2">罗城</td><td colspan="3">罗城</td><td colspan="2">桂北</td><td colspan="2">桂北</td><td>桂北</td><td colspan="2">罗城</td><td>罗城</td><td>桂北</td><td>罗城</td><td colspan="2">罗城</td><td>罗城</td><td colspan="2">罗城</td><td colspan="3">罗城</td><td colspan="2"></td></tr>
<tr><td rowspan="3">P_2</td><td rowspan="2">寺门煤系</td><td rowspan="3">P_2^1</td><td rowspan="3">寺门煤系</td><td>罗城介石灰岩</td><td rowspan="3">C_1</td><td>罗城介层</td><td rowspan="3">C_1</td><td rowspan="3">寺门系</td><td>寺门系</td><td rowspan="3">C_1</td><td>罗城介层</td><td>罗城介石灰岩层</td><td>罗城石灰岩</td><td rowspan="3">寺门组或寺门煤系</td><td rowspan="3">上燕子系</td><td>罗城介层</td><td>罗城段</td><td rowspan="3">大塘阶</td><td>罗城段</td><td rowspan="3">C_1</td><td rowspan="3">大塘阶</td><td>罗城段</td><td rowspan="3">C_1</td><td>罗城组</td></tr>
<tr><td>煤系</td><td>寺门煤系</td><td rowspan="2">燕子系上部</td><td rowspan="2">寺门灰岩及煤系</td><td rowspan="2">寺门含煤建造</td><td>寺门组</td><td>寺门煤组</td><td>寺门段</td><td>寺门段</td><td>寺门段</td><td>寺门组</td></tr>
<tr><td>栖霞石灰岩</td><td>栖霞石灰岩</td><td>寺门石灰岩</td><td>黄金石灰岩</td><td>黄金灰岩</td><td>黄金段</td><td>黄金段</td><td>黄金段</td><td>黄金组</td></tr>
</table>

【现在定义】　指整合于黄金组和罗城组两套灰岩之间的一套灰黑色薄层页岩、碳质页岩夹硅质页岩、粉砂质页岩、石英细砂岩的岩石组合，含煤层。下以灰岩的消失或页岩的出现与黄金组分界，上以页岩的消失或泥灰岩的出现与罗城组分界。

【层型】　正层型剖面位于广西罗城仫佬族自治县黄金乡寺门—大罗山一带（105°58′，24°57′）（广西区测队 1967 年重测）。

上覆地层：**罗城组**　深灰色泥灰岩夹薄层页岩、泥质灰岩，往上过渡为泥质灰岩

——————— 整　合 ———————

寺门组　总厚度 41.00 m

10. 灰黑色薄层状页岩夹粉砂质页岩、硅质页岩（硅质条带）及薄层石英细砂岩　14.00 m
9. 灰黑色碳质页岩夹薄层石英细砂岩，近上部夹煤三层（自下而上层厚 0.5 m、0.2 m、0.5 m，煤夹矸 0.1～0.2 m）　11.00 m
8. 灰黑色碳质页岩、泥质页岩夹粉砂质页岩和薄层石英细砂岩　16.00 m

——————— 整　合 ———————

下伏地层：**黄金组**　深灰色中厚层状泥质灰岩夹泥灰岩、薄层页岩，往上渐变为灰岩。泥质灰岩含 *Kueichouphyllum sinense*

【地质特征及区域变化】　寺门组岩性以灰黑色薄层页岩、碳质页岩为主，其中夹薄层粉砂质页岩和石英砂岩，普遍夹煤层。区域上岩性变化较大，煤层亦不稳定，局部夹 2～3 层泥质灰岩或泥灰岩凸镜体。

寺门组的沉积环境属滨海沼泽到浅海陆架环境。

该组产植物、孢粉、双壳类、腕足类、珊瑚、菊石、牙形石等化石。植物：产于环江、罗城一带，有 *Neuropteris* sp.，*Siphonopteris reticulata*，*Archaeocalamites* sp.，*Cyclostigina* sp.，*Sphanopteris* sp. 等。孢粉：以无环类为主，有 *Leiotriletes* sp.，*Calamospora pallida*，*Punctatisporites mudus*，*Granulatisporites* sp.，*Cyclogranisporites* sp.，*Retusotriletes communis*；有环类有 *Lycospora* sp.，*Densosporites* sp.，*Lophozonotriletes* sp.，*Tripartites* sp. 等。腕足类：

Gigantoproductus sp., *Linoproductus* sp., *Schucheitella* sp., *Echinoconchus* sp., *Dictyoclostus* sp., *Pugilis* sp., *Daviesiella* sp. 等。珊瑚：*Yuanophyllum* sp., *Kueichouphyllum* sp., *Thysanophyllum* sp., *Palaeosmilis* sp., *Diphyphyllum* sp., *Donophyllum* sp., *Clisiophyllum* sp., *Dibunophyllum* sp. 等。菊石 见于环江驯乐、柳州新圩，有少量 *Reticuloceras* sp., *Stenopronorites* sp.。牙形石 仅见于柳州新圩，而且只见 *Gnathodus bilineatus bilineatus*。

根据上述古生物组合，寺门组的时代为早石炭世维宪期。

寺门组主要分布于桂北、桂中的环江、罗城、融水、兴安、全州、恭城、钟山等地，合浦也有出露。罗城龙岸、东门、四把一带，煤层呈不稳定层状，一般 2～3 层，局部可为 5 层，单层厚 4～70 cm 或呈煤线，在较稳定的地段形成小型煤矿，产植物化石，寺门组厚 38～54 m。罗城往西至环江水源、川山、明伦、后社及宜州德胜一带，寺门组砂页岩增多增厚，底部发育砾岩或砂质砾岩，厚度 137～138 m。煤层尖灭，仅局部地段偶含小凸镜状薄煤层。在环江驯乐，寺门组岩性变为灰—深灰色薄层泥岩与中—厚层细砂岩互层，中部夹少量灰岩、泥灰岩，下部夹一层厚 1～1.5 m 的煤层，总厚 315 m。在红山矿区，寺门组厚 284～460 m，岩性为石英砂岩夹泥岩、页岩和泥灰岩，含煤 10～16 层，其中 3 层可采，总厚 8.04 m。罗城往东至柳城太平，寺门组砂岩尖灭，岩性以灰色厚层泥灰岩为主夹泥岩，无煤系地层，厚 44 m。在恭城蚂蝗塘，寺门组岩性以页岩为主，上部夹钙质泥岩，厚 70 m。在兴安、全州一带，本组岩性为灰绿、灰黄、灰黑色页岩、泥岩、泥质粉砂岩、细砂岩夹灰岩、泥灰岩、硅质岩，含黄铁矿结核，局部夹无烟煤 1～3 层，厚约百米左右，桂林良丰夹 1 m 厚的油页岩。在钟山望高，寺门组岩性变为灰色薄层硅质岩、硅质泥岩，厚 110 m。在合浦一带，寺门组岩性为石英砂岩、粉砂岩、粉砂质泥岩、泥岩、页岩、碳质页岩夹灰黑色灰岩、泥灰岩、石英硅质岩，夹煤层。总厚 57 m。

综上所述，寺门组具有从西往东砂岩减少，泥灰岩增多，煤层尖灭的变化规律。

罗城组　C_1l　(06-45-0909)

【创名及原始定义】 原称罗城介石灰岩。由乐森璕（1929）所创，命名地点在广西罗城仫佬族自治县寺门圩大罗山。指寺门煤系上部的“石质致密，呈深黑色，常含片状燧石块，其分层亦甚明晰，惟成层甚厚，……”的灰岩。属中二叠纪。

【沿革】 乐森璕（1929）创名罗城介石灰岩时，在英文中译为罗城介层（Lochengia bed）。李捷（1936）沿用罗城介层之名，归入下石炭统维宪阶上部；广西石油普查大队（1959）改用罗城段；尹赞勋等（1966）又将其改称为罗城组。本书采用罗城组（表 4-10）。

【现在定义】 指整合于寺门组之上、大埔组之下的一套深灰、灰黑色中层灰岩、泥质灰岩、泥灰岩夹薄层页岩、硅质灰岩等岩石组合。下以泥岩的消失或灰岩的出现与寺门组分界；上以灰岩的消失或厚层白云岩的出现与大埔组分界。

【层型】 正层型剖面位于广西罗城仫佬族自治县黄金乡寺门至大罗山一带（108°58′，24°57′）（广西区测队 1967 年重测）。

上覆地层：**大埔组**　灰—灰白色厚层块状白云岩

——————整　合——————

罗城组　　　　总厚度 85.00 m

13. 深灰—灰黑色中层状灰岩夹泥质灰岩，近顶部具 2 层硅质灰岩。产珊瑚：*Lithostro-*

tionella sp., *Lonsdaleia* cf. *floriformis*, *Yuanophyllum* sp., *Diphyphyllum* sp., *Caninophyllum* sp. 15.00 m

12. 深灰色中层状泥质灰岩夹薄层泥灰岩，往上为灰岩。产珊瑚：*Lithostrotionella* sp., *Lonsdaleia* cf. *floriformis*, *Yuanophyllum* sp., *Diphyphyllum* sp., *Caninophyllum* sp. 50.00 m

11. 深灰色中层状泥灰岩夹薄层页岩、泥质灰岩，以上过渡为泥质灰岩—灰岩 20.00 m

——————— 整　合 ———————

下伏地层：**寺门组**　顶部为灰黑色页岩夹粉砂质页岩

表 4-10　广西罗城组沿革简表

	乐森玥	李捷	李四光 赵金科等	广西石油普查大队①	徐瑞麟	尹赞勋等	广西区测队	杨敬之等	广西地矿局	钟铿 邝国敦等②	本书
年代	1929	1936	1941	1959	1959	1966	1968	1979	1985	1992	
地区	罗城	罗城	罗城	全区	罗城	全区	罗城	桂北	罗城	罗城	
	P_3	C_2	C_2	黄龙组					中统	C_2	C_2
	马平石灰岩	黄龙灰岩	大埔白云岩	大埔段	大埔白云岩	大埔组	大埔段	大埔组	大埔组	大埔组	大埔组
	P_2 寺门煤系	C_1	C_1	维宪阶	维宪统				大塘阶	C_1	C_1
	罗城介石灰岩	罗城介层	罗城介层	罗城段	罗城介层	罗城组	罗城段	罗城组	罗城段	罗城组	罗城组
	煤层	寺门煤系	寺门灰岩及煤系	寺门段	寺门煤系	寺门组	寺门段	寺门组	寺门段	寺门组	寺门组

【地质特征及区域变化】　该组主要岩性为灰、深灰、灰黑色中—厚层状灰岩、生物碎屑灰岩、泥质灰岩、泥灰岩，少量的硅质灰岩及页岩，局部地区夹白云岩。

罗城组的沉积环境为陆架边缘到浅水碳酸盐（近岸）台地环境。

古生物以珊瑚、腕足类、有孔虫为主，见少量䗴化石。珊瑚：*Yuanophyllum* sp., *Kueichouphyllum* sp., *Lithostrotion* sp., *Dibunophyllum* sp., *Arachnolasma* sp., *Caninostrotion* sp., *Aulina* sp., *Lonsdaleia* sp., *Caninia* sp., *Neoclisiophyllum* sp., *Lophophyllum* sp., *Bothrophyllum* sp., *Diphyphyllum* sp., *Heterocaninia* sp. 等。腕足类：*Lochengia* sp., *Gigantoproductus* sp., *Striatifera* sp., *Kansuella* sp., *Eochoristites* sp., *Punctospirifer* sp., *Linoproductus* sp., *Neospirifer* sp. 等。有孔虫：*Endothyranopsis* sp., *Bradyina* sp., *Climacammina* sp., *Plectogyra* sp., *Mediocris* sp., *Archaediscus* sp., *Glomospira* sp. 等。

根据上述古生物组合，推断罗城组时代为早石炭世维宪晚期至纳缪尔期。

罗城组主要分布于桂北的环江、罗城、柳城、桂林、兴安、全州、钟山等地，合浦闸口有零星出露。在寺门附近，罗城组从下往上泥质逐渐减少，为海侵体系域的下部。从寺门往西南不远至天水一带，该组泥质明显减少，钙质增加，岩性以灰—深灰色中厚—巨厚层生物

① 广西石油普查大队，1959，广西地层表及其说明书。

② 钟铿、邝国敦等，1992，广西的石炭系（供审稿）。

碎屑灰岩、泥质灰岩为主，下部夹泥灰岩，中部夹燧石团块，上部夹白云岩，厚108 m。罗城往西至环江古昌，本组分为四部分，从下往上为：①灰褐—黑色中—厚层细粒灰岩、泥灰岩、页岩；②黑色细粒灰岩夹泥灰岩、黑色页岩；③灰绿色页岩与灰黑色、灰黄色中层含海百合茎细粒灰岩互层，中上部夹泥灰岩；④黑色中层白云质灰岩夹细粒灰岩。总厚182 m。古昌往北至水源，中上部白云岩显著增多，后社一带下部夹1～2层石英砂岩、页岩。在驯乐附近，罗城组岩性以灰—深灰色中—厚层粉—细晶灰岩为主，下部夹泥灰岩、燧石条带或团块，中部夹细砂岩，上部含燧石条带或结核，具逆粒序层理，缝合线、底冲刷构造，厚175 m。罗城往东，泥质减少。在柳城太平，罗城组分为三部分：下部为灰色厚层，块状硅质灰岩、中层含燧石生物灰岩；中部为灰色薄层硅质条带灰岩、泥灰岩夹钙质页岩；上部为灰色中—厚层含燧石团块灰岩夹生物灰岩。总厚度218 m。在全州、兴安、钟山一带，本组以灰—深灰色中—厚层灰岩为主，夹薄层灰岩及钙质页岩、白云岩、燧石结核及条带。其中全州金泰为灰色生物屑灰岩夹含泥质灰岩，中部含少许燧石结核，上部夹白云质灰岩。兴安界首附近为浅灰—灰色中厚层细粒灰岩夹生物碎屑灰岩，底部夹硅质岩及煤凸镜体，厚98 m。在合浦一带，罗城组未见顶，岩性为深灰—灰黑色厚层、块状灰岩、白云岩夹泥灰岩、硅质岩等，底部灰岩偶含砾石，厚度大于74 m。

综上所述，该组具往北、往西砂页岩增多，向东、向南砂页岩逐渐尖灭的变化规律。其远离古陆，相变为都安组浅灰色灰岩，在盆地附近则相变为巴平组灰岩。

都安组　$C_{1-2}d$　(06-45-0906)

【创名及原始定义】　由许寿永、林甲兴（1979）创名，命名地点在大化瑶族自治县（原属都安瑶族自治县）六也。指“都安组以灰色、浅灰色灰岩为主，夹白云质灰岩或白云岩，富含珊瑚，厚316～380 m，上覆为大埔组所整合。”下伏地层为七百弄组。

【沿革】　创名后较长时间无人使用。1992年，钟铿、邝国敦等在《广西的石炭系》中使用都安组一名，本书沿用（表4-11）。

表4-11　广西都安组沿革简表

<table>
<tr><td colspan="2">广西
区域地质测量队</td><td colspan="3">许寿永
林甲兴</td><td colspan="2">钟铿、邝国敦等[1]</td><td colspan="2">本书</td></tr>
<tr><td colspan="2">1974</td><td colspan="3">1979</td><td colspan="2">1992</td><td colspan="2"></td></tr>
<tr><td colspan="2">大化六也</td><td colspan="3">桂中</td><td colspan="2">大化六也</td><td colspan="2"></td></tr>
<tr><td rowspan="3">C1</td><td>黄龙阶</td><td rowspan="3">C1</td><td>黄龙阶</td><td>大埔组</td><td rowspan="3">C1</td><td>大埔组</td><td>C2</td><td>大埔组</td></tr>
<tr><td>大塘阶</td><td>大塘阶</td><td>都安组</td><td>都安组</td><td rowspan="2">C1</td><td>都安组</td></tr>
<tr><td>岩关阶</td><td>岩关阶</td><td>七百弄组</td><td>隆安组</td><td>英塘组</td></tr>
</table>

【现在定义】　指整合于英塘组之上、大埔组之下的一套以灰、浅灰色厚层、块状灰岩为主，夹白云质灰岩、白云岩。下以深灰色灰岩夹白云岩、硅质灰岩的消失或灰色厚层灰岩的

① 钟铿、邝国敦等，1992，广西的石炭系（供审稿）。

出现与英塘组分界，上以灰岩的消失或厚层、块状白云岩的出现与大埔组分界。

【层型】 正层型剖面位于广西大化瑶族自治县城西 22 km 处的六也中学旁(107°51′，23°51′)(广西区测队 1974 年测定)。

上覆地层：**大埔组** 浅灰—灰白色块状细—中晶白云岩

——————— 整 合 ———————

都安组 总厚度 316 m

44. 灰—浅灰色块状细晶灰岩。产珊瑚 *Palaeosmilia* sp.，*Dibunophyllum* sp.，*Kueichouphyllum* sp.，*Syringopora* sp.；腕足类 *Gigantoproductus* sp. 等 83 m
43. 灰—浅灰色块状细—微晶灰岩，夹一层白云岩。产珊瑚 *Dibunophyllum* sp. 35 m
42. 灰—浅灰色厚层块状微晶—细晶灰岩，局部含白云质。产珊瑚 *Yuanophyllum* sp. 152 m
41. 灰色厚层状细—微晶灰岩。产珊瑚 *Siphonodendron* sp. 46 m

═══════ 断 层 ═══════

下伏地层：**英塘组** 深灰色灰岩夹白云岩和硅质灰岩。产珊瑚 *Pseudouralinia* sp.

【地质特征及区域变化】 本组岩性比较稳定，主要为灰—浅灰色厚层块状灰岩夹白云质灰岩、白云岩。本组正层型剖面附近与下伏英塘组为整合接触。在南丹六寨龙里、乐业南岭等地平行不整合覆于融县组之上。

都安组的沉积环境为开阔台地沉积，水体较浅，远离海岸。

本组含丰富的珊瑚、腕足类、蜓类、有孔虫、藻和海百合茎等化石。珊瑚：*Yuanophyllum kansuense*，*Kueichouphyllum sinense*，*Dibunophyllum* sp.，*Arachnolasma sinense*，*A. cylindricum* 等。腕足类：*Gigantoproductus giganteus*，*Kansuella maxima*，*Striatifera striata*，*Athyris* sp.，*Linoproductus* sp.，*Echinaria lingshanensis*，*Martina* sp. 等。产较原始的蜓：有 *Eostaffella guangxiensis*，*E. endothyroidea*，*E. mosquensis*，*Pseudostaffella proozawai*，*Staffella mutabilis* 等。有孔虫 在柳州及隆安见 *Palaeotextularia furonshangensis*，*P. breviseptata*，*P. guangdongensis*，*Mediocris mediocris*，*M. brevisculus* 等。

根据上述化石组合分析，都安组的时代为早石炭世维宪期至纳缪尔期。

都安组主要分布于桂西至桂中的南丹、河池、都安、大化、忻城、柳州、武宣、宾阳、贵港、乐业、田林、平果、隆安、龙州、扶绥、大新等地。大化往西北乐业南岭地区岩性为浅灰—灰色中—厚层砂屑灰岩、生物屑灰岩、微晶灰岩、含凝块石、鲕粒，表明水体较浅，产珊瑚、蜓类化石，厚 696 m。南丹六寨龙里附近岩性为浅灰—暗灰色中—厚层微晶砂屑灰岩、颗粒灰岩、生物屑灰岩夹白云岩，栉壳构造发育，产珊瑚、腕足类化石，厚 540 m。都安高岭，本组中部夹 85 m 厚的含锰结核泥质灰岩。在拉烈，都安组灰岩、白云岩互层中夹有锰矿凸镜体。往东在忻城大塘附近，都安组灰色灰岩及灰白色鲕状灰岩中夹有含锰的硅质岩及硅质页岩。在柳州南部，都安组为浅灰—灰色中层—块状泥晶—亮晶生物屑灰岩、砂屑灰岩、粉—细晶白云岩、白云质灰岩，产珊瑚、腕足类、蜓类、有孔虫化石，厚 316 m。柳州往南至宾阳黎塘附近，都安组分为上、下两部分：下部为灰—深灰色厚层白云质灰岩，上部为灰白—灰色厚层泥晶灰岩、砂屑灰岩、藻灰岩，产丰富的腕足类及少量珊瑚化石，总厚度 369 m。至贵港大圩，下部灰岩中夹白云岩、豹皮状白云质灰岩、薄层泥灰岩，上部为白云质灰岩夹灰岩，顶部含燧石结核灰岩，产丰富的珊瑚及腕足类化石。都安组再往南至玉林尖灭，相变为巴平组和榴江组。大化往南至马山，都安组以浅灰—灰色中—厚层泥晶灰岩、砂屑灰岩为主，下部及上部夹白云质灰岩，局部含燧石团块，顶部为一层 27 m 厚的灰白色中厚层生物碎屑灰岩，产丰富的珊瑚、腕足类化石，总厚 114～505 m。马山往东至上林，都安组尖灭，相变为巴平组。马山往西至巴马一带，都安组下部为深灰色薄—厚层泥晶灰岩、砂屑灰岩，上部为灰白色中厚层—块状砂屑灰岩夹生物屑灰岩、白云质灰岩，具假鲕状、豆状构造，夹一层厚 1.5 m 的腕足类化石层，总厚 540 m。在桂西的百色、田林等地，都安组以灰白—灰色中层—块状灰岩为主，中、上部夹假鲕状灰岩、生物屑灰岩、白云岩、燧石结核，下部夹少许深灰色泥灰岩。在隆安一带，都安组下部为灰—深灰色厚层、块状砂屑灰岩、生物屑灰岩、藻屑灰岩、藻团粒灰岩，上部以灰色厚层藻粘结岩为主，夹藻碎屑灰岩、生物屑粉晶灰岩，叠层石异常发育，藻类保持原始向上生长的姿势，腕足类介壳大多破碎，产丰富的䗴类、有孔虫、珊瑚化石，总厚 106 m。在德保附近，都安组为浅灰色厚层生物屑灰岩夹泥晶灰岩、颗粒灰岩，生物屑主要有腕足类碎片、棘屑，厚 169 m。在龙州附近和扶绥，都安组岩性为灰色厚层生物屑灰岩，产珊瑚化石，厚 29 m，其底部与五指山组灰色薄—中层泥质条带灰岩间的平行不整合面上发育凸镜状（0～5 m）含铁砂岩、含火山碎屑铁铝岩。由此可见，都安组岩性变化不大，桂西地区由北向南厚度变小。

上朝组　$C_{1-2}\hat{s}$　（06－45－0905）

【创名及原始定义】　由广西第七地质队（1993）① 创名，命名地点在广西环江毛南族自治县上朝镇。指位于额头村组灰岩之上，黄金组泥灰岩之下的一套灰白—灰色中—厚层砂岩、石英砂岩夹深灰—灰黑色薄层泥岩、泥灰岩的岩石组合。

【沿革】　命名前，广西区测队（1968）将这套地层划为岩关阶的上段和下段，广西第七地质队（1993）命名上朝组，本书引用。

【现在定义】　指整合于额头村组灰岩之上、黄金组泥灰岩之下的一套灰白—灰色中—厚层砂岩、石英砂岩夹深灰—灰黑色薄层泥岩、泥灰岩。下以灰岩的消失或砂岩的出现与额头村组分界；上以砂岩的消失或泥灰岩的出现与黄金组分界。

【层型】　正层型剖面位于广西环江毛南族自治县驯乐乡后社村西约 1 km 处（108°13′，25°17′）（广西区测队 1967 年测制）。

上覆地层：**黄金组**　灰色中—厚层状泥质灰岩、泥灰岩夹少许深灰色页岩

——————整　合——————

上朝组　　总厚度 615 m

12. 深灰—灰黑色薄层状碳质泥岩。页理发育。顶部为一层厚约 2 m 的灰色中厚层状细砂岩　57 m
11. 上部为灰色薄—中层状细砂岩夹灰—深灰色泥岩。下部为灰色薄—中层状细砂岩与灰—深灰色泥岩互层。泥岩中页理发育　81 m
10. 灰黑色微薄层状碳质页岩夹少量的灰色薄层状细砂岩。碳质页岩中页理发育。细砂岩单层厚一般为 5～10 cm，层理不明显　20 m
9. 泥岩、泥质粉砂岩及浅灰白—白色石英砂岩。以泥岩为主。石英砂岩具中粒结构，局部粒度变粗，并含少量长石斑点。泥岩、泥质粉砂岩为薄层状　112 m
8. 灰白色中—厚层状石英砂岩夹灰—灰黑色薄层状泥岩。石英砂岩细粒砂状结构。泥岩

---

① 广西第七地质队，1993，1∶5 万茂兰、驯乐等幅区域地质调查报告。

页理发育 119 m

7. 深灰色薄层—中层状泥灰岩夹少量灰—深灰色中层状灰岩。泥灰岩层面较平滑，层理不清，泥—粉晶结构。产腕足类：*Linoproductus* sp. 等化石 12 m

6. 灰—灰白色中—厚层状细粒砂岩。单层厚一般为 30～70 cm，层面呈缓波状，层理不明显，细粒砂状结构 214 m

——————— 整　合 ———————

下伏地层：**额头村组**　深灰色中层状细—中晶灰岩，产珊瑚：*Cystophrentis kolaohoensis*

【地质特征及区域变化】　该组主要岩性为灰白—灰色中—厚层砂岩、石英砂岩夹深灰—灰黑色薄层泥岩、碳质泥（页）岩、泥灰岩。

该组的沉积环境为滨海河流三角洲至潮坪，局部发育沼泽。

上朝组古生物较少，仅采到腕足类 *Linoproductus* sp. 和植物碎片。根据下伏额头村组顶部产珊瑚 *Cystophrentis kolaohoensi*，上覆黄金组产腕足类 *Gigantoproductus* sp.，推断上朝组时代为早石炭世杜内期。

上朝组仅分布于环江毛南族自治县的北部，往北延入贵州省，可能与祥摆组相连。在驯乐附近，上朝组砂、泥岩属三角洲平原沉积，具有下粗上细的韵律结构重复出现，每一旋回的下部为支流河道沉积，由中层—块状的细—中粒石英砂岩、含泥细砂岩夹泥岩组成，粒度曲线显示具河道砂特点，具大型楔状交错层理、板状斜层理、冲刷交错层理；旋回上部为潮坪沉积，主要由泥岩、碳质泥岩、粉砂质泥岩夹细砂岩组成，局部夹有煤线，以水平层理为主。驯乐往东南至明伦龙水，上朝组厚度减为 502 m，整合覆于尧云岭组灰岩之上，下部砂岩减少，中上部石英砂岩增多，在石英砂岩之下发育一层薄煤线。明伦、上朝一线以南，上朝组尖灭，相变为英塘组。

大埔组　C_2d　（06－45－0912）

【创名及原始定义】　原称大埔白云石层。张文佑（1941）将黄龙石灰岩下部的白云岩单独分出而创名，最初见于李四光、赵金科、张文佑 1941 年合编的广西地层表，命名地点在广西柳城县城（大埔镇）。指燕子系与黄龙石灰岩之间的一套灰白色粗粒白云岩。厚约 70 公尺。

【沿革】　赵金科（1947）、杨敬之、盛金章等（1962）认为大埔白云岩应该包括在黄龙石灰岩内。杨敬之、盛金章（1962）将其改称大埔组，之后，沿用至今（表 4－12）。

【现在定义】　指整合于罗城组灰岩之上、黄龙组灰岩之下的一套灰白—灰黑色厚层块状白云岩，局部含燧石团块。下以灰岩的消失或厚层块状白云岩的出现与罗城组分界；上以厚层块状白云岩的消失或灰岩的出现与黄龙组分界。

【层型】　正层型剖面位于广西柳城县大埔镇（109°15′，24°41′）（权宁吉、姜喜宗 1967 年重测）。

上覆地层：**黄龙组**　浅灰、灰色块状生物屑灰岩，含海百合茎、䗴类：*Fusulinella* sp.

——————— 整　合 ———————

大埔组 总厚度 704 m

6. 浅灰、灰色块状白云岩 291 m

5. 浅灰、微红色白云岩 176 m

4. 灰白色致密块状白云岩夹硅质页岩 81 m

3. 灰白色块状白云岩，含燧石团块　　　99 m

2. 灰黑色厚层、块状白云岩，层理清楚　　　57 m

——————— 整　合 ———————

下伏地层：**罗城组**　灰白色中—厚层状含少量生物屑灰岩

表 4-12　广西大埔组沿革简表

<table>
<tr><td colspan="2">李四光
赵金科
张文佑</td><td colspan="2">张文佑
孙殿卿
吴磊伯</td><td colspan="3">赵金科</td><td colspan="2">赵金科
张文佑</td><td colspan="2">徐怀大等</td><td colspan="3">杨敬之
盛金章等</td><td colspan="2">广西区测队</td><td colspan="2">广西地矿局</td><td colspan="2">钟铿
邝国敦
等①</td><td colspan="2">本　书</td></tr>
<tr><td colspan="2">1941</td><td colspan="2">1942</td><td colspan="3">1947</td><td colspan="2">1959</td><td colspan="2">1959</td><td colspan="3">1962</td><td colspan="2">1967</td><td colspan="2">1985</td><td colspan="2">1992</td><td colspan="2"></td></tr>
<tr><td colspan="2">大埔</td><td colspan="2">大埔</td><td colspan="3">柳城</td><td colspan="2">柳城</td><td colspan="2">柳城</td><td colspan="3">柳城</td><td colspan="2">柳城</td><td colspan="2">柳城</td><td colspan="2"></td><td colspan="2"></td></tr>
<tr><td rowspan="2">C_2</td><td>黄龙石灰岩</td><td rowspan="2">C_2</td><td>黄龙石灰岩</td><td rowspan="2">C_2</td><td>石灰岩</td><td rowspan="2">黄龙石灰岩</td><td rowspan="2">C_2</td><td>黄龙灰岩</td><td rowspan="2">C_2</td><td>黄龙灰岩</td><td rowspan="2">C_2</td><td rowspan="2">黄龙群（组）</td><td></td><td rowspan="2">C_2</td><td>黄龙灰岩段</td><td rowspan="2">C_2</td><td>黄龙组</td><td rowspan="2">C_2</td><td>黄龙组</td><td rowspan="2">C_2</td><td>黄龙组</td></tr>
<tr><td>大埔白云石层</td><td>大埔白云岩</td><td>大埔白云岩</td><td>大埔白云岩</td><td>大埔白云岩</td><td>大埔组</td><td>大埔白云岩段</td><td>大埔组</td><td>大埔组</td><td>大埔组</td></tr>
<tr><td>C_1</td><td>燕子系</td><td>C_1</td><td>寺门煤系</td><td>C_1</td><td colspan="2">寺门系</td><td>C_1</td><td>寺门组</td><td></td><td>罗城介层</td><td>C_1</td><td colspan="2">罗城组</td><td>C_1</td><td>罗城段</td><td>大塘阶</td><td>罗城段</td><td>C_1</td><td>罗城组</td><td>C_1</td><td>罗城组</td></tr>
</table>

【地质特征及区域变化】　该组岩性以灰白—灰黑色厚层块状细—中晶白云岩为主，夹硅质岩、燧石团块。部分地区夹生物屑灰岩凸镜体、白云质灰岩、灰岩。

大埔组的沉积环境以局限、半局限台地为主，局部为台地浅滩。

大埔组古生物较少，仅在灰岩夹层中见䗴类、有孔虫、珊瑚、腕足类和牙形石。䗴类：*Pseudostaffella proozawai*，*Ps. ampla*，*Ps. antigua*，*Profusulinella parva*，*P. rhomboides*，*Eostaffella mosquensis*，*Fusulinella* sp.，*Schubertella* sp.，*Schwagerina* sp. 等。有孔虫：*Plectogyra* sp.，*Palaeotextularia bella* 等。珊瑚：*Koninckophyllum grabaui*。腕足类　在全州金泰产*Plicatifera* cf. *minor*。牙形石　在柳州附近有 *Declinognathodus noduliferus*，*D. lateralis*，*Gnathodus bilineatus bilineatus* 等。

根据上述古生物组合，推测大埔组的时代为中石炭世纳缪尔期，桂东北地区可能延至早二叠世。

大埔组分布广泛，几乎遍布桂北和桂中—桂西地区。桂中地区大埔组岩性比较稳定，灰岩夹层较少，白云岩质纯色浅，白云石含量多大于90%，有些地区达100%。在柳州一带，大埔组以浅灰色厚层、块状泥、细晶白云岩为主，底部夹生物屑灰岩凸镜体，中部夹泥晶生物屑灰质白云岩，产极少量䗴类、有孔虫、牙形石化石，厚197 m。柳州往南至贵港市，大埔组岩性仍以浅灰—灰白色厚层、块状细—中晶白云岩为主，上部及底部夹少量浅灰—灰白色薄—厚层白云质灰岩、生物屑泥晶灰岩，灰岩中产䗴类化石，厚252～493 m，其中部的灰白色

① 钟铿、邝国敦、李家骧等，1992，广西的石炭系（供审稿）。

厚层、块状白云岩质地较纯，常形成白云岩矿床。柳州往东北至荔浦、平乐、钟山、兴安、全州等地，大埔组为灰白—灰色中—厚层细—粗晶白云岩，顶部夹少量白云质灰岩、灰岩，灰岩中产䗴类、腕足类化石，厚 90～392 m，与下伏罗城组灰岩呈整合接触、与上覆栖霞组灰岩多呈整合接触，局部为平行不整合接触。柳州往西北至罗城、环江，大埔组仍以灰白色厚层、块状细—中晶白云岩为主，夹浅灰、灰色白云岩，中部含燧石团块，顶部夹灰岩凸镜体，厚 444～895 m。在丹池地区及桂西的盆地相区，大埔组岩性以灰—灰黑色厚层细—中晶白云岩为主，夹少量白云质灰岩，多含燧石条带和团块，白云质灰岩中产棘皮动物化石、有孔虫等化石，厚度为 0～357 m 不等，其中在河池九圩、都安三只羊等地尖灭，相变为巴平组灰岩。在桂西及桂西南的台地相区，大埔组岩性变化较大，常夹灰岩或白云质灰岩。在马山古欧，岩性以白—灰白色中—厚层细晶白云岩为主夹大量的微晶灰岩，产丰富的䗴类化石，厚 307 m。德保马隘一带，大埔组为白色厚层、块状含海百合茎细—中晶白云岩，厚 71 m。在扶绥岜盆，大埔组岩性主要为灰白色块状白云岩，上部夹含白云质生物灰岩，产䗴类化石，总厚 58 m。在龙州霞秀，大埔组下部为浅灰色块状细—中晶白云岩夹白云质灰岩，上部为灰白色块状（夹中厚层）钙质白云岩，产䗴类化石，总厚 174 m。在隆安都结，大埔组以灰色中—厚层砂屑、生物屑灰岩为主，夹细—中晶白云岩、白云质灰岩，产䗴类化石，厚 124 m。

总之，大埔组在桂北、桂中地区灰岩夹层较少，白云岩色白质纯，在桂西地区则含较多的灰岩夹层。

黄龙组　C_2hl　（06－45－0915）

【创名及原始定义】　原称黄龙石灰岩。李四光、朱森（1930）创名，命名地点为江苏省镇江市石马庙西南 3 km 之船山的西端。因该灰岩构成江苏句容县龙潭镇以西黄龙山的主体，又风化后表面呈土黄色而得名。

【沿革】　1934 年，李捷、朱森首先将黄龙石灰岩一名引用于广西，当时他们认为：乐森玥(1929)在广西柳州市创名的马平石灰岩的下部，即珊瑚层和细线贝层就是黄龙石灰岩。1941 年，李四光、赵金科、张文佑把广西黄龙石灰岩底部的白云岩单独划分为大埔白云石层，其余部分仍叫黄龙石灰岩。1962 年，杨敬之等将广西的黄龙石灰岩改为黄龙组，并一直沿用至今。

【现在定义】　为一套灰、浅灰色厚层块状微晶灰岩、生物屑灰岩，底为粗晶灰岩，富产䗴、珊瑚及腕足类化石。上与船山组、下与老虎洞组均为整合接触。

广西应用含义：指整合于大埔组白云岩之上、马平组灰岩之下的一套浅灰—灰色中—厚层生物屑灰岩、生物屑泥晶灰岩、白云质灰岩、白云岩。下以白云岩的消失或灰岩的出现与大埔组分界；上以白云质灰岩、白云岩的消失或灰岩的出现与马平组分界。

【层型】　正层型在江苏省。广西次层型为广西柳州市门头村剖面（45－0915－4－5）。

【地质特征及区域变化】　区内该组主要岩性为浅灰—灰色厚层生物屑灰岩、泥晶灰岩、微晶灰岩为主，夹灰白—浅灰色厚层—块状白云岩。

黄龙组的沉积环境为开阔台地、台地浅滩及半局限台地。

黄龙组含丰富的䗴类、有孔虫、珊瑚、海百合茎及少量牙形石、腕足类、介形类、菊石和藻类。䗴类：*Fusulinella bocki*，*Profusulinella deprati*，*Pseudostaffella ampla*，*Fusulina* sp.，*Ozawainella* sp.，*Staffella* sp.，*Schubertella* sp.，*Eostaffella* sp. 等。有孔虫：*Palaeotextularia brevisepta*，*Plectogyra mosquensis*，*Climacammina parastiloforma*，*Tetrataxis bashkirica*，*T.*

comaxima, *Glomospiranella iniqua*, *Bradyina compressa*, *B. magma*, *B. nautiliformis*, *B. saucra* 等。珊瑚：*Caninia* sp.，*Koninckophyllum* sp.，*Palaeosmilia yohi*，*Dibunophyllum chui*，*Caninophyllum* cf. *quadrifossulum*，*Chaetetes multitabulatus*，*C. quadraangulatus*，*Paracarruthersella* sp. 等。腕足类：*Productus* sp.，*Striatifera* sp.，*Choristites* sp.，*Neospirifer orientalis*，*Linoproductusplanata* 等。菊石 仅在南丹见 *Branneroceras branneri*。牙形石：*Declinognathodus noduliferus noduliferus*，*D. lateralis*，*Idiognathoides sulcatus*，*I. magnifecus*，*Neognathodus bassleri*，*Streptognathodus corrugatus*，*St. expansus*，*Hindeodella* sp. 等。

根据上述古生物组合，黄龙组时代为晚石炭世纳缪尔期至维斯发期。

黄龙组广布于桂中—桂西和桂北地区的贵港市、宾阳、武宣、象州、柳州、宜州、罗城、环江、河池、南丹、天峨、都安、上林、马山、扶绥、隆安、靖西、田林、西林等地，其中以桂中、桂北地区发育较好。柳州往北至柳城大埔，黄龙组急剧变薄，仅有 264 m，岩性以浅灰—灰色厚层、块状微晶灰岩为主，中上部夹少量浅灰色中厚层白云岩。再往东北至平乐、全州等地，黄龙组尖灭，相变为大埔组白云岩。柳州往南至贵港市古樟，黄龙组岩性变化不大，分三部分：下部为浅灰色厚层生物屑泥晶灰岩夹泥晶灰岩；中部为浅灰色厚层含燧石团块泥晶灰岩夹白云岩凸镜体；上部为浅灰—灰色厚层细—中晶白云岩夹泥晶灰岩。生物屑有棘屑、䗴、有孔虫及珊瑚，局部富集，总厚 277 m。柳州往西至宜州德胜，黄龙组顶底均为灰岩，中部夹少量白云岩、白云质灰岩，厚 154 m。宜州往北至罗城黄金，黄龙组白云岩尖灭，全部为浅灰—灰色中—厚层泥晶灰岩，中上部夹少量燧石团块或条带；罗城南部底部夹少量白云岩凸镜体，厚 211～274 m。罗城往西至环江广南，黄龙组下部为灰色亮晶灰岩与灰白—浅灰色泥晶灰岩互层，其中夹两层白云岩；上部为灰夹浅灰、灰白色灰岩，顶部为一层块状白云质灰岩。总厚 374 m。广南往西至河池六甲附近，黄龙组岩性以灰色厚层微晶灰岩为主，下部夹白云质灰岩，含砂屑、砾屑；上部夹藻灰岩、栉壳状生物屑灰岩、砾屑灰岩，具水平层理、波状层理、正粒序层理，产菊石，总厚 455 m。在六甲以南都安三只羊一带，黄龙组内部的白云岩尖灭，岩性为灰色厚层微晶生物屑灰岩，中部夹一层介壳灰岩，具水平层理、逆粒序层理、小型斜层理，厚 322 m。河池六甲至南丹芒场、巴平以东地区，黄龙组岩性以浅灰色厚层生物屑灰岩为主，夹砾屑灰岩、藻屑灰岩、鲕粒灰岩，中部夹 32 m 厚的白云岩，其中产丰富的䗴类、腕足类、菊石、珊瑚及藻类化石。进入丹池盆地，黄龙组尖灭，相变为巴平组和南丹组。柳州至马山古寨，黄龙组分为三部分：下部为灰白色中厚层微晶灰岩夹白色细晶白云岩，含少量燧石结核；中部为白色厚层中晶白云岩；上部为灰白色厚层、微晶灰岩，总厚 214 m。在上林中可至来宾老村，本组尖灭，相变为大埔组。马山至扶绥县城，黄龙组中上部的白云岩逐渐减少，在扶绥大陵及德保马隘等地，白云岩全部尖灭。在田林、西林地区，顶部又出现少量的白云岩、白云质灰岩。

综上所述，黄龙组在广西分布广，层位及岩性比较稳定，以浅灰—灰色厚层生物屑灰岩、泥晶灰岩、微晶灰岩为主，除个别地区外，中上部大多发育灰白—浅灰色厚层—块状白云岩，以此区别于上覆马平组灰岩。从横向看，黄龙组往桂东北相变为大埔组的白云岩，在台地内部的浅水盆地中相变为巴平组深灰色中薄层含燧石条带微晶灰岩，向钦州盆地则相变为板城组硅质岩。

马平组　$C_2^2P_1^1mp$　(06－45－0914)

【创名及原始定义】 原名马平石灰岩。由丁文江于 1928 年创名（野外记录于 1947 年作为遗著发表），乐森珥（1929）介绍，命名地点为柳州市（昔称马平）。在马平与宜山县（今宜州市）一带，指质纯色白的块状灰岩，自下而上划分为珊瑚层、细线贝层和纺缍虫层。属上二叠统。

【沿革】 李捷、朱森（1934）将马平石灰岩分为两部分：下部为黄龙石灰岩，上部为马平石灰岩。李捷、朱森指出，马平石灰岩与上覆地层栖霞灰岩之间无不整合，经重新定义后的马平石灰岩属乌拉尔统，可与船山灰岩对比。1959年中国科学院昆明地质研究所、昆明工学院地质系首次将马平石灰岩改称马平组。之后，不同学者给予马平石灰岩不同的名称，杨敬之等（1962）、广西地矿局（1985）称马平群，本书沿用马平组（表4-13）。

表4-13 广西马平组沿革简表

乐森珥		乐森珥 冯景兰		李捷 朱森		李四光 赵金科 张文佑		赵金科 张文佑	昆明地质研究所等	杨敬之等		陈旭 王建华	广西地质矿产局		钟铿 邝国敦等		本书	
1929		1929		1934		1941		1959	1959	1962		1983	1985		1992			
柳州、宜州		罗城		柳州		柳州		全区		柳州		宜州	全区		宜州		·	
P_3	马平石灰岩	P_3	马平石灰岩	P_1	栖霞灰岩	P_1	栖霞灰岩	栖霞灰岩	栖霞组	P_1	栖霞组	栖霞组	P_1	栖霞阶	P_1^2	栖霞组	P_1^2	栖霞组
				C_3	马平石灰岩	C_3	马平灰岩	马平灰岩	马平组	C_3	马平群	马平组	C_3	马平群	P_1^1—C_2	马平组	P_1^1—C_2	马平组
				C_2	黄龙灰岩	C_2	黄龙灰岩	黄龙灰岩	黄龙组	C_2	黄龙群	黄龙组	C_2	黄龙群		黄龙组		黄龙组

【现在定义】 指整合于黄龙组之上、平行不整合于栖霞组之下的一套灰白色中厚层泥晶灰岩、微晶灰岩、生物屑灰岩、白云质灰岩。下以灰色灰岩或深灰色白云质灰岩的消失或灰白色生物碎屑灰岩的出现与黄龙组分界；上以浅灰色微晶灰岩的消失或泥岩、深灰—灰黑色灰岩的出现与栖霞组分界。

【层型】 创名时未列述剖面，选层型剖面位于广西宜州市庆远镇北郊（108°40′，24°30′）（林甲兴、李家骧、孙全英1990年测制）。

上覆地层：**栖霞组** 深灰色—灰黑色含生物碎屑灰岩

——————— 平行不整合 ———————

马平组 总厚度 722.5 m

44. 浅灰色中厚层泥—微晶灰岩，含生物屑泥—微晶灰岩及微晶灰岩，含少量有孔虫及䗴类化石 *Globivalvulina* sp.，*Neocliscus* sp. 及 *Staffella* sp. 30.0 m
43. 深灰色微晶灰岩，含有孔虫 *Globivalvulina* sp.；䗴 *Staffella* sp. 1.80 m
42. 浅灰色—灰白色厚层微晶灰岩，灰岩中具球状构造，含有孔虫 *Palaeotextularia tongissima*，*Globivalvulina* sp.；䗴类 *Pseudoschwagerina* sp. 16.5 m

41. 灰色—深灰色生物碎屑微晶灰岩，局部具球状构造，含有孔虫 *Globivalvulina* sp.，*Eotuberitina reitlingerae*，*Glomospiranella* sp.，*Glomospira* sp. 7.0 m

40. 灰白色生物碎屑泥晶灰岩，含有孔虫碎片和䗴 *Staffella* sp. 12.0 m

39. 灰白色暗肉色厚层微晶—泥晶生物碎屑灰岩，具球状构造，产有孔虫 *Palaeotextularia licina*，*Deckerella meclia baskirica*，*Cribrogenerina* cf. *maxima*，*Tetrataxis* sp.，*Climacammina laxa*；䗴 *Sphaeroschwagerina* sp.，*Eoparafusulina consobrina*，*Rugosofusulina* sp.，*Quasifusulina* sp. 35.5 m

38. 灰色厚层白云岩及白云质灰岩 11.0 m

37. 灰—深灰色泥—微晶生物碎屑灰岩，含硅质结构，含有孔虫 *Palaeotextularia licina*，*Cribrogenerina prosphaerica*，*Nodosaris* sp.，䗴 *Sphaeroschwagerina* sp.，*Occidentoschwagerina fusulinoides*，*Ozawainella angulata* 13.9 m

36. 浅灰色微—泥晶生物碎屑灰岩。含有孔虫 *Climacammina* cf. *tenuis*，*C. ziguiensis*，*Cribrogenerina* cf. *prosphaerica*，*Eotuberitina reitlingerae*，*Globivalvulina* sp.；䗴 *Rugosofusulina* sp.，*Sphaeroschwagerina* sp.，*Eoparafusulina consobrina*，*Schuagerina gregaria* 8.1 m

35. 灰白色厚层白云质灰岩及白云岩 6.6 m

34. 灰白色厚层泥—微晶生物碎屑灰岩，灰色中厚层泥晶生物碎屑灰岩。含有孔虫 *Climacammina tenuis*，*Cribrogenerina celebrata*，*Palaeotextularia tongissima*，*Tetrataxis clonetzica*，*Eotuberitina reitlingerae*；䗴 *Rugosofusulina* sp.，*Quasifusulina eleganta*，*Sphaeroschwagerina* sp.，*Minojapanella* sp. 17.3 m

33. 灰白色厚层块状微晶生物碎屑灰岩。含有孔虫 *Climacammina* sp.，*Palaeotextularia licina*，*Cribrogenerina prosphaerica*，*Deckerellina* sp.，*Eotuberitina reitlingerae*；䗴 *Occidentoschwagerina beeclei*，*Eoparafusulina baschirica*，*Sphaeroschwagerina* sp. 等 12.0 m

32. 灰色厚层泥晶生物碎屑灰岩，夹硅质条带，产少量䗴类 *Sphaeroschwagerina* sp. 及 *Eoparafusulina* sp. 等 2.5 m

31. 灰色—灰白色厚层泥—微晶生物屑灰岩。产有孔虫 *Climacammina tongissimoidea*，*Cribrogenerina inepta*，*Palaeotextularia licina*，*Globivalvulina* sp.，*Eotuberitina reitlingerae* 及 *Tolypammina* sp.；䗴类 *Quasifusulina eleganta*，*Millerella curvata* 及 *Sphaeroschwagerina* sp. 等 13.5 m

30. 灰白色厚层微晶—泥晶生物屑灰岩，产有孔虫 *Eotuberitina reitlingerae*，*Cribrogenerina* cf. *prosphaerica*，*Climacammina* sp.，*Palaeotextularia* sp.，*Globivalvulina* sp.，*G. cyprica*；䗴 *Eoparafusulina* sp.，*Triticites schwageriniformis*，*Quasifusulina* sp.，*Ozawainella angulata*，*Rugosofusulina* sp. 及 *Sphaeroschwagerina* sp. 等 11.0 m

29. 深灰色中厚层含生物屑泥晶灰岩，产少许䗴 *Sphaeroschwagerina* sp. 及 *Eoparafusulina* sp. 3.2 m

28. 灰白色、灰色泥—微晶生物屑灰岩，下部夹少量黑灰色生物屑泥晶灰岩。富产有孔虫 *Palaeotextularia licina*，*Climacammina spathulata*，*Cribrogenerina guangxiensis*，*Globivalvulina* sp. 等，䗴 *Rugosofusulina deformis*，*Sphaeroschwagerina* sp.，*Rugosochusenella hutienensis*，*Triticites bonus*，*T. schwageriniformis*，*Occidentoschwagerina beedei*，*Pseudofusulina* cf. *vulgaris*，*Quasifusulina* sp. 15.5 m

27. 灰白色厚层泥—微晶生物屑灰岩，产有孔虫 *Neotuberitina maljavkini*，*Eotuberitina veitlingerae*，*Nodosaria* sp.，*Cribrogenerina inepta*，*C. celebrata*，*Palaeotextularia angusta*，*Deckerella* sp.，*Tolypammina fortis*；䗴 *Schwagerina bratowi minor*，*Triti-*

cites sp.，*Quasifusulina* sp. 及 *Rugosofusulina* sp. 等 15.0 m

26. 浅灰色厚层生物屑微晶灰岩，泥—微晶生物屑灰岩，有孔虫 *Cribrogenerina* sp.；䗴 *Triticites umbonoplicatus rhomboides*，*T. schwageriniformis*，*Ozawainella angulata*，*Sphaeroschwagerina* sp. 等 19.0 m

25. 浅灰色—灰色厚层含生物屑泥晶灰岩。产有孔虫 *Palaeotextularia* sp.，*Cribrogenerina prosphaerica*，*Tuberitina* sp.，䗴 *Eoparafusulina* sp.，*Sphaeroschwagerina* sp. 及 *Quasifusulina* sp. 等 31.0 m

24. 浅灰色厚层泥晶生物灰岩，含白云质生物屑泥晶灰岩，产丰富有孔虫 *Glomospira gordialis*，*Tolypammina fortis*，*Eotuberitina* sp.，*Climacammina* sp.，*Cribrogenerina prosphaerica*，*Endothyranella gracilis*，*Tetrataxis angusta*，*Plectogyra mosquensis*，*Nodosaria* sp.，*Bradyina saucraeforme*，*Palaeotextularia* sp.；䗴 *Sphaeroschwagerina* sp.，*Eoparafusulina* sp. 及 *Quasifusulina* sp. 等 7.0 m

23. 灰白色厚层泥—微晶生物屑灰岩，产有孔虫 *Eotuberitina reitlingerae*，*Palaeotextularia oblonga*，*P. licina*，*Cribrogenerina*，*Nodosaria* sp. 等；䗴 *Sphaeroschwagerina* sp.，*Triticites* sp.，*Rugosofusulina* sp. 及 *Pseudofusulina* sp. 等 11 m

22. 灰色、浅灰色厚层生物屑泥晶灰岩，富产有孔虫 *Palaeotextularia eogibbosa*，*P. angusta*，*Climacammina* sp.，*Deckerellina tenwitheca*，*Globivalvulina cyprica*，*Nodosaria* sp.，*Bradyina major*，*Glomospira* sp.，*Tolypammina fortis*，*Eotuberitina reitlingerae* 等；䗴 *Triticites bonus*，*T. subventricosus*，*Rugosofusulina* sp.，*Schwagerina* sp. 及 *Pseudofusulina* sp. 等 19.6 m

21. 浅灰色厚层块状泥晶生物屑灰岩，产有孔虫 *Neotuberitina* sp.，*Ammocliscus* sp.，*Tolypammina fortis*，*Glomospira ishimbaica*，*Globivalvulina cyprica*，*Palaeotextularia primitiva*，*Cribrogenerina maxima*，*Climacammina stiloqorma*，*Tetrataxis clonetzica*，*Plectogyra rzhevica*，*Bradyina major*，*B. magna*，*B. compressa*，*Nodosaria yishanensis* 等；䗴 *Triticites slikhanensis compactus*，*Ozawainella angulata*，*O. pulchella*，*Schwagerina colemani*，*Pseudoschwagerina* sp. 3.7 m

20. 浅灰色泥晶生物屑灰岩，产丰富的有孔虫 *Glomospira* cf. *regularis*，*Glomospiranella* sp.，*Tolypammina fortis*，*Eotuberitina reitlingerae*，*Palaeotextularia angusta*，*Climacammina tongissimoides*，*Globivalvulina cyprica*，*Nodosaria* sp.，*Bradyina saucra* 等；䗴 *Rugosofusulina deformis*，*Triticites longissima*，*Quasifusulina* sp. 及 *Sphaeroschwagerina* sp. 等 8.0 m

19. 浅灰色厚层生物屑灰岩，含有孔虫 *Palaeotextularia oblonga*，*Climacammina parastiloqorma*，*Globivalvulina cyprica*，*Tetrataxis angusta*，*Eotuberitina* sp.，*Glomospira ishimbaica*，*Tolypammina* sp. 及 *Nodosaria* 等；䗴 *Ozawainella angulata*，*Rugosofusulina* sp.，*Triticites* sp. 及 *Pseudoschwagerina* sp. 等 8.8 m

18. 灰色—深灰色生物屑微晶灰岩，含有孔虫 *Palaeotextularia* sp.，*Climacammina* sp.，*Cribrogenerina inepta*，*Globivalvulina* sp. 等；䗴 *Rugosofusulina elliptica*，*Triticites schwageriniformis*，*T. paintensis* 及 *Ozawainella angulata* 16.0 m

17. 浅灰色厚层微—泥晶生物屑灰岩，产丰富的有孔虫 *Palaeotextularia angusta*，*Climacammina eximium eximiformis*，*Cribrogenerina inepta*，*Globivalvulina* sp.，*Bradyina saucra*，*B. compressa* 及 *Nodosaria* sp. 等；䗴 *Ozawainella angulata*，*Triticites schwageriniformis*，*T. sinuosus* 等 54.0 m

15. 灰色—浅灰色中厚层含生物屑微晶白云质灰岩。产少量有孔虫 *Climacammina* sp.，*Bradyina flosuculus*，*B. guangxiensis*，*Globivalvulina* sp.；䗴 *Ozawainella angula-*

ta，*Dunbarinella hughesensis*，*Triticites* sp. 等 26.5 m

14. 灰色—深灰色残余生物屑泥晶灰质白云岩，含少量燧石结核。产有孔虫 *Palaeotextularia tongissima*，*P. dobroljubovae*，*Climacammina prisca*，*Cribrogenerina celebrata*，*Globivalvulina* sp.，*Deckerellina* sp.，*Nodosaria* sp.，*Tetrataxis donetzicus samaricus*，*Dunbarinella progressiva*，*Quasifusulina eleganta* 及 *Rugosofusulina* sp. 等 35.0 m

13. 浅灰色厚层砂屑微晶生物屑灰岩，含少量燧石结核。产有孔虫 *Globivalvulina cyprica*，*Climacammina gigas*，*Cribrogenerina celebrata*，*Tolypammina* sp.，*Palaeotextularia longissima*；䗴 *Triticites simplex*，*T. umbonopicatus* 和 *Rugosofusulina* sp. 等 20.4 m

12. 浅灰色厚层微晶碎屑灰岩。含有孔虫 *Bradyina compressa*，*Climacammina yishanensis*，*C. hunanica*，*Tetrataxis minima latispiralis* 等；䗴 *Triticites longissima* 15.0 m

11. 灰色厚层含生物碎屑泥晶灰岩及残余生物屑微晶灰岩，产有孔虫 *Plectogyrarzhevica*，*Climacammina prisca*，*Palaeotextularia angusta*，*P. longissima*，*Cribrogenerina maxima*，*Globivalvulina cyprica*，*Tetrataxis minima latispiralis*，*Eotuberitina reitlingerae*，*Bradyina compressa minima*，*B. saucraetorma*，*Nodosaria longissima* 等；䗴 *Quasifusulina eleganata*，*Triticites umbonoplicatus*，*Eoparafusulina pseudobocki*，*Ozawainella pseudotingi* 及 *Pseudoschwagerina* sp. 31.0 m

10. 灰白色砂屑微晶灰岩，含少量燧石结核 6.5 m

9. 灰色—灰白色厚层生物碎屑泥—微晶灰岩。产少量有孔虫 *Climacammina tenuis*，*Bradyina nautiliformis*，*Cribrogenerina inepta*，*Globivalvulina* sp. 及䗴 *Triticites* sp. 等 22.2 m

8. 灰白色、肉色细晶白云岩，具燧石条带 5.2 m

7. 灰白色厚层微晶含生物碎屑灰岩及白云质灰岩。产有孔虫 *Globivalvulina* sp.，*Palaeotextularia gibbosaeformis*，*Bradyina nautiliformis*，*Climacammina parastilotorma*，*Eotuberitina reitlingerae* 等；䗴 *Triticites* sp. 7 m

6. 灰白色厚层生物碎屑泥—微晶灰岩，生物屑、砂屑微晶灰岩，含燧石结核。产较丰富的有孔虫 *Climacammina spathulata*，*C. usolensis*，*Palaeotextularia angusta*，*Cribrogenerina climacammaoides*，*Tetrataxis* sp.，*Bradyina saucraeformis*，*B. flosuculus* 等；䗴 *Rugosofusulina* sp.，*Ozawainella angulata* 及 *Triticites* sp. 等 59.0 m

5. 灰白色厚层块状生物屑泥—微晶灰岩，含有孔虫 *Climacammina stileferma*，*Tetrataxis millsapensis*，*Cribrogenerina maxima*，*Neotuberitina* sp.，*Plectogyra mosquensis* 等；䗴 *Triticites parvulus*，*Ozawainella angulata*，*Rugosofusulina* sp. 8.3 m

4. 灰白色、浅灰色含生物屑泥晶灰岩，产有孔虫 *Bradyina saucraeforma*，*Climacammina* sp.，*Palaeotextularia angusta*，*Eotuberitina* sp.，*Plectogyra* sp.，*Globivalvulina* sp.，*Tolypammina* sp. 等；䗴 *Triticites deshengensis*，*Rugosofusulina* sp. 等 20.8 m

3. 灰白色、浅灰色厚层生物屑泥—微晶灰岩，微晶生物碎屑灰岩。产少量有孔虫 *Palaeotextutaria* sp.；䗴 *Triticites* sp.，*Ozawainella* sp.，*Rugosofusulina* sp. 等 25.8 m

2. 灰白色厚层微晶生物碎屑灰岩及泥晶生物灰岩，产丰富有孔虫 *Globivalvulina kantharensis*，*Tolypammina* sp.，*Bradyina modica*，*Cribrogenerina guangxiensis*，*Glomospira ishimbaica*，*Neotuberitina maljavkini*，*Tetrataxis* sp.，*Palaeotextularia angusta elongata* 等；䗴 *Triticites* sp.，*Ozawainella* sp. 等 16.5 m

——————— 整 合 ———————

下伏地层：**黄龙组**：浅灰色厚层微晶—泥晶生物屑灰岩或白云质灰岩。产䗴 *Fusulina* 等

【地质特征及区域变化】 马平组主要为一套生物碎屑泥晶灰岩、生物碎屑微晶灰岩、泥

一微晶灰岩，其中有部分为白云岩及白云质灰岩，区域上岩性变化不大，并且产有大量的有孔虫及𫚔类化石。马平组与上覆栖霞组多呈整合接触，局部为平行不整合接触。

马平组的沉积环境以开阔台地和半局限台地为主，局部为浅滩、潮坪。

马平组产丰富的𫚔、珊瑚、有孔虫、腕足类和少量牙形石、介形类、双壳类、苔藓虫及藻类。𫚔：*Triticites intermedius*, *T. parvalus*, *T. deshengensis*, *Quasifusulina eleganata*, *Montiparus montiparus*, *Protriticites obsoletus*, *Pseudoschwagerina* sp., *Ozawainella angulata*, *Rugosofusulina* sp., *Sphaeroschwagerina* sp. 等。有孔虫个体丰富，属种繁多，主要有：*Globivalvulina kantharensis*, *Bradyina modica*, *B. nautiliformis*, *B. saucraeformis*, *Climacammina tenuis*, *C. climacamminoides*, *Tetrataxis millsapensis*, *Eotuberitina reitlingera* 等。珊瑚：*Pseudocarniaphyllum* sp., *Pseudotimania* sp., *Lonsdaleia* sp., *Fomitchevella kiaeri*, *Caninia trinkleri*, *Amplexocarinia geyeri*, *Lophophyllidium* sp. 等。腕足类主要产于桂中—桂西地区，桂西局部可构成介壳灰岩，有：*Avonia subtuberculatus*, *Eomarginifera mapingensis*, *Enteletes lamarki*, *Richthofenia elegans*, *Krotovia pustula*, *Fimbriaria miniformis* 等。牙形石：*Streptognathodus elongatus*, *St. elegantulus*, *St. gracilis*, *St. wabaunsensis*, *St. eccentricus*, *St. excelsus*, *Neogondolella bisselli*, *Neostreptognathodus sulcoplicatus*, *N. pequopensis* 等。

根据上述化石组合，推断马平组时代为晚石炭世晚期至早二叠世早期。

马平组分布极广，桂北、桂中—桂西地区的柳州、宜州、罗城、环江、河池、南丹、武宣、来宾、贵港、宾阳、上林、马山、忻城、都安、大化、平果、田阳、大新、天等、隆安、靖西、隆林、那坡、乐业等地均有出露。从宜州沿碳酸盐台地往西北至河池六甲，马平组岩性为浅灰色厚层含生物屑微晶灰岩夹砂屑灰岩、生物屑灰岩、核形石灰岩及白云质灰岩，具由砂屑灰岩→含砂屑灰岩→泥晶灰岩组成的韵律层，发育平行层理、波状层理、正粒序层理、鸟眼构造，产𫚔、有孔虫、海百合茎、藻类化石，厚 328～388 m。河池往西北至南丹东晨—者麻一带，马平组为浅灰色厚层亮晶生物屑灰岩、砂屑灰岩，夹微晶灰岩，底部为白云石化灰岩，产丰富的𫚔及少量珊瑚化石，厚 282 m。宜州往东至柳州马鹿山，马平组为灰白—灰色中—厚层泥—细晶有孔虫灰岩、棘屑有孔虫灰岩、有孔虫藻屑灰岩、砂屑生物屑灰岩夹中—细晶白云岩，厚 420 m。柳州往南至贵港古樟，马平组为一套浅灰—灰白色厚层生物屑泥晶灰岩、含生物屑泥晶灰岩及泥晶灰岩，夹少量白云岩凸镜体，灰岩断口具贝壳状或豆腐块状，产大量的𫚔、珊瑚和海百合茎，厚 920 m。往南至宾阳黎塘附近，马平组分为三部分：上部及下部为灰白色厚层泥晶灰岩、生物屑泥晶灰岩，中部为白云质灰岩夹生物屑灰岩。在都安、上林、马山一带，马平组下部及上部常夹白云岩，厚 416～529 m。马平组进入斜坡—盆地相变为南丹组。

鹿寨组　$C_1 l\hat{z}$　(06－45－0904)

【创名及原始定义】　原名鹿寨系。1929 年冯景兰、李殿臣创名，同年冯景兰介绍。命名地点在鹿寨县鹿寨墟（今鹿寨县城）西山，但更好的剖面见于榴江县城（今寨沙）西北。指鹿寨县鹿寨寨沙剖面的 c—e 的地层部分。“此系总厚约二百余公尺，以页岩砂岩为主，中夹厚约数公尺之石灰岩。”“下部为黄色或灰色之页岩，……上部为质颇坚固之含铁砂岩，……下与上泥盆纪之古化石灰岩整合相接，其时代似属于下石炭纪。”

【沿革】　田奇瑰（1936）等用鹿寨系代表桂北的下石炭统。1985 年，阮亦萍、王尚启等在详细研究寨沙剖面后，将鹿寨系改称鹿寨组。一直沿用至今（表 4－14）。

表 4－14　广西鹿寨组沿革简表

<table>
<tr><td colspan="2">冯景兰（介绍）</td><td colspan="3">田奇瑪</td><td colspan="2">阮亦萍
王尚启等</td><td colspan="3">广西石油
地质大队①</td><td colspan="3">钟　铿
邝国敦等②</td><td colspan="2">本　书</td></tr>
<tr><td colspan="2">1929</td><td colspan="3">1936</td><td colspan="2">1985</td><td colspan="3">1988</td><td colspan="3">1992</td><td colspan="2"></td></tr>
<tr><td colspan="2">鹿寨</td><td colspan="3">鹿寨</td><td colspan="2">寨沙</td><td colspan="3">柳州</td><td colspan="3">柳州</td><td colspan="2"></td></tr>
<tr><td rowspan="6">C_1</td><td rowspan="2"></td><td colspan="3">C_2</td><td rowspan="6">C_1</td><td rowspan="6">鹿寨组</td><td rowspan="6">C_1</td><td colspan="2">罗城组</td><td rowspan="6"></td><td colspan="2">罗城组</td><td>C_2</td><td rowspan="6">鹿寨组</td></tr>
<tr><td rowspan="5">C_1</td><td rowspan="5">丰宁纪</td><td>灰岩</td><td colspan="2">寺门组</td><td colspan="2">寺门组</td><td rowspan="5">C_1</td></tr>
<tr><td rowspan="4">鹿寨系</td><td rowspan="4">鹿寨系</td><td colspan="2">黄金组</td><td colspan="2">黄金组</td></tr>
<tr><td rowspan="3">鹿寨组</td><td>上段</td><td rowspan="3">鹿寨组</td><td>上段</td></tr>
<tr><td>中段</td><td>中段</td></tr>
<tr><td>下段</td><td>下段</td></tr>
<tr><td>D_3</td><td>古化石灰岩</td><td>D_3</td><td colspan="2">古化石灰岩</td><td>D_3</td><td>五指山组</td><td>D_3</td><td colspan="2">五指山组</td><td colspan="3">五指山组</td><td>D_3</td><td>五指山组</td></tr>
</table>

【现在定义】　指整合于五指山组之上、大埔组之下的一套灰黑色薄层泥岩夹硅质岩、灰岩和砂岩。下以扁豆状灰岩、疙瘩状灰岩的消失或泥岩、硅质泥岩的出现与五指山组分界；上以灰色泥岩的消失或块状白云岩的出现与大埔组分界。

【层型】　正层型剖面位于广西鹿寨县寨沙镇（109°58′，24°29′）（据阮亦萍等 1985 年重测）。

上覆地层：**大埔组**　白云岩夹微晶灰岩，产䗴化石

——————　整　合　——————

鹿寨组　　　　　　　　　　　　　　　　　　　　　　　　　　　　　　总厚度 96 m

6. 黑色、深灰色泥岩，含碳质及黄铁矿，见生物钻孔。富含 *Eocanites* sp.，*Pseudorietites* sp. 等菊石及薄壳腕足类、双壳类化石　　55 m
5. 黑色泥岩夹薄层硅质岩及砂岩，水平层理发育　　22 m
4. 黑色泥岩。产菊石 *Michiganites* sp. 及少量薄壳腕足类、双壳类　　10 m
3. 黑色泥岩，含碳质及黄铁矿，水平层理发育。产菊石 *Gattendorfia* sp.，*Qiannanites* sp.，*Pseudorietites* sp.　　9 m

——————　整　合　——————

下伏地层：**五指山组**　灰色含泥疙瘩状灰岩、扁豆状灰岩，产菊石 *Kosmoclymenia undulata*，*Cymaclymenia* sp.，*Wocklumeria* sp.；牙形石 *Siphonodella sulcata*，*Polygnathus purus purus*，*Palmatolepis gracilis gracilis*

【地质特征及区域变化】　鹿寨组主要由灰、深灰、灰黑色薄层泥岩、硅质泥岩、硅质岩、页岩、碳质页岩为主，夹灰、深灰色砂屑灰岩、生物碎屑灰岩，部分夹石英砂岩、粉砂岩等

① 广西石油地质大队，1988，1∶5 万柳州钢铁厂幅区域地质报告。
② 钟铿，邝国敦等，1992，广西的石炭系（供审稿）。

岩石组成。厚34～1 566 m不等。该组的中、下部沉积环境是盆地沉积，上部水体变浅，发育垂直生物钻孔和小型斜层理，见植物碎片，为滨海相。

鹿寨组生物化石以菊石、牙形石、介形虫、薄壳腕足类为主，局部产珊瑚、三叶虫、植物碎片和䗴。菊石：*Gattendorfia* sp.，*Pseudorietites* sp.，*Eocanites* sp.，*Qiannanites* sp.，*Cyrtoclymenia* sp. 等，均为西欧杜内阶的重要分子，其中的 *Gattendorfia* 是国际确定的下石炭统底部的带化石。牙形石较丰富，属种多，有 *Pseudopolygnathus pinnatus*，*Scaliognathus anchoralis*，*Gnathodus semiglaber*，*G. bilineatus bilineatus*，*Polygnathus purus purus*，*Declinognathodus* sp.，*Siphonodella sulcata* 等。介形类：*Richterina*（*Richterina*）*latior*，*R.*（*R.*）*costata*，*Maternella circamcostata*，*Entomozoe*（*Nandania*）*asymmetrica*，*Entomoprinitia nitida*，等。腕足类：*Cleiothyridina* ? sp.，*Orhicaloides* sp.，*Comosita* ? sp.，*Dictyoclostus* sp.，*Gigantoproductus* sp.，*Eochoristites chui*，*Rhynchonellia* sp.，*Chonetes* sp.，*Chonetipustula* sp.，*Martiniella* sp.，*Schuchetella gueichouensis* 等。珊瑚主要产于柳州地区鹿寨组的中、上部，有 *Arachnolasma* sp.，*Palaeosmilia* sp.，*Carccinophyllum* sp.，*Diphyphyllum* sp.，*Gangamophyllum* sp.，*Dibunophyllum* sp.，*Melanophyllum* sp. 等。䗴仅于贺县莲塘鹿寨组底部见 *Eostaffella* aff. *tujmasensis*、南丹巴平鹿寨组上部见 *Eostaffella* sp.，上林西燕鹿寨组上部见 *Fusulinella* sp.。

由此可见，鹿寨组时代多为早石炭世，部分地区下延至晚泥盆世晚期，局部上延至晚石炭世早期。

鹿寨组分布于桂中—桂西地区的南丹、河池、宜州、环江、忻城、上林、马山、平果、百色、南宁、柳州、武宣、玉林、融水、鹿寨、桂林、兴安、贺县等地，基本沿盆地展布。从鹿寨往南至柳州，鹿寨组仍分为三部分：下部为灰黑色薄层泥岩、硅质泥岩、海绵骨针硅质岩夹少量泥晶灰岩和扁豆状灰岩；中部为灰—深灰色厚层砂屑灰岩、生物碎屑灰岩夹泥岩；上部为灰白—浅灰色中—厚层细—中粒石英砂岩、岩屑石英砂岩夹灰绿色薄层泥岩、粉砂质泥岩和少量灰岩、白云岩，产牙形石、珊瑚、腕足类化石。总厚为1 566 m。柳州往南至象州—武宣一带，鹿寨组岩性为硅质岩夹泥岩、硅质泥岩。三里一带下部含锰土层，上部夹砂岩，厚度大于213 m。鹿寨往北至桂林附近，岩相分异较大。定江一带分为三部分：下部为灰色薄层硅质岩、硅质页岩、页岩夹灰岩及少量粉砂质页岩，厚87 m；中部为黑色页岩夹粉砂质页岩、钙质页岩、泥灰岩，厚68 m；上部为灰色硅质岩夹黑色页岩，未见顶，厚度大于71 m。桂林南边村附近下部灰岩增多，为深灰—灰黑色硅质条带灰岩、砂屑灰岩夹钙质泥岩。古坪一带无五指山组扁豆状灰岩，鹿寨组直接整合于榴江组硅质岩之上。在贺县莲塘，鹿寨组覆于五指山组扁豆状灰岩之上，未见顶，下部为灰岩夹硅质灰岩，上部为硅质岩夹硅质泥岩，底部产䗴，厚度大于396 m。柳州往西至忻城、宜山一带，鹿寨组岩性仍以硅质岩夹泥岩为主，厚度变薄，多小于300 m。在南丹、河池一带，鹿寨组以深灰—灰黑色薄层泥岩为主，下部夹硅质岩、硅质泥岩，产较粗大的管刺；中上部夹薄—中层硅质条带粒屑灰岩。在南丹更林、河池北香附近，于鹿寨组上部各夹一套厚约20 m的三角洲相厚层石英砂岩夹少量泥岩，两套砂岩体平面上均呈扇形展布，剖面上为楔状体，往盆地中心迅速尖灭，总厚37～492 m不等。在上林、马山、武鸣、平果一带，鹿寨组岩性以硅质岩、硅质泥岩为主夹少量灰岩，厚度57～926 m不等。其中在上林西燕鹿寨组下部为硅质页岩、碳质页岩、页岩夹少量灰岩；中部为灰岩夹少量硅质岩；上部为硅质岩夹少量灰岩，产䗴，总厚度926 m。在马山乔利，鹿寨组以硅质岩为主，夹两层含碳较高的页岩，厚度588 m。在靖西、百色一带，鹿寨组夹大量的灰岩、泥质灰岩，厚约数十米。在田林八渡地区，鹿寨组出露不全，岩性主要为灰黑色薄层泥岩、含锰泥岩、硅质岩、夹少量粉砂质泥岩、泥灰岩，有大量的辉绿岩侵入，下部产浮游介形类。在隆林隆或，鹿寨组平行不整合覆于融县组白云质灰岩之上，岩性为紫红、灰白、灰黄色薄—中层硅质泥岩、硅质岩夹硅质粉砂岩和少量石英砂岩、灰岩凸镜体，厚度仅 34 m。

总之，鹿寨组分布于盆地边缘和内部，越靠近盆地中心，硅质岩越发育，且常常于底部出现中酸性火山凝灰岩，地层厚度多小于 100 m。往盆地边缘，灰岩夹层逐渐增多，地层厚度增大。同时，因海平面迅速下降，在南丹更林、河池北香及柳州等地的盆地边缘发育砂岩楔（图 4－8）。

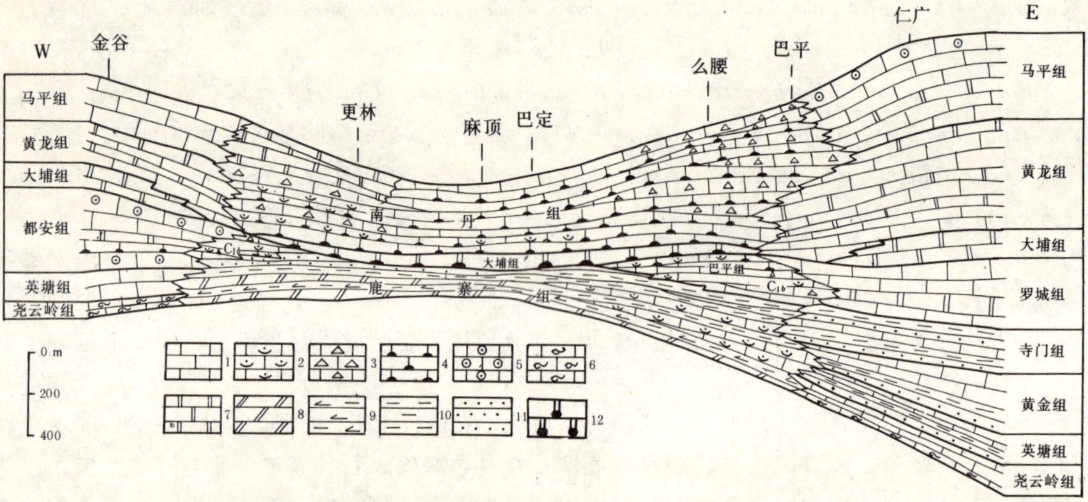

图 4－8　广西南丹地区石炭纪各组空间关系剖面示意图

1. 灰岩；2. 生物屑灰岩；3. 砾屑灰岩；4. 硅质条带灰岩；5. 鲕状灰岩；6. 泥质条带灰岩；7. 白云岩；8. 硅质岩；9. 硅质泥岩；10. 泥岩；11. 砂岩；12. 燧石团块白云岩

巴平组　$C_{1-2}b$　（06－45－0911）

【创名及原始定义】　该组系广西区调队（1987）① 创名，命名地点位于广西南丹县芒场乡巴平街东侧。指位于芒场组之下，巴定组之上，岩性“为一套深灰色薄层微晶灰岩、生物屑灰岩夹塌积岩、硅质岩或硅质条带”的地层。

【沿革】　创名后，沿用至今。

【现在定义】　指整合于鹿寨组之上、黄龙组之下的一套深灰色薄—中层富含硅质条带的微晶灰岩、生物屑灰岩、砾屑灰岩。下以泥岩、砂岩的消失或灰岩的出现与鹿寨组分界；上以薄—中层灰岩的消失或厚层灰岩的出现与黄龙组分界。

【层型】　正层型剖面位于广西南丹县芒场乡（107°28′，25°13′）（广西区调队 1983 年测制）。

上覆地层：**黄龙组**　浅灰—灰色厚层生物屑微晶灰岩、含生物砾屑灰岩夹白云岩

———————— 整　合 ————————

① 广西区域地质调查队，1987，1∶5 万六寨幅、芒场幅、地街 1/4 幅、小场 1/4 幅区域地质调查报告。

巴平组　　　　总厚度 156 m

33. 深灰色薄—中层生物屑灰岩、含微晶砾屑灰岩，硅质条带发育。产牙形石 *Gnathodus bilineatus*, *Hindeodella* sp., *Ozarkodina plana*, *Neoprioniodina singulari*, *N. paracutus*, *Paragnathodus commutatus*, *Mestognathus bipluti*, *Magnilaterella* sp., *Lonchodina furnishi*, *L. clapki*, *Gondolella gymna*, *Spathognathodus* cf. *cristatus*, *S. scitulus*, *Apathognathodus pocata*, *A. geminus*, *Ligonodina youndyi*, *Adetognathus unicornis*；有孔虫 *Biseriella parva* 等　　42 m

32. 深灰色薄—中层微晶生物屑灰岩、生物屑微晶灰岩，富含硅质条带。产牙形石 *Paragnathodus commutatus*, *P. monodosus*, *Gnathodus bilineatus*, *Hindeodella undata*, *Kladognathus macrodentata*, *Lonchodina furnishi*, *Mestognathus bipluti*, *Neoprioniodina paracutus*, *N. singularis*, *N. scitulus*, *Spathognathodus* cf. *cristutus*, *Ozarkodina* sp., *Adetognathus unicornis* 及有孔虫 *Biseriella parva*, *Neoarchaediscus postrugosus*　　19 m

31. 灰色薄—中层亮晶生物屑砾屑灰岩，上部夹生物屑微晶灰岩。产牙形石 *Gnathodus bilineatus*, *Hindeodella undata*, *Mestognathus bipluti*, *Magnilaterella* sp., *Neoprionioodina singularis*, *N. scitulus*, *N. paracutus*, *Ozarkodina plana*, *Paragnathodus commutatus*, *P. monodosus*, *Spathognathodus* cf. *cristutus*, *Adetognathus unicornis*；菊石 *Syngastrioceras* sp. 等；有孔虫 *Biseriella parva*、*Neoarchaediscus postrugosus*　　66 m

30. 灰色薄—中层及中厚层生物屑灰岩。产牙形石 *Gnathodus bilineatus*, *Ozarkodina plana*, *Paragnathodus commutatus*, *Neoprioniodina singularis*, *Hindeodella* sp.；有孔虫 *Neoarchaediscus postrugosus*　　29 m

——————— 整　合 ———————

下伏地层：**鹿寨组**　深灰色泥岩夹泥质硅质岩

【地质特征及区域变化】　巴平组主要由灰、深灰色生物屑灰岩、亮晶生物屑砾屑灰岩、生物屑微晶灰岩等组成，灰岩中硅质条带发育。部分地区为深灰—灰黑色含硅质条带灰岩夹硅质岩。厚度 18～444 m。

巴平组的沉积环境，据其所含的砂屑灰岩、砾屑灰岩、砾块灰岩和滑塌构造推测其为台地前缘斜坡到盆地。

巴平组化石丰富，除菊石、牙形石外，尚有从台地上搬运下来的珊瑚、腕足类、有孔虫和䗴。菊石主要分布在南丹附近，有：*Merocanites* sp., *Dombarites falcatoides*, *Neoglyphioceras subcirclare*, *Proshumadites* sp., *Pericletes pilatus*, *P.* sp., *Syngastrioceras* sp. 等。牙形石非常丰富，分布广，属种多，有：*Gnathodus bilineatus*, *G. semiglaber*, *Adetognathus paralautus*, *A. lautus*, *A. unicornis*, *Hindeodella undata*, *Ozarkodina plana*, *Neoprioniodina singularis*, *N. paracutus*, *N. scitulus*, *Paragnathodus commutatus*, *P. monodosus*, *Mestognathus bipluti*, *Spathognathus tradentatus* 等。珊瑚多产于灰岩砾块中，有：*Neoclisiophyllum* sp., *Kionophyllum* sp., *Hunanoclisia* sp., *Diphyphyllum* sp., *Arachnolasma simplex*, *Kueichouphyllum* sp., *Auloclisa* sp., *Caninia* sp. 等。腕足类仅见少量的 *Gigantoproductus* sp., *Dictyoclostus* sp., *Composila* sp., *Eochoristites chui*, *Martiniella* sp., *Schuchertella gueichouensis*。有孔虫数量丰富，重要属种有：*Neoarchaediscus postrugosus*, *Eotuberitina reilingerae*, *Astreroarchaediscus gregorii*、*Biseriella parva* 等。䗴　仅于丹池地区巴平组上部产少量

Pseudoendothyra sp., *Eostaffella* sp., *Pseudostaffella* sp., *Profusulinella* sp., *Fusulinella* sp.。

根据上述古生物组合，推测巴平组时限为早石炭世维宪期至纳缪尔期，丹池地区局部上延至晚石炭世早期。

巴平组主要分布于盆地边缘及内部，即桂中—桂西地区的南丹、河池、宜州、忻城、柳州、阳朔、上标、武鸣、平果、百色、田林等地。从巴平剖面往东北不远即属碳酸盐台地相，巴平组相变为都安组浅色厚层灰岩。巴平剖面往西至盆地中心的巴定至芒场大水井一带，本组相变为鹿寨组泥岩。再往西至盆地边缘的更林一带，巴平组再次出现，其岩性、厚度特征与巴平剖面相近，底部发育一套 52 m 厚的含硅质条带白云石化灰岩。沿丹池盆地往东南至河池附近，巴平组岩性变化不大，常见水平层理、正粒序层理、小型斜层理等，产珊瑚、牙形石化石，厚度 18～286 m 不等。在北香一带，底部见一套厚约 7 m 的陆源碎屑与碳酸盐岩屑的混合浊积岩，砾块中产珊瑚。在五墟附近巴平组灰岩具白云岩化。在大山塘和九墟附近，巴平组产䗴。在宜州洛东，巴平组厚达 444 m，下部为泥灰岩。而其南不远的洛富一带，巴平组几近尖灭。在柳州附近，巴平组岩性为深灰—灰黑色薄—中层含硅质条带灰岩，上部夹细—粉晶白云岩。在上林冷塘和武鸣板灵等地，巴平组岩性为深灰色中—厚层含硅质团块生物碎屑微晶灰岩、粉晶灰岩、砂屑灰岩，局部发育塌积砾屑灰岩，产珊瑚、腕足类、牙形石、有孔虫，厚 108～299 m。在马山乔利一带，巴平组岩性为含燧石灰岩夹硅质岩，其中夹数层含锰硅质岩，经风化淋滤后，形成锰矿体。在平果附近，本组局部灰岩白云岩化。在百色附近，巴平组占据整个下石炭统，岩性为灰岩、泥质灰岩夹硅质岩、泥岩，厚度 34 m。在田林八渡地区，巴平组绝大部分为辉绿岩侵入，零星出露，岩性为浅灰—灰白色薄—中层状大理岩化灰岩（原岩为硅质条带或泥质条带微晶灰岩）夹泥岩、粉砂质泥岩、硅质岩。

南丹组　$C_2P_1^1n$　(06-45-0910)

【创名及原始定义】　广西区调队（1987）① 创名，命名地点在南丹县六寨镇么腰。指大埔组白云岩之上、龙马组泥岩之下的一套深灰色薄层泥晶灰岩夹数层生物屑砾屑灰岩、生物屑灰岩，富含硅质条带及结核的岩石组合。

【沿革】　建组之后，沿用至今。

【现在定义】　指整合于大埔组白云岩之上、四大寨组龙马段泥岩之下的一套深灰色中薄层含燧石条带泥晶灰岩夹厚层生物屑灰岩、砾屑灰岩、白云岩。下以厚层白云岩的消失或生物泥晶灰岩的出现与大埔组分界；上以砾屑灰岩的消失或泥岩的出现与四大寨组龙马段分界。

【层型】　正层型剖面位于广西南丹县六寨镇么腰（107°23′，25°19′）（据广西区调队 1987 年测定）。

上覆地层：**四大寨组龙马段**　泥岩，产菊石等化石

——————— 整　合 ———————

南丹组　　总厚度 543 m

30. 灰色砾屑灰岩，产䗴 *Triticites*, *Paramontiparus* sp., *Quasifusulina* sp., *Occidentoschwagerina* sp.　　8 m

---

① 广西区域地质调查队，1987，1∶5 万六寨幅、芒场幅、地街 1/4 幅、小场 1/4 幅区域地质调查报告。

29. 浮土覆盖 27 m

28. 上部灰色厚层状生物屑灰岩，下部薄层生物屑灰岩。产䗴 *Schwagerina* sp. 19 m

27. 深灰色中薄层状泥晶灰岩夹薄层硅质岩 40 m

26. 深灰色中薄层状生物屑灰岩，底部为生物屑砾屑灰岩。产菊石 *Pronorites* sp.，*Agathiceras* sp.，*Neopronorites* sp.，*Metapronorites* sp.，*Prothalassoceras* sp.，*Paragastrioceras* sp.，*Glaphyrites* sp.；䗴 *Schwagerina cervicalis*，*Rugosofusulina* sp.，*Pseudoschwagerina hunanensis*，*Schwagerina* sp.，*Pseudoschwagerina fluxa*，*Quasifusulina* sp. 21 m

25. 深灰色中薄层泥晶灰岩夹薄层硅质岩 18 m

24. 浮土覆盖 12 m

23. 下部为深灰色中薄层状泥质灰岩夹薄层硅质岩 36 m

22. 浅灰色厚层状生物屑砾状灰岩，棱角状砾块为浅色生物屑灰岩，底面不平并切割下伏层面，上部为深灰色中薄层状泥晶灰岩夹薄层硅质岩。产菊石 *Metalegoceras* sp.；䗴 *Robustoschwagerina* sp.，*Pseudoschwagerina* sp. 13 m

21. 暗灰色中薄层状泥晶灰岩夹硅质条带 13 m

20. 深灰色中薄层状泥晶灰岩夹生物屑砾屑灰岩及硅质薄层。产䗴 *Pseudofusulina* sp.，*Triticites* sp.，*Rugosofusulina* sp.，*Quasifusulina* sp.；牙形石 *Streptognathodus elongatus* 35 m

19. 灰色厚层块状生物屑灰岩。产丰富菊石 *Artinskia* sp.，*Pronorites plummeri*，*Emilites* cf. *prosperus*，*Agathiceras valgutum*，*Marathonites* sp.，*Metapronorites timorensis*，*Eoasianites subhanieli*，*Boesites intercalaris*，*Sverflanoceras* sp.；䗴 *Triticites huanglienhsiaensis*，*T. subglobarus*，*T. umbonoplicatus*，*Occidentoschwagerina* sp.；牙形石 *Hindeodella* sp. 11 m

18. 深灰色中薄层状泥晶灰岩夹薄层硅质岩，底部为一层生物屑灰岩，水平层理发育。产䗴 *Triticites hiombiformis*，*T. turgidus*，*Staffella* sp. 13 m

17. 深灰色、中薄层状泥晶灰岩，底部生物屑灰岩。产䗴 *Triticites paramontiparus*，*T. noinskyi*，*T. cellamagnus*；牙形石 *Streptognathodus elongatus*，*St. elegantulus*；菊石 *Agathiceras* sp. 18 m

16. 深灰色中薄层状泥晶灰岩，底部生物屑灰岩。产䗴 *Triticites* sp.，*T. paramontiparus* 18 m

15. 深灰色中薄层—厚层状泥晶灰岩夹少许生物屑灰岩。产䗴 *Triticites* sp.，*T. paramontiparus*，*T. cimbonoplicatus rhomboides*，*T. paralus*；牙形石 *Hindeodus scitulus*，*Streptognathodus elegantulus* 7 m

14. 深灰色中薄层状泥晶灰岩，底部为一层 1.5 m 厚的白云石化灰岩。产䗴 *Triticites* sp.，*T. subrhonboides*；牙形石 *Hindeodus scitulus*，*Streptognathodus elegantulus* 7 m

13. 深灰色泥晶灰岩、白云岩、白云石化生物屑灰岩夹硅质薄层。见菊石碎片 7 m

12. 深灰色含生物泥晶灰岩夹硅质薄层。产牙形石 *Streptognathodus elegantulus* 21 m

——————— 整　合 ———————

下伏地层：**大埔组**　深灰色白云岩夹泥晶灰岩。产牙形石

【地质特征及区域变化】　南丹组以深灰色中薄—厚层微晶灰岩、生物泥晶灰岩为主，夹生物屑砾屑灰岩、白云岩，岩石普遍含硅质薄层、条带和团块，具水平层理、正粒序层理，滑塌构造，生物有菊石、牙形石、䗴、珊瑚、腕足类，除前者外，其余多经搬运。厚 281～1 934 m。该组的沉积环境为盆地环境。

生物以菊石、牙形石、䗴为主，也有少量的珊瑚和腕足类。菊石：有 *Artinskia* sp.，*Pronorites plummeri*，*Emilites* cf. *prosperus*，*Agathiceras vulgutum*，*Marathonites* sp.，*Metapronorites timorensis*，*Eoasianites subhanieli*，*Boesites intercalaris*，*Sverflanoceras* sp.，*Neopronorites* sp. 等，为我国首次发现的阿谢尔菊石群的重要分子。牙形石：*Streptognathodus excelsus*，*St. gracilis*，*St. elegantulus*，*St. elongatus*，*Idiognathodus magnificus*，*Hindeodus scitulus*，*Anchignathodus scitulus* 等。䗴：*Triticites sublobarus*，*T. umbonoplicatus*，*T. huanglienhsiaensis*，*T. paramontiparus*，*T. cellamagnus*，*Occidentoschwagerina* sp.，*Pseudoschwagerina* sp.，*Ps. hunanensis*，*Quasifusulina* sp.，*Schwagerina cervicalis*，*Montiparus* sp. 等。

综上所述，南丹组时限为晚石炭世至早二叠世。

南丹组主要分布于桂西、桂中地区的南丹、河池、宜州、忻城、柳州、来宾、上林、马山、武鸣、平果、天等、靖西、巴马、百色、田林等地。六寨往西，在丹池盆地西缘的更林至罗更一带，南丹组整合覆于巴平组之上，下部为泥晶灰岩、微晶灰岩夹生物屑灰岩，底部为砾块灰岩，具滑塌构造，上部为具膏盐孔的细晶白云岩夹泥晶灰岩，总厚度是 281 m。沿丹池盆地往东南至河池，岩性变化不大。在河池镇附近南丹组分为两段：下段为深灰色中厚层含燧石条带微晶灰岩夹生物屑灰岩；上段以深灰色中厚层白云岩为主夹灰岩和燧石条带。产少量䗴化石，总厚度是 378 m。在柳州附近，南丹组岩性为深灰—灰黑色薄—厚层含生物碎屑泥—粉晶灰岩，夹硅质条带或结核，下部夹灰—深灰色中厚层或凸镜状泥—细晶白云岩、灰质白云岩；上部夹灰—灰黑色厚层—块状同生角砾岩，硅质薄层（结核或条带）与灰岩相间出现，产丰富的䗴和牙形石化石，厚度大于 378 m。在来宾迁江及马山乔利等地，南丹组岩性为灰色中厚层含燧石条带灰岩，厚度变薄，为 43～200 m。在来宾良塘，南丹组深灰色厚层燧石条带灰岩中夹较多的白云岩、白云质灰岩，厚达 1 934 m。在天等上映，本组岩性为浅灰—深灰色薄—厚层灰岩夹燧石层、条带或团块，中上部夹含白云质灰岩，厚 714 m。

板城组　C_1P_1b　(06-45-0913)

【创名及原始定义】　钟铿、邝国敦等（1992）[①] 创名，命名地点在广西钦州市板城镇田车村附近。指石夹组与上二叠统之间的一套灰黄色、褐灰色含泥硅质岩、泥质硅质岩、硅质泥岩、泥岩，夹硅质岩、硅质页岩及含锰硅质岩等。属上石炭统至下二叠统。

【沿革】　建组之前，多数学者把其划分为未分石炭系的上部和下二叠统。本书采用板城组一名。

【现在定义】　指石夹组深灰色硅质岩之上、彭久组熔岩之下的一套灰黄、褐灰色薄层硅质岩、泥质硅质岩、硅质页岩、泥岩。下以深灰色硅质岩的消失或灰黄色硅质岩的出现与石夹组整合接触；上以硅质岩的消失或酸性熔岩的出现与彭久组呈不整合接触。

【层型】　正层型剖面位于广西钦州市板城镇（108°40′，22°18′）（钟铿、邝国敦等 1992 年测制）。

上覆地层：**彭久组**　灰绿、淡绿色似层状—层状酸性熔岩及凝灰岩、酸性球状凝灰熔岩

～～～～～～～ 不 整 合 ～～～～～～～

① 钟铿、邝国敦等，1992，广西的石炭系（供审稿）。

板城组　　总厚度 220.5 m

13—11. 浅褐灰色薄层含泥硅质岩、泥质硅质岩　　40 m

10. 灰黄色薄层硅质岩，灰黄色薄层泥岩夹灰黄色硅质页岩，岩层层面平整，常破碎成片状，产少量牙形石 *Neogondolella* sp.　　60 m

9. 灰黄色薄层泥质硅质岩及泥岩　　30 m

8. 掩盖（硅质岩碎块）　　60 m

7—6. 灰黄色薄层硅质岩、泥岩夹硅质页岩，上部灰黄色硅质岩与泥岩互层，往上泥岩增多，硅质岩中含放射虫 *Pseudoalbaillella* sp.　　20 m

5. 灰黄色、褐灰色薄层硅质岩、泥质硅质岩，含锰硅质页岩及硅质岩。含锰层厚度 0.5～0.6 m，锰矿沿裂隙淋滤充填，共 2～3 层。该段露头不好，覆盖多　　10 m

———— 整　合 ————

下伏地层：**石夹组**　深灰色带暗灰绿色薄层硅质岩

【地质特征及区域变化】　板城组主要岩性以灰黄、褐灰色薄层硅质岩、硅质页岩、泥岩为主，夹含锰硅质岩、浅褐黄色粉砂岩、粉砂质泥岩，具水平层理。厚约 220～300 m。

该组的沉积环境为较深水的盆地环境。

板城组产放射虫、牙形石、介形类、腕足类、双壳类等化石。放射虫有 *Pseudoalbaillella* sp.，*Nazarovella gracilis*，*Albaillella trianguluris*，*Triplanospongos* cf. *musashiensis*，*Hegleria mammifera*，*Follicucullus bipartitus*，*F. charveti*，*Ishigaum* cf. *obesum* 等。牙形石　仅于板城附近见 *Neogondolella* sp.，*Gnathodus* sp.。介形类于板城石夹水库附近见 *Cathaysia* sp.，*Bairdia* cf. *trianguliformis*，*Bythocypris* sp. 等。双壳类有 *Ariculopecten* sp.，*Guizhoupecten* sp.，*Liebea* sp.，*Myalina* sp. 等。腕足类有 *Cranaena* sp.，*Orthotichia yuechiensis* 等。

根据上述化石组合，推断板城组时代为早石炭世末至早二叠世。

板城组主要分布于钦州板城、小董至灵山太平一带。

栖霞组　P_1q　（06－45－1001）

【创名及原始定义】　李希霍芬（1912）于南京东郊栖霞山创栖霞灰岩。指南京栖霞山泥盆系五通砂岩与南京砂岩（即钟山层）之间一大套深灰—暗灰色夹燧石结核厚层灰岩、灰岩及泥灰岩等序列。产珊瑚、腕足类和海绵等化石。命名为栖霞灰岩（Hsihsia Kalkstein），定其时代为下石炭纪，南京砂岩为上石炭纪。

【沿革】　乐森琈等（1928）引用“栖霞灰岩”于广西，代表早二叠世早期沉积。此后，栖霞组一名一直沿用至今。

【现在定义】　指船山组与孤峰组之间的一套碳酸盐岩。自下而上：碎屑岩夹煤线；臭灰岩层为灰黑色沥青质中厚层泥晶灰岩；下硅质层为灰黑色薄层硅质层夹灰岩；本部灰岩为深灰色厚层含燧石结核微晶灰岩、生物屑灰岩；上硅质层为灰黑色中薄层硅质层夹灰岩。含䗴、珊瑚等。与下伏船山组呈平行不整合接触，与上覆孤峰组为整合接触。

广西应用含义：指位于马平组之上、孤峰组之下的一套主要为深灰、灰黑色薄—厚层状泥晶灰岩组合，含泥质条带、硅质条带和结核。下以灰色生物碎屑灰岩的消失或灰黑色泥晶灰岩的出现与马平组分界，呈平行不整合接触；上以灰色硅质条带灰岩的消失或灰色薄—中层状含锰硅质岩的出现与孤峰组分界，为整合接触。

【层型】 正层型在江苏省。广西的次层型为广西柳州市小楼梯山剖面(45-1001-4-1)。

【地质特征及区域变化】 栖霞组主要由生物碎屑泥—粉晶灰岩，含生物碎屑泥—粉晶灰岩、泥晶藻屑灰岩、生物碎屑泥晶灰岩、亮晶生物屑灰岩等组成，色深，以深灰、灰黑色为主，薄—中厚层状，层间常夹泥质条带，或硅质条带和结核，厚 13～688 m。

本组底部于南丹、全州、平乐等地为滨岸碎屑岩相沉积；于其它地区则属半局限—开阔台地相沉积，中上部亦为半局限—开阔台地相沉积。

古生物群种类繁多，主要化石有䗴：*Misellina claudiae*，*M. ovalis*，*Parafusulina multiseptata*，*Schwagerina* cf. *chihsiaensis*，*Sphaerulina crassispira*，*S. zisongzhenensis*，*Schubertella pseudogiraudi*；珊瑚：*Hayasakaia gigantea*，*H.* cf. *elegantula*，*Verbeekiella* sp.，*Wentzellophyllum volzi*，*Polythecalis intermedia*，*P. yangtzeensis*，*Michelinia* sp.，*Yatsengia* sp.；腕足类：*Punctospirifer* sp.，*Dictyoclostus* sp.；菊石：*Kufengoceras* sp.，*Altudoceras* sp.；藻类：*Pseudovirmiporella*；苔藓虫：*Fenestella* sp.；介形类：*Baridia altiarcus*，*B. trianguliformis*，*Bairdianella* sp.，*Microcheilinella* sp.；古植物：*Taeniopteris shansiensis* 等。该组时代为早二叠世早期。

栖霞组广布于桂西北、桂中和桂西南地区，桂东北地区仅有零星出露。该组岩性在各地均较稳定，仅局部略有变化。在南丹里湖、仁广、蛮蜂等地，本组底部见有厚约 2～10 m 之灰色砂岩及页岩；宜山等地底部夹有少量黑色页岩；荔蒲、平乐一带底部有黑色碳质页岩、铝土质泥岩、铝土岩、煤层等，厚 0.8～12 m。桂西大部分地区栖霞组深灰色灰岩中常夹浅色白云质灰岩和白云岩，厚度 100～300 m（图 4-9）。而在桂西零星地区，如靖西县南坡、安德、田东县陇达、田林高龙、平果县果化等地，相当于栖霞组的层位岩性已变为灰色或灰白色厚层块状灰岩，产有丰富的米斯䗴，与茅口组岩性一致，无法区分。

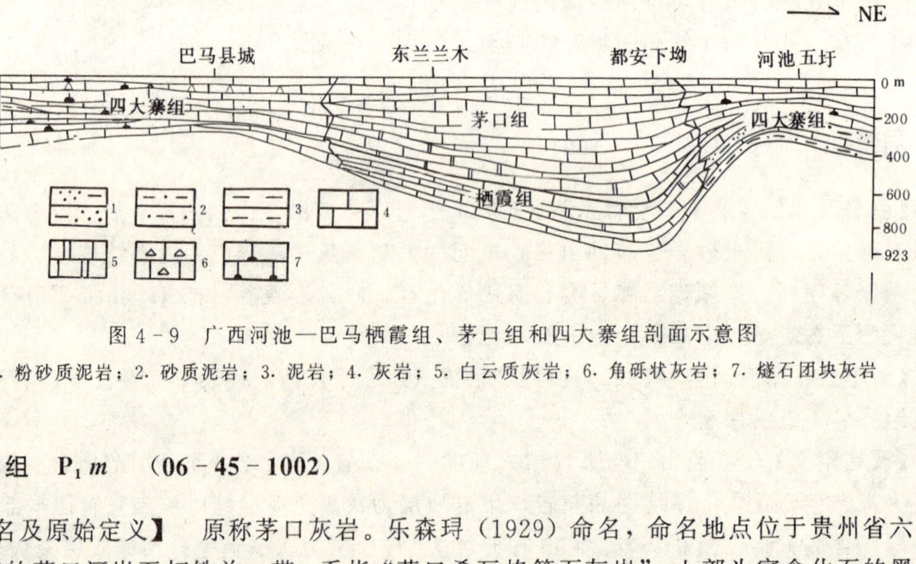

图 4-9 广西河池—巴马栖霞组、茅口组和四大寨组剖面示意图

1. 粉砂质泥岩；2. 砂质泥岩；3. 泥岩；4. 灰岩；5. 白云质灰岩；6. 角砾状灰岩；7. 燧石团块灰岩

茅口组 P_1m (06-45-1002)

【创名及原始定义】 原称茅口灰岩。乐森珥（1929）命名，命名地点位于贵州省六盘水市郎岱镇的茅口河岸至打铁关一带。系指“茅口希瓦格䗴石灰岩”：上部为富含化石的黑色致密灰岩；下部为浅灰色薄层灰岩，含纺锤䗴科新希瓦格䗴（*Neoschwagerina*）、有孔虫（*Doliolina*）及珊瑚，时代为下二叠统，伏于富含 *Lyttonia* 的中二叠统煤系（轿子山煤系）之下。

【沿革】 1933 年，李捷、张文佑将其引用于广西来宾。1963 年，盛金章将其称为茅口组，并一直沿用至今。

【现在定义】 指整合于栖霞组深灰色燧石灰岩之上，平行不整合于龙潭组粘土岩之下的一套深灰、灰、浅灰色白云质斑块灰岩、灰岩及深灰色含燧石结核灰岩，夹少量白云岩组成，富含䗴、珊瑚以及腕足类。底以浅灰色白云质斑块灰岩出现或燧石灰岩的消失与栖霞组分界，顶以黄灰色粘土岩出现与龙潭组分界。

广西应用含义：指位于栖霞组与合山组之间的一套浅色厚层块状灰岩，有时夹燧石团块灰岩、白云岩、白云质灰岩组合。下以深色中厚层灰岩的消失或浅色灰岩的出现与栖霞组分界，整合接触；上以浅色灰岩的消失或深色泥岩、灰岩的出现与合山组分界，平行不整合接触。

【层型】 选层型在贵州省。广西的次层型为柳城县凤山镇摩天岭剖面(45-1002-4-1)。

【地质特征及区域变化】 区内该组岩性由灰白—浅色厚层块状亮晶灰岩、生物屑泥晶灰岩、粉泥晶生物碎屑团粒灰岩、生物碎屑藻团粒灰岩、藻海绵骨架等、藻球粒粘结岩，夹白云岩、白云质灰岩和燧石团块或硅质条带等组成，厚 0～932 m。其与下伏栖霞组或马平组呈整合接触，与上覆合山组或龙潭组呈平行不整合接触。

本组为浅水沉积环境，属碳酸盐台地相。

古生物群以䗴类最为丰富，珊瑚、腕足类次之，有时可见菊石、有孔虫、苔藓虫、藻类、腹足类及双壳类等。如䗴类：*Neoschwagerina*，*Verbeekina*，*Parafusulina gigantea*，*Neomisellina*，*Pseudodoliolina*，*Sumatrina* sp.，*Nankinella* sp.，*Cancellina* sp.，*Yangchienia*.，*Afghanella* sp.，*Kahlerina* sp.；珊瑚：*Wentzelella*，*Waagenophyllum*，*Ipciphyllum*；腕足类：*Neospirifer* sp.，*Cancrinella*.，*Waagenconcha*，*Dictyoclostus* 等。时代属早二叠世晚期。

茅口组主要分布于桂北、桂中、桂西地区，桂东北、桂南亦有零星出露。茅口组岩性各地大致相同，唯其厚度有所差别，本组时限亦因地而异。处于茅口组与孤峰组相变过渡地带的桂中、桂北地区，茅口组的岩性一般颜色稍深，含有大量的燧石团块或硅质条带，有时稍含泥质，一般厚 300～600 m，上林县塘红最厚，达 923 m。桂西、桂西南地区，燧石或硅质相对减少，白云质灰岩、白云岩增多（如图 4－10)，并发育硅质岩。一些地方形成生物礁，如宁明亭亮生物礁，乐业通槽生物礁，田林高龙生物礁，凌云生物礁，平果海城生物礁，隆林祥播生物礁等等（如图 4－10)，一般厚 200～400 m，东兰县兰木和都安瑶族自治县下坳最厚，达 463 m。

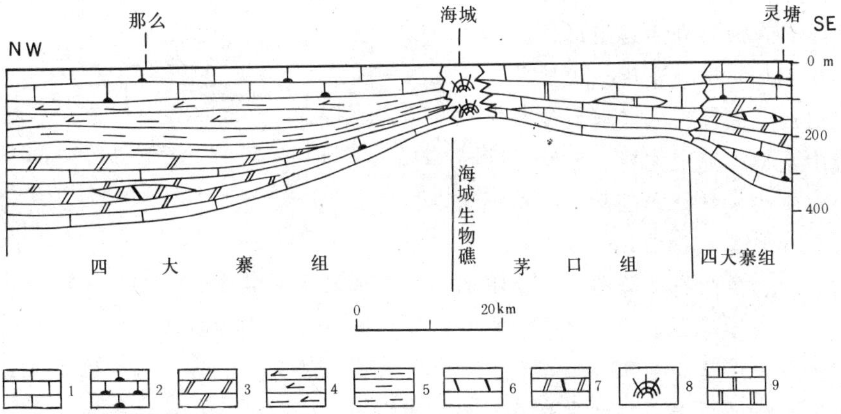

图 4－10　广西平果海城一带茅口组剖面示意图

1. 灰岩；2. 含燧石灰岩；3. 硅质岩；4. 硅质页岩；5. 泥岩；6. 锰土；7. 含锰硅质岩；8. 礁灰岩；9. 白云质灰岩、白云岩

孤峰组　P_1g　（06－45－1003）

【创名及原始定义】　朱森、刘祖彝（1932）命名，命名地点位于安徽省泾县孤峰镇胡家村。原指“黑色灰质页岩及硅质岩甚富之灰岩等，间于栖霞灰岩及龙潭煤系间，底部之灰质黑色页岩含化石丰，其最著者为菊石及腕足类”。

【沿革】　1941年，李四光等将孤峰组引用于广西，并一直沿用至今。

【现在定义】　指整合于栖霞组之上、龙潭组之下，岩性为薄层硅质岩、硅质页岩夹粉砂质泥岩，下部页岩含锰及磷结核。含腕足类、菊石、双壳类、放射虫等化石。

广西应用含义：指整合于栖霞组之上、平行不整合于合山组之下的一套硅质岩、硅质泥岩组合的地层。下以灰岩的消失或硅质岩的出现与栖霞组分界；上以硅质岩的消失或灰岩的出现与合山组分界。

【层型】　正层型在安徽省。广西的次层型为广西柳州市通天岩剖面（45－1003－4－1）。

【地质特征及区域变化】　区内本组主要由灰—灰黑色薄层硅质岩、含锰硅质岩组成，夹有凝灰岩、泥岩、泥灰岩和灰岩。厚30～150余米。区域上与上覆合山组呈平行不整合接触，或与龙潭组呈整合接触，个别地区其上覆地层为大隆组，两者接触关系不明。

本组为滨岸凹地沉积。

古生物以菊石、腕足类为主，次为珊瑚、䗴类、腹足类、三叶虫、海百合茎及少许植物。菊石：*Kufengoceras simplex*，*K. latiumbilicatum*，*K. shengi*，*Strigogoniatites liuchowensis*，*S. nodosus*，*Shengoceras lenticulare*，*Stacheoceras*，*Gastrioceras*，*Waagenoceras*，*Altudoceras*，*Pseudogastrioceras*，*Medlicottla*，*Paraceltites*；腕足类：*Lingula*，*Straparollus*，*Punctospirifer*，*Dictyoclostus*，*Chonetes spinulostriatus*，*Chaoia* 等。本组时代为早二叠世晚期。

孤峰组大致分布在永福、鹿寨、柳江县洛满、忻城县大塘、来宾县城至宾阳黎塘一线以东地区，零星地出露于全州、平乐、荔浦、柳州市三门江、柳江县四方塘和思荣、来宾凤凰、南泗、象州石龙、贵港市樟木、山北等地。本组岩性于各地甚为相似，全州县黑木山等地为灰黑色、黑色硅质岩，下部夹灰岩凸镜体，厚102 m。平乐二塘一带几乎全由浅灰色—黑色薄层硅质岩组成，厚131 m。柳州一带主要由深灰—灰黑色薄层硅质岩组成，底部夹一层玻屑凝灰岩，底部或中上部局部夹泥岩、含锰泥岩，顶部局部夹少量骨针泥晶灰岩凸镜体，厚17～72 m。来宾鹅头山一带，以及来宾南泗衣滩、象州石龙等地，该组下部为灰色薄层钙质硅质岩，上部为钙质硅质岩与含锰硅质灰岩（如图4－11）。来宾凤凰、六岭、象州大蒙等地则为浅灰—深灰色薄层硅质岩和含锰硅质岩夹灰岩，厚30～80 m。贵港市樟木、山北一带，为灰白、灰黄色薄～中层粉砂质硅质岩夹灰黑色碳质页岩，底部夹有灰岩和硅质岩，厚136～158 m。

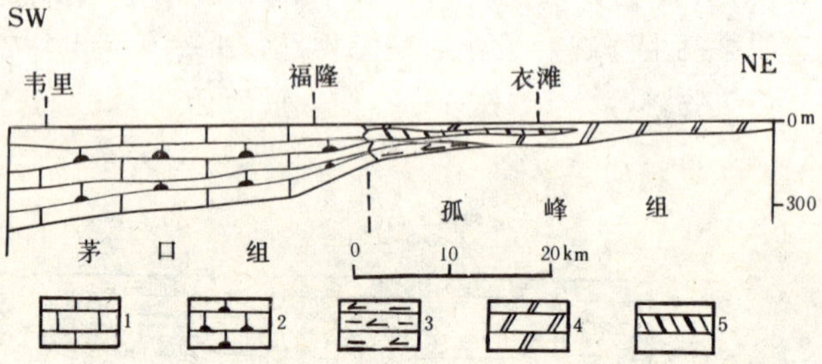

图4－11　广西来宾韦里—衣滩茅口组、孤峰组剖面示意图
1. 灰岩；2. 燧石灰岩；3. 硅质页岩；4. 硅质岩；5. 含锰层

四大寨组　$P_{1-2}sd$　（06－45－1004）

【创名及原始定义】　肖伟民等（1986）创名，创名地点位于贵州省紫云县四大寨乡晒瓦

附近。指整合于马平组和上二叠统晒瓦群之间的一套以重力流沉积为主的碳酸盐岩、粘土岩、硅质岩。生物化石稀少，主要产菊石和放射虫，分为2段：下部称改交段，上部为冲头段，厚364 m。

【沿革】 广西过去一直将与“四大寨组”岩性一致的地层依据䗴科化石分别划归栖霞组和茅口组。经研究，广西该套地层与栖霞组和茅口组迥然不同，故本书现将此套地层沿用贵州省之“四大寨组”一名。

【现在定义】 指整合于南丹组（小浪风关组）和领薅组之间的一套由硅质岩、粘土岩、砾屑灰岩和燧石条带灰岩所组成的地层。由下至上分为改交段（粘土岩为主）；冲头段（灰岩为主）。下以砾屑灰岩与南丹组（小浪风关组）灰岩分界。上以硅质岩出现与领薅组分界。

广西应用含义：指整合于南丹组之上、领薅组之下的一套由砾屑灰岩、泥晶灰岩、燧石条带灰岩、泥岩、硅质岩等组成的地层，并由下至上分为龙马段（以泥岩为主）和拔旺段（以灰岩为主）。下以深灰色含硅质条带或团块微晶灰岩的消失或深灰色绢云泥岩、粉砂岩的出现与南丹组分界；上以灰色生物灰岩夹硅质岩的消失或硅质岩夹泥质粉砂岩的出现与领薅组分界。

【层型】 正层型在贵州省。广西的次层型为河池市五墟乡莲花坳剖面（45-1004-4-1），广西南丹县六寨乡巴定剖面（45-1004-4-3）。

【地质特征及区域变化】 区内本组岩性以生物屑灰岩、砾屑灰岩、燧石条带灰岩为主，次为泥岩、硅质岩等组成。厚86～588 m。与上覆硅质岩、泥质粉砂岩等组成的领薅组或下三叠统南洪组页岩呈整合接触。

四大寨组沉积环境主要属前缘斜坡环境。

古生物以菊石和䗴为主，牙形石次之，另有少量的腕足类，珊瑚、藻类等。菊石：*Altudoceras* sp.，*Strigogoniatites* sp.，*Artioceras* sp.，*Prothalassoceras* sp.，*Gastropodus* sp.，*Medlicotidae* sp.，*Synortinskia* sp.；䗴：*Neomisellina* sp.，*Paraverbeekina* sp，*Parafusulina* sp.，*Reichlina* sp；牙形石：*Anchignathodus* sp.，*Hindeodella* sp.，*Sweetognathodus* sp.，*Neogodolella* sp.，*Neognathodus* sp. 等。时代为早二叠世至晚二叠世。

四大寨组主要分布在桂西北、桂西南、桂西地区，零星出露于河池五墟、九墟、南丹六寨、巴平、田林八渡、百色巴平、阳墟、巴马县、田东义墟、印茶、平果灵塘、德保县龙光、武鸣灵马、那榕及上林县等地。本组于各地岩性变化不大，时限因地而异。河池五墟、九墟等地，岩性分两部分，下部龙马段以泥岩为主，夹少量粉砂质泥岩、硅质岩，上部拔旺段为微晶灰岩、燧石条带微晶灰岩夹硅质岩，岩性自北向南燧石增多，但自下而上燧石条带逐渐减少。岩性自东向西亦有所变化（图4-12），厚350～700余米不等。南丹六寨、巴平，本组岩性分两部分，底部龙马段泥岩中含白云质，粉砂岩渐变成细粒石英砂岩，上部拔旺段砾屑灰岩、燧石条带灰岩遂渐增多，局部夹白云质团块，厚368 m。田林八渡，该组下部为一套灰、深灰色巨厚层状角砾状灰岩夹少量硅质岩，上部为深灰、灰黑色中层状硅质条带细晶灰岩、硅质岩及角砾状灰岩，厚86 m。百色阳墟、巴平、龙川一带，以灰、深灰色薄层状含燧石结核灰岩、硅质条带灰岩夹灰岩为主，局部为硅质岩、硅质泥岩夹泥岩，厚15～80 m。田东义墟、印茶、平果灵塘及武鸣龙马、那榕、上林云蒙等地，岩性为灰—灰黑色砂岩、硅质岩、泥晶灰岩，泥岩及含锰硅质岩，偶夹白云岩或白云质团块，岩石普遍含燧石结核或条带，厚15～580余米不等，其中之平果灵塘和田东那么等地，上部夹一套硅质岩、泥岩组合。厚度50～200余米。

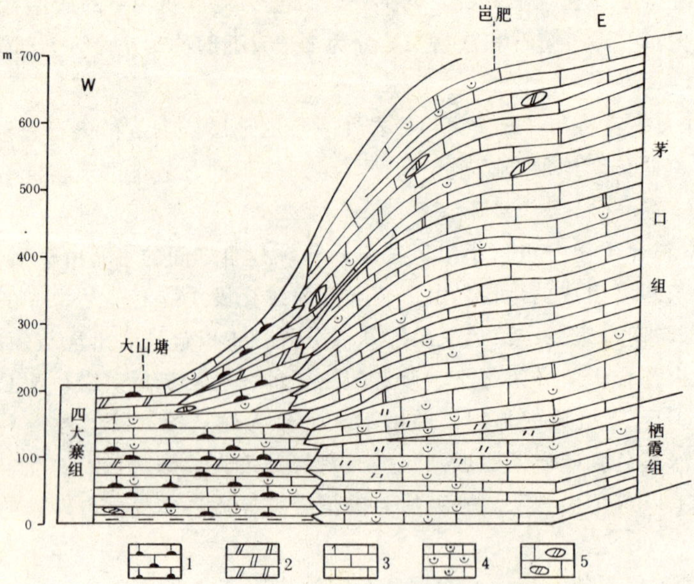

图 4-12 广西河池邑肥—大山塘四大寨组与栖霞组、茅口组剖面示意图

1. 含燧石团块灰岩；2. 硅质岩；3. 灰岩；4. 生物碎屑灰岩；5. 含白云质团块灰岩

彭久组 P_2p (06-45-1005)

【创名及原始定义】 系殷保安、陈建、蔡宁红（1994）① 命名，创名地点位于广西钦州市大直镇彭久。指角度不整合于石夹组之上，整合于大隆组之下，由砾岩、含砾砂岩、砂岩、粉砂岩、泥岩等组成的陆源碎屑岩的地层。下以不整合界面，并以砾岩的出现作为彭久组的开始；上以砂岩、砾岩的消失或硅质岩、硅质泥岩的出现与大隆组分界。

【沿革】 前人把此套地层（包括硅质岩层）统称为上二叠统，1994 年，殷保安等将这套地层划分为彭久组和大隆组。

【现在定义】 指不整合于石夹组之上、整合于大隆组之下的一套由砾岩、含砾砂岩、砂岩、粉砂岩、泥岩等组成的陆源粗碎屑岩的一套地层。下以不整合界面，并以砂质泥岩的消失或砾岩的出现作为彭久组的开始；上以砂岩、砾岩的消失或硅质岩、硅质泥岩的出现与大隆组分界。

【层型】 正层型剖面位于广西钦州市大直镇、那梭、彭久—那埠岭（108°22′，21°59′），（广西区测队 1974 年测制）。

上覆地层：**大隆组** 浅灰色薄层状硅质岩

——————— 整 合 ———————

彭久组 总厚度 4 631 m

19. 浅灰、灰绿色中层—厚层状粉砂岩、泥质粉砂岩夹砾岩。产腕足类 *Oldhamina* sp.；植物 *Gigantopteris* sp. 及双壳类 113 m

① 殷保安、陈建、蔡宁红，1994，彭久组——二叠系一个新的岩石地层单位。广西区域地质，1993—1994 年合刊，总 20 期。

18. 灰绿色厚层—块状泥质粉砂岩夹浅灰、灰绿色中—厚层状砂质泥岩　325 m

17. 上部为棕黄色薄层粉砂质泥岩，中、下部灰绿色中—厚层粉砂岩　125 m

16. 灰绿、浅黄绿色薄—中层状泥质粉砂岩夹粉砂质泥岩；下部为粉砂岩　219 m

15. 灰白色薄层泥岩夹褐黄色薄层—中层状粉砂岩、细砂岩　510 m

14. 灰、深灰色薄层—中层状泥岩夹泥质粉砂岩、粉砂岩和少量细砂岩，顶部为砂岩夹含砾砂岩，产植物 *Ullmannia* sp.　590 m

13. 含砾不等粒砂岩　123 m

12. 灰白、浅黄色薄层—中层状泥岩。产植物 *Ullmannia* aff. *bronnii*　140 m

11. 砾状砂岩夹砂岩　101 m

10. 上部灰白色薄层状泥岩夹泥质粉砂岩、含砾砂岩。产双壳类 *Palaeolima* sp.；中、下部棕黄、棕红色中层—厚层状粉砂岩夹泥质粉砂岩、含砾砂岩　287 m

9. 砾岩夹含砾砂岩　79 m

8. 中层—厚层状粉砂岩夹泥质粉砂岩、含砾砂岩，底部为砾岩夹含砾砂岩　320 m

7. 灰绿色中层—厚层状粉砂岩夹砾岩、含砾砂岩，下部砾岩、含砾砂岩增多。产丰富的植物 *Ullmannia* aff. *bronnii*　309 m

6. 棕黄、紫红色中层—厚层状粉砂岩、泥质粉砂岩夹粉砂质泥岩，上部粉砂质泥岩显著增多，下部（局部夹）细砂岩　318 m

5. 浅灰色中层—厚层状粉砂质泥岩，上部夹泥质粉砂岩，下部夹细砂岩、粉细岩。产腕足类 *Spinomarginifera* sp.；植物 *Ullmannia* aff. *bronnii*　200 m

4. 灰黑色薄层—中层状粉砂质泥岩夹少量细砂岩　383 m

3. 砾岩、砾状砂岩夹含砾砂岩、细砂岩、泥质粉砂岩　292 m

2. 上部浅黄色、灰白色泥岩夹少量砾岩、细砂岩；中部为浮土掩盖；下部浅灰色砾岩　197 m

～～～～～～ 不 整 合 ～～～～～～

下伏地层：**石夹组**　黄绿色粉砂质泥岩、中细粒砂岩

【地质特征及区域变化】　该组厚度巨大，按其岩性分为四部分来叙述，即：下部为浅灰色块状砾岩、砾状砂岩、含砾砂岩夹细砂岩、粉砂岩、泥岩；中部为浅灰绿、浅灰色薄—厚层状泥质粉砂岩、粉砂质泥岩夹少量细砂岩；上部主要为灰、深灰色薄—中层状泥岩、泥质粉砂岩、粉砂岩夹细砂岩、含砾砂岩、砾岩；最上部以灰绿、浅灰色薄层—厚层状泥质粉砂岩、粉砂岩、粉砂质泥岩、泥岩为主，局部地区夹较多砾岩、细砂岩。在东兴地区本组岩性有轻微变质，夹有深灰、灰黑色角岩。总厚度 1 600～5 044 m。

彭久组的沉积环境为海陆交互环境。

该组的古生物主要有植物、腕足类以及双壳类等。植物：*Gigantopteris* sp.，*Ullmannia* aff. *bronnii*，*Pecopteris hemitelioides*，*Euchondria* sp.，*Cladophlebis ozakii*，*Compsopteris* sp.，*Lobatannularia multifolia* 等。腕足类：*Leptodus* sp.，*Neochonetes* sp.，*Chonetes* sp.，*Dictyoclostus* cf. *boliviensis* var. *chitichunensis* 等。双壳类:*Eoschizodus* sp.，*Avichlopecten*? *simplicostata*，*A.* cf. *sichuanensis*，*Palaeoneilo* sp. 等。

由上述古生物组合推断该组时代为晚二叠世早期。

彭久组主要分布于灵山、钦州、防城、东兴等地，呈北东-南西向展布。该组的厚度巨大，各部分的变化不尽相同。

本组的下部横向变化较大，其总的规律由西南向东北为：岩石粒度由粗逐渐变细，由含巨砾的岩石逐渐变为砾岩、含砾砂岩夹较多的细砂岩，最后变为泥岩、粉砂岩夹细砂岩、含

砾砂岩，并出现泥灰岩。厚度逐渐减小，由近 2 000 m 变为 250 m 左右。在田东等地底部夹有厚 14.6 m 的酸性熔岩、熔岩凝灰岩等。产植物及双壳类化石，厚 299～1 905 m。

中部在横向上岩性变化较小，但厚度变化较大，以钦州大直一带为沉降中心，厚度最大，达千米，而向西南及东北厚度均变薄，厚度仅 200～300 m，在高山岭可见两层煤线，局部形成煤包，产植物化石，厚 226～964 m。

上部横向变化为：以大直彭久为沉降中心，向西南及东北厚度变薄（图 4-13），以师鸡岭为界，其西南岩石较细，东北岩石明显变粗。在太平板城、那雷等地，夹有中酸性凝灰熔岩、流纹状酸性熔岩等，厚 1.3～>5 m，产植物化石等。在彭久、七星村等地夹有数层煤线，厚 629～1 591 m。最上部则以那埠岭为沉积中心，沉积厚度大，沉积物较细。向西南及东北方向厚度明显变薄，碎屑岩亦有变粗之趋势。于那隆见夹酸性熔岩、熔岩凝灰岩、辉石流纹岩等，厚度大于 5 m。并在那蒙、太平一带尚夹有煤层，产植物、腕足类以及双壳类化石，厚 253～1 640 m。

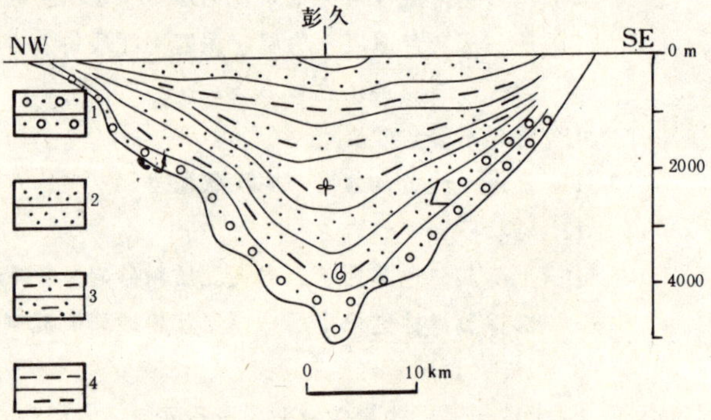

图 4-13　广西钦州地区彭久组岩性变化示意图

1. 砾岩；2. 砂岩；3. 粉砂泥岩；4. 泥岩

龙潭组　$P_{1-2}l$　（06-45-1006）

【创名及原始定义】　丁文江（1919）于南京东郊龙潭镇，创龙潭煤系。为南京诸山中唯一已开的煤矿，故用龙潭之名称这一含煤地层为龙潭煤系，时代为二叠纪。惟其下为上石炭纪船山灰岩，其上为二叠或三叠纪张公岭灰岩而已。

【沿革】　龙潭系一名最初是由李捷、张文佑（1935）应用于广西的来宾合山，当时是指一套含煤的碳酸盐岩地层。张文佑等（1938）、李四光等（1941）将含煤的碳酸盐岩地层定为合山层，而龙潭煤系是专指含煤的碎屑岩。这样的划分沿用至今。

【现在定义】　指孤峰组与大隆组或长兴组之间的一套含煤地层。下部以深灰色砂、页岩互层为主，顶为砂岩及含䗴灰岩；中部为黄褐色中—粗粒厚层长石石英砂岩、铝土质泥岩、页岩及煤层，含植物化石；上部以黑色页岩为主夹灰岩及细砂岩，富含腕足类等化石。下与孤峰组以含个体甚小的双壳类含钙质碳质页岩之底为界；上以大隆组硅质页岩或长兴组灰岩出现为界，彼此之间均为整合关系。

广西应用含义：指平行不整合于孤峰组之上、整合于大隆组之下的一套含煤地层。下部浅灰—深灰色异粒砂岩与黑色页岩互层为主，底部以含碳质页岩为主；中部灰黄色细粒砂岩、钙质粉砂岩、碳质页岩夹煤层；上部灰、灰绿色中层含泥粉砂岩为主，夹页岩。下以硅质岩的消失或含碳质页岩的出现与孤峰组分界；上以灰绿色粉砂岩夹页岩的消失或黑色硅质岩夹硅质页岩的出现与大隆组分界。

【层型】　正层型在江苏省。广西的次层型为平乐县二塘乡里结冲剖面（45-1006-4-1）。

【地质特征及区域变化】　区内龙潭组底部以含碳质页岩为主，下部浅灰—深灰色异粒砂岩与黑色页岩互层，中部灰黄色细砂岩、钙质粉砂岩、碳质页岩夹煤层，上部灰、灰绿色中层含泥粉砂岩夹页岩。砂岩中多具水平层理、斜层理等。厚约 275～588 m。

区域上，在贵港市山北乡则与上覆罗楼组为喷出不整合接触。

该组的沉积环境为滨岸环境。

龙潭组的古生物特征以植物为主，其次为腕足类、珊瑚及少量䗴类和海百合茎等。植物：*Gigantopteris nicotianaefolia*，*Compsopteris wongii*，*Pecopteris cyathea*，*Plagiozamites podozamioides*，*Taeniopteris* sp.，*Lobatannularia* sp.。腕足类：*Schuchertella frechi*，*Dictyoclostus margaritatus*，*Leptodus* sp.，*Oldhamina* sp. 等。

由以上古生物特征分析，该组的时代为晚二叠世早期。

龙潭组零星地分布于贺县永庆墟、平乐县二塘乡、全州县绍水乡、贵港市山北乡等地。岩性变化大致是由东往西和自下而上碎屑岩由粗变细。贺县永庆地区，该组下部为含砾石砂岩、石英粉砂岩夹少量粉砂质页岩，产海百合茎和植物化石；中部为含砾砂岩夹页岩，产植物化石；上部为页岩，偶夹泥质砂岩、粉砂岩和砂质页岩，产植物化石；最上部为页岩、砂质页岩和泥质页岩，另外顶部有粉砂岩，底部有含砾砂岩，产海百合茎和植物化石，厚度大于588 m。平乐县二塘等地，该组岩性自下而上可分成三部分：下部为页岩、杂砂质砂岩和少量石英砂岩；中部以碳质页岩为主，次为页岩、含泥粉砂岩和少量含钙质粉砂岩，夹煤层；上部为含泥粉砂岩夹页岩。富含植物和少量腕足类、双壳类、腹足类及海百合茎化石，厚400 m。全州县绍水地区主要为黑色页岩，中部夹黄灰色细粒砂岩，上部偶夹煤线，富含植物化石，厚度大于70 m。在全州县大云山至鸭婆殿，其中部夹泥质硅质岩。贵港市山北乡蒙公墟一带，下部为灰黄色中薄层细粒长石砂岩；中部为灰色泥岩夹钙质泥岩及凸镜状泥灰岩；上部为灰、灰黄色页岩夹粉砂岩，底部夹细—粉砂岩，产腕足类化石，厚度大于275 m。

合山组　P_2h　(06 - 45 - 1007)

【创名及原始定义】　原名合山层。张文佑、陈家天（1938）创名，命名地点位于广西合山市大隆村。该组岩性为深灰色薄层灰岩含燧石条带夹煤五层，底部有含铁矿砂岩一层。下与茅口灰岩呈不整合接触，上与大垅层整合接触。创名时未指定层型剖面。

【沿革】　孙云铸（1939）将合山层称为长兴灰岩，而其上的大垅层称之为合山建造。广西石油队（1959）改称为合山组，本书沿用之。合山建造与现在的大隆组为同物异名。

【现在定义】　指平行不整合于茅口组之上、整合于大隆组之下的一套以泥质灰岩、泥灰岩为主，夹数层煤层及少量硅质条带等岩性组合。下以浅灰色块状灰岩的消失或铁铝岩的出现与茅口组分界；上以灰岩的消失或硅质页岩的出现与大隆组分界。

【层型】　选层型剖面位于广西来宾迁江镇（108°52′，23°49′）（赵金科、张文佑1959年测制）。

上覆地层：**大隆组**　黑色硅质页岩夹杂色页岩

———————— 整　合 ————————

合山组	总厚度 109.5 m
11. 深灰色层状石灰岩。产䗴小型 *Verbeekina* sp.；腕足类 *Oldhamina* sp.，*Leptodus* sp.；海绵 *Amplysiphonella* sp.	20.0 m
10. 黑色页岩夹煤层	8.0 m
9. 深灰色层状灰岩夹燧石层	8.0 m
8. 黑色页岩夹煤层	1.0 m
7. 灰色不纯灰岩夹燧石层	9.0 m

6. 黑色页岩夹煤层	0.5 m
5. 深灰色层状灰岩夹燧石条带。含小型 *Verbeekina* sp.	11.0 m
4. 黑色层状不纯灰岩	4.0 m
3. 半烟煤夹黑色灰质页岩	5.0 m
2. 深灰色层状灰岩含燧石结核。含珊瑚 *Waagenophyllum* sp.；腕足类 *Leptodus* sp.，*Oldhamina* sp.	40.0 m
1. 灰色及红色砂岩及页岩，含锰，顶部为半烟煤	3.0 m

——————— 平行不整合 ———————

下伏地层：**茅口组** 灰色灰岩

【地质特征及区域变化】 区域上，合山组底部往往为铁铝岩或含黄铁矿铝土质泥岩，上、下部以灰—深灰色灰岩及燧石灰岩为主，夹煤层，中部为浅灰、灰色灰岩，不含煤。部分地区夹硅质岩和碳质页岩。厚度 19～596 m。当合山组包括整个晚二叠世地层时，与上覆地层南洪组、马脚岭组、罗楼组均呈整合接触，但视地区而别。

合山组的沉积环境为碳酸盐台地。

该组生物群十分丰富，以䗴类、珊瑚、腕足类为主，其次为双壳类、古植物、腹足类、菊石、藻类、海绵、介形类、有孔虫等。䗴类：*Codonofusiella kwangsiana*，*Nankinella orbicularis*，*N. orientalis*，*Chenia* sp.，*Gallowaiinella* sp.，*Eoverbeekina fusuiensis*，*Sphaerulina* sp.，*Reichelina* sp.，*Palaeofusulina nana* 等。腕足类：*Leptodus richthofeni*，*Squamularia waageni*。珊瑚：*Waagenophyllum*（*Liangshanophyllum*）*wengchengense*，*W.*（*L.*）*stereoseptatum*，*Huayunophyllum* sp.，*Ipciphyllum* sp.，*Waagenophyllum* sp.。双壳类：*Palaeolima fasciculicostata*。植物：*Pecopteris* sp.，*Ullmannia* sp.，*Gigantopteris* sp.，*Lobatannularia* sp.。菊石：*Prototoceras* sp.，*Pseudotirolites* sp. 等。

据上述古生物组合特征，该组时代以晚二叠世早期为主，部分地区可延至晚二叠世晚期。

合山组在广西出露甚广，主要分布于桂中、桂西、桂西北、桂西南地区。桂中合山、河池龙发、宜州拉浪、柳城大埔、马山金钗、忻城红渡等地，本组可分成三部分：上、下部以灰—深灰色灰岩和燧石灰岩为主，夹有煤层，下部之底为铁铝岩；中部为浅灰、灰色灰岩，偶含燧石，不含煤。在上述各地岩性变化大，且厚度有从北往南变薄之趋势，河池、宜州、罗城一线为最厚，达 237～475 m；往南，在宜州拉浪、都安百旺、马山金钗等地厚 209～260 m；往合山一带减至百余米厚；再往南至上林乔贤、宾阳新宾一带厚度一般不足百米。柳州三门江、大塘口、广安等地，硅质岩明显增加，下部以灰岩为主，灰岩有泥晶灰岩、泥晶骨针灰岩、硅质灰岩等，夹有硅质岩和泥岩，微细水平层理发育，厚 152 m；中部以骨针硅质岩为主，夹硅质灰岩，微细水平层理发育，厚 152 m；上部为泥—粉细硅质条带（结核）灰岩，厚 14～>28 m。该地区合山组与大隆组既有上、下关系，亦有侧向相变、消长关系，向古陆一侧合山组灰岩组合可全相变为大隆组硅质岩、凝灰岩组合。桂西北、桂西、桂西南地区，本组岩性较为稳定，一般为深灰色、灰黑色泥晶灰岩、燧石灰岩、泥质灰岩夹碳质页岩、煤层，底部具 0～20 m 厚的铁铝岩或铝土矿层。在田东作登至都安地区局部夹白云岩、鲕状灰岩，并在大路附近靠顶部夹有一层厚约 2 m 的酸性玻屑凝灰岩。桂西地区合山组均存在于孤立台地内部，侧向变化较为迅速，如乐业烟棚一带，其底部为铁铝土岩、泥岩，中、上部为深灰色薄、中层含生物屑粉、泥晶灰岩、硅质团块含生物屑砂屑灰岩，夹煤层等，向西侧至乐业、浪全附近则相变为由灰色块状藻-海绵灰岩、生物屑砾屑灰岩、蓝藻-海绵粘结岩等组成的通槽生物礁（图 4－14）。田林高龙、东兰、田阳、平果（图 4－15）等地区皆与上述一致。南丹东北部里湖一带本组为含燧石灰岩、燧石灰岩，且夹煤层和碳质页岩，厚达 445 m。向西南至小场附近则变为浅灰色厚层块状藻灰岩等组成的小场生物礁；向东北到贵州板墨一带本组上部则相变为以硅质岩、泥岩为主的大隆组（图 4－16）。

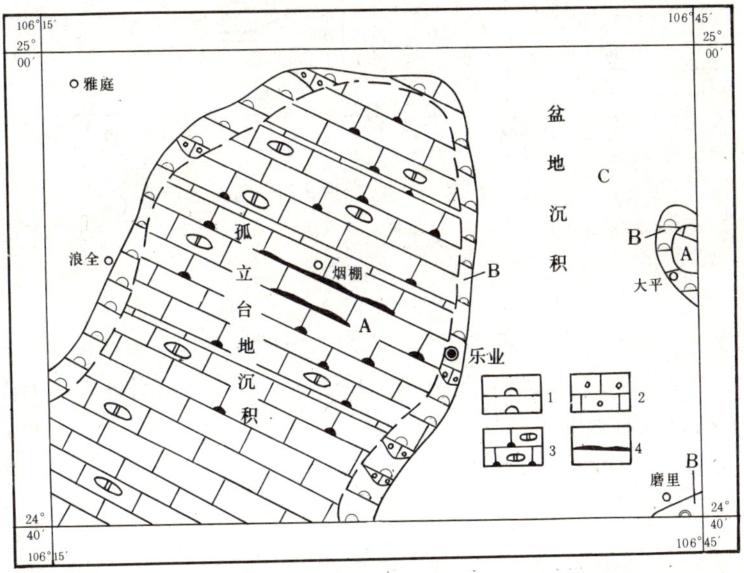

图 4－14　广西乐业地区晚二叠世合山组、生物礁、领薅组平面分布图

1. 礁灰岩；2. 含燧石白云石团块微晶灰岩；3. 砾屑灰岩；4. 煤层（线）；

A. 合山组　B. 通槽生物礁　C. 领薅组

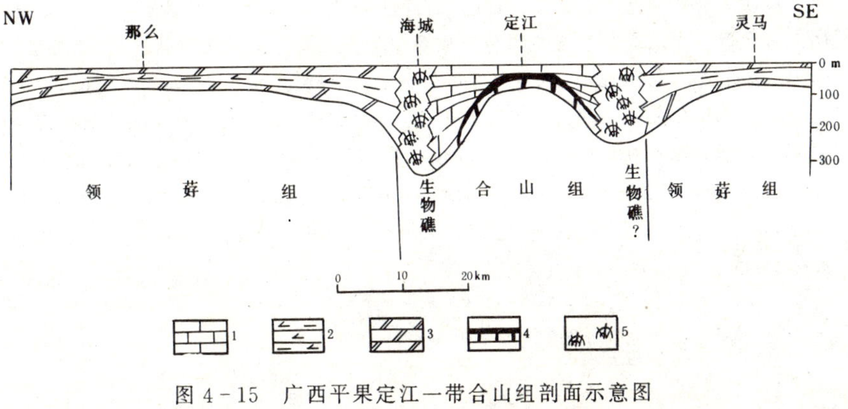

图 4－15　广西平果定江一带合山组剖面示意图

1. 灰岩；2. 硅质页岩；3. 硅质岩；4. 沉积铝土矿层和煤层；5. 礁灰岩

大隆组　P_2d　（06－45－1008）

【创名及原始定义】　原称大垅层。张文佑、陈家天（1938）创名，命名地点位于广西合山市大隆村。岩性分上、下两部分：上部为灰色、黄灰色、绿灰色硅质页岩、灰质页岩及砂岩；下部为暗色硅质页岩夹白灰色及杂色页岩砂岩等。时代为二叠纪，其上与三叠纪为整合接触，下与合山层为连续沉积。

【沿革】　张文佑、吴磊伯（1941）改称大隆层；1959 年，广西石油队又改之为大隆组，

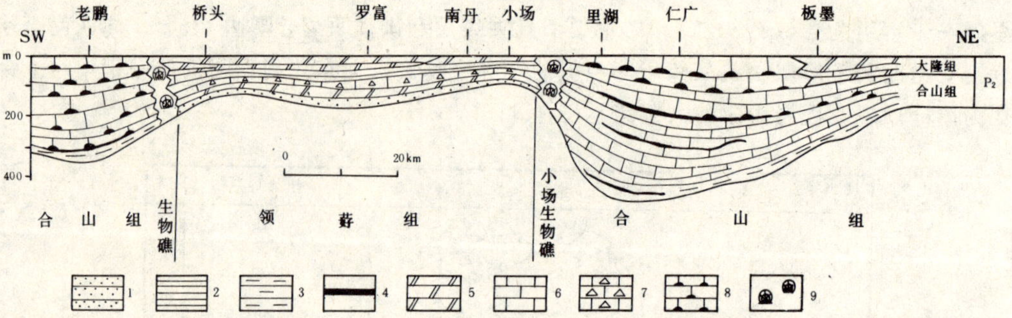

图 4-16 广西南丹晚二叠世各组剖面示意图

1. 粉砂岩；2. 页岩；3. 泥岩；4. 煤层；5. 硅质岩；6. 灰岩；7. 角砾状灰岩；8. 含燧石灰岩；9. 礁灰岩

沿用至今。

【现在定义】 指整合于合山组之上、南洪组之下的一套硅质岩、泥岩、砂岩及凝灰岩等岩性组合。下以泥质灰岩、泥灰岩的消失或硅质岩的出现与合山组分界；上以硅质岩的消失或灰色薄层页岩的出现与南洪组分界。

【层型】 正层型剖面位于广西合山市迁江镇（108°52′，23°49′）（赵金科、张文佑 1959 年测制）。

上覆地层：**南洪组** 黄灰、灰黄色页岩

——————— 整 合 ———————

大隆组 总厚度 30 m

12. 黑色硅质页岩夹绿色、灰绿色、黄色、灰色页岩薄层，可能含有磷矿。(现为灰绿、暗灰绿色薄—中层凝灰岩与灰绿色硅质钙质泥岩互层，夹凝灰质砂岩)。产腕足类 *Oldhamina* sp.，*Leptodus* sp.，*Neophricodothyris* sp.；植物 *Ullmannia* sp.，*Taeniopteris* sp.，*Pecopteris* sp.；菊石 *Pseudogastrioceras* sp.，*Episageceratidae*，*Huanoceras perornatum*，*H. qianjiangense*，*Pseudotirolites asiaticus*，*P. acutus*，*P. qianjiangense*，*P. disconnectus*，*P. laibinensis*，*P. regularis*，*P. tenuicostatum*，*P. attenuatum*，*P. curvoplicatum*，*Qianjiangoceras costatum*，*Q. multiseptatum*，*Pseudostephanites* ? sp. 30 m

——————— 整 合 ———————

下伏地层：**合山组** 深灰色燧石灰岩

【地质特征及区域变化】 大隆组主要由硅质岩、硅质泥岩、凝灰岩、凝灰质砂岩等岩石组成，含丰富的菊石化石。

该组的沉积环境为滨岸凹地。

大隆组古生物极其丰富，以菊石、腕足类为主，其次为植物、珊瑚、双壳类以及介形类、腹足类、苔藓虫、三叶虫等。菊石：*Pleuronodoceras* sp.，*Tapashanites* sp.，*Pseudogasterioceras* sp.，*Paratirolites* sp.，*Shevyrevites* sp.，*Pseudostephanites* sp.，*Qianjiangoceras costatum*，*Q. multiseptatum*，*Pseudotirolites asiaticus*，*P. acutus*，*P. qianjiangense* 等。腕足类：*Oldhamina* sp.，*Leptodus* sp.，*L. tenus*，*L. richthofeni*，*Squamularia waageni*，*Neophricodothyris* sp.。植物：*Ullmannia* sp.，*U.* cf. *bronnii*，*Taeniopteris* sp.，*Pecopteris* sp.。双壳

类:*Guizhoupecten kengularia*，*Myalina* sp. 等。

据上述古生物组合特征，该组时代为晚二叠世。

大隆组主要分布于柳州至黎塘一线以西，大瑶山以东，及河池、宜州、柳城、都安等地，另有零星出露于全州、平乐、钦州、扶绥一带。该组各地厚度不等，一般厚几十米，最薄为5 m，最厚达1千多米。合山马滩凝灰岩所占厚度几乎近本组总厚的一半，火山碎屑浊积岩十分发育，常见鲍马序列与各种印模构造，顶部岩层可见生物潜穴，厚3 m。来宾泡水下部为硅质岩、凝灰岩、泥岩；上部以泥岩、粉砂岩、细砂岩、凝灰岩为主，厚为187 m。马滩合山组上部灰岩组合到泡水已相变为大隆组底部的硅质岩、凝灰岩组合。来宾鹅头山、石桥一带，其底部为硅质页岩和硅质岩，中、下部为灰色薄层泥质砂岩、灰绿色页岩夹泥质砂岩，上部为深灰色页岩夹硅质岩、凝灰岩等。石桥地区最厚达1 173 m，至此合山组灰岩全部相变为大隆组碎屑岩。柳州地区该组下部以深灰、灰黑色薄层泥岩为主，夹有硅质岩和放射虫硅质层凝灰岩、凝灰岩，水平层理发育，厚51 m；上部由青灰色薄层凝灰岩、玻屑凝灰岩与泥岩组成，局部地方夹有一层中层状泥晶灰岩，泥岩中发育潜穴，在层面上呈平行密集分布，厚72 m。宜州德胜等地为深灰色薄层硅质岩夹凝灰岩，厚10 m。平乐二塘一带为黑色薄层硅质岩夹硅质页岩，厚22 m。全州咸水以东地区由灰黑色泥质钙质硅质岩夹少量泥岩、灰岩组成，厚度大于60 m。钦州大直地区则为浅灰—灰黑色薄层硅质岩夹薄层粉砂质泥岩、泥质粉砂岩，以及少量粉砂岩，厚度大于300 m。

领薅组　P_2lh　(06-45-1009)

【创名及原始定义】　贵州省区域地质调查队1980年命名，命名地点位于广西隆林各族自治县。该组岩性为砂岩、粘土岩，时夹硅质岩及灰岩。厚447～717 m。与下伏晚二叠世玄武岩或茅口组灰岩呈假整合接触，沙子沟地区则与下伏邑仙组碎屑岩连续沉积。

【沿革】　原领薅组分第一段和第二段，本书总称为领薅组。

【现在定义】　指位于四大寨组之上、石炮组之下的一套褐黄色、灰绿色、深灰色的砂岩、泥岩，时夹硅质岩及灰岩。下以生物碎屑灰岩的消失或砂岩、泥岩的出现与四大寨组分界；上以粉砂质泥岩的消失或黄铁矿粉砂岩的出现与石炮组分界。上、下均呈整合接触。

【层型】　正层型剖面位于广西隆林各族自治县城南领薅公路旁(105°16′，24°43′)(贵州区域地质调查队四、六分队1980年联合测制)。

上覆地层：**石炮组**　上部灰、深灰色中厚层及薄层条带状粉砂质绿泥石岩及含铁白云石(长石)粉砂岩；下部灰、黄褐色薄—中厚层条带状含黄铁矿粉砂岩

———— 整　合 ————

领薅组　　总厚度673 m

25—24. 褐黄色薄—中层含生物碎屑粉砂质泥岩。含腕足类 *Asioproductus*? sp.；菊石 *Stacheoceras trimurti*；䗴 *Nankinella* sp.，底部掩盖　　64 m

23. 褐黄、黄灰色粉砂质泥岩及粉砂质绿泥石岩。含腕足类 *Araxathyris* sp.；菊石 *Stacheoceras* sp.；䗴 *Nankinella* sp.；植物 *Gigantonoclea* sp.，*Compsopteris* sp.，*Taeniopteris*（碎片），底部为黄褐色薄层含岩屑泥岩　　184 m

22. 上部褐黄色含粉砂质粘土绿泥石岩，下部黄褐、砖红色薄层条带状岩屑粉砂—砂岩夹褐黄色含粉砂质绿泥石岩　　84 m

21—20. 褐黄色薄层条带状粉砂质粘土绿泥石岩，含黄铁矿假象褐铁矿　　13 m

19. 褐黄色薄层条带状粉砂质绿泥石岩，中、上部主要为黄褐色中厚层及薄层含粉砂质绿泥石岩，含植物化石碎片　93 m

18—16. 绿黄、灰色薄层—中厚层绿泥石粉砂岩，顶部为粉砂质粘土绿泥石岩，底部为粉砂质绿泥石岩、粘土绿泥石岩夹岩屑粉砂岩　63 m

15. 褐黄绿色薄—中厚层玄武岩屑砂岩及粉砂岩　13 m

14—9. 灰、灰绿色薄层—中厚层粉砂质绿泥石岩夹同色绿泥石粉砂岩、粉砂质粘土绿泥石岩　78 m

8—7. 褐黄、砖红色薄层—中厚层玄武岩屑砂岩夹绿灰、褐黄色薄层绿泥石泥岩及粉砂质粘土绿泥石岩　37 m

6—1. 上部灰、绿灰色薄层含生物碎屑绿泥石硅质岩、硅质绿泥石岩；中部灰绿色薄层纹带状细砂岩、粉砂质绿泥石岩、硅质绿泥石岩、高岭石泥岩；下部绿灰色薄层条带状生物碎屑绿泥石泥岩夹绿泥石粉砂岩　44 m

——————　整　合　——————

下伏地层：**四大寨组**　浅灰色微粒生物碎屑灰岩

【地质特征及区域变化】　领薅组岩性下部为深灰、褐灰色中、厚层岩屑砂岩、绿泥石粉砂岩、泥质粉砂岩夹泥岩、页岩、硅质岩、凝灰质泥岩；上部为灰、深灰色泥岩、粉砂质泥岩、绿泥石泥岩夹少量砂岩、泥灰岩、灰岩及硅质岩。部分地区夹角砾状灰岩。岩石中具水平层理、波状层理、包卷层理及滑塌构造。领薅组的沉积环境为盆地环境，南丹雍里、田林八渡等地具火山碎屑浊积岩，属浊流沉积环境。

大化石不够丰富是该组的一个特点，已知菊石有：*Stacheoceras* sp.，*Xenodiscoides* sp.；䗴类：*Palaeofusulina* sp.，*Nankinella* sp.；腕足类：*Leptodus* sp.，*Martinia* sp.；古植物：*Compsopteris* sp.，*Taeniopteris* sp. 以及双壳类、海绵骨针、放射虫、有孔虫等。

由以上古生物推断该组时代为晚二叠世。

领薅组主要分布于南丹雍里，河池五墟、九墟，天峨向阳、隆林领薅、田林八渡、利周，龙州，巴马，隆安，上林，武鸣以及田东义墟，那坡上劳等地。本组各地岩性略有变化，时限亦因地而异。隆林地区领薅附近本组可分成二部分：下部以深灰、褐灰色中、厚层岩屑砂岩、绿泥石质粉砂岩、泥质粉砂岩为主，夹泥岩、页岩、硅质岩、凝灰质泥岩；上部以灰、深灰、黄灰色泥岩、粉砂质泥岩、绿泥石泥岩、夹少量砂岩，泥灰岩、灰岩和硅质岩。在唐马、马雄、广子山等地，则以泥岩为主，夹砂岩，且顶部时有 1～10 m 厚层砾屑灰岩，厚 604～629 m。南丹罗富雍里到山口林场，以及黄江、三匹虎一带，为一套深灰、黑色泥岩、泥质硅质岩、凝灰岩、沉凝灰岩夹角砾状灰岩及砂岩，具水平层理、波状层理、包卷层理和滑塌构造，厚 167～229 m。河池附近五墟、九墟等地硅质岩显著增多，为一套灰、深灰色硅质岩、生物屑硅质岩夹硅质泥岩、泥岩、凝灰质泥岩、凝灰岩地层，具水平层理，沉积韵律清楚，单个韵律层一般厚 10～15 cm，该组厚 20～52 m。上林云蒙，武鸣那榕、绿床等地，其以硅质岩、含泥硅质岩为主，夹含锰硅质泥岩、硅质泥岩、含粉砂泥岩及灰岩凸镜体。该地区总的在纵向上自下而上泥质成分增加，硅质成分减少，水平层理、微纹层理发育，厚 235～>297 m。田林八渡地区，八渡附近为深灰、灰黑色硅质岩与沉凝灰岩、凝灰岩互层。在田东那襄一带以凝灰岩为主夹泥岩。而在西平塘，该组则由深灰色凝灰岩夹少量薄层泥岩、硅质岩组成，厚 328～407 m。田东义墟、平果灵塘等地，以浅灰—灰黑色硅质岩、硅质泥岩为主，夹砂岩、页岩及灰岩凸镜体，厚 64～109 m。田林利周、百色阳墟、巴平、龙州和巴马一带，以及那坡上劳等地，主要为深灰—黑色泥岩夹硅质泥岩、硅质岩、砂岩，有时夹灰岩。阳墟附近夹多层中酸性凝灰岩和凝灰熔岩，厚 53～325 m。

石炮组　$T_1\hat{s}$　(06－45－1201)

【创名及原始定义】　张振贤（1982）[①] 创名，创名地点在西林县城北约 5 km 的老虎口至石炮公路道班一带。指张振贤 1969 年所测石炮剖面下三叠统下部 1—9 层层序，岩性为薄—中层状泥岩夹粉砂岩、细砂岩及 2～3 层砾岩，顶部夹灰岩、泥灰岩、条带状灰岩，时代属印度期。上以含菊石 *Koninckites* sp. 的消失与上覆含双壳类化石 *Pteria* cf. *murchisoni* 的西林组分界，下与二叠系分界不明。

【沿革】　创名前在西林县石炮一带早三叠世地层沿用罗楼组。1982 年 5 月，乐斌等在该剖面首次发现较厚的火山碎屑岩系及丰富的牙形刺、双壳类化石，将其上、下部分分别沿用龙丈组和坝干组。石炮组为本次对比研究首次引用。

【现在定义】　指整合于领薅组与百逢组之间的一套地层，岩性主要为火山碎屑岩、泥岩夹数层砾岩及粉晶灰岩或白云质灰岩。底以含菊石、双壳类的火山碎屑岩与下伏含腕足类化石的晶屑凝灰岩领薅组分界；上以灰岩的消失与上覆百逢组薄层泥岩、粉砂岩组合分界。

【层型】　正层型剖面位于西林—隆林公路沿线老虎口至石炮之间（24°33′，105°01′）。张振贤创名时无剖面图，现以乐斌等（1982）所重测剖面代替。

上覆地层：**百逢组**　深灰色泥岩夹粉砂岩

——————— 整　合 ———————

石炮组	总厚度 553 m
73. 灰色中厚层状—块状含泥质云岩	9 m
72. 灰绿色泥岩，底部夹粉砂岩，含菊石 *Paracrochordiceras* sp.	7 m
71. 深灰色中薄层状钙质泥岩夹粉晶灰岩	15 m
70—68. 泥岩、粉砂质泥岩、局部夹灰岩凸镜体，含菊石 *Owenites* sp.，*Meekoceras* sp.，*Paranannites* sp.，双壳类 *Claraia* sp.，牙形刺 *Neospathodus homeri*，*N. waageni*，*Prioniodella ctenoides*，*Ellisonia clarki*，*E. triassica* 等	23 m
67—65. 厚层状砾岩间夹粉砂质泥岩，含牙形刺 *Neospathodus dieneri*，*Pachycladina tricuspidatus tridentata*，*P. bistentata*	46 m
64. 深灰色块状泥岩，含菊石 *Paranannites* sp.	9 m
63. 深灰绿色薄层状层凝灰岩，含双壳类 *Claraia* sp.，*Eumorphatis* sp.，*E. ineaquicostata*	2 m
62. 灰绿色薄层页岩	15 m
61—58. 薄—中层状粉晶灰岩夹钙质泥岩或互层，含牙形刺 *Ellisonia clarki*，*E. triassica*，*Neospathodus dieneri*，*N. peculiaris*	40 m
57—48. 灰绿色薄—厚层状沉凝灰岩夹凝灰质泥岩，含双壳类 *Claraia* cf. *aurica*，*C. stachei*，*C. radialis*；菊石 *Paranorites* sp.	151 m
47. 厚层块状凝灰质岩屑砂岩	17 m
46—43. 蓝灰色块状沉凝灰岩夹凝灰质泥岩	86 m
42—38. 灰绿色块状凝灰质长石岩屑砂岩夹凝灰质泥岩，含双壳类 *Claraia* sp.	38 m

① 张振贤，1982，广西早中三叠世类复理石沉积区的地层层序和沉积特点的初步研究。广西石油与天然气地质，1 期（内刊）。

37—34. 灰绿色中厚层状沉凝灰岩夹凝灰质泥岩或互层，含菊石 *Koninckites* sp.，*Lytophiceras* sp.；双壳类 *Claraia wangi*，*C.* cf. *griesbachi*，*C.* cf. *famida* 73 m

33—32. 灰绿色中厚层沉凝灰岩，底部含双壳类 *Claraia wangi* 45 m

———————— 整　合 ————————

下伏地层：**领薅组**　晶屑凝灰岩，含腕足类

【地质特征及区域变化】　该组下部主要为一套厚300余米的凝灰岩夹凝灰质泥岩及凝灰质砂岩，上部主要为泥岩、粉砂质泥岩间夹灰岩及数层砾岩，自下而上凝灰岩减少，泥质岩增加。该组与下伏领薅组岩性多呈渐变关系，二者只能靠化石区分。据近年研究，该组凝灰岩具火山碎屑和火山灰流浊积岩特征，砾质岩属水道沉积，流动变形构造发育，故形成于深水槽盆环境。

石炮组含较丰富的牙形石、菊石及双壳类，其中石炮剖面不但含早三叠世早期标准化石 *Ophiceras* sp.，*Claraia wangi* 及中、晚期标准化石 *Owenites* sp.，*Neospathous homeri* 等，还含中三叠世菊石 *Paracrochordiceras* sp.，说明石炮组为一个跨时的岩石地层单位，其时限为早三叠世—中三叠世早期。

石炮组大面积分布于西林、隆林、田林及百色一带，天峨向阳、南丹火墓及那坡德隆等地也有小范围出露。在区域上，石炮组与下伏领薅组具有明显的依附关系，但其上覆地层则不完全一致，除大部被百逢组覆盖外，西林及南丹火墓局部地区为板纳组覆盖。石炮组厚度一般可达300～500余米，靠近晚古生代碳酸盐台地逐渐变薄呈楔状体尖灭（图4-17）。在田林县八渡，该组下部为凝灰岩、凝灰质砂岩夹泥岩，以泥质岩增多并含蛇菊石与下伏领薅组相区别；中部以砂岩为主夹泥质岩；上部泥岩夹薄层泥质灰岩；总厚约420 m。在田林县利周一带，石炮组厚约237 m，岩性为薄层泥岩、泥质粉砂岩夹凝灰岩，其上被罗楼组泥质灰岩覆盖。在天峨县向阳及南丹火墓，石炮组几乎全为泥质岩，偶夹火山碎屑岩，厚度一般300余米。在那坡以南地区，石炮组仍为泥质岩夹少量灰岩和细砂岩，但普遍夹多层中基性火山喷发岩（细碧岩），最大厚度800 m。以上说明，石炮组自西林向东火山碎屑岩减少、泥质岩增多，厚度变薄，但那坡一带则出现大量中基性火山岩。上述变化与当时的大地构造背景有关。

罗楼组　T_1l　（06-45-1202）

【创名及原始定义】　原名罗楼层。在赵金科（1959）编著的《广西西部下三叠纪菊石》一书第5页指出“在李四光、赵金科、张文佑（1941）所编的《广西地层表》中，曾将罗楼墟附近下三叠系岩层命名为罗楼层”，据此罗楼层应属李四光、赵金科、张文佑（1941）创名。指发育于广西凌云县罗楼墟一带，富含早三叠世菊石化石的石灰岩层，与下伏合山灰岩不整合接触，顶部受断层破坏出露不全，厚约30余米。

【沿革】　创名后，赵金科、陈楚震、梁希洛（1962）改称罗楼群，广西石油普查大队（1960—1962）改称罗楼组或罗楼统，其中罗楼群或罗楼组一直沿用至今，泛指桂西地区早三叠世碳酸盐岩或碎屑岩沉积序列。

【现在定义】　指位于板纳组与合山组之间的地层。岩性为深灰黑色灰岩、泥灰岩夹少量钙质泥岩、泥岩组合，富含菊石。底以薄层泥岩或薄层灰岩与下伏合山组含蜓生物灰岩分界，为平行不整合（或整合）接触；顶以灰岩的消失与板纳组泥岩分界，呈整合接触。

【层型】　正层型剖面位于凌云县罗楼墟北东2里的那利岭东坡，但现今地形图上无此地

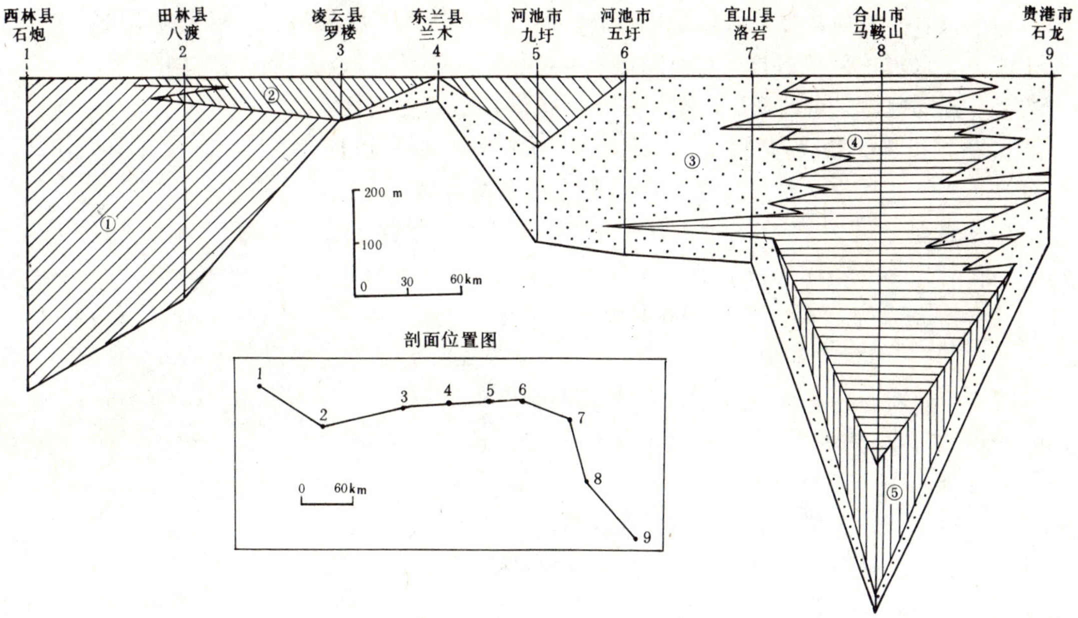

图 4-17　石炮组、罗楼组、南洪组、马脚岭组、北泗组相互关系变化剖面图

①石炮组；②罗楼组；③南洪组；④北泗组；⑤马脚岭组

名，很可能为罗楼墟北 1～2 km 处的老房子至那瓢坡一带（106°48′，24°25′）。罗楼组层型剖面 描述最早见于赵金科等（1959）合著的《广西地质（一）地层概要》中，现将赵金科等（1964）编著的《中国三叠系》中罗楼组剖面摘录如下：

上覆地层：**下二叠统茅口组**　灰岩

═════════ 断　层 ═════════

罗楼组　　　　　　　　　　　　　　　　　　　　　　　　　　总厚度 70.7 m

5. 深灰色或黑色中层状灰岩，含菊石 *Paranannites subglobosus*，*Prosphingites involutus*，*Columbites asymmetricus*，*Prenkites kwangsianus*，*Hellenites praematurus*　　15.20 m

4. 浅灰色薄层富含钙质的泥灰岩，含菊石 *Prosphingites lolouensis*，*Columbites asymmetricus*，*Digitophyllites lolouensis*，*Isculitoides* sp.，*Meekoceras* sp.　　约 40 m

3. 黑色厚层不纯灰岩，含菊石 *Pseudosageceras multilobatum*，*Owenites plicatus*，*Pseudaspidites kwangsianus*，*P. simplex*，*P. lenticularis*，*Proptychitoides sinensis*，*Pseudowenites oxynotus*，*Prosphingites kwangsiensis*，*Anasiberites kwangsianus*　　0.5 m

2. 黑色厚层灰岩夹浅灰色薄层灰岩，富含菊石 *Pseudosageceras curvatum*，*Prionolobus involutus*，*Paranorites linguisellatus*，*Koninckites lolouensis*，*K. liratus*，*K. lingyunensis*，*Mesohedenstroemia kwangsiana*，*Proptychites hiemalis*，*P. radiatus*，*P. undatus*，*Flemingites rursiradiatus*，*F. nalilingensis*，*F. evolutus*，*Xenodiscoides planatus*，*Kashmirites varians*，*Aspenites tenuis*，*Lingyunites discoides*　　约 8 m

1. 掩盖　　约 7 m

——————— 平行不整合 ———————

下伏地层：**上二叠统合山组**

【地质特征及区域变化】 凌云县罗楼墟一带罗楼组岩性较单一，总的为灰—深灰黑色泥晶、微晶灰岩、泥质条带灰岩、泥质灰岩，局部夹薄层泥岩和凝灰岩，富含菊石化石，厚约70～90 m。区域上罗楼组与上覆板纳组岩性常呈整合过渡关系，与下伏合山组有的地区为整合接触，局部地区二者间尚有沉积间断。罗楼组岩性颜色普遍较深，灰泥成分较高，纹层较发育，故具低能的陆架环境；但局部地区常见塑性流动变形构造（凤山县金牙及田林县高龙）和重力流沉积（崇左县咘楝），属台地前缘斜坡环境。

罗楼组富含菊石、牙形石及少量双壳类、腹足类、介形类化石。菊石主要种属有 *Proptychites* sp.，*Koninckites* sp.，*Owenites* sp.，*Pseudowenites* sp.，*Columbites* sp.，*Flemingites* sp.，*Procarnites* sp.。1：5 万区调在高龙一带罗楼组底部尚发现菊石 *Otoceras* sp.（?）及*Ophiceras* sp.，凌云县陇雅等地采获 *Gyronites* sp. 等菊石。牙形石主要采获于凤山县金牙、田东县作登（张舜新，1990），自下而上主要属种有 *Isarcicella pārva*，*I. isarcica*，*Neogondolella carinata*，*Neospathodus dieneri*，*N. cristagalli*，*Platyvillosus costatus*，*Neospathodus waageni*，*N. homeri*，*N. triangularis* 等。

据上述化石，罗楼组时限属早三叠世。

罗楼组主要分布于乐业、凌云两个晚古生代碳酸盐台地周边，田林县高龙、田东县作登、天峨县老鹏、南丹县里湖、河池市九墟及崇左县咘楝等地也有零星出露。在乐业、凌云地区，罗楼组总体岩性为深灰黑色灰岩、泥质条带灰岩、泥质灰岩，局部夹砾状灰岩、白云岩、白云质灰岩、凝灰岩及泥质岩，厚 40～90 余米。在乐业背斜南部平山一带，罗楼组主要为扁豆状泥晶灰岩，底部见一至数米的古风化壳砾岩，与合山组平行不整合接触。在田林县高龙，罗楼组主要为深灰色薄—中层状泥质灰岩、条带灰岩夹泥岩，具发育的塑性流动变形构造，厚约 38 m。在崇左县咘楝、柳桥一带，罗楼组薄层灰岩中夹 8～9 层块状砾屑灰岩及数层玄武岩，具钙屑浊积岩、重力流特征，厚约 538 m。

区域上，罗楼组岩性组合与下伏地层有明显的依附关系。在碳酸盐台地区，罗楼组以颗粒灰岩、泥粒灰岩为主，含厚壳型菊石，底部一般有厚薄不等的泥岩与合山组灰岩分界。在田林县那福及河池市九墟等岩性过渡地区，罗楼组一般为粒泥灰岩、灰泥岩夹泥岩组合，含薄壳型菊石及双壳类化石，并与石炮组或南洪组互为上下关系，说明罗楼组在空间上实为一个大凸镜体。

南洪组　$T_{1-2}nh$　（06-45-1203）

【创名及原始定义】 原名南洪页岩。全国地层委员会（1964）编写的《中国的三叠系》一书中，指出南洪页岩由张文佑、陈家天（1938）创名，故南洪页岩一名由李四光、赵金科、张文佑（1941）介绍。指广西中部来宾北泗一带位于大隆组硅质岩与马脚岭组灰岩之间的沉积序列，岩性为黄灰色页岩及砂质页岩时夹薄层灰岩组合，含双壳类化石，厚约 20～40 m，时限为早三叠世早期。

【沿革】 钟铿等（1960）和全国地层委员会（1964）将南洪页岩作为“南洪段”置于马脚岭组底部，在以后的地质工作中，因其厚度很小，一般将其归属于马脚岭组内，现作为“组”级单位用。

【现在定义】 指整合于大隆组之上与马脚岭组之下，岩性为薄层状页岩，含双壳类化石的地层。以一套泥质岩为特征分别与大隆组硅质岩、马脚岭组薄层灰岩分界。

【层型】 正层型剖面位于现今广西合山市的北泗附近（23°43′，108°52′）（钟铿、何刚毅

1960年重测）。

上覆地层：**马脚岭组** 深灰色灰岩

——————— 整 合 ———————

南洪组 总厚度约25 m

灰色细砂岩（?）及砂质页岩夹灰绿色页岩，产双壳类 *Claraia wangi*，*Cl. clarai* 及菊石 约25 m

——————— 整 合 ———————

下伏地层：**大隆组** 硅质岩，含 *Pseudotirolites asiaticus* 等菊石

【地质特征及区域变化】 北泗一带南洪组主要为薄层状泥（页）岩，厚10～20余米，上林县塘红一带，厚度增至200余米。区域上南洪组总的为一套泥质岩、偶夹粉砂岩、灰岩组合，厚100～300余米，以不含大量火山碎屑岩与石炮组相区别。从沉积特征看可能形成于滨岸至陆架环境。

南洪组含菊石、双壳类等化石。菊石主要有 *Ophiceras* sp.，*Lytophiceras* sp.，*Dieneroceras* sp.，*Paranorites* sp.，*Flemingites* sp.，*Meekoceras* sp.，*Tirolites* sp.，*Pseudosageceras* sp.；双壳类有 *Claraia wangi*，*Cl. griesbachi*，*Cl. clarai* 等。在河池市五墟拉塘，南洪组顶部含中三叠世菊石 *Leiophyllites* sp.，说明南洪组为跨时性岩石单位，其时限为早三叠世—中三叠世早期。

南洪组主要分布于天峨、东兰、南丹、宜山、巴马、都安、来宾、合山一带及防城市那梭、凭祥等地。在区域上，南洪组除局部地区位于马脚岭组与大隆组之间外，大部地区均位于板纳组与合山组或大隆组之间；在靠近罗楼组碳酸盐台地区（如河池市九墟小河口），南洪组与罗楼组互为下上关系，下部的南洪组为深灰黑色泥岩、碳质泥岩夹少量粉砂岩，富含菊石化石，厚约160余米；上部罗楼组为泥质灰岩和砾状灰岩，厚140余米。南洪组厚度变化很大，在碎屑岩地区一般可达100 m以上；在桂西南碳酸盐台地区则迅速尖灭为1至数米，有的甚至完全消失。

马脚岭组 T_1m （06－45－1204）

【创名及原始定义】 原名马脚岭灰岩，创名地位于合山市北泗附近，由张文佑、陈家天（1938）创名，李四光、赵金科、张文佑（1941）介绍。马脚岭灰岩创名时无剖面分层描述。李四光、赵金科、张文佑（1941）合编的《广西地层表》中的马脚岭灰岩，岩性为灰色薄层灰岩，含 *Meekoceras* sp. 等菊石化石，厚约100～200 m，与下伏南洪页岩及上覆北泗组浅色厚层灰岩整合接触。

【沿革】 创名后，钟铿等（1960）改称为马脚岭组。此后，一直沿用。

【现在定义】 指整合于南洪组之上与北泗组之下的地层，岩性为灰—浅灰色薄层（板）状、局部夹中—厚层状灰岩、泥质条带灰岩、泥质灰岩夹少量鲕状灰岩、泥岩、钙质泥岩，偶含双壳类、腹足类化石。以薄板状、瓦片状灰岩为标志与南洪组页岩、北泗组厚层块状灰岩、白云岩分界。

【层型】 选层型剖面位于现今合山市北泗附近（23°43′，108°52′）（钟铿等1960年测制）。

上覆地层：**北泗组**　浅灰色、灰白色厚层或块状纯灰岩夹鲕状灰岩

——————— 整　合 ———————

马脚岭组　　总厚度 327 m

7. 浅灰色及少量灰色薄层灰岩	105 m
6. 蓝灰色薄层—中层灰岩	55 m
5. 浅灰色薄—中层灰岩，含 *Meekoceras* sp. 等菊石	58 m
4. 浅灰色、灰白色厚层微粒状灰岩	39 m
3. 浅灰色、灰白色薄层灰岩夹泥质条带	45 m
2. 深灰色、灰绿色泥灰岩	25 m

——————— 整　合 ———————

下伏地层：**南洪组**　页岩

【地质特征及区域变化】　马脚岭组岩性较单一，主要为薄层状或薄板状灰岩、泥质条带灰岩、泥灰岩，局部夹鲕状灰岩及钙质泥岩，厚 150～400 余米。以颜色较浅、层理薄（局部夹中—厚层)、成分较纯有别于上下地层。该组与下伏地层接触关系比较复杂：在合山市北泗、河里及上林塘红一带，该组与南洪组泥岩呈整合过渡；在凭祥市西侧及龙州县板旺，该组与合山组底部铁铝岩接触；在龙州县橡胶研究所及新村等地，该组与茅口组含䗴灰岩接触。以上说明，马脚岭组在桂西南凭祥、龙州、崇左一带可与下伏二叠系不同层位接触，二者属超覆不整合关系。马脚岭组沉积特征大致形成于局限潮坪至开阔台地环境。

马脚岭组生物化石较贫乏，偶见的大化石有双壳类 *Claraia* sp. 及腹足类、腕足类、菊石、介形虫等。近年来，张舜新(1990)在平果县太平剖面尚采获牙形石 *Hindeodus minutus*，*Isarcicella* (?) *parva*，*Neogondolella carinata*，*Ellisonia triassica*，*Lonchodina multidentata*，*Pachycladina erromera*，*Platyvillosus costatus*，*Parachirognathus delicatulus* 等。马脚岭组时限为早三叠世早中期。

马脚岭组广泛分布于桂西南地区的靖西、德保、田阳、田东、平果等县，龙州及崇左一带也有局部出露，特点是在碳酸盐台地的北部较连续分布，而南部则零星出露。在那坡县平孟乡果梨，马脚岭组为薄层泥质条带灰岩夹少量中厚层白云质灰岩，含 *Claraia* sp.，与上覆北泗组厚层块状鲕状灰岩、白云岩及下伏合山组燧石灰岩整合接触，厚 437 m。在田阳县巴别，马脚岭组为薄层灰岩、条带灰岩、泥质灰岩夹少量凝灰岩，厚 305 m。在靖西县多灿，马脚岭组均为薄板状灰岩，含菊石、双壳类化石，厚 218 m。在隆安县进结，马脚岭组为深灰黑色泥质条带灰岩，厚仅 33 m。在平果县太平，马脚岭组中部夹鲕状灰岩，含较丰富的牙形石化石，厚约 440 余米。以上说明，区域上的马脚岭组岩性变化不大，但厚度变化无规律可寻。凭祥、龙州、崇左一带常因马脚岭组尖灭缺失使北泗组与合山组接触。

北泗组　$T_1T_2^1b$　(06-45-1205)

【创名及原始定义】　原称北泗灰岩，创名人、创名时间同南洪组和马脚岭组。指位于红高岭层（组）与马脚岭灰岩之间的一套浅灰色厚层灰岩，并具鲕状结构，含白云石，厚 50～300 m，与马脚岭灰岩整合接触，与红高岭层紫红色、杂色页岩轻微不整合。

【沿革】　创名后，60 年代初，广西石油普查大队改称为组，后沿用至今。

【现在定义】　指整合于马脚岭组与板纳组之间的岩石组合，岩性为浅灰色厚层状、块状相间夹薄—中层状灰岩、鲕状灰岩、核形石—豆粒灰岩、泥质灰岩、白云质灰岩、白云岩，局

部夹中酸性火山岩及火山碎屑岩。底以厚层块状灰岩或白云岩与下伏马脚岭组薄层灰岩分界；顶以灰岩的消失与上覆板纳组泥岩或砂岩分界。

【层型】 正层型剖面位于合山市北泗乡河里西约10 km处的马鞍屯一带（23°44′，108°52′）（荣谱清、卢宏金1992年重测）。

上覆地层：**板纳组** 薄层泥岩及粉砂岩

——————— 整 合 ———————

北泗组	总厚度711 m
40. 灰色薄层状泥灰岩，顶部含牙形刺 *Neohindeodella* cf. *trassica*	20 m
39. 浅灰色厚层状白云质灰岩	9 m
38. 浅灰色中—厚层状灰岩，含双壳类化石	9 m
37. 灰色中—厚层状砂屑灰岩，含双壳类 *Eumorphotis* sp.	23 m
36. 灰色中—厚层微晶灰岩	39 m
35. 灰色厚层块状砂屑灰岩	33 m
34. 灰色薄层状泥灰岩	22 m
33. 浅灰色厚层块状鲕粒灰岩	44 m
32. 浅灰色厚层灰岩夹少量薄层灰岩	27 m
31. 浅灰色厚层白云质灰岩	24 m
30. 灰色薄层泥质灰岩	5 m
29. 浅灰色厚层块状鲕粒及核形石灰岩	37 m
28. 浅灰色厚层块状砂屑灰岩，具鲕粒结构	18 m
27. 浅灰色厚层灰岩夹中层状泥质灰岩	18 m
26. 浅灰色薄层泥质灰岩	12 m
25. 浅灰色厚层鲕粒灰岩	4 m
24. 浅灰色厚层泥质灰岩	4 m
23. 浅灰色薄层泥质灰岩	11 m
22. 浅灰色厚层鲕粒、核形石灰岩	13 m
21. 薄层泥质灰岩	2 m
20. 浅灰色鲕粒、球粒、核形石灰岩	15 m
19. 浅灰色薄层泥质灰岩	2 m
18. 浅灰白色厚层块状核形石、球粒灰岩	38 m
17. 浅灰色厚层微晶灰岩	155 m
16. 浅灰色中—厚层砂屑灰岩	40 m
15. 浅灰色薄—中层泥质灰岩	29 m
14. 灰色薄层灰岩	23 m
13. 浅灰色厚层砾状灰岩	4 m
12—11. 浅灰色中—厚层砂屑灰岩	31 m

——————— 整 合 ———————

下伏地层：**马脚岭组** 薄层灰岩

【地质特征及区域变化】 北泗组岩性较复杂，主要为颗粒灰岩，鲕状、豆状、核形石灰岩，白云质灰岩、白云岩，局部夹中酸性火山岩及火山碎屑岩，厚度一般400～3 000余米，特点是：岩石颜色较浅，成分较纯；地层结构复杂，岩层常由厚薄相间组成若干个向上变薄

（变厚）的基本层序或次级旋回；部分地区白云岩夹层多，厚度大；鲕状及核形石灰岩夹层多，厚度一般可达 10～100 余米；火山岩夹层不稳定，厚度变化大，一般 1 至数米，凭祥、龙州一带最厚达 200～1 500 余米。据岩性组合及沉积特征，北泗组总体属浅水碳酸盐台地沉积，其中靖西把明、田阳巴别、平果果化一带属局限—半局限台地，凭祥、崇左及合山一带属开阔台地及台地边缘，龙州一带很可能存在局限潮坪。

北泗组含介形虫、腕足类、有孔虫、棘皮类、双壳类、腹足类、藻类、菊石及牙形石等多门类生物化石，但具时代意义的化石门类不多。双壳类有 *Claraia* sp.，*Entolium* sp. 等。菊石仅见于该组上部泥质灰岩与泥岩夹层中，主要有 *Tirolites* sp.，*Leiophyllites* sp.，*Danubites* sp.，*Balatonites* sp.，*Huishuites* sp. 等。牙形石采于平果县太平、安宁屯等剖面，主要有 *Neospathodus triangularis*，*Pachycladina obliqua*，*Parachirognathus delicatulus*，*Platyvillosus costatus*，*Hindeodella* sp.，*Neohindeodella* cf. *triassica* 等。据上述菊石化石，北泗组时限大部地区为早三叠世，局部地区跨入中三叠世，故属穿时性岩石单位。

北泗组广泛分布于凭祥、龙州、崇左、靖西、德保、田东、平果及合山、来宾等县（市）境内，组成桂西南—桂中早三叠世碳酸盐台地。在靖西县把明，北泗组未见顶，厚度大于 1 181 m，均为中—厚层块状灰岩夹 500 余米白云岩。在田阳县巴别、平果县果化、大平、古练一带，北泗组为厚层与薄层相间的灰岩、鲕状灰岩、条带灰岩夹数百米厚的白云岩、孔洞白云岩及 1～3 层薄凝灰岩，顶部变为泥质灰岩夹泥岩，含 *Balatonites* sp.，*Leiophyllites* sp. 等菊石化石，与上、下地层一般为整合接触，而在平果县果化一带，板纳组与北泗组为超覆不整合接触，厚 500～600 余米。在龙州县板旺、新村等地，北泗组下部为薄层与厚层相间的鲕粒灰岩、砂屑灰岩、微晶灰岩夹少量白云岩，中部为数十米厚的火山岩，上部为缝合线灰岩、泥质疙瘩状灰岩夹泥岩，总厚约 1 000～1 300 余米，与下伏马脚岭组整合接触。在凭祥市叫隘、八角、上阵一带，北泗组直接位于合山组之上，为沉积超覆不整合接触，自下往上岩性为鲕状豆状灰岩→缝合线灰岩→鲕状灰岩→白云质灰岩、英安岩→流纹岩→沉凝灰岩→疙瘩状灰岩→泥灰岩→缝合线灰岩，未见顶，总厚 2 500～3 200 余米，其中 3 层中酸性火山岩厚 1 000～1 500 余米。综上所述，北泗组在桂西南地区变化规律是：台地北部直接位于马脚岭组之上，白云岩夹层多，火山岩厚度小，地层厚度一般 300～700 余米；台地南部北泗组一般位于上二叠统合山组之上，鲕状、豆状灰岩多，白云岩夹层少，火山岩及地层厚度均很大。以上变化与当时的沉积环境有密切关系。

平而关群　T_2P　（06－45－1209）

【创名及原始定义】　原名平而关页岩。徐瑞麟（1932）创名，李四光、赵金科、张文佑（1941）介绍。指徐瑞麟（1932）在现今凭祥市西北约 12 km 的平而关一带，首先发现含中三叠统化石的砂、泥岩组合，时代属中三叠世。

【沿革】　1941 年，李四光、赵金科、张文佑在其合编的《广西地层表》中，将平而关页岩改称平而关系，并位于崇善灰岩与思乐系之间，代表桂西南一带杂色页岩与砂岩组合。1962 年，广西地质研究所将位于北泗组灰岩之上的碎屑岩称平而关群，时代属中晚三叠世。1962 年，赵金科、陈楚震、梁希洛将罗楼群之上的碎屑岩称平而关组，时代属中三叠世。60—70 年代，广西石油普查大队和广西区测队先后将下三叠统之上的复理石碎屑岩组合创名为板纳组、兰木组、百逢组、河口组，时代为中三叠世。

【现在定义】　泛指桂西、桂中地区位于石炮组、罗楼组、北泗组或南洪组之上的一套细砂岩、粉砂岩及泥岩复理石、类复理石组合，含菊石和双壳类等化石，厚 1 至数千米不等，包括板纳组、百逢组、兰木组。

板纳组　T_2b　（06 - 45 - 1206）

【创名及原始定义】　广西石油普查大队（1961）① 创名，创名地位于东兰县兰木。指陆中求等（1961）所测东兰县兰木三叠系剖面 4—11 层，即位于罗楼组与兰木组之间的地层，岩性为黄紫红色泥岩、砂质泥岩夹粉砂岩，含菊石和双壳类等化石，时代属中三叠世安尼期。

【沿革】　创名后，广为沿用。

【现在定义】　指整合于南洪组与兰木组之间的地层，岩性为浅黄、灰绿色泥岩夹少量薄层粉砂岩或细砂岩，富含双壳类、菊石等化石。下以泥岩与南洪组顶部灰岩的消失分界；上以泥岩或泥岩夹少量灰岩与兰木组底部厚层、块状粉砂岩、细砂岩分界。

【层型】　正层型剖面位于广西东兰县兰木墟南约 3.5 km 的板纳屯西侧（107°18′，24°26′）（陆中求、蔡培茂 1961 年实测）。

上覆地层：**兰木组**　厚层状含长石细砂岩及粉砂岩，含双壳类 *Daonella riberi* 等化石

——————— 整　合 ———————

板纳组	总厚度 278.2 m
17. 灰黄色页岩、泥岩夹粉砂岩凸镜体，底部砂岩增多，含双壳类 *Daonella* cf. *udvariensis*，*D.* cf. *longobardica*	29.3 m
16. 棕黄色薄—中层砂质泥岩夹泥岩，含双壳类碎片	39.7 m
15. 灰黄色中薄层状泥岩，底部粉砂岩，含化石 *Daonella* cf. *tenuistriata*	49.5 m
14. 灰黄色薄—中层状泥岩，底部中层状细砂岩，含 *Daonella moussoni* 等	41.1 m
13. 零星泥岩，含 *Daonella* cf. *longobardica*	58.7 m
12. 灰绿色中层状粉砂岩与薄层泥岩互层，含 *Daonella* sp.	14.1 m
11. 薄层泥岩夹粉砂质泥岩及砂岩凸镜体	28.0 m
10. 中层状泥岩	5.8 m
9. 薄层粉砂质泥岩，含 *Daonella moussoni*，*D. elongata* 等	12.0 m
8. 薄层泥岩，富含双壳类 *Daonella* cf. *americana*，*D. moussoni*，*D. elongata*，*D. producta*；菊石 *Sageceras* sp.，*Paraceratites* sp.，*Paracrochordiceras* sp.	21.5 m
7. 灰绿色薄层砂质泥岩，含菊石 *Ptychites* ? sp.，*Paraceratites* sp.，*Paracrochordiceras* sp.，*Cuccoceras* sp.	23.4 m
6. 薄—中层状泥岩，含菊石 *Paraceratites* sp.，*Ptychites* sp.，双壳类 *Posidonia* sp.	19.0 m
5. 薄—中层状泥岩，含菊石 *Paraceratites* sp.，*Paracrochordiceras* sp.	24.2 m
4. 蓝灰色泥岩	14.9 m

——————— 整　合 ———————

下伏地层：**南洪组**　薄层钙质泥岩夹灰岩凸镜体，含双壳类 *Claria* cf. *concentrica*

【地质特征及区域变化】　正层型剖面板纳组岩性为薄—中层状泥岩及粉砂质泥岩，上部夹少量粉砂岩或细砂岩，富含双壳类及菊石化石。该组沉积物砂岩少，水平纹层及粉砂质条带发育，具细粒浊积岩特征，据其沉积物构造推测，该组很可能形成于浅海陆架；位于早三

① 广西石油普查大队，1961，广西地区三叠纪地层研究报告（内部资料）。

叠世碳酸盐台地之上的局部地区则为潮坪环境。

板纳组含丰富的生物化石，主要生物门类为双壳类及菊石，次为腕足类、牙形石、介形类、箭石、腹足类及遗迹化石。牙形石　广西第二地质队王予卯等采于凤山县金牙、林舍等剖面灰岩夹层中，主要有：*Hindeodella suevica*，*Neohindeodella* sp.，*Prioniodina* sp.，*Lonchodina* sp.，*Neogondolella excelsa*，*Ozarkodina* sp.；双壳类产于板纳组中上部，主要种属有：*Daonella* cf. *udvariensis*，*D.* cf. *longobardica*，*D.* cf. *tenuistriata*，*D. moussoni*，*D. pseudomoussoni*，*D.*（*L.*）*producta*，*D. americana*，*Eumorphotis* sp.，*Myophoria* cf. *goldfussi*，*Neoclaraia* 等；菊石产于板纳组中下部，有：*Sageceras* sp.，*Paraceratites* sp.，*Paracrochordiceras* sp.，*Ptychites* sp.，*Cuccoceras* sp.，*Hollandites* sp.，*Balatonites* sp.，*Judicerites* sp.，*Gymnites* sp.，*Leiophyllites* sp.，*Anolcites* sp.，*Beyrichites* sp.，*Huishuites* sp.，*Danubitites* sp.，*Monophyllites* sp.，*Japonites* sp.，*Megaphyllites* sp.，*Acrochordiceras* sp.，*Frechites* sp. 等。

据上述化石，板纳组时限为中三叠世早期。

板纳组主要分布于广西天峨、凌云、巴马、田阳一线以东及桂西南、乐业、西林、隆林局部地区，即广西三叠纪沉积盆地的边缘地区。空间上与下伏罗楼组、南洪组、北泗组有密切的依附关系。在区域上，板纳组主要由泥质岩及少量细碎屑岩组成，局部地区（河池市九墟）下部夹凝灰岩，上部或顶部（上林县塘红、凭祥市平而关、西林县石炮）夹少量灰岩或其凸镜体。纵向上下部和上部以泥岩为主，中部粉砂岩或细砂岩增多，组成一个由细→粗→细的大旋回。该组沉积厚度除个别剖面大于1 000 m外，一般300～800 m左右。其顶界常以兰木组底部一套厚层、块状砂岩作标志层进行划分，底界以罗楼组、北泗组灰岩的消失划分。该组与下伏南洪组整合接触，与北泗组在局部地区（平果县果化）为超覆不整合接触。

百逢组　T_2bf　（06－45－1207）

【创名及原始定义】　广西区测队综合组（1974）创名，创名地点为田林县利周乡百逢村，1974年《1：20万田东、百色两幅区调报告》中介绍。指李玉宽等（1971）所测田林县利周三叠系剖面15—28层序列，岩性为细砂岩、粉砂岩夹泥岩或互层，底和上部泥岩为主，下和中部砂岩为主，与下伏罗楼组和上覆河口组整合接触，代表桂西中三叠世早期复理石类型沉积。

【沿革】　自创名后，一直沿用。

【现在定义】　指整合于石炮组与兰木组之间的地层，岩性为中—厚层、块状杂砂岩夹泥岩或互层，含菊石及双壳类化石。下以条带状泥岩与石炮组灰岩消失分界；上以泥岩夹少量灰岩与兰木组厚层块状砂岩分界。

【层型】　正层型剖面位于田林县利周墟南西侧至百逢村公路沿线（24°16′，106°14′）（李玉宽等1971年实测）。剖面上岩层构成向SW倾的单斜，组成利周背斜西南翼，平坤村一带露头掩盖，岩性用背斜东翼补充，层序如下：

上覆地层：**兰木组**　厚层细砂岩夹泥岩

——————　整　合　——————

百逢组　　　　　　　　　　　　　　　　　　　　总厚度1 755 m

28. 灰绿色薄层泥岩与砂质泥岩互层，夹少量粉砂岩，含双壳类 *Daonella tommussi*，*D.*

cf. *dianana*；菊石 *Leiophyllites* sp. 483 m

27. 灰绿色厚层、块状细砂岩夹泥岩或砂质泥岩 272 m

26. 灰绿色中—厚层细砂岩、粉砂岩与砂质泥岩互层 43 m

25. 灰绿色厚层块状细砂岩夹砂质泥岩 126 m

24. 灰绿色中—厚层细砂岩夹砂质泥岩及锰土质粉砂岩，含植物碎片 64 m

23. 灰绿色薄层泥岩、砂质泥岩夹锰土质泥岩 25 m

22. 灰绿色中—厚层细砂岩、粉砂岩夹砂质泥岩或互层 96 m

21. 灰绿色薄层泥岩、砂质泥岩夹少量细砂岩，含菊石 *Japonites* sp.，*Danubites* sp.，*Ptychites* sp. 61 m

20. 灰绿色中—厚层细砂岩、粉砂岩与砂质泥岩、泥岩互层，见流水波痕 55 m

19. 灰绿色中厚层粉砂岩、细砂岩夹泥岩，组成 1.5～2 m 的韵律层 158 m

18. 灰绿色中—厚层细砂岩、粉砂岩与泥岩、砂质泥岩互层，上部含菊石 *Balatonites* sp.，*B. balatonicus*；双壳类 *Posidonia* sp. 等 153 m

17. 上部泥质粉砂岩夹砂质泥岩，下部砂质泥岩夹泥质粉砂岩 61 m

16. 灰绿色厚层细砂岩、粉砂岩夹薄层砂质泥岩 69 m

15. 青灰色薄层泥岩夹少量粉砂岩，中部夹凝灰岩，含菊石 *Sibirites* sp.，*Paracrochordiceras* sp. 89 m

———— 整 合 ————

下伏地层：**石炮组** 薄层泥质灰岩与泥岩互层，含菊石 *Meekoceras* sp.

【地质特征及区域变化】 该组底部以泥岩为主，下及中上部砂岩为主，顶部一般为数百米厚的泥岩，组成一个 1 000 余米厚的沉积旋回。以厚层块状砂岩多、砂泥岩比值高、厚度大、地层结构复杂、双壳类化石贫乏、浊积岩特征明显等特征与板纳组有明显区别（图 4－18）。据沉积构造，百逢组形成于较深水陆架或陆架外缘斜坡环境。

百逢组生物化石门类及种属远不如板纳组丰富，以菊石为主，双壳类及介形虫多出现于上部层位，局部地区（天峨县那门）底部含少量深水放射虫。菊石：*Balatonites* sp.，*Cuccoceras* sp.，*Sageceras* sp.，*Leiophyllites* sp.，*Beyrichites* sp.，*Ptychites* sp.，*Judicarites* sp.，*Hollandites* sp.，*Japonites* sp.，*Danubites* sp.，*Acrochordiceras* sp.，*Paracrochordiceras* sp.，*Huishuites* sp.，*Monophyllites* sp. 等；双壳类:*Posidonia ovalis*，*Daonella pseudomoussoni*，*D. americana*，*D.*（*L.*）*producta*，*D. moussoni* 等；介形类:*Bairdia* spp.，*Bairdiacypris* sp.，*Fabalicypris* spp.，*Paracypris* sp.，*Liuzhinia* sp. 等。

据上述化石，百逢组时限为中三叠世早期。

百逢组大面积分布于百色、田林、西林及那坡等县（市）境内，即桂西三叠纪沉积盆地中心部位。区域上，百逢组岩性总的为一套以杂砂岩为主体、砂泥岩互层的岩石组合，厚度一般达 1 500～2 000 余米，百色市阳墟、田阳县那么及那坡县德隆一带达 2 500 m 以上。其综合特征如下：砂泥岩常组成复理石、类复理石韵律，自下而上构成由细（薄）→粗（厚）→细（薄）的大旋回；杂砂岩类型复杂，长石、岩屑、杂基含量高，矿物成熟度和结构成熟度低；砂岩单层厚度以厚层、块状者居多，重荷模、槽模、沟模极发育，包卷层理、粒序层理、爬升层理、塑性滑移变形层理、鲍马序列等常见，浊流特征明显。该组在区域上岩性变化不大，唯百色市百康、田阳县岩利、凌云县玉洪、天峨县那门等地上部夹薄层泥质灰岩或凸镜体，那坡县百南一带夹数层泥砾岩。

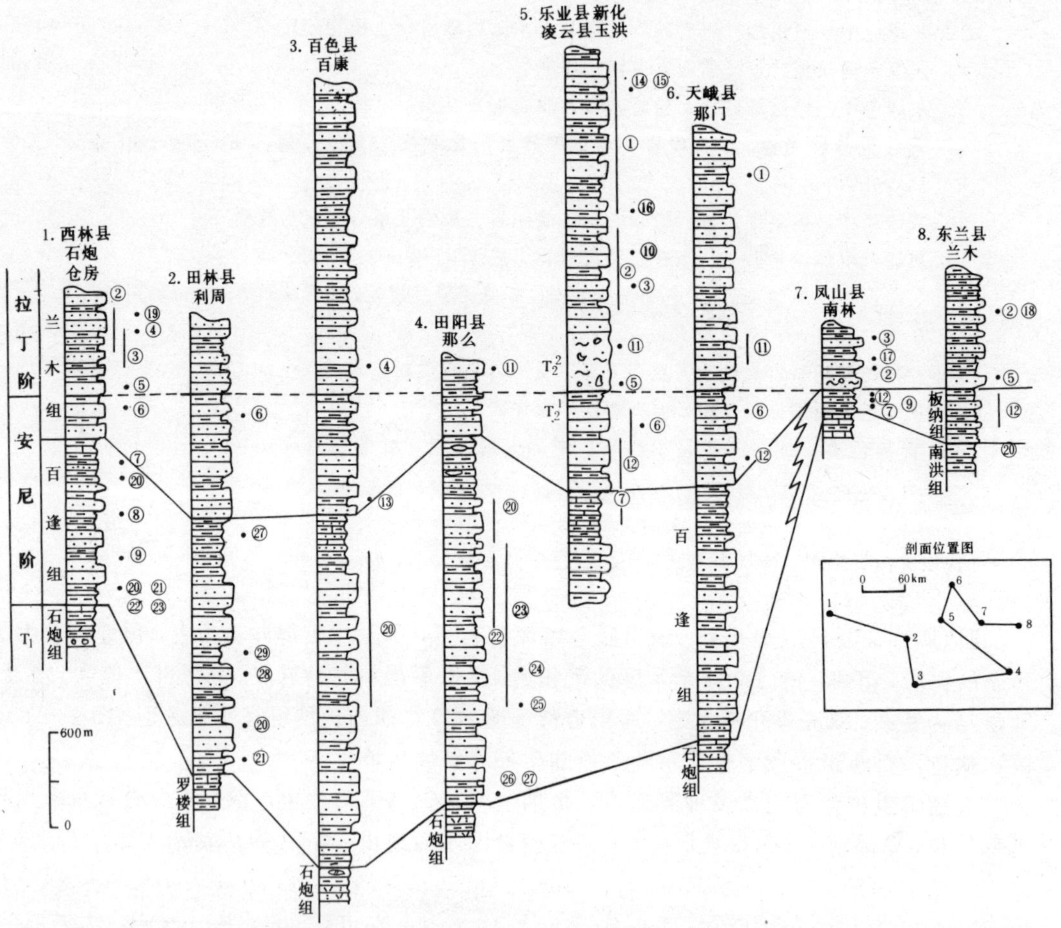

图 4－18　兰木组、百逢组、板纳组时空分布图

双壳类：①*Halobia subcomata*；②*Daonella kotoi*；③*D. jilongensis*；④*D.* cf. *lommeli*；⑤*D. rieberi*；⑥*D. pseudomoussoni*；⑦*D. americana*；⑧*D.* cf. *americana*；⑨*D.*（*L.*）*producta*；⑩*D. varifurcata*；⑪*D. indica*；⑫*D. moussoni*；⑬*D. producta*；菊石：⑭*Anolcites* sp.；⑮*Meginoceras* sp.；⑯*Frankites* sp.；⑰*Protrachyceras* sp.；⑱*P. ladinum*；⑲*Trachyceras* sp.；⑳*Balatonites* sp.；㉑*Acrochordiceras* sp.；㉒*Cuccoceras* sp.；㉓*Paracrochordiceras* sp.；㉔*Huishuites* sp.；㉕*Sageceras* sp.；㉖*Hollandites* sp.；㉗*Leiophyllites* sp.；㉘*Danubitites* sp.；㉙*Japonites* sp.

兰木组　T_2l　（06－45－1208）

【创名及原始定义】　广西石油普查大队（1961）[①] 创名，创名地点为东兰县兰木墟。指陆中求等（1961）所测兰木组剖面 12—35 层序列，岩性为钙质细砂岩、粉砂岩及泥质岩组合，富含双壳类化石，与下伏板纳组整合接触，时限属中三叠世晚期。

【沿革】　兰木组自创名后，一直沿用。

---

① 广西石油普查大队，1961，广西地区三叠纪地层研究报告（内部资料）。

【现在定义】 整合于板纳组或百逢组之上的地层，岩性为细砂岩、粉砂岩夹泥岩或互层的组合。下以中—厚层块状细砂岩、粉砂岩与下伏板纳组（百逢组）泥岩分界。出露不全，未见顶。

【层型】 正层型剖面位于东兰县兰木墟东侧山坡（107°18′，24°26′）（陆中求等1961年实测）。

兰木组 总厚度>792.9 m

35. 灰黄色薄—中层状粉砂质泥岩，含双壳类 *Daonella* cf. *lommeli*，*Daonella* sp 等。（未见顶） 135.5 m

34. 黄灰色泥岩及粉砂质泥岩，含化石 *Daonella* sp. 83.3 m

33. 黄绿色薄—中层状泥岩，底部为中层状细（粉）砂岩 111.9 m

32. 灰黄色砂质泥岩夹粉砂岩 5.4 m

31. 黄灰色薄—中层粉砂质泥岩夹粉砂岩，含化石 *Daonella lommeli* 等 52.1 m

30. 灰黄色泥岩及粉砂岩，含双壳类 *Posidonia* sp. 55.7 m

29. 灰绿色中—厚层状细砂岩、粉砂岩夹砂质泥岩，含化石 *Daonella* sp. 等 27.3 m

28. 中层状粉砂岩与泥岩互层 22.1 m

27. 蓝灰色薄—中层状泥岩夹粉砂岩 13.9 m

26. 灰黄色中—厚层细砂岩、粉砂岩夹泥岩 22.9 m

25. 底部中层状细砂岩，其上为薄—中层粉砂质泥岩，含双壳类 *Daonella kotoi* 及菊石 *Protrachyceras* sp. 32.2 m

24. 灰色薄层泥岩，底部夹中层细砂岩 62.8 m

23. 粉砂质泥岩 45.8 m

22. 灰绿色厚层钙质细砂岩及粉砂岩 9.8 m

21. 蓝灰色中厚层状微粒灰岩夹粉砂岩凸镜体，含双壳类 *Daonella lommeli*，*Posidonia* sp. 等 3.2 m

20. 蓝灰色含长石粉砂岩 31.5 m

19. 蓝灰色中厚层状粉砂岩夹中层状含长石细砂岩，含双壳类 *Daonella lommeli*，*Posidonia wengensis* 等 20.7 m

18. 蓝灰色厚层状含长石钙质细砂岩、粉砂岩夹泥岩，含化石 *Daonella rieberi* 等 56.8 m

———— 整 合 ————

下伏地层：**板纳组** 薄—中层泥岩，含化石 *Daonella* cf. *udvariensis*

上述剖面仅出露兰木组下部。现以广西第二地质队王予卯等（1991）实测的乐业新化—凌云玉洪剖面为次层型（106°35′，24°39′）。

兰木组 总厚度>3 267 m

22. 青灰色薄层砂质钙质泥岩夹中厚层粉砂岩，含双壳类 *Halobia subcomata*。（未见顶） 113 m

21. 青灰色厚层、块状细砂岩夹薄层泥岩或互层，含双壳类 *Posidonia ovalis*，*P. wengensis*，*Daonella* cf. *bulogensis*，*D. varifurcata*，*Halobia subcomata*；菊石 *Anolcites* sp.，? *Meginoceras* sp. 123 m

20. 青灰色厚层块状细砂岩夹泥岩 65 m

19. 灰色薄—中层粉砂岩与泥岩互层 131 m

18. 青灰色厚层块状细砂岩夹泥岩，含化石 *Halobia* sp. 及海百合茎 161 m

17. 青灰色薄—中层泥岩、粉砂岩与厚层块状细砂岩互层 130 m

16. 灰色厚层细砂岩夹泥岩 93 m

15. 青灰色厚层块状细砂岩、粉砂岩夹泥岩，含化石 *Posidonia* sp.，*Halobia* sp. 319 m

14—13. 青灰色薄层泥岩夹粉砂岩，上部含菊石 *Proarceras* sp.，*Frankites* sp.，*Megaphyllites* sp.，*Meginoceras* sp. 及双壳类 *Halobia subcomata* 190 m

12—11. 青灰色厚层块状细砂岩、粉砂岩夹泥岩或互层，下部含化石 *Daonella varifurcata* 259 m

10. 薄层泥岩、粉砂岩夹厚层细砂岩，含化石 *Posidonia* cf. *ovalis* 247 m

9—8. 上和下部厚层块状细砂岩、粉砂岩夹泥岩，中部薄层泥岩夹粉砂岩，含化石 *Daonella kotoi*，*D. subquadrata* 等 196 m

7—6. 灰绿色泥岩夹粉砂岩，底部厚层细砂岩、粉砂岩夹泥岩 119 m

5. 泥砾岩或沉积混杂岩，由泥岩和各种岩块组成。岩块成分和大小各异。基质具强烈的流动变形构造。含双壳类 *Daonella rieberi*，*D. indica* 426 m

4. 青灰色厚层块状细砂岩、粉砂岩夹泥岩，含菊石？*Monophyllites* sp.；双壳类 *Daonella moussoni*，*D. pseudomoussoni*，*D. luganensis* 等 255 m

3. 青灰色中—厚层粉砂岩、细砂岩夹泥岩，含双壳类化石 *Daonella moussoni*，*D. americana*，*D.* cf. *guizhouensis*，*D. grabensis*，*D. rotundata*，*D.* cf. *rotundata*；菊石 *Monophyllites* sp. 及遗迹化石 440 m

—————— 整 合 ——————

下伏地层：**百逢组** 薄层泥岩夹微晶灰岩，含化石 *Daonella* cf. *americana*

【地质特征及区域变化】 兰木组岩性总的为细砂岩、粉砂岩夹泥岩或互层，组成复理石、类复理石韵律，构成若干个向上变细（粗）的次级旋回，沉积厚数百至 3 000 余米不等，均未见顶。该组沉积构造十分复杂，常见各种不完全的鲍马序列、底模构造及流动变形构造。田林县平山、凌云县玉洪等地兰木组块状砂岩对下伏岩层形成明显的截切构造，说明兰木组形成于较深水或深水浊流槽盆环境，并有不同方向和规模的水道与扇朵体存在。据近年 1∶5 万区调资料，凤山县金牙等地兰木组含较多浅水厚壳双壳类，田阳那贯一带见腕足类及珊瑚化石，反映沉积盆地边缘继承于板纳组之上的兰木组形成于浅水陆架。

兰木组富含双壳类及菊石，次为牙形石、介形类、海百合茎及遗迹化石。双壳类以鱼鳞蛤属为主，自下而上主要种属有 *Daonella moussoni*，*D. pseudomoussoni*，*D. rieberi*，*D. indica*，*D. lommeli*，*D. subquadrata*，*D. jilongensis*，*D. kotoi*，*D. acutiterminata*，*D. varifurcata*，*Halobia subcomata* 及浅水双壳类 *Palaeonucula* sp.，*Spondylus* sp.，*Plagiostoma striata*，*Placunopsis* cf. *rugosa*，*Enantiostreon difformis*，*Costatoria* cf. *goldfussi* 等。菊石主要有 *Protrachyceras* sp.，*P. ladinum*，*P. douvillei*，*Joannites* sp.，*Lobites* sp.，*Xenoprotrachyceras* sp.，*Meginoceras* sp.，*Paratrachyceras* sp.，*Frankites* sp.，*Michelinoceras* sp.，*Trachyceras* sp.，*Celtites* sp.。牙形石采于玉洪剖面沉积混杂岩中的灰岩块：*Gladigondolella tethydis*，*Neogondolella excelsa*，*N.* cf. *bifurcata*，*N.* cf. *constricata*，*Didymodella alternata*，*Enantiognathus ziegleri*，*E. petraeviritus*，*Ozarkodina saginata*，*Hindeodella pectiniformis*，*Xaniognathus* sp.，*Neospathodus homeri* 等。介形虫采于新化剖面，计有 *Liuzhinia* sp.，*Paraspinobaidia* sp.，*Paracypris* sp.，*Acratia* sp.，*Bairdiacypris* spp.，*Bairdia* sp.，*Fabalicypris* sp.，*Nobobairdia*? spp. 等。遗迹化石有 *Asterichnus*，*Planolites*，*Circulichnus*，*Palaeophycus*，*Thalassinoides* 等。

据陈金华（1992）研究，桂西中三叠统安尼阶和拉丁阶两个阶的界线置于双壳类 *Daonella moussoni* 顶峰带与 *D. rieberi* - *D. indica* 带之间，这一年代界线正好位于深水相区兰木组下部和浅水相区兰木组与板纳组之间，说明桂西地区兰木组是一个跨时地层单位，时限为安尼晚期至拉丁期（图 4 - 18）。

兰木组主要分布于桂西地区，岩性厚度变化较大。位于沉积盆地中心地带的兰木组，一般覆于百逢组之上，岩性组合以厚层块状细砂岩为主，砂泥岩比值高，韵律旋回性明显，地层结构复杂，沉积厚度大（一般 2 000～3 000 余米），那坡县百南、凌云县玉洪、那依、凤山县金牙等局部地区夹 1 至数层沉积混杂岩。位于盆地边缘的兰木组一般位于板纳组之上，砂岩夹层少，粉砂岩为主，地层结构简单，厚度一般小于 1 000 m。

板八组　T_2bb　（06 - 45 - 1210）

【创名及原始定义】　原名板八火山岩组，广西区测队（1975）编写 1∶20 万东兴幅区调报告时创名，创名地点为现今防城市板八乡。指位于广西十万大山南麓平垌组与狮头山花岗岩体之间的火山岩夹沉积岩组合，岩性为流纹斑岩、熔岩夹泥岩，与上、下地层岩体均为不整合接触，时限属晚三叠世。

【沿革】　该组命名后，《广西壮族自治区区域地质志》（1985）将其归属于平垌组下部，组名未予采用。本书改称板八组。

【现在定义】　指平垌组与狮头山花岗岩体之间的火山岩地层，岩性为流纹斑岩、熔岩、凝灰岩、珍珠岩夹少量泥岩，含双壳类化石。未见底；顶以火山岩的消失与上覆平垌组砾岩或粗碎屑岩不整合接触。

【层型】　正层型剖面位于防城市板八北西约 700 m 高瓦村（107°38′，21°40′）（广西区测队罗璋等 1974 年实测）。层序如下：

上覆地层：**平垌组**　厚层块状砂质砾岩夹泥岩

～～～～～～～～～～ 沉积不整合 ～～～～～～～～～～

板八组	总厚度 350 m
6. 上部灰绿色熔凝灰岩，下部凝灰熔岩	13 m
5. 浅灰绿色珍珠岩	16 m
4. 浅灰绿色酸性熔岩	56 m
3. 流纹斑岩	250 m
2. 泥岩，含双壳类 *Posidonia* sp.	5 m
1. 流纹斑岩。（未见底）	10 m

【地质特征及区域变化】　板八组仅分布于十万大山南麓，西起防城垌中，向东北经板八、扶隆坳至钦州市大垌 60 余公里范围内。岩性总的为一套酸性流纹斑岩、熔岩、凝灰熔岩、熔凝灰岩夹泥岩，局部地区夹珍珠岩，厚 176～633 m。在防城港市平息村，该组底部为数十米含砾不等粒砂岩及岩屑质砂岩，具古风化壳特征，与下伏印支期狮头山花岗岩沉积不整合接触。该组与上覆平垌组一般认为有沉积间断，其依据是防城高瓦、王峰墟及大垌等地平垌组底部出现花岗质砾岩。1∶20 万区调将板八组时代定为晚三叠世，广西区域地质调查队闭榜文（1982）在高瓦板八组下部泥岩夹层中采获 *Posidonia* sp. 化石，故其时代很可能属中三叠世初期，大体与龙州、崇左、凭祥一带早、中三叠世火山岩相当。

第二节 生物地层

广西晚古生代—中三叠世生物群极为繁盛，尤以海相生物分布最广泛，主要有腕足类、珊瑚、䗴、层孔虫、苔藓虫、三叶虫、双壳类以及笔石、竹节石、牙形石、菊石、介形类等。各主要门类的生物化石，不论属种数或个体数都十分丰富，分布广泛，演化迅速，它们对广西地层的划分、对比、沉积相研究都有重大意义。现仅就若干野外常见门类生物地层概述如下。

1. 四射珊瑚

早泥盆世

早泥盆世四射珊瑚可分为 6 个组合，自下而上为：

①*Chalcidophyllum nakaolingense* 组合

该组合除组合代表分子外，还发现 *Eoglossophyllum minor*。

②*Xystriphylloides nobilis* - *Heterophaulactis semicrassa* 组合

该组合除组合代表分子外，尚有 *Microcyclus* sp.，*Calceola sandalina*，*C. sandalina acuminata* 等。

③*Siphonophrentis angusta* - *Amplexiphyllum hamiltoniale* 组合

该组合除组合代表分子外，尚有 *Stereolasma*，*Pseudomicroplasma*，*Pleurodyctyum discoides* 等。

④*Lyrielasma guangxiense* 组合

该组合以 *Lyrielasma guangxiense* 为代表，还有 *L. gracile crassa*，*L. g. gracile*，*Xiangzhouphyllum minor* 等。

⑤*Trapezophyllum cystosum* 组合

该组合除代表分子外，与其共生有"*Hexagonaria*" *simplex*，*Leptoenophyllum*，*Embophyllum*，*Cystohexagonaria*，*Phillipsastraea*，*Pseudozonophyllum* 等。

⑥*Psydracophyllum cystosum* 组合

该组合以 *Psydracophyllum cystosum* 为代表，还有 *Leptoinophyllum* sp. 等。

中泥盆世

中泥盆世四射珊瑚自下而上可分为 3 个组合：

①*Utaratuia sinensis* 组合

该组合以 *Utaratuia sinensis* 为代表，共生分子有 *Breviseptophyllum kohanense*，*Sociophyllum minor*，*Neospongophyllum blomerulatum*，*Stringophyllum* sp.，*Phacellophyllum* sp.，*Xystriphyllum*. sp.，*Nardophyllum* sp. 等。

②*Endophyllum* - *Dialythophyllum* 组合

该组合以 *Endophyllum*，*Dialythophyllum* 为代表，其它共生分子有 *Disphyllum*，*Hexagonaria*，*Temnophyllum*，*Billingsatrae*，*Phillipsastraea*，*Macgeea*，*Stringophyllum*，*Dendrostella*，*Fasciphyllum*，*Atelophyllum*，*Pseudomicroplasma* 等属。

③*Kwangsiastraea elegans* 组合

该组合主要分子有 *Kwangsiastraea elegans*，*K. delicata*，*Temnophyllum columnare*，*T.* sp.，*Pexiphyllum multum*，*Phillipsastraea liujingensis*，*P. mintangensis* 等。

晚泥盆世

晚泥盆世四射珊瑚自下而上可分为 4 个组合：

①*Columnaria*（*Paracolumnaria*）- *Tabulophyllum* 组合

该组合主要分子有 *Columnaria*（*Paracolumnaria*）*liujingensis*，*C.*（*P.*）*hengxiaensis*，*Tabulophyllum*，*Temnophyllum*（*Truncicarinulum*）*liujingensis*，*Pseudozaphrentis curvata*，*P. minor*，*Pexiphyllum guangxiense* 等。

②*Peneckiella* - *Neotemnophyllum* 组合

该组合以 *Peneckiella*、*Neotemnophyllum* 为代表，共生分子有 *Tabulophyllum*，*Pseudozaphrentis* 等属。

③*Caninia dorlodoti* 组合

该组合主要属种有 *Caninia dorlodoti*，*C. patula*，*Diphyphyllum antiquatum*，*Dematophyllum minor*，*Zaphrentoides stereoseptatus* 等。

④*Cystophrentis* 组合

该组合以 *Cystophrentis* 为常见，计有 *C. tieni*，*C. grandis* 以及 *Caninia*，*Lophophyllum* 等属。

晚泥盆世晚期在台地边缘相地层中，可分出 1 个大致相当于 *Cystophrentis* 组合的组合：*Yishanophyllum bellum* 组合

该组合除代表分子外，主要有 *Kielcephyllum guangxiense*，*Neaxon cheilos*，*N. longiseptatum*，*Zaphriphyllum* sp. 等。

早石炭世

早石炭世的四射珊瑚从下到上分为 4 个带：

①*Pseudouralinia* 带

该带分布十分广泛，层位稳定，以 *Pseudouralinia tangpakouensis* 为代表，尚有 *Pseudouralinia gigantea*，*Zaphrentis* sp.，*Bothrophyllum* 等。

②*Keyserlingophyllum* 带

该带以 *Keyserlingophyllum* 或 *Pseudouralinia gigantea* 的出现为开始，代表分子为 *Keyserlingophyllum keyserlingophylloidea*，与其共生的有 *Pseudouralinia gigantea*，*P. longsieptata*，*Heterocaninia tholusitabulata*，以及 *Caninia*，*Bothrophyllum*，*Lithostrotion*，*Donophyllum*，*Arachnolasma*，*Clisiophyllum* 等属种。

③*Thysanophyllum* 带

本带以 *Thysanophyllum* 为代表，主要属种有 *Thysanophyllum asiaticum*，*Kwangsiphyllum permicum*，*Kueichouphyllum sinense*，*K. heishihkuanense*，*Heterocaninia*，*Caninia*，*Lithostrotion*，*Lithostrotionella*，*Clisiophyllum*，*Dibunophyllum*，*Neoclisiophyllum* 等。

④*Yuanophyllum* 带

该带以 *Yuanophyllum kansuense* 为代表，共生分子有 *Kueichouphyllum sinense*，*K. heishihkuanense*，以及 *Bothrophyllum*，*Lophophyllum*，*Cravenia*，*Lithostrotion*，*Arachnolasma*，*Clisiophyllum*，*Auloclisia*，*Dibunophyllum*，*Neoclisiophyllum* 等属种。

晚石炭世

晚石炭世的四射珊瑚从下到上分为 3 个组合：

①*Lithostrotionella* - *Carinthiaphyllum* 组合

该组合主要属种有 *Lithostrotionella breviseptata*，*Carinthiaphyllum longhuoense*，*Pseu-*

dolytvophyllum guangxiensis, *Cystolonsdaleia incerta*, *Youphyllum typicum*, *Neokonickophyllum guangxiensis*, *Pseudozaphrentoides* sp., *Crootia longhuoensis* 等。

②*Arachnastraea* - *Kionophyllum* 组合

该组合主要分子有 *Arachnastraea longhuoensis*, *Kionophyllum* sp., *Pseudozaphrentoides* sp., *Protoivanovia quizhouensis*, *Ivanovia* sp., *Petalaxis* sp., *Neokonickophyllum* sp. 等。

③*Pseudocarniaphyllum* - *Chuanshanophyllum* 组合

该带以 *Pseudocarniaphyllum*, *Chuanshanophyllum* 的出现，达到鼎盛为特征。主要珊瑚有 *Pseudocarniaphyllum orientale*, *P. orientale cassum*, *P.* cf. *spiniforme*, *Chuanshanophyllum* sp., *Qinglongshanophyllum yishanensis*, *Timania asiatica*, *Antheria irregularis*, *Kionophyllum ellipticum*, *Lytvophyllum* sp. 等。

早二叠世

早二叠世四射珊瑚可分为 2 个组合，自下而上为：

①*Parawentzellophyllum* - *Kepingophyllum* 组合

以产 *Parawentzellophyllum*、*Kepingophyllum* 为特征。主要珊瑚有 *Parawentzellophyllum crassoseptatum*, *P.* sp., *Kepingophyllum densum*, *K.* sp., *Calophyllum paratypicum*, *Yokoyamaella robusta*, *Peiraphyllum yishanense*, *Vesotabularia guangxiensis* 等。

该组合与 *Pseudocarniaphyllum* - *Chuanshanophyllum* 组合的划分是以 *Pseudocarniaphyllum*, *Chuanshanophyllum* 的最后绝灭，即 *Parawentzellophyllum*, *Kepingophyllum* 的出现为界限。

②*Ipciphyllum* 组合

该组合以同性型群体珊瑚为特征，以 *Ipciphyllum* 为代表，共生分子有 *Wentzellophyllum*、*Polythecalis*, *Hayasakaia*, *Yatsengia* 等属。

晚二叠世

仅有 1 个珊瑚带，即：

Liangshanophyllum 带

该珊瑚带以具 *Liangshanophyllum* 为特征，数量亦多，除此外，还有 *Waagenophyllum*, *Wentzelella* 等属。

2. 腕足类

早泥盆世早—中期

该时期的腕足类在滨岸碎屑岩地层分布区以 *Lingula* sp. 为主；盆地相区可分 3 个组合，自下而上为：

①*Quadrithyrina expansa* - *Spiriferina* 组合

除组合分子外还有 *Qujinoleis* sp., *Crotalocephalus* sp., *Decarinus* sp. 等。

②*Gravina magnifica* 组合

除代表分子外，尚有 *Vagrania* sp., *Macroplura* sp., *Isothris* sp., *Reticulatrypa* sp. 等。

③*Quadrithyris robusta* - *Boucotia* 组合

该组合与竹节石 *Nowakia acuaria*，三叶虫 *Gravicalymene* sp. 共生。

早泥盆世中—晚期

此时期的腕足类自下而上可分为 4 个组合：

①*Orientospirifer* 组合

该组合以 *Orientospirifer* sp. 为代表，分布时限短，范围广。共生分子有 *Aseptalium* sp.，*Kwangsirhynchia* sp.，*Protathyris* sp.，*Atrypa* sp.，*Howellella* sp.，*Corvinopugnax* sp. 等。

②*Rostrospirifer* - *Dicoelostrophia* 组合

该组合属种繁多，其中以 *Rostrospirifer* 和 *Dicoelostrophia* 2 属的种群最具代表性。共生分子有 *Acrospirifer* sp.，*Howellella* sp.，*Glyptospirifer* sp.，*Elymospirifer* sp.，*Neodelthyris* sp.，*Undispirifer* sp.，*Cyrtina* sp.，*Nadiastrophia* sp.，*Leptostrophia* sp.，*Parathyrisina* sp.，*Athyrisinoidea* sp. 等。

③*Howellella fecunda* - *Reticulariopsis ertangensis* 组合

该组合的石燕类以两翼较短，两端钝圆为特征，主要分子有 *Acrospirifer subregularis*，*A. ordinaris*，*Howellella yukiangensis*，*H. papaoensis*，*H. fecunda* "*Undispirifer*" *ovatus*，*Glyptospirifer* sp.，*Reticulariopsis ertangensis*，*Nadiastrophia yukiangensis*，*Athyrisina* sp.，*Eospiriferina* sp. 等。

④*Euryspirifer* 组合

该组合以 *Euryspirifer* 为代表，共生分子有 *Otospirifer* sp.，*Subcuspidiella* sp.，*Glyptospirifer* sp.，*Undispirifer* sp.，*Nadiastrophia* sp.，*Lazutkinia* sp. 等。

中泥盆世早期

此时期的腕足类可分为大致同时的 3 个组合：

①*Eospiriferina* 组合

该组合分布于近岸浅水碎屑岩相至碳酸盐开阔台地相，属种较多，几乎各地均发育有 *Athyrisina* 的许多种。组合分子有 *Eospiriferina*，*Xenospirifer*，*Indospirifer*，*Athyrisina*，*Uncinulus*，*Yingtangella*，*Dalerhynchia*，*Productella* 等。

②*Zdimir* 组合

该组合主要由 *Zdimir* 和 *Megastrophia* 组成，偶见 *Athyrisina*，*Gypidula*，*Atrypa*，*Eospiriferina*，*Xenospirifer* 等。主要分布在台地边缘相。

③*Luofugia* 组合

该组合主要分布在盆地相区，以 *Luofugia* 为代表，共生分子有 *Costanoplia*，*Paracostanoplia*，*Paraplicanoplia*，*Tangxiania*，*Pletospira*，*Muriferella*，*Holynatrypa*，*Cryptatrypa* 等。

中泥盆世晚期

中泥盆世晚期的腕足类在碳酸盐台地相自下而上可分为 2 个组合：

①*Stringocephalus* 组合

该组合以 *Stringocephalus burtini* 和 *S. obesus* 为代表，常见组合分子有 *Bornhardtina yunnanensis*，*B. orientalis*，*Acrothyris kwangsiensis*，*Paracrothyris typica*，*P. distorta*，*Emannella takwanensis*，*E. transversa*，*Rhynchospirifer regularis*，*R. magnus*，"*Atrypa*" *douvilli* 等。

②*Leiorhynchus kwangsiensis* 组合

以 *Leiorhynchus* 属群大量发育为特征，特别是 *L. kwangsiensis* 最为丰富，还有少数 *L.* cf. *deprati*.

晚泥盆世

晚泥盆世早期可分出 2 个腕足动物组合：

①*Cyrtospirifer*－*Tenticospirifer* 组合

以发育 *Cyrtospirifer* 和 *Tenticospirifer* 二属为特征，常见分子有 *Devonoproductus*，*Productellana*，*Hypothyridina*，*Atrypa*，*Spinatrypa*，*Spinatripina*，*Athyris* 等属。主要分布在碳酸盐台地相及滨岸碎屑岩相。

②*Hypothyridina*－*Coeloterhynchus* 组合

该组合以发育小嘴贝类为主要特征，组合分子有 *Hypothyridina*，*Coeloterhynchus*，*Flabellulirostrum*，*Calvinaria Bergalaria*，*Rozmanaria* 等属。大体分布于较深水的斜坡相区。

晚泥盆世晚期（相当中、下法门阶）在滨岸碎屑岩相、碳酸盐台地相到斜坡相中可分出大致同时的 2 个组合：

③*Yunnanella*－*Yunnanellina* 组合

该组合属种单调，以发育 *Yunnanella*，*Yunnanellina* 2 属为特征，其他分子有 *Cyrtospirifer*，*Tenticospirifer*，*Camarotoechia*，*Schizophoria* 等属。

④*Parapugnax*－*Miaomenrhychia* 组合

该组合的主要分子为 *Parapugnax*，*Miaomenrhychia*，*Pugnax*，*Parameopygma*，*Evonescirostrum*，*Nandanrhychia*，*Perarisinasastrum*，*Guilinella* 等属。

大致相当于法门阶上部的半局限台地和台地边缘相地层中，也可分出大致同时的 2 个组合（表 4－15）：

表 4－15　广西泥盆纪腕足类组合对比表

时代		台地相		斜坡相	盆地相
晚泥盆世	法门期	*Composita* 组合		*Axiodeania-Sinotencticostrum* 组合	
		Yunnanella-Yunnanellina		*Parapugnax-Miaomenrhychia* 组合	
	弗拉斯期	*Cyrtospirifer-Tenticospirifer* 组合		*Hypothyridina-Coeloterhynchus* 组合	
				Leiorhynchus kwangsiensis 组合	
中泥盆世	吉维特期	*Stringocephalus* 组合			
	艾菲尔期	*Eospiriferina* 组合	*Zdimir* 组合		*Luofugia* 组合
早泥盆世	埃姆斯期	*Euryspirifer* 组合			
		Howellella fecunda-Reticulariopsis ertangensis 组合 *Rostrospirifer-Dicoelostrophia* 组合			
	布拉格期	*Orientospirifer* 组合			*Quadrithyris robusta-Boucotia* 组合 *Gravina magnifica* 组合 *Quadrithyrina expansa-Spiriferina* 组合
	洛赫考夫期				

⑤*Composita* 组合

该组合以 *Composita* 为主，主要属种有 *Composita hunanensis*，*C. ovata*，*C. globularis*，*Camarotoechia kinlingensis*，*Schuchertella gelaohoensis*，*Fusella tornarensis* 等。

⑥*Axiodeania-Sinotencticostrum* 组合

该组合不仅小嘴贝类丰富，且长身贝类、石燕类亦发育。主要有 *Axiodeania* sp.，*Sinotencticostrum* sp.，*Pleuropagnoides* sp.，*Semiproductus irregularicostatus*，*Actinoconchas gigas*，*A. orbicularis*，*Leptogonia analoga*，*Semiproductus speluncus*，*Mucrospirifer koroukensis*，*Cyrtospirifer* sp.，*Eochoristites* sp. 等。

3. 菊石

泥盆纪

广西泥盆纪的菊石可划分为 8 个化石带，从下到上为：

①*Anetoceras* (*Erbenoceras*) *elegantulum* 带

该带的组合分子有 *Anetoceras obliquecostum*，*A. rareplicatum*，*A. tangdingensis*，*A. patulum*，*A.* (*E.*) *elegantulum*，*A.* (*E.*) *solitarium*，*A.* (*E.*) *circum*，*Mimosphinctes bipartitus*，*Teicherticeras nantanense*，*T. ilanense*，*Convoluticeras aphelum*，*C. leplum*，*Mimagoniatites zorgensis* 等。

②*Convoluticeras discordans* 带

该带主要分子有 *Convoluticeras discordans*，*C. lanxuense*，*Mimagoniatites fecundus*，*M. bohemicus* 等。

③*Anarcestes* (*Latanarcestes*) *noeggerati* 带

该带主要分子有 *Anarcestes*(*Latanarcestes*) *noeggerati*，*Gyroceratites gracilis*，*Mimagoniatites fecundus*，*M. bohemicus* 等。

④*Pinacites jugleri* 带

该带主要分子有 *Pinacites jugleri*，*Paraphyllites rabuloides*，*Foordtites occultus*，*F. platypleura*，*Werneroceras ruppachense*，*Agoniatites* sp. 等。

⑤*Probeloceras applanatum* 带

主要分子有 *Probeloceras applanatum*，*P. forcipiferum*，*Synpharciceras* sp.，*Tornoceras* sp. 等。

⑥*Manticoceras cordatum* 带

该带以 *Manticoceras cordatum* 为代表，以大量出现 *Manticoceras*，*Eobeloceras*，*Mesobeloceras* 属种为特征。主要分子有 *Manticoceras cordatum*，*M. kwipingense*，*M. kwangsiensis*，*M. wedekindi*，*M. lenticulare*，"*Ponticeras*" *regulare*，*Mesobeloceras acutum*，*Eobeloceras anguisellatum*，*Tounoceras* sp.，*Neomanticoceras* sp. 等。

⑦*Clymenia* 带

该带主要分子有 *Clymenia* sp.，*Kosmoclymenia* sp.，*Cyrtoclymenia transita*，*C. longispira*，*C. leavigata*，*Progonioclymenia acuticostata* 等。

⑧*Wocklumenia* 带

该带以海神石类为主，主要有 *Wocklumenia* sp.，*Parawocklumenia* sp.，*Kosmoclymenia* sp.，*Cymaclymenia* sp.，*Initoceras* sp. 等。

石炭纪

石炭纪的菊石从下到上可分为 5 个化石带：

①*Gattendorfia* 带

该带自 *Gattendorfia* 始现到 *Pericyclus* 出现止，以 *Gattendorfia* 一属为代表，主要分子有 *Gattendorfia*，*Eocanites*，*Paralytoceras*，以及 *Acutimitocerars*，*Balvia* 等属。

②*Eumorphoceras-Dombarites* 带

Dombarites 和 *Eumorphoceras* 是该带最具代表性分子，自 *Dombarites* 出现到 *Homoceras* 的出现是这个带的范围，其它分子还有 *Platygoniaties*, *Delepinoceras*, *Pericleites*, *Ferganoceras*, *Neoglyphioceras*, *Trizonotypica*, *Arcanoceras* 等属。

③*Homoceras* 带

此带从 *Homoceras* 的开始到 *Reticuloceras* 的出现，以 *Homoceras* 为代表，其它分子还有 *Epicanites*, *Stenopronorites*, *Syngastrioceras*, *Aclistoceras* 等属。

④*Reticuloceras* 带

自 *Reticuloceras* 开始，到 *Branneroceras* 的出现，是该带范围，标准分子为 *Reticuloceras*, *Retites*，其它菊石有 *Stenopronorites*, *Paradimorphoceras*, *Bisatoceras*, *Proshumardites*, *Eogonioloboceras* 等属。

⑤*Branneroceras* 带

本带的标准属是 *Branneroceras*，其它分子还有 *Stenopronorites*, *Proshumardites*, *Syngastrioceras*, *Ramosites*, *Gaitherites* 等属。

二叠纪

二叠纪的菊石可分 6 个化石带，即：

①*Properrinites* 带

该带以 *Properrinites* 一属为特征，共生分子有 *Neopronorites*, *Metapronorites*, *Artinskia*, *Agathiceras*, *Emilites*, *Eoasianites*, *Almites*, *Svetlanoceras* 等属。

②*Uraloceras* 带

Uraloceras 是本带的代表分子，该菊石带还包括 *Neopronorites*, *Metapronorites*, *Prothalssoceras* 等属。

③*Metaperrinites* 带

该带标准属为滇、黔、桂均有分布的 *Metaperrinites*，此菊石带下部有 *Parapronorites*, *Bamyaniceras*, *Artioceras*, *Aktubinskia*, *Akmilleria*, *Daraelites*, *Agathiceras*, *Almites* 等属。上部有 *Artinskia*, *Agathiceras*, *Neocrimites*, *Parapronorites*, *Metaperrinites*, *Cardiella* 等属。

④*Kufengoceras-Altudoceras* 带

该带主要分子有 *Kufengoceras simplex*, *K. latiumbilicatum*, *K. shengi*, *Altudoceras* sp., *Agathiceras* sp., *Strigogoniatites liuchowensis*, *S. nodosus*, *Shengoceras lenticulare* 等。

⑤*Prototoceras* 带

Prototoceras 是本带代表分子，其它计有 *Konglingites* sp., *Pseudogastrioceras* sp., *Sanyangites tricarinatus*, *Jinjiangoceras* sp., *Araxoceras* sp., *Tainoceras* sp., *Hunanoceras* 以及 *Lopingoceras* sp. 等。

⑥*Pseudotirolites* 带

该带以 *Pseudotirolites* 属分布广泛为特征，其中包括 *Pseudotirolites asiaticus*, *P. qianjiangense*, *P. disconnectes*, *P. laibinensis*, *Pleuronodoceras mapingense*, *P. tenuicostatum*, *P. attenuatum*, *P. curvaplicatum*, *Hunanoceras peronatum*, *H. qianjiangense*, *Qianjiangoceras costatum*, *Q. multiseptatum*, *Pseudogastrioceras guangxiense*, *Pernodoceras* sp., *Tainoceras* sp., *Tapashanites* sp. 等。

早三叠世

早三叠世的菊石可分为5个菊石超带——相当于赵金科（1959）所划分的菊石组合，并进一步分为10个菊石带，如表4-16所示。

表4-16 广西早三叠世菊石分带序列表

世	标准菊石带	广西菊石带	
早三叠世	*Subcolumbites* 带	*Columbites* 超带	*Procarnites oxynostus* 带
	Columbites parisianus 带		*Columbites costatus* 带
	Tirolites cassianus 带		*Tirolites darwini* 带
	Anasibirites multiformis 带	*Owenites* 超带	*Pseudowenites oxynotus* 带
	Meekoceras gracilitatis 带		*Owenites costatus* 带
	Flemingites flemingianus 带	*Flemingites* 超带	
	Koninckites volutus 带		*Koninckites lingyunensis*
	Xenodiscoides fallax 带		*Proptychites kwangsiensis* 带
	Prionolobus rotundatus 带	*Gyronites* 超带	
	Anakashmirites radiosus 带		*Vishnuites marginalis* 带
	Ophiceras tibeticum 带	*Ophiceras* 超带	*Ophiceras sinensis* 带
	Otoceras woodwardi 带		*Otoceras latilobatus* 带

①*Ophiceras* 超带

该菊石超带以 *Ophiceras* 为特征，主要菊石有 *Ophiceras tingi*，*O. sinensis*，*O.* cf. *demissum*，*Otoceras* cf. *latilobatum*，*Lytophiceras* 等。

②*Gyronites* 超带

以 *Gyronites* 为代表，其它菊石还有 *Prionolobus ophineus*，*Paranorites ellipticus*，*koninckites krafti*，*Lingyunites discoides*，*Vishnuites marginalis*，*Subinyoites* cf. *kashmiricus*，*Xenodiscoides rotula*，*Anasibirites* cf. *kingianas*，*Anakashmirites* sp. 等。

③*Flemingites* 超带

Flemingites 是该超带的特征化石，共生的分子有 *Flemingites rursiradiatus*，*F.* cf. *rohilla*，*Xenodiscoides planatus*，*Proptychites sinensis*，*P. kwangsiensis*，*P. radiatus*，*Paranorites ovalis*，*Prionolobus impressus*，*P. involutus*，*Koninckites lingyunensis*，*K. lolouensis*，*Lingyunites discoides* 等。

④*Owenites* 超带

以 *Owenites* 最具代表，主要分子有 *Owenites lenticularis*，*O. costatus*，*O. kwangsianus*，*O. plicatus*，*Pseudowenites oxynotus*，*Meekoceras lativentrosum*，*M. denstriatum*，*Pseudohedenstroemia magna*，*Prosphingites involutus*，*P. sinensis*，*Anasibirites kwangsianus*，*Anasibirites simplex*，*Kashmirites subarmatus*，*Hanielites elegans* 等。

⑤*Columbites* 超带

该超带以 *Columbites* 为代表，主要菊石有 *Columbites asymmetricus*，*C. costatus*，*C. huangi*，*Subcolumbites kwangsianus*，*Prenkites kwangsiensis*，*Paranannites subglobosus*，*Isculitoides ellipticus*，*Tunglanites lenticularis*，*Prosphingites involutus*，*Fengshanites robustus*，

Procarnites oxynostus, *P. acutus*, *Tirolites* cf. *darwini*, *Xenoceltites crenoventrosus* 等。

中三叠世

中三叠世菊石可分为 3 个组合，自下而上为：

①*Leiophyllites-Danubites* 组合

Leiophyllites 和 *Danubites* 为代表属，以其富集为特征，共生菊石还有 *Sibirites*, *Isculitoides*, *Hollandites*, *Monophyllites*, *Procladiscites*, *Paraceltites* 等属。

②*Cuccoceras-Paracrochordiceras* 组合

该组合以 *Cuccoceras* 与 *Paracrochordiceras* 富集为特征，主要菊石有 *Cuccoceras*, *Paracrochordiceras*, *Balatonites*, *Hollandites*, *Paraceratites*, *Beyrichites*, *Sageceras*, *Huishites*, *Monophyllites*, *Japonites*, *Ptychites*, *Reiflingites*, *Gymnites*, *Bulogites*, *Judicarites*, *Acrochordiceras* 等属。

③*Lobites-Frankites* 组合

这一组合以 *Lobites*, *Frankites* 为代表，常见其它分子有 *Megaphyllites*, *Proarceras*, *Arpadites*, *Anolcites*, *Joannites* 等属。

4. 䗴类

广西䗴类动物群分布在石炭纪—二叠纪地层，石炭纪可建立 4 个生物组合带，二叠纪可建立 8 个生物组合带。现从下到上简述如下。

早石炭世

①*Eostaffella* 带

该带䗴类壳体微小，壳形多为凸镜形，卵形，旋壁构造比较原始。主要分子有 *Eostaffella mosquensis*, *E. guangxiensis*, *Staffella nana*, 等。该带的时代一般认为属早石炭世晚期，但从目前资料来看，它也许跨入到晚石炭世。

晚石炭世

②*Profusulinella* 带

以 *Profusulinella* 的出现作为该带的开始，而终止于 *Fusulinella*, *Fusulina* 的出现。主要分子有 *Pseudostaffella proozawai*, *P. ampla*, *P. antigua posterior*, *Profusulinella parva*, *P. rhomboides*, *P. convoluta* 等。

③*Fusulinella-Fusulina* 带

该带以 *Fusulinella*、*Fusulina* 的首次出现为开始，结束于具蜂巢层旋壁构造的䗴类出现。重要分子有 *Fusulinella bocki*, *F. praecolaniae*, *F. pseudobocki*, *Fusulina quasicylindrica*, *Beedeina mayiensis*, *Pseudostaffella* sp., *Profusulinella* sp. 等。

④*Triticites* 带

以出现具有蜂巢层的䗴类为底界，顶界则止于 *Pseudoschwagerina* 的出现。该带下部䗴类属种较少，个体亦小；上部属种较多，个体亦大。这个带以富含 *Triticites* 为特征，此外还有 *Montiparus*, *Protriticites*, *Ozawainella*, *Schubertella*, *Schwagerina* 等属。

本带进一步可分为 2 个亚带：

Triticites paramontiparus mesopachys 亚带

本亚带的 *Triticites* 主要是一些个体较小，旋脊发育，隔壁褶皱较简单的类型，以亚带化石为代表，主要属种有 *Triticites parvulus*, *T. paramontiparus*, *T. variabilis*, *T. schwageriniformis*, *T. ozawai*, *T. brevicus*, *T. validus* 等，其它尚有 *Montiparus Dunbarinella*,

Quasifusulina, *Schubertella*, *Ozawainella*, *Protriticites* 等属的一些种。

Triticites simplex 亚带

该亚带也是以 *Triticites* 为主，主要属种有 *Triticites simplex*, *T. pseudosimplex*, *T. longissima*, *T. rockensis*, *T. ohioensis* 以及 *Rugosofusulina*, *Pseudofusulina*, *Quasifusulina*, *Dunbarinella*, *Ozawainella*, *Schubertella*, *Schwagerina* 等属。

早二叠世

①*Pseudoschwagerina* 带

该带以 *Pseudoschwagerina* 的出现为下界，上界又以此属的消失为特征。组成本带的主要分子有 *Zellia*, *Pseudoschwagerina*, *Sphaeroschwagerina*, *Paraschwagerina*, *Eoparafusulina*, *Occidentoschwagerina*, *Schwagerina*, *Rugosofusulina*, *Pseudofusulina*, *Dunbarinella*, *Quasifusulina* 以及 *Triticites*, *Schubertella*, *Boutonia*, *Ozawainella* 等属。

本带自下而上又可分为 2 个亚带：

Sphaeroschwagerina sphaerica gigas 亚带

以 *Sphaeroschwagerina*, *Zellia*, *Pseudoschwagerina*, *Paraschwagerina* 的出现作为本亚带的开始，顶界止于 *Eoparafusulina bocki* 或 *E. pseudobocki* 的出现。*Sphaeroschwagerina sphaerica gigas* 是本亚带的最主要分子，其它重要分子有 *Zellia colaniae minor*, *Z. elatior*, *Z. media*, *Paraschwagerina mukhamedjarovica*, *P. guangxiensis*, *Pseudoschwagerina vulgaris aktjubensis*, *P. uddeni*, *Occidentoschwagerina fusulinoides*, *O. cheni*, *Pseudofusulina vulgaris* 等。

Eoparafusulina bocki 亚带

组成本亚带的几乎全为纺缍形或厚纺缍形的 *Eoparafusulina* 分子，除 *Sphaeroschwagerina*的个别种外，计有 *Eoparafusulina bocki*, *E. pseudobocki*, *E. consobrina*, *E. speciosa* 等。

②*Staffella* 带

这个带始于 *Pseudoschwagerina*, *Sphaeroschwagerina* 的消失，终结于 *Misellina* 的出现。

该带䗴类化石种属单调，个体微小，以大量发育 *Staffella* 为特征，主要分子有 *Staffella expansa*, *S. dagmarae*, *S. concava*, *S. volisosis*, 以及 *Biwaella perplexa*, *Schubertella megasphaerica* 等。

Robustoschwagerina 带

本带与 *Staffella* 带相当。这个带以含 *Robustoschwagerina* 为特征。该属与 *Pseudoschwagerina* 颇为相似，不同之处在于 *Robustoschwagerina* 的外形圆、内圈包卷较紧。主要分子有 *Robustoschwagerina*, *Schwagerina*, *Rugosofusulina*, *Eoparafusulina*, *Pseudofusulina* 等属的一些种。

③*Misellina* 带

该带始于 *Misellina* 的出现，顶界以 *Cancellina* 的出现而终止。主要分子有 *Misellina claudiae*, *M. ovalis*, *Brevaxina dyhrenfurthi*, *B. minima*, *Nankinella discoides*, *Pamirina nobilis*, *Schwagerina* 等。

④*Cancellina* 带

Cancellina 的出现为其底界，顶以 *Neoschwagerina* 的出现为界。组成分子有 *Cancellina neoschwagerinides*, *Maklaya septhaputi*, *Misellina subelliptica*, *Parafusulina yabei*, *Schwa-*

gerina gruperaensis，*Chusenella tieni*，*Pseudofusulina houae*，*Yangchienia tieni*，*Pisolina excessa*，等等。

⑤*Neoschwagerina* 带

该带始于 *Neoschwagerina* 的出现，而止于 *Yabeina* 的出现。主要分子有 *Neoschwagerina craticulifera*，*N. douvillei*，*N. sphaerica*，*Afghanella schencki*，*Sumatrica fusiformis*，*Pseudodoliolina ozawai*，*Paraverbeekina* sp.，*Verbeekina* sp.，*Chusenella* sp.，*Schwagerina* sp. 等。

⑥*Yabeina* 带

Yabeina 的出现直至消亡，是这个带的范围。主要分子有 *Yabeina gubler*，*Y. inouyei*，*Colania kwangsina*，*Metadoliolina lepida*，*M. douvillei*，*Neoschwagerina* sp.，*Pseudodoliolina* sp.，*Verbeekina* sp.，*Chusenella* sp.，*Minojapanella* 等。

晚二叠世

⑦*Codonofusiella* 带

该带以 *Codonofusiella* 富集为特征，*Chenia* 的出现为下界，顶界以 *Palaeofusulina* 的出现为标志。主要分子有 *Codonofusiella kwangsiana*，*Chenia kwangsiensis*，*Haoella sinensis*，*Reichelina changsingensis*，*Sphaerulina* 等。

⑧*Palaeofusulina* 带

以 *Palaeofusulina* 的出现作为该带的开始，䗴类的绝灭是它的顶界。主要分子有 *Palaeofusulina minina*，*P. sinensis*，*P. nana*，*Gallowayinella meitienensis*，*Nanlingella abscondida*，*Reichelina media*，*Codonofusiella paradoxa* 等。

5. 双壳类

广西三叠纪双壳类属种较多，数量尤为丰富。早三叠世以 *Claraia* 为主，中三叠世丰产 *Daonella*，前者可称 *Claraia* 动物群，后者为 *Daonella* 动物群；自下而上分为 6 个生物带（组合），概述如下：

早三叠世

①*Claraia wangi-C. stachei* 组合

该双壳类组合以具有 *Claraia wangi* 和 *C. stachei* 为特征，共生的分子还有 *Claraia guizhouensis*，*C. griesbachi*，*C. anrita*，*C. hunanica*，*C. anulata*，*C. undulata*，*C. fukianensis*，等等。

中三叠世

②*Daonella*（*Longidaonella*）*producta-D. americana* 带

该带以 *Daonella*（*L.*）*producta* 的大量出现，*Damericana* 的富集成层为特征，除建带分子外，尚有 *Daonella*（*L.*）*caudata*，*D.*（*L.*）*productalata*，*D. americata* 等，以及少量 *D. luganensis*，*D. moussoni*，*D. pseudomoussoni*，*D. limbata* 等。

③*Daonella moussoni* 顶峰带

该顶峰带以 *Daonella moussoni*，*D. pseudomoussoni*，*D. luganensis* 的大量富集为标志。尽管上述分子在 *D.*（*L.*）*producta-D. americana* 带中已经出现，但为数不多，在本带呈顶峰状态。

④*Daonella rieberi-D. indica* 带

以 *Daonella rieberi*，*D. indica* 为代表，共生分子有 *D. ingnobilis*，*D. shitunensis*，*D. gut-*

tula, *D. hiratai*, *D. marmolatae* 等。

⑤*Daonella kotoi-D. jilongensis* 带

Daonella kotoi、*D. jilongensis* 是这个化石带的特征化石，常见主要分子有 *Daonella kotoi*, *D. jilongensis*, *D. subquadrata*, *D. lommeli*, *Posidonia wengensis* 等等。

⑥*Halobia subcomata-Daonella varifurcata* 带

这一生物带主要分子有 *Daonella varifurcata*, *D. densisulcata*, *D. acutiterminata*, *Halobia subcomata*, *Posidonia ovalis*, *P. wengensis*, *P. ponnonica* 等。

6. 竹节石

早泥盆世

早泥盆世的竹节石在广西境内自下而上可分为10个化石带：

①*Paranowakia bochemica* 带

该带属种较单调，已知有 *Paranowakia bochemica*, *P. obuti*, *Styliolina* sp. 等。

②*Paranowakia intermedia* 带

以 *Paranowakia* sp. 为主，主要有 *P. intermedia*, *P. bochemica*, *Styliolina* sp.。

③*Nowakia acuaria* 带

该带以 *Nowakia acuaria* 为主。

④*Guerichina strangulata* 带

该带以 *Guerichina strangulata* 大量出现为特征，共生有 *Nowakia acuaria*, *N. yulinensis*, *N. fimbriata* 等。

⑤*Nowakia zlichovensis* 或 *N. subtilis* 带

该带代表分子为 *Nowakia zlichovensis* 或 *N. subtilis*，共生分子有 *N. mana*, *N. acuminata*, *Viriatellina pseudogeinitziana* 等。

⑥*Nowakia praecursor* 带

该带以 *Nowakia praecursor* 的大量出现为特征，共生分子有 *N. conica* *N. mana*, *N. lepida*, *N. longlinensis*, *Viriatellina pseudogeinitziana*, *V. hercynica* 等。

⑦*Nowakia barrandei* 带

以 *Nowakia barrandei* 为特征，组合分子有 *N. subbarrandei*, *N. praecursor*, *N. nudusa* 以及 *Himipsia* sp., *Styliolina* sp. 等。

⑧*Nowakia elegans* 带

该带代表分子为 *Nowakia elegans*，共生分子有 *N. subbarrandei*, *N. chongzuoensis*, *Viriatellina hercynica*, *Costulatostyliolina crassa*, *Metastyliolina trichina* 等。

⑨*Nowakia cancellata* 带

以 *Nowakia cancellata* 的大量出现为特征，共生分子有：*N. pseudocancellata*, *N. karpinskii*, *Viriatellina hercynicus*, *Metastyliolina decurtata* 等。

⑩*Nowakia richteri* 带

以 *Nowakia richteri* 为代表，共生分子有 *N. karpinskii*, *N. pararichteri*, *N. polannulata*, *N. richteri nana*, *N. r. richteri*, *N. densannluata* 以及 *Viriatellina irregularis*, *Costulatostyliolina* sp., *Metastyliolina* sp. 等。

中泥盆世

中泥盆世的竹节石在广西境内自下而上可分为7个化石带；另外，混合型竹节石动物群可分 3 个化石带：

⑪*Nowakia holynensis* 带

该带以 *Nowakia holynensis* 的大量出现为特征，共生分子有 *Costulatostyliolina paucicostata*，*Viriatellina irregularis*，*C. peneaui*，*Striatostyliolina stiatula* 等。

⑫*Nowakia sulcata sulcata* 带

以 *Nowakia sulcata sulcata* 为代表，共生分子有 *N. sulcata*，*N. procera*，*Viriatellina salva*，*Gonioviriatellina reticulata* 等。

⑬*Viriatellina guangxiensis* 带

以 *Viriatellina guangxiensis* 为特征，共生分子有 *Nowakia albertii*，*N. eootomari*，*N. nayiensis*，*Viriatellina salva*，*V. bouceki* 等。

⑭*Nowakia otomari* 带

以 *Nowakia otomari* 的首次出现为底界，以 *N. postotomari* 或 *Viriatellina minuta* 的首次出现为顶界。共生分子有 *Viriatellina guangxiensis*，*V. kazanlensis*，*Metastyliolina paratrichina* 等。

⑮*Nowakia postotomari* 带

该带以 *Nowakia postotomari* 或 *Viriatellina minuta* 的首次出现为底界，以 *V. multicostata* 的出现为顶界。共生分子有 *Nowakia otomari*，*N.* cf. *otomari*，*Viriatellina conula*，*Costulatostyliolina rcemeri*，*C. deflexa*，*Styliolina nandanensis* 等。

⑯*Viriatellina multicostata* 带

该带以 *Viriatellina multicostata* 的出现和大量富集为特征，共生分子有 *Nowakia* cf. *otomari*，*V. kazanlensis*，*Striatostyliolina philippovae* 等。

⑰*Nowakia regularis* 带

除代表分子 *Nowakia regularis* 外，共生分子有 *N. nandanensis*，*N. rarannulata*，*N. parotomari*，*Viriatellina paramulticostata*，*Striatostyliolina menchikoffi* 等。

此外，还有浅水相竹节石与较深水相竹节石混生的混合型竹节石动物群，其显著特征为薄壳类与厚壳类大量混生。自下而上可分为 3 个组合：

①*Nowakia tenella*-*Viriatellina xiangzhouensis* 组合

该组合以大量带化石出现为特征，共生分子有 *N. parotomari*，*N. hetera*，*V. debilisa*，*Costulatostyliolina aspera*，*C. vesca*，*Styliolina minutissima* 等。

②*Homoctenus aciforimis*-*Paradenticulites pulchrtus* 组合

该组合以代表分子的大量出现为特征，共生分子有 *Paradenticulites regularis*，*P. maanshanensis*，*Polycylindrites bouceki*，*Styliolina lataconica*，*S. guangxiensis*，*Uniconus macrus*，*Dicricoconus* cf. *baculiformis*，*Multiconue* cf. *schimanskii* 等。

③*Homoctenus daleensis*-*Viriatellina* cf. *kinelensis* 组合带

以代表分子大量出现为特征，共生分子有 *Costulatostyliolina vesca*，*C. bellatula* 及 *Styliolina* sp.。

晚泥盆世

晚泥盆世的竹节石，广西区内只出现于晚泥盆世早期，为 *Homoctenus acutus*-*H. u. ultimus* 组合。

组合下部以 *Homoctenus acutus* 为代表，共生分子有 *H. krestovnikovi*，*H. tenuicinctus*

tenuicinctus, *H. t. neglectus*, *Striatostyliolina striata*, *Str. grandis*, *Styliolina domanicense*, *Viriatellina* sp. 等。

组合上部有 *Homoctenus ultimus ultimus*, *H. u. derkaouaensis*, *Polycylindrites menneri*, *Striatostyliolina striata*, *Styliolina domanicense* 等。

广西泥盆纪浮游生物化石分带对比情况，见表 4-17、18。

表 4-17 广西早、中泥盆世浮游生物化石带序列表

时代		牙形石	竹节石	菊石	浮游介形虫
中泥盆世	吉维特期	Lowermost *Po. asymmetricus*	*N. regularis*	*Probeloceras applanatum*	*Bertillonella torleyi*
		P. disparilis	*V. multicostata*		
		Upper *S. hermanni-Po. cristatus*	*N. postotomari*		*Bertillonella suberecta*
		Lower *S. hermanni-Po. cristatus*			
		Upper *Po. varcus*	*N. otomari*		*Bertillonella praeerecta*
		Middle *Po. varcus*			
		Lower *Po. varcus*			
		Po. x. ensensis	*V. guangxiensis*	*Pinacites jugleri*	*Entomozoe* (*Richteria*) ? *nayiensis*?
	艾菲尔期	*T. k. kocklianus*	*N. sulcata sulcata*		*Entomozoe* (*Richteria*) *longisulcata*
		T. k. australis			
		Po. c. costatus	*N. holynensis*		*Bisulcoentomozoe tuberculata*
		Po. partitus			
早泥盆世	埃姆斯期	*Po. patulus*		*Anarcestes* (*Latanarcestes*) *noeggerati*	
		Upper *Po. serotinus*			
		Lower *Po. serotinus*	*N. richteri*		
		Po. laticostatus/*Po. inversus*	*N. cancellata*	*Convoluticeras discordans*	
		Po. perbonus/*Po. gronbergi*	*N. elegans* *N. barrandei* *N. praecursor* *Zlichovensis*	*Anetoceras* (*Erbenoceras*) *elegantulum*	
		Po. dehiscens	*Guerichina strangulata* *N. acuaria*		*Trisulcoentomozoe trisulcata*
	布拉格期	*E. sulcatus*			
	洛赫考夫期		*Paranowakia intermedia* *Paranowakia bochemica*		*Monosulconetomozoe beijuntangensis*

注：牙形石 *E.* *Eognathodus*, *Po.* *Polygnathus*, *T.* *Tortodus*, *Po. x.* *Polygnathus xylus*, *S.* *Schmidtognathus*, *P.* *Palmatolepis*；竹节石 *N.* *Nowakia*, *V.* *Viriatellina*

表 4-18 广西晚泥盆世浮游生物化石带序列表

时代		牙形石	竹节石	菊石	浮游介形虫
晚泥盆世	法门期	Upper *S. praesulcata*		*Wocklumenia clymenia*	*Maternella hemisphaerica/ M. latior* Interregnum
		Middle *S. praesulcata*			Upper *M. hemisphaerica-M. dichotoma*
		Lower *S. praesulcata*			
		Upper *P. g. expansa*			
		Middle *P. g. expansa*			
		Lower *P. g. expansa*		*Manticoceras cordatum*	Lower *M. hemisphaerica-M. dichotoma*
		Upper *P. g. postera*			
		Lower *P. g. postera*			*Richterina* (*Richterina*) *eocostata*
		Upper *P. r. trachytera*			
		Lower *P. r. trachytera*			
		Uppermost *P. m. marginifera*			
		Upper *P. r. trachytera*			U. *Entomozoe* (*Richteria*) *serratostriata-E.* (*Nehdentomis*) *nehdensis*
		Lower *P. r. trachytera*			
		Upper *P. rhomboidea*			Lower *Entomozoe* (*Richteria*) *serratostriata-E.* (*Nehdentomis*) *nehdensis*
		Lower *P. rhomboidea*			
		Upper *P. crepida*			
		Middle *P. crepida*			
		Lower *P. crepida*			*Ungerella sigmoidale*
		Upper *P. triangularis*	*Homoctenus acutus-H. u. ultimus*	*Probeloceras applanatum*	
		Middle *P. triangularis*			*Entomoprimitia splendens* *Bertillonella reichi/E. splendens* Int. *Rabinella reichi* *R. schmidti* *R. volki* *R. materni* *R. barrandei*
		Lower *P. triangularis*			
	弗拉斯期	Uppermost *P. gigas*			
		Upper *P. gigas*			
		Lower *P. gigas*			*B. cicatr. /R. barr.* Interregnum
		Ancyrog. triangularis			*Bertillonella cicatricosa*
		Upper *Po. asymmetricus*	*Nowakia regularis*		
		Middle *Po. asymmetricus*			*Bertillonella cicatr. /B. torleyi* Interregnum
		Lower *Po. asymmetricus*			*Bertillonella torleyi*

注：牙形石 *Ancyrog.* *Ancyrognathus*。其他的牙形石属名缩写见表 4-17 注。

广西石炭纪主要门类生物化石分带对比，见表 4-19。

表 4-19 广西石炭纪主要门类生物化石带序列表

<table>
<tr><th colspan="2">时代</th><th>牙 形 石</th><th>䗴</th><th>珊 瑚</th><th>菊 石</th></tr>
<tr><td colspan="2" rowspan="8">晚石炭世</td><td>Streptognathodus elegantulus</td><td>Triticites</td><td>Pseudocarniaphyllum-Chuanshanophyllum</td><td rowspan="5">Branneroceras</td></tr>
<tr><td>S. oppletus</td><td rowspan="3">Fusulinella-Fusulina</td><td rowspan="3">Arachnastraea-Kionophyllum</td></tr>
<tr><td>S. parvus</td></tr>
<tr><td></td></tr>
<tr><td>Idiognathoides sulcatus parva</td><td rowspan="3">Profusulinella</td><td></td></tr>
<tr><td>Idiognathodus primulus-Idiognathoides sinnatus</td><td rowspan="2">Lithostrotionella-Carinthiaphyllum</td><td rowspan="3">Reticuloceras
Humorceras</td></tr>
<tr><td>Idiognathoides sulcatus-I. corruyatus</td></tr>
<tr><td>Declinognathodus noduliferus</td><td rowspan="14">Eostaffella</td><td rowspan="4">Yuanophyllum</td></tr>
<tr><td rowspan="13">早石炭世</td><td rowspan="4">晚期</td><td>Gnathodus bilineatus bollandensis-Adetognathus unicornis</td><td rowspan="2">Eumorphoceras-Dombarites</td></tr>
<tr><td>Paragnathodus nodosus</td></tr>
<tr><td>G. bilineatus bilineatus</td><td rowspan="7"></td></tr>
<tr><td>Para. commutatus</td><td rowspan="2">Thysanophylloides</td></tr>
<tr><td></td><td>G. texanus-G. homopunctatus</td></tr>
<tr><td rowspan="8">早期</td><td>Scaliognathus anchoralis</td><td rowspan="2">Keyserliphyllum</td></tr>
<tr><td>G. semiglaber-G. typicus</td></tr>
<tr><td>Siphonodella isosticha-Upper S. crenulata</td><td rowspan="6">Pseudouralinia</td></tr>
<tr><td>Lower S. crenulata</td></tr>
<tr><td>S. sandbergi</td><td rowspan="4">Gattendorfia</td></tr>
<tr><td>Upper S. duplicata</td></tr>
<tr><td>Lower S. duplicata</td></tr>
<tr><td>S. sulcata</td></tr>
</table>

广西二叠纪主要门类生物化石分带对比，见表 4-20。

表 4－20　广西二叠纪主要门类生物化石带序列表

<table>
<tr><th>时代</th><th>牙 形 石</th><th>䗴</th><th>珊 瑚</th><th>菊 石</th></tr>
<tr><td rowspan="4">晚二叠世</td><td>Neogondolella deflecta-N. changxingensis</td><td rowspan="2">Palaeofusulina</td><td rowspan="4">Liangshanophyllum</td><td rowspan="2">Pseudotirolites</td></tr>
<tr><td>N. subcarinata-N. wangi</td></tr>
<tr><td>N. orientalis</td><td rowspan="2">Codonofusiella</td><td rowspan="2">Prototoceras</td></tr>
<tr><td>N. liangshanensis</td></tr>
<tr><td rowspan="7">早二叠世</td><td>Sweetognathus hangzhongensis-N. aserrata</td><td rowspan="3">Yabeina
Neoschwagerina
Cancellina
Misellina</td><td rowspan="3">Ipciphyllum</td><td rowspan="3">Kufengoceras-Altudoceras
Metaperrinites</td></tr>
<tr><td>S. subsymmetricus-N. prayi</td></tr>
<tr><td>N. idahoensis-N. serrata</td></tr>
<tr><td>Neostreptognathodus pequopensis</td><td rowspan="2">Staffella 或 Robustoschwagerina</td><td rowspan="2"></td><td rowspan="4">Uraloceras

Properrinites</td></tr>
<tr><td>S. whitei</td></tr>
<tr><td>Neogondolella bisselli</td><td rowspan="2">Pseudoschwagerina</td><td rowspan="2">Parawentzellophyllum-Kepingophyllum</td></tr>
<tr><td>Streptognathodus elongatus</td></tr>
</table>

第五章
晚三叠世—白垩纪

由于印支运动的影响，广西晚三叠世地层不整合于下伏先期地层之上，仅出露于桂南十万大山。下部为海陆交互相和陆相沉积之平垌组，上部为河流、三角洲沉积之扶隆坳组。

广西侏罗纪地层多为断陷盆地沉积，主要分布于桂东、桂东南，出露多不完整，仅个别盆地有晚侏罗世地层。自下而上分为西湾群（包括天堂组、大岭组，钦州盆地为那周尾组、大岭组）、石梯组、东兴组；而在桂南十万大山盆地，侏罗纪地层与下伏扶隆坳组多为连续沉积，且出露较完整，自下而上可划分为汪门组、百姓组、那荡组、岽力组（表1-1）。

广西白垩系主要分布于桂东南及桂南，零星出露于桂东北和桂中，皆为断陷盆地沉积。盆地展布与基底断裂构造线基本一致：桂东南、桂南主要呈NE向，桂东北呈NNE向，桂中北部地区宜山、柳城一带呈EW向，都安地区呈NW向，宾阳、来宾一带呈弧形展布。主要岩性为杂色碎屑岩和紫红色泥质岩。上部夹基性—酸性熔岩及火山碎屑岩。但大多数盆地发育不全，未见顶。下统主要出露于桂南的十万大山盆地，桂东南的平南大洲、自良盆地，桂平社步及桂北的永福等盆地；上统主要出露于桂东南—桂南各地区，诸如：岑溪水汶，博白旺茂，容县自良，桂平社步，合浦等盆地均有分布。自下而上分为新隆组、大坡组、双鱼咀组、西垌组及罗文组。

第一节　岩石地层单位

平垌组　T_3p　(06-45-1211)

【创名及原始定义】　平垌组由平垌段演变而来。刘政琨等（1961）[①] 将早侏罗世扶隆统分为平垌段和平隆山段。创名地点为十万大山扶隆坳南约4 km平垌村。原指岩性为底部砾岩，其上为杂色泥岩及砂岩，与下伏三叠纪石英斑岩不整合接触。

【沿革】　广西区测队（1974）编写1：20万东兴幅区调报告时，将平垌段和平隆山段合并称平垌组，沿用至今。

① 刘政琨等，1961，广西南部十万大山中生代地层研究报告。

【现在定义】 指位于板八组与扶隆坳组之间，岩性为底部厚层块状含砾砂岩、细砂岩夹泥岩，其上为杂色砂泥岩互层的地层，含双壳类及植物化石。下与板八组不整合接触，上与扶隆坳组整合接触。

【层型】 正层型剖面位于十万大山扶隆坳南约 4 km 平垌村附近（107°23′，21°43′）（王汉荣等 1974 年重测）。

上覆地层：**扶隆坳组** 砾质砂岩

——————— 整 合 ———————

平垌组	总厚度 806 m
7. 紫红色泥质岩屑砂岩夹泥岩	291 m
6. 紫红色泥岩夹砂岩	37 m
5. 掩盖	108 m
4. 紫红色泥岩夹细砂岩	219 m
3. 紫红色粉砂质泥岩夹砂岩	95 m
2. 灰绿色砂岩夹页岩	51 m
1. 浅灰绿色砂质砾岩夹细砂岩及泥岩，含双壳类 *Posidonia* sp. 及植物 *Neocalamites* sp.	75 m

~~~~~~~~~~ 不 整 合 ~~~~~~~~~~

下伏地层：**板八组** 凝灰质熔岩

【地质特征及区域变化】 平垌组下部主要为灰绿灰黑色砾质岩及碎屑岩，中上部为紫红色杂色砂质岩及泥质岩，厚 300～2 500 余米，含海相双壳类、半咸水叶肢介及植物化石，为海陆交互至陆相环境沉积。该组含生物化石有：双壳类 *Posidonia* cf. *guangyuanensis*，*Isognomon obrutaPlagiostoma* sp.，*Neoschizodus* sp.，*Parainoceramus matsumotoi*，*Bakevellia* cf. *ohishiensis*，*B.* cf. *otariensis*，*B.* aff. *magnissima*，*Bakevelloides subquadratus*，*B. radiatus*，*B. liuyangensis*，*Modiolus* sp.，*M. problematica*，*Inoceramus* aff. *hamadae*，*I.* cf. *norii*；叶肢介：*Loxomegaglypta luchangensis*，*Cornia* sp.，*Euestheria yipinglangensis*，*Bulbilimnadia* sp.；植物：*Neocalamites* sp.，*Cladophlebis* sp.。据上述化石，该组时限为晚三叠世诺利期。

平垌组仅见于十万大山南麓板固、鸡笼坳、扶隆坳、沙坪、浛测及贵台等地，分布连续，层位稳定，岩性厚度有一定变化。鸡笼坳一带，该组上部偶夹砾质砂岩，中部砂岩减少，底部含砾砂岩增多，并富含双壳类化石，厚度骤增为 2 500 余米。在宁明县板固，该组底部砾岩明显减少，厚度变薄为 1 000 m。由扶隆坳向东北至沙坪、贵台，底部砾岩全部消失，厚度锐减至 200～300 余米，说明该组以鸡笼坳为中心，向西南、东北方向变细、变薄。

扶隆坳组 T_3f （06－45－1212）

【创名及原始定义】 原名扶隆坳段。刘政琨等（1961）① 创名，创名地点为十万大山扶隆坳。原指岩性为杂色砾岩、砂砾岩与砂岩、泥岩组合，与下伏平隆山段和上覆凤兴段整合接触，时代为中侏罗世早期。

【沿革】 广西区测队七分队（1974）编写 1∶20 万东兴幅区调报告，将该剖面扶隆坳段改称为组，并包含了刘政琨的凤兴段、米海段、通凯段，时限为晚三叠世。本书沿用此含义。

① 刘政琨等，1961，广西南部十万大山中生代地层研究报告。
~~~~~~~~~~

【现在定义】 指位于平垌组与汪门组之间，岩性为杂色砾岩、砂岩与泥岩组成的岩石组合。底以紫红色砾岩、含砾砂岩与下伏平垌组砂泥岩分界；顶以砾质岩的消失与汪门组分界，与下伏及上覆地层均呈整合接触。

【层型】 正层型剖面位于防城港市平垌村至扶隆坳北约 3 km（107°23′，21°43′）（王汉荣等 1974 年重测）。

上覆地层：**汪门组** 粉砂岩、细砂岩夹泥岩

——————整　合——————

扶隆坳组	总厚度 4 378 m
33. 灰白色厚层砾岩、砂质砾岩、含砾砂岩夹粉砂岩及泥岩	137 m
32. 浅灰色厚层砂岩、含砾砂岩夹碳质泥岩，含植物化石 *Clathropteris* sp.	85 m
31. 紫红色砾岩、含砾砂岩夹砂岩及泥岩	134 m
30. 灰白色厚层含砾岩屑砂岩夹细砂岩	45 m
29. 杂色砾岩、含砾砂岩、砂岩夹泥岩，含植物化石 *Neocalamites* sp.，*Danaeopsis* sp.，*Bernoullia* sp.	209 m
28. 砾岩、含砾砂岩与杂色砂岩、泥岩互层	147 m
27. 掩盖	112 m
26. 紫红色厚层砾岩、含砾砂岩与细砂岩、粉砂岩互层	244 m
25. 掩盖	52 m
24. 紫红色厚层砾岩、含砾砂岩与细砂岩互层，含植物碎片	244 m
23. 紫红色厚层粉砂岩夹含砾砂岩	210 m
22. 紫红色厚层砾岩、含砾砂岩与细砂岩、粉砂岩互层	167 m
21. 紫红色厚层粉砂岩夹泥岩	60 m
20. 紫红色厚层砾岩、含砾不等粒砂岩与细砂岩、粉砂岩互层	240 m
19. 紫红色粉砂岩夹泥岩，上部夹含砾砂岩	356 m
18. 杂色厚层砾岩、含砾砂岩、细砂岩夹泥岩	70 m
17. 紫红色粉砂岩夹砂质泥岩，中部夹含砾砂岩	190 m
16. 紫红色厚层砾岩、含砾不等粒砂岩与细砂岩互层	50 m
15. 紫红色粉砂岩、细砂岩，底部夹含砾不等粒砂岩	232 m
14. 紫红色中厚层泥岩夹粉砂岩	78 m
13. 紫红色泥质粉砂岩，底部夹细砂岩	215 m
12. 紫红色粉砂岩夹泥岩，中部夹细砂岩，见虫迹	382 m
11. 紫红色粉砂岩与粉砂质泥岩互层	143 m
10. 紫红色不等粒砂岩、粉砂岩夹泥岩	272 m
9. 紫红色厚层砾岩、含砾砂岩、不等粒岩屑砂岩夹泥岩	263 m
8. 紫红色中厚层砂岩与泥岩互层，底部砾质不等粒砂岩	158 m

——————整　合——————

下伏地层：**平垌组** 砂岩与泥岩

【地质特征及区域变化】 扶隆坳组主要为一套砾质岩及粗碎屑岩组成 6～7 个大的次级旋回。每个旋回均由砾质岩开始，砂泥岩互层告终，旋回厚度自下往上依次为 1 473 m→240 m→426 m→300 m→377 m→1 187 m→137 m，地层结构总体由简单→复杂→简单。据统计，该组砾岩类厚达 1 900 余米，占该组总厚度 43.3%，特点是集中出现于中上部，层数多，厚度

大。该组岩石大部为杂色或紫红色，局部地区夹碳质泥岩或煤线，故总体属河流、三角洲沉积，局部地区尚有山前洪积和淡化海湾、泻湖沉积。

该组富含植物化石及少量双壳类和叶肢介。植物化石主要见于上部层位，计有 *Bernoullia zeilleri*，*Danaeopsis* sp.，*Clathropteris meniscioides*，*Dictyophyllum nathorsti*，*Todites shensiensis*，*T.* cf. *goeppertianus*，*Lepidopteris* cf. *ottonis*，*Podozamites lanceolatus*，*Cladophlebis teninervis*，*C.* cf. *platyphylla*，*Neocalamites carrerei*，*Equisetites* sp.，*Anomozamites* sp.，*Marattiopsis* sp. 等。双壳类有 *Modiolus* sp.，"*Gervillia*" cf. *modiolaeformis*。叶肢介有 *Palaeolimnadia baitinbaensis*。据上述化石，扶隆坳组时代属晚三叠世诺利期—瑞替期。

扶隆坳组仅在桂南十万大山出露，构成一系列海拔千米左右的山峰，东北方向终止于钦州市贵台附近，西南方向延伸入越南境内。区域上该组岩性厚度有所变化。扶隆坳以西鸡笼坳、板固等地，下部砾质岩增多，上部砾质岩减少，厚度逐渐变薄至 3 000 余米。扶隆坳以东沙坪一带，上部夹碳质泥岩及劣质煤凸镜体；再往东至凔测和贵台，厚度迅速变薄至 400 余米。该组最大厚度 4 000 余米，沉积中心在扶隆坳至鸡笼坳一带。

西湾群　J_1X　(06-45-1310)

【创名及原始定义】　原名西湾煤系。乐森璕（1933）创名，谢家荣、王植（1938）介绍，命名地点在广西钟山县境内的西湾煤矿。指位于燕子系与层状花岗岩之间的地层序列，岩性自上而下为矽化石灰角砾岩、灰色及黑色页岩夹煤三层、羊肝色页岩内含锰铁小结核，厚 50 m，时代为早石炭世。

【沿革】　1938 年，谢家荣、王植将西湾煤系下部以角砾岩及紫页岩为主的地层部分标为天堂层，上部主要之含煤部分称为大岭层；1965 年，广西区域地质普查大队改称为西湾群，包括上部石梯组，中部大岭组及下部天堂组；1984 年，周志炎改称为西湾组，其上部称大岭段、下部称天堂段。本书称为西湾群，自下而上包括天堂组、大岭组两部分（表 5-1）。

表 5-1　西湾群及石梯组划分沿革表

<table>
<tr><td colspan="3">谢家荣
王　植</td><td colspan="3">广西区域地
质普查大队</td><td colspan="3">周志炎</td><td colspan="2">广西地质
矿产局</td><td colspan="3" rowspan="2">本书</td></tr>
<tr><td colspan="3">1938</td><td colspan="3">1965</td><td colspan="3">1984</td><td colspan="2">1985</td></tr>
<tr><td>J
|
T</td><td colspan="2">层状
花岗岩</td><td rowspan="3">J₁</td><td rowspan="3">西
湾
群</td><td>石
梯
组</td><td colspan="3"></td><td>J₂</td><td>石梯群</td><td>J₂</td><td colspan="2">石梯组</td></tr>
<tr><td rowspan="2">C₁</td><td rowspan="2">西
湾
系</td><td>大
岭
层</td><td>大
岭
组</td><td rowspan="2">J₁</td><td rowspan="2">西
湾
组</td><td>大
岭
段</td><td rowspan="2">J₁</td><td>大
岭
组</td><td rowspan="2">J₁</td><td rowspan="2">西
湾
群</td><td>大
岭
组</td></tr>
<tr><td>天
堂
层</td><td>天
堂
组</td><td>天
堂
段</td><td>天
堂
组</td><td>天
堂
组</td></tr>
</table>

【现在定义】　指不整合于马平组之上、石梯组之下的一套地层，自下而上包括天堂组、大岭组。

天堂组　J_1t　(06-45-1301)

【创名及原始定义】　原称天堂层。谢家荣、王植 1938 年创名，地点在广西钟山县西湾盆地天堂山。原始定义："西湾煤系可分为上下二部：下部以角砾岩及紫页岩为主，偶夹晶片状灰岩及煤层，在大小天堂山最厚，约四百公尺，向北则渐薄，兹名之曰天堂层。"

【沿革】 1965年，广西区测队改称天堂组；1984年，周志炎改称为天堂段；1985年，广西地矿局仍使用天堂组，本书沿用之（表5-1）。

【现在定义】 指不整合于马平组之上、整合于大岭组之下的一套灰—浅灰色砂质角砾岩及紫红色泥岩。底部以不整合面与下伏地层马平组分界；上以灰—深灰黑色泥质灰岩夹碳质页岩及煤层的出现与大岭组分界。

【层型】 正层型剖面位于钟山县立头街附近（111°28′，24°28′）（广西区域地质普查大队1959年重测）。

上覆地层：**大岭组** 灰—深灰黑色泥质灰岩夹碳质页岩及煤层

——————— 整 合 ———————

天堂组	总厚度 174 m
2. 棕黄色、紫红色泥岩，局部为泥质粉砂岩	92 m
1. 灰—浅灰色砂质角砾岩。砾石成分主要为硅质岩、砂岩及部分白云质灰岩	82 m

~~~~~~~~ 不 整 合 ~~~~~~~~

下伏地层：**马平组** 白云质灰岩

【地质特征及区域变化】 天堂组下部为角砾岩、砾岩，上部为砂岩、页岩。

天堂组为山麓环境沉积。该组仅见一些植物碎片，时代为早侏罗世早期。

天堂组分布于桂东—桂东南区的全州往南至钦州一带，分布范围较广，但出露面积较小，呈零星分布。由于受基底地形的影响，天堂组厚度变化较大，各盆地岩性有所差异。恭城盆地角砾岩、砾岩减少，且主要分布于盆地南部，周塘以北地区，角砾岩仅以夹层出现，由紫红色页岩、砂岩取而代之，厚约80 m。在钟山回龙盆地除顶部为棕黄色、褐黄色泥岩外，其余全为砂质角砾岩，厚150 m。大洲盆地底部为花岗质砾状粗砂岩，下伏大容山花岗岩，厚400 m。博白盆地沙河、菱角圩一带由浅灰色、灰白色厚层状砾岩及石英砂岩，局部夹少量碳质页岩，厚505 m。钦州盆地主要为石英砂岩，底部为厚度不大的石英质砾岩，厚仅几十米。西湾盆地厚22～174 m。

大岭组 J_1d （06-45-1309）

【创名及原始定义】 原称大岭层。谢家荣、王植1938年创名，创名地点在广西钟山县西湾盆地大岭。原始定义："西湾煤系可分为上下二部：……。上部即主要之含煤部分，可名之曰大岭层，为黄灰色页岩、黑页岩、煤层及石灰岩，厚约七十公尺。"

【沿革】 1965年，广西区域地质普查大队改称大岭组，1985年，广西地矿局仍称大岭组，本书采用1965年划分方案，称大岭组（表5-1）。

【现在定义】 指整合于天堂组与石梯组之间的一套灰、深灰色泥质灰岩、灰岩夹页岩及煤层。下以棕黄色、紫红色泥岩的消失或深灰色泥质灰岩的出现与天堂组分界；上以深灰、紫红色页岩的消失或长石石英砂岩的出现与石梯组分界。

【层型】 正层型剖面位于广西钟山县立头街（111°28′，24°28′）（广西区域地质普查大队1959年重测）。
~~~~~~~~

上覆地层：**石梯组**　长石石英砂岩

——————— 整　合 ———————

大岭组　　总厚度 312 m

6. 深灰色、紫红色页岩夹少量砂质泥岩　　120 m

5. 灰—浅灰白色泥质灰岩、灰岩　　114 m

4. 灰—浅灰色泥质灰岩，夹 0.5～5 m 厚的煤层　　48 m

3. 灰—深灰黑色泥质灰岩夹碳质页岩及煤层。含孢粉 *Hausmannia* sp.，*Ginkgoales* sp.，*Cycales* sp.，*Osmund* sp.，*Bennettitales* sp.，*Araucaria* sp.　　30 m

——————— 整　合 ———————

下伏地层：**天堂组**　棕黄色、紫红色泥岩，局部为泥质粉砂岩

【地质特征及区域变化】　大岭组为一套含煤地层，主要岩性为灰岩、泥质灰岩夹页岩及煤层。为湖泊环境沉积。

大岭组所含化石较为丰富。西湾盆地主要有介形类、双壳类及植物等，如双壳类：*Hunanella ovata*，*H. longa*，*H. oblongiformis*，*H. guanyintanensis*，*Margaritifera guanyintanensis*，*Qiyangialoxos*；*Q. fortis*，*Q. lilingensis*，*Q.* cf. *loxos* 等；介形类自上而下可划分出四个组合：①*Darwinula*－*Tungohuania* 组合，②*Metacypris*－*Darwinula* 组合，③*Darwinula* 组合，④*Darwinula*－*Caspiocypris* 组合。其他盆地亦含有较丰富的化石，如富川小田盆地含双壳类：*Hunanella ovata*，*H. guanyintanensis*，*Margaritifera* sp.；植物：*Podozamites* sp.，*Cladophlebis denticulata*。钟山回龙盆地含双壳类：*Hunanella ovata*，*H.* sp.；介形类：*Darwinula imipudica*，*D. dakotensis*，*Caspiocypris* sp.；叶肢介：*Mesolimnadiopsis* sp.，*Pseudolimnadia* cf. *mingxiaensis*。大洲盆地仅见少许植物：*Neocalamites* sp.，*N. carrerei*，*Equisetites* sp. 等。根据所含化石，大岭组时代为早侏罗世晚期。

大岭组分布于桂东—桂东南区的钦州盆地、博白盆地、大洲盆地、西湾盆地、回龙盆地、恭城盆地等。本组在各盆地内岩性、厚度变化较大。全州绍水一带为泥质灰岩、灰岩夹煤层，厚 126 m；恭城洲塘为深灰色、灰黑色中、厚层状微晶灰岩、团块状灰岩，厚 271 m；钟山回龙以北则全部变为砂质泥岩，厚 85 m；向南至博白沙河，菱角圩直至钦州盆地，沉积物变粗，以粗碎屑岩沉积为主要特征；在沙河、菱角圩一带，以灰白色块状砂砾岩为主，局部夹碳质页岩或煤线，厚 114～269 m；钦州、灵山陆屋等地下部为不等粒石英砂岩、砂岩、细砂岩夹粉砂岩，局部夹灰岩、泥灰岩，中、上部为紫红色泥质粉砂岩，泥岩及细砂岩，厚 164～268 m。北流县六麻一带夹有中酸性火山岩、火山碎屑岩。

那周尾组　J_1n　(06－45－1302)

【创名及原始定义】　广西第四地质队 1993 年[①] 创名，命名地点位于钦州市北西 3 km 的那周尾村北西一带。原始定义："代表早侏罗世的一套河湖相沉积。其下部组构为较纯的石英质砾岩、石英砂岩，上部组构为碎屑岩。含较丰富的植物孢粉为特征。不同于桂北区天堂组、大岭组的一套山麓-湖泊相粗而杂的碎屑岩沉积"。

【沿革】　1994 年，董宝林等将其上部划归大岭组，将那周尾组作为钦州盆地侏罗系最下部的一个岩石地层单位；本书继续应用（表 5－2）。

---

① 广西第四地质队，1993，1：5 万钦州市幅、龙门幅、犀牛脚幅区域地质调查报告。

【现在定义】 指不整合于古墓组之上、整合于大岭组之下的一套灰色、灰白色厚层状石英质砾岩、石英砂岩及紫红色粉砂质泥岩、泥质粉砂岩。下以石英质砾岩的出现与古墓组分界；上以浅紫色中—厚层状中细粒石英砂岩的消失与大岭组紫红色粉砂岩分界。

【层型】 正层型剖面位于广西钦州市西北约 3 km 的那周尾村附近（108°34′，21°59′）（广西第四地质队区调分队 1993 年测制）。

表 5－2 那周尾组划分沿革表

广西地质矿产局	广西第四地质队	董宝林等	本书
1985	1993	1994	
全区	钦州	钦州	钦州
大岭组	那周尾组	大岭组	大岭组
天堂组		那周尾组	那周尾组

上覆地层：**大岭组** 紫红色粉砂岩，局部见灰岩夹层

——————整 合——————

那周尾组 总厚度 160.5 m

9. 浅灰白、浅紫灰色中—厚层状中细粒石英砂岩夹浅紫红色薄—中层状含泥粉砂岩，微纹层较发育 17.20 m
8. 紫红色中厚层状含砂泥质粉砂岩夹粉砂岩，具水平层理、冲洗交错层理 4.50 m
7. 灰黄、浅紫灰色中—厚层状中细粒石英砂岩，夹紫红色含泥粉砂岩、粉砂质泥岩，含同生泥砾，发育水平层理、冲洗交错层理 15.50 m
6. 紫红色中厚层含泥粉砂岩夹泥岩 15.00 m
5. 紫红、砖红色含粉砂泥岩夹少许薄层粉砂岩 33.70 m
4. 紫红、灰白色中—厚层泥质粉砂岩与含粉砂泥岩不等厚互层，上部浮土掩盖 40.90 m
3. 浅灰白色厚层状石英质砾岩、中细粒石英砂岩、灰色砂质粉砂岩或泥岩呈韵律层，泥岩和粉砂岩含碳化植物碎片 28.00 m
2. 灰、深灰色中—中厚层状含砂泥质粉砂岩夹粉砂质泥岩，富含碳化植物碎片。产孢粉 *Deltoidonpora plicata*，*D. magna*，*Cyathidites minor*，*Biretisporites* sp.，*Concavioporites* sp.，*Apiculatisporites* sp.，*Iorcisporis* sp.，*Cycadopites nitidus*，*Inaperturopollenites* sp.，*Perinopollenites* sp.，*Classopollis classoides*，*C. annulatus* 等 2.10 m
1. 浅灰、灰白色厚层状石英质砾岩，上部为粗—细粒石英砂岩，底部有一层厚约 2～10 cm 的褐色铁质风化粘土层 2.80 m

~~~~~~~~不 整 合~~~~~~~~

下伏地层：**古墓组** 灰色页岩或含泥细砂岩

【地质特征及区域变化】 那周尾组岩性为浅灰、紫红色中—厚层状中—细粒石英砂岩、石英质砾岩夹泥质粉砂岩、含粉砂泥岩及泥岩、粉砂岩。本组为浅灰色中—细粒石英砂岩与紫红色泥质砂岩、含粉砂泥岩呈不等厚韵律，平行层理，低角度冲洗交错层理、水平层理、微纹层发育，同时夹有紫红色同生泥砾或泥砾层，说明其沉积于浅湖环境。

本组下部富含孢粉化石，主要有：*Deltoidonpora plicata*，*D. magna*，*D.* sp.，*Cyathidites minor*，*Biretisporites* sp.，*Concavioporites* sp.，*Apiculatisporites* sp.，*Iorcisporis* sp.，*Cycadopites nitidus*，*C.* sp.，*Inaperturopollenites* sp.，*Perinopollenites* sp.，*Classopollis classoides*，*C. annulatus*，*C.* sp.，*Caliallanporites* sp.，*Quadraeculina limbata*，*Pristnuspollenites* sp.，*Pro-*
~~~~~~~~

toconiferus grandis, *P. flavus*, *Pseudopicas magnifics*, *Piceaepollenites tobolicus*, *P.* sp.,*Piceeites* sp.,*Cedripites* sp. 等。根据所产化石，本组时代为早侏罗世。

那周尾组分布于钦州盆地，岩性变化不大，厚度为 135～280 m。

石梯组　$J_2\hat{s}$　(06－45－1303)

【创名及原始定义】　原名石梯系。谢家荣、王植（1938）创名，命名地点在广西钟山县立头街—老村附近。原始定义："黄色不纯质而含长石之粗砂岩与杂色页岩相互而成。砂岩质地松疏，但层次甚厚，故每成高达三十多公尺之峭壁，与黄紫灰等杂色页岩之缓坡相间，远视易别。与西湾煤系之白色石灰岩相紧接"。

【沿革】　广西区域地质普查大队（1965）改称石梯组，时代归属于早侏罗世晚期；广西地矿局（1977）改称为"石梯段"时代归于中侏罗世，稍后（1985）又称为"石梯群"；本书采用广西区测队（1965）方案，时代划属中侏罗世（表 5－1）。

【现在定义】　指位于大岭组之上、六吅组之下的一套紫红色中厚层状长石石英砂岩、泥质粉砂岩，局部夹含砾砂岩及泥岩。下以长石石英砂岩的出现与大岭组分界，整合接触。上以紫红色泥岩与六吅组含钙质砾岩不整合接触。

【层型】　正层型剖面位于广西钟山县立头街附近（111°28′，24°28′）（广西区域地质普查大队 1963 年测定）。

上覆地层：**六吅组**　含钙质砾岩

～～～～～～～～ 不 整 合 ～～～～～～～～

石梯组	总厚度 480 m
9. 紫红色、暗紫灰绿色页岩夹少量砂质泥岩	210 m
8. 灰绿色、黄绿色细—中粒长石石英砂岩夹灰色粉砂质泥岩	114 m
7. 灰绿色、黄绿色中—粗粒长石石英砂岩夹黄色粉砂质泥岩	156 m

———————— 整　合 ————————

下伏地层：**大岭组**　深灰、灰绿色泥岩夹少量砂质泥岩

【地质特征及区域变化】　石梯组为一套陆相碎屑岩，下部为灰绿色、紫灰色中粗粒长石石英砂岩或粗砂岩，局部含砾砂岩。中、上部为紫红色泥质粉砂岩或细砂岩。石梯组向南至桂东南东兴盆地之西缘，江平、罗浮一带，超覆于志留系古墓组之上。石梯组沉积环境属河湖环境。

本组古生物比较发育，以双壳类、植物及孢粉为主，其次为少量叶肢介、介形类等。双壳类数量丰富，以裸珠蚌、楔蚌为主，以出现假铰蚌、古丽蚌、费尔干蚌及异齿目的图士蚬等为特征，如：*Psilunio sinensis*，*P. yangziensis*，*Cuneopsis sichuanensis*，*C. johannishoehmi*，*C. yipinglangensis*，*Lamprotula* (*Eolamprotula*) *cremeri*，*Pseudocardina hupehensis* 等。时代归属中侏罗世。

石梯组分布范围较广，主要见于桂东北的恭城、钟山回龙、贺县西湾等盆地，灵山陆屋、钦州及东兴等盆地亦有零星出露。

各盆地石梯组岩性、厚度差别较大，西湾盆地岩性自西南往东北变细，由泥质粉砂岩、钙质泥岩变为白云质泥岩。厚度自西南往东北有增厚之势，厚 330～480 m。在桂东北回龙盆地及灵山陆屋、钦州盆地则为含砾粗砂岩或砾质砂岩。多数盆地本组中、上部未出露，仅零星

出露于钦州、东兴等盆地。钦州盆地厚 522 m；东兴盆地 137～213 m；而恭城盆地厚 371 m。

东兴组　J_3d　（06－45－1308）

【创名及原始定义】　广西区调队（1992）创名，广西第四地质队（1993）① 介绍。创名地点在防城各族自治县（今防城港市）东兴镇城北东 5 km 滩盆至罗浮附近。原指东兴组可分为两部分：下部为棕灰色厚层状中细粒石英砂岩为主，夹棕红色泥质粉砂岩。上部为紫红色、紫灰色泥质粉砂岩为主，夹浅灰黄色泥质砂岩及细砂岩，局部见斜层理，中、上部泥质粉砂岩中含叶肢介化石。

【沿革】　1992 年以前，称为上侏罗统；广西区调队地层专题组于 1992 年提出东兴组一名；1993 年，广西第四地质队　在 1∶5 万钦州市幅、龙门幅、犀牛脚幅调查报告中首先介绍东兴组。

【现在定义】　指整合于石梯组之上的一套地层，岩性下部为灰、暗灰色厚层状中粗粒长石石英砂岩夹紫红色泥岩、粉砂质泥岩及含砾砂岩；上部为褐黄色、紫红色厚层状泥质粉砂岩、钙质粉砂质泥岩夹细砂岩、泥岩。底部为厚层状含长石石英砾质砂岩与下伏石梯组紫红色泥质粉砂岩分界；未见顶。

【层型】　正层型剖面位于防城港市东兴镇城北东 5 km 滩盆至罗浮附近（108°00′30″，21°34′50″）（广西第三地质队区调分队 1993 年重测）。

东兴组	总厚度＞356.9 m
28. 紫红色中—薄层状细砂岩、含钙质细砂岩。（未见顶）	15.5 m
27. 紫红色薄层状细砂岩	15.9 m
26. 褐黄色厚层状粗—细粒砂岩与棕红色薄层状泥岩、泥质粉砂岩互层	50.1 m
25. 棕红色泥质粉砂岩、含钙质粉砂岩	14.3 m
24. 浮土覆盖	10.3 m
23. 棕红色厚层状中细砂岩	5.3 m
22. 浮土覆盖	29.3 m
21. 紫红色厚层状中粗粒砂岩，夹细砂岩或泥质粉砂岩	149.0 m
20. 棕红色中—厚层状中粒砂岩	17.4 m
19. 灰—暗灰色厚层状中粗粒含长石、石英砂岩	49.8 m
———— 整　合 ————	
下伏地层：**石梯组**　紫红色泥质粉砂岩	

【地质特征及区域变化】　本组岩性可分为两部分：下部以棕灰色厚层状中细粒砂岩为主，夹棕红色泥质粉砂岩；上部以紫红色泥质粉砂岩为主夹浅黄色泥质砂岩及细砂岩。本组岩石中具平行层理，低角度交错层理，纹层理亦发育，并具韵律层。为滨湖三角洲沉积。

古生物仅于本组的中、上部棕红色砂质泥岩中采获叶肢介 *Euestheria* sp.，*Bulbilimnadia* sp.　及植物 *Cupressinocladus* sp.，*Pityolepis* sp.，*Frenelopsis* sp.，*Elotocladus* sp. 等。时代为晚侏罗世。

东兴组出露较局限，主要分布于东兴、钦州等盆地。东兴盆地东兴组岩性与正层型剖面

① 广西第四地质队，1993，1∶5 万钦州市幅、龙门幅、犀牛脚幅区域地质调查报告。

岩性基本一致，横向变化也不大。钦州盆地本组底部以砂岩为主，盆地东部砂岩层较厚，盆地西南侧则变薄；下部为灰白色、淡紫色厚层状细砂粒石英砂岩夹紫红色泥岩或同生泥砾岩，往上为紫红色含粉砂质泥岩与浅紫、浅灰白色细—中粒长石砂岩互层；中部在盆地东北，以灰白、淡灰紫色厚层状细—中粒长石砂岩，往上为长石质石英砂岩与含粉砂质泥岩；上部以浅灰白色、浅紫红色厚层状含泥质长石岩屑砂岩为主，往上为紫红色含粉砂质泥岩与中厚层状细粒长石质岩屑砂岩呈不等厚互层，厚度 408～454 m。

汪门组　J_1w　(06－45－1304)

【创名及原始定义】　汪门组为广西区测队（1975）创名，创名地在广西上思县百包乡汪门村附近。指发育于扶隆坳组之上的一套紫红色泥质粉砂岩为主，夹少量细砂岩及钙质团块。

【沿革】　梁振德（1979）在研究十万大山盆地时，将汪门组归并于百姓组，时代为早侏罗世。本次对比研究采用广西区测队（1975）划分方案（表 5－3）。

表 5－3　汪门组—岽力组划分对比沿革表

<table>
<tr><td colspan="3">广西石油勘探大队
1959</td><td>广西地质
科研所
1961</td><td>广西区
测队
1975</td><td>梁振德
1979</td><td>广西地质
矿产局
1985</td><td colspan="2">本　书</td></tr>
<tr><td rowspan="5">T_3</td><td rowspan="4">那
荡
组</td><td>新堂段</td><td>十万大山群
上亚群</td><td>上侏罗统</td><td>岽力组</td><td>上侏罗统</td><td>J_3</td><td>岽力组</td></tr>
<tr><td>唐报段</td><td rowspan="3">十万大山群
中亚群</td><td>那荡群</td><td>那荡组</td><td>那荡群</td><td>J_2</td><td>那荡组</td></tr>
<tr><td rowspan="2">米强段</td><td>百姓组</td><td rowspan="2">百姓组</td><td>百姓组</td><td rowspan="2">J_1</td><td>百姓组</td></tr>
<tr><td>汪门组</td><td>汪门组</td><td>汪门组</td></tr>
<tr><td colspan="2">扶隆坳组</td><td>十万大山群
下亚群</td><td>扶隆坳组</td><td>扶隆坳组</td><td>扶隆坳组</td><td>T</td><td>扶隆
坳组</td></tr>
</table>

【现在定义】　指整合于扶隆坳组与百姓组之间的一套地层，岩性主要为泥质粉砂岩、泥岩、钙质泥岩及细砂岩，含少量植物化石及孢粉为特征。底部以细砂岩与扶隆坳组之厚层状砾岩分界，顶部则以含钙质泥岩、泥岩与百姓组岩屑砂岩分界。

【层型】　正层型剖面位于上思县百包乡汪门村东约 4 km (107°56′30″, 21°59′30″)（广西区测队王汉荣等 1972 年测制）。

上覆地层：**百姓组**　岩屑砂岩夹泥岩、粉砂岩

——————— 整　合 ———————

汪门组　　　　　　　　　　　　　　　　　　　　　　　　　总厚度 442 m

40. 浅紫红色、黄灰色中厚层状泥岩，含钙泥岩夹少量粉砂岩，上部含钙质团块，局部夹粉砂泥灰岩凸镜体　122 m
39. 紫灰色中厚层状粉砂岩夹泥岩，含泥质粉砂岩、细砂岩　43 m
38. 泥岩夹细砂岩，底部为紫红色厚层状泥质砂岩，自下而上岩性变细，泥岩为暗紫红色，层理不清，上部层理略清楚　125 m
37. 浮土掩盖　32 m
36. 上部为中厚层状细砂岩夹泥岩，下部为浅紫红色厚层状砂岩，底部夹一层砂质砾岩　36 m

35. 紫红色泥岩及泥质粉砂岩 33 m

34. 粉砂岩夹细砂岩，局部含砾砂岩 51 m

——————— 整 合 ———————

下伏地层：扶隆坳组 灰白色、浅黄色厚层状砾岩、砂质砾岩

【地质特征及区域变化】 汪门组岩性为泥质粉砂岩、泥岩、钙质泥岩夹细砂岩。

十万大山盆地中，在不同的构造部位，汪门组与下伏地层的接触关系亦有所差异，盆地南翼钦州市贵台西南浛测一带及中越边境宁明那楠、河落岭等地区，与下伏地层晚三叠世扶隆坳组为连续沉积，盆地向东至钦州市新堂—南涧一带及上思县米引等地区，则超覆于印支期辉石花岗斑岩之上，呈沉积接触。本组沉积环境中上部可能为河湖相沉积，底部可能为山麓环境沉积。

本组古生物不发育，仅含少量植物及孢粉，如植物：*Otozamites* sp.，*Ptilophyllum* sp.；孢粉：*Lycopodiumsporites* sp.，*Classopollis* sp.，*C. classoides*。其中植物化石时限较长，大致出现在晚三叠世至早侏罗世，孢粉则无早侏罗世标准分子可言。现据其上覆、下伏地层时代推断为早侏罗世。

汪门组主要分布于十万大山盆地南翼上思县、防城港市及其东北钦州市新堂、西南宁明县那楠、河落岭、东闸至凭祥市，并延伸入越南境内。汪门村层型剖面以东，本组之沉积物较粗，如邕宁县那栋及钦州市新堂一带，多为紫红色砾岩、长石石英砂岩、砂岩，上部出现含碳质粉砂岩或钙质泥岩及钙质团块。汪门村向西南至宁明县那楠、河落岭、饱包岭和东闸一带，沉积物变细，主要为紫红色、浅黄色泥岩夹钙质泥岩、粉砂岩，少量细砂岩，在那楠剖面见豆状灰岩。局部见有煤线。随着沉积物由东往西南变细，本组沉积厚度也随之变厚，如钦州新堂本组厚 197 m，汪门村剖面厚 442 m，那楠剖面厚 1 511 m，至河落岭本组最厚可在 1 923 m（图 5－1）。

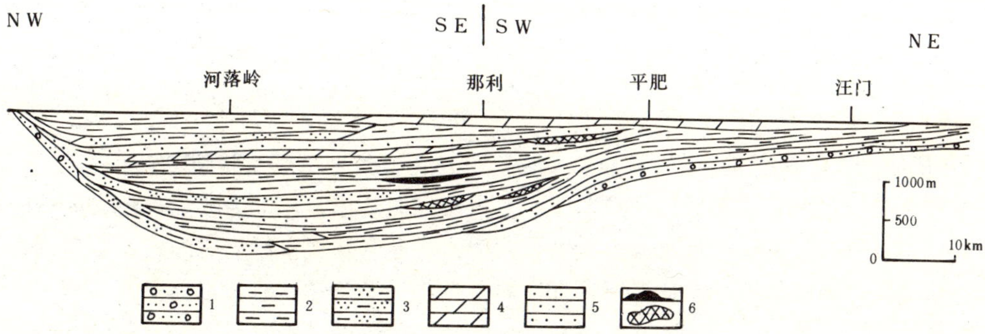

图 5－1 汪门组岩性变化图

1. 砂砾岩；2. 泥岩；3. 泥质粉砂岩；4. 泥灰岩；5. 砂岩；6. 黑色泥岩及含铁砂岩

百姓组 J_1b （06－45－1305）

【创名及原始定义】 百姓组为广西区测队（1975）创名，命名地点在广西上思县百包乡百姓村附近。原指该组岩性分两部分，下部为紫红色中厚层状细砂岩、岩屑质石英砂岩夹紫红色泥岩、粉砂岩及细砂岩。上部紫红色中薄层状泥岩为主，夹泥质粉砂岩及少量泥质细砂

岩。

【沿革】 创名后变化不大，梁振德（1979）将汪门组归并到百姓组，合称百姓组，时代仍属早侏罗世。本书仍采用广西区测队（1975）划分方案（表5-3）。

【现在定义】 指整合于汪门组与那荡组之间的地层，岩性为泥质粉砂岩、粉砂岩及砂岩。底部为中厚层状岩屑石英砂岩，与下伏地层汪门组浅紫红色中厚层状泥岩、含钙质泥岩分界；顶部为紫红色泥岩与中侏罗统那荡组的灰白色中厚层状含泥质长石质砂岩分界。

【层型】 正层型剖面位于广西上思县百包乡汪门村东约4 km（107°56′30″，21°59′30″）（广西区测队王汉荣等1972年测制）。

上覆地层：**那荡组** 灰色中厚层长石砂岩

——————整 合——————

百姓组 总厚度1 072 m

52. 紫红色泥岩夹泥质粉砂岩 45 m

51. 浮土掩盖 127 m

50. 紫红色厚层状泥岩夹泥质粉砂岩，局部含钙质泥岩。产植物化石 *Radicites* sp.，*Equisetites* sp.，*Coniopteris simplex*，*C.* cf. *hymeophylloides*，*Otozamites* sp.，*Marattiopsis asiatica* 等 315 m

49. 浅紫红色泥质粉砂岩，层理发育 35 m

48. 紫灰色中厚层状泥岩夹粉砂岩 151 m

47. 紫红色细砂岩夹泥质粉砂岩 45 m

46. 紫红色泥岩夹泥质粉砂岩 54 m

45. 灰白—浅灰黄色中厚层状砂岩夹少量泥岩，层理较好 26 m

44. 紫红色泥岩夹少量粉砂岩及细砂岩。局部见斜层理，上部见含钙质及钙质团块 119 m

43. 紫红色中厚层状细砂岩夹泥岩 42 m

42. 紫红色泥岩夹粉砂岩，层理不清 28 m

41. 紫红色中厚层状岩屑质石英砂岩夹泥岩、粉砂岩 85 m

——————整 合——————

下伏地层：**汪门组** 浅紫红色中厚层状含钙泥岩夹少量砂岩

【地质特征及区域变化】 百姓组主要岩性下部为紫红色中厚层状细砂岩、岩屑质石英砂岩夹紫红色泥岩，砂岩层面平整，具紫红、灰白相间的韵律，往上为紫红色泥岩夹粉砂岩及细砂岩。上部以紫红色中厚层状泥岩为主，夹泥质粉砂岩及少量泥质细砂岩，层理发育。沉积韵律明显，具微细层理，水平层理发育。属于干热气候条件下的湖相沉积。

古生物主要为植物：*Radicites* sp.，*Equisetites* sp.，*Coniopteris* sp.，*C.* cf. *hymenophylloides*，*Otozamites* sp.，*Marattiopsis asiatica*，*Klukia* sp.，*Sphenopteris* sp. 等；叶肢介：*Palaeolimnadia baitiandaensis*，*P. sichuanensis*，*P. yuaugxiensis*，*Euestheria taniiformis* 等。时代属早侏罗世。

百姓组分布范围与汪门组分布区域大致相同，主要见于十万大山盆地的上思县境内、宁明县大部，零星见于钦州市东北部及邕宁县南部等地。本组岩性由百姓村向东至上思县米引、钦州市新堂一带，岩性较粗，其成分亦复杂，多为岩屑质不等粒砂岩或含砾砂岩，或泥岩中夹泥砾；百姓村西南本组岩性较细，以紫红色泥岩、粉砂岩为主，局部夹含砾砂岩及石英砂岩、岩屑砂岩等。厚度变化较大，由盆地中心向两端变薄，如宁明那楠厚1 277 m，向西至宁明河落岭一带厚584 m，向东至新堂为790 m，再向东减至269 m。

那荡组　J_2n　(06-45-1306)

【创名及原始定义】　广西石油普查大队陈刚等（1960）创名，命名地点在广西上思县那荡圩附近。指十万大山一带位于扶隆坳组之上，大塘组之下的一套紫红色砂岩、泥岩、粉砂岩、粉砂质泥岩互层组成的地层。

【沿革】　创名时自下而上分为：米强段、唐报段及新堂段，时代为上三叠统；1961年，广西地质科研所将其称为十万大山群中、上亚群，时代归于侏罗纪；1974年，广西区测队将其自下而上分为4部分，包括汪门组、百姓组、那荡群、上侏罗统；1979年，梁振德沿用广西区测队（1974）含义，改称那荡组，此后，一直被沿用至今（表5-3）。

【现在定义】　指整合于百姓组之上、岽力组之下的一套地层，岩性为紫红色砂泥岩，下部为灰、黄色砂岩、长石砂岩夹紫红色泥岩；中部紫红色薄层状泥岩夹粉砂岩及厚层状砂岩；上部斑黄色长石石英砂岩、泥岩夹泥质粉砂岩。底部则以灰色含泥长石质砂质与下伏百姓组紫红色泥岩分界；顶部泥岩与上覆岽力组中粒长石石英砂岩分界。

【层型】　正层型剖面位于上思县百包乡汪门村东约4 km（107°56′30″，21°59′30″）（广西区测队王汉荣等1972年重测）。

上覆地层：**岽力组**　浅黄色厚层状细粒长石石英砂岩

——————— 整　合 ———————

那荡组	总厚度 1 524 m
74. 浅黄色中厚层状花斑状砂岩，顶部夹泥岩	85 m
73. 紫红色泥质粉砂岩与细砂岩互层	47 m
72. 浮土掩盖	33 m
71. 浅黄色厚层状含泥长石石英砂岩，紫红色粉砂岩与泥岩互层	79 m
70. 紫红色泥岩夹少量泥质粉砂岩	78 m
69. 浅黄色薄层—中层状泥质砂岩、粉砂岩夹紫红色泥岩	117 m
68. 斑黄色砂岩夹紫红色泥岩，底部含少量钙质泥岩	120 m
67. 紫红色泥岩夹泥质粉砂岩	67 m
66. 浮土掩盖	64 m
65. 浅紫红色泥岩	30 m
64. 浮土掩盖	86 m
63. 紫红色中—薄层状泥岩夹泥质粉砂岩	57 m
62. 紫红色泥岩，局部为浮土掩盖	111 m
61. 紫红色泥岩夹泥质粉砂岩	22 m
60. 紫红色泥岩	95 m
59. 紫红色泥岩夹泥质粉砂岩	35 m
58. 浅紫红色、灰黄色泥岩夹粉砂岩	34 m
57. 浅灰绿色厚层状砂岩	25 m
56. 紫红色、灰黄色泥质岩夹粉砂岩	87 m
55. 灰白色—浅黄色砂岩夹泥岩、粉砂岩	135 m
54. 紫红色泥岩与紫灰色泥质粉砂岩互层	80 m
53. 灰白色中厚层状含泥长石砂岩及粉砂岩中夹泥岩	37 m

——————— 整　合 ———————

下伏地层：**百姓组**　紫红色砂岩

【地质特征及区域变化】　那荡组岩性可分三部分：下部灰色、浅黄色砂岩、长石质砂岩夹紫红色泥岩及粉砂岩；中部紫红色、灰黄色泥岩夹粉砂岩，局部夹灰绿色含铜泥岩；上部为黄色、浅灰色长石质石英砂岩、杂砂岩与紫红色泥质粉砂岩互层，局部夹煤线。本组中、下部夹黑色泥岩及煤线，并具粗细相间的韵律层理及交错层理，为浅湖或洪泛平原环境沉积。上部砂泥岩中常见斜层理，为湖相沉积，局部为河流相沉积。

古生物群以双壳类为主以及少量植物，如双壳类：*Psilunio* cf. *suni*，*P. zingyuanensis*，*P. chaoi*，*P. sinensis*，*P.* cf. *lufengensis*，*Cuneopsis sichuanensis*，*C. yipinglangensis*，*Lamprotula*（*Eolamprotula*）*cremeri*，*Pseudocordimia* cf. *yangziensis*，*P.* cf. *ventricosa*，*P. elongata*，*P. tetragnalis* 等；植物：*Phlebopteris* sp.，*Taeniopteris* sp.，*Equisetites* sp.，*Neocalamites* sp.，*Pityophyllum* sp. 等。本组时代属中侏罗世。

那荡组分布于十万大山盆地的东、西两翼，东起钦州市新堂，往东北至邕宁那陈，上思县境内的大部，向西南延伸至宁明县那楠、河落岭、派阳山、东闸等地区。本组岩性由西向东具由细变粗的趋势，在防城港市那荡以西，主要为紫红色泥岩夹砂岩或粉砂岩，砂岩风化面具明显花斑状特征；北东翼钦州市新堂一带为砂岩、长石石英砂岩，粉砂岩较多，岩石普遍含岩屑，局部为含砾砂岩。本组的沉积厚度西厚东薄，在宁明那楠—板固本组厚达 2 776 m，饱包岭一带本组厚1 832 m，向东至上思县那荡一带为 1 524 m，再向东至钦州市新堂本组厚度则减为 1 133 m。

岽力组　J_3dl　(06－45－1307)

【创名及原始定义】　梁振德（1979）创名，命名地点在广西宁明县那楠—岽力村附近。原指位于那荡组之上的一套长石砂岩、长石石英砂岩，以含岩屑为特征，其风化表面具花斑状构造的岩石地层，其上为下白垩统所覆。

【沿革】　1959 年，陈刚等称之为那荡组新堂段；1961 年，广西地质科研所称为十万大山群上亚群；1974 年广西区测队名为上侏罗统；1985 年，广西地质矿产局又名上侏罗统，本书采用梁振德（1979）的名称（见表 5－3）。

【现在定义】　指整合于那荡组之上、新隆组之下的地层，岩性为长石石英砂岩、长石砂岩，局部为粉砂岩及含砾砂岩。底部以灰白色、浅灰绿色厚层状长石石英砂岩与下伏那荡组粉红色中层状泥岩分界；顶部为黄色厚层状泥质粉砂岩与上覆新隆组含砾砂岩分界。

【层型】　正层型剖面位于宁明县那楠至岽力（107°23′，21°43′）（广西区测队王汉荣 1972 年测制）。

上覆地层：**新隆组**　砂砾岩

——————整　合——————

岽力组	总厚度 777 m
40. 紫红色、暗紫灰色泥质粉砂岩夹泥岩	90 m
39. 浅黄色厚层状砂岩、紫红色粉砂岩与黄色泥岩夹层，底部为含砾砂岩	130 m
38. 紫红色中层状粉砂质泥岩	75 m
37. 浅黄色中厚层状中粒长石石英砂岩夹泥岩	53 m
36. 浅黄色、紫色厚层状长石石英砂岩与泥岩、粉砂岩互层	50 m

35. 浅黄色厚层长石石英砂岩夹含砾砂岩及泥岩 118 m

34. 浅黄色含砾砂岩 92 m

33. 灰白色、浅灰绿色厚层状长石石英砂岩夹少量黄色泥岩。上部夹一层煤线（15 cm） 169 m

——————整　合——————

下伏地层：**那荡组**　粉红色中厚层状石英砂岩夹泥岩、粉砂岩

【地质特征及区域变化】　岽力组的岩性为灰绿色、浅黄色厚层状长石石英砂岩、岩屑砂岩、含砾粗砂岩为主，夹黄绿色泥岩及紫红色粉砂岩为次，中上部偶见砂砾岩夹黑色泥岩及煤线，煤线一般厚 0.3～0.5 m，延伸数米至几十米即尖灭。本组与上覆新隆组一般为整合，有的地段为平行不整合接触。

本组粗碎屑岩与细碎屑岩呈明显沉积韵律，层理不甚发育，常见凸镜状层理，大型复向层理及微斜层理等。局部发育小型波痕，为滨湖三角洲环境沉积。

古生物化石较少，仅产少量植物 *Neocalamites* sp.，*Cupressinocladus* sp. 及孢粉 *Leiotriletes* sp.，*Sphagumsporites* sp.，*Punctatisporites* sp.，*Cyathidites* sp.，*Classopollis annulatus*，*Klukisporites* sp. 等，与中侏罗世生物组合相连续，其上又为早白垩世地层所覆，据此，将其时代归于晚侏罗世。

岽力组出露范围较广，于十万大山盆地东起钦州市新棠、邕宁县那陈、上思县米引，西至宁明县那楠、凤凰山、那陶大山、派阳山及饭包岭一带，并向西南延至越南境内。

本组岩性东细西粗，在钦州新棠地区，下部为钙质砂岩夹钙质泥岩，上部为长石石英砂岩，钦州贵台一带变为浅灰色、浅黄色岩屑质石英砂岩，上思县米引地区以石英砂岩为主夹含钙质泥岩。盆地西端宁明县那楠、东闸及饱包岭一带以砂砾岩为主，间夹紫红色泥岩及砂质泥岩，厚 265～649 m。

永福群　K_1Y　（06－45－1406）

【创名及原始定义】　原名永福系。张文佑、吴磊伯 1941 年创名，创名地点在广西永福县城附近。原指永福县附近的第三纪红紫色粉砂岩及页岩称为永福系。

【沿革】　1985 年，在《广西壮族自治区区域地质志》中沿用，改称永福群，用以代表广西早白垩世的一套砾岩、砂岩、泥质岩沉积。桂东南地区，永福群自下而上分为新隆组、大坡组、双鱼咀组，而桂北的一些盆地中因面积小，研究程度低，未进行详细划分，统称永福群。

【现在定义】　指不整合于西垌组之下的一套紫灰、紫红色砾岩、砂岩及泥质岩，自下而上可划分为新隆组、大坡组、双鱼咀组，与下伏不同时代的地层呈不整合接触。

新隆组　K_1x　（06－45－1401）

【创名及原始定义】　广西区测队（1966）创名，创名地点在平南县平山圩芦村—大坡圩双鱼咀附近。原始定义：以砾岩为底界，往上砾状砂岩，不等粒砂岩、泥质粉砂岩，钙质粉砂岩夹泥岩及长石石英砂岩等。与下伏前白垩纪地层呈角度不整合接触，与上覆大坡组块状砾岩呈平行不整合接触。

【沿革】　1929 年，冯景兰等最早对桂平社步盆地的红层进行调查时称为“第三系”；1941 年，张文佑等将其名为“永福系”；1966 年创名后，一直沿用（表 5－4）。

表 5-4　广西白垩纪岩石地层单位划分沿革表

<table>
<tr><td>冯景兰
李殿臣
1929</td><td colspan="2">张文佑等
1941</td><td colspan="2">广西地质
研究所
1962</td><td>广西区
测队
1966</td><td>广西区
测队
1974</td><td colspan="2">广西地质
矿产局
1985</td><td colspan="2">本　书</td></tr>
<tr><td>社步</td><td colspan="2">社步</td><td colspan="2">全区</td><td>大洲</td><td>全区</td><td colspan="2">全区</td><td colspan="2">全区</td></tr>
<tr><td rowspan="5">第
三
系</td><td rowspan="5">第
三
系</td><td rowspan="5">永
福
系</td><td rowspan="5">K</td><td rowspan="2">上统</td><td rowspan="2"></td><td>罗文组</td><td colspan="2">罗文组</td><td colspan="2">罗文组</td></tr>
<tr><td>西垌组</td><td colspan="2">西垌组</td><td colspan="2">西垌组</td></tr>
<tr><td rowspan="3">下统</td><td>双鱼咀组</td><td>双鱼咀组</td><td rowspan="3">永
福
群</td><td>双鱼咀组</td><td>双鱼咀组</td><td rowspan="3">永
福
群</td></tr>
<tr><td>大坡组</td><td>大坡组</td><td>大坡组</td><td>大坡组</td></tr>
<tr><td>新隆组</td><td>新隆组</td><td>新隆组</td><td>新隆组</td></tr>
</table>

【现在定义】　指西湾群与大坡组之间的一套地层，下部以紫红色砾岩为主，夹砾状砂岩，不等粒砂岩及泥质粉砂岩；上部为紫红色粉砂岩、泥质粉砂岩、钙质粉砂岩夹细砂岩、砾状砂岩及砂质泥岩等。其底部以紫红色砾岩与下伏西湾群泥质粉砂岩呈不整合接触；顶部以泥质粉砂岩与上覆大坡组块状砾岩呈整合接触。

【层型】　正层型剖面位于平南县平山圩芦村—大坡圩双鱼咀附近（110°28′，23°05′）（广西区测队 1963 年测制）。

上覆地层：**大坡组**　紫红色厚层块状砾岩

——————整　合——————

新隆组　　　　总厚度 2 390 m

15. 暗红色泥质粉砂岩　　35 m
14. 暗红、紫红色中—薄层状钙质粉砂岩及少许钙质泥岩　　272 m
13. 紫红色钙质粉砂岩夹泥岩及中粗粒长石石英砂岩。含腹足类及介形类 *Lycopterocypris* sp.，*Mongolianella* sp. 等　　212 m
12. 灰绿色泥岩。富含介形类 *Limnocypridea* sp.，*Lycopterocypris* cf. *infantilis* 及腹足类 *Parahydrobia* sp.　　16 m
11. 紫红色钙质粉砂岩夹泥岩，局部夹长石石英砂岩。含介形类 *Darwinula* sp.，*Lycopterocypris* sp.，*Mongolianella* sp.，*Cypridea* sp.　　419 m
10. 黄灰、黄白色厚层状细砂岩夹紫红色泥质粉砂岩和 2 层含砾砂岩　　325 m
9. 紫红色泥质细砂岩与粉砂岩互层　　104 m
8. 紫红色泥质粉砂岩夹不等粒砂岩和砾状砂岩。含双壳类和叶肢介等化石　　88 m
7. 暗红色钙质粉砂岩。含叶肢介 *Bairdestheria* sp.，双壳类 *Trigonioides* sp.　　60 m
6. 暗红色泥质粉砂岩。含介形类　　46 m
5. 浅灰、紫红色不等粒砂岩与砾状粗砂岩　　165 m
4. 紫灰色不等粒砂岩及砂岩　　234 m
3. 紫灰、浅灰色砾状砂岩、不等粒砂岩、泥质粉砂岩互层，夹泥岩、砾岩　　264 m
2. 紫红、灰白色砾岩、砂岩与紫红色泥质粉砂岩互层　　137 m
1. 紫红色砾岩　　13 m

~~~~~~~~不整合~~~~~~~~

下伏地层：**西湾群**　泥质粉砂岩
~~~~~~~~

【地质特征及区域变化】 新隆组主要岩性底部为砾岩，中、上部以砾岩和砾状砂岩为主，夹含砾砂岩，不等粒砂岩及紫红色泥质粉砂岩，局部夹砾状长石石英砂岩，顶部为灰绿色钙质粉砂岩及泥岩薄层。

本组为河流及湖泊沉积环境。

古生物群以介形类、脊椎动物、双壳类、腹足类为主，以及轮藻、植物及孢粉等。如介形类：*Lycopterocypris* aff. *infantilis*，*L. eggeri*，*L. ingloria*，*Mongolianella* sp.，*Ussuriocypris* sp.，*Darwinula* cf. *contriacta*，*Limnocypridea* sp.；脊椎动物之爬行类：*Asiatosaurus kwangshiensis*，*Prodeinodon kwangshiensis*，*Sinopliosaurus fusuiensis*；双壳类：*Trigonioides kodairai*，*Nakamuranaia chingshanensis*；腹足类：*Hydrobia* sp.，*Parhydrobia* sp.；轮藻：*Shaerochara granulifera*，*Charites inconspicua*；植物：*Brachyphyllum obesum*，*Cupressinocladus* sp.，*C. elegans*，*Equisetites* sp.；孢粉：*Cyathidites minar*，*Hymenophyllumsporites* sp.，*Glecheniidites* sp.，*Schizaeoisporiter* sp.，*Cicatricosisporites* sp.，*Leiotriletes* sp.，*Bennettiteaepollenites* sp.，*Ginkgocycadophytus* sp.，*Psophosphaera* (*Podozamites*) *grandis*，*Pagiophyllumpollenites szei*，*Exesipollenites tumulus*，*Ephedripites ovalis*，*Cupressacites* sp.，*Monosulcicites mininus* 等。新隆组时代为早白垩世。

本组主要分布于桂东南容县平山—平南县大洲、容县自良、藤县金鸡、太平、贵港市桥圩—桂平社步等地，桂中北部来宾、柳城、宜山、永福、资源、全州、邕宁县大塘及十万大山等盆地均有零星出露。各盆地边缘及东北端沉积物往往较粗，砾岩厚度自东北往西南由厚变薄。其底部砾岩的砾石成分各地不同，大洲、自良盆地为脉石英、砂岩、花岗闪长岩；太平盆地则几乎全为砂岩；邻近云开大山的盆地还常见变质岩或混合岩。大洲盆地东北部本组下部以块状砾岩为主，砾石较大，磨圆度、分选性较差；盆地中部以砾状砂岩为主，砾石较小（1.5～4 cm），磨圆度较好；盆地西南部则为砾岩、砾状砂岩夹泥质砂岩，花岗岩砾石增多。该盆地的岩性变化总趋势：由西南向东北，沉积物由细变粗。金鸡-自良盆地西南部，本组下部岩性以砾状长石石英砂岩为主，上部则主要为钙质砂岩；盆地东北本组上、下部砾岩均增多、增厚，至金鸡圩附近本组上部则为泥质砂岩与砾状砂岩互层。桂平社步盆地东、西部本组岩性有明显差异，东部砾岩厚，最厚可达 500 m，而西部砾岩厚只数米。

本组厚度变化较大，大洲盆地 2 390 m，自良盆地 514 m，水汶盆地 461 m，其它盆地 80～2 445 m。

大坡组　K_1d　（06－45－1402）

【创名及原始定义】 广西区测队（1966）创名，命名地点在平南县平山圩芦村—大坡圩双鱼咀附近。岩性底部为紫红色块状砾岩，含砾砂岩及砂岩；下部为砂岩、泥岩；上部为粉砂岩、泥质粉砂岩、砂质泥岩或泥岩。与下伏新隆组平行不整合接触，与上覆双鱼咀组亦呈平行不整合接触。

【沿革】 见表 5－4。

【现在定义】 指整合于新隆组与双鱼咀组之间的一套地层，其底部为紫红色块状砾岩、含砾砂岩及砂岩，下部为砂岩、泥岩，上部为粉砂岩、泥质粉砂岩、砂质泥岩或泥岩。底部以块状砾岩的出现与下伏新隆组泥质粉砂岩分界；顶部以泥质粉砂岩的消失或砾状长石石英砂岩的出现与双鱼咀组分界。

【层型】 正层型剖面位于平南县平山圩芦村—大坡圩双鱼咀附近（110°28′，23°05′）（广西区测队 1963 年测制)。

上覆地层:**双鱼咀组**　砾状长石石英砂岩夹泥岩。

——————整　合——————

大坡组	总厚度 760 m
27. 紫红色泥质粉砂岩。含介形类化石	175 m
26. 灰绿色砂质泥岩。产介形类 *Lycopterocypris* sp., *L. debilis*, *Cypridea* sp., *Darwinula* cf. *contracta*,腹足类 *Hydrobia* sp.	12 m
25. 紫红色泥质粉砂岩夹泥岩薄层	91 m
24. 灰白、灰黄色薄层状粉砂岩与泥质粉砂岩互层,含植物化石	41 m
23. 紫红色、灰紫色及黄灰色块状含砾不等粒砂岩。含植物化石	62 m
22. 紫红色泥质粉砂岩及砂质泥岩,部分覆盖	67 m
21. 紫红色、黄灰色厚层状细砂岩	31 m
20. 紫红色、浅灰色砾状砂岩夹中粒砂岩	83 m
19. 灰绿色、黄绿色泥岩、砂质泥岩。含介形类 *Cypridea* sp.,植物 *Araucarites* sp.	49 m
18. 黄灰色中—细粒不等粒砂岩	39 m
17. 紫红色、灰紫色厚层—块状含砾砂岩及砾岩	91 m
16. 紫红色块状砾岩	13 m

——————整　合——————

下伏地层:**新隆组**　泥质粉砂岩

【地质特征及区域变化】　大坡组岩性可分为上、下两部分:下部以紫红色、黄灰色厚层—块状砾岩、砾状砂岩为主,夹各种粒级砂岩及紫红色泥质粉砂岩、灰绿色泥岩;上部为紫红色中薄层状泥质及钙质粉砂岩夹紫红色、灰绿色泥岩薄层。

本组为河流及湖泊沉积环境。

古生物群以介形类、双壳类为主及少量腹足类、植物、轮藻等。如介形类:*Lycopterocypris* sp., *L. debilis*, *Ussuriocypris* sp., *Cypridea tera*, *C.* (*Pseudocypridina*) *tera*, *C.* (*P.*) cf. *avena*, *C.* (*P.*) cf. *lenta*;双壳类:*Trigonioides kodairai*, *T.* (*Diversicostatus*) aff. *diversicostatus*, *Nakamuranaia chingshanensis*, *N. subrotunda*, *Nippononaia yunnanensis*, *Plicatounio* (*Acclinoplicatounio*) *nananensis*, *Yunnanoconcha* sp., *Sphaerium* sp.;植物:*Brachyphyllum rbombimamiferum*, *Cinnamomum hesperium*, *C. newberryi*, *Nectandra prolifia*;腹足类:*Hydrobia* sp. 等。大坡组时代为早白垩世。

大坡组主要分布于桂东南大洲盆地、桂 中来宾蒲田盆地,邕宁大塘及十万大山等盆地亦有零星出露,多未见顶。大洲盆地,底部为紫红色块状砾岩、含砾砂质及砂岩,含砾砂岩及细砂岩普遍含有紫红色泥质砾岩;下部为紫红色砂岩、泥质岩;上部为粉紫红色砂岩、砂质泥岩或泥岩。厚 760 m。金鸡-自良盆地,本组底部为暗—黄褐色厚层状砾岩夹砾状砂岩;本组下部于盆地西部砾状长石石英砂岩及杂砂岩较多,砾石大小不一,砾径一般 3～5 cm,最大可见到 15 cm;至盆地东部金鸡圩一带则以块状砾岩为主,砾岩一般 4～8 cm,最大可达 1.3 m。本组上部的泥质钙质粉砂岩于盆地东北部石龙岭、荣台一带则变为砾岩夹砂岩薄层。厚度变化为西南薄、东北厚。水汶盆地,下部为紫红色厚层块状砾岩、砂砾岩,粉砂岩泥岩及页岩;上部为粉砂岩、泥质粉砂岩,局部夹砂砾岩,盆地东端夹较多的钙质粉砂岩、钙质泥岩,厚 1 851～1 618 m。十万大山盆地东部,本组岩性较粗,下部为灰白色、浅灰色厚层状砾岩、长石岩屑砂岩夹不等粒砂岩和含砾砂岩，砾石主要成分为硅质岩、燧石、砂岩及脉石英，砾径 1～2 cm；上部主要为灰白色中厚层状砂岩夹紫红色泥质粉砂岩及砂质泥岩，局部为砂岩、泥岩及不等粒砂岩和含砾砂岩，常见斜层理，厚 273～511 m。

双鱼咀组　$K_1\hat{s}$　（06－45－1403）

【创名及原始定义】　广西区测队（1966）创名，创名地点在平南县平山圩芦圩—大坡圩双鱼咀附近。岩性底部为砾状长石砂岩，其上为紫红色泥质粉砂岩夹泥岩，黄绿色泥质粉砂岩或砂岩。与下伏大坡组为平行不整合接触。

【沿革】　见表 5－4。

【现在定义】　指大坡组之上的一套紫红色砾状长石砂岩、泥质粉砂岩夹泥岩，下部为砾状长石砂岩，上部为黄绿色泥质粉砂岩夹粗砂岩。其与下伏大坡组粉砂岩呈整合接触，未见顶。

【层型】　正层型剖面位于广西平南县平山圩芦村—大坡圩双鱼咀村附近（110°28′，23°05′）（广西区测队 1963 年测制）。

双鱼咀组	总厚度 280 m
34. 暗紫红色泥质粉砂岩夹不等粒砂岩。（未见顶）	14 m
33. 黄绿色中—薄层状泥质粉砂岩。含双壳类 *Trigonioides* sp. 叶肢介 *Bairdestheria* sp. 及植物等化石	12 m
32. 紫红色泥质粉砂岩，下部夹一层粗砂岩	44 m
31. 黄绿、灰白色泥质粉砂岩。含双壳类、叶肢介等	10 m
30. 紫红色、少许黄绿色中—厚层状泥质粉砂岩夹页岩、砾状长石石英砂岩	67 m
29. 紫红色、灰紫色中—薄层状泥质粉砂岩夹页岩，下部夹 3 层浅灰色砾状长石石英砂岩	98 m
28. 紫红色、浅灰色厚层—块状砾状长石石英砂岩夹页岩、紫红色泥质砂岩，页岩中含植物 *Podozamites* sp.，*Brachyphyllum* sp.，*Cupressinocladus eleganus*	35 m

——————— 整　合 ———————

下伏地层：**大坡组**　紫红色泥质粉砂岩

【地质特征及区域变化】　双鱼咀组岩性底部为砾状长石砂岩，其上均为紫红色泥质粉砂岩夹泥岩，灰绿色泥质粉砂岩及砂岩。沉积环境属河流、湖泊环境。

古生物较稀少，仅见少量植物：*Podozamites* sp.，*Brachyphyllum* sp.，*Cupressinocladus eleganus*；叶肢介　*Bairdestheria* sp.；及双壳类　*Trigonioides* sp. 等。双鱼咀组时代为早白垩世晚期。

双鱼咀组岩性花岗岩碎屑增多，尤其是金鸡-自良盆地的藤县道家墟、玉林市北部等地最为常见。盆地东南道家墟一带，本组下部为一套暗紫红色细砾岩、不等粒长石石英砂岩夹细砾岩凸镜状薄层；中部紫红、红色薄层状含粉砂质泥岩，紫红色泥质不等粒砂岩及红色含钙质不等粒砂岩夹砂质泥岩、泥质粉砂岩；上部为一套暗紫、棕、暗红色块状砾岩，砾状砂岩及砂砾岩。砾石成分复杂，以钾长石为主，石英岩、花岗岩、砂质泥岩等为次，砾径一般 0.2～1 cm，最大者可见 30 cm。本组厚度 280～ 1 681 m。

西垌组　K_2x　（06－45－1404）

【创名及原始定义】　广西区测队（1974）创名，命名地点位于广西岑溪县水汶圩西垌村附近。岩性为灰绿色凝灰岩、凝灰质砾岩、凝灰角砾岩和凝灰熔岩、石英斑岩等一套火山岩。不整合于下白垩统大坡组棕红色泥质粉砂岩之上。

【沿革】 见表5-4。

【现在定义】 指位于大坡组与罗文组之间的一套火山岩地层，岩性为灰绿色凝灰岩、凝灰质砂岩、凝灰角砾岩、凝灰熔岩及石英斑岩。其与下伏大坡组呈不整合接触，未见顶。

【层型】 正层型剖面位于岑溪县大隆圩之公路旁（110°54′，22°45′）（广西区测队1963年测制）。

西垌组	总厚度 736 m
7. 灰、灰绿色石英斑岩。(未见顶)	360 m
6. 灰棕红色凝灰熔岩	100 m
5. 灰棕红色熔岩凝灰角砾岩，凝灰熔岩	126 m
4. 紫灰、灰绿色凝灰熔岩	20 m
3. 凝灰角砾岩及凝灰岩	82 m
2. 浅灰色凝灰岩	20 m
1. 灰绿色凝灰质砾岩、凝灰岩	30 m

~~~~~~~~~~ 不 整 合 ~~~~~~~~~~

下伏地层：**大坡组** 泥质粉砂岩

【地质特征及区域变化】 西垌组主要岩性为棕红色凝灰质砾岩、凝灰质角砾岩和凝灰熔岩、石英斑岩等。区域上与上覆罗文组呈平行不整合接触。

本组属河、湖相沉积环境沉积。

本组尚未发现古生物化石，因此，很难确定其时代，仅据其层位及接触关系将其归于晚白垩世。

西垌组主要分布于桂东南的岑溪县水汶盆地、容县自良、藤县金鸡盆地、太平盆地、苍梧县旺甫和博白盆地，宾阳县陶邓及都安盆地有零星出露。水汶盆地东部，本组底部为厚度不大的紫红色底砾岩，砾岩的砾石成分为石英砂岩、混合花岗岩、石英岩等，大小悬殊，砾径小者2～4 cm，大者可达14 cm；下部为紫红色钙质砾岩夹紫灰色凝灰质角砾岩，砾石最大者砾径可达1.8 m；盆地西部本组下部则以霏细斑岩为主夹有凝灰角砾岩及2层厚度不大的黑曜岩；本组上部为角砾状或流纹石英斑岩。自良盆地及太平盆地，本组火山岩减少，而砾岩、砂泥岩显著增多，仅在上部夹1～3层凝灰熔岩。而宾阳陶邓盆地及都安断陷蒙歪盆地则分别出现中酸性玻屑熔凝灰岩、橄榄安山玄武玢岩。西垌组厚度在各盆地内不尽相同，水汶盆地本组厚497～738 m，自良、金鸡盆地190 m，太平盆地225 m，苍梧旺甫盆地122 m，博白盆地189 m。

罗文组 K_2l (06-45-1405)

【创名及原始定义】 广西区测队综合组（1974）[①] 创名，命名地点位于广西容县百公塘—藤县道家圩之罗文村附近。指岩性底部为紫红色砾岩，下部为砾状砂岩、砂岩及砂质泥岩，上部为紫红色泥质粉砂岩和泥岩。

① 广西区测队综合组，1974，广西白垩系及第三系的划分与对比。广西区测，第1期。
~~~~~~~~~~

【沿革】 见表5-4。

【现在定义】 指西垌组与六吅组之间的一套地层，其底部为紫红色砾岩，下部为砾状砂岩、砂岩及砂质泥岩，上部为紫红色泥质粉砂岩。下以砾岩的出现或凝灰熔岩的消失与西垌组呈平行不整合接触；上以粉砂质页岩的消失或不等粒长石石英砂岩的出现与六吅组呈不整合接触。

【层型】 正层型剖面位于容县自良镇百公塘—藤县道家圩罗文村附近（110°39′，23°06′）（广西区测队综合组1963年测制）。

上覆地层：**六吅组** 不等粒长石石英砂岩

～～～～～～～～ 不 整 合 ～～～～～～～～

罗文组	总厚度 800 m
18. 紫红色粉砂质页岩夹含粗砂泥质粉砂岩	100 m
17. 紫红色粉砂质页岩夹页岩、泥质粉砂岩	80 m
16. 红色、紫红色页岩及粉砂质页岩	88 m
15. 紫线色薄层状泥质粉砂岩夹页岩	127 m
14. 红色、紫红色中—薄层状粉砂岩夹页岩	27 m
13. 暗红色、灰紫色中层—块状砾岩，下部为页岩	33 m
12. 暗红色、灰紫色中层—块状不等粒砂岩夹砾状砂岩	119 m
11. 红色含砾不等粒砂岩夹红色砂质页岩	52 m
10. 红色粉砂质页岩夹砾状砂岩	38 m
9. 暗红色中层—块状砾状砂岩	136 m

——————— 平行不整合 ———————

下伏地层：**西垌组** 凝灰熔岩

【地质特征及区域变化】 罗文组岩性底部为一套暗红色或紫红色块状砾岩或砾状砂岩；中下部为砾状砂岩、长石石英砂岩、砂质泥岩夹泥岩；上部为长石石英砂岩、砂质泥岩及泥岩。罗文组在个别盆地内以不整合覆于奥陶纪或志留纪地层之上。

本组下部为山麓堆积，上部则属湖相沉积。

古生物群主要为介形虫及轮藻。介形虫可分为2个组合：*Cypridea*（*Cypridea*）-*Cypridea*（*Pseudocypridina*）组合，其重要分子有*Cypridea cuneata*，*Cypridea*（*Pseudocypridina*）*tera*，*C.*（*P.*）aff. *eximia*，*C.*（*P.*）cf. *avena*；*Cypridea*-*Crestocypridea*-*Quadracypris*-*Eucypris*组合，其重要分子有*Cypridea covernosa*，*C. subquadrata*，*Crestocypridea parallela*，*C. quadrata*，*C. amoena*，*Quadracypris dalangshanensis*，*Porpocypris globus*，*Eucypris imparilis*，*Cyprinotus hepuensis*等。这一组合特点是*Cypridea*常见，而*Crestocypridea*最为繁盛，占绝对优势，并且此介形虫组合在广西晚白垩世陆相地层中常见。罗文组时代为晚白垩世。

罗文组分布不如西垌组广泛，主要出露于容县自良、藤县太平、合浦县白沙和灵山县陆屋及博白等盆地，以自良盆地之罗文村地区出露较全。罗文组岩性变化不大，各盆地大致相同，其底部砾岩厚度不等，砾石多来自附近的下伏地层；中下部于平南兰垌地区则出现有钙质粉砂岩，在合浦盆地夹有薄层泥质岩并含石膏；上部在多数盆地中均被剥蚀。各盆地内本组厚度各不相同，太平盆地513～816 m，自良盆地罗文村地区750 m，博白盆地451～1 819 m，灵山陆屋一带403～535 m，合浦盆地339 m。

第二节 生物地层

中三叠世末的印支运动，使广西晚三叠世到第三纪沉积转为以陆相为主，随之生物群面貌亦发生重大变化，主要有陆相的双壳类、腹足类、介形类，以及古植物、古脊椎动物等。然而对这一时期生物地层研究颇显滞后，现仅就双壳类、介形类生物地层简述如下。

1. 双壳类

早侏罗世

Hunanella - Margaritifera 组合

该组合以 *Hunanella*，*Margaritifera* 为特征，计有 *Hunanella ovata*，*H. longa*，*H. oblongiformis*，*H. guanyintanensis*，*Margaritifera guanyintanensis* 等。

中侏罗世

Lamprotula (*Eolamprotula*) - *Pseudocardinia* 组合

该组合以 *Lamprotula* (*Eolamprotula*)，*Pseudocardinia* 为特征，主要分子有 *Lamprotula* (*Eolamprotula*) *cremeri*，*L.* (*E.*) cf. *huijhouensis*，*Pseudocardinia hupehensis*，*P. tetragonalis*，*P. elongata*，*Psilunio ovalis*，*P. chaoi*，*P. sinensis*，*P. lufengensis*，*Cuneopsis sichuanensis*，*C. yipinglangensis*，*Ferganoconcha*，*Sphaerium*，*Tutuella* 等。

早白垩世

Trigonioides - Plicatounio - Nippononaia 组合

这一以 *Trigonioides*，*Plicatounio*，*Nippononaia* 为代表的生物组合，主要属种有 *Trigonioides kodairai*，*T.* (*Trigonioides*) *trigonus*，*T.* (*T.*) *laotiae*，*T.* (*Didymotrigonioides*) *guangsiensis*，*Nakamuranaia chingshanensis*，*Nippononaia yunnanensis*，*Plicatounio* (*Plicatounio*) *suzukii*，*Yunnanoconcha*，*Sphaerium* 等。

2. 介形类

早侏罗世

Darwinula 组合

该组合以 *Darwinula* 属为特征，无论在个体数量抑或种群上都以其为主体。主要分子有 *Darwinula liassila*，*D. incurva*，*D. impudica*，*D. dakotensis*，*Tungchuania subelongata*，*Metacypris parva*，*Caspiocypris* sp. 等。

早白垩世

Lycopterocypris - Cypridea - Mongolianella 组合

由 *Lycopterocypris*，*Cypridea*，*Mongolianella* 为代表的这一组合，分布甚为普遍，主要分子有 *Lycopterocypris*，*Cypridea*，*Cypridea* (*Pseudocypridina*)，*Mongolianella*，*Sunliavia*，*Ziziphocypris*，*Darwinula*，*Limnocypridea*，*Candona*，*Cypris* 等属。

晚白垩世

Cypridea (*Cypridea*) - *Cypridea* (*Pseudocypridina*) 组合

该组合属种单调、数量较少，主要分子有 *Cypridea cuneata*，*Cypridea* (*Pseudocypridina*) *tera*，*C.* (*P.*) *lenta*，*C.* (*P.*) cf. *avena*，*C.* (*P.*) aff. *eximia* 等。

Cypridea - Crestocypridea - Quadracypris - Eucypris 组合

这一组合以冠星介最为繁盛，亦常见女星介，主要属种有 *Cypridea covernosa*，*C. sub-*

quadrata, *Crestocypridea parallela*, *C. quadrata*, *C. amoena*, *Quadracypris dalangshanensis*, *Porpocypris globus*, *Eucypris imparilis*, *Cyprinotus hepuensis* 等。

第六章
第三纪

广西第三系零星分布于桂东南、桂南和右江沿岸。按沉积特点，其以陆相沉积为主，夹有少量海相沉积。前者以断陷盆地沉积的碎屑岩为主，有时夹有碳酸盐岩；后者亦以碎屑岩沉积为主。广西第三系的研究始于本世纪 20 年代，至今已有 70 年历史，岩石地层以区域地质调查、石油、煤炭部门研究为最详。广西第三系可划分为下第三系及上第三系，而以下第三系为主，下第三系是广西重要的含煤、含油层位，并还含石膏、膨润土等矿产。第三纪岩石地层自下而上分为六吜组、洞均组、那读组、百岗组、伏平组、建都岭组。其中，六吜组之上的下第三纪地层又统称邕宁群；上第三系仅见于合浦、南康等地，研究程度差，且多据钻孔资料，故未详细划分，称南康组（表 1－1）。

第一节　岩石地层单位

六吜组　E_1l　（06－45－1503）

【创名及原始定义】　丁素因等（1977）创立，命名地点位于广西田东那楼村。原指红色岩组（E_{1-2}），并“考虑到该组与上覆地层时代不同，加之，以岩性作为地层名称显得不够妥当，因此，建议将‘红色岩组’改称为六吜组。

【沿革】　见表 6－1。

【现在定义】　指位于百逢组与洞均组之间，岩性为一套砾岩、砂岩、泥页岩组合，其下部为紫红色砾岩，中部为紫红色含砾砂岩夹泥岩，上部为紫红色泥岩夹砂岩，局部夹青灰、灰绿色页岩。其以砾岩与下伏百逢组粉砂岩呈不整合接触；上以泥岩的消失或灰岩的出现与洞均组呈平行不整合接触。

【层型】　正层型剖面位于广西田东那楼东南（107°13′，23°36′）（丁素因等 1977 年测）。

上覆地层：**洞均组**　灰岩、泥灰岩、砾状灰岩

——————　平行不整合　——————

六吜组　　　　总厚度 60.6 m

4. 棕红色砂质泥岩、泥质砂岩夹砂砾岩 30.0 m

3. 棕红色含砾泥质砂岩、产蜥蜴科 (Lacertidae) 及哺乳类破碎牙齿 0.6 m

2. 棕红色砂质泥岩，含钙质结核 6.0 m

1. 灰黑、紫红色砾岩 24.0 m

~~~~~~~~~~ 不 整 合 ~~~~~~~~~~

下伏地层：**百逢组** 粉砂岩

表 6-1 早第三纪岩石地层单位划分对比沿革表

<table>
<tr><td>朱庭祜
1928</td><td>李月三
1933</td><td colspan="2">广西石油队
1959</td><td colspan="2">广西区测队
1974</td><td>丁素因等
1977</td><td colspan="2">广西地矿局
1985</td><td>胡炎坤
1991</td><td colspan="2">本书</td></tr>
<tr><td>南宁</td><td>田阳</td><td colspan="2">南宁、百色</td><td colspan="2">全区</td><td>百色</td><td colspan="2">全区</td><td>百色</td><td colspan="2">全区</td></tr>
<tr><td rowspan="5">邕宁系</td><td rowspan="6">那坡系</td><td rowspan="5">上第三系邕宁群</td><td>建都岭组</td><td rowspan="5">邕宁群</td><td>建都岭组</td><td rowspan="3">公康组</td><td rowspan="4">邕宁群</td><td>建都岭组</td><td>建都岭组</td><td rowspan="4">邕宁群</td><td>建都岭组</td></tr>
<tr><td>伏平组</td><td>伏平组</td><td>伏平组</td><td>伏平组</td><td>伏平组</td></tr>
<tr><td>百岗组</td><td>百岗组</td><td>百岗组</td><td>百岗组</td><td>百岗组</td></tr>
<tr><td rowspan="2">那读组</td><td>那读组</td><td>那读组</td><td>那读组</td><td>那读组</td><td>那读组</td></tr>
<tr><td>洞均组</td><td>洞均组</td><td>凤凰山组</td><td>洞均组</td><td>洞均组</td><td colspan="2">洞均组</td></tr>
<tr><td>红色岩组</td><td colspan="2">永福群</td><td colspan="2">始新—古新统</td><td>六吜组</td><td colspan="2">六吜组</td><td>六吜组</td><td colspan="2">六吜组</td></tr>
</table>

【地质特征及区域变化】 六吜组主要由红色砾岩、砂岩、泥岩组成。本组属冲（洪）积扇沉积。古生物主要有介形类：*Limnocythre* sp.，*Eucypris* sp.，*Ilyocypris* sp. 及古脊椎动物牙片和蜥蜴科化石 Lacertidae。六吜组时代属古新世。

六吜组主要分布于百色盆地东部南北两侧，思林、百峰和六吜等地最为发育；南宁盆地的边缘均有展布，其中东南部的瓦窑村至英歌，西部的将台、那沙水库一带出露面积较大；容县盆地以及白石山、小娘山、自良、太平、稔子坪盆地也有出露。百色盆地该组下部为红色砾岩，岩石成分因地而异，南部以灰岩砾石为主，北部以碎屑岩砾石居首，砾石大小混杂，磨圆度较好，由泥、砂质胶结；上部为红色含砂质泥岩，夹粗砂岩、砂砾岩，以及石膏层，层面见有波痕和爬痕。总的来说，在纵向上，自下而上粒级由粗变细为一完整的沉积旋回；横向上，由西而东厚度加大，砾石增多；盆地北翼较南翼沉积厚，厚 0～367 m。南宁盆地的东缘三塔石和南宁市养鸡场一带，西南缘的龙潭水库和周村附近及西缘的将台等地，本组下部主要岩性为紫红色厚层、巨厚层砾岩。砾岩成分与其基底岩性有关，在三塔石、瓦窑村、岂旺岭一带，以及蒲庙镇南面，以灰岩砾石为主，夹少许硅质岩和砂岩砾石，而在西部和西南部的将台和龙潭水库一带，则绝大部分为硅质岩砾石，只有少量灰岩和砂岩砾石，砾石大小混杂，一般为 5～20 cm，最大直径可达 80 cm，砾石磨圆度较好，砾石以灰岩、砂岩为主的地段，为钙质、泥砂质和铁质胶结；而砾石以硅质岩为主的地段，则为硅质、铁质胶结，厚度可达 40 m；盆地东南部的瓦窑村—英歌，西南部的那杜及西部的将台、那沙水库一带，本组上部岩性主要为紫红色厚层钙质含砾粉砂岩、细砂岩，紫红色、暗红色厚层钙质泥岩，个别地段见有板状交错层理，厚度可大于 489 m。容县盆地据岩性可分为下、中、上三部分：下部岩性以砾岩为主，间夹紫红色中—薄层状泥质粉砂岩或钙质不等粒砂岩凸镜体，砾石成分以酸性火山岩为主，无分选性，在马路墟—杨梅墟一带亦见有零星出露，厚 112～463 m；中
~~~~~~~~~~

部为紫红色中—薄层状钙质不等粒砂岩、钙质粉砂岩夹灰绿色粉砂岩、细砂岩及不稳定之砾岩，偶见泥灰岩凸镜体，盆地中部较细，以砂岩、钙质粉砂岩为主，容县附近尚夹泥灰岩凸镜体，向东南、西北渐变粗，为砾岩夹砂岩，厚72～316 m；上部为砾岩、钙质砾岩，间夹不等粒砂岩凸镜体（或条带），其中部及较上部偶夹薄层石膏（0.5～3 cm），砾石滚圆度好，显分选性，常粗细相间成层，厚623 m。总的来说，容县盆地自下而上由2个旋回组成：下部砾岩与中部砂岩组成第一旋回；第二旋回（上部砾岩）不全。各部分砾岩之砾石成分变化多端，在纵向上时以变质岩为主，时以火山岩或花岗岩为主，说明碎屑物质来源因时而异；在横向上又清楚地反映出因古地理位置的不同而不同，如县底墟一带，砾石成分以花岗岩为主，岭背地区以火山岩及变质岩居多，而民安墟丰村附近则以灰岩砾石占优势。厚度自北而南，自东而西有逐渐变薄之势。白石山、小娘山盆地本组为一套紫红色厚层—块状砾岩、砾状砂岩、砾状长石石英砂岩，夹紫红色泥质砂岩薄层或凸镜体。白石山地区花岗岩碎屑较多，砂岩夹层少；小娘山地区变质岩碎屑及泥质砂岩夹层较多。自良盆地和太平盆地为紫红色砾岩夹少许砂岩及钙质泥岩，厚267～395 m。稔子坪盆地之钦州灵山太平圩那佬、立石一带，下部为厚约1 269 m的紫红色砂岩、花岗质砂岩夹砂岩；上部为厚约1 216 m的紫红色粉砂岩夹钙质粉砂岩、含砾砂岩。

洞均组　E_2d　(06－45－1504)

【创名及原始定义】　广西区测队（1974）创立，命名地点位于广西田东县思林乡那周—平果村。原为一套淡水灰岩，岩性为灰—灰白色灰岩、角砾状灰岩、砾岩等，以富含脊椎动物为特点。与下伏六吜组红色碎屑岩呈假整合接触。

【沿革】　见表6－1。

【现在定义】　指平行不整合于六吜组及那读组之间的一套淡水灰岩，岩性为灰—灰白色灰岩、角砾状灰岩、砾岩，以富含脊椎动物为特点。以灰岩的出现与下伏六吜组砂质页岩分界；上以块状钙质砾岩的消失或砂砾岩的出现与那读组分界。

【层型】　正层型剖面位于广西田东思林乡那周—平果村（107°16′50″，23°31′30″）（广西区测队1974年测制）。

上覆地层：**那读组**　细砾岩、砂岩

——————— 平行不整合 ———————

洞均组　　总厚度127 m

5. 灰白、灰黄、灰色块状钙质砾岩　　29 m
4. 砾状灰岩夹砾状砂岩凸镜体　　12 m
3. 灰、灰白色厚层块状砾状灰岩，产犀类残骨　　9 m
2. 乳白—浅灰色，厚层块状灰岩，底部为15～20 cm红色砾岩，产脊椎动物 *Eudinoceras crassum* 等　　68 m

——————— 平行不整合 ———————

下伏地层：**六吜组**　砂质页岩

【地质特征及区域变化】　岩性主要为泥晶灰岩、角砾状灰岩、砾岩。厚16～118 m。区域上与下伏百逢组呈不整合接触。本组沉积环境属浅湖环境。

本组富产脊椎动物，主要有 *Mylopharyngodon* sp.，cf. *Lianghusuchus* sp.，?*Eusmilus* sp.，

Andrewsarchus crassum, *Eudinoceras crassum*, cf. *Protitan* sp., *Metatelmatherium* sp., *Diplolophodon* cf. *similis*, *Teleolophus* sp., cf. *Gigantamynodon* sp., *Amynodon* sp., cf. *Paramynodon* sp., *Forstercooperia* sp., *Prohyracodon* sp., ? *Ilianodon* sp., ? *Probrachyodus* sp. 等。本组时代应属始新世早期。

洞均组主要分布于白色盆地南缘的田阳百峰，田东思林—林逢一带，北部仅零星出露；另于南宁附近的凤凰山亦可见及。百色盆地田阳县公篓—那坡和百色七塘那楼至四塘一带，为乳白色砾状灰岩和灰岩，局部地区中上部夹少量紫红色含砾砂岩，顶部为紫红色泥岩，底部为钙质砾岩，厚 50～52 m。在田东塘坡至百笔村一带，主要为乳白色、灰白色块状灰岩或砾状灰岩，上下部均呈砾状或疙瘩状和肾状，局部夹少量砂砾岩凸镜体，底部有 15～30 cm 厚浅灰色钙质细砾岩或砂质泥岩。在田东林逢那读村一带，顶部为灰黄色泥岩。大体上，由西向东厚度加大，纯灰岩增多（图 6-1），厚 16～118 m。南宁盆地零量分布，南宁凤凰岭一带，本组岩性为泥灰岩和灰岩，厚 43 m。盆地西南部的敦屋等地，其为浅灰色厚层泥晶灰岩、泥晶白云岩，夹钙质砂岩和钙质泥岩，厚 106 m。

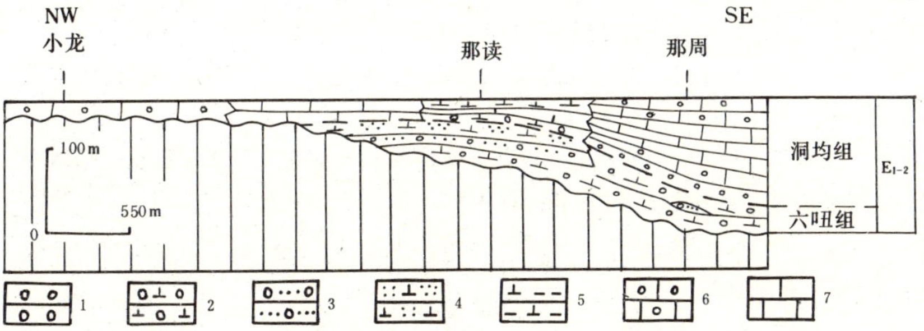

图 6-1　田东那周—小龙洞均组岩性、厚度变化剖面示意图

1. 砾岩；2. 钙质砾岩；3. 含砾砂岩；4. 钙质粉砂岩；5. 钙质泥岩；6. 砾状灰岩；7. 灰岩

邕宁群　EY　（06-45-1501）

【创名及原始定义】　原名邕宁系，朱庭祜（1928）创立，命名地点位于旧邕宁县（今南宁市）附近。邕宁系"首见之于邕宁县附近，故名"，"无详细剖面可见"，"下部岩层，为砾岩与角砾岩"，"又有红色砂岩层与之相互而生"，"其较上部分，则以浅红色砂岩，黄色砂岩，黄色与灰色砂岩，白色页岩，及粘土等，相互而成，又有黑色页岩，褐炭，及自然炭等"。"其地质时代，似属第三纪之上新期。"

【沿革】　见表 6-1。

【现在定义】　指平行不整合于洞均组之上的一套砾岩、砂岩、泥页岩夹褐煤、煤层。并以砾岩的出现与洞均组分界；未见顶。该群自下而上包括那读组、百岗组、伏平组、建都岭组。

那读组　E_2n　（06-45-1505）

【创名及原始定义】　广西石油普查大队[①]（1959）创立，命名地点位于广西田东县林逢

① 广西石油普查大队，1959，百色盆地石油地质详查细测报告。

乡那读村附近。“岩性可分为下含煤段及泥岩段，两者构成一个大旋回”。

【沿革】 见表 6－1。

【现在定义】 指洞均组与百岗组之间的一套碎屑岩含煤地层，岩性下部为深灰、灰绿色含砾砂岩夹泥岩，上部为浅灰、暗灰色泥岩夹褐煤及含油砾岩。下以钙质泥岩的消失与细砾岩的出现与洞均组分界，平行不整合接触；上以泥岩的消失或粉砂岩的出现与百岗组分界，层型剖面处未见顶。

【层型】 正层型剖面位于广西田东林逢乡那读村附近（107°14′，23°34′）（广西区测队五分队 1973 年重测）。

那读组　　总厚度＞235 m

10. 黄褐色中层状钙质粉砂岩夹钙质细砂岩。（未见顶）

9. 灰黄、黄褐色厚层状粉砂岩（部分含钙质）夹泥岩及褐煤（据附近开采场判断，煤层厚一般 60～70 cm，最厚 1 m）。产鳄、鲤科、腹足类、双壳类　　44 m

8. 浮土覆盖　　22 m

7—6. 黄褐色厚层状粉砂岩（部分含钙质）夹少量泥岩，夹 4 层褐煤（厚 0.2～1.6 m，顶板为砂岩，底板为泥岩）。产脊椎动物之犬齿、脊椎骨、广西螺、李氏似瘤田螺小型变种、木姜子　　140 m

5. 褐、黄褐色钙质粉砂岩、钙质细砂岩。底部 2 m 厚为浅灰色细砾岩（砾石成分以砂岩为主，次为灰岩等，砾径 0.5～3 cm）。产帆蚌、似瘤田螺等　　29 m

——————— 平行不整合 ———————

下伏地层：**洞均组**　钙质泥岩

【地质特征及区域变化】 那读组岩性一般可分为两部分，下部主要为灰白、黄灰色砂岩、粉砂岩或钙质砂岩与泥岩、钙质泥岩互层，夹褐煤及含油砂岩，底部常有 1～4 m 厚砾岩或砂砾岩；上部主要由灰褐色泥岩、钙质泥岩、泥灰岩组成，夹煤层及菱铁矿结核。厚 50～1 000 m。区域上，其下可呈平行不整合接触，或直接与下伏中三叠统呈不整合接触；其上与百岗组粉砂岩呈整合接触。本组属冲积扇、河流相、湖相沉积。

古生物发育，主要为腹足类、双壳类、古脊椎动物、介形类和植物以及孢粉、藻类等。如腹足类：*Taia*? *boseensis*，*Crassitaia guangxiensis*，*Tulotomoides nodosocarinata*，*Pachydrobia guangxiensis*，*Semisulcospira napoensis*，“*Melania*”*turrita*；双壳类：*Napoconcha suborbicularis*，*N. elliptica*，*N. inflata*，*Cuneopsis heudei*，*Cuneopsis*，*Acristaria*，*Acuticosta*；古脊椎动物：*Anthracokeryx moriturus*，*A. rubricae*，*Bothriodon chyelingensis*，*Guilestes acares*，*Guixia simplex*；介形类：*Cyprinotus* (*C.*) *guangxiensis*，*Phacocypris arca*，*Chinocythere oblqua*，*Candona*，*Darwinula*，*Limnocythere*；植物：*Nelumbo nipponica*，*Dodonaea boseensis*，*Hibiscus prerosasinensis* 及棕榈等。本组时代属晚始新世。

那读组出露于百色盆地田东县平马镇以东地区，以及盆地中、西部边缘。南宁盆地露头不佳，仅在盆地南缘沙井、金鸡、凤凰山、四塘那浪等地零星分布，盆地北缘曾山、三塘以北亦有少量出露。此外，稔子坪盆地及来宾县思荣，凤凰盆地也有出露。百色盆地那读组岩性，在盆地北部田阳那贯至田东小塘沉积物较粗，以黄灰、灰及杂色砂砾岩为主，砾石以砂泥岩砾居多，岩性变化大，并具粒序层，虫孔、虫迹、扰动构造发育；西部百色和东部田东那读由深灰色砂、泥岩夹煤层及油页岩组成。田东凹陷及其它地区，主要为深灰、灰色泥岩。

总之，其岩性、厚度的变化，由盆地边缘向中心，粗碎屑沉积减少，下部砂岩逐渐为泥岩所取代（图 6-2），而底部之砾岩一般均存在，厚 50～1 000 m。南宁盆地那读组下部主要为灰、

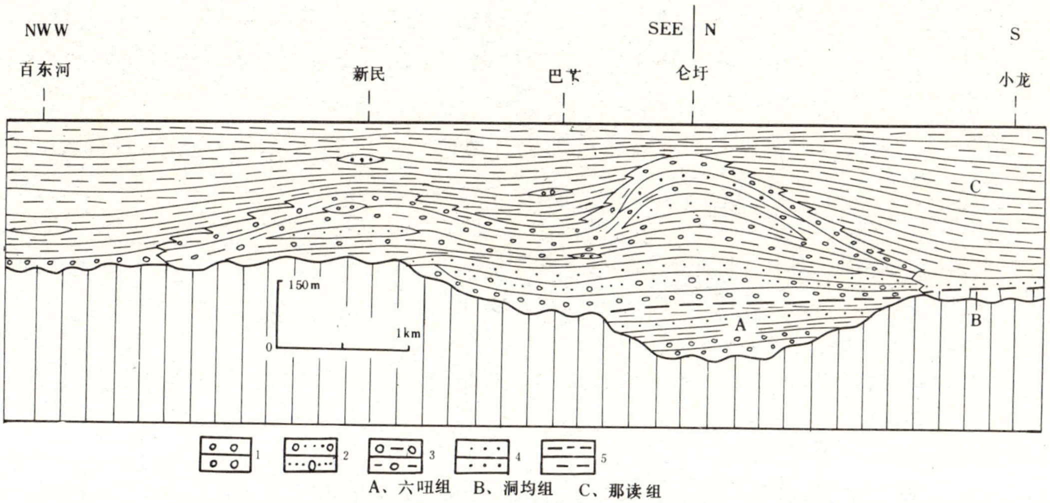

图 6-2 田阳百东河—田东小龙那读组岩性变化剖面示意图

1. 砾岩；2. 砂质砾岩；3. 泥质砾岩；4. 砂岩；5. 泥岩；A. 六吜组；B. 洞均组；C. 那读组

灰黄色、灰白色含砾砂岩、石英砂岩、细砂岩、粉砂岩，夹粉砂质泥岩、泥岩，其底为数十厘米厚的砾岩。在南湖一带地层厚度最大，沿走向往东、西逐渐变薄。往西至沙井西侧变为泥岩或泥灰岩夹煤层，厚度可大于 400 余米；上部主要岩性为深灰、灰绿色厚层泥岩、粉砂质泥岩，次为碳质泥岩、泥质粉砂岩、泥灰岩，及数层褐煤和少量黄铁矿结核。在屯里—四塘一带煤层发育较好。西部的老口、金鸡、沙井一带，夹有泥晶灰岩、钙质泥岩。盆地东部无钙质泥岩和泥晶灰岩，而且含砂量较西部高，厚度由西往东变薄。在盆地东部则由北往南变薄，厚度 113～350 m。稔子坪盆地本组为浅色砾岩、砂砾岩及粘土岩夹煤和油页岩，总厚 300～1 650 m：下部为灰白、黄色中—粗粒砂岩、砂砾岩夹灰色薄层状、凸镜状砂质泥岩、棕褐色碳质泥岩夹黑褐色可采褐煤层及油页岩 1～10 层，盆地向西南粒度变细，厚度变薄，泥岩渐少，煤层变薄或尖灭，往东北部变粗，盆地边缘为砾石巨大的底砾岩，砾径可达 1 m，一般 5～10 cm；中部为浅灰、灰白色细—粗粒砂岩，砂砾岩，浅灰、灰绿色泥岩，砂质泥岩，局部夹黑褐色薄层状油页岩 2～3 层，单层厚 0.1～0.6 m，于砂砾岩中交错斜层理发育；上部不含煤，岩性为细—中粒砂岩，灰白、灰绿色致密泥岩、砂质泥岩。思荣、凤凰二盆地，其沉积物多已被剥蚀，仅局部较高的山顶上尚可见及，岩性主要为杂色泥岩夹鲕状锰铁矿层、锰矿层，底部为数米厚之角砾岩，可见厚度大于 30 m。

百岗组 E_2b （06-45-1506）

【创名及原始定义】 广西石油普查大队（1959）[①] 创名，命名地点位于广西百色县那毕百岗村一带。百岗组分上、下两段，下段称上含煤段，上段称砂泥岩段。上段以青灰色砂岩为主，夹中厚层状细砂岩互层，夹 1～2 层薄层褐煤及 1 层天然气。上含煤段以青灰色砂质泥

① 广西石油普查大队，1959，百色盆地石油地质详查细测报告。

岩为主，夹细砂岩、粉砂岩及5～9层褐煤等。与下伏那读组呈整合接触。

【沿革】 广西区测队（1974）对百岗组作了重新研究，将原百岗组底部泥岩以下划归那读组。见表6－1。

【现在定义】 指整合于那读组与伏平组之间的一套青灰、灰绿色的砂质泥岩夹粉砂岩、褐煤及油页岩、含油砂岩。下以泥岩的消失或砂岩的出现与那读组分界，上以泥岩的消失或砾岩的出现与伏平组分界。

【层型】 正层型剖面位于广西百色县那毕百岗村（106°33′，23°52′30″）（广西区测队1974年重测）。

上覆地层：**伏平组** 砾岩、长石细砂岩

——————— 整 合 ———————

百岗组 总厚度522 m

28. 黄绿色、灰黄色长石细砂岩，中厚层状，局部夹泥质粉砂岩，上部夹1 m厚泥岩及碳质页岩。产 *Paliura* sp.，*Catanopsis* sp. 137 m

27—25. 上、下部均为黄绿色泥质粉砂岩夹泥岩，上部局部夹碳质灰岩，碳质页岩沿走向相变为可采煤层。中部为黄绿色长石细砂岩。产植物化石碎片 154 m

24. 灰绿色长石细砂岩，厚层—块状。产植物、螺蚌化石 54 m

23. 黄绿色中层状细砂岩及泥质粉砂岩。含脊椎动物牙齿、植物及腹足类 *Viviparus* sp.，双壳类 *Acuticosta* cf. *cuspidata* 等 26 m

22. 黄绿色泥质粉砂岩、泥岩，上部夹碳质页岩 43 m

21. 黄绿色长石细砂岩。产 *Castanopsis* sp.，*Magnotia* sp. 108 m

——————— 整 合 ———————

下伏地层：**那读组** 黄色泥岩

【地质特征及区域变化】 本组主要为一套灰、深灰、灰绿色泥质砂岩、粉砂岩、泥岩夹煤层、碳质泥岩和灰岩，底部往往由细砂岩、粉砂岩组成，厚239～>810 m。区域上与下伏下侏罗统百姓组或中侏罗统那荡组呈不整合接触。百岗组属河流、湖泊、湖滨沼泽环境沉积。

本组古生物十分繁盛，且与下伏那读组生物面貌有连续性。主要生物为腹足类、古脊椎动物、双壳类、介形类以及孢粉、藻类和植物。主要化石有腹足类：*Hydrobia guangxiensis*，*H. linqiaoensis*，*Melanoides*，*Sinomelania leei*，*Gangetia brevis*，*Valvata*；古脊椎动物：*Bothriodon tientongensis*，*Huananothema imparilica*，*Huananodon hui*，*Anthracokeryx birmancus*；双壳类：*Pisidium obtusalum*，*P. lillijeborgi*，*Sphaerium* cf. *rivicolum*，*Eupera solida*；植物：*Cornus tianyangensis*，*Maesa parajaponica*，*Paliurus tianyangensis*，*Rhumnus duensis*，*Cinnamomum lanceolatum* 以及咸水介形类 *Chinocythere* 等。本组时代属晚始新世。

百岗组主要分布于百色、南宁、宁明、海渊、上思等盆地。百色盆地北翼为灰、灰绿色泥质粗砂岩夹含砾砂岩或泥岩，夹少量泥砾岩和细砂岩，厚239～328 m；其它地区主要为灰绿色、灰紫色砂质泥岩、泥岩，中上部夹碳质泥岩、中下部夹浅灰绿色泥质粉砂岩、泥质细砂岩、细砂岩和褐煤，底部为灰白色、黄绿色细砂岩、粉砂岩为主，夹粗砂岩和砂质泥岩；总的说来，在纵向上，下部夹砂岩多，上部以泥岩居多，横向上由百岗往东，盆地北翼沉积物粗而夹煤层少；向南东沉积物细而可采煤层多（图6－3）；厚度由东西两端向中部变薄，厚313～522 m。南宁盆地的中部和南翼断续分布着百岗组露头，盆地北翼仅在苏村及其以东一带有

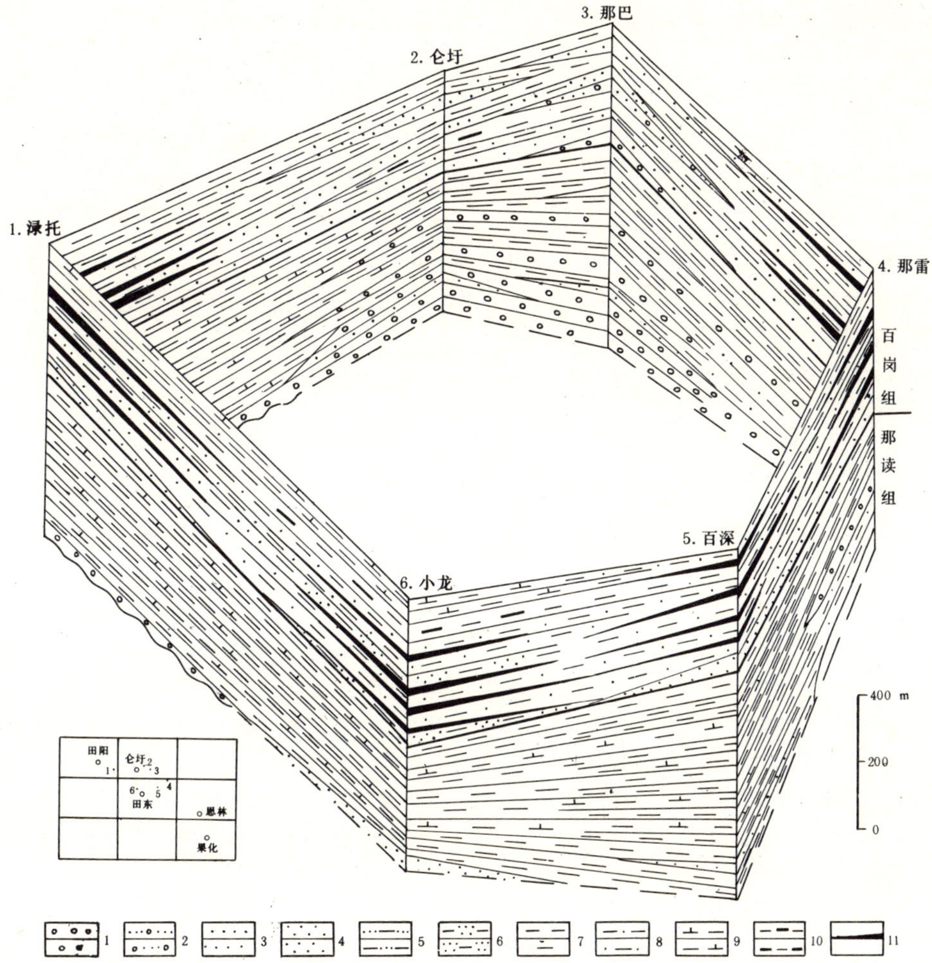

图 6-3　田阳—田东下第三系那读组与百岗组岩性变化图

1. 砾岩；2. 含砾砂岩；3. 砂岩；4. 粉砂岩；5. 泥质砂岩；6. 泥质粉砂岩；7. 泥岩；
8. 砂质泥岩；9. 钙质泥岩；10. 碳质泥岩；11. 煤

小面积出露，在盆地东部该组下部以灰色、灰白色砂岩、石英砂岩为主，夹少量泥岩和粉砂质泥岩；上部以灰、灰黑色、灰绿色泥岩、粉砂质泥岩为主，夹煤和泥质粉砂岩、粉砂岩等，厚度大于 815 m；在朝阳园艺场附近则几乎全为灰白色的石英砂岩组成；盆地西部据钻探资料，却以花斑状泥岩为主夹少量粉砂岩，厚度大于 165 m。本组上部主要分布于盆地中部，由其组成盆地向斜的轴部，在南宁盆地中其分布面积最广，但大部分被第四纪冲积层覆盖，仅在盆地东部的北湖园艺场至四塘一带出露于地表。该处其下中部以灰、灰绿色泥岩、粉砂质泥岩为主，夹褐煤和少量泥质粉砂岩及粉砂岩，底为薄层暗红色菱铁矿及少量钙质泥岩，靠上部为灰、灰绿色泥岩、粉砂质泥岩和浅灰、灰褐色粉砂岩、泥质粉砂岩以及褐煤等，越往上砂质渐增，出露不全，厚度大于 650 m。宁明、上思、海渊等盆地，百岗组以浅黄褐色、黄灰色厚层中细粒砂岩为主，底为棕黄色、杂色厚层砾岩，上部夹泥岩和褐煤。岩性自西向东变细，在海渊、上思两盆地上部普遍夹褐黑色碳质页岩及褐煤层，其中海渊盆地的古罗、七门等地煤层较稳定，厚 80～750 m。

伏平组 E_3f (06-45-1507)

【创名及原始定义】 广西石油普查大队（1959）① 创立，命名地点位于田东伏平村—那宅一带。指一套“灰绿、黄绿、蓝灰色泥岩、粉砂岩夹细砂岩”的碎屑岩地层序列。下伏地层为百岗组，上覆地层为建都岭组。

【沿革】 见表6-1。

【现在定义】 指整合于百岗组与建都岭组之间的一套灰绿、青灰色砂质泥岩、泥质粉砂岩，局部夹砾岩，或夹碳质泥岩及薄煤层。下以泥岩的消失或细砂岩的出现与百岗组分界；上以泥岩的消失或砂岩的出现与建都岭组分界。

【层型】 正层型剖面位于广西田东县伏平村—那宅（107°8′，23°35′）（广西石油普查大队1959年测制）。

上覆地层：**建都岭组** 灰黄、黄绿色中层状细砂岩

——————— 整 合 ———————

伏平组 总厚度 655 m

25. 黄绿色砂质泥岩及泥岩，含钙质结核 31 m
24. 灰黄、黄绿色粉砂质泥岩及细砂岩，上下砂岩增多。含植物化石 *Zigiphus*，*Paliurus*，*Zygypium einnqnlonluln*，*Phodomyrhis*，*Evoclia* 20 m
23. 灰黄色厚层状细砂岩，水平层理发育，层面有铁质，风化后褐红色 19 m
22. 黄绿色砂质泥岩夹黄绿色、粉红色泥岩，具层理，含铁质及钙质结核 54 m
21. 黄白色厚—中层状细砂岩，风化表面褐黑色，斜层理发育 33 m
20. 黄绿色砂质泥岩、泥岩，含钙质结核，底部一层厚数公分的红色铁质泥岩，含脊椎动物化石 45 m
19. 黄白色厚层—中层状细砂岩 6 m
18. 黄绿色砂质泥岩，含钙质结核，有时夹泥质粉砂岩 28 m
17. 黄绿色砂质泥岩，含钙质结核，层理不清，夹绿黄色细砂岩，与砂质泥岩成渐变关系 61 m
16. 黄白色厚层—中层状细砂岩 5 m
15. 黄绿色砂质泥岩，含球状铁质结核。层理不显著，底部为黄色中层状细砂岩 18 m
14. 黄绿色砂质泥岩夹蓝灰色泥岩，含钙质结核，层理不清，下部夹铁质结核层，结核呈扁豆状，含双壳类化石 50 m
13. 上部为厚0.9 m黄色中层状细砂岩，下部为黄绿色含钙砂质泥岩 6 m
12. 顶部为一层12 m厚的黄色钙质细砂岩，中下部为黄绿色砂质泥岩 81 m
11. 顶、底为灰黄色中、厚层状细砂岩，中部黄绿色砂质泥岩含球状铁质结核及形状不规则的钙质结核 19 m
10. 黄绿色砂质泥岩含钙质结核。其中有时夹灰黄色中层状细砂岩，层面含铁质 18 m
9. 黄绿色夹蓝灰色泥岩，含钙质、铁质，下部夹薄煤层。在网格状褐煤中有植物化石。有时夹薄层细砂岩，含钙质结核及扁豆状铁质结核 22 m
8. 上部蓝灰色细砂岩，风化后呈红色。中下部黄绿色粉砂质泥岩夹中层状细砂岩，含扁豆状铁质结核。产双壳类化石 27 m
7. 黄绿色粉砂质泥岩，层理不清，含钙质结核，底部有0.8～1.1 m薄层细砂岩。含植物化石 *Homonoia linerifolia*，*Dillenea multinerria*，*Paliurus rundifolias*，*Helicia sub-*

---

① 广西石油普查大队，1959，百色盆地石油地质详查细测报告。

formiosana 72 m

6. 黄绿色砂质泥岩夹薄层砂岩，含铁质结核，底部为黄绿色泥质粉砂岩。含脊椎动物、双壳类、腹足类及植物化石 30 m

5. 浅黄—灰白色中层状细砂岩，交错层理发育 10 m

——————整　合——————

下伏地层：**百岗组**　黄绿、蓝灰色泥岩

【地质特征及区域变化】　本组岩性主要为黄绿色砂质泥岩、泥岩夹细砂岩、泥质粉砂岩，局部为砂岩、泥岩互层，部分含钙质，底为砂岩。厚 291～1 001 m。局部地区与下伏前第三纪地层呈不整合接触。沉积环境属湖泊、河流环境沉积。

本组古生物主要为古脊椎动物、腹足类、双壳类、植物等。主要化石有古脊椎动物：*Schizohterium nabanensis*，*Heothema angnsticalxia*，*Odoichoerus uniconus*，*Guixia youjiangensis*，*Anthracokeryx guangkangensis*，*A. kwangsiensis*，*Bothriodon tientongensis* 等；腹足类和双壳类：*Kwangsispira accerata*，*Tulotoma tulotomoides*，*Psilunio elliptitcus*，*Acaticosta immutala*，*Psilunio* cf. *inflata* 等；植物：*Lindera* sp.，*Syzygium lincangensis*，*Aleurites* sp.，*Quercus sinomioconica*，*Leurus princeps*，*Litsea ocoteifolia*，*Castanea miomollissima* 等。伏平组时代属渐新世。

伏平组主要分布于百色、上思、海渊、宁明、合浦盆地。百色盆地西部沙洲村一带，底部为黄褐色砾状砂岩和细砂岩；下部为黄褐色泥质粉砂岩夹泥岩；上部黄褐色细砾岩、泥岩、泥质粉砂岩、细砂岩互层；在沙洲村南小水库附近，局部夹碳质泥岩和薄煤，厚 298 m；此套岩性不稳定，沿走向可变为以泥岩为主，总的来说，在纵向上一般下部砂岩较多，上部以泥岩为主，显示为一个较大的沉积旋回，横向上，由西往东，即由百色县百岗村—田东县小龙合乐—田东县大塘，沉积厚度由薄—厚，沉积物由粗—细。合浦盆地无甚露头，据钻孔资料，伏平组岩性主要以杂色粗碎屑沉积为特征，下部为砖红、紫红、黄褐色砂砾层、含砂砾互层，砾石成分以石英岩、石英砂岩为主，脉石英较小，砾径一般 1～2 cm，最大达 11 cm，次圆状，砂质、粘土质及部分铁质胶结，成岩性较差，中上部为紫灰、土红、紫红、棕黄、浅黄、灰白等杂色砂岩、粉砂岩、砂质泥岩和粉砂质泥岩，局部夹薄层灰绿色泥岩，砂质泥岩中普遍含钙质结核为本组的沉积特色，厚 3～110 m。宁明、海渊、上思三盆地，本组主要为灰白色薄层状泥岩为主，夹细砂岩或粉砂岩。在宁明盆地西部夹多层含磷菱铁矿层及含磷层，如宁明驮龙松林一带经工程揭露见含磷层 49 层，单层厚 5～40 cm 不等，含磷菱铁矿层于盆地内自西向东减少，仅夹含铁粉砂岩及铁质结核，厚度 170～>634 m。

建都岭组　E_3j　(06-45-1508)

【创名及原始定义】　系广西石油普查大队（1959）① 创立，命名地点位于广西田阳县百育—那罡建都岭。指“一套灰黄，灰绿色砂岩夹泥岩沉积。”未见顶。其“与下伏伏平组系连续沉积。”

【沿革】　见表 6-1。

【现在定义】　指整合于伏平组之上的一套黄绿色、青灰色细砂岩、泥质粉砂岩、砂质泥

① 广西石油普查大队，1959，百色盆地石油地质详查细测报告。

岩、泥岩夹层或互层，底为砂岩，局部夹砾岩。下以泥岩的消失或砂岩的出现与伏平组分界；上被第四纪地层不整合覆盖。

【层型】 正层型剖面位于广西田阳百育—那罡建都岭（106°59′，23°41′）（广西石油普查大队1959年测制）。

上覆地层：**第四系** 粘土、砂、砂砾层

~~~~~~~~~~ 不 整 合 ~~~~~~~~~~

建都岭组 总厚度 514 m

3. 上部浅黄色，风化后棕色厚层状砂岩、灰绿色砂质泥岩夹杂色砂质泥岩；下部黄白色厚层状砂岩，同生角砾发育 102 m
2. 蓝灰、灰绿色砂质泥岩夹浅白色中厚层状砂岩，上部夹凸镜状砂岩；中部夹少量紫红色砂质泥岩，局部夹薄层褐煤。产植物及脊椎动物化石 152 m
1. 黄绿、灰绿色砂质泥岩，夹中厚层状细砂岩及少量薄层褐煤、碳质泥岩。下部为砂岩及砂砾岩。有腹足类化石 *Tulotoma* 等 260 m

———————— 整 合 ————————

下伏地层：**伏平组** 蓝灰、灰绿色泥岩，夹铁质、钙质结核

【地质特征及区域变化】 本组岩性较为单调，为黄绿、青灰色的砂质泥岩、泥岩及细砂岩、粉砂岩相互出现，局部夹砾岩。砾岩中普遍含有铁质及泥砾，泥岩中常含有铁质及钙质结核。未见顶，可见厚度128～708 m。本组属河流—湖泊沉积环境沉积。

古生物特征与伏平组古生物大致相同，主要为古脊椎动物、双壳类、植物及孢粉、藻类等。主要化石有古脊椎动物：*Schizohterium nabanensis*，*Heothema angusticalxia*，*Odoichoerus uniconus*，*Heterosmilus hylaios*，*Guixia youjiangensis*，*Anthracokeryx guangkangensis*，*A. kwangsiensis*，*Bothriodon tientongensis*；双壳类：*Limnoscapha obesa*，*L. sulcata*，*Cristaria huoerguosica*；植物：*Homalium nazhaiensis*，*Embelia scandeniphylla*，*Diospyros paracathayensis*，*Canarium parviphyllum*，*Castanopsis kramtshaninii*，*Ziziphus tiandongensis*，*Helicteres nalangensis* 等。本组时代属渐新世。

建都岭组主要分布于百色盆地、海渊盆地上部、上思盆地东北部以及合浦盆地。百色盆地田阳东部那笔、东江一带，岩性为灰绿色、桔黄色中层状夹少量薄层状和块状细砂岩、泥质粉砂岩、砂质泥岩夹层或互层，厚254 m；至田东那罡—那坤一带，其岩性为黄绿色细砂岩和泥岩，底为砂岩。总的来说：纵向上，下部以砂岩为主，上部以泥岩居多，在横向上，田东那旺—公康林场一带以泥岩为主夹细砂岩，出露最厚达708 m；由此向西，砂岩增多夹砂质泥岩，出露厚128～254 m；向东也略为近似，出露厚于田东那化一带为456 m，再向东则无沉积。海渊、上思两盆地，本组主要为灰白、浅黄褐色粉砂岩、细砂岩夹中粗粒不等粒砂岩、砾岩及含砾砂岩，底部为粉砂岩夹少量泥岩及砾岩凸镜体；上思以粉砂岩为主，夹泥岩及含砾砂岩凸镜体，风化表面具铁质皮壳及结核，厚133～146 m。合浦盆地无甚出露，据钻孔资料，建都岭组于西场凹陷NE翘起端，浸牛氹08003孔岩性主要为：下部灰、灰褐色，浅灰绿夹土黄色砂岩、粉砂岩，粉砂质泥岩及灰白色砂质泥质灰岩，普遍含黄铁矿结核；上部为浅灰、灰褐、灰黑色泥岩，夹薄层油页岩及腐泥岩，厚61 m；至长坑塘 Zk_1 孔岩性自下而上构成细—粗—细的沉积特征，下段以深灰、灰、浅灰色泥岩为主，夹砂质泥岩、粉砂岩及薄层泥质砂质灰岩，含黄铁矿结核；中段以浅灰—灰白色粉砂岩为主，夹少量深灰、咖啡色粉砂
~~~~~~~~~~

质泥岩、碳质泥岩及腐泥岩，具黄铁矿结核，下部为灰白色砂砾岩，砾石成分为脉石英，大小 1～3 cm，滚圆状，胶结疏松；上段为灰黄带绿色泥岩夹含油腐泥岩，厚 292 m。常乐凹陷西南部，石湾—清水江一带，岩性与西场凹陷 Zk_1 孔所见岩性相近似，其中中段夹褐煤 2 层，含油腐泥岩 3 层；下段未见碳酸岩夹层，厚 118～290 m。常乐凹陷东北部岩性变粗，以浅灰色疏松砂岩夹砂质泥岩为主，底部夹 2 层薄层碳质泥岩，厚仅 68 m。

南康组　N*n*　（06－45－1502）

【创名及原始定义】　原名南康群。广西地矿局（1985）创立，命名地点位于广西合浦南康。指“一套灰绿、灰白色粘土岩、砂岩、粉砂岩、砂砾岩、砾岩夹数层褐煤、劣质油页岩，角度不整合于泥盆—石炭系或白垩系之上。”命名时未指定层型剖面。

【沿革】　见表 6－2。

表 6－2　晚第三纪岩石地层单位划分对比沿革表

<table>
<tr><td>广东区测队 1966</td><td colspan="2">广西煤炭150队 1974</td><td>广西物探队 1974</td><td>钟铿等 1978</td><td>广西水文队 1984</td><td>广西地矿局 1985</td><td>广西区调队 1986</td><td>广西北海地矿勘察公司 1988</td><td>本　书</td></tr>
<tr><td>合浦幅</td><td colspan="2">南康盆地</td><td>合浦盆地</td><td>合浦盆地</td><td>合浦幅</td><td>合浦盆地</td><td>海岸带</td><td>南康盆地西部</td><td>全区</td></tr>
<tr><td rowspan="3">湛江群</td><td rowspan="3">邕宁群</td><td>老虎岭组</td><td rowspan="2">白沙岗组</td><td rowspan="2">白沙江组</td><td rowspan="2">白沙江组</td><td rowspan="3">南康群</td><td rowspan="3">南康群</td><td rowspan="2">尚村组</td><td rowspan="3">南康组</td></tr>
<tr><td>尚村组</td></tr>
<tr><td>黄牛岭组</td><td>沙岗组</td><td>沙岗组</td><td>沙岗组</td><td>黄牛岭组</td></tr>
</table>

【现在定义】　指古墓组与湛江组之间的一套灰绿、灰白色粘土岩、砂岩、粉砂岩、砂砾岩、砾岩夹数层褐煤、劣质油页岩组合。下与古墓组不整合接触；上与湛江组平行不整合接触。

【层型】　选层型钻孔剖面位于广西合浦高德 102 钻孔（109°9′，21°30′30″）（广西煤炭 150 队 1975 年测定）。

上覆地层：**下更新统湛江组**　褐黄色粘土质砂

——————— 平行不整合 ———————

南康组　　总厚度 43.2 m

8. 灰白色粘土　　0.1 m
7. 褐黑色块片状粘土夹煤线　　0.7 m
6. 浅红色粘土。顶底均含石英粉砂　　0.5 m
5. 灰白色砂砾。砾为中粗砾，砾石半滚圆状，砾径以 4～8 mm 居多　　2.3 m
4. 灰白、浅红、灰黄色粘土，局部夹粉砂　　0.9 m
3. 灰白色砂砾。砾半滚圆状—次棱角状，砾径一般 6～15 mm，砂为中粗粒　　7.8 m
2. 灰白色砾砂。砂为中粗粒，含细砾及少量泥质凸镜体　　14.9 m
1. 浅红、灰黄、灰白色泥岩。中部含少量中细砂　　16 m

～～～～～～～～ 不 整 合 ～～～～～～～～

下伏地层：**古墓组**　灰白色绢云母泥岩

【地质特征及区域变化】 南康组主要岩性为一套灰白、浅红、灰黄色粘土、粉砂、细砂、砾砂、砂砾、砾，局部粘土呈块片状且夹煤线。南康组以河湖交替相沉积为主；在北部湾则为滨海相碎屑沉积，含有孔虫、双壳类等。

本组古生物主要为植物及孢粉等。主要化石有植物：*Ficus*，*F.* cf. *elastica*，*Artocarya*，*Rhus*，*Sapindus*，*Liquestrium*，*Magnolia miocenica*，*Cinnammum*，*Castanopsis*，cf. *Quercus bonnieri*，*Quercus* sp.，*Castanea*，*Juglans*，*Rhamnus*，*Zanthoxylum*，*Annonaceae*，*Cornus megaphylla*，*Alnus prenepalensis*，*Sterculia* cf. *lanceolata* 等。南康组时代属中—上新世。

南康组主要分布于合浦县合浦、南康一带，露头不多，主要据钻孔资料。合浦盆地据钻孔资料，于沙岗、白沙岗一带，本组可分为上、下两段，总厚15～1 092 m，下段以灰绿杂有浅棕红色火成岩的碎屑岩沉积为其特征，其下部一般较细，为泥质砂岩、砂质泥岩、泥岩呈不等厚互层，具水平及微波状层理；上部以粗碎屑的不等粒砂岩、砂砾岩为主，夹不稳定的砂质泥岩或泥岩，砂岩及砂砾岩具少量泥质，胶结不良，较疏松，局部含油页岩或腐泥岩，厚10～>482 m；上段岩性以灰白—白色疏松粘土质砂砾层、含砾砂层、不等粒砂层为主，夹众多粘土层或凸镜体。其于南流江两侧亦有零星出露，厚5～610 m。在盆地中心部位，本组上、下两段岩性很类似，二者界线不明显，常难于具体划分。在盆地边缘及常乐凹陷东北端常夹漂砾层或花岗质砂砾层，砾石成分复杂，通常以脉石英为主，其次为石英岩、变质砂岩及少量硅质岩、花岗岩、安山岩、火山角砾岩等。砾径一般3～5 cm，大者可达20～50 cm，滚圆度良好，分选性不良，粘土或砂泥质胶结，成岩程度差。于深泥坑—独峰岭—高德—地角以南则为一套胶结较差、成岩性差的松散状岩石，总厚度34～>251 m。下部由石英粉细砂、砂质粘土、粘土及少量砂砾组成。偶见煤线及纹层理。厚6～>149 m；中上部为浅灰、褐灰色粘土、砂质粘土、粘土质粉砂夹含油褐煤；上部为灰白、灰黄、浅红色砂砾；顶部为浅红、灰白、灰黄色粘土、粉砂质粘土、砂砾夹泥炭、碳质泥岩或腐泥岩、褐煤，厚28～103 m。本组岩性及厚度变化较大，无论粘土（泥岩）、砂或砂砾，均呈不稳定层分布。以粘土及粉砂为主的岩性，多潜布于高德—马栏—龙潭—线以东，这一片是含褐煤、腐泥及泥炭的主要分布区。在鲤鱼地水库至古城岭一带，顶部缺乏粘土和粉砂。在合浦县山口附近，本组顶部为橄榄玄武岩，厚47～378 m。在北部湾盆地本组主要为灰白、灰黄色砾岩、砂砾岩、砂岩及灰色泥岩，含油，含有孔虫、孢粉、双壳类、腹足类等化石，厚约800～1 700 m。在涠洲岛、斜阳岛，本组上部夹多层橄榄玄武岩、火山角砾岩。

第二节　生物地层

1. 双壳类

始新世

①*Napoconcha suborbicularis* 组合

该组合主要有 *Napoconcha suborbicularis*，*N. elliptica*，*N. inflata*，*Margaritifera emarginata*，*Acuticosta subimmutata* 等。

②*Cuneopsis heudei* 组合

重要分子有 *Cuneopsis heudei*，*Rectidens rumatraensis*，以及 *Acristaria*，*Acuticosta* 等属。

③*Pisidium obtusalum* 组合

主要有 *Pisidium lillijeborgi*，*P. obtusalum*，*Sphaerium* cf. *rivicolum*，*Eupera solida*，

Betekeia trigona，*Rhombuniopsis* sp.，*Oxynaia* sp. 等。

渐新世

①*Acristaria subovata* 组合

除代表分子 *Acristaria subovata* 外，其余分子很少，仅有 *Psilunio* cf. *inflata* 等。

②*Limnoscapha obesa* 组合

主要分子有 *Limnoscapha obesa*，*L. sulcata*，*Cristaria huoerguosica* 等。

2. 介形类

始新世

①*Cyprinotus*（*C.*）*guangxiensis* 组合

该组合以 *Cyprinotus*（*C.*）*guangxiensis* 为代表，这一组合化石较丰富，属种较多，计有12属28种。

②*Chinocythere obliqua* 组合

主要由 *Chinocythere* 一属的分子组成，有 *Chinocythere obliqua*，*C. guangxiensis*，*C. cuneata*，以及 *Parachinocythere*，*Candona*，*Darwinula* 等属。

③*Chinocythere boseensis* - *Candona boseensis* 组合

这一组合以产 *Chinocythere boseensis*，*Candona boseensis* 为标志，共有7属21种，以华花介的种最多，其次是玻璃介的种。

3. 古脊椎动物

始新世

①*Andrewsarchus crassum* - *Eudinoceras crassum* 组合

该组合又名洞均动物群，计有下列属种 *Andrewsarchus crassum*，*Diplolophodon* cf. *similis*，*Eudinoceras crassum*，*Mylopharyngodon*，*Protitanotherium*，*Metatelmatherium*，*Teleolophus*，*Forstercooperia*，cf. *Paramynodon*，cf. *Protitanotherium* 等。

②*Anthracokeryx birmanicus* - *Indomeryx youjiangensis* 组合

主要有 *Anthracokeryx moriturus*，*A. rubricae*，*Bothriodon chyelingensis*，*Guilestes acares*，*Guixia simplex* 等属种。

③*Guixia youjiangensis* 组合

该组合以偶蹄类为主，主要有 *Bothriodon tientongensis*，*Huananothema imparilica*，*Huananodon hui* 等。

上述两生物组合具有连续性，故又名那读动物群或者那读组-百岗组哺乳类动物群。

渐新世

Anthracokeryx guangkangensis - *Heothema chengbiensis* 组合

该组合又名为公康动物群或者伏平组-建都岭组哺乳类动物群。主要有 *Anthracokeryx guangkangensis*，*A. kwangsiensis*，*Heothema angusticalxia*，*H. chengbiensis*，*Schizohterium nabanensis*，*Odoichoerus uniconus*，*Heterosmilus hylaios*，*Guixia youjiangensis*，*Bothriodon tientongensis* 等。

第七章 块状岩石

这里所叙述的“块状岩石”，是指自然界分布很广的深成中酸性、酸性侵入岩，个别情况下，也包括了一些中性侵入岩（甚至一些与这些岩石有同源演化关系的基性侵入岩），不包括局限分布的超基性岩、基性岩。

近20年来，随着花岗岩类区区域地质填图与研究的发展，国外一些地质学家普遍发现花岗岩类深成岩体并不是以往认为的那样简单，而是极其复杂的多期复式岩体。一些大型的深成岩体不仅是由若干个同源岩浆脉动形成的侵入体所组成的复式岩体，而且这些侵入体的出现具有一定的序次，并在一定的区域范围内保持相对稳定，它们在岩性成分和结构方面具有一定的相似性，可以合拼成数量不多的几个岩石组合，这些岩石组合在整个岩基总的侵入顺序中占据着一个特定的位置。在此基础上，提出了划分花岗岩类等级体制的概念（P C Bateman 和 F C W Dodge，1970；E J Cobbing 和 W S Pitcher，1972），这样，在花岗岩类区填图，出现了类似沉积岩区岩石地层单位划分的填图方法。这一方法先后得到北美地层命名委员会（1983）和国际地科联地层委员会地层划分分委会（1987）的肯定，并陆续写进部分国家近期出版的许多教科书、地层指南、地质词典、方法指南中。

《国际地层指南》指出：“从广义上讲，整个地球是分层的，因此，所有的岩石和岩石类型（沉积的、火成的和变质的）均属于地层学与地层划分的范畴”。虽然地层学主要讨论呈层状的岩石，但《国际地层指南》认为：“在地层学中应考虑一些块状的岩体，因为它们与岩层伴生或关系密切”。地层学最重要的目的之一是确定地壳中岩石的空间关系和时间顺序并使之适合于可借以重建地史年表，块状的火成岩往往可为实现上述目的提供特别有价值的信息。它们不仅是同位素年龄的来源，而且通过确定它们与层状围岩和块状岩石的穿切关系，还往往提供关键的年龄信息。

如果我们承认块状火成岩也属于地层学和地层划分与命名的范畴，随之而来的问题是：它们是什么类型的地层单位呢？国际地层划分委员会推荐的是岩石地层单位。《指南》给岩石地层单位下的定义是：①主要由某种岩石类型或岩石类型组合构成；②具有其它清晰统一的岩性标志而一体化的岩层地质体。这种地层单位的关键要求是整体岩性基本上均一。圈定、划分和填绘侵入的火成岩体，可以以其明显的岩性特征为依据，这是建立岩石地层单位的判别准则，故可将非层状火成岩视为岩石地层单位。而《北美地层规范》则推荐采用一个新的地层单位即岩石谱系单位，其定义是："岩石谱系单位是主要由侵入、强烈变形和高度变质的岩石组成的有边界的地质体，可根据岩石特征加以区分和圈定。它与岩石地层单位截然不同，一般不遵循层序律，它以其他一些岩石地层单位可以是沉积的、侵出的、侵入的、构造的或者变质的"。

我们拟采用岩石谱系单位，划分4个等级，它们是侵入体、单元（岩簇）、超单元（岩套）、超单元组合（超岩套），分别相当于岩石地层单位的段、组、群、超群。侵入体：是地质实体，属非正式单位。它是与其它地质体一般具有明确的突变接触界线和具有一定规模的块体。侵入体内部岩石成分和结构较均匀，或虽有变化，但变化不大，且它们是过渡关系。在侵入体内部，不允许两种以上截然不同的岩性出现，亦不存在侵入接触界面；单元：是岩石谱系单位的基本单位（正式单位），它是由在相同构造——岩石区内两个或两个以上岩性（岩石矿物成分、结构、包体）、地球化学、岩石化学特征、形成时代基本相同，在一个超单元（序列）中占据相同位置的侵入体归并而成。单元的命名方法采用地名加岩性加单元，如蒙洞口石英闪长岩单元。另外，在特殊情况下，一个侵入体的岩石学、岩石化学、地球化学特征与周围单元不同，但确有成因关系，属同源岩浆演化产物，在超单元（序列）排列顺序中占有一定位置，可作为独立侵入体；超单元：是比单元高一级的岩石谱系单位（正式单位），由两个或两个以上在时间上和空间上紧密相关，在岩石特征上具有某些相似特点，以及在成分和结构上表现出亲缘和演化关系的单元组成，为一次岩浆热事件的全部产物，且一定要在两个复式岩体中出现。在超单元内部，从早单元到晚单元，岩石成分具从较偏基性向较偏酸性演化趋势（同熔型花岗岩表现明显），在岩石结构上，具由细粒向粗粒演化趋势（指主期花岗岩，地壳重熔型花岗岩表现明显）。凡缺少或只有一个主期花岗岩单元或只在一个复式岩体中出现若干单元，虽具成分或结构演化关系，属同源岩浆演化产物，只能建立序列（非正式单元），而不能建立超单元；超单元组合：由两个或两个以上时空较紧密联系，岩石特征有一定相似性，有一定成因联系的超单元归并而成，是岩石谱系单位中最大单位。如广西的六万山、葵山、石南三个超单元，可组成大容山-十万大山超单元组合。

花岗岩的成因分类是花岗岩问题研究的核心之一，分类方案集中体现出花岗岩的复杂性和人们对花岗岩问题的认识程度，也体现花岗岩的物质来源、生成作用，就位机制及其与周围环境的关系，历来受人们重视。我们在研究块状岩石的岩石谱系单位时考虑成因分类，同一个成岩时代不同成因类型（形成不同岩石组合）要划为不同的超单元。据广西情况，拟划分3个成因系列7个成因类型。

（1）陆壳改造系列：是由大陆地壳的地槽相沉积物，通过花岗岩化或通过部分熔融、重熔和深熔再生作用而形成。可分为5个成因类型。①变质-交代-熔融型：由原地混合岩、半原地混合岩、异地花岗岩组成，是混合岩化、花岗岩化产物，如陆靖超单元；②晚造山（同造山）地壳重熔型：由于造山运动，导致陆壳物质重熔，如六万山、葵山、石南、猫儿山、海洋山、宁潭、钦甲等超单元；③中生代断块运动形成的地壳重熔型：是由于断块运动，导致地壳物质深熔再生作用形成，如五团、栗木等超单元；④非造山地壳重熔型：是陆壳硅铝层，由于温度升高而发生重熔作用，如摩天岭超单元；⑤断块运动形成的重熔-同熔过渡型：是指同时具有重熔与同熔型花岗岩的某些特征，根据现在所掌握资料，尚不便归入重熔或同熔型者，或是早期显同熔型特点，而晚期显重熔特点，如旺冲、陆川、昆仑关、花山等超单元（序列）。

（2）同熔系列：包括来源于上地幔的岩浆，上侵时同化混染地壳物质的作用；共存的地幔物质与地壳物质一起熔融作用；以及幔源岩与花岗岩浆直接混合作用。广西只有大陆内部深断裂带同熔型，侵入体沿深断裂带分布，如大宁、清湖、英桥、周公顶、回龙、古隆、米场等超单元。

(3) 幔源系列：上地幔分异型：是上地幔岩浆分异产物，空间上与早中元古代镁铁质、超镁铁质蛇绿岩套、细碧角斑岩紧密共生，为蛇绿岩套分离结晶的最晚期成员，如本洞超单元。

1986年至1989年，在大容山-十万大山花岗岩石南成均地区开展了岩石谱系单位填图方法研究工作，近两年来在猫儿山、花山、大宁、南渡、陆川等超单元（序列）也做了工作，取得了一些成果。而对多数超单元（序列）来说，还没有开展什么工作，在这里只能根据前人资料，将不同的岩石成分类型或不同的结构类型的花岗岩作为不同的单元，由于缺少接触关系和同位素年龄资料，只能将出现于复式岩体边部，岩性偏基性或细粒结构的花岗岩类作为较早的单元，而出现于中心部位或粗粒（中粗粒）结构花岗岩作为较新的单元，而将浅成，超浅成相斑岩类岩石、补充期的细粒花岗岩作为最新的单元。

据复式岩体与地层接触关系、同位素年龄不同的成因类型、不同的构造区，我们拟将广西花岗岩类划分为23个超单元（序列）（表7-1）108个单元（独立侵入体）。

岩石谱系单元

本洞超单元

【命名、定义】　系本书新建的超单元，命名地点在广西融水县三防乡本洞村。是由侵入于下中元古界四堡群而被上元古界丹洲群沉积不整合覆盖，属幔源系列成因，岩性为石英闪长岩、英云闪长岩、花岗闪长岩的一系列侵入体组成的数个单元归并而成。

【岩石特征】　本超单元主要岩性为石英闪长岩、英云闪长岩、花岗闪长岩、花岗闪长斑岩等，由斜长石、微纹长石、石英、黑云母主要矿物组成。副矿物以磁铁矿、金红石、锆石、磷灰石较为常见，并含铬铁矿、铬尖晶石。

【岩石化学成分】　本洞超单元岩石化学成分以SiO_2、Na_2O、K_2O含量低，MgO、CaO、FeO含量高为特征，微量元素（等离子体光量计分析，以下同）以Cr、Ni、Co、Sc高，W、Sn、Rb低为特征。稀土元素平均总量（ΣREE）为184.41×10^{-6}，平均轻重稀土比值（ΣCe/ΣY）3.15，平均铕亏损（δEu）0.59。

【分布、成因】　零星分布于广西北部罗城、融水县的四堡群中，出露面积约80 km^2。超单元在时间上、空间上和四堡群细碧-角斑岩及基性、超基性侵入岩密切共生，代表四堡时期蛇绿岩套后期岩浆活动产物，可以认为由超基性、基性岩—中性岩—中酸性岩构成一个连续的岩浆演化系列，故超单元成因为幔源系列上地幔分异型。

【时代】　超单元的侵入体均侵入四堡群，个别侵入体被丹洲群沉积不整合覆盖。据宜昌地质研究所伍实、北京三所、宜昌地质研究所赵子杰、南京大学孙幼祥等用U-Pb一致曲线、单颗晶锆石、Rb-Sr全岩等时线等方法所得的同位素年龄值，超单元形成于884～1 340 Ma，我们认为其中1 063～1 194 Ma较为合适，即中元古代晚四堡时期，相当于北方蓟县纪中晚世。

【单元】　据岩性组合、成分演化特征，由老到新可划分为4个单元：蒙洞口石英闪长岩单元（Pt_2M）、峒马英云闪长岩单元（Pt_2T）、洞翁花岗闪长岩单元（Pt_2D）、大坡岭花岗闪长斑岩单元（Pt_2Dp）。现将各单元地质特征简单叙述如下：

表 7-1　广西花岗岩类超单元（序列）划分及其形成时代、成因对比表

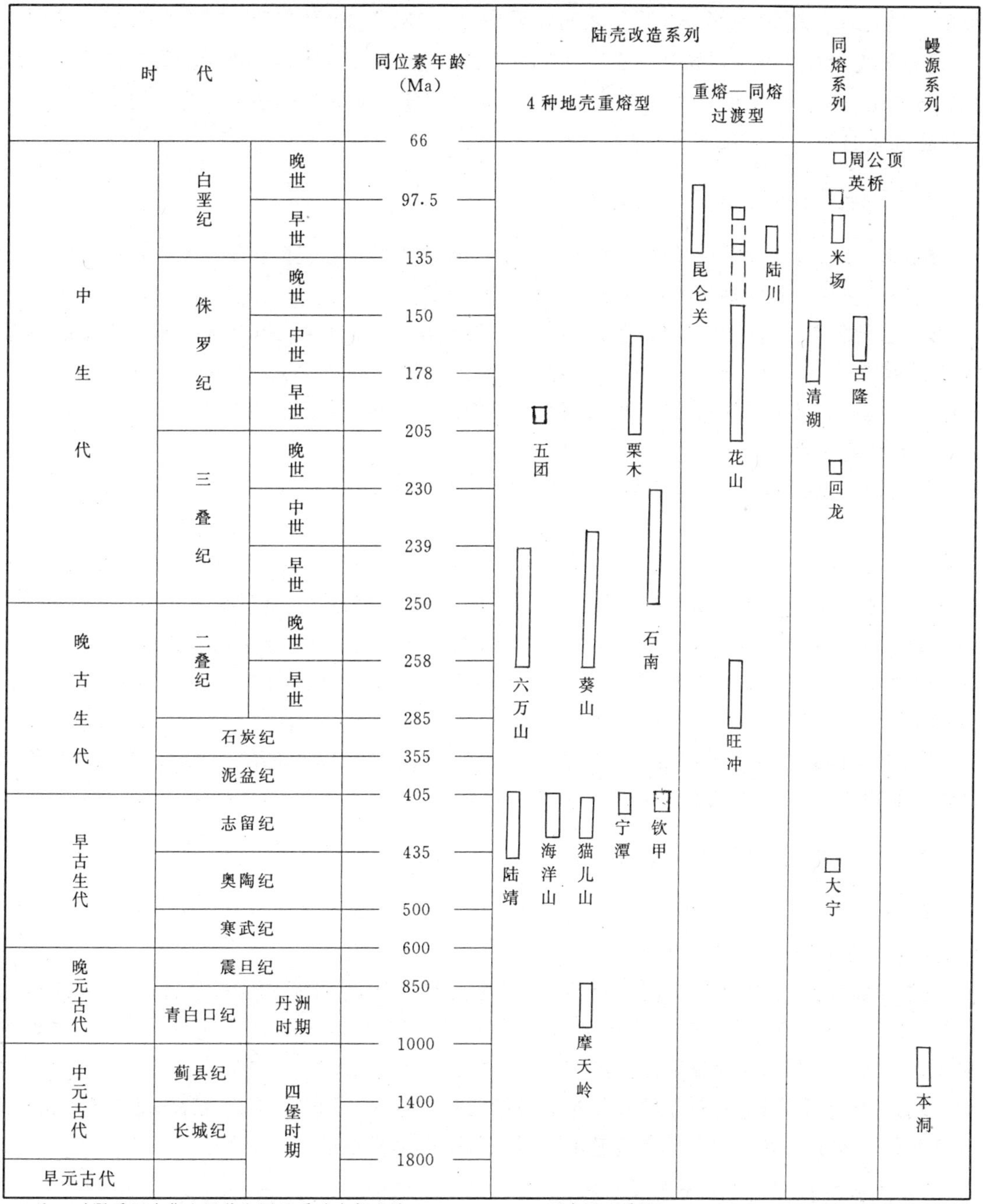

注：时限采用中华人民共和国地质矿产部主编，1990，1∶500 万中国地质图。

1. 蒙洞口石英闪长岩单元　Pt_2M

【命名、定义】　系本书新建的单元，命名地点在罗城县宝坛乡蒙洞口村。是由岩性为石英闪长岩的数个侵入体归并而成。

【岩石特征】　岩性为透闪石化石英闪长岩，主要矿物有斜长石（35%～67%）、透闪石（5%～30%）、石英（8%～15%）、黑云母（1%～14%）、普通角闪石（1%～3%）等。

【岩石化学成分】 岩石化学成分（6 个样平均值）：MgO 在 8.20%～9.80%之间，平均为 8.82%，FeO 在 5.34%～6.14%之间，平均为 5.73%，SiO_2 在 60.04%～63.05%之间。

【分布范围】 分布于峒马、蒙洞口等复式岩体边部，总面积 4.5 km^2。蒙洞口单元与其上峒马单元接触关系不清，根据岩石较偏基性，且出露于复式岩体边部，将蒙洞口单元作为本洞超单元的第一个单元。

2. 峒马英云闪长岩单元 Pt_2T

【命名、定义】 系本书新建的单元，命名地点位于融水县三防镇峒马村。是由岩性为英云闪长岩（包括斜长花岗岩）的数个侵入体归并而成。

【岩石特征】 岩性为英云闪长岩，少数为斜长花岗岩，细粒—中细粒结构，主要矿物为斜长石（35%～64%）、石英（19%～46%）、黑云母（5%～20%）、钾长石（0～5%），个别岩体含角闪石，黑云母为镁-铁云母系列。副矿物以磁铁矿、锆石、磷灰石、金红石组合为特征，常有铬铁矿出现。

【岩石化学成分】 据 13 个岩石化学样统计，SiO_2 62.56%～68.77%、Al_2O_3 14.31%～16.17%、FeO 3.30%～5.44%、MgO 1.73%～4.13%、CaO 2.56%～3.56%、NaO 1.86%～3.36%、K_2O 1.98%～3.53%，表现为贫硅、贫碱，与蒙洞口单元相比，FeO、MgO 明显降低，而 SiO_2 增高。微量元素表现为 Cr、Ni、Co、Sc、Sn 高，与酸性岩维氏值比 Cr、Ni 高 4～8 倍，Co、Sc 高 3 倍，Sn 高 2～7 倍（可能与晚元古代含 Sn 岩浆活动有关。Bi、Mo、Be、Sr、Ba 低，其中 Bi 仅是维氏值的五分之一，其它元素是维氏值的一半，稀土元素总量（ΣREE）低，铕亏损（δEu）0.6～0.78。

【分布范围】 分布于峒马、蒙洞口、本洞等复式岩体，以及龙有、才滚、洞格、大寨等岩体，面积 45.5 km^2，是本洞超单元的主体单元。

3. 洞翁花岗闪长岩单元 Pt_2D

【命名、定义】 系本书新建的单元，命名地点位于广西融水县三防乡洞翁村。是指岩性为花岗闪长岩的侵入体归并而成。

【岩石特征】 岩性为花岗闪长岩，细、中细粒花岗结构，主要矿物有斜长石（44%～66%）、石英（18%～38%）、黑云母（8%～10%）、钾长石（5%～10%），与峒马单元比较，主要是钾长石增加，岩石中含少量暗色包体。

【岩石化学成分】 岩石化学成分与峒马单元基本相同，但 SiO_2、K_2O 稍高，而 FeO、MgO、CaO 稍低。微量元素与峒马单元也基本相同，只是其值是维氏值的 2 倍。

【分布范围】 分布于本洞等复式岩体，面积 29 km^2。

【时代】 本单元侵入四堡群，而被晚元古代丹洲时期的摩天岭超单元侵入，被丹洲群沉积不整合覆盖。前人对本单元研究较多，各种方法的同位素年龄值为 957、1063、1100、1194 Ma，$^{87}Sr/^{86}Sr$ 初始比值 0.7001±0.0039（伍实）、0.702（周新民）、0.7026±0.0027（赵子杰），氧同位素 $\delta^{18}O$7.2‰，钕、锶同位素 ε_{Nd}0.2、ε_{Sr}－17，在 ε_{Nd}—ε_{Sr}图解中，投影点落入左上角，并紧靠地幔系列分布，说明物质来源于地幔。在 ε_{Nd}—$\delta^{18}O$ 和 ε_{Sr}—$\delta^{18}O$ 图解上，分布于代表地幔端员组分的区域内，在 ε_{Nd}—T（时代）图解中，位于球粒陨石地幔演化线上方，表明它是地幔岩浆的衍生物。

4. 大坡岭花岗闪长斑岩单元 Pt_2Dp

【命名、定义】 系本书新建的单元，命名地点位于罗城县宝坛乡大坡岭。是指岩性为花岗闪长斑岩，以及斜长花岗斑岩、石英钠长斑岩等岩脉、小岩株归并而成的浅成相侵入体。

【岩石特征】 岩性有花岗闪长斑岩、斜长花岗斑岩、石英钠长斑岩等。花岗闪长斑岩由斜长石（43%～45%）、钾长石（16%）、石英（29%～30%）、黑云母（9%）组成，斑晶占（50%）。石英钠长斑岩：斑晶由斜长石、石英组成，占岩石 40%～45%，大小 0.2～4.0 mm。岩石由石英（40%）、钠长石（48%）、黑云母组成。

【岩石化学成分】 花岗闪长斑岩的岩石化学特征，与峒马、洞翁单元相比，表现为 Al_2O_3、MgO、CaO 稍低（分别为 13.71%、2.00%、1.22%），而 K_2O 高（4.7%）；石英钠长斑岩表现为 FeO、MgO、CaO、Na_2O 低（分别为 2.91%、1.96%、1.99%、1.76%），而 K_2O 稍高（3.57%）（彭大良），微量元素 Bi、Cu、Sc、Cr、Ni、Co 偏低，均是峒马单元的一半或更少，但仍比酸性岩维氏值高很多。

【分布范围】 分布于小东江、大坡岭等处，出露面积极小，仅 1 km^2，呈小岩株、岩脉产出，脉长 0.2～6 km，宽 4～250 m。

【时代】 侵入四堡群，其中大坡岭侵入体被上元古界丹洲群沉积不整合接触。

摩天岭超单元

【命名、定义】 系本书新建的超单元，命名地点位于广西融水县滚贝乡摩天岭。是指侵入于早中元古界四堡群，并可能侵入于晚元古界丹洲群，同位素年龄在 836～952 Ma，属陆壳改造成因系列，岩性为黑云母二长花岗岩（部分钾长花岗岩）组成的数个单元归并而成。

【岩石特征】 本超单元主要岩性为黑云母二长花岗岩（部分为黑云母钾长花岗岩），主要复式岩体岩石具片麻状构造、碎裂结构，据①片麻理切穿两种岩石界线，②片麻理总体方向趋于一致，为 NNE 向，③复式岩体中心部位片麻理表现强烈，而边部弱等，认为片麻理是复式岩体就位后产生，为韧性剪切作用产物。主要矿物为斜长石（An5～20）、钾长石、石英、黑云母等，副矿物为钛铁矿、锆石、独居石、磷灰石、石榴石、电气石组合。据毛景文对平英复式岩体斜长石电子探针分析，由细粒二长花岗岩到粗粒二长花岗岩单元，斜长石中 Na_2O 减少，而 K_2O 增加，斜长石含 Sn $90～860\times10^{-6}$。

【岩石化学成分】 岩石化学成分表现为高 SiO_2、K_2O，低 FeO、MgO、CaO，微量元素（与酸性维氏值比）W、Sn、Rb 高，Zr、Cr、Ni、Co、V、Ti、Ba、Sr 低，其中 Ba、Sr 特别低，仅为维氏值的 1/25～1/20。黑云母属铁质云母，含 Sn $236～268\times10^{-6}$。

【分布、成因】 分布于广西西北部融水、罗城等县，出露面积 1 472 km^2，复式岩体侵入四堡群，其中捍洞单元可能侵入丹洲群，围岩具明显热变质现象，角岩、角岩化岩石普遍存在，侵入体边部含有少量围岩捕虏体，偶出现堇青石、石榴石等变质矿物。据岩石学、矿物学、岩石化学、地球化学、同位素地球化学特征，摩天岭超单元成因属陆壳改造系列非造山地壳重熔型。

【时代】 近几年来，宜昌所、北京三所、矿床所、南京大学、广西地矿局地质所、广西区调队在摩天岭、元宝山、平英、田蓬等复式岩体中取同位素年龄样 20 个以上，采用方法有 Rb－Sr 全岩等时线、U－Pb 单颗锆石、混合锆石、谐和图、Sm－Nd 等时线等，年龄值范围在 636～1 130 Ma，以前多采用施实（1976 年）发表的图解法所取得的平均年龄 760 Ma，近几年来，多数学者采用836～952 Ma，故我们也采用后者年龄值，认为超单元形成于晚元古代丹洲时期中晚世，相当北方青白口纪。

【单元】 据岩石组合，岩浆结构演化特征，超单元可划分为5个单元，它们是三防微片麻状细粒（中细粒）斑状黑云母二长花岗岩单元（Pt_3S）、吉羊片麻状中粒斑状黑云母二长花岗岩单元（Pt_3J）、汪洞片麻状粗粒（中粗粒）斑状黑云母二长花岗岩、钾长花岗岩单元（Pt_3W）、九桶微片麻状细粒斑状黑云母二长花岗岩单元（Pt_3Jt）、捍洞片麻状碱长花岗斑岩单元（Pt_3H），现分述之：

1. 三防（微片麻状）细粒（中细粒）斑状黑云母二长花岗岩单元 Pt_3S

【命名、定义】 系本书新建单元，命名地点位于广西融水县三防镇。是指多出现于复式岩体边部，岩石为细粒（中细粒）斑状黑云母二长花岗岩（以前认为属边缘相）的侵入体归并而成。

【岩石特征】 岩石为微片麻状细粒（中细粒）斑状黑云母二长花岗岩，斑晶由钾长石、石英组成，含量3%～15%，大小0.3～2 cm，由斜长石（12%～36%）、微斜条纹长石（28%～44%）、石英（28%～40%）、黑云母（2%～6%）、白云母（次生，1%～5%）组成。

【岩石化学成分】 岩石化学成分表现为$SiO_2>75\%$、$K_2O\approx5\%$，即硅、钾高，而MgO $<0.4\%$、$CaO\approx0.4\%$、$FeO<1.30\%$，即镁、钙、铁低。

【分布范围】 分布于摩天岭、元宝山等复式岩体中，多出现于边部，断续出露，一般宽100～500 m，个别达1 km，总面积约200 km^2。

【时代】 本单元与吉羊单元关系不清，据岩浆结构演化理论，认为此种细粒二长花岗岩属摩天岭超单元的第一单元。

2. 吉羊片麻状中粒斑状黑云母二长花岗岩单元 Pt_3J

【命名、定义】 系本书新建的单元，命名地点位于融水县滚贝乡吉羊村。是由岩石为中粒斑状黑云母二长花岗岩的数个侵入体归并而成，其形成时代晚于三防单元而早于汪洞单元。

【岩石特征】 岩性为片麻状中粒斑状黑云母二长花岗岩，斑晶由钾长石组成，含量多在5%～10%，大小1～4 cm，主要矿物为斜长石（15%～33%）、钾长石（27%～46%）、石英（28%～40%）、黑云母（1%～7%）、白云母（次生，1%～3%）。

【岩石化学成分】 岩石化学成分表现为SiO_2、K_2O高，而MgO、FeO、CaO低。微量元素（$\times10^{-6}$）W 4～8、Sn 5.6～12.4、Rb 286～462高，Nb 6.0～9.6、Be 1.5～2.2、Zr 51～77、Cr 4.8～14.9、Ni 2～5、Co 1.2～4.2、V 2.3～15.6、Ba 24～174、Sr 12.4～44.2低。稀土元素总量（ΣREE）75～177$\times10^{-6}$、轻重稀土比值（ΣCe/ΣY）0.96～2.40、铕亏损（δEu）0.14～0.40均低，在稀土球粒陨石分布图型中，表现为平缓右倾，在铕处有一深“V”型谷，接近于海鸥型“V”。

【分布范围】 分布于摩天岭、元宝山、平英、清明山等复式岩体中，总面积约570 km^2。

【时代】 据最近广西第七地质队的工作，发现汪洞单元粗粒（中粗粒）花岗岩明显侵入吉羊单元，两者接触为明显突变关系，出露长4～5 m，在汪洞单元一侧，发现2个直径约50 cm的吉羊单元中粒斑状黑云母二长花岗岩捕虏体，肯定了汪洞单元形成于吉羊单元之后。

3. 汪洞片麻状粗粒（中粗粒）斑状黑云母二长花岗岩钾长花岗岩单元 Pt_3W

【命名、定义】 系本书新建的单元，命名地点位于融水县汪洞乡。是指往往出露于复式岩体中心部位，由数个具粗粒（中粗粒）结构的花岗岩侵入体归并而成。

【岩石特征】 岩性为片麻状粗粒（中粗粒）斑状黑云母二长花岗岩、钾长花岗岩，斑晶为钾长石，一般含量在5%～10%左右，大小一般在2～5 cm，部分达5～8 cm，矿物成分：斜长石（15%～33%）、钾长石（27%～45%）、石英（22%～50%）、黑云母（2%～6%）、白云母（次生，1%～3%）。片麻状构造主要表现为黑云母片状矿物定向排列，部分钾长石也具定向。

【岩石化学成分】 岩石化学成分、微量元素、稀土元素特征与吉羊单元基本相似。据岩石矿物、副矿物、岩石化学成分、微量元素、稀土元素特征，以及$^{87}Sr/^{86}Sr$初始值0.7350、0.71398、0.7144±0.007，氧同位素$\delta^{18}O$ 10.7‰，钕钐同位素$\varepsilon_{Nd}-5.9$，$\varepsilon_{Sm}446$，另据南京大学沈渭洲资料，本单元Sm/Nd 0.228，花岗岩中地壳Nd组分所占重量fc=0.88，Nd模式年龄T_{DM}=2 201 Ma，与四堡群变质砂岩T_{DM}=2 124 Ma十分吻合，故认为本单元是较典型陆壳改造系列，是由四堡群沉积变质岩改造形成的。

【分布范围】 多分布于各复式岩体中心部位，或形成较小侵入体出现于吉羊单元中，总面积约620 km^2。

【时代】 近年来，各单位在本单元采集同位素年龄样，计有Rb-Sr全岩等时线年龄值845.2 Ma（赵子杰）、836 Ma、852 Ma（彭大良）、952 Ma（董宝林），U-Pb法单颗锆石年龄值837.2 Ma、849 Ma（邹天人）、848 Ma（彭大良），U-Pb谐和图年龄887.6 Ma（7个点）、919 Ma（5个点、赵子杰）。属晚元古代丹洲时期中晚期（青白口纪中晚世）。

4. 九桶微片麻状细粒斑状黑云母二长花岗岩单元 Pt_3Jt

【命名、定义】 系本书新建的单元，命名地点位于融水县汪洞乡九桶村。是由呈岩株状，明显侵入上述三个单元，岩石为细粒斑状黑云母二长花岗岩的数个侵入体（即以前所谓的补充侵入体）归并而成。与三防单元相比：①粒度均匀且更细一些；②暗色矿物更少一些，而钾长石多一些；③一般出现于复式岩体各处，但很少出露边部。

【岩石特征】 岩性为微片麻状细粒斑状黑云母二长花岗岩，由斜长石（21%～31%）、钾长石（34%～38%）、石英（23%～30%）、黑云母（3%～6%）组成，斑晶为石英、钾长石，大小在3～12 mm，含量占岩石2%～8%。

【岩石化学成分】 与上述三个单元比较，本单元K_2O更高一些，而MgO（0.19%～0.29%）、CaO（0.27%～0.40%）更低一些。微量元素特征（3个样平均值，$\times10^{-6}$）与上述三个单元基本相同，但Rb 400更高一些，而Ni 2.20、Co 0.87、V 1.71、Ti 323.40、Ba 21.40、Sr 12.40更低一些。稀土元素总量77.48$\times10^{-6}$、$\Sigma Ce/\Sigma Y$ 0.96、δEu 0.16三项均低。澳大利亚地质学家怀特将$SiO_2>73\%$、$Rb>250\times10^{-6}$、Ba、$Sr<100\times10^{-6}$、$\delta Eu<0.3$的花岗岩称为演化花岗岩，也可以认为是含矿花岗岩，故本单元（甚至主期的3个单元）应该是含矿花岗岩，主要形成锡矿床。另外，在摩天岭复式岩体中，虽岩石U、Th含量不高，但经风化淋滤，由地下水将铀沿构造裂隙带带入深部，经加热形成含矿热液，形成很多铀矿点。

【分布范围】 分布于各复式岩体中，面积约30 km^2，其中摩天岭复式岩体中的九桶侵入体约15 km^2，前人定为九桶补充侵入体。

5. 捍洞片麻状碱长花岗斑岩单元 Pt_3H

【命名、定义】 系本书新建单元，命名地点位于融水县捍洞乡。是由出现于复式岩体外围或内部，岩性为碱长花岗斑岩的数个侵入体归并而成。

【岩石特征】 本单元岩性为片麻状碱长花岗斑岩，由钾长石、斜长石、石英、黑云母组成，斜长石经电子探针分析，皆属 An=0～4 的钠长石。副矿物为电气石-钛铁矿-独居石组合，含锡石。

【岩石化学成分】 岩石化学成分为 SiO_2 71.99%、FeO 2.49%、MgO 1.16%、CaO 1.33%。微量元素（4 个样平均值，$\times10^{-6}$）Sn 10.3、W 15.4、Cu 1431、Pb 58.3、Zn 120.1、Li 55.27、Rb 219 较高，而 Ba 538.8、Sr 78.4、Zr 56.2 稍低，稀土元素 ΣREE 为 163.43、166.85、190.55$\times10^{-6}$，ΣCe/ΣY 6.47、6.99、7.16，δEu 0.43、0.44、0.48，表现为总量较低，铕亏损中等，而轻重稀土比值较高。据微量元素分析，W、Sn、Cu 很高，目前已发现锡、铜矿床。

【分布范围】 分布于融水县捍洞锦洞等地，面积约 52 km^2。

【时代】 捍洞单元侵入四堡群，据目前所掌握资料可能也侵入晚元古代丹洲群，以及汪洞、吉羊单元，同位素年龄 868 Ma（邹天人），故认为单元形成于晚元古代丹洲时期中晚期。

大宁超单元

【命名、定义】 系本书新建超单元，命名地点位于贺县大宁乡。是指地处广西东部（包括广东省的永和复式岩体），同熔成因系列，岩石为花岗闪长岩、石英闪长岩的数个单元归并而成。

【岩石特征】 岩性有由花岗闪长岩→石英闪长岩反向演化的趋势，这种由相对偏酸性的岩石向偏基性岩石演化机理，现在尚不明白。

【岩石化学成分】 与志留纪陆壳系列花岗岩相比，本超单元表现为 SiO_2、K_2O 低，而 FeO、MgO、CaO 特别高，Na_2O 也相对高一些。微量元素除 Cr、Ni、Co、V、Ti、Sc 等稍高于酸性岩维氏值，其他 Nb、Li、Be、Rb、Ba、Sr 均低于维氏值。稀土元素 ΣREE 187.78$\times10^{-6}$较低，ΣCe/ΣY 4.18、δEu 0.61 中等。

【分布、成因】 分布于贺县的桂岭、大宁、南街等地，总面积近 1 000 km^2，广西境内出露 385 km^2。

据岩石矿物、岩石化学、地球化学特征，我们认为大宁超单元成因类型为混合源同熔系列。

【时代】 明显侵入于寒武纪地层，围岩具明显角岩化，个别侵入体被泥盆系沉积不整合覆盖。前人所做 U-Pb 法锆石年龄值 407 Ma，K-Ar 法年龄值 398、445、453 Ma，我们暂采用 445～453 Ma，相当于奥陶纪晚世。

【单元】 据岩性、侵入体相互侵入关系，划分为 3 个单元，并确定其顺序：①养牛坪花岗闪长岩单元（O_3Y），②石鼓山石英闪长岩单元（$O_3\hat{S}$），③岩鹰嘴花岗闪长斑岩单元（O_3Yy）

1. 养牛坪花岗闪长岩单元 O_3Y

【命名、定义】 广西区调队梁廷苞（1992）创名，命名地点位于贺县桂岭乡养牛坪村。是指由岩石为花岗闪长岩的数个侵入体归并而形成的单元。据此单元普遍出现普通角闪石，斜长石牌号稍高（属中长石），副矿物组合，岩石出现闪长质包体，以及岩石化学，地球化学特征，认为属混合源同熔系列成因。

【岩石特征】 岩性为花岗闪长岩，细粒—细中粒斑状结构，斑晶为钾长石，大小1～4 cm，占岩石8%～12%，主要矿物为斜长石(An30～38,45%～50%)、微斜微纹长石(15%～20%)、石英（15%～20%）、黑云母（5%～10%）、普通角闪石（5%～10%）。副矿物为磁铁矿、锆石、褐帘石、榍石、磷灰石。

【岩石化学成分】 岩石化学成分（3个样平均值）SiO_2 66.90%～70.76%、FeO 0.95%～2.17%、MgO 0.98～1.30%、CaO 1.11%～2.95%、Na_2O 1.19%～3.15%、K_2O 3.45%～5.30%。微量元素（$\times10^{-6}$）Cr 29.07、Ni 15.51、Co 10.14、V 58.12、Ti 3167.5、Sc 9.35稍高于维氏值，而Nb 17.83、Li 38.81、Be 4.31、Ba 594.15稍低，Sr 119.35仅是维氏值的1/2.5。稀土元素ΣREE 187.78$\times10^{-6}$低，而$\Sigma Ce/\Sigma Y$ 4.18、δEu 0.61稍高。

【分布范围】 分布于贺县桂岭、大宁一带，广西境内出露面积335 km^2左右。

【时代】 据野外观察，石鼓山单元明显侵入养牛坪单元，依据：①两者接触界线截然，②石鼓山单元石英闪长岩一侧出现4 cm宽的冷凝边，暗色矿物定向排列，近接触界线15 cm内钾长石斑晶定向排列，排列方向与接触界线一致。

2. 石鼓山石英闪长岩单元 $O_3\hat{S}$

【命名、定义】 梁廷苞（1992）创名，命名地点位于贺县南乡石鼓山。是指形成时代稍晚于养牛坪单元，岩石为石英闪长岩的数个侵入体归并而成的单元。

【岩石特征】 岩性为石英闪长岩，中粒似斑状结构，斑晶为钾长石，大小2～4 cm，占岩石30%～35%，主要矿物为斜长石(An30～40,50%～60%)、微斜微纹长石(10%～15%)、石英（10%～15%）、黑云母（5%～10%）、普通角闪石（0～5%）。

【岩石化学成分】 岩石化学成分为(3个样平均值)SiO_2 54.53%～67.78%、FeO 2.27%～5.44%、MgO 1.02%～5.62%、CaO 2.97%～6.48%、Na_2O 2.62%～3.51%、K_2O 3.14%～3.93%。与养牛坪单元相比，岩石成分显然偏基性。

【分布范围】 分布于贺县南街一带，广西境内出露面积约49 km^2。

3. 岩鹰嘴花岗闪长斑岩单元 O_3Yy

【命名、定义】 梁廷苞（1992）创名，命名地点位于富川县朝东镇岩鹰嘴。是指呈小岩株，岩墙产出，岩石为花岗闪长斑岩的侵入体归并而成单元。

【岩石特征】 岩性为花岗闪长斑岩，斑状结构，斑晶含量30%～35%，由斜长石（主要）、普通角闪石、黑云母、石英等组成，大小在0.2～2 mm。岩石由斜长石（An 24，47%～55%）、石英(20%～30%)、钾长石(9%～13%)、黑云母(4%～7%)、普通角闪石(0.7%)组成。因为是斑状岩石，故认为其属补充期岩石，划为第三个单元。

【分布范围】 分布于贺县、富川岩鹰嘴等地，面积仅1 km^2左右。

【时代】 本单元侵入体明显侵入寒武系，而被泥盆系沉积不整合覆盖。

陆靖超单元

【命名、定义】 广西第六地质队（1991）创名，命名地点在陆川县陆靖乡。原指晚志留世，由混合岩、混合花岗岩演化而成的花岗岩类单元归并而成。现指形成于志留纪，成因属陆壳改造系列的变质-交代-熔融型，由原地混合岩、半原地混合花岗岩、异地花岗岩组成的单元归并而成。

【岩石特征】 岩性有由混合岩→混合花岗岩→二云母二长花岗岩演化的趋势。混合岩以条带状、条痕状、阴影状混合岩为主，普遍含堇青石、石榴石、矽线石等矿物。

混合质岩石与浅变质岩（变粒岩、片岩）为过渡关系，混合岩与混合质岩石、混合花岗岩与混合岩也多表现为过渡关系(局部也见混合花岗岩侵入混合岩)，它们的构造线方向一致，表现为和谐的空间关系，在混合岩、混合花岗岩中常保留有变质岩残留体，残留体的构造线与混合花岗岩边部的变质岩构造线一致。二云母二长花岗岩明显侵入混合岩、混合花岗岩。

混合岩、混合花岗岩具有明显的交代作用和重熔现象，交代作用表现 Si、Al、K+Na 带入，Fe、Mg 带出，随混合岩化程度增高，钾长石增加，黑云母减少，斜长石牌号降低，镜下常见钾长石交代斜长石，白云母交代长石、石英、黑云母等。《1∶5 万变质岩区区域地质填图方法指南》(1991) 介绍国际上比较一致的认识，“混合岩是就地部分熔融并就地成岩的结果，因此重熔部分是否有位态的变化，是区分混合作用和岩浆侵入作用的根本标志。但二者共同特点是在冷却成岩前长英质部分均经历了岩浆阶段”。本超单元表现为由原地型混合岩→半原地型混合花岗岩→异地侵入岩的演化过程。

【分布范围】 陆靖超单元分布于桂东南陆川县以东，北流县东南，与广东省接壤的云开地区，以及岑溪县三堡圩至藤县壤南一带，广西境内总面积 2 850 km^2 左右。以前所谓的那蓬混合岩，经 1∶5 万区调工作后，认为是二叠纪、三叠纪花岗岩，《广西区域地质志》(1985) 划分的宁潭混合岩、后经院校、科研所工作，认为是受韧性剪切的志留纪花岗岩，其与此超单元的异地花岗岩，岩性差别大，故认为也不属于此超单元。

【时代】 混合岩、混合花岗岩的原岩是下古生界，广东认为有晚元古代地层。据三堡地区混合岩与志留系呈过渡关系，混合岩、混合花岗岩同位素年龄值 367～438 Ma，认为广西境内混合岩、混合花岗岩、异地花岗岩形成时代应为志留纪。但据莫柱孙、丘元禧的资料，广东阳江、化州、高州等县①寒武纪变质岩和混合岩互相过渡，②郁南运动是一次造山运动，早奥陶世底砾岩不整合于寒武纪、震旦纪地层之上，③受混合岩化地层是寒武纪地层，在早奥陶世底砾岩中有大量长石碎屑，④混合岩同位素年龄值为 487～552 Ma。故认为云开大山腹地(广东省境内)，混合岩化作用时代为寒武纪，是否有奥陶纪的混合岩，现在尚不得而知。综观广东、广西情况，可将混合岩化时代暂定为两次，第一次发生于寒武纪（广东境内），第二次发育于志留纪（广西境内）。

【单元】 可划分为 5 个单元，它们是天堂山混合岩单元 (ST)、中庸岭混合花岗岩单元 (SŽ)、石村中粒二云母二长花岗岩单元 (SŜ)、甲隆中粒二云母二长花岗岩单元 (SJ)、黄牛湾细粒二云母二长花岗岩单元 (SH)。现分述之：

1. 天堂山混合岩单元 ST

【命名、定义】 原名“天堂山变质岩系”，为姚文光、乐森璕 (1933) 所创。原指以浅色片麻岩为主(似为花岗岩所变)，而以片岩、石英岩次之，其下为花岗岩，其上与龙山系呈不整合接触的一套岩石。属元古界。后经赵金科、张文佑 (1958) 更名为天堂山片麻岩，暂定为前震旦纪。本书将其称为天堂山混合岩，现指经过混合岩化作用，形成于志留纪的一套条带状、条纹状、条痕状、眼球状、阴影状混合岩、均质混合岩所组成的单元。命名地点在容县黎村乡天堂山。

【岩石特征】 有条带、条纹状混合岩、条痕状混合岩、眼球状混合岩、阴影状混合岩、均质混合岩 5 个带，以前 2 个带为主，主要矿物成分（表 7-2)：

表 7-2 天堂山混合岩单元各带主要矿物成分

	条带状、条纹状混合岩（%）	条痕状混合岩（%）	眼球状混合岩（%）	阴影状混合岩（%）	均质混合岩（%）
石英	22～45	20～42	24～40	25～37	18～45
斜长石	20～50 (An15～34)	18～65 (An25～38)	18～48 (An28～32)	5～60 (An20～60)	0～69 (An12～15)
钠长石	0～5	0～35		0～18	少量
钾长石	0～35	0～40	16～34	0～65	0～60
黑云母	2～25	0～20	4～20	1～15	1～22
白云母	1～12	0～6	1～4	1～3	0～12

特征矿物为矽线石、石榴石、堇青石、红柱石、角闪石等，出现于基体部分。副矿物为磁铁矿、锆石、磷灰石、独居石、金红石等，极个别样品中有铬铁矿、铬尖晶石。

【岩石化学成分】 岩石化学成分（114 个样）为 SiO_2 67.64%～78.33%（平均 73.28%）、FeO 0.51%～4.91%（平均 2.58%）、MgO 0.17%～2.12%（平均 1.07%）、CaO 0.20%～4.60%（平均 1.27%）、Na_2O 0.10%～5.66%（平均 2.80%）、K_2O 0.38%～5.81%（平均 3.84%）。与酸性岩维氏值比较，微量元素（$\times10^{-6}$）W 0.5、Mo 0.5～0.9、Rb 171～175、Ba 264～716 等偏低，Be 1.9～2.9、Sr 35.18～123.90 低，而 Sc 6.54～21.00 较高。稀土元素 ΣREE 在 195.0～295.6$\times10^{-6}$（平均 256.55$\times10^{-6}$），ΣCe/ΣY 2.02～4.74（平均 2.77），δEu 0.21～0.68（平均 0.45）。

【分布范围】 分布于云开地区及三堡地区，分布广，占陆靖超单元面积的三分之二，约 1 900 km^2。

【时代】 三堡混合岩锆石同位素年龄值为 400～438 Ma，车田混合岩同位素年龄值 367 Ma，故本单元属志留纪产物。

2. 中庸岭混合花岗岩单元 $S\hat{Z}$

【命名、定义】 系本书新建单元，命名地点位于北流县六麻乡中庸岭。是指由数个岩石为混合花岗岩的侵入体归并成的单元。混合花岗岩与混合岩之间多为过渡关系，有时可见侵入关系。

【岩石特征】 岩性为混合花岗岩，个别为斜长混合花岗岩。混合岩由石英（20%～45%）、斜长石（An11～40，10%～50%）、钠长石（0～5%）、钾长石（18%～49%）、黑云母（1%～33%）、白云母（0.8%）组成。斜长混合花岗岩的斜长石含量高（38%～57%），钾长石低（0～10%）。特征矿物是石榴石、矽线石、堇青石、角闪石等。副矿物为磁铁矿、锆石、金红石、独居石、电气石等，极个别出现铬铁矿、铬尖晶石。

【岩石化学成分】 岩石化学成分（36 个样）为 SiO_2 70.97%～76.10%（平均 74.06%）、FeO 0.69%～3.77%（平均 1.87%）、MgO 0.16%～1.47%（平均 0.68%）、CaO 0.40%～1.75%（平均 0.95%）、Na_2O 1.81%～3.37%（平均 2.52%）、K_2O 0.70%～5.54%（平均 4.42%），与天堂山单元比较，SiO_2、K_2O 稍有增加，而 FeO、MgO、CaO、Na_2O 减少。微量元素特征与天堂山单元相似，表现为 W、Mo、Ba、Be、Sr 偏低。稀土元素 ΣREE 71.56～218.09$\times10^{-6}$（平均 158.17$\times10^{-6}$）、ΣCe/ΣY 1.77～3.51（平均 2.76）、δEu 0.35～0.50（平均 0.42），与天堂山单元比较，反映上述 3 个值都有降低的趋势。

【分布范围】 分布于云开地区、三堡地区的中庸岭、下礼垌、黎村、大伦、山心岭、三堡等处，多呈长条状分布，侵入体长轴方向与构造方向一致，面积约 765 km^2。

3. 石村中粒二云母二长花岗岩单元 SŜ

【命名、定义】 广西第六地质队（1991）于 1∶5 万陆川、陆靖、平定幅报告中创名。广西区调院于北流县白马乡甬表村研究最详，是指被甲隆单元侵入体侵入，岩石为中粒二云母二长花岗岩的数个侵入体归并而成的单元。

【岩石特征】 岩性为中粒（粗中粒）二云母二长花岗岩，主要矿物为斜长石（An17～30，17%～35%）、微斜条纹长石（27%～46%）、石英（27%～36%）、黑云母（1%～5%）、白云母（1%～4%）。

【岩石化学成分】 岩石化学成分为 SiO_2 72.05%～73.69%（平均 72.85%）、FeO 0.82%～1.40%（平均 1.11%）、MgO 0.23%～0.32%（平均 0.275%）、CaO 0.90%～0.96%（平均 0.93%）、Na_2O 2.90%～3.26%（平均 3.08%）、K_2O 5.24%～5.68%（平均 5.46%）。

【分布范围】 分布于云开地区，广西与广东交界的甬表等地，面积约 72 km^2，广西境内仅 5 km^2。

4. 甲隆中粒二云母二长花岗岩单元 SJ

【命名、定义】 广西第六地质队（1991）于 1∶5 万陆川、陆靖、平定幅报告中创名，命名地点位于广东省平定县甲隆乡。是指岩石为中粒二云母二长花岗岩的数个侵入体归并而成的单元。

【岩石特征】 岩性为中粒二云母二长花岗岩，主要矿物为微斜条纹长石（18%～54%，多为 28%～38%）、斜长石（An16～28，4%～40%，多为 23%～35%）、石英（25%～48%）、黑云母（1%～5%）、白云母（1%～3%）。副矿物为锆石、独居石、电气石、石榴石等。

【岩石化学成分】 岩石化学成分为 SiO_2 73.53%～75.46%（平均 73.80%）、FeO 0.52%～2.07%（平均 1.25%）、MgO 0.20%～0.57%（平均 0.36%）、CaO 0.39%～0.82%（平均 0.69%）、Na_2O 2.72%～3.01%（平均 2.82%）、K_2O 4.75%～5.49%（平均 5.22%），与石村单元相比，SiO_2、K_2O 增加，CaO、Na_2O 减少。

【分布范围】 分布于云开地区甲隆、陆靖、红台寨、北界等地，总面积大于 279 km^2，广西境内 91 km^2。

【时代】 另据 1∶5 万陆靖幅及《广西壮族自治区区域地质志》（1985）资料，甲隆单元明显侵入于石村单元，在甲隆单元一侧，矿物定向排列，且有石村单元之捕虏体。

5. 黄牛湾细粒二云母二长花岗岩单元 SH

【命名、定义】 广西第六地质队于（1991）在 1∶5 万陆川、陆靖、平定幅报告中创名。而以广西区调院于容县杨村乡横山村附近研究最详，是指由数个岩石为细粒二云母二长花岗岩侵入体归并而成的单元。黄牛湾单元侵入甲隆单元侵入体，故为最新单元。

【岩石及岩石化学特征】 岩性为细粒二云母二长花岗岩，矿物成分与甲隆单元相似，含量变化小，副矿物组合、岩石化学也相似。

石村、甲隆、黄牛湾单元的岩石学、矿物学特征、岩石化学特征、副矿物特征、微量元素特征都极相似。综合此 3 个单元资料与天堂山混合岩单元、中庸岭混合花岗岩单元对比，可以看出：①在主要矿物含量上，后 3 个单元黑云母明显减少，且钾长石、斜长石含量以及斜长石牌号都比较稳定，而前 2 个单元变化较大；②岩石化学特征表现出后 3 个单元 FeO、CaO 降低，MgO 明显降低，且 K_2O 增加，前 2 单元各种氧化物变化范围较大；③据 1：5 万陆川、陆靖、平定幅资料（115 个样平均含量、$\times10^{-6}$）：石村、甲隆、黄牛湾 3 个单元 Cr 72.58、W 14.96、Sn 5.78、Li 63.87、Mo 1.91 等元素含量比天堂山、中庸岭单元高，Ba 382.4、Sc 7.77、Zr 97.83 较低。

【分布范围】　分布于北流县白马乡、隆盛的独堆、山咀、大沙田、丽垌，以及容县的横山等地，面积约 89 km^2。

【时代】　据广西区测队（1975）工作，黄牛湾单元的大沙田侵入体明显侵入北界侵入体，故认为黄牛湾单元是陆靖超单元最新的一个单元。

海洋山超单元

【命名、定义】　系本书新建超单元，命名地点位于灌阳县海洋山。是指形成于志留纪中晚世，成因类型为陆壳改造系列晚造山地壳重熔型，岩石为花岗闪长岩（次要）、黑云母二长花岗岩（主要）数个单元归并而形成的超单元。

【岩石特征】　岩性有由花岗闪长岩→黑云母二长花岗岩（主体）→花岗斑岩的变化趋势。

【分布范围】　分布于灌阳海洋山、都庞岭两侧、灵川县新寨、金秀县岭祖、平南罗平、上林东大明山等地，总面积 483 km^2 左右。

【时代】　据资料，海洋山超单元明显侵入寒武系、奥陶系，外接触带有明显的角岩化。海洋山、岭祖、新寨、罗平、东大明山等岩体复式岩体，都见到泥盆纪地层沉积不整合覆盖于侵入体之上；在古风化花岗岩之上，泥盆系底部有花岗质碎屑岩或花岗质砾岩出现。考虑到本区由寒武系至志留系为连续沉积，广西运动才使早古生代地层褶皱，都庞岭西岩体 U-Pb 法锆石年龄值 403、418 Ma，故认为本超单元形成于志留纪中、晚世。

【问题讨论】　海洋山、猫儿山、软甲、宁潭 4 个超单元都是志留纪晚期造山重熔型花岗岩，虽然它们所处二级构造单元位置不同，但都属华南准地台一级构造单元，且岩性有一定相似性，故可以认为此 4 个超单元可以组成一个超单元组合。

【单元】　据岩性变化，可划分 5 个单元，①劳江花岗闪长岩单元（$S_{2-3}L$）、②新寨细粒（斑状）黑云母二长花岗岩单元（$S_{2-3}X$）、③大界岭中粒斑状黑云母二长花岗岩单元（$S_{2-3}D$）、④江里细粒黑云母二长花岗岩单元（$S_{2-3}J$）、⑤罗平花岗斑岩单元（$S_{2-3}Lp$）。现分述之：

1. 劳江花岗闪长岩单元　$S_{2-3}L$

【命名、定义】　系本书新建单元，命名地点位于灵川县大镜乡劳江村。是指岩石为花岗闪长岩的数个侵入体归并而成的单元。

【岩石特征】　岩性为花岗闪长岩，由石英（22%～33%）、斜长石（An26～33，38%～52%）、钾长石（13%～19%）、黑云母（2%～4%）、普通角闪石（4%～7%）组成。

【岩石化学成分】　岩石化学特征表现为 SiO_2 66.38%、K_2O 3.80%低，而 FeO 3.85%、MgO 2.06%、CaO 3.47%、Na_2O 3.32%较高。

【分布范围】　分布于金秀县岭祖复式岩体、灵川县新寨复式岩体、灌阳海洋山复式岩体中，面积约 15 km^2。

2. 新寨细粒（斑状）黑云母二长花岗岩单元　$S_{2-3}X$

【命名、定义】　系本书新建单元，命名地点位于灵川县大境乡新寨村。是指由数个细粒（斑状）黑云母二长花岗岩侵入体归并而成的单元。

【岩石特征】　岩性为细粒（斑状）黑云母二长花岗 。矿物成分：石英（28%～38%）、斜长石（An25～49，21%～42%）、微斜长石（23%～29%）、黑云母（2%～8%）、普通角闪石（0～4%），表现出斜长石牌号较高。岩石中个别见有石英二长岩包体，大小 3 cm×5 cm。副矿物为钛铁矿、独居石、锆石组合。

【岩石化学成分】　岩石化学成分表现为 SiO_2 66.82%～70.22%（平均 68.41%）、K_2O 3.72%～5.48%（平均 4.37%）较低，但比劳江单元高一些；FeO 2.19%～3.87%（平均 3.28%）、MgO 1.21%～2.73%（平均 2.14%）、CaO 1.16%～2.91%（平均 2.35%）、Na_2O 2.08%～2.76%（平均 2.48%）较高，比劳江单元稍低。

【分布范围】　分布于海洋山、新寨、岭祖各复式岩体中，出现于复式岩体边部，面积约 62 km^2。

【时代】　U－Pb 法锆石年龄值 390.9±3.9 Ma。

3. 大界岭中粒斑状黑云母二长花岗岩单元　$S_{2-3}D$

【命名、定义】　系本书新建单元，命名地点位于灌阳县西山乡大界岭（兴安、全州、灌阳三县交界处）。是指由数个岩石为中粒斑状黑云母二长花岗岩的侵入体归并而成的单元。

【岩石特征】　岩石为中粒斑状黑云母二长花岗岩，斑晶为钾长石，大小 1～2 cm，占岩石 5%～10%，岩石由微斜条纹长石（15%～42%，平均 28.62%）、斜长石（An25～44，17%～36%，平均 28.80%）、石英（20%～39%，平均 29.63%）、黑云母（6%～12%，平均 9.34%）组成。副矿物为钛铁矿（20 g/t 以上）、锆石（16～32 g/t）、独居石（2.40～11.30 g/t），个别样有磷灰石（3 g/t）。

【岩石化学成分、成因】　岩石化学成分为 SiO_2 67.30%～72.27%（平均 70.24%）、K_2O 4.04%～4.90%（平均 4.34%）、FeO 1.86%～3.54%（平均 2.80%）、MgO 1.26%～2.65%（平均 1.91%）、CaO 2.06%～3.13%（平均 2.49%）、Na_2O 2.24%～2.72%（平均 2.46%），与新寨单元比较，SiO_2 增加，而 FeO、MgO 减少，其他氧化物变化不大。微量元素（$\times 10^{-6}$）W 2.44、Sn 5.32、V 52.65、Ti 2 998.24 稍高于酸性岩维氏值，Mo 2.89、Cr 52.75、Ni 31.30、Sc 8.25 较高，而 Zr 150.83、Be 3.15 稍低，Ba 481.17、Sr 93.73 较低。稀土元素 ΣREE 203.94$\times 10^{-6}$、$\Sigma Ce/\Sigma Y$ 4.87、δEu 0.49，说明总量稍低，而轻稀土元素较富集，中等铕亏损。据 SiO_2 在 70%左右、K_2O/Na_2O 1.76、过铝指数 1.08～1.11、CIPW 标化矿物刚玉 1.06～1.41、δEu 0.49～0.50、复式岩体呈面状分布、副矿物组合等，认为此单元侵入体为地壳重熔型花岗岩。

【分布范围】　分布于各复式岩体中，为海洋山超单元的主体单元，总面积约 391 km^2。

【时代】　都庞岭西岩体 U－Pb 法锆石年龄值 403、418 Ma，相当于志留纪中晚世。

4. 江里细粒黑云母二长花岗岩单元　$S_{2-3}J$

【命名、定义】　系本书新建单元，命名于灌阳县西山乡江里。是指由数个岩石为细粒黑云母二长花岗岩的侵入体（呈岩株产出）归并而成的单元，江里单元侵入体明显侵入大界岭等单元，即前人所谓的补充侵入体。

【岩石特征】 岩性为细粒黑云母二长花岗岩，主要矿物斜长石（An23，23%～32%）、石英（27%～36%）、微斜微纹长石（29%～34%）、黑云母（3%～10%）。

【岩石化学成分】 岩石化学成分为 SiO_2 71.29%、FeO 2.46%、MgO 1.47%、CaO 2.50%、Na_2O 2.46%、K_2O 4.11%，与大界岭单元相比，SiO_2 稍高，而 FeO、MgO 稍低。

【分布范围】 分布于海洋山复式岩体东侧，面积约 8 km^2。

【时代】 原 1∶20 万道县幅将此种侵入体划为海洋山岩体补充侵入体，现 1∶5 万灌阳幅 U－Pb 一致曲线年龄值 606 Ma，认为是加里东早期侵入体。本书从区域特征来看，广西寒武纪早世没有构造运动，也没有发现过寒武纪花岗岩，且考虑到岩石矿物、岩石化学特点，认为属大界岭单元产物，而同位素年龄有误，故将其作为此超单元的第 4 个单元。

5. 罗平花岗斑岩单元 $S_{2-3}Lp$

【命名、定义】 系本书新建单元，命名于平南县官成乡罗平村。是指呈小岩株、岩墙产出，岩石为花岗斑岩的数个侵入体归并而成的单元。

【岩石特征】 花岗斑岩斑晶由钾长石、斜长石、石英（六方双锥晶形）组成，大小 0.5～6 mm，以 2～4 mm 居多，占岩石 20%～50%，基质 0.4 mm 以下，由石英（41%～65%）、钾长石（15%～25%）、奥长石（5%～10%）组成。

【岩石化学成分】 岩石化学成分为 SiO_2 70.32%～74.98%、K_2O 3.65%～5.86%、FeO 0.90%～3.13%、MgO 0.51%～1.37%、CaO 0.12%～1.96%、Na_2O 0.10%～3.62%，与大界岭、江里单元比较，SiO_2、K_2O 增加，FeO、MgO、CaO、Na_2O 降低。

【分布范围】 分布于平南县罗平、东大明山等处，呈小岩株、岩墙产出，面积 7 km^2 左右。

猫儿山超单元

【命名、定义】 梁廷苞（1992）创名，命名地点位于资源县猫儿山。是指形成于志留纪中晚世，成因类型属陆壳改造系列晚造山（同造山）地壳重熔型，由岩石为花岗闪长岩（次要）、黑云母二长花岗岩（主要）的数个单元归并而成的单元，超单元出露于南华准地台桂北台隆（江南古陆）的南缘。

【岩石特征】 岩性有由花岗闪长岩（出露面积小）→细粒中粒、粗中粒斑→状黑云母二长花岗岩（主期）→细粒、细中粒斑状黑云母二长花岗岩（补充期）→中细粒二云母二长花岗岩（补充期）→花岗斑岩、石英斑岩演化的趋势。与海洋山超单元相比，其黑云母、斜长石含量稍低，而钾长石稍高，副矿物为钛铁矿、锆石、独居石、电气石、磷灰石等。

【岩石化学成分】 主期花岗岩岩石化学成分 SiO_2 66.50%～77.66%（平均 70.90%）、K_2O 2.66%～6.19%（平均 5.15%）、FeO 1.39%～3.43%（平均 2.50%）、MgO 0.58%～2.07%（平均 1.09%）、CaO 0.67%～2.73%（平均 1.23%）；微量元素 W、Sn、Li、Rb、Ti、Sc 高，Zr、Ba、Sr 低；稀土元素 ΣREE 208.12～221.83×10^{-6}，$\Sigma Ce/\Sigma Y$ 4.08～4.13，δEu 0.31～0.44。

【分布、成因】 分布于广西东北部兴安、资源、全州等县的越城岭、猫儿山一带，总面积 3 023 km^2，广西境内 2 200 km^2。

据岩石学、矿物学、岩石化学、地球化学、同位素地球化学特征，认为此超单元属陆壳改造系列的地壳重熔型。因构造位置、岩性与海洋山超单元稍有区别，故划分为2个超单元。

【时代】 据1：20万兴安幅资料，复式岩体明显侵入于寒武系、奥陶系，围岩具角岩化，角岩化宽度多在500 m以内，个别可达1 000 m。早泥盆世地层沉积不整合于岩体之上，在花岗岩古风化面之上，出现厚度小于10 m的花岗质碎屑岩，据主期花岗岩同位素年龄U－Pb法锆石年龄值11个，在364～460 Ma之间，多在409～423 Ma，Rb－Sr全岩等时线年龄值289、368 Ma，我们采用409～423 Ma，与地质资料吻合，故认为本超单元侵入体形成于广西运动（造山运动）主幕，相当于志留纪中、晚期。

在1：20万区调填图中，将明显侵入主期花岗岩的黑云母二长花岗岩、二云母二长花岗岩等作为补充期侵入体，此后，中南地勘局310队在岩体工作时，在上述侵入体中采集的K－Ar法同位素年龄值106～201 Ma，将其划归印支期、燕山期，1985年《广西壮族自治区区域地质志》、1988年1：5万中峰、百里村幅均按中南地勘局310队划分方案处理。现在，考虑到上述年龄值均匀K－Ar法年龄可能偏低（以前在主期花岗岩中的K－Ar法年龄也属燕山期），而且在上述侵入体中发现主期花岗岩中常见的堇青石，证明它们之间具演化关系，故认为主期花岗岩与二云母二长花岗岩等是一个超单元（一次岩浆演化系列）中岩浆数次脉动的产物。

【单元】 据岩性与其相互侵入关系，划分7个单元：①杨梅田花岗闪长岩单元（$S_{2-3}Y$）、②阳桥细粒（中细粒）斑状黑云母二长花岗岩单元（$S_{2-3}Yq$）、③护卫中粒斑状黑云母二长花岗岩单元（$S_{2-3}H$）、④猪仔弄粗中粒斑状黑云母二长花岗岩单元（$S_{2-3}\hat{Z}$）、⑤蒋家山中细、细粒（斑状）黑云母二长花岗岩单元（$S_{2-3}Jj$）、⑥马家山中细粒斑状含堇青石二云母二长花岗岩单元（$S_{2-3}M$）、⑦大湾花岗斑岩石英斑岩单元（$S_{2-3}Dw$）。现分述之：

1. 杨梅田花岗闪长岩单元 $S_{2-3}Y$

【命名、定义】 梁廷苞（1992）创名，命名于全州县咸水乡杨梅田村。是指由数个岩石为花岗闪长岩的侵入体归并而成的单元。

【岩石特征】 岩石为花岗闪长岩，由石英（20%～33%，平均28%）、钾长石（7%～18%，平均14%）、斜长石（An30～40，35%～60%，平均49%）、黑云母（4%～15%，平均7%）、普通角闪石（0～7%）组成。副矿物电气石、锆石、石榴石、独居石较高，钛铁矿、磁铁矿较低。

【岩石化学成分】 岩石化学成分（6个样）表现为SiO_2 61.20%～65.86%（平均63.39%）、K_2O 2.50%～3.92%（平均3.39%）较低（比海洋山超单元的捞江单元更低），而Al_2O_3 15.20%～16.67%（平均15.94%）、FeO 3.69%～4.41%（平均4.13%）、MgO 2.23%～2.52%（平均2.37%）、CaO 2.33%～3.83%（平均2.96%）、Na_2O 2.92%～3.80%（平均3.23%）较高，其中FeO、MgO比捞江单元还高。

【分布范围】 分布于越城岭复式岩体东南的杨梅田、猫儿山复式岩体西部的小地等地，面积约30 km^2，出露于复式岩体边部。

【时代】 据1992年野外工作资料，蒋家山、护卫单元侵入于此单元中，且考虑到岩性偏基性一些，侵入体出露于复式岩体边部等，将杨梅田单元作为猫儿山超单元的第一个单元。

2. 阳桥细粒(中细粒)斑状黑云母二长花岗岩单元 $S_{2-3}Yq$

【命名、定义】 梁廷苞（1992）创名，命名于资源县中峰乡阳桥村。是指由数个岩石为细粒（中细粒）斑状黑云母二长花岗岩的侵入体归并而成的单元。

【岩石特征】 岩性为细粒（中细粒）斑状黑云母二长花岗岩，由钾长石（23%～44%，平均32.2%）、斜长石（An13～20，15%～35%，平均27.6%）、石英（28%～40%，平均33.7%）、黑云母（1%～6%，平均2.5%）、堇青石（0～1%）组成。

【岩石化学成分】 岩石化学成分 SiO_2 72.43%～75.10%、FeO 1.65%～2.28%、MgO 0.46%～1.10%、CaO 0.20%～0.75%、Na_2O 2.35%～3.64%、K_2O 4.20%～5.04%。

【分布范围】 分布于复式岩体边部，出露面积79 km^2，广西境内57 km^2。

3. 护卫中粒斑状黑云母二长花岗岩单元 $S_{2-3}H$

【命名、定义】 梁廷苞（1992）创名，命名地点位于资源县枫木乡护卫村。是指岩石为中粒斑状黑云母二长花岗岩的数个侵入体归并而成的单元。

【岩石特征】 岩性为中粒斑状黑云母二长花岗岩，斑晶为钾长石（微斜微纹长石），含量一般为5%～10%，岩石由钾长石（23%～46%，平均34.1%）、斜长石（An15～45，18%～31%，平均26.5%）、石英（25%～38%，平均30.4%）、黑云母（5%～13%，平均7.2%）组成，有堇青石、石榴石出现。与阳桥单元比较，钾长石、黑云母增加，斜长石、石英减少。

【岩石化学成分】 岩石化学成分（30个样）为 SiO_2 64.59%～75.89%（平均71.54%）、FeO 1.60%～3.73%（平均2.54%）、MgO 0.38%～1.97%（平均1.13%）、CaO 0.23%～2.30%（平均1.11%）、Na_2O 1.44%～2.98%（平均2.28%）、K_2O 4.15%～6.10%（平均5.17%）。与海洋山超单元大界岭单元对比，SiO_2、K_2O 较高，而FeO、Na_2O 稍低，MgO、CaO较低。副矿物以钛铁矿（8.67～72.76g/t）、独居石（1.97～18.90g/t）、电气石（4.80～33.05g/t）、磷灰石（1.08～1.33g/t）、钍石（1.43～10.00g/t）、锆石（8.23～9.58g/t）、石榴石（3.73～7.04g/t）等为主。微量元素（$\times10^{-6}$）W 9.06、Sn 11.87、Li 54.29、Rb 314.04、Ti 3 388、Sc 7.56较酸性岩维氏值高，其中Sn、W高出4～6倍，而Zr 134.82、Ba 327.12、Sr 90.86低于维氏值，其中Ba、Sr仅为维氏值的1/2.5～1/3.3。稀土元素（6个样）ΣREE 163.44～252.82$\times10^{-6}$，ΣCe/ΣY 3.79～4.41，δEu 0.31～0.47，前者低于维氏值，后者中等，ΣCe/ΣY高于维氏值。

另外，据徐伟昌资料，护卫单元 $^{87}Sr/^{86}Sr$ 初始值0.7168～0.7190，$\delta^{18}O$ 9.39～10.73‰，$\varepsilon_{Nd}=-7.1$、$\varepsilon_{Sr}=177\sim209$，长石铅同位素 $^{206}Pb/^{204}Pb$ 18.759～18.833、$^{207}Pb/^{204}Pb$ 15.669～15.747，全岩铅同位素 $^{206}Pb/^{204}Pb$ 18.512～19.269、$^{207}Pb/^{204}Pb$ 15.559～15.729。据沈渭洲资料，本单元Sm/Nd 0.178、fc＝0.68、T_{DM}＝1 554 Ma。

【成因】 据以上岩石矿物、岩石化学、地球化学特征、同位素地球化学特征，说明本单元成因类型是典型的地壳重熔型，其源岩可能是早中元古代四堡群。

【分布范围】 分布最广，广泛见于复式岩体，构成主体单元总面积约2 528 km^2。广西境内1 792 km^2。

4. 猪仔弄粗中粒斑状黑云母二长花岗岩单元 $S_{2-3}\hat{Z}$

【命名、定义】 梁廷苞（1992）创名，命名地点位于资源县延东乡猪仔弄村。是指岩石为粗中粒斑状黑云母二长花岗岩的侵入体归并而成的单元。

【岩石特征】 岩性为粗中粒斑状黑云母二长花岗岩，斑晶由钾长石组成，大小在1.2～2.5 cm，占岩石7%～15%，基质大小4～7 mm，主要矿物成分与护卫单元相似，钾长石稍多，而斜长石稍少。

【岩石化学成分】 岩石化学成分为SiO_2 69.08%～74.88%(平均72.88%)、FeO 1.60%～2.90%（平均2.36%）、MgO 0.50%～1.22%（平均0.85%）、CaO 0.13%～1.57%（平均0.81%）、Na_2O 1.90%～2.70%（平均2.37%）、K_2O 4.84%～5.80%（平均5.27%），与护卫单元比较，SiO_2、K_2O+Na_2O增加，FeO、MgO、CaO减少。

【分布范围】 零星分布于复式岩体中，总面积236 km^2，广西境内171 km^2。

【时代】 另外，由杨梅田单元→阳桥单元→护卫单元→猪仔弄单元，从岩石矿物特征看，表现为由花岗闪长岩向二长花岗岩演化（即由相对偏基性向偏酸性的岩石演化），钾长石增加而斜长石减少；氧化物SiO_2、K_2O+Na_2O增加，而FeO、CaO、MgO减少；从结构上看由细粒向中粒、粗中粒变化。此4个单元之间，仅见护卫单元侵入体侵入杨梅田单元，其他单元间未见相互侵入接触关系，故只能从演化的角度来排列单元顺序。

5. 蒋家山中细粒、细粒（斑状）黑云母二长花岗岩单元 $S_{2-3}Jj$

【命名、定义】 梁廷苞（1992）创名，命名地点位于资源县廷东乡蒋家山村。指岩石为中细粒、细粒（斑状）黑云母二长花岗岩的数个侵入体归并而成的单元。此单元侵入体明显侵入上述4个单元。

【岩石特征】 岩性为中细粒、细粒（斑状）黑云母二长花岗岩，主要矿物为微斜微纹长石（25%～50%，平均30%）、斜长石（An20～30，23%～38%，平均31%）、石英（23%～40%，平均33%）、黑云母（3%～7%，平均5%），个别岩石含堇青石，部分岩体具似斑状结构，斑晶由石英、钾长石组成，大小5～7 mm。

【岩石化学成分】 岩石化学成分（4个样）表现为SiO_2 70.76%～75.43%（平均73.67%）、FeO 1.90%～2.15%（平均2.00%）、MgO 0.41%～1.35%（平均0.79%）、CaO 0.23%～1.63%（平均0.82%）、Na_2O+K_2O平均7.29%，与猪仔弄单元相比，SiO_2增加，FeO、MgO降低。

【分布范围】 本单元多呈小岩株、岩墙零星分布于复式岩体中，面积约50 km^2，广西境内30 km^2。

6. 马家山中细粒斑状含堇青石二云母二长花岗岩单元 $S_{2-3}M$

【命名、定义】 梁廷苞（1992）创名，命名地点位于资源县中峰乡马家山村。指数个岩石为中细粒斑状含堇青石二云母二长花岗岩的侵入体归并而成的单元。

【岩石特征】 岩石为中细粒斑状含堇青石二云母二长花岗岩，主要矿物有：斜长石（An3～16，22%～47%，平均29.5%）、微斜微纹长石（16%～38%，平均31.4%）、石英（27%～38%，平均31.6%）、黑云母（1%～5%，平均3.53%）、白云母（1%～5%，平均1.80%）、堇青石（0～2%，平均1.24%），石榴石、电气石常见。副矿物电气石、锆石含量较高，电气石最高达417g/t。

【岩石化学成分】 岩石化学成分为SiO_2 73.23%～74.39%(平均73.94%)、FeO 0.70%～1.73%（平均1.42%）、MgO 0.19%～0.89%（平均0.52%）、CaO 0.20%～0.77%（平均0.51%）、Na_2O 2.27%～3.81%（平均2.94%）、K_2O 4.12～5.13%（平均4.73%）。微量元素（包括蒋家山单元4个样平均值，$\times10^{-6}$）W 5.38、Sn 17.20、Li 88.60、Rb 410.17是酸性岩维氏值的2.1～5.7倍，Zr 106.83、Cr 15.77、V 20.59、Ti 1 479.43只是维氏值的

1/1.6～1/2，而 Ba 173.27、Sr 46.83 特别低，仅为维氏值的 1/4.6～1/6.4。稀土元素（3 个样）ΣREE 204.59×10^{-6}、ΣCe/ΣY 2.71、δEu 0.27，3 个值均低。$^{87}Sr/^{86}Sr$ 初始值 0.724、0.7253、0.7265。本单元侵入体明显侵入主期单元中。此单元侵入体 SiO_2＞73％、Rb＞250×10^{-6}、Sr＜100×10^{-6}、δEu＜0.30，仅 Ba 稍高，但也超过 100×10^{-6}，应为含矿侵入体，且 W、Sn 高，认为属含矿单元。

【分布范围】 本单元呈小岩株、岩墙零星分布于复式岩体中，面积约 70 km^2，广西境内 50 km^2。

7. 大湾花岗斑岩、石英斑岩单元 $S_{2-3}Dw$

【命名、定义】 梁廷苞（1992）创名，命名地点位于全州县咸水乡大湾村。指呈岩墙产出的岩石为花岗斑岩、石英斑岩的数个侵入体归并而成的单元。此单元侵入体侵入护卫、猪仔弄、马家山等单元内。

【岩石特征】 岩性为花岗斑岩、石英斑岩。花岗斑岩斑晶由斜长石、钾长石、石英、黑云母组成，大小 2～6 mm，基质由长英矿物组成，大小在 0.15～0.4 mm。由钾长石（23％～48％，平均 31.86％）、斜长石（An7～26，19％～42％，平均 27.42％）、石英（22％～39％，平均 32.41％）、黑云母（0～6％）、白云母（0～4％）组成，个别出现堇青石、石榴石。石英斑岩斑晶为石英，大小 0.5～1.2 mm，由石英（60％～65％）、钾长石（7％～13％）、斜长石（24％～26％）组成。

【岩石化学成分】 两种岩石的岩石化学特征为：SiO_2 71.77％～76.67％（平均 74.68％）、FeO 0.63％～2.65％（平均 1.34％）、MgO 0.17％～1.15％（平均 0.54％）、CaO 0.27％～0.90％（平均 0.55％）、Na_2O 1.38％～4.08％（平均 2.45％）、K_2O 3.20％～5.07％（平均 4.45％）。

【分布范围】 零星分布于复式岩体中，面积约 30 km^2，广西境内 20 km^2。

【问题讨论】 从杨梅田单元至大湾单元，SiO_2、Na_2O＋K_2O 有增加趋势，而 FeO、MgO、CaO 显降低趋势，表现为一个完整的岩浆演化序列。

宁潭超单元

【命名、定义】 系本书新建超单元，命名地点位于博白县宁潭镇。是指形成于志留纪晚世，成因属陆壳改造系列地壳重熔型，岩石为二长花岗岩（受强烈韧性剪切作用）的数个单元归并成的超单元。

【岩石特征】 岩性为中细粒斑状压碎黑云母二长花岗岩、中粗粒斑状眼球状黑云母二长花岗岩。

【岩石化学成分】 岩石化学成分表现为 SiO_2、K_2O 较高，而 MgO、FeO、CaO、Na_2O 稍低。

【分布、成因】 分布于广西东南部的博白宁潭、文地、松山以及合浦常乐等地，广西境内出露面积约 790 km^2。岩石受韧性剪切作用影响，形成眼球状花岗岩、糜棱岩、千糜岩等。据其岩石矿物特征、岩石化学特征等，认为此超单元是陆壳改造系列的地壳重熔型。

【时代】 宁潭复式岩体明显穿切志留系，而泥盆系底部砾岩中有较多长石碎屑，U－Pb 法锆石年龄值 367～440 Ma，故认为此超单元形成于志留纪晚世。

宜昌地质研究所简平获本超单元结晶锆石年龄值 $834\pm^{29}_{27}$ Ma，我们认为分析结果与地质情况不符。

【单元】 按岩性可分为苏莫坪中细粒斑状压碎黑云母二长花岗岩单元 (S_3S)、中间村中粗粒斑状眼球状黑云母二长花岗岩单元 ($S_3\hat{Z}$)。

1. 苏莫坪中细粒斑状压碎黑云母二长花岗岩 S_3S

【命名、定义】 系本书新建单元，命名于博白县宁潭镇苏莫坪村。指岩石为中细粒斑状压碎黑云母二长花岗岩的数个侵入体归并而成的单元。

【岩石特征】 岩性为中细粒斑状压碎黑云母二长花岗岩。主要矿物为微斜微纹长石(20%～45%)、斜长石 (An7～15，10%～27%)、石英 (20%～39%)、黑云母 (2%～5%)、白云母 (次生，2%～6%)。斑晶是微斜微纹长石，含量 5%～10%，大小 4～6 mm。基质大小 0.5～3 mm。

【分布范围】 分布于宁潭苏莫坪等处，面积小 (小于 10 km^2)。

2. 中间村中粗粒斑状眼球状黑云母二长花岗岩单元 $S_2\hat{Z}$

【命名、定义】 系本书新建单元，命名于博白县凤山乡中间村。指岩石为中粗粒斑状眼球状黑云母二长花岗岩的数个侵入体归并而成的单元。

【岩石特征】 岩性为中粗粒斑状眼球状黑云母二长花岗岩，斑晶为微斜微纹长石，呈眼球状，一般含量 13%～19%，大小多在 2.5～4 cm×4～6 cm，眼球体与片麻理方向一致。岩石普遍具片麻状构造。主要矿物有微斜微纹长石 (22%～38%)、斜长石 (An9～35，20%～32%)、石英 (28%～35%)、黑云母 (3%～12%)、白云母 (1%～5%)，部分侵入体出现石榴石。副矿物为钛铁矿、锆石、独居石、电气石、金红石、石榴石等。

【岩石化学成分】 岩石化学成分为 (41 个样) SiO_2 69.95%～77.07% (平均 73.10%)、FeO 0.66%～3.57% (平均 1.71%)、MgO 0.10%～1.33% (平均 0.45%)、CaO 0.10%～2.08% (平均 1.10%)、Na_2O 0.72%～3.82% (平均 2.57%)、K_2O 4.12%～5.84% (平均 4.89%)。与海洋山、猫儿山超单元的主体单元较接近，只是 SiO_2 稍高，FeO、MgO 稍低。微量元素 (3 个样、$\times10^{-6}$) Ti 616.0～1257.0、Ba 74.68～317.0、Be 1.21～6.58、Cr 7.29～9.81、Co 1.00～5.22、Cu 4.54～6.68、Li 12.88～40.46、Ni$<$4、Sr 26.42～60.19、Zr 5.06～24.41，均比酸性岩维氏值低，其中 Ti、Cr、Cu 是 1/3～1/3.5，Ba 是 1/5、Sr 是 1/6.5，Zr 是 1/15.5。稀土元素 (1 个样) ΣREE 185.05$\times10^{-6}$、ΣCe/ΣY 1.31、δEu 0.37，说明以上 3 个值都偏低。

【成因】 据以上岩石矿物、岩石化学、稀土元素、微量元素特征，认为此单元为地壳重熔型。岩石形成后受强烈韧性剪切作用。

【分布范围】 分布于博白县宁潭、文地，合浦县常乐、那车洞等地，广西境内面积约 780 km^2。

钦甲超单元

【命名、定义】 系本书新建超单元，命名于德保县燕峝乡钦甲村。是指形成于志留纪晚世，属地壳重熔成因类型，岩石为细粒、细粒斑状黑云母二长花岗岩、中粒、中粒斑状黑云母二长花岗岩的数个单元归并成的超单元。

【岩石特征】 岩性由细粒、细粒斑状黑云母二长花岗岩演化到中粒、中粒斑状黑云母二长花岗岩。

【分布范围】 分布于德保钦甲、红泥坡等地，总面积48 km^2左右。

【时代】 侵入体明显侵入于寒武系，外接触带普遍出现角岩、矽卡岩，变质带宽40～900 m不等，红泥坡处见泥盆系沉积不整合覆盖于岩体之上。据①近侵入体泥盆系无角岩化，②泥盆系底砾岩中有角岩砾石，③泥盆系底砾岩中有锡石出现。锆石晶形有花岗岩及寒武系的分子，并结合Rb-Sr全岩年龄值386 Ma等因素考虑，可以肯定此超单元形成于志留纪晚世。

【单元】 据岩石结构特征，划分①排书细粒、细粒斑状黑云母二长花岗岩单元（S_3P），②陇老细中粒、细中粒斑状黑云母二长花岗岩（S_3L），③陇比中粒、中粒斑状黑云母二长花岗岩单元（S_3Lb）。

1. 排书细粒、细粒斑状黑云母二长花岗岩单元 S_3P

【命名、定义】 系本书新建单元，命名于靖西县同德乡排书村。是指岩石为细粒、细粒斑状黑云母二长花岗岩的数个侵入体归并成的单元。

【岩石特征】 岩性为细粒、细粒斑状黑云母二长花岗岩，粒度在0.5～1.0 mm，少数达2 mm，主要矿物：斜长石（30%～35%）、微斜长石（30%～35%）、石英（28%～30%）、黑云母（1%～4%）。部分岩石为斑状结构，斑晶为钾长石，含量5%～10%，大小在5～10 mm。副矿物是锆石、电气石、独居石。

【岩石化学成分】 岩石化学成分（4个样）为SiO_2 67.45%～74.47%（平均70.39%）、FeO 1.53%～4.03%（平均2.91%）、MgO 0～1.34%（平均0.79%）、CaO 0.95%～2.11%（平均1.69%）、Na_2O 2.30%～3.36%（平均2.86%）、K_2O 4.00%～5.16%（平均4.56%）。

【分布范围】 分布于钦甲复式岩体边部及红泥坡，一般宽30～50 m，总面积约10 km^2。

【时代】 侵入体明显侵入于寒武系，泥盆系沉积覆盖其上，在花岗岩古风化面之上，有花岗质砂岩。在红泥坡，本单元局部出现花岗闪长岩。

2. 陇老细中粒、细中粒斑状黑云母二长花岗岩单元 S_3L

【命名、定义】 系本书新建单元，命名于德保县燕峝乡陇老村。是指由数个岩石为细中粒、细中粒斑状黑云母二长花岗岩的侵入体归并而成的单元。

【岩石特征】 岩性为细中粒黑云母二长花岗岩，主要矿物有斜长石（An11～29，26%～45)%、微斜长石（25%～45%）、石英（25%～40%）、黑云母（4%～10%）。部分岩石为细中粒斑状黑云母二长花岗岩，斑晶为钾长石，大小1～2 cm，占岩石10%～20%。副矿物为钛铁矿、锆石、电气石、独居石。

【岩石化学成分】 岩石化学成分（7个样）为SiO_2 69.73%～71.61%（平均70.56%）、FeO 1.98%～2.97%（平均2.47%）、MgO 0.34%～0.94%（平均0.57%）、CaO 0.48%～1.43%（平均0.95%）、Na_2O 2.42%～3.16%（平均2.83%）、K_2O 4.36%～5.00%（平均4.62%）。微量元素（2个样、$\times10^{-6}$）W 3.5、Sn 10.5、Cu 39.18、Sc 7.27、Mo 4.64较高，而Zr、Nb、Cr、Ni、V、Be稍低，Ba583.35、Sr93.34较低。本单元与铜、锡矿关系极密切。

【分布范围】 分布于钦甲复式岩体中，构成超单元的主体，面积约35 km^2。

3. 陇比中粒、中粒斑状黑云母二长花岗岩单元 S_3Lb

【命名、定义】 系本书新建单元，命名于靖西县同德乡陇比村。是指由数个岩石为中粒、中粒斑状黑云母二长花岗岩的侵入体归并而成的单元。

【岩石特征】 岩性为中粒黑云母二长花岗岩，主要矿物：斜长石（25%～30%）、微斜长石（35%～40%）、石英（25%～30%）、黑云母（5%～10%）。部分岩石具似斑状结构，斑晶由钾长石组成，大小在20～30 mm，占岩石30%以上。

【岩石化学成分】 岩石化学成分（2个样平均值）为SiO_2 69.47%、FeO 2.52%、MgO 0.60%、CaO 0.78%、Na_2O 2.09%、K_2O 5.50%。由排书单元到陇老单元、陇比单元，SiO_2、K_2O有增高趋势，而FeO、MgO、CaO、Na_2O降低。

【分布范围】 出露于复式岩体的中心部位，面积仅3 km^2。

【时代】 上述3个单元之间的关系不清，现只能按岩浆结构演化理论，将细粒花岗岩单元作为第一单元，陇老单元为第二单元，陇比单元为第三单元。

【问题讨论】 根据海洋山、猫儿山、宁潭、钦甲4个超单元形成于志留纪中晚世，可以认为它们形成的时间非常接近。从空间上看，虽形成于不同的二级构造单元，但均属南华准地台一级构造单元，空间关系比较紧密。成因类型都是陆壳改造系列的地壳重熔型。它们的岩石矿物特征、岩石化学、地球化学特征大同小异，故可以认为，此4个超单元可以组成一个超单元组合，暂定名为越城岭-大瑶山超单元组合。

旺冲超单元

【命名定义】 廖庆康（1992）创名，命名地点位于玉林市龙安乡旺冲村。是指形成于早二叠世，成因属地壳重熔-同熔过渡型，岩石为含褐帘石角闪石黑云母钾长、二长花岗岩的数个单元归并而成的超单元。

【岩石特征】 岩石为含褐帘石角闪石黑云母钾长、二长花岗岩、花岗斑岩，岩石表现为钾长石含量高，普遍有普通角闪石、褐帘石，副矿物为磁铁矿、褐帘石、榍石等，岩石中常出现闪长质包体。

【岩石化学成分】 岩石化学成分与世界花岗岩平均化学成分（利曼特瑞，1976）对比，表现为SiO_2、K_2O稍高，而Al_2O_3、MgO、CaO、Na_2O稍低。微量元素（与酸性岩维氏值比）W、Sn、Rb、Zr、Sc高，而Cr、Ni、Co、V、Ba稍低，Sr特低。稀土元素ΣREE一般在300×10^{-6}左右，ΣCe/ΣY较低，δEu中等。

【分布、成因】 分布于广西东南部的玉林旺冲、容县松山、藤县大沙坪、平南六陈、苍梧县芝雅等地，总面积约316 km^2。据岩石矿物特征、岩石包体特征、岩石化学、地球化学特征，兼有某些地壳重熔型及混合源同熔型的特征，故暂将此超单元划为地壳重熔-同熔过渡型。

【时代】 超单元侵入体侵入最新地层是晚泥盆世榴江组，早侏罗世沉积不整合覆盖其上。所收集的同位素年龄有12个，六陈复式岩体K-Ar法年龄值206、231、255、325 Ma，Rb-Sr全岩等时线年龄值283 Ma；旺冲复式岩体K-Ar年龄值258、283、342 Ma，$^{40}Ar/^{39}Ar$年龄值259 Ma、U-Pb法锆石年龄值277 Ma；松山、芝雅侵入体U-Pb法年龄值271、321 Ma，我们采用259～283 Ma，相当于早二叠世。

【单元】 据各方面特征，特别是结构特征，划分4个单元，其顺序为①六陈中粒斑状含褐帘石角闪石黑云母钾长(二长)花岗岩单元(P_1L),②天井冲中粗粒斑状含褐帘石角闪石黑云母钾长(二长)花岗岩单元(P_1T),③大碗山中细粒斑状文象含褐帘石黑云母角闪石二长(钾长)花岗岩单元(P_1D),④墨窑口多斑状花岗斑岩单元(P_1M)。现分述之:

1. 六陈中粒斑状含褐帘石角闪石黑云母钾长(二长)花岗岩单元 P_1L

【命名、定义】 系本书新建的单元,命名于平南县六陈乡。是指由数个岩石为中粒斑状含褐帘石角闪石黑云母钾长(二长)花岗岩的侵入体归并而成。

【岩石特征】 岩性为中粒含褐帘石角闪石黑云母钾长(二长)花岗岩,部分出现细粒结构的花岗岩,岩石由钾长石(正长条纹长石)(20%~40%)、斜长石(An6~30,12%~35%)、石英(24%~30%)、黑云母(1%~5%)、普通角闪石(1%~6%)等组成,褐帘石小于1%。

【岩石化学成分】 岩石化学成分(4个样平均值)为 SiO_2 72.75%、FeO 0.86%、MgO 0.40%、CaO 1.55%、Na_2O 2.86%、K_2O 4.61%。

【分布范围】 分布于六陈、旺冲复式岩体边部,面积约18 km^2。

2. 天井冲中粗粒斑状含褐帘石角闪石黑云母钾长(二长)花岗岩单元 P_1T

【命名、定义】 廖庆康(1992)创名,命名地点位于玉林市龙安乡天井冲村。是指岩石为中粗粒斑状含褐帘石角闪石黑云母钾长(二长)花岗岩的数个侵入体归并而成的单元。

【岩石特征】 岩性为中粗粒含褐帘石角闪石黑云母钾长(二长)花岗岩,斑晶是钾长石,含量5%~10%,主要矿物有钾长石(33%~55%)、石英(22%~42%)、斜长石(An9~10,15%~22%)、黑云母(2%~8%)、普通角闪石(1%~3%)、褐帘石(<1%)、钍石(<1%)。钾长石属中微斜微纹长石,黑云母呈棕绿色,属铁黑云母。岩石中含较多闪长质包体。副矿物以磁铁矿(103 g/t)、钛铁矿(41 g/t)、锆石、褐帘石、磷灰石、氟碳铈镧矿为主。

【岩石化学成分】 岩石化学成分(25个样平均值)为 SiO_2 73.56%、FeO 2.69%、MgO 0.34%、CaO 1.19%、Na_2O 2.87%、K_2O 4.86%,与世界花岗岩平均值比(利曼特瑞,1976)SiO_2、K_2O 高,MgO、CaO、Na_2O 低;与六陈单元比较,也是 SiO_2、K_2O 稍高,FeO、MgO、CaO 降低。微量元素(4个样平均值,$\times10^{-6}$)Li、Rb、W、Ti、Ba、Nb、Zr 等接近维氏值,Cr 8.35、Ni 4.22、Co 2.69、V 11.99、Cu 7.44 等是酸性岩维氏值的1/1.5~1/3.3,而 Sr 51.20 特低,仅是维氏值的1/6。稀土元素(7个样平均值)ΣREE 314.62$\times10^{-6}$、$\Sigma Ce/\Sigma Y$ 2.50、δEu 0.38,表现为前者较高,而后两者较低。据国内总结的经验,ΣREE 达到维氏值就可能形成稀土矿床,本单元稀土总量近315$\times10^{-6}$,且处于亚热带高温湿热气候环境,岩石化学风化作用明显,含稀土矿物经风化析出附着于粘土矿物上,形成离子吸附型稀土矿床。

【成因讨论】 此单元普遍含普通角闪石,含闪长质包体。副矿物富含磁铁矿,并含褐帘石、钍石。岩石过铝指数 AlI 为0.993~1.152,CIPW 标准矿物刚玉小于1。上述特征都表现出岩石具同熔型花岗岩的特点。而 SiO_2、K_2O 高,MgO、CaO、Na_2O 低,K_2O/Na_2O 1.69(>1.43),δEu 0.38(<0.70),在 ACF 图解中落入重熔型花岗岩区,磷灰石初始锶比值0.720777,氧同位素 $\delta^{18}O$ 为10.66‰,又显示地壳重熔型花岗岩特点,故我们暂时将此类型侵入体(单元)划为重熔-同熔过渡型。

【分布范围】 分布于各复式岩体,组成本超单元的主体,面积约290 km^2。

3. 大碗山中细粒斑状文象含褐帘石黑云母角闪石二长(钾长)花岗岩单元 P_1D

【命名、定义】 廖庆康(1992)创名,命名于玉林市南乡大碗山。是指呈岩株出露于复式岩体中，明显侵入上述2单元，岩石为中细粒斑状文象含褐帘石黑云母角闪石二长（钾长）花岗岩的数个侵入体归并而成。

【岩石特征】 岩性为中细粒斑状文象含褐帘石黑云母角闪石二长(钾长)花岗岩，斑晶由钾长石（0～15%）组成，大小8～15 mm，由石英（28%～37%）、斜长石（An13～27，20%～29%）、微斜微纹长石（32%～49%）、黑云母（1%～8%）、普通角闪石（1%～3%）、褐帘石（1%）组成。副矿物组合同天井冲单元。

【岩石化学成分】 岩石化学成分（1个样）为SiO_2 72.85%、FeO 2.85%、MgO 0.68%、CaO 1.40%、Na_2O 3.06%、K_2O 4.49%。微量元素（2个样，$\times10^{-6}$）W 5.97、Sn 13.6、Li 50.10、Sc 7.05等元素较高，而V 27.80、Cu 8.00、Sr 60.25低。稀土元素总量242.23×10^{-6}、$\Sigma Ce/\Sigma Y$ 2.09、δEu 0.45，前两值低，而δEu中等。

【分布范围】 分布于复式岩体中，面积仅4 km^2。

【时代】 大碗山单元明显侵入天井冲单元。

4. 墨窑口多斑状花岗斑岩单元 P_1M

【命名、定义】 廖庆康（1992）创名，创名地点位于玉林市龙安乡墨窑口村。指呈小岩株、岩墙产出于复式岩体中，岩石为花岗斑岩的数个侵入体归并而成。

【岩石特征】 岩石为多斑状花岗斑岩，岩石明显分为斑晶、基质两部分，斑晶自形程度好，占岩石的65%以上，由石英（14%～23%）、斜长石（An10～20，16%～18%）、微斜微纹长石（18%～24%）、普通角闪石（<3%）、黑云母（1%～5%）组成。基质中石英（10%～14%）、斜长石（0～13%）、微斜微纹长石（14%～25%）、黑云母（3%）、钍石（<1%）、褐帘石（1%）组成。

【岩石化学成分】 岩石化学成分（1个样）为SiO_2 68.91%、FeO 4.62%、MgO 1.00%、CaO 2.45%、Na_2O 3.12%、K_2O 3.88%。由天井冲单元至此单元，SiO_2、K_2O减少，而FeO、MgO、CaO、Na_2O增加，呈反向演化特点。稀土元素ΣREE 293.70×10^{-6}、$\Sigma Ce/\Sigma Y$ 2.44、δEu 0.56。

【分布范围】 本单元分布于玉林市龙安乡，面积仅4 km^2。

【时代】 明显侵入天井冲单元。

六万山超单元

【命名、定义】 廖庆康（1992）创名，命名于玉林市六万山。是指形成于晚二叠世至早三叠世，成因属陆壳改造系列地壳重熔型，岩石为堇青石黑云母二长花岗岩的数个单元归并而成。一般不含紫苏辉石、石榴石而与葵山、石南超单元区别。

【岩石特征】 近几年来，我们以六万山花岗岩区为岩石谱系单位填图研究的试典区，取得了很多资料。本超单元岩石由斜长花岗岩（花岗闪长岩）向中细粒斑状二长花岗岩→中粒斑状二长花岗岩→中粗粒斑状二长花岗岩→花岗斑岩（补充期）→细粒花岗岩（补充期）演化趋势，主要表现在结构的演化上。主期岩石有几个特点：①普遍含堇青石，②黑云母为棕红色，说明MgO、FeO、TiO_2较高，为铁质黑云母，③斜长石牌号较高，④副矿物为钛铁矿、独居石、磷灰石、锆石组合。

【岩石化学成分】 岩石化学特征表现出SiO_2、Na_2O+K_2O低，而FeO、MgO、CaO、TiO_2高，过铝指数AlI 1.19～1.60之间，CIPW标准矿物刚玉在1.83～5.20之间，分异指数低

(75～83 之间)。

与广西壳源花岗岩比较，微量元素 Cr、Ni、Co、V、Zr、Ti、Sc、Ba 较高，而 W、Sn、Li、Rb 低。稀土元素总量低，铕亏损中等。补充期花岗斑岩、细粒花岗岩中，堇青石少而出现红柱石、白云母，斜长石牌号降低，SiO_2、K_2O+Na_2O、Li、Rb 增高，而 Ba、Sr 降低，ΣREE、δEu 值降低。

【分布、成因】 分布于广西东南部，东北起于浔江南岸，西南延至钦州湾，跨越苍梧、藤县、平南、容县、北流、桂平、玉林、贵县、横县、灵山、浦北、博白、钦州等十余县，构成大容山、六万山等山脉，延长 310 km，总面积近 7 400 km^2，占广西花岗岩类总面积三分之一强。

据岩石矿物学、岩石化学、地球化学、同位素地球化学等特征，超单元是典型的地壳重熔花岗岩。

【时代】 超单元侵入体明显侵入志留系、泥盆系，热变质带一般小于 1 000 m，以角岩为主，侏罗系、白垩系沉积不整合覆盖其上。超单元侵入体侵入旺冲超单元。据“大容山—十万大山岩石谱系单位填图研究”课题所取得的 5 个 $^{40}Ar/^{39}Ar$ 法年龄值、7 个 K-Ar 法年龄值及一个 Rb-Sr 全岩等时线年龄值，年龄值在 235～277 Ma，绝大多数在 240～258 Ma，故可以肯定，超单元形成时代为晚二叠世至早三叠世。

【单元】 据岩性、结构特征，划分为 7 个单元。

1. 永安中细粒斑状堇青石黑云母斜长花岗岩、花岗闪长岩单元 P_2Y

【命名、定义】 廖庆康（1992）创名，命名地点位于博白县永安乡。是指岩性为中细粒斑状堇青石黑云母斜长花岗岩、花岗闪长岩的数个侵入体归并成的单元。

【岩石特征】 岩性为中细粒斑状堇青石黑云母斜长花岗岩、花岗闪长岩，斑晶是微斜微纹长石，含量 3%～5%，大小一般 1×2～2.5×5（cm），由石英（38%～50%）、微斜微纹长石（0～21%）、斜长石（An20～39，21%～48%）、黑云母（5%～6%）、堇青石（2%～18%）、白云母（1%～3%）、石榴石（<1%）、矽线石（<1%）组成。岩石中沉积变质岩包体多。副矿物为钛铁矿、锆石、独居石、磷灰石、电气石组合。

【岩石化学成分】 岩石化学成分（3 个样平均值）为 SiO_2 69.38%、TiO_2 0.63%、Al_2O_3 14.04%、FeO 4.03%、MgO 1.56%、CaO 2.02%、Na_2O 2.13%、K_2O 3.78%，表现出 SiO_2、K_2O 低，而 FeO、CaO、MgO 高。微量元素 Cr、Ni、Co、V、Ti、Sc 较高，而 Rb、Ba、Sr 较低。稀土元素（3 个样平均值）ΣREE 228.92×10^{-6}、ΣCe/ΣY 3.46、δEu 0.55。$\delta^{18}O$ 13.19‰、δD −49.10‰。

【分布范围】 分布于博白县永安、钦州那丽等地，面积 700～800 km^2。

【时代】 据《大容山—十万大山岩石谱系单位填图研究》专题资料，江口、大冲单元明显侵入永安单元。$^{40}Ar/^{39}Ar$ 法年龄值 277±4.70 Ma、K-Ar 年龄值 256±3.8 Ma。

2. 高峰中细粒斑状堇青石黑云母二长花岗岩单元 P_2G

【命名、定义】 廖庆康（1992）创名，创名地点位于玉林市成均乡高峰村。是指数个岩石为中细粒斑状堇青石黑云母二长花岗岩的侵入体归并而成的单元。

据原野外地质资料，高峰单元侵入江口单元，而将高峰单元排在江口、大冲单元之上（第四个单元）。在完成专题报告时，发现高峰单元各方面特征介于永安单元与江口单元之间。

1991 年野外检查发现，江口单元侵入高峰单元，故将高峰单元作为本超单元的第二个单元。

【岩石特征】 岩性为中细粒斑状堇青石黑云母二长花岗岩，斑晶是微斜微纹长石，占岩石 1%～10%、大小在 1×1.5～2×2.5 (cm)。岩石由石英（28%～43%）、斜长石（An20～42，20%～30%）、微斜微纹长石（23%～42%）、黑云母（4%～10%）、堇青石（2%～4%）、白云母等组成，另外尚有小于 1%的石榴石、电气石、矽线石、红柱石、尖晶石等。副矿物组合同永安单元。

【岩石化学成分】 岩石化学成分（4 个样平均值）为 SiO_2 70.13%、TiO_2 0.60%、Al_2O_3 14.20%、FeO 4.06%、CaO 1.31%、MgO 1.30%、Na_2O 2.19%、K_2O 3.92%，与国内外花岗岩比较，SiO_2、Na_2O+K_2O 低，而 TiO_2、Al_2O_3、FeO、MgO 高。与永安单元比，SiO_2、Na_2O+K_2O 稍高，FeO、MgO、TiO_2、CaO 降低。微量元素（6 个样）与维氏值比，W、Mo、Be、Rb、Nb、Zr、Ba、Sr 低，Cr、Ni、Co、Ti、Sc 高。稀土元素（4 个样）ΣREE 185.11 $\times10^{-6}$、ΣCe/ΣY 3.59、δEu 0.57。$\delta^{18}O$ 11.24‰、δD−61.70‰。

【分布范围】 分布于六万山复式岩体的北东，玉林县高峰村一带，面积约 58 km^2。

【时代】 高峰单元与江口单元为突变关系，界线清楚，在江口单元侵入体一侧，岩石粒度变细，故认为是江口单元侵入高峰单元。$^{40}Ar/^{39}Ar$ 年龄值 251±3.20 Ma，K-Ar 年龄值 263±3.81 Ma。

3. 睦威中细粒斑状黑云母堇青石二长花岗岩单元 P_2M

【命名、定义】 廖庆康（1992）创名，命名地点位于玉林市成均乡睦威村。指数个岩石为中细粒斑状黑云母堇青石二长花岗岩的侵入体归并成的单元。与高峰单元比较，粒度不太均匀，且稍粗一些。

原来认为睦威单元侵入体侵入江口单元，故将睦威单元放在永安、江口、大冲、高峰等单元之上。现认为应该是龙门单元侵入体侵入江口单元，故拟将睦威单元放在永安、高峰单元之上，江口单元之下，为超单元的第三个单元。

【岩石特征】 岩性为中细粒斑状黑云母堇青石二长花岗岩，斑晶是微斜微纹长石，占岩石 3%～10%，大小在 0.8×1～2.5×3 (cm)。岩石主要由石英（30%～40%）、微斜微纹长石（22%～44%）、斜长石（An17～50，18%～26%）、堇青石（1%～8%）、黑云母（2%～5%）等组成，另外尚有白云母、石榴石、矽线石、尖晶石等。副矿物为钛铁矿（117.8 g/t）、锆石（15.2 g/t）、独居石（磷钇矿）（11.9 g/t）、磷灰石（53.9 g/t）、电气石（8.9 g/t）。

【岩石化学成分】 岩石化学成分（7 个样平均值）为 SiO_2 71.71%、TiO_2 0.47%、Al_2O_3 13.70%、FeO 3.83%、CaO 0.93%、MgO 1.16%、Na_2O 1.95%、K_2O 4.12%。微量元素（13 个样平均值，$\times10^{-6}$）与酸性岩维氏值比较，Ni 16.78、Co 7.92、Sc 7.05 稍高，而 Mo 0.42、Be 1.97、Cu 14.05、Zr 158.15、Ba 403.92、Sr 68.89 低。稀土元素（3 个样平均值）ΣREE 173.01$\times10^{-6}$、ΣCe/ΣY 3.32、δEu 0.56，显出 ΣREE 低，δEu 中等。$\delta^{18}O$ 11.83‰、δD −47.4‰。

【分布范围】 分布于各复式岩体中，面积约 1 800～1 900 km^2。

【时代】 K-Ar 法年龄值 254±3.7、256±4.2 Ma，$^{40}Ar/^{39}Ar$ 法年龄值 248±3 Ma。

4. 江口中粒斑状黑云母堇青石二长花岗岩单元 P_2J

【命名、定义】 廖庆康（1992）创名，命名地点位于玉林市成均乡江口村。指数个岩性为中粒斑状黑云母堇青石二长花岗岩的侵入体归并而成。

原来作为本超单元的第二单元，后发现其侵入体侵入高峰单元，故放在永安、高峰、睦威单元之上，作为本超单元第四个单元。

【岩石特征】 岩性为中粒斑状黑云母堇青石二长花岗岩，斑晶是微斜微纹长石，占岩石10%～25%，大小在1×2～3×6（cm）。岩石由石英（30%～43%）、微斜微纹长石（25%～40%）、斜长石（An20～39，18%～29%）、堇青石（1%～10%）、黑云母（3%～7%）、次生白云母（1%～5%）等组成，其他有石榴石、矽线石、尖晶石、红柱石等。副矿物为钛铁矿、锆石、独居石、磷灰石、电气石等。

【岩石化学成分】 岩石化学成分（23个样平均值）为SiO_2 71.43%、TiO_2 0.44%、Al_2O_3 13.45%、FeO 3.53%、CaO 1.13%、MgO 1.14%、Na_2O 1.92%、K_2O 4.20%。微量元素Sn、Cr、Ni、Co、Ti、Sc稍高，Mo、Cu、Be、Nb、Zr、Ba、Sr稍低。稀土元素（19个样平均值）ΣREE 194.87×10^{-6}、ΣCe/ΣY 3.42、δEu 0.53。磷灰石、全岩等时线所得的$^{87}Sr/^{86}Sr$初始值0.72847±0.00096、0.730221，$\delta^{18}O$ 12.9‰、14.3‰，δD －48.25‰。

【分布范围】 广泛分布于各复式岩体中，是本超单元中最主要的一个单元，出露面积大，估计总面积3 500～4 000 km^2。

【时代】 江口单元侵入永安、高峰单元，而被象地、龙门单元侵入体侵入，均为突变关系（脉动）。与大冲单元侵入体为隐蔽侵入接触关系（涌动）。最新采的K－Ar法年龄值266±3.8、255±3.7 Ma，$^{40}Ar/^{39}Ar$法年龄值256±3.2、252±4.3 Ma，Rb－Sr全岩等时线法年龄值235±7.8 Ma。

5. 大冲中粗粒斑状黑云母堇青石二长花岗岩单元 P_2D

【命名、定义】 廖庆康（1992）创名，命名于玉林市成均乡大冲村。指岩性为中粗粒斑状黑云母堇青石二长花岗岩的数个侵入体归并而成的单元。

【岩石特征】 岩性为中粗粒斑状黑云母堇青石二长花岗岩，斑晶为微斜微纹长石，占岩石3%～10%，大小2×6，由石英（38%～52%）、微斜微纹长石（23%～36%）、斜长石（An35～38，17%～32%）、堇青石（3%～7%）、黑云母（2%～6%）、白云母（2%～3%）组成，其他有石榴石、红柱石、矽线石。副矿物组合同江口单元。

【岩石化学成分】 岩石化学成分（5个样平均值）为SiO_2 72.38%、TiO_2 0.42%、Al_2O_3 13.50%、FeO 3.32%、CaO 0.99%、MgO 0.80%、Na_2O 1.98%、K_2O 4.65%。微量元素Sn、Ni、Co、Li、Rb、Sc稍高，而Mo、V、Cu、Be、Nb、Ba、Sr低。稀土元素（6个样平均值）ΣREE 215.85×10^{-6}、ΣCe/ΣY 2.87、δEu 0.45、δD －47.6‰、$\delta^{18}O$ 12.73‰。磷灰石$^{87}Sr/^{86}Sr$初始值0.728198。

【分布范围】 分布于六万山、大容山复式岩体中，面积220～240 km^2。

【时代】 K－Ar法年龄值249±3.7 Ma、262±4.2 Ma，$^{40}Ar/^{39}Ar$法年龄值258±3.2 Ma。

6. 象地花岗斑岩单元 T_1X

【命名、定义】 廖庆康（1992）创名，命名地点位于玉林市成均乡象地村。指数个岩性为花岗斑岩的侵入体归并而成的单元。

【岩石特征】 岩性为花岗斑岩，斑晶由石英（5%～7%）、斜长石（An8～13，2%～6%）、微斜微纹长石（2%～3%）组成。岩石由石英（30%～34%）、微斜微纹长石（25%～39%）、斜长石（20%～28%）、黑云母（3%～5%）、堇青石（3%～8%）等组成。副矿物组合与江口、大冲单元相似，但含量减少。

【岩石化学成分】 岩石化学成分（1个样）为SiO_2 78.16%、TiO_2 0.23%、Al_2O_3 10.93%、FeO 2.12%、CaO 0.30%、MgO 0.23%、Na_2O 1.51%、K_2O 4.94%。微量元素Sn、Li、Rb稍高，Mo、Cr、Ni、Co、V、Ti、Cu、Zr、Ba、Sr明显降低。稀土元素ΣREE 151.43×10^{-6}、ΣCe/ΣY 1.71、δEu 0.29，明显低于前5个单元。

【分布范围】 呈小岩株、岩墙零星分布，面积约10 km^2。

【时代】 象地单元明显侵入江口单元。K-Ar法年龄值240±4 Ma，属三叠纪早世。

7. 龙门细粒斑状红柱石二云母二长(钾长)花岗岩单元 T_1L

【命名、定义】 廖庆康（1992）创名，命名地点位于北流县民乐乡龙门水库。指数个岩性为细粒斑状红柱石二云母二长(钾长)花岗岩的侵入体归并而成的单元。

【岩石特征】 岩性为细粒斑状红柱石二云母二长(钾长)花岗岩，斑晶有石英(1%～3%)、斜长石（1%～2%）、微斜微纹长石（3%～5%）。岩石由石英（30%～50%）、斜长石（An7～22，9%～27%）、微斜微纹长石（23%～58%）、红柱石（3%）、黑云母（3%～8%）、白云母（1%～7%）、堇青石（1%～2%）组成。副矿物明显减少，矿物组合不变。

【岩石化学成分】 岩石化学成分（4个样平均值）为SiO_2 74.90%、TiO_2 0.13%、Al_2O_3 13.05%、FeO 1.56%、CaO 0.46%、MgO 0.20%、Na_2O 2.74%、K_2O 5.28%。微量元素（6个样平均值）W、Sn、Li、Rb明显增加，Cr、Ni、Co、V、Ti、Zr、Ba、Sr明显降低。稀土元素（3个样平均值）ΣREE 126.78×10^{-6}、ΣCe/ΣY 1.95、δEu 0.27、$\delta^{18}O$ 13.54‰、δD −43.60‰。

本单元$SiO_2>73\%$、$Rb>250\times10^{-6}$、$Sr<100\times10^{-6}$、$Ba\approx100\times10^{-6}$，$\delta Eu<0.3$，属怀特划分的演化花岗岩（即含矿花岗岩），本单元的一些侵入体中，形成一些锡矿矿化点。

【分布范围】 呈小岩株、岩墙零星分布，面积约100 km^2。

【时代】 龙门单元侵入体侵入江口、大冲、睦威单元，K-Ar法年龄值250±4.2 Ma，属三叠纪早世。

【问题讨论】 由永安单元→高峰单元→睦威单元→江口单元→大冲单元→象地单元→龙门单元，形成一个完整的演化序列，表现在：①前5个单元斜长石含量较高、牌号也较高，钾长石稍低；后2个单元斜长石含量较低、牌号也较小，钾长石较高。②SiO_2由69.38%→70.13%→71.71%→71.43%→72.38%→78.16%→74.90%，K_2O由3.78%→3.92%→4.12%→4.20%→4.65%→4.94%→5.28%，K_2O+Na_2O由5.91%→6.11%→6.07%→6.12%→6.63%→6.45%→8.02%，说明酸碱总趋势为增加。③TiO_2由0.63%→0.60%→0.47%→0.44%→0.42%→0.23%→0.13%，Al_2O_3由14.04%→14.20%→13.70%→13.45%→13.50%→10.93%→13.05%，FeO由4.03%→4.06%→3.83%→3.53%→3.32%→2.12%→1.56%，CaO由2.02%→1.31%→0.93%→1.13%→0.99%→0.30%→0.46%，MgO由1.56%→1.30%→1.16%→1.14%→0.80%→0.23%→0.20%，上述基性成分总趋势为降低。而且表现在前5个单元降低较慢，后2个单元降低较快。④微量元素（$\times10^{-6}$）Sn由4.20→4.70→5.57→4.68→5.09→6.80→8.90，Rb由186.27→182.50→225.00→205.41

→225.16→241.15→344.73，Li 由 40.75→47.46→49.36→49.21→43.98→53.53，总的趋势为增高。Cr 由 33.19→37.68→25.56→30.24→20.34→16.65→9.77，Ni 由 15.88→21.60→16.78→16.03→13.61→10.90→5.55，Co 由 10.34→10.70→7.92→8.31→6.50→4.95→2.45，V 由 62.69→60.22→40.98→47.15→32.37→23.80→9.05，Ti 由 3714→3313→2422→2888→2331→1734.5→894，Sc 由 10.09→8.97→7.05→7.66→5.73→5.30→3.73，Ba 由 530.55→490.66→403.92→465.10→488.42→169.00→157.69，Sr 由 144.94→90.82→68.89→78.62→72.85→36.35→30.56。总趋势为降低，且象地、龙门单元明显降低。⑤稀土元素总量 ΣREE（$\times 10^{-6}$）由 228.92→185.11→173.01→194.87→215.85→151.43→126.78，轻重稀土比值 ΣCe/ΣY 由 3.46→3.59→3.32→3.42→2.87→1.71→1.95，铕亏损 δEu 由 0.55→0.57→0.56→0.53→0.45→0.29→0.27，总趋势降低，到后两单元突然降低。

葵山超单元

【命名、定义】 廖庆康（1992）创名，命名地点位于玉林市石南乡葵山。是指形成于晚二叠世至早三叠世，成因属陆壳改造系列地壳重熔型，空间上介于六万山超单元与石南超单元之间，岩石为含紫苏辉石石榴石堇青石黑云母二长花岗岩的数个单元归并而成。

【岩石特征】 岩性由中细粒斑状二长花岗岩→中粒斑状二长花岗岩→中粗粒斑状二长花岗岩→花岗斑岩→细粒二长（钾长）花岗岩。岩石矿物特征、包体特征基本上与六万山超单元相同，但岩石中含石榴石、紫苏辉石可与之区别。

【岩石化学成分】 岩石化学成分、微量元素、稀土元素特征较之六万山超单元的 SiO_2、K_2O+Na_2O 较低，而 FeO、MgO、CaO 较高，微量元素 Li、Be、Rb 稍低，而 Cr、Co、V、Sc、Sr 较高。说明岩浆来源比六万山超单元更深一些。

【分布范围】 分布于广西东南部的玉林、横县、灵山、钦州、防城等县，呈长约 260 km，宽 10～20 km 的长条带状，总面积约 1 200 km^2。

【时代】 超单元侵入体侵入泥盆系，西南段侵入上二叠统，围岩主要是角岩化，局部大理岩化、矽卡岩化，外变质带小于 1 000 m。据专题研究组在此超单元取的 3 个 $^{40}Ar/^{39}Ar$ 年龄样、8 个 K－Ar 法年龄样，年龄值均在 239～257 Ma，认为此超单元形成时代为晚二叠世至早三叠世。

【问题讨论】 据石南超单元侵入葵山超单元，葵山超单元同位素年龄值介于六万山超单元与石南超单元之间，地理位置也夹于上述 2 超单元之间，认为此 3 个超单元形成顺序是：六万山超单元—葵山超单元—石南超单元。

【单元】 据葵山超单元岩石结构特征划分 6 个单元分述之：

1. 何冲中细粒斑状(含紫苏辉石石榴石堇青石)黑云母二长花岗岩单元　P_2H

【命名、定义】 廖庆康（1992）创名，命名地点位于玉林市山心乡何冲村。是指数个岩石为中细粒斑状(含紫苏辉石、石榴石、堇青石)黑云母二长花岗岩的侵入体归并成的单元。

【岩石特征】 岩性为中细粒斑状(含紫苏辉石、石榴石、堇青石)黑云母二长花岗岩，斑晶是微斜微纹长石，占岩石的 5%～18%。岩石由石英（28%～45%）、微斜微纹长石（20%～55%）、斜长石（An20～40，10%～28%）、黑云母（3%～10%）、堇青石（1%～6%）、石榴石（1%～3%）、紫苏辉石（<1%）组成。

【岩石化学成分】 岩石化学成分（4个样平均值）为SiO_2 68.45%、TiO_2 0.74%、Al_2O_3 13.82%、FeO 1.97%、MgO 1.82%、Na_2O 2.18%、K_2O 3.66%。微量元素（4个样平均值，$\times10^{-6}$）W 2.64、Sn 6.65、Li 51.73、Rb 216.22、Be 2.87、Nb 22.63、Mo 0.85、Cr 40.48、Ni 20.70、Co 12.65、V 68.13、Ti 4 600、Cu 21.08、Sc 11.45、Sr 88.43、Ba 714。稀土元素（4个样平均值）ΣREE 231.04$\times10^{-6}$、ΣCe/ΣY 3.33、δEu 0.55。

【分布范围】 分布于玉林石南、灵山石塘等地，面积约224 km^2。

【时代】 K-Ar法年龄值240±3.7、242±3.6 Ma。

2. 旺禾垌中粒斑状堇青石黑云母二长花岗岩单元 P_2W

【命名、定义】 廖庆康（1992）创名，命名地点位于玉林市山心乡旺禾垌村。指数个岩石为中粒斑状堇青石黑云母二长花岗岩的侵入体归并而成的单元。

【岩石特征】 岩性为中粒斑状堇青石黑云母二长花岗岩，斑晶是微斜微纹长石，占岩石3%～18%，岩石由石英（20%～46%）、微斜微纹长石（27%～56%）、斜长石（An20～46，18%～33%）、黑云母（3%～10%）、堇青石（1%～10%）、紫苏辉石及石榴石（近1%）组成。副矿物为钛铁矿（487 g/t）、磁铁矿（26 g/t）、锆石（23.5 g/t）、独居石（1.4 g/t）、磷灰石（25.6 g/t）、电气石（19.3 g/t）。

【岩石化学成分】 岩石化学成分（12个样平均值）为SiO_2 68.65%、TiO_2 0.74%、Al_2O_3 13.82%、FeO 4.71%、CaO 2.24%、MgO 1.36%、Na_2O 2.11%、K_2O 4.05%。微量元素（15个样平均值，$\times10^{-6}$）W 1.73、Sn 4.12、Li 36.28、Rb 205.60、Be 2.77、Nb 22.15、Mo 0.68、Cr 33.48、Ni 15.71、Co 10.15、V 57.76、Ti 4156、Sc 11.20、Sr 99.88、Ba 659。稀土元素（11个样平均值）ΣREE 234.11$\times10^{-6}$、ΣCe/ΣY 3.23、δEu 0.50。δD −54.90‰、$\delta^{18}O$ 10.93%，$^{87}Sr/^{86}Sr$初始值0.72589±0.00043。

【分布范围】 广泛分布于玉林、横县、灵山、钦州、防城等县，面积约777 km^2。

【时代】 $^{40}Ar/^{39}Ar$法年龄值255.4±1.4 Ma，K-Ar法年龄值238.7±3.5、250.7±3.8 Ma。

3. 金山塘中粗粒斑状堇青石黑云母二长花岗岩单元 $P_2J\hat{s}$

【命名、定义】 廖庆康（1992）创名，命名地点位于灵山县烟墩乡金山塘村。指数个岩性为中粗粒斑状堇青石黑云母二长花岗岩的侵入体归并而成的单元。

【岩石特征】 岩性为中粗粒斑状堇青石黑云母二长花岗岩，斑晶是微斜微纹长石，占岩石5%～10%，岩石由石英（30%～40%）、微斜微纹长石（25%～40%）、斜长石（An20～36，20%～35%）、黑云母（3%～8%）、堇青石（3%～6%）、紫苏辉石及石榴石（<1%）组成。

【岩石化学成分】 岩石化学成分（2个样平均值）为SiO_2 71.97%、TiO_2 0.33%、Al_2O_3 13.74%、FeO 2.64%、CaO 1.54%、MgO 0.70%、Na_2O 2.26%、K_2O 4.94%。微量元素（2个样平均值，$\times10^{-6}$）W 3.15、Sn 5.60、Li 49.19、Rb 255.00、Be 2.57、Nb 14.04、Mo 0.38、Cr 15.47、Ni 5.78、Co 3.75、V 18.49、Ti 1 825、Cu 7.95、Sc 3.87、Sr 72.41、Ba 613。稀土元素（2个样平均值）ΣREE 272.82$\times10^{-6}$、ΣCe/ΣY 2.60、δEu 0.51。

【分布范围】 分布于灵山县金山塘等地，面积仅10 km^2。

4. 薄竹塘花岗斑岩单元 P_2B

【命名、定义】 廖庆康（1992）创名，命名于钦州市大直乡薄竹塘。指数个岩性为花岗斑岩的侵入体归并而成。

【岩石特征】 岩性为多斑状、连斑状花岗斑岩，斑晶由斜长石（An20～45，30%～40%）、微斜微纹长石（8%～20%）、石英（18%～28%）、黑云母（3%～6%）、紫苏辉石（2%～3%）组成，大小在0.6～20 mm，基质由斜长石（3%～4%）、石英（5%～12%）、微斜微纹长石（2%～9%）、黑云母（1%～2%）、堇青石（1%～2%）组成。副矿物为钛铁矿（1 470 g/t）、锆石、磷灰石、电气石等。

【岩石化学成分】 岩石化学成分（4个样平均值）为 SiO_2 68.33%、TiO_2 0.78%、Al_2O_3 13.88%、FeO 4.71%、CaO 2.29%、MgO 1.66%、Na_2O 2.02%、K_2O 3.81%。微量元素（5个样平均值，$\times10^{-6}$）W 1.98、Sn 3.68、Li 39.73、Rb 180.12、Be 2.76、Nb 21.60、Mo 0.98、Cr 44.29、Ni 16.44、Co 9.46、V 53.72、Ti 3702、Cu 16.81、Sc 12.84、Sr 99.44、Ba 722。稀土元素（5个样平均值）ΣREE 275.07$\times10^{-6}$、$\Sigma Ce/\Sigma Y$ 3.61、δEu 0.49。$\delta^{18}O$ 9.78‰、δD −62.8‰。

【分布范围】 分布于超单元的西南部，钦州那蒙、大直等地，面积约165 km^2。

【时代】 $^{40}Ar/^{39}Ar$ 同位素年龄值 252.40±3.9 Ma、K－Ar 法年龄值 254.22±4.3、256.02±4.8、256.67±4.26 Ma。

5. 火烧屋细粒黑云母堇青石二长（钾长）花岗岩单元 T_1H

【命名、定义】 廖庆康（1992）创名，命名地点位于玉林市山心乡火烧屋村。指数个细粒黑云母堇青石二长（钾长）花岗岩的侵入体归并而成。其特征是粒度较细、堇青石含量高。

【岩石特征】 岩性为细粒黑云母堇青石二长（钾长）花岗岩，由斜长石（An20～35，14%～36%）、石英（30%～50%）、微斜微纹长石（14%～50%）、堇青石（2%～20%）、黑云母（2%～8%）、白云母（<3%）组成。

【岩石化学成分】 岩石化学成分（1个样）为 SiO_2 70.08%、TiO_2 0.67%、Al_2O_3 14.01%、FeO 4.70%、CaO 0.70%、MgO 1.43%、Na_2O 1.44%、K_2O 3.78%。微量元素（1个样，$\times10^{-6}$）W 1.50、Sn 3.70、Li 28.80、Rb 173.00、Be 2.80、Nb 16.30、Mo 0.90、Cr 61.00、Ni 27.90、Co 9.60、V 74.60、Ti 3 269、Cu 22.70、Sc 9.30、Sr 95.10、Ba 540。稀土元素（1个样）ΣREE 220.38$\times10^{-6}$、$\Sigma Ce/\Sigma Y$ 4.04、δEu 0.60。

【分布范围】 分布于石南西北火烧屋，面积仅6 km^2。

【时代】 K－Ar 法年龄值 243.89±4.27 Ma。

6. 龙江细粒堇青石二云母二长（钾长）花岗岩单元 T_1Lj

【命名、定义】 廖庆康（1992）创名，命名地点位于玉林市山心乡龙江村。指数个岩石为细粒堇青石二云母二长（钾长）花岗岩的侵入体归并而成的单元。以前将此种岩体称补充侵入体。

【岩石特征】 岩性为细粒堇青石二云母二长（钾长）花岗岩，由斜长石（An12～30，10%～27%）、微斜微纹长石（30%～72%）、石英（13%～40%）、黑云母（2%～5%）、白云母（3%）、堇青石3%组成。副矿物仍为钛铁矿、锆石、磷灰石、独居石等，但含量明显减小。

【岩石化学成分】 岩石化学成分（2个样平均值）为 SiO_2 74.72%、TiO_2 0.16%、Al_2O_3 13.11%、FeO 1.90%、CaO 0.65%、MgO 0.27%、Na_2O 2.82%、K_2O 5.22%。微量元素（2个样平均值，$\times10^{-6}$）W 8.53、Sn 14.60、Li 111.80、Rb 408.10、Be 3.30、Nb 22.80、Mo 0.57、Cr 5.30、Ni 5.60、Co 1.45、V 10.00、Ti 923、Cu 4.10、Sc 3.77、Sr 32.20、Ba 254。稀土元素（2个样平均值）ΣREE 139.93$\times10^{-6}$、ΣCe/ΣY 1.74、δEu 0.22。常形成一些锡矿点、矿化点。

【分布范围】 分布于各复式岩体中，面积约 18 km^2。

【时代】 此单元为葵山超单元演化晚期产物，$^{40}Ar/^{39}Ar$ 年龄值 238.90±2.7 Ma。

【问题讨论】 由何冲单元→旺禾垌单元→金山塘单元→薄竹塘单元→火烧屋单元→龙江单元表现为：①斜长石牌号前4个单元相似，到火烧屋单元降低，龙江单元明显降低。龙江单元暗色矿物、斜长石减少，钾长石增石。②SiO_2、K_2O 表现为前3个单元为一个增高韵律，到第4个单元突然降低，后三个单元又是一个增高韵律。TiO_2、FeO、CaO、MgO，也显出前3个为一降低韵律，到第4个单元突然升高，后3个单元又是一个降低韵律。龙江单元 SiO_2、K_2O 最高，而 TiO_2、FeO、CaO、MgO 明显低。③微量元素 W、Sn、Li、Rb 前5个单元变化不大，而龙江单元较高。Be、Nb 各单元变化小，且无规律。Mo、Cr、Ni、Co、V、Ti、Sc、Sr、Ba、Cu 前3个单元为一个含量降低韵律，到第4个单元突然升高，后3个单元又是一个降低韵律。龙江单元特低。④龙江单元稀土元素总量、ΣCe/ΣY、δEu 都低。

石南超单元

【命名、定义】 廖庆康（1992）创名，命名地点位于玉林市石南镇。是指形成于早二叠世至中三叠，成因属陆壳改造系列地壳重熔型，空间上位于葵山超单位的西北侧，岩石为二长花岗岩、花岗斑岩的数个单元归并而成。与葵山超单元比较，岩石中紫苏辉石含量稍多，出现麻粒岩相包体，说明超单元的源岩来源更深一些，但定位浅一些。

【岩石特征】 岩性有由中细粒斑状二长花岗岩向中粒斑状二长花岗岩、连斑状花岗斑岩、碎斑状花岗斑岩、文象花岗岩花斑岩、长石石英斑岩演化趋势。此超单元的岩石矿物、包体特征、副矿物特征与六万山、葵山超单元基本相同。但是，岩石中紫苏辉石含量稍多，包体较高，且出现麻粒岩相包体，暗色矿物稍多。

【岩石化学成分】 岩石化学成分、微量元素、稀土元素特征与六万山、葵山超单元亦基本相同，区别在于 SiO_2、K_2O+Na_2O 较低，FeO、CaO、MgO 高；微量元素 W、Sn 低而 Ba、Sr 高，以上各点（包括岩石特征），说明此超单元源岩更深一些，定位却浅一些。

【分布范围】 分布于邕宁县台马至防城县东兴，长约 180 km，宽 10～20 km，呈条带状，另外，玉林石南附近也有少量分布。出露面积约 2 000 km^2。

【时代】 超单元侵入体侵入下三叠统，热变质作用微弱。在板八一带，上三叠统沉积，不整合覆盖于超单元之上。据专题研究组在本超单元取4个 K-Ar 法年龄样、4个 $^{40}Ar/^{39}Ar$ 年龄样、1个 Rb-Sr 全岩等时线年龄样，其中7个年龄值在 224～250 Ma，与地质资料符合，认为此超单元形成于三叠纪早、中世。超单元侵入体尚侵入葵山、旺冲超单元。

【单元】 据岩性、结构划分6个单元，分述之：

1. 横冲中细粒斑状堇青石黑云母二长花岗岩单元 $T_1H\hat{c}$

【命名、定义】 廖庆康（1992）创名，命名地点位于玉林市石南镇横冲村。指数个岩石为中细粒斑状堇青石黑云母二长花岗岩的侵入体归并而成的单元。

【岩石特征】 岩性为中细粒斑状堇青石黑云母二长花岗岩，斑晶含量2%～6%，是微斜微纹长石，岩石由斜长石（An24～25，15%～28%）、石英（25%～40%）、微斜微纹长石（22%～47%）、堇青石（3%～12%）、黑云母（3%～8%）组成，紫苏辉石、石榴石、矽线石均小于1%。

【岩石化学成分】 与六万山、葵山超单元的永安、何冲单元比较，SiO_2、K_2O低，FeO、TiO_2、MgO高，Cr、Ni、Co、V、Ti、Sc、Sr、Ba高，说明本单元比永安、何冲单元更偏基性。

【分布范围】 分布于玉林横冲一带，面积25 km^2左右。

【时代】 K－Ar法年龄值241.71±5.28 Ma。

2. 周村中粒斑状堇青石黑云母二长花岗岩单元 $T_1\hat{Z}$

【命名、定义】 廖庆康（1992）创名，命名于玉林市石南乡周村。指数个岩石为中粒斑状堇青石黑云母二长花岗岩的侵入体归并而成的单元。

【岩石特征】 岩性为中粒斑状堇青石黑云母二长花岗岩，斑晶是微斜微纹长石，含量5%～10%，岩石由石英（20%～40%）、微斜微纹长石（20%～32%）、斜长石（An20～40，20%～48%）、堇青石（1%～9%）、黑云母（1%～7%）组成，尖晶石、紫苏辉石、石榴石均小于1%。本单元侵入体呈隐蔽侵入接触关系（涌动）侵入横冲单元，超动侵入旺冲超单元的天井冲单元。

【分布范围】 分布于玉林市石南周村，面积仅3 km^2。

【时代】 $^{40}Ar/^{39}Ar$年龄值244.10±3.9 Ma、K－Ar法年龄值244.14±4.11 Ma，认为该单元形成于早三叠世。

3. 东山连斑状花岗斑岩单元 T_2D

【命名、定义】 廖庆康（1992）创名，命名于玉林市石南乡东山村。指数个连斑状或多斑状花岗斑岩侵入体归并而成。其斑晶具两个世代，即有两种粒度明显差异的斑晶。

【岩石特征】 本单元岩石为连斑状或多斑状花岗斑岩，斑晶有两个世代，一类大小8～20 mm，板状或椭圆状，另一类大小0.5～8 mm，斑晶由石英（26%～25%）、斜长石（An22～40，17%～30%）、微斜微纹长石（6%～25%）、黑云母（1%～6%）、堇青石（1%～8%）、紫苏辉石（1%～2%）、石榴石（1%～9%）组成。基质由石英（1%～12%）、斜长石（4%～25%）、微斜微纹长石（4%～20%）、黑云母（1%～5%）组成。

【岩石化学成分】 磷灰石$^{87}Sr/^{86}Sr$初始比值0.720532、0.721930，$\delta^{18}O$ 11.59‰、δD－43.4‰。本单元稀土元素含量较高，经风化形成较大规模的离子吸附型稀土矿床。

【分布范围】 分布于玉林东山、院垌、钦州大寺等地，面积约330 km^2。

【时代】 东山单元侵入体侵入周村单元，前者切断后者的岩脉，2单元岩性突变；本单元还侵入旺冲超单元的天井冲单元和侵入葵山超单元的旺禾垌单元。K－Ar法年龄值224.12±3.48Ma，$^{40}Ar/^{39}Ar$年龄值237.10±2.4 Ma，单元形成于中三叠世。

4. 良村碎斑状花岗斑岩单元 T_2L

【命名、定义】 廖庆康（1992）创名，命名地点位于玉林市石南镇良村。是数个碎斑状花岗斑岩侵入体归并而成。相对东山单元，岩石斑晶少，基质较细。

【岩石特征】 岩性为碎斑状花岗斑岩，斑晶呈熔蚀状、碎裂状，大小在0.2×1.5～3.5×4（mm），由石英（11%～15%）、斜长石（An28～53，17%～22%）、微斜微纹长石（5%～16%）、紫苏辉石（3%～12%）、黑云母（1%～3%）、堇青石（1%～2%）组成；基质由石英（13%～23%）、斜长石（3%～10%）、微斜微纹长石（13%～27%）组成。$^{87}Sr/^{86}Sr$初始值0.721930（磷灰石）、0.72139±0.00093（全岩等时线），$\delta^{18}O$10.54‰、13.23‰、δD－30.7‰、－43.3‰。

【分布范围】 分布于邕宁台马至钦州大直、浦北寨圩等地，面积约1 192 km²，是本超单元中分布面积最大的一个单元。

【时代】 良村单元侵入体侵入东山单元及下三叠统，而被上三叠统沉积不整合覆盖。Rb-Sr全岩等时线年龄值230.80±9.7 Ma。故此单元形成于中三叠世。

5. 那垌文象钾长（二长）花岗岩、花斑岩单元 T_2N

【命名、定义】 廖庆康（1992）创名，命名于防城县那垌乡。指数个岩性为文象钾长（二长）花岗岩、花斑岩的侵入体归并而成的单元。

【岩石特征】 本单元岩石为文象钾长（二长）花岗岩、花斑岩，后者出露于侵入体边部，文象钾长（二长）花岗岩由石英（18%～38%）、斜长石（An25～35，10%～28%）、微斜微纹长石（24%～65%）、黑云母（1%～4%）、堇青石（1%～3%）、紫苏辉石（2%）、白云母（1%～3%）组成。

【分布范围】 分布于防城稔稳、那良、那垌等地，面积365 km²。

【时代】 本单元侵入体侵入下三叠统及良村单元。

【其他】 因工作较少，那垌单元还可能分解出2个以上的单元。

6. 佛香山长石石英斑岩单元 T_2F

【命名、定义】 廖庆康（1992）创名，命名地点位于玉林市葵阳佛香山。指数个岩石为长石石英斑岩的次火山岩侵出体归并而成。

【岩石特征】 岩性为长石石英斑岩、石英斑岩，斑晶由石英（5%～20%）、长石假晶（1%～16%）、黑云母（2%）、堇青石（2%）、紫苏辉石（2%）组成。基质中石英占18%～46%、长石假晶占20%～44%。

【分布范围】 分布于防城板八、玉林葵阳佛香山等地，面积约85 km²。

【问题讨论】 由横冲单元→周村单元→东山单元→良村单元→那垌单元，形成一个演化系列，表现在：①SiO_2由67.84%（6个样平均）—69.25%（2个样）—69.14%（7个样）—71.27%（12个样）—70.68%（5个样），K_2O由3.86%—4.07%—3.88%—4.75%—4.80%，表明随岩浆演化，总趋势增加。而TiO_2由0.72%—0.60%—0.62%—0.39%—0.47%，Al_2O_3由14.19%—13.93%—13.68%—13.89%—12.85%，FeO由5.10%—4.46%—4.48%—2.85%—3.10%，MgO由2.06%—1.23%—1.54%—0.62%—0.89%，总趋势是降低。②微量元素（$\times10^{-6}$）Sn由3.80（6个样平均）—2.65（2个样）—3.68（13个样）—5.54（17个样）—6.03（6个样），Rb由176—192—189—226—282，表现有增加趋势。而Cr由56.56—35.67—43.25—16.41—19.99，Ni由26.81—20.16—21.74—9.74—6.96，Co由12.50—

12.26—11.59—6.36—5.07，V 由 76.09—61.27—66.83—32.85—31.17，Ti 由 4084—4111—3944—2722—2722，Sc 由 11.84—11.29—11.56—5.64—7.20，Sr 由 104.13—103.64—99.45—96.10—61.21，总趋势为降低，且反映由东山单元到良村、那垌单元，突然明显降低。③稀土元素总量（$\times 10^{-6}$）由 233.39（2 个样平均）—266.40（2 个样平均）—248.70（10 个样）—249.22（12 个样）—263.13（5 个样），ΣCe/ΣY 由 3.65—3.44—3.30—3.03—2.79，δEu 由 0.54—0.51—0.49—0.47—0.38，随岩浆演化而有规律降低。

六万山、葵山、石南 3 个超单元，形成于晚二叠世至中三叠世，空间关系密切，成因类型相同，总体上形成 3 个 NE－SW 向的条带分布。岩石总特征相同，都出现堇青石、紫苏辉石、石榴石、矽线石，黑云母呈棕红色，斜长石牌号较高（奥长石、中长石），岩石中沉积变质岩包体、岩石化学、地球化学、同位素地质学特征基本相同，故可以将它们归并为大容山—十万大山超单元组合。由六万山→葵山→石南超单元：①岩浆来源由浅变深，②定位（就位）深度由深变浅，③形成时代由老变新，但有并列。

大容山—十万大山超单元组合呈面状分布，总面积大于 10 000 km^2，与其有关的火山岩少且为酸性，岩石中含堇青石、红柱石、矽线石、石榴石、刚玉等，包体为沉积变质岩，没有出现闪长质包体，过铝指数大于 1.1，标准矿物刚玉高（1.8%～5.8%），Cr、Ni 含量高，$^{87}Sr/^{86}Sr$ 初始值在 0.720532～0.730221，明显大于 0.7100，$\delta^{18}O$ 大于 10.00‰，δEu 小于 0.70，副矿物为钛铁矿、独居石、锆石、磷灰石组合，岩石中地壳 Nd 组分所占的重量分数 fc＝100，说明岩石 100%由地壳重熔。以上特征，与怀特、查佩尔在澳大利亚拉克兰地区研究的典型 S 型花岗岩极相似，故认为是典型的地壳重熔型花岗岩。

回龙超单元

【命名、定义】 系本书新建超单元，命名于苍梧县回龙乡。是指形成时代为三叠纪晚世，成因属大陆内部深断裂带同熔型，岩石是辉长石、闪长岩、石英闪长岩、英云闪长岩、花岗闪长岩的数个单元归并而成。

【岩石特征】 岩性有由辉长岩→闪长岩→石英闪长岩→英云闪长岩→花岗闪长岩的演化趋势。

【分布、成因】 分布于广西东部苍梧新地至岑溪糯洞一带，面积约 164 km^2。回龙超单元沿岑溪深断裂呈条带状分布，据岩石矿物特征、岩石化学、地球化学特征，认为其为比较典型的大陆内部深断裂带同熔型。

【时代】 超单元侵入体明显侵入于寒武系、奥陶系、志留系，而被花山超单元侵入体侵入。在东胜、回龙等复式岩体所取 U－Pb 锆石年龄值相同，均为 222 Ma，认为超单元就位时代为三叠纪晚世。

【单元】 据岩石成分划分为 5 个单元。

1. 东胜辉长岩单元 T_3D

【命名、定义】 系本书新建单元，命名于藤县城郊东胜。指岩石为辉长岩的数个侵入体归并而成。

【岩石特征】 本单元岩石特征为辉长岩，细—中粒结构，由斜长石（An50～70，42%～65%）、普通角闪石（8%～22%）、普通辉石（4%～10%）、石英（3%～5%）、黑云母（2%～8%）组成。

【岩石化学成分】 岩石化学成分（3个样平均值）为 SiO_2 45.82%～47.49%（平均46.70%）、TiO_2 3.33%～5.18%（平均4.53%）、FeO 10.49%～12.07%（平均11.26%）、MgO 4.30%～6.54%（平均5.12%）、CaO 8.77%～9.65%（平均9.20%）、Na_2O 1.73%～2.12%（平均1.97%）、K_2O 0.56%～0.75%（平均0.68%）。

【分布范围】 分布于藤县东胜、岑溪山河等地，面积约4 km^2。

2. 洞心闪长岩单元 T_3Dx

【命名、定义】 系本书新建单元，命名于岑溪县安平乡洞心村。指数个岩石为闪长岩的侵入体归并而成。

【岩石特征】 闪长岩由斜长石（An38～50，59%～65%）、石英（0～5%）、普通角闪石（0～35%）、普通辉石（0～5%）组成。

【岩石化学成分】 岩石化学成分（2个样平均值）为 SiO_2 49.40%～52.19%（平均50.80%）、TiO_2 2.24%～4.04%（平均3.14%）、FeO 10.59%～12.33%（平均11.46%）、MgO 3.43%～4.03%（平均3.73%）、CaO 7.00%～9.20%（平均8.10%）、Na_2O 1.88%～2.28%（平均2.08%）。K_2O 0.72%～0.97%（平均0.85%）。

【分布范围】 分布于回龙、河村、东胜、新地、善村等复式岩体中，面积约5 km^2。

3. 新地石英闪长岩单元 T_3X

【命名、定义】 系本书新建单元，命名于苍梧县新地乡。指岩石为石英闪长岩的数个侵入体归并而成的单元。

【岩石特征】 石英闪长岩，由斜长石（An42～60，49%～64%）、石英（5%～17%）、普通角闪石（0～36%，一般13%～28%）、黑云母（1%～25%，一般4%～15%）、钾长石（0～8%）组成。副矿物以磁铁矿为主（新地侵入体含磁铁矿6 108 g/t、钛铁矿2 189 g/t），可形成磁铁矿床。

【岩石化学成分】 岩石化学成分（30个样平均值）为 SiO_2 53.13%、TiO_2 1.91%、FeO 9.32%、MgO 3.58%、CaO 6.48%、K_2O 1.50%、Na_2O 2.44%。微量元素（$\times10^{-6}$）Be 3.88～5.65、Ti 3 872～9 751、Sc 11.39～29.02、Co 9.68～19.87，比闪长岩维氏值较高，而Cu 8.76～20.20、Mo 0.53～0.78、Cr 26.13～26.80、V 50.40～99.05、Rb 81.50～186.00、Ba 285.60～321.35较低，Sr 55.53～178.35特低。稀土元素 ΣREE 151.99$\times10^{-6}$低，$\Sigma Ce/\Sigma Y$ 2.20亦低，δEu 1.08高。

【分布范围】 分布面积较广，为超单元的主体单元之一，面积约37 km^2。

【时代】 U-Pb法年龄值222 Ma（回龙）、222 Ma（东胜）。

【成因讨论】 据岩石为石英闪长岩，斜长石含量、牌号高，普通角闪石大量出现，SiO_2、K_2O/Na_2O 值低，δEu1.08高，副矿物以磁铁矿为主等特征，可以肯定岩石属同熔型花岗岩。

4. 河口街英云闪长岩单元 T_3H

【命名、定义】 系本书新建单元，命名于容县自良乡河口街村。指数个岩石是英云闪长岩的侵入体归并而成的单元。

【岩石特征】 英云闪长岩由斜长石（An15～48，40%～55%）、钾长石（3%～12%）、石英（20%～40%）、黑云母（7%～21%）、普通角闪石（2%～20%）组成。含有角岩、大理岩捕虏体及少量闪长质包体，后者呈暗色团块，直径 2～20 cm，浑圆或椭圆状，粒度较细。副矿物特征同新地单元。

【岩石化学成分】 岩石化学成分（5 个样平均值）为 SiO_2 63.73%、TiO_2 0.80%、FeO 5.75%、MgO 2.42%、CaO 4.91%、Na_2O 2.84%、K_2O 2.29%。戍马塘侵入体微量元素（$\times10^{-6}$）W 0.25、Sn 1.60、Mo 0.25、Nb 5.22、Zr 117、Cr 12.80、Ni 4.01、Cu 16.60、Be 2.18、Rb 96.00、Ba 379.80、Sr 114.60 较低，而 Co 10.65、V 87.15、Ti 3008、Sc 14.65 较高。

【分布范围】 分布于苍梧回龙、容县自良河口街、博白戍马塘等地，面积 92 km^2，也是此超单元的主要单元。

5. 善村花岗闪长岩单元 $T_3\hat{S}$

【命名、定义】 系本书新建单元，命名于苍梧县新地乡善村。指数个岩石是花岗闪长岩的侵入体归并而成的单元。

【岩石特征】 岩性为花岗闪长岩，由斜长石（An28～57，36%～47%）、钾长石（12%～20%）、石英（18%～35%）、黑云母（3%～7%）、普通角闪石（6%～20%）组成。副矿物以钛铁矿为主，含量最高达 13 443 g/t。

【岩石化学成分】 岩石化学成分（4 个样平均值）为 SiO_2 66.54%、TiO_2 0.52%、FeO 4.68%、MgO 1.99%、CaO 3.68%、Na_2O 3.11%、K_2O 2.98%。

【分布范围】 分布于苍梧新地、善村、博白雷中山、北流石古寨等地，面积 27 km^2。

【问题讨论】 由东胜单元→洞心单元→新地单元→河口街单元→善村单元，SiO_2、K_2O、Na_2O 增高，而 TiO_2、FeO、MgO、CaO 呈明显下降。

花山超单元

【命名、定义】 系本书新建超单元，命名于钟山县花山。是指形成于晚三叠世晚期至早白垩世早期，成因类型有由混合源同熔型，演化到地壳重熔-同熔过渡型，最后为地壳重熔型，空间上位于广西东部，岩石为石英二长闪长岩、石英二长岩、花岗闪长岩、二长花岗岩、钾长花岗岩的数个单元归并而成。

【岩石特征】 岩性有由石英二长闪长岩向石英二长岩、花岗闪长岩、二长（钾长）花岗岩、花岗斑岩的演化趋势。

随岩石成分演化，单元的岩石化学、地球化学等也有明显的演化。

【分布、成因】 广泛分布于广西东部，北起灌阳都庞岭、中有恭城圆石山，钟山、贺县的花山、姑婆山、乌羊山、金鸡顶，南至苍梧岑溪的广平、长岗顶、莲塘，广西境内面积达 2 822 km^2，是广西第二大超单元。

花山超单元的成因类型较特殊，据岩石矿物、岩石化学、地球化学资料，可以认为早期（1—4 单元）为混合源同熔型花岗岩类，而中期（5—7 单元）为地壳重熔-同熔过渡型花岗岩，而晚期（8—10 单元）为地壳重熔型花岗岩。

【时代】 超单元侵入体多侵入下古生界，部分侵入泥盆系、石炭系，以及大宁、海洋山超单元、陆靖超单元、回龙超单元。

据统计，前人在此超单元的各复式岩体中，取各种同位素年龄样 27 个，其中小于 120 Ma

的3个，121～133 Ma的5个，136～154 Ma的5个，155～165 Ma的9个，175～228 Ma的5个，多集中于121～228 Ma。近年来，南京大学在牛庙侵入体得Sm－Nd年龄值211 Ma。张德全得姑婆山复式岩体的里松侵入体Rb－Sr全岩等时线年龄值160～164 Ma、K－Ar黑云母年龄值160、165 Ma，姑婆山东体Rb－Sr全岩等时线年龄值148 Ma，姑婆山西体Rb－Sr全岩等时线年龄值139.5 Ma、U－Pb锆石年龄值140 Ma。南京大学在花山复式岩体主体取Rb－Sr年龄值164、165 Ma，华美侵入体年龄值129 Ma，银屏侵入体年龄值121 Ma。可以认为：超单元开始形成于211～198 Ma（牛庙侵入体），相当于晚三叠世晚期，经165～160 Ma（里松侵入体）相当于中侏罗世，148 Ma（望高单元）相当于晚侏罗世早期，139.5 Ma（新路侵入体）相当晚侏罗世晚期，最后结束于129～121 Ma（华美单元），相当于早白垩世早期。

【单元】 据岩石成分、结构特征，可划分10个单元（独立侵入体），现分述之：

1. 牛庙石英二长闪长岩侵入体 T_3N

【命名、定义】 系本书新建之名，命名于钟山县公安乡牛庙村。是指岩石为石英二长闪长岩的侵入体。因只有一个侵入体，无法归并单元，只能作为一个独立侵入体。

【岩石特征】 岩性为石英二长闪长岩，似斑状结构，斑晶由斜长石组成，大小0.5～5 cm，含量10%～30%，岩石为斜长石（An44～46，50%～65%）、微斜微纹长石（8%～15%）、普通角闪石（2%～15%）、黑云母（10%）、石英（5%～15%）、普通辉石（2%～8%）组成。岩石结构有细粒、中粒2种变化，并局部出现闪长岩。

【岩石化学成分】 岩石化学成分（1个样）为SiO_2 58.47%、K_2O 2.77%低，而TiO_2 1.32%、FeO 5.58%、MgO 3.77%、CaO 5.67%、Na_2O 4.14%高。微量元素（$\times10^{-6}$）Nb 46.73、Cr 36.77、Ni 14.02、Co 18.41、V 116.60、Cu 32.26、Sr 398.30、Ti 7316、Sc 11.76较高，而Ba 661.05、Rb 187.00稍低。$^{87}Sr/^{86}Sr$初始值0.70597，$\delta^{18}O$ 8.6‰，ε_{Nd}－2.4、ε_{Sr}28。

【分布范围】 分布于钟山县牛庙至红花一带，面积约15 km^2。

【时代】 侵入体被乌洋山单元侵入体侵入，并被挤到边部。同位素年龄K－Ar法年龄值198 Ma、Rb－Sr法年龄值211 Ma，相当于晚三叠世晚期。

【成因讨论】 据岩石为石英二长闪长岩，出现较多普通角闪石、普通辉石，斜长石牌号高，SiO_2、K_2O低，K_2O/Na_2O比值小于1，FeO、TiO_2、MgO、CaO高，可以肯定牛庙侵入体属同熔型花岗岩。

2. 杨梅山中细粒角闪石黑云母石英二长岩、二长花岗岩侵入体 J_1Y

【命名、定义】 系本书新建之名，命名于平乐县同安乡杨梅山。指岩石为中细粒角闪石黑云母石英二长岩、二长花岗岩的侵入体。因只发现一个侵入体，无法归并单元，故作为独立侵入体处理。

【岩石特征】 岩性为石英二长岩、二长花岗岩，中细粒结构，岩石由斜长石（An23～35，12%～30%），微斜微纹长石（35%～57%）、石英（15%～25%）、普通角闪石（3%～8%）、黑云母（4%～10%）组成。岩石中含多量闪长质包体，大小在20×30（cm）以下。副矿物以磁铁矿（765 g/t）、钛铁矿287（g/t）、锆石16（g/t）为主。

【岩石化学成分】 岩石化学成分（3个样平均值）为SiO_2 66.84%、TiO_2 0.68%、FeO 2.78%、MgO 0.79%、CaO 2.25%、Na_2O 3.61%、K_2O 5.61%。微量元素（$\times10^{-6}$）W 5.10、Sn 5.00、Mo 1.80、Nb 56.65、Zr 279、Co 15.37、V 70.89、Rb 263、Li 46.06、Be 5.74、

Ti 7 496、Sc 9.57 稍高，而 Cr 10.53、Ni 5.64、Cu 14.19 稍低。Ba 719.60、Sr 311.20 接近维氏值。$\delta^{18}O$ 8.4‰，ε_{Nd} −2.3、ε_{Sr} 3。

【分布范围】 分布于平乐县同安、杨梅山一带，面积 29 km^2。

【时代】 侵入体明显侵入泥盆系、石炭系，围岩具大理岩化。乌羊山单元明显侵入此侵入体，并将其挤到边部。

【成因讨论】 据岩石为石英二长岩，出现普通角闪石，闪长质包体多，副矿物磁铁矿含量高，SiO_2 低而 FeO、CaO、MgO 高，认为此侵入体仍为同熔型花岗岩。

3. 桂岭细粒花岗闪长岩、二长花岗岩侵入体 J_1G

【命名、定义】 系本书新建之名，命名于贺县桂岭乡。指岩石为花岗闪长岩、二长花岗岩的一个独立侵入体，无法归并单元。

【岩石特征】 岩性是花岗闪长岩、二长花岗岩，由斜长石（An15～20，17%～56%）、钾长石（14%～43%）、石英（18%～35%）、黑云母（4%～7%）、普通角闪石（1%～3%）组成。副矿物以磁铁矿（344 g/t）为主。

【岩石化学成分】 岩石化学成分（1 个样）为 SiO_2 72.09%、TiO_2 0.30%、FeO 2.08%、MgO 0.89%、CaO 1.19%、Na_2O 2.94%、K_2O 5.38%。微量元素（$\times10^{-6}$）W 11.00、Ni 15.81、Co 9.23、V 52.84、Rb 270、Ti 2 840、Sc 7.73 稍高，而 Mo 0.61、Nb 17.82、Zr 167、Li 35.64、Be 4.15、Ba 562、Sr 115.90 稍低。

【分布范围】 分布于贺县桂岭一带，面积 36 km^2。

【成因讨论】 据岩石矿物、副矿物、岩石化学特征，此侵入体应为同熔型花岗岩。

4. 里松中粒斑状角闪石黑云母二长花岗岩侵入体 J_2L

【命名、定义】 系本书新建之名，命名于贺县里松乡。指岩石是中粒斑状角闪石黑云母二长花岗岩的侵入体，因没有第二个侵入体可对比，无法归并单元。岩石以含较多普通角闪石而与望高单元区别。

【岩石特征】 岩性为中粒斑状角闪石黑云母二长花岗岩，由斜长石（An15～35，30%～34%）、石英（25%～30%）、微斜微纹长石（30%～34%）、普通角闪石（3%～5%）、黑云母（3%～10%）组成。岩石中常有闪长质包体，一般大小在 2～50 cm。

【岩石化学成分】 岩石化学成分（6 个样平均值）为 SiO_2 69.36%、TiO_2 0.37%、FeO 2.65%、MgO 0.80%、CaO 1.94%、Na_2O 3.54%、K_2O 4.51%。微量元素（5 个样，$\times10^{-6}$）Sr 77～238（平均 180）、Mo 0.3～2.0（平均 0.98）、W 3～10.6（平均 7.03）、Sn 2～6.4（平均 3.6）、Ba 480～570（平均 525）、Rb 251～327（平均 276）、Rb/Sr 1.142～4.246（平均 1.884）。稀土元素（2 个样）ΣREE 240.19～337.80$\times10^{-6}$、ΣCe/ΣY 8.7～9.4、δEu 0.44～0.57。黑云母属铁黑云母。过铝指数（4 个样）0.90～0.98。岩石含 Nb、ΣREE 较高，形成一些铌、稀土矿床、矿点。

【分布范围】 分布于贺县里松，面积约 50 km^2。

【时代】 侵入体与望高单元岩性差别较大，但找不到一个明显的界面，我们认为属隐蔽侵入接触，Rb－Sr 全岩等时线年龄值 160、164 Ma，相当于中侏罗世。

5. 圆石山细粒斑状黑云母二长花岗岩单元 J_2Y

【命名、定义】 系本书新建单元，命名于恭城县圆石山。指数个岩石是细粒斑状黑云母二长花岗岩的侵入体归并而成的单元。

【岩石特征】 岩性是细粒（中细粒）斑状黑云母二长花岗岩，斑晶大小1.5×7～6×20(mm)，占岩石10%～30%。岩石由石英（30%～46%）、钾长石（32%～50%）、斜长石（An16～35，22%～33%）、黑云母（3%～5%）组成，个别侵入体中出现普通角闪石。副矿物有磁铁矿、锆石、榍石、褐帘石、磷灰石等。

【岩石化学成分】 岩石化学成分（4个样平均值）为SiO_2 73.25%、TiO_2 0.34%、FeO 1.71%、MgO 0.31%、CaO 1.09%、Na_2O 2.65%、K_2O 5.20%。

【分布范围】 分布于圆石山、花山、姑婆山、金鸡顶、广平、莲塘、都庞岭东体等复式岩体的边部，面积约200 km^2。

6. 乌羊山中粒斑状黑云母二长花岗岩单元 J_2W

【命名、定义】 系本书新建单元，命名于钟山县望高乡乌羊山。指数个岩石为中粒斑状黑云母二长花岗岩的侵入体归并而成。

【岩石特征】 中粒斑状黑云母二长花岗岩，呈肉红色，斑晶是微斜微纹长石，大小5～35 mm，占岩石10%～35%；由微斜微纹长石（27%～45%）、斜长石（An12～40，20%～33%）、石英（22%～40%）、黑云母（2%～9%）、普通角闪石（0～5%）组成。副矿物有磁铁矿、榍石、褐帘石、褐钇铌矿等。

【岩石化学成分】 岩石化学成分（8个样平均值）为SiO_2 72.43%、TiO_2 0.26%、FeO 1.97%、MgO 0.36%、CaO 1.41%、Na_2O 3.34%、K_2O 4.36%。微量元素（12个样平均值$\times10^{-6}$）W 3.58、Sn 10.19，高出维氏值2～3倍，Rb 247.40、Nb 19.15、Co 4.39接近维氏值，Mo 0.63、Zr 134.40、Ti 1 578.06、Li 31.87、Be 4.06低于维氏值，而Cr 8.85、Ni 2.99、V 25.42、Cu 9.40、Ba 394.91、Sr 107.69更低，仅为维氏值的1/2～1/3。稀土元素（6个样平均值）ΣREE 225.51$\times10^{-6}$、ΣCe/ΣY 4.85、δEu 0.39。

【分布范围】 分布于各复式岩体中，构成超单元的主体，面积约1 165 km^2。

7. 望高中粗粒斑状黑云母二长（钾长）花岗岩单元 J_3W

【命名、定义】 系本书新建单元，命名于钟山县望高乡。指数个岩石是中粗粒斑状黑云母二长（钾长）花岗岩的侵入体归并而成。

【岩石特征】 中粗粒斑状黑云母二长（钾长）花岗岩呈肉红色，斑晶大小1～2.5 cm，含量5%～20%，是微斜微纹长石。岩石由微斜微纹长石（25%～57%）、斜长石（An8～33，16%～43%）、石英（20%～35%）、黑云母（4%～10%）组成。副矿物以磁铁矿、榍石、褐帘石、褐钇铌矿为主。

【岩石化学成分】 岩石化学成分（5个样平均值）为SiO_2 74.00%、TiO_2 0.16%、FeO 1.76%、MgO 0.16%、CaO 1.04%、Na_2O 3.24%、K_2O 4.79%。微量元素（8个样平均值$\times10^{-6}$）W 25.10、Sn 14.01、Nb 44.21、Li 64.48、Be 6.93、Rb 398.95高于维氏值，尤以W、Sn高，而Cr 6.45、Ni 2.00、Co 3.65、V 11.36、Cu 7.67、Ti 1 550、Ba 321.34、Sr 89.85低于维氏值，Rb/Sr 4.44。稀土元素（4个样平均）ΣREE 318.08$\times10^{-6}$、ΣCe/ΣY 3.39、δEu 0.32。$\delta^{18}O$ 10.00‰、10.60‰、10.90‰，ε_{Nd} ε_{Sr}（−2.5、3.6）、（−2.9、36）、（−2.6、33）、（−3.2、32）。在花山、姑婆山、圆石山、都庞岭东体等复式岩体中，形成钨、锡、铌、钽、稀土矿床。

【分布范围】 分布于各复式岩体中，面积约1 062 km²，也是此超单元的主体单元。

【时代】 Rb－Sr全岩等时线年龄值148 Ma，相当于晚侏罗世。

【成因讨论】 据钾长石明显多于斜长石，侵入体呈面状分布，黑云母为铁黑云母，显示重熔型花岗岩特点。有闪长质包体，副矿物为磁铁矿、榍石、褐帘石组合，过铝指数在0.95～0.99、$^{87}Sr/^{87}Sr$初始值0.7081等显示同熔型花岗岩特点，暂划为同熔-重熔过渡型花岗岩。

8. 新路中细粒斑状黑云母二长花岗岩侵入体 J_3X

【命名、定义】 系本书新建单元，命名于贺县黄田乡新路矿。指岩石为中细粒斑状黑云母二长花岗岩的一个侵入体，无法归并单元。

【岩石特征】 岩性是中细粒斑状黑云母二长花岗岩（暂定），据镜下鉴定，斑晶由石英、钾长石、斜长石组成，含量一般在10%～20%，斑晶与基质属两个世代产物，且两者粒度差别大，是属花岗岩与花岗斑岩过渡的岩石。由微斜条纹长石（35%～48%）、斜长石（An16～19，23%～38%）、石英（23%～38%）、黑云母（3%～6%）组成。

【岩石化学成分】 岩石化学成分（2个样平均值）为SiO_2 73.71%、TiO_2 0.15%、FeO 1.86%、MgO 0.15%、CaO 1.01%、Na_2O 3.18%、K_2O 5.31%，过铝指数AlI 1.02。微量元素（3个样平均$\times10^{-6}$）W 4.00、Sn 5.40、Nb 33.47、Li 70.11、Be 7.20、Rb 409.33高于维氏值，而Zr 137.33、Cr 7.76、Ni 3.84、Co 3.25、V 12.68、Ti 1 343、Ba 232.17、Sr 60.05、Rb/Sr 6.82。稀土元素ΣREE 413.46$\times10^{-6}$、ΣCe/ΣY 3.17、δEu 0.25。

【分布范围】 分布于贺县姑婆山复式岩体西侧（前人称姑婆山西体），面积200 km²。

【时代】 在新路附近公路上，可见新路侵入体侵入于乌羊山单元中，Rb－Sr全岩等时线年龄值139.5 Ma，U－Pb法年龄值140 Ma，相当于晚侏罗世。

【成因讨论】 沿侵入体与围岩接触带，形成锡矿床。据各种特征，从此侵入岩起，显示地壳重熔型花岗岩特点。

9. 白水带细粒斑状二长花岗岩单元 K_1B

【命名、定义】 系本书新建单元，命名于贺县里松乡白水带村。指数个岩石是细粒斑状二长花岗岩的侵入体归并而成，即前人所谓的补充侵入体。

【岩石特征】 细粒斑状二长花岗岩斑晶有两个粒级，大斑晶1～1.5 cm，小斑晶0.2～0.4 cm，均为钾长石，含量5%左右。岩石由条纹长石（33%～45%）、石英（25%～32%）、斜长石（An5～15，26%～30%）、黑云母（2%～5%）组成。

【岩石化学成分】 岩石化学成分（1个样）为SiO_2 75.51%、TiO_2 0.32%、FeO 0.48%、MgO 0.08%、CaO 0.25%、Na_2O 1.94%、K_2O 4.50%。微量元素（1个样，$\times10^{-6}$）W 5.50、Sn 9.00、Nb 67.46、Li 49.75、Be 7.99、Rb 457较高，而Zr 142、Cr 4.35、Ni 2.00、Co 1.22、V 2.76、Cu 11.67、Ti 717、Ba 128、Sr 37.8低。稀土元素（1个样）ΣREE 343.12$\times10^{-6}$、ΣCe/ΣY 1.91、δEu 0.13，总量高，岩石风化后可形成离子吸附型稀土矿床，ΣCe/ΣY、δEu值低，说明是岩浆演化晚期产物。

【分布范围】 分布于各复式岩体中，面积40 km²。

【时代】 本单元侵入体侵入上述各单元。

【成因讨论】 据岩石矿物、岩石化学、地球化学特征，此单元为地壳重熔型花岗岩。

10. 华美细粒花岗岩单元　K_1H

【命名、定义】　系本书新建单元，命名于钟山县花山乡华美村。指岩石为细粒花岗岩、花岗斑岩、呈小岩株岩墙产出的数个侵入体归并而成。

【岩体特征】　岩性是细粒花岗岩，局部花岗斑岩、石英斑岩。

【岩石化学成分】　岩石化学成分（6个样平均值）为 SiO_2 76.09%、TiO_2 0.06%、FeO 0.75%、MgO 0.09%、CaO 0.63%、Na_2O 3.60%、K_2O 4.62%。稀土元素 ΣREE 347.66×10^{-6}、138.41×10^{-6}（前为银屏侵入体、后为华美侵入体），ΣCe/ΣY 0.64、1.04，δEu 0.17、0.10，反映后两值低，银屏侵入体与稀土有关，华美侵入体与Sn有关。$^{87}Sr/^{86}Sr$ 初始值 0.71663、0.73033，$\delta^{18}O$ 10.2‰、11.4‰，$\varepsilon_{Nd}\varepsilon_{Sr}$（−4.4、152）、（−5.0、166）、（−4.8、210）、（−4.4、369）。

【分布范围】　分布于各复式岩体中（花山复式岩体中多见），面积约 25 km^2。

【时代】　此单元同位素年龄值129、121 Ma，相当于早白垩世。

【问题讨论】　由牛庙侵入体至华美单元，①SiO_2 总趋势增高，而FeO、MgO、CaO降低。且在牛庙侵入体与杨梅山侵入体之间，有一个较明显的突变变化。②Rb总趋势增加，而Cr、Ni、Co、V、Ti、Sc、Ba、Sr逐渐减少。

五团超单元

【命名、定义】　系本书新建的超单元，命名于湖南省城步县五团乡。是指出露于广西北部，形成时代是早侏罗世，成因类型属陆壳改造系列断块运动形成的地壳重熔型，岩石为二长花岗岩、花岗闪长岩的数个单元归并而成。

【分布范围】　分布于广西北部龙胜县双结、湖南城步县五团一带，总面积187 km^2，广西境内出露面积52 km^2，岩石为花岗闪长岩、二长花岗岩。

【时代】　侵入体侵入丹洲群、震旦系，U-Pb法锆石年龄值198 Ma，Rb-Sr等时线年龄值211.6±22.5 Ma，相当早侏罗世。

【单元】　据岩性划分为2个单元（独立侵入体）：

1. 双结花岗闪长岩侵入体　$J_1\hat{S}$

【命名、定义】　系本书新建单元，命名于龙胜县日新乡双结村。指岩石为花岗闪长岩的独立侵入体。

【岩石特征】　岩性是花岗闪长岩，主要矿物有斜长石（An7～27，45%）、石英（33%）、黑云母（4%）、钾长石（17%）。

【岩石化学成分】　岩石化学成分为 SiO_2 70.67%、TiO_2 0.06%、FeO 0.60%、MgO 0.24%、CaO 3.02%、Na_2O 3.47%、K_2O 2.00%、AlI为1.00。微量元素（×10^{-6}）W 39.8、Sn 11.8高，而Cr 21.67、Co 2.67、V 16.67、Ba 60.67、Sr 20.67低。稀土元素 ΣREE 70.19×10^{-6}、ΣCe/ΣY 1.34、δEu 0.85，表现出前两者低而铕亏损弱。$^{87}Sr/^{86}Sr$ 初始值0.729252，说明侵入体为地壳重熔型花岗岩。

【分布范围】　分布于龙胜双结，面积约0.5 km^2。

2. 五团细粒、中细粒斑状黑云母二长花岗岩单元　J_1W

【命名、定义】　系本书新建的单元，命名于湖南省城步县五团乡。指岩石为细粒、中细粒斑状黑云母二长花岗岩的数个侵入体归并而成。

【岩石特征】　岩石为细粒、中细粒斑状黑云母二长花岗岩，斑晶为钾长石，含量5%～12%，岩石由微斜长石（20%～40%）、斜长石（An12～22，25%～30%）、石英（25%～38%）、黑云母（3%～16%）组成。副矿物以钛铁矿、电气石、锆石为主。

【岩石化学成分】　岩石化学成分（2个样平均值）为 SiO_2 71.5%、TiO_2 0.19%、FeO 1.81%、MgO 1.16%、CaO 1.12%、Na_2O 4.15%、K_2O 2.99%，AlI 1.20。微量元素（$\times 10^{-6}$）W 8.63、Sn 7.90 高，Ba 158.67、Sr 20.67、Cu 10.53 低。稀土元素 ΣREE 38.98$\times 10^{-6}$、$\Sigma Ce/\Sigma Y$ 1.40、δEu 1.15，前两者低，而 δEu 值特别大，在分布图型上呈峰状。侵入体与钨矿有关，形成一些矿点。

【分布范围】　分布于广西龙胜与湖南交界处，广西境内出露 51.5 km^2。

栗木超单元

【命名、定义】　系本书新建的超单元，命名于恭城县栗木乡。指形成于早中侏罗世，成因类型属陆壳改造系列断块运动形成的地壳重熔型，形成铌、钽、锡、钨矿，岩性为钠长石化锂白云母碱长花岗岩的数个单元归并而成。

【岩石特征】　岩性有由细粒斑状锂白云母碱长花岗岩，向中粒锂白云母碱长花岗岩、中细粒黑鳞云母碱长花岗岩演化的趋势。

【分布、成因】　分布于广西恭城县栗木一带，由泡水岭、牛栏岭、老虎头、凤尾庄等小岩株及金竹园、水溪庙隐伏花岗岩所组成，总面积仅 3.4 km^2。另据岩石矿物、岩石化学、地球化学特征，认为此超单元属陆壳改造系列断块运动形成的地壳重熔型花岗岩。

【时代】　侵入体侵入寒武系、泥盆系、石炭系，围岩具明显角岩化、大理岩化、矽卡岩化，据前人同位素年龄资料（黄雅乔，1981），第一单元为 185～196 Ma（锆石），第二单元为 169～172 Ma（白云母），第三单元 160～169 Ma（锆石、锂云母）。

【单元】　划分为3个单元。

1. 泡水岭细粒斑状锂白云母碱长花岗岩侵入体　J_1P

【命名、定义】　系本书新建的侵入体。命名于恭城县栗木乡泡水岭。指岩石为细粒斑状锂白云母碱长花岗岩的独立侵入体。

【岩石特征】　岩石是细粒斑状锂白云母碱长花岗岩，钾长石（20%～30%）、石英（30%～40%）、斜长石（An2～5，30%～40%）、锂白云母（3%～10%）、黄玉（2%～5%）。

【岩石化学成分】　岩石化学成分（6个样平均值）为 SiO_2 72.91%、TiO_2 0.04%、FeO 1.12%、MgO 0.20%、CaO 0.33%、Na_2O 2.80%、K_2O 4.49%，FeO、MgO、CaO 极低。稀土元素 ΣREE 23.12$\times 10^{-6}$、$\Sigma Ce/\Sigma Y$ 1.16、δEu 0.10，此3值均极低。微量元素（$\times 10^{-6}$）Ti 195.4、Ba 15.88、Sr 9.79、Cr 5.39、Co 1.73 均低，而 Li 388.00、Nb 32.62、Ta 16.73、Rb 1 335.00、W 8.50、Sn 83.00 明显高，$\delta^{18}O$ +12.00‰。以上特征说明侵入体是岩浆演化晚期与成矿有关的侵入体，与 Nb、Ta、W、Sn 有关，但矿化不强。

【分布范围】　分布于恭城县栗木泡水岭，呈小岩株，面积仅 0.1 km^2。

【时代】 泡水岭侵入体形成于早侏罗世，被牛栏岭单元侵入体侵入。

2. 牛栏岭中粒锂白云母碱长花岗岩单元 J_2N

【命名、定义】 系本书新建单元，命名于恭城县牛栏岭。指岩性为中粒锂白云母碱长花岗岩的数个侵入体归并而成。

【岩石特征】 岩性为粒锂白云母碱长花岗岩，钾长石（15%～20%）、石英（40%～50%）、斜长石（An2～5，25%～30%）、锂白云母（3%～10%）、黄玉（4%～10%）。岩石结构变化较大，单元中有细粒、粗粒结构岩石出现，没有进一步划分。

【岩石化学成分】 岩石化学成分（9 个样平均值）为 SiO_2 74.47%、TiO_2 0.04%、FeO 1.32%、MgO 0.26%、CaO 0.48%、Na_2O 3.54%、K_2O 4.46%。稀土元素（6 个样平均）ΣREE 49.56×10^{-6}、ΣCe/ΣY 1.055、δEu 0.10。$\delta^{18}O$ +10.9‰。微量元素（$\times10^{-6}$）Ti 156.30、Ba 14.42、Sr 7.26、Cr 7.18、Co 5.09 低，而 Li 478.00、Nb 31.14、Ta 12.50、Rb 1 267.00、W 10.40、Sn 52.00 高。此单元与钽铌矿关系密切，是主要成矿侵入体，钽铌是在钠长石化、黄玉化交代作用过程中形成。

【分布范围】 分布于栗木牛栏岭等地，面积约 1.3 km^2。

【时代】 牛栏岭单元形成于中侏罗世。

3. 水溪庙中细粒黑鳞云母碱长花岗岩单元 $J_2\hat{S}$

【命名、定义】 系本书新建单元，命名于恭城县栗木乡水溪庙。指数个岩石为中细粒黑鳞云母碱长花岗岩的侵入体归并而成的单元。

【岩石特征】 岩性是中细粒钠长石化碱长花岗岩，钾长石（5%～25%）、石英（25%～50%）、斜长石（An2～5，25%～40%）、黑鳞云母（0～15%）、锂白云母（3%～5%）、黄玉（2%～5%）。副矿物有铌钽铁矿、锡石、黑钨矿、富铝锆石等。

【岩石化学成分】 岩石化学成分（13 个样平均值）为 SiO_2 75.70%、TiO_2 0.02%、FeO 0.71%、MgO 0.14%、CaO 0.27%、Na_2O 4.45%、K_2O 2.87%。稀土元素（6 个样平均值）ΣREE 8.99×10^{-6}、ΣCe/ΣY 1.78、δEu 0.49。微量元素（$\times10^{-6}$）Ti 80.67、Ba 6.59、Sr 3.17、Cr 6.50、Co 1.02 低，而 Li 406.10、Nb 83.64、Ta 62.34、Rb 1 331.00、W 15.00、Sn 82.00 高。此单元形成钽铌钨锡矿床。

【分布范围】 水溪庙单元分布于栗木老虎头、水溪庙、金竹园等地，面积近 2 km^2（包括隐伏侵入体）。

【问题讨论】 由以上可知，此超单元 ΣREE、ΣCe/ΣY、δEu 均低。TiO_2、FeO、MgO、CaO 低，且随岩浆演化，越来越低。而 SiO_2、Na_2O 较高，随岩浆演化增高。Ti、Ba、Sr 极低，随演化降低，Li、Rb、Nb、Ta、W、Sn 极高，随演化增高。

清湖超单元

【命名、定义】 系广西第六地质队区调分队 1991 年创名。命名于陆川县清湖乡。指岩体形成于中晚侏罗世，成因类型属混合源同熔系列的深断裂带同熔型，岩性为闪长岩、二长岩、正长岩、石英正长岩的数个单元归并而成。

【岩石特征】 岩性有由闪长岩向二长岩、石英二长岩、正长岩演化的趋势，其间尚有基性火山岩溢出。

【分布范围】 分布于广西东南部的陆川清湖、横县马山、岑溪南渡等地，广西境内出露面积约 227 km^2。侵入体多沿灵山-藤县、岑溪-博白两条深断裂分布。

【时代】 本超单元同位素年龄值（10 个）在 122～202 Ma，其中 5 个在 145～176 Ma 之间。侵入于寒武系、志留系及混合岩中。故可以认为本超单元侵入体形成于中侏罗世。

【问题讨论】 另据岩石矿物、岩石化学、地球化学特征，可以认为清湖超单元是比较典型的大陆深断裂带同熔型花岗岩。

【单元】 据岩性、相互侵入关系，可划分为 6 个单元。

1. 金村闪长岩单元 J_2J

【命名、定义】 系广西第六地质队 1991 年命名，地点位于陆川金村。指数个岩石是闪长岩的侵入体归并而成的单元。

【岩石特征】 岩性是闪长岩，主要矿物有斜长石（An26～50，30%～86%）、微斜微纹长石（1%～35%）、石英（0～6%）、普通角闪石（1%～28%）、黑云母（1%～23%）、普通辉石（0～23%）、磁铁矿（0～3%）。部分出现二长闪长岩，个别岩石斜长石牌号大于 50，则应定名辉长岩。副矿物以磁铁矿、榍石、锆石、褐帘石为主。

【岩石化学成分】 岩石化学成分（4 个样平均值）为 SiO_2 48.64%、TiO_2 2.24%、FeO 6.75%、MgO 3.97%、CaO 9.31%、Na_2O 3.7%、K_2O 2.68%。微量元素（$\times10^{-6}$）Ti 10 659、Ba 690、Be 4.24、Co 22.00、Cu 40.44、Li 36.77、Ni 25.15、Cr 69.88、Sr 573.37、V 152.21、Sc 13.88、Nb 60.60、Zr 258、Rb 280、W 1.20、Sn 4.40，与中性岩维氏值比，Ti、Cr、Co、V、Nb、Li、Be、Sr 较高，Ni、Sc 较低。稀土元素（3 个样）ΣREE 262.85～308.50$\times10^{-6}$、ΣCe/ΣY 4.46～5.51、δEu 0.75～1.16 均较高。

【分布范围】 分布于横山马山、陆川清湖、金村，桂平罗容等地，面积约 10 km^2。

【时代】 据黑云母 K－Ar 同位素年龄 149、155 Ma（清湖），时代相当于中侏罗世。

【成因讨论】 另据此单元岩石是闪长岩、普通角闪石、普通辉石大量出现，斜长石是中长石，副矿物以磁铁矿、榍石、褐帘石为主。SiO_2、K_2O 低，而 FeO、MgO、CaO 高，过铝指数 AlI 小于 1，CIPW 标准矿物不出现刚玉，可以肯定此单元是同熔型花岗岩。

2. 那若二长岩单元 J_2N

【命名、定义】 系广西第六地质队 1991 年命名，地点位于陆川县清湖乡那若。指数个岩石是二长岩的侵入体归并而成。

【岩石特征】 岩性为斑状二长岩。主要矿物有斜长石（An10～40，30%～50%）、微斜条纹长石（40%～54%）、普通角闪石（6%～10%）、普通辉石（4%～7%）、石英（0～4%）、黑云母（1%～11%）。局部出现二长闪长岩。

【岩石化学成分】 岩石化学成分（5 个样平均值）为 SiO_2 59.73%、TiO_2 1.00%、FeO 3.61%、MgO 1.23%、CaO 4.08%、Na_2O 5.31%、K_2O 4.95%。微量元素（3 个样平均值，$\times10^{-6}$）Ti 3 954、Ba 565、Be 8.87、Co 18.50、Cr 26.62、Cu 19.06、Li 12.90、Ni 15.56、Sr 413、V 60.49、Sc 7.80、Nb 79.37、Zr 484、Rb 203、W 1.20、Sn 3.60。稀土元素（3 个样）ΣREE 284.33～352.67$\times10^{-6}$、ΣCe/ΣY 5.27～7.18、δEu 0.87～0.92，3 个值均较高。

【分布范围】 分布于陆川清湖那若、桂平罗容等地，面积 36 km^2。

3. 石狗岭辉长辉绿岩单元　$J_2\hat{S}$

【命名、定义】　系本书新建单元，命名于贵名木梓乡石狗岭。指数个岩石是辉长辉绿岩的侵入体归并而成的单元。

【岩石特征】　岩性为紫苏辉长辉绿岩、基性火山岩。紫苏辉长辉绿岩呈斑状结构，斑晶大小 8×10 (mm)，由角闪石、少量紫苏辉石组成，含量 25%～30%。岩石由斜长石（An64，25%～36%）、普通角闪石（50%～60%）、普通辉石（6%～28%）、微斜微纹长石（4%～5%）、紫苏辉石（1%～3%）组成。基性火山岩有橄榄辉绿玢岩、玄武玢岩、杏仁状玄武岩。

【岩石化学成分】　岩石化学成分（1 个样）为 SiO_2 40.50%、，TiO_2 3.15%、FeO 11.13%、MgO 6.85%、CaO 13.59%、Na_2O 0.72%、K_2O 0.96%。微量元素（1 个样，$\times10^{-6}$）Ti 8 059、Ba 697、Be 3.58、Co 36.81、Cr 94.66、Cu 97.85、Li 8.86、Ni 35.16、Sr 1 122、V 245.40、Sc 25.13、Nb 25.19、Zr 134、Rb 99、W 1.00、Sn 2.00。与玄武岩维氏值比值比较，Be、Rb、Sr、Nb、Ba 较高，Li、Ti、Cr、Co、Ni 低。稀土元素（2 个样）ΣREE 242.66～288.89$\times10^{-6}$、ΣCe/ΣY 4.52～4.69、δEu 0.85～0.93，3 个数值均较高。

【分布范围】　分布于桂平县罗容、贵县木梓石狗岭、天桥岭等地，面积约 30 km^2。

4. 塘榄石英二长岩单元　J_2T

【命名、定义】　系广西第六地质队 1991 年命名，地点位于陆川县清湖乡塘榄。指岩石是石英二长岩的数个侵入体归并而成的单元。

【岩石特征】　岩性为石英二长岩，由石英（5%～14%）、微斜微纹长石（33%～54%）、斜长石（An7～46，30%～49%）、黑云母（1%～15%）、普通角闪石（0～8%）、透辉石（0～10%）、紫苏辉石（0～4%）组成。

【岩石化学成分】　岩石化学成分（2 个样平均值）为 SiO_2 59.53%、TiO_2 1.39%、FeO 4.84%、MgO 2.23%、CaO 4.19%、Na_2O 3.64%、K_2O 4.69%组成。微量元素（2 个样平均值，$\times10^{-6}$）Ti 5 533、Ba 1 019、Be 2.87、Co 6.85、Cr 7.73、Cu 10.42、Li 22.84、Sr 640、V 44.58、Sc 6.15、Nb 64.54、Zr 259、Rb 182、W 0.90、Sn 1.80。稀土元素（2 个样）ΣREE 256.74～372.94$\times10^{-6}$、ΣCe/ΣY 6.24～6.42、δEu 0.86～1.41，3 个值均高。

【分布范围】　分布于陆川清湖塘榄、岑溪南渡等地，面积 87 km^2。

【时代】　据最近 1：5 万区调资料，南渡石英二长岩明显被石塘正长岩单元侵入体所侵入，塘榄石英二长岩黑云母年龄 146 Ma，认为仍属中侏罗世。

5. 石塘正长岩单元　$J_2\hat{S}t$

【命名、定义】　系本书新建单元，命名于岑溪县南渡乡石塘村。是指在清湖超单元中，由数个岩石为正长岩的侵入体归并而成的单元。

【岩石特征】　岩性为斑状正长岩，斑晶是钾长石，含量 10%～30%，大小在 0.4×1～2×3 (cm)，岩石有微斜微纹长石（50%～73%）、斜长石（An24～36，15%～39%）、普通角闪石（1%～13%）、黑云母（1%～13%）、石英（0～5%）、普通辉石（0～2%）、磁铁矿（0～1%）。

【岩石化学成分】　岩石化学成分（3 个样平均值）为 SiO_2 58.86%、TiO_2 0.61%、FeO 2.75%、MgO 1.40%、CaO 3.33%、Na_2O 4.78%、K_2O 6.08%。微量元素（1 个样×

10^{-6}）与涂里干和魏德波尔正长岩值比较，Ti 5 224、Be 2.59、V 41.95、Cr 9.25、Co 5.32、Cu 20.35、Sr 581.80、Nb 52.48 较高，Li 13.88、Zr 168 较低，Ba 1 577、Sc 3.31、Rb 154、W 0.6、Sn 2.00 相应。稀土元素（1 个样）ΣREE 213.24×10^{-6}、ΣCe/ΣY 697、δEu 1.64，3 个值均高。

【分布范围】 分布于岑溪南渡、桂平罗容、横县马山等处，出露面积约 14 km^2。

【时代】 在罗容复式岩体中见石塘单元侵入体侵入那若单元、石狗岭单元。南渡石塘侵入体同位素年龄值 145 Ma，认为仍可划属中侏罗世。

6. 石河石英正长岩单元 $J_2\hat{S}h$

【命名、定义】 系本书新建单元，命名于岑溪县南渡乡石河村。指数个岩性为石英正长岩的侵入体归并成的单元。

【岩石特征】 岩性为中细粒石英正长岩，由斜长石（An10～15）11%～28%、微斜微纹长石 60%～81%、石英 4%～16%、黑云母 1%～5%、普通角闪石 0～12%、磁铁矿 1%～2% 组成。

【岩石化学成分】 岩石化学成分（1 个样）为 SiO_2 63.26%、TiO_2 0.44%、FeO 2.15%、MgO 0.09%、CaO 1.44%、Na_2O 4.98%、K_2O 5.92%。微量元素（1 个样，×10^{-6}）Be 3.87、Sc 10.46、Rb 211、Sn 6.20，高于涂里干和魏德波尔正长岩值，Ti 536、Ba 27.23、Li 17.51、Sr 15.24 低于涂氏正长岩值。稀土元素（1 个样）ΣREE 367.28×10^{-6}、ΣCe/ΣY 7.48、δEu 0.50，前 2 值很高。

【分布范围】 分布于岑溪南渡的石河、横县马山镇龙、面积约 20 km^2。

【时代】 本单元侵入体明显侵入石塘单元、石狗岭单元。马山岩体的石英正长岩同位素年龄 155 Ma，相当于中侏罗世。

【问题讨论】 由金村单元→那若单元→石塘单元→石河单元，SiO_2、K_2O+Na_2O 表现为增加趋势，而 TiO_2、FeO、MgO、CaO 表现为降低趋势。

古隆超单元

【命名、定义】 系本书新建超单元，命名地点位于藤县古隆乡。是指形成于中晚侏罗世，属大陆内部深断裂带同熔型，空间分布于广西东部梧州至桂平、横县一带，岩石是石英闪长岩、花岗闪长岩、二长花岗岩的数个单元归并而成。

【岩石特征】 岩性由石英闪长岩向花岗闪长岩、二长花岗岩、花岗斑岩演化的趋势。

【分布范围】 分布于梧州至桂平、横县一带，呈 NE－SW 方向，长 260 km 宽 50～70 km 的条带状出露，面积约 355 km^2。

【时代】 侵入体侵入寒武系、个别侵入奥陶系、泥盆系，外变质带一般小于 1 km，角岩化明显，个别地区与灰岩接触，出现大理岩化、矽卡岩化。西山岩体二长花岗岩同位素年龄 169、170、171、172、173 Ma（据广西地质学校区调队），相当于中侏罗世；大天平山、南安岩体同位素年龄 163 Ma、162 Ma，均相当于中侏罗世，故可以认为超单元形成时代是中侏罗世。

【单元】 据岩石结构，可分 5 个单元，现分述之：

1. 凤凰岭石英闪长岩单元 J_2F

【命名、定义】 系本书新建单元，命名于桂平县城郊凤凰岭。由石英闪长岩的数个侵入体归并而成。

【岩石特征】 岩性为细粒石英闪长岩，由石英（5%～15%）、正长条纹长石（2%～10%）、斜长石（An30～52，60%～70%）、黑云母（5%～25%）、普通辉石（1%～3%）、普通角闪石（1%～28%）组成，当钾长石含量变得稍多，而斜长石减少时则是石英二长闪长岩。

【岩石化学成分】 岩石化学成分（3 个样平均值）为 SiO_2 56.07%、TiO_2 1.19%、FeO 5.06%、MgO 2.48%、CaO 6.68%、Na_2O 3.28%、K_2O 2.37%。

凤凰岭侵入体形成磁铁矿、磁黄铁矿、闪锌矿、锡石等矿床。

【分布范围】 分布于桂平凤凰岭、藤县古隆、塘村、横县陈塘等地，面积约 15.3 km^2。

【时代】 本单元出露于复式岩体的边部，未见其与南安单元接触关系。

2. 南安花岗闪长岩单元 J_2Na

【命名、定义】 系本书新建单元，命名于藤县南安乡。指数个岩性为花岗闪长岩的侵入体归并而成。

【岩石特征】 岩性为花岗闪长岩，中细粒或细粒斑状结构，主要矿物斜长石（An18～54，19%～74%）、石英（15%～32%）、正长条纹长石（5%～20%）、黑云母（1%～15%）、普通角闪石（1%～17%）。

【岩石化学成分】 岩石化学成分（6 个样平均值）为 SiO_2 66.14%、TiO_2 0.48%、FeO 3.63%、MgO 2.27%、CaO 3.79%、Na_2O 2.86%、K_2O 2.48%。微量元素（6 个样平均值，$\times 10^{-6}$）Ti 2142、Ba 538、Be 2.64、Co 8.02、Cr 17.95、Cu 24.56、Li 18.00、Ni 8.36、Sr 262、Sc 8.09、Nb 13.81、Zr 109.17、Rb 97.83、W 2.85、Sn 2.30。稀土元素（3 个样平均）ΣREE 134.24$\times 10^{-6}$、ΣCe/ΣY 2.99、δEu 0.76，前 2 者低而后者较高。

在大村、大黎、夏郢、河塘、大天平山、倒水等侵入体内，形成金矿点、多金属矿点。

【时代】 据同位素年龄 162、163 Ma，认为此单元形成于中侏罗世。

3. 桂平角闪石黑云母二长花岗岩单元 J_2G

【命名、定义】 系本书新建单元，命名于桂平县西山。指数个岩石是二长花岗岩的侵入体归并而成的单元。

【岩石特征】 岩性为角闪石黑云母二长花岗岩，由石英（20%～28%）、微纹长石（23%～45%）、斜长石（An15～38，20%～50%）、黑云母（2%～6%）、普通角闪石（1%～5%）组成。副矿物以磁铁矿为主，其他尚有钛铁矿、褐帘石、榍石、锆石、磷灰石等。

【岩石化学成分】 岩石化学成分（11 个样平均值）为 SiO_2 68.93%、TiO_2 0.41%、FeO 2.87%、MgO 1.21%、CaO 2.01%、Na_2O 3.72%、K_2O 4.13%。微量元素（1 个样，$\times 10^{-6}$）Ti 339、Ba 559、Be 4.40、Co 4.48、Cr 11.87、Cu 14.20、Li 35.07、Sr 323、V 31.35、Sc 4.02、Nb 59.72、Zr 275、Rb 202、W 1.10、Sn 3.60。稀土元素（2 个样）ΣREE 313.92～335.39$\times 10^{-6}$、ΣCe/ΣY 4.65～4.77、δEu 0.59～0.82。

【分布范围】 分布于桂平西山、贵县大天平山，面积 39 km^2。

4. 马丽山角闪石黑云母二长花岗岩单元　J_2M

【命名、定义】　系本书新建单元，命名于桂平县城西马丽山。指数个岩石是角闪石黑云母二长花岗岩的侵入体归并而成的单元。

【岩石特征】　岩性为斑状角闪石黑云母二长花岗岩，斑晶钾长石大小 10×15（mm），含量15%～20%。主要矿物有斜长石（An30～46，23%～48%）、正长条纹长石（25%～45%）、石英（20%～20%）、黑云母（3%～5%）、普通角闪石（2%～8%）。副矿物以磁铁矿、锆石、磷灰石、榍石为主。

【岩石化学成分】　岩石化学成分（2个样平均值）为 SiO_2 66.05%、TiO_2 0.92%、FeO 2.90%、MgO 1.37%、CaO 2.88%、Na_2O 4.08%、K_2O 3.89%。微量元素（1个样，$\times 10^{-6}$）Ti 4289、Ba 684.50、Be 4.63、Cr 13.65、Co 6.36、Cu 23.67、Sr 500、V 48.95、Sc 4.84、Nb 60.18、Zr 254、Rb 181、W 0.70、Sn 2.40。稀土元素 ΣREE 267.94×10^{-6}、ΣCe/ΣY 5.48、δEu0.78，后2值较高。

【分布范围】　分布于桂平县西山等地，面积 25.5 km^2。

【时代】　桂平西山复式岩体中，本单元侵入体明显侵入桂平单元。

5. 古袍花岗斑岩单元　J_2Gp

【命名、定义】　系本书新建单元，命名于昭平县古袍乡。指岩石是花岗斑岩的数个侵入体归并而成。

【岩石特征】　岩性为花岗斑岩，斑晶是石英、长石，大小 0.4～40 mm，占 40%。岩石由石英（36%～45%）、正长条纹长石（28%～30%）、斜长石（An6～9，25%～30%）、黑云母（2%）组成。此单元与金矿有关。

【时代】　古袍单元侵入体侵入南安单元。

【问题讨论】　由凤凰岭单元至桂平单元，氧化物 SiO_2 增加，而 TiO_2、FeO、MgO、CaO 总趋势为降低。微量元素 Ti、Ba、Sr、Cr、Co 总趋势也是降低。据超单元岩石是石英闪长岩、花岗闪长岩等，岩石中普遍出现普通角闪石，斜长石牌号高，多为中长石。SiO_2 多在 66%以下，且 FeO、MgO、CaO、TiO_2 较高，过铝指数 AlI 在 0.98～1.05，δEu 一般大于 0.70 等特征，认为本超单元为同熔型花岗岩。

昆仑关超单元

【命名、定义】　系本书新建的超单元，命名于宾阳县昆仑关。是指形成于早中白垩世，属重熔-同熔过渡型，沿南丹-昆仑关深断裂带出现，岩石由二长花岗岩的数个侵入体归并而成。

【分布、成因】　分布于南丹-昆仑关、田林-巴马深断裂带沿线，以及其东南延续地带，广西境内面积约 400 km^2。岩石有由中细粒斑状二长花岗岩向细中粒斑状二长花岗岩、细粒斑状二长花岗岩（补充期）、花岗斑岩石英斑岩演化的趋势。

【时代】　侵入体侵入寒武系、志留系、泥盆系，围岩具角岩化、大理岩化，热变质带宽度一般在 600 m 以下，个别达 1 800 m。前人做过大量的同位素年龄测定工作，现收集到 33 个数据，据同位素年龄数据，可将本超单元侵入体形成时代归纳成二个时代，第一个时代是早白垩世（年龄值 99～124 Ma），第二个时代是晚白垩世早期。

【单元】 据岩性划分出 4 个单元，现分述之：

1. 高田中细粒斑状含角闪石黑云母二长花岗岩单元 K_1G

【命名、定义】 系本书新建单元，命名于宾阳县高田乡。是指数个岩石为中细粒斑状含角闪石黑云母二长花岗岩的侵入体归并而成的单元。

【岩石特征】 岩性为中细粒斑状含角闪石黑云母二长花岗岩，斑晶是钾长石、斜长石，大小 5～24 mm，含量在 40%以下，主要矿物有斜长石（An28～40，23%～39%）、钾长石（20%～40%）、石英（20%～40)%、黑云母（5%～7%）、普通角闪石（1%～3%）。副矿物以磁铁矿、磷灰石、褐帘石、榍石、锆石为主。

【岩石化学成分】 岩石化学成分（3 个样平均值）为 SiO_2 70.45%、TiO_2 0.40%、FeO 1.33%、MgO 1.06%、CaO 1.70%、Na_2O 2.98%、K_2O 4.45%。稀土元素 ΣREE 324.19 $\times10^{-6}$、ΣCe/ΣY 4.76、δEu 0.68，3 个值均较高。

【分布范围】 分布于昆仑关复式岩体的高田、南丹笼箱盖、岑溪筋竹、博白文地青平等地，面积 72 km^2。

2. 思陇细中粒斑状含角闪石黑云母二长花岗岩单元 K_1S

【命名、定义】 系本书新建单元，命名于宾阳县思陇乡。是指数个岩石是细中粒斑状含角闪石黑云母二长花岗岩的侵入体归并而成的单元。

【岩石特征】 岩石为细中粒、中粒斑状含角闪石黑云母二长花岗岩，呈似斑状结构，斑晶由钾长石组成，大小 5.6～20 mm，含量 10%～40%。主要矿物有斜长石（An27～34，20%～34%）、钾长石（22%～35%）、石英（26%～35%）、黑云母（6%～8%）、普通角闪石（1%～3%）。副矿物为磁铁矿、磷灰石、褐帘石、榍石、金红石、锆石。

【岩石化学成分】 岩石化学（22 个样平均值）为 SiO_2 72.68%、TiO_2 0.22%、FeO 1.60%、MgO 0.45%、CaO 1.29%、Na_2O 3.10%、K_2O 4.43%。微量元素（$\times10^{-6}$）昆仑关岩体中 W 7.25、Mo 1.83、Nb 29.30、Cr 30.72、Ni 13.36、Co 7.16、Ti 2 802、Sc 7.56 较高，尤以 W 高。Zr 148.50、Cu 10.76 低。Sn 3.10、Li 43.88、Be 4.89、Rb 220、Ba 799.80、Sr 304.50 接近于维氏值。笼箱盖侵入体 W 11.90、Sn 15.80、Mo 1.75、Nb 39.46、Li 116.69、Be 8.66、Rb 482、Zn 54.74 较高，而 Zr 85.00、Cr 9.46、Ni 2.00、Co 0.50、V 2.68、Ti 1 338.70、Ba 277.05、Sr 51.41 较低。稀土元素昆仑关岩体（4 个样平均值）ΣREE 269.83 $\times10^{-6}$、ΣCe/ΣY 5.25、δEu 0.61，前后 2 值中等，而 ΣCe/ΣY 较高。笼箱盖侵入体 ΣREE 163.64$\times10^{-6}$、ΣCe/ΣY 3.41、δEu0.26，3 个值均低，说明岩浆演化强烈。$^{87}Sr/^{86}Sr$ 初始值 0.7147。昆仑关岩体形成钨矿床，笼箱盖岩体形成锡、钨、铜、锌矿床。

【分布范围】 分布于昆仑关复式岩体、岑溪筋竹、南丹笼箱盖、博白青平文地等地，面积约 300 km^2。

【时代】 据收集资料，昆仑关复式岩体、筋竹侵入体、青平岩体 K－Ar 黑云母年龄值 106、117、132、115、113、122、124 Ma，拉么、笼箱盖 K－Ar 法年龄值 15 个在 71.6～99 Ma（此年龄值显然偏低），昆仑关岩体 Rb－Sr 法年龄值 100 Ma，文地岩体锆石谐和图年龄值 128 Ma，青平岩体锆石年龄值 152 Ma（偏高），笼箱盖岩体 Rb－Sr 等时线年龄值 99、121 Ma、锆石年龄值 102、115 Ma。本书采用年龄值 99～124 Ma，相当于早白垩世中晚期。

3. 马鞍山细粒斑状黑云母二长(钾长)花岗岩单元　K_1M

【命名、定义】　系本书新建单元，命名于宾阳县河田乡马鞍山。指数个岩石是细粒斑状黑云母二长(钾长)花岗岩的侵入体归并而成的单元。此单元侵入体明显侵入上2单元，前人定为补充侵入体。

【岩石特征】　岩石为细粒斑状黑云母二长(钾长)花岗岩，斑晶为钾长石，大小1.6～13 mm，含量5%～10%，岩石由斜长石（An9，18%～30%）、钾长石（41%～56%）、石英（22%～29%）、黑云母（2%～6%）组成。与主期岩石不同点：①基质较细，0.2～1.6 mm；②斜长石牌号低，含量偏少；③钾长石含量高，部分形成钾长花岗岩。部分岩石为白云母细粒花岗岩，其由斜长石（An8～9，27%～28%）、钾长石（31%～34%）、石英（31%～32%）、白云母（4%）、黑云母（<2%）组成。

【岩石化学成分】　岩石化学成分为 SiO_2 73.80%、TiO_2 0.12%、FeO 0.83%、MgO 0.02%、CaO 0.70%、Na_2O 3.64%、K_2O 4.46%。

【分布范围】　分布于昆仑关复式岩体中，面积约25 km^2，与主期单元接触界线明显。

4. 大厂花岗斑岩、石英斑岩单元　K_2D

【命名、定义】　系本书新建单元，命名于南丹县大厂。指数个岩石是花岗斑岩、石英斑岩的侵入体归并而成的单元。

【岩石特征】　花岗斑岩：斑状结构，斑晶为长石、石英，大小1.5～15 mm，含量在50%以下，主要矿物有斜长石假晶（30%～55%）、钾长石（10%～30%）、石英（20%～60%）、暗色矿物假晶（2%～20%）。石英斑岩：斑晶由石英组成，大小0.25～2 mm，占岩石2%～25%。主要矿物有石英（30%～80%）、长石（10%～60%）、白云母（1%～5%）。

【岩石化学成分】　花岗斑岩岩石化学成分（12个样平均值）为 SiO_2 71.41%、TiO_2 0.16%、FeO 1.52%、MgO 0.30%、CaO 1.92%、Na_2O 0.71%、K_2O 3.20%。微量元素($\times10^{-6}$)芒场、大厂地区W 21.17、Sn 46.60、Nb 83.48、Cu 62.78、Zn 1 052.85、Pb 57.25、Li 48.99、Be 32.54、Rb 792.33都很高，其中W、Sn、Zn高出酸性岩维氏值14～1.75倍，而Zr 52.33、Cr 10.00、Ni 2.66、Co 1.12、V 10.49、Ti 812.19、Sc 3.20、Ba 541.40、Sr 184.95都较低。稀土元素（芒场）ΣREE 60.03$\times10^{-6}$、ΣCe/ΣY 3.74、δEu 0.50，前2值低，δEu中等。石英斑岩岩石化学成分(2个样平均值)为 SiO_2 74.42%、TiO_2 0.04%、FeO 0.50%、MgO 0.05%、CaO 0.53%、Na_2O 0.12%、K_2O 3.89%。

【分布范围】　分布于南丹大厂芒场、东大明山、巴马西山龙田城厢、马山周鹿、凌云逻楼等地，呈岩墙岩脉产出，总面积仅2～3 km^2。

【时代】　巴马岩群K－Sr法白云母年龄值89、98 Ma，燕垌岩墙U－Pb法独居石年龄值90、102 Ma，相当晚白垩世早期。

【问题讨论】　由高田单元至大厂单元，SiO_2、Na_2O+K_2O 总趋势是增加，而 TiO_2、FeO、MgO、CaO总趋势是降低。本超单元的高田、思陇、马鞍山单元具重熔型花岗岩的特点有：① K_2O/Na_2O 比值一般>1.43，②δEu小于0.70，③岩体呈面状分布，与火山岩关系不密切，④ $^{87}Sr/^{86}Sr$ 大于0.7100，⑤具Sn、W、Nb矿床，⑥Rb、Li、Be含量高而Ba、Sr低。但是另一些特征，又具同熔花岗岩特点：①副矿物是磁铁矿、榍石、褐帘石组合，②斜长石牌号较高，含普通角闪石，③CIPW标准矿物刚玉不出现，④过铝指数AlI 0.99、1.01，小于1.10等，故认为是重熔-同熔过渡型花岗岩。大厂单元①$K_2O/Na_2O>1.43$，②过铝指数AlI 1.15～1.26，③CIPW标准矿物刚玉1.74～2.86，④$\delta^{18}O$大于+10‰，⑤$^{87}Sr/^{86}Sr$初始值大于0.7100，⑥岩石含W、Sn、Nb、Rb、Be高，而Zr、Ba、Sr低，应为重熔型花岗岩。

陆川序列

【命名、定义】 原名陆川超单元，广西地矿局第六地质队（1991）命名，地点陆川县。本书称陆川序列，是指形成于早白垩世晚期，成因类型属重熔-同熔过渡型，岩石是二长花岗岩、钾长花岗岩的数个单元归并而成，因仅出现于一个复式岩体中，故定名为序列。

【岩石特征及岩石化学成分】 本超单元岩石成分变化小，主要是二长花岗岩，局部出现钾长花岗岩，结构变化明显，SiO_2（76%～77%）高、Na_2O+K_2O高，而FeO、MgO、CaO较低，Rb高而Ba、Sr、Cr、Ni、Co、V低。

【分布范围】 分布于陆川县，面积450 km^2。

【时代】 侵入体侵入混合岩、奥陶系、志留系，围岩具角岩化。陆川岩体K-Ar法年龄值75 Ma、U-Pb法年龄值87、79、116 Ma，杂岭塘侵入体U-Pb法年龄值102 Ma，谢仙璋侵入体73、73.1 Ma，但据地质资料上白垩统沉积覆盖其上，故可以确定本序列形成时代，相当于早白垩世晚期，采用116～102 Ma的年龄数据。

【单元】 据岩性、相互侵入关系，划分6个单元。

1. 花埇细粒斑状黑云母二长花岗岩单元 K_1H

【命名、定义】 系本书新建单元，命名于陆川县大桥乡花埇村。指数个岩石是细粒斑状黑云母二长花岗岩的侵入体归并而成。

【岩石特征】 岩性为细粒斑状黑云母二长花岗岩，具似斑状结构，斑晶含量在20%以下，主要矿物有斜长石（An12～28，20%～40%）、条纹长石（25%～48%）、石英（26%～43%）、黑云母（1%～5%）、褐帘石（<1%）、普通角闪石（<1%）。副矿物有磁铁矿（2 259 g/t）、锆石（16.7 g/t）、钍石（22.2 g/t）、钛铁矿（460 g/t）。

【岩石化学成分】 岩石化学成分（6个样平均值）为SiO_2 76.06%、TiO_2 0.18%、FeO 0.94%、MgO 0.46%、CaO 1.27%、Na_2O 3.35%、K_2O 4.60%。稀土元素（2个样平均值）ΣREE 123.88×10^{-6}、$\Sigma Ce/\Sigma Y$ 4.59、δEu 0.56，表现总量低，后2值中等。

【分布范围】 分布于复式岩体边部，面积约55 km^2。

2. 沙坡中粒斑状黑云母二长花岗岩单元 $K_1\hat{S}p$

【命名、定义】 系广西第六地质队（1991）命名于陆川县沙坡乡。指数个岩石是中粒斑状二长花岗岩的侵入体归并而成。

【岩石特征】 岩性为中粒斑状二长花岗岩，具似斑状结构，斑晶为微斜条纹长石，含量在15%以下，主要矿物有斜长石（An 23～30，20%～35%）、微斜条纹长石（35%～46%）、石英（22%～35%）、黑云母（1%～6%）、褐帘石（<1%）、普通角闪石（<1%）。副矿物为磁铁矿（3 100 g/t）、锆石（43 g/t）、钛铁矿（313 g/t）、钍石（16.4 g/t）、榍石（94.5 g/t）、褐帘石（19.2 g/t）。

【岩石化学成分】 岩石化学成分（13个样平均值）为SiO_2 74.44%、TiO_2 0.27%、FeO

1.67%、MgO 0.71%、CaO 1.56%、Na_2O 3.25%、K_2O 4.69%。微量元素（$\times10^{-6}$）仅 Rb 312.20 稍高，W 0.57、Sn 2.62、Mo 0.25、Zr 77.4、Cr 7.82、Ni 2.00、Co 0.50、V 4.06、Cu 2.48、Li 28.58、Be 3.97、Ti 718.78、Ba 84.59、Sr 57.42 均低，其中一些元素仅为维氏值的 1/3～1/10。稀土元素（4 个样平均值）ΣREE 低，仅 159.17×10^{-6}，而 ΣCe/ΣY 高（6.07），δEu 中等（0.62）。

【分布范围】 本单元分布广泛，是本序列的主体单元，面积约 270 km^2。

【时代】 据 1∶5 万大桥幅资料，上白垩统底砾岩沉积不整合于陆川复式岩体之上，故可以肯定其主体形成于白垩世，采用 U－Pb 法年龄值为 116 Ma。

3. 温汤中粗粒斑状黑云母二长花岗岩单元 K_1W

【命名、定义】 系广西第六地质队（1991）命名于陆川县良田乡温汤村，但以良田单元出露为好。指数个岩石是中粗粒斑状黑云母二长花岗岩的侵入体归并而成。

【岩石特征】 岩性为中粗粒斑状黑云母二长花岗岩，似斑晶是微斜条纹长石，含量 15%～20%，岩石由斜长石（An20～25，27%）、微斜条纹长石（39%）、石英（28%）、黑云母（3%）、普通角闪石（<1%）组成。副矿物有磁铁矿（4 084 g/t）、锆石（76 g/t）、榍石（44 g/t）、褐帘石（6 g/t）。

【岩石化学成分】 岩石化学成分为 SiO_2 69.91%、TiO_2 0.40%、FeO 2.06%、MgO 0.72%、CaO 0.76%、Na_2O 2.66%、K_2O 4.52%。稀土元素 ΣREE 低（194.07×10^{-6}）、ΣCe/ΣY 10.92、δEu 0.77，均较高。

【分布范围】 分布于岩体内，面积 32 km^2。

4. 佛子坡细粒斑状黑云母二长花岗岩单元 K_1F

【命名、定义】 系本书新建单元，命名于陆川县大桥乡佛子坡村。指数个岩石是细粒斑状黑云母二长花岗岩的侵入体归并而成的单元。

【岩石特征】 岩性为微斜微纹长石，细粒似斑状结构，似斑晶大小在 3～15 mm，含量 4%～6.5%，主要矿物有斜长石（An 21～40，20%～45%，平均 33%）、微斜微纹长石（18%～39%，平均 28%）、石英（27%～40%，平均 31%）、黑云母（3%～8%，平均 4.5%）。副矿物以磁铁矿为主（390～1 900 g/t）、钛铁矿次之（40～362 g/t），锆石（2～7 g/t）、独居石、榍石、钍石、金红石个别可见。

【岩石化学成分】 岩石化学成分（7 个样平均值）为 SiO_2 74.39%、TiO_2 0.18%、FeO 1.47%、MgO 0.56%、CaO 1.36%、Na_2O 2.99%、K_2O 3.07%。

【分布范围】 分布于陆川复式岩体内佛子坡、木威塘等地，面积 16 km^2。

【时代】 单元侵入体明显侵入沙坡、温汤单元。

5. 谢仙嶂中粒二长(钾长)花岗岩单元 K_1X

【命名、定义】 系广西第六地质队（1991）命名于陆川县沙坡乡谢仙嶂。指数个岩石是中粒二长（钾长）花岗岩的侵入体归并而成的单元。

【岩石特征】 岩性为中粒二长（钾长）花岗岩，粒度在 2～7 mm，主要矿物有斜长石（An13～29，20%～36%，平均 23.6%）、微斜条纹长石（25%～50%，平均 38.2%）、石英（23%～45%，平均 35%）、黑云母（0～2%）。副矿物有磁铁矿（2 000 g/t）、钛铁矿（10～

200 g/t)、锆石（40 g/t)、榍石（10～20 g/t)、磷灰石、钍石等。

【岩石化学成分】 岩石化学成分（8个样平均值）为 SiO_2 76.06%、TiO_2 0.10%、FeO 1.05%、MgO 0.17%、CaO 0.68%、Na_2O 3.30%、K_2O 4.83%。微量元素（2个样平均值，$\times10^{-6}$）仅 Sc 4.08、Rb 282 高于酸性岩维氏值，Ti 777.5、Ba 92.43、Cr 7.81、Ni<4、Co<1、Cu 3.35、Li 26.88、Zr 81.5、W 0.5、Mo 0.5、Sn 2.7、Sr 57.30 低于维氏值，其中Co、Cu、Sr、Ba 仅是维氏值的 1/5～1/8.5。稀土元素（3个样平均）ΣREE 102.07×10^{-6}、ΣCe/ΣY 4.25、δEu 0.464，ΣREE 低而后2值中等。

【分布范围】 分布于陆川复式岩体的谢仙嶂、大王嶂、祿岭塘等地，面积约 50 km^2。

【时代】 本单元侵入体侵入沙坡、温汤单元，U－Pb 法年龄值 102 Ma，相当于早白垩世晚期。

6. 先锋顶细粒二长(钾长)花岗岩单元 K_1Xf

【命名、定义】 系广西第六地质队（1991）命名于陆川县陆城镇先锋顶。指岩石是细粒二长(钾长)花岗岩的数个侵入体归并而成的单元。

【岩石特征】 细粒二长(钾长)花岗岩由斜长石（An24～27，10%～35%)、微斜条纹长石（28%～50%)、石英（25%～40%)、黑云母（1%～6%）组成。副矿物为磁铁矿（1 224 g/t)、钛铁矿（63 g/t)、锆石（19 g/t)，磷灰石、独居石、钍石、榍石、褐帘石少量。

【岩石化学成分】 岩石化学成分（6个样平均值）为 SiO_2 76.11%、TiO_2 0.08%、FeO 0.86%、MgO 0.33%、CaO 0.56%、Na_2O 3.36%、K_2O 4.85%。稀土元素 ΣREE 64.18×10^{-6}低，而 ΣCe/ΣY 7.57、δEu 0.94 均高。

【分布范围】 分布于陆川岩体的先锋顶等地，面积 27 km^2。

【时代】 本单元明显侵入谢仙嶂单元。

【问题讨论】 据上述可以看出：①各单元矿物成分变化不大，但结构变化明显；②从氧化物看，前4个单元变化没有规律，到谢仙嶂、先锋顶单元 SiO_2、K_2O 明显增加，而 TiO_2、FeO、MgO、CaO 明显降低；③微量元素仅 Rb 稍高，而 W、Sn、Mo、Zr、Cr、Ni、V、Ti 均低，Ba、Sr、Co、Cu 特别低；④稀土元素仅 ΣREE 低，而 ΣCe/ΣY、δEu 较高；⑤据怀特认为 SiO_2>73%、Rb>250×10^{-6}，而 Ba、Sr 均<100×10^{-6}、δEu<0.30 的岩石是演化花岗岩，即也可认为是含矿花岗岩。另外，Rb/Sr 大于 4、Ba/Rb<1、Zr/Sn 比值在 30 左右，都应是含矿岩体特征，陆川岩体除 δEu 较大，其他都符合上述条件，应该是含矿岩体，但是陆川岩体实际上不含矿，原因尚不清。

据①SiO_2 含量高；②K_2O 含量高，K_2O/Na_2O 比值>1.43；③δEu 一般小于 0.7；④Rb 高而 Ba、Sr 低；⑤岩体呈面状，与火山岩关系不密切等特征看，似为地壳重熔型花岗岩。但是，从①副矿物是磁铁矿、榍石、褐帘石组合，②过铝指数 AlI 小于 1.1（在 1.02～1.05)，③CIPW 标准矿物刚玉小于 1（0.31～0.51）等特征看，又像是同熔型花岗岩。故暂定为地壳重熔-同熔过渡型花岗岩。

米场超单元

【命名、定义】 系本书新建的超单元，命名于陆川县米场乡。是指形成于早白垩世，成因类型属大陆深断裂带同熔型，岩石是石英二长闪长岩、花岗闪长岩、二长花岗岩、花岗闪长斑岩的数个单元归并而成。

【分布范围】 分布于陆川县米场、柏桥、博白县油麻坡等地，面积约 45 km^2。

【时代】 侵入体侵入混合岩、奥陶系、志留系、泥盆系，围岩具角岩化、硅化，宽度在 500m 以下，K－Ar 法年龄值 7 个，其中 6 个在 100～120 Ma 间，U－Pb 法年龄值 1 个（103 Ma），可以认为超单元形成于 100～120 Ma，相当于早白垩世中晚期。

【单元】 据岩性划分为 4 个单元：

1. 官塘石英二长闪长岩侵入体 K_1Gt

【命名、定义】 系本书新建的侵入体，命名于陆川县米场乡新街官塘村。是指岩石为石英二长闪长岩的独立侵入体。

【岩石特征】 岩性变化大，以石英二长闪长岩为主，局部有二长闪长岩、石英二长岩。主要矿物有石英（1%～13%）、钾长石（5%～35%）、斜长石（An25～36，29%～64%）、黑云母（1%～18%）、普通角闪石（7%～50%）。副矿物以磁铁矿（1 225 g/t）、钛铁矿（226 g/t）、榍石（173 g/t）、绿帘石（1 327 g/t）为主。

【岩石化学成分】 岩石化学成分（5 个样平均值）为 SiO_2 48.43%、FeO 7.14%、MgO 4.61%、CaO 7.25%、Na_2O 2.83%、K_2O 3.10%。微量元素（$\times10^{-6}$）Cr 10.46、Ni 2.00、W 0.25、Li 17.71、Ba 580.30 较中性岩维氏值低，而 Nb 132.60、Zr 632、Co 29.01、V 233.60、Pb 26.34、Be 3.61、Ti 15 800、Sc 13.52 较高。稀土元素 ΣREE 486.58$\times10^{-6}$、ΣCe/ΣY 6.33、δEu 0.86，3 个值均高。

【分布范围】 分布于陆川县米场乡官塘村，面积 0.6 km^2，仅出露一个侵入体。

【时代】 侵入体被柏桥单元侵入体包裹，故其形成时代应在柏桥单元前。

2. 大王岭花岗闪长岩单元 K_1Dw

【命名、定义】 系本书新建单元，命名于陆川县米场乡大王岭。指数个岩性是花岗闪长岩的侵入体归并而成。

【岩石特征】 岩性为花岗闪长岩，由石英（15%～30%，平均 25%）、微斜微纹长石（8%～25%，平均 15%）、斜长石（An20～45，30%～62%，平均 40%）、黑云母（4%～30%，平均 18%）、普通角闪石（0～10%，平均 2%）组成。副矿物有（13 个样平均值）磁铁矿（2 483 g/t）、金红石（32.56 g/t）、锆石（48 g/t）。

【岩石化学成分】 岩石化学成分（4 个样平均值）为 SiO_2 64.25%、FeO 2.99%、MgO 2.10%、CaO 4.45%、Na_2O 2.44%、K_2O 3.46%。

【分布范围】 分布于米场、大王岭、柏桥等复式岩体边部，面积约 7 km^2。米场复式岩体的花岗闪长岩形成钨、钼矿化。

3. 柏桥黑云母二长花岗岩单元 K_1By

【命名、定义】 系本书新建单元，命名于陆川县米场乡新街柏桥村。指数个岩性是黑云母二长花岗岩的侵入体归并而成的单元。

【岩石特征】 岩性为黑云母二长花岗岩，由石英（20%～38%，平均 27%）、微斜微纹长石（20%～40%，平均 28%）、斜长石（An23～40，18%～42%，平均 35%）、黑云母（3%～10%，平均 7%）、普通角闪石（0～3%）组成。副矿物有（31 个样平均值）磁铁矿（2 579

g/t)、钛铁矿（29.24 g/t）、榍石（19.28 g/t）、锆石（37.08 g/t）、钍石（0.45 g/t）、金红石（0.30 g/t）。

【岩石化学成分】 岩石化学成分（21个样平均值）为 SiO_2 66.28%、FeO 3.11%、MgO 1.38%、CaO 2.09%、Na_2O 2.45%、K_2O 4.58%。微量元素（$\times10^{-6}$）W 1.20、Sn 1.34、Mo 0.25、Zr 167.56、Cr 17.02、Ni 4.21、Cu 6.76、Li 21.10、Be 2.12、Rb 142.02、Ba 737.97均低。Nb 33.90、Co 8.58、V 68.10、Ti 3 362.83、Sc 9.69、Sr 497.03高于酸性岩维氏值。稀土元素 $\Sigma Ce/\Sigma Y$ 4.50～6.39、δEu 0.78～0.87、ΣREE 142.22$\times10^{-6}$（米场）、521.23$\times10^{-6}$（柏枒），除米场总量偏低外，其他值均高。柏枒岩体可能形成离子吸附型稀土矿床。

【分布范围】 分布于米场、大王岭、柏枒等复式岩体，是本超单元的主体单元，面积35.3 km^2。

【时代】 各岩体同位素年龄值89.6、100、103、105、115、120 Ma，相当于早白垩世中晚期。

4. 油麻坡花岗闪长斑岩单元 K_1y

【命名、定义】 系本书新建单元，命名于博白县城厢乡油麻坡村。指由数个花岗闪长斑岩侵入体归并而成的单元。

【岩石特征】 岩性为花岗闪长斑岩，具多斑状结构，潜基连斑结构，斑晶大小1.0～5.5 mm，由斜长石、钾长石、石英、黑云母、普通角闪石组成。岩石主要矿物有斜长石（An24～44，48%）、钾长石（9%）、石英（29%）、黑云母（6%）、普通角闪石（0～3%）。

【岩石化学成分】 岩石化学成分（5个样平均值）为 SiO_2 67.02%、FeO 26.2%、MgO 1.77%、CaO 3.63%、Na_2O 2.53%、K_2O 3.59%。微量元素（$\times10^{-6}$）W 13.40、Sn 5.20、Cu 32.85、Rb 248、Sc 8.99、Sr 595.60高于酸性岩维氏值，Zr 54.00、Cr 14.48、Ni 4.32、Be 3.21、Ba 523.50低，Nb 21.70、V 68.25、Rb 248、Ti 2 309接近或稍高于维氏值。稀土元素 ΣREE 148.41$\times10^{-6}$、$\Sigma Ce/\Sigma Y$ 4.78、δEu 0.82。

【分布范围】 分布于博白油麻坡、三叉冲一带，面积约2 km^2。

【时代】 同位素年龄值100 Ma（三叉冲侵入体）、110 Ma（油麻坡），相当于早白垩世晚期。

【问题讨论】 随岩浆演化，官塘单元至油麻坡单元，SiO_2 增加，FeO、MgO、CaO总趋势降低。据岩石是石英二长闪长岩、花岗闪长岩，斜长石牌号高，并出现普通角闪石；SiO_2 低而FeO、MgO、CaO高，过铝指数AlI 0.75～1.04，CIPW标准矿物刚玉不出现或小于1，部分出现透辉石Di；稀土元素 δEu 较高（大于0.7）；微量元素Rb低、Ti、Sc、Sr较高；侵入体呈串珠状沿岑溪-博白深断裂分布，认为此超单元为大陆深断裂带同熔型花岗岩。

英桥超单元

【命名、定义】 系本书新建的超单元，命名于博白县英桥乡。是指形成于晚白垩世，成因属大陆深断裂带同熔型，岩石是石英二长闪长岩、二长花岗岩的数个单元归并而成的超单元。

【分布范围】 分布于博白英桥、文地、斗垌、蛇埒坑、陆川县古城等地，面积约92 km^2。

【时代】 侵入体侵入志留纪宁潭岩体及混合岩、奥陶系、志留系中，英桥岩体锆石年龄值 89 Ma，锆石谐和图 87 Ma，相当于晚白垩世早期。

【单元】 据岩性划分为 3 个单元：

1. 蛇埒坑石英二长闪长岩侵入体 $K_2\hat{S}$

【命名、定义】 系本书新建，命名于博白县凤山乡蛇埒坑村。指岩性是石英二长闪长岩的独立侵入体。

【岩石特征】 岩性为黑云母紫苏辉石石英二长闪长岩，造岩矿物有斜长石（An32～37，50%～65%，平均 59%）、钾长石（7%～15%，平均 10.2%）、石英（6%～14%，平均 10.4%）、黑云母（5%～12%，平均 7.4%）、紫苏辉石（3%～15%，平均 9.4%）、普通辉石（0～3%）。

【岩石化学成分】 岩石化学成分（4 个样平均值）为 SiO_2 60.43%、TiO_2 0.91%、FeO 3.95%、MgO 4.00%、CaO 5.69%、Na_2O 3.02%、K_2O 3.30%，SiO_2、Na_2O+K_2O 低，而 TiO_2、FeO、MgO、CaO 高。

【分布范围】 分布于博白蛇埒坑，面积 0.7 km^2。

2. 汉平黑云母二长花岗岩单元 K_2H

【命名、定义】 系本书新建单元，命名于博白县文地乡汉平村。指由数个黑云母二长花岗岩侵入体归并而成的单元。

【岩石特征】 岩性为黑云母二长花岗岩，细粒、中粒斑状结构，斑晶大小 0.4×1～1.5×3.5（cm）。岩石由斜长石（An20～50，20%～39%）、石英（21%～35%）、正长条纹长石（21%～40%）、黑云母（2%～9%）、普通角闪石（0～10%）组成。副矿物有磁铁矿（590～2 570 g/t）、锆石（10～43 g/t）、褐帘石（4～8 g/t）、榍石（7～11 g/t）等。

【岩石化学成分】 岩石化学成分（5 个样平均值）为 SiO_2 68.49%、TiO_2 0.36%、FeO 2.04%、MgO 1.20%、CaO 2.23%、Na_2O 2.98%、K_2O 4.42%。微量元素（$\times10^{-6}$）W 0.25、Sn 1.36、Mo 0.25、Nb 14.70、Zr 120.89、Li 25.36、Be 2.34、Rb 140.88 较酸性岩维氏值低，而 Cu 35.05、Ba 1 102、Sr 743.43、Ti 2 650、Sc 5.95 较高，Cr 23.00、Ni 9.46、Co 5.96、V 41.48 接近或稍高于维氏值。

【分布范围】 分布于博白英桥、汉平、陆川瓦瑶田等地，面积约 90 km^2。

3. 斗垌花岗斑岩单元 K_2Dd

【命名、定义】 系本书新建单元，命名于博白县凤山乡斗垌村。指数个岩性是花岗斑岩的侵入体归并而成的单元。

【岩石特征】 岩性为花岗斑岩，斑晶是斜长石、钾长石、石英、黑云母，大小在 0.4～8 mm。岩石由斜长石（An15～30，28%～50%）、钾长石（20%～29%）、石英（20%～54%）、黑云母（3.5%～5%）组成。

【岩石化学成分】 岩石化学成分（2 个样平均值）为 SiO_2 64.37%、TiO_2 0.56%、FeO 2.99%、MgO 2.44%、CaO 3.37%、Na_2O 2.75%、K_2O 4.27%。

【分布范围】 分布于博白斗垌、新屋，面积 1.3 km^2。

【问题讨论】 由蛇埒坑单元至斗垌单元，SiO_2、K_2O+Na_2O 有增加趋势，而 TiO_2、FeO、MgO、CaO 降低。据岩石由石英二长闪长岩向二长花岗岩演化，斜长石牌号高，出现普通角闪石，普通辉石；SiO_2、Na_2O+K_2O 低，TiO_2、FeO、MgO、CaO 高，K_2O/Na_2O 小于 1.43；微量元素 W、Sn、Li、Be、Rb 低，而 Ba、Sr、Ti、Sc 较高；副矿物是磁铁矿、榍石、褐帘石组合等，认为此超单元是大陆深断裂带同熔型花岗岩。

周公顶序列

【命名、定义】 系本书新建序列，命名于岑溪县糯洞乡周公顶。指由形成于晚白垩世，成因属大陆深断裂带同熔型，岩石是花岗斑岩、花岗闪长斑岩、石英二长斑岩的数个单元归并而成，因为没有主期结构岩石出现，只能定为序列（非正式单位）。

【分布范围】 分布于岑溪糯洞、博白顿谷等地，面积 48 km^2。

【时代】 侵入体侵入在晚白垩世碎屑岩或火山岩中，后者可以认为属火山岩的侵出相（次火山岩）。新塘侵入体同位素年龄值 68 Ma，可以认为侵入体形成时代是晚白垩世晚期。

1. 马其岗头顶石英二长斑岩单元 K_2M

【命名、定义】 系本书新建单元，命名于博白县顿谷乡马其岗头顶。指数个岩性是石英二长斑岩的侵入体归并而成的单元。

【岩石特征】 岩性为紫苏辉石石英二长斑岩，斑状结构，斑晶由透长石、斜长石，紫苏辉石组成，大小 0.5～8 mm，含量一般 15%～20%。主要矿物有透长石（31%～50%）、斜长石（An30～40，35%～46%）、石英（10%～19%）、紫苏辉石（1%～6%）、黑云母（2%～6%）、普通角闪石（0～2%）。

【岩石化学成分】 岩石化学成分（2 个样平均值）为 SiO_2 62.94%、TiO_2 0.76%、FeO 3.45%、MgO 2.05%、CaO 3.85%、Na_2O 3.07%、K_2O 3.47%。微量元素（黄岭侵入体，$\times 10^{-6}$）Mo 12.00、Nb 34.20、Zr 430、Ni 19.98、Co 21.71、V 51.84、Ti 5 555、Sc 9.58 高于酸性岩维氏值，Cr 14.18、Cu 11.90、Li 22.63、Be 3.95、Rb 168 低于维氏值，W 1.80、Sn 2.80、Ba 817.30、Sr 245.20 接近或稍高于维氏值。

【分布范围】 分布于博白县顿谷乡马其岗头顶、黄岭、社官岭以及水汶盆地十二垅等处，面积 32.5 km^2。

2. 乾厢花岗闪长斑岩单元 K_2Q

【命名、定义】 系本书新建单元，命名于岑溪县城谏乡乾厢村。指数个岩性是花岗闪长斑岩的侵入体归并而成的单元。

【岩石特征】 花岗闪长斑岩具斑状结构，斑晶含量在 42%～70%，岩石主要矿物有斜长石（An30～49，25%～69%）、钾长石（8%～30%）、石英（16%～39%）、黑云母（0～15%）、暗色矿物假晶（0～10%）。

【岩石化学成分】 岩石化学成分（4 个样平均值）为 SiO_2 62.74%、TiO_2 0.65%、FeO 3.96%、MgO 2.35%、CaO 2.79%、Na_2O 3.01%、K_2O 3.99%。

【分布范围】 分布于大溢火山岩盆地的乾厢等地，面积 8.2 km^2。

3. 佛子冲花岗斑岩单元 K_2F

【命名、定义】 系本书新建单元，命名于岑溪县诚谏乡佛子冲村。指数个岩石是花岗斑岩的侵入体归并而成的单元。

【岩石特征】 岩性为花岗斑岩，斑状结构，斑晶含量18%～63%，部分仅4%～10%。岩石有斜长石（An 4～8，25%～31%）、钾长石（17%～43%）、石英（20%～30%）、黑云母（1%～6%）。

【岩石化学成分】 岩石化学成分（3个样平均值）为 SiO_2 70.55%、TiO_2 0.30%、FeO 1.71%、MgO 1.02%、CaO 1.29%、Na_2O 3.38%、K_2O 4.59%。微量元素（周公顶，$\times 10^{-6}$）Li 26.19、Be 4.05、Rb 143.50较低，而Ti 4 354、Sc 12.27、Ba 1 200、Sr 585.95、Cr 29.63、Ni 13.22、Co 13.21、V 88.84较高，W 1.50、Sn 3.50、Mo 0.68、Nb 18.64、Cu 19.15与维氏值近似。稀土元素ΣREE 312.50$\times 10^{-6}$、ΣCe/ΣY 6.45、δEu 0.78，3个值均较高。

【分布范围】 分布于岑溪周公顶、佛子冲、新塘等地。

【问题讨论】 据序列的岩石有由石英二长斑岩向花岗闪长斑岩、花岗斑岩演化，侵入体与中酸性火山岩密切相伴出现，SiO_2、K_2O+Na_2O 低而FeO、MgO、CaO较高，K_2O/Na_2O 1.13～1.35，均小于1.43，微量元素Cr、Ni、Co、V、Ba、Sr、Ti、Sc高，而Li、Be、Rb低，认为序列属大陆深断裂带同熔型花岗岩类。

第八章
结　语

本课题是继《广西壮族自治区区域地质志》之后，对广西地层的进一步系统研究，并取得了丰硕的成果。在历时两年多的时间内，课题组全体成员系统收集了广西境内历年使用的地层剖面 1 500 多条，野外核查剖面 60 条，新测制剖面 1 条，填制了 132 套正式地层单位卡片及 219 张建议停止使用的地层单位卡片。

通过课题研究，理顺和完善了广西各时代岩石地层单位序列，从前人所命名的地层单位中确认了 6 个群、123 个组和 3 个段作为正式岩石地层单位使用，建议停止使用的地层单位 219 个。建立和选定了在广西境内命名的岩石地层单位的层型（包括正层型、选层型和新层型）及引用外省创名的岩石地层单位在广西境内的次层型剖面；阐述了各岩石地层单位的创名人、原始定义、现在定义、沿革以及地质年代和区域变化；论述了各岩石地层单位的时空变化及它们之间的相互关系；编制了广西岩石地层单位序列表及层型剖面位置图；系统地建立了块状岩石谱系单位。与此同时，建立了广西地层数据库，从而巩固了地层对比研究成果，推动地层学研究和地层单位管理的规范化和现代化。因此，本课题的研究，对于指导当前和今后一个时期内 1∶5 万区调填图、提高广西壮族自治区地层学研究水平具有重大意义。

通过课题的研究，取得了一些新进展：

(1) 在云开地区建立了震旦纪到奥陶纪岩石地层单位序列，根据岩性特征和划分标准，从下而上可划分为天堂山片麻岩、灵山片岩、石圭组、东冲组、兰瓮组。

(2) 通过地层对比，桂西地区寒武纪地层采用云南省岩石地层单位序列，结束了该地区无岩石地层单位名称的历史。

(3) 在钦州残余海槽，建立了完整的泥盆纪—二叠纪岩石地层单位序列。

(4) 石炭纪、二叠纪、三叠纪地层按不同相区建立了相应的岩石地层单位序列。

(5) 将广西块状岩石谱系单位划分为 23 个超单元（序列），108 个单元（独立侵入体）。

但是，由于受人力和时间的限制，特别是中途人员调离，虽然对前人获得的资料进行了系统收集，但仍有遗漏。由于受各种条件的限制，本课题侧重对岩石地层单位的研究，而对生物地层，年代地层等地层单位未作系统研究，对地层格架等未进行更深一步的研究。

参考文献

白顺良、宁宗善、金善燏、何锦汉、韩迎建，1979，广西泥盆纪牙形石、竹节石分带及对比。北京大学学报，自然科学版(1)：99—118。

白顺良、金善燏、宁宗善等，1982，广西及邻区泥盆纪生物地层。北京：北京大学出版社。

陈旭、王建华，1983，广西宜山地区晚石炭世马平组的䗴类。中国古生物志，新乙种19号，北京：科学出版社。

陈旭、杨万容、何百强、汪盛辉，1981，广西兴安县奥陶纪含笔石地层。地层学杂志，5(1)：36—45。

陈毓川、毛景文等，1995，桂北地区矿床成矿系列和成矿历史演化轨迹。南宁：广西科学出版社。

褚乙农，1956，广西北部中石炭纪含锰地层介绍。地质学报，36(3)：377—381。

丁素因、郑家坚、张玉萍、童永生，1977，广西百色盆地六呾组、洞均组的时代及脊椎动物群性质。古脊椎动物与古人类，15(1)：35—45。

丁文江，1919，芜湖以下长江流域地质（英文），上海黄浦濬港局研究报告第1号。

丁文江，1947，地质调查报告。前中央地质调查所。

冯景兰，1929，广西桂林义宁古化灵川兴安全州榴江修仁阳朔荔浦蒙山苍悟藤县平南十四属地质矿产。前两广地质调查所年报卷2下册：21—52。

冯景兰、乐森璕，1929，广西迁江合山罗城寺门煤田地质。前两广地质调查所年报卷2上册：1—10。

冯景兰、李殿臣，1929，广西桂林义宁古化灵川兴安全州榴江修仁阳朔荔浦蒙山藤县十二属地质矿产。前两广地质调查所临时报告15号：1—27。

广东地质矿产局，1988，广东区域地质志。北京：地质出版社。

广西地质矿产局，1985，广西壮族自治区区域地质志。北京：地质出版社。

广西泥盆系专题组，1982，桂东北早中泥盆世地层新认识。地球科学——武汉地质学院学报，(1)：35—47。

桂区综，1978，关于广西泥盆纪地层划分的意见。见：中国地质科学院地质矿产研究所编，华南泥盆系会议论文集。北京：地质出版社。

郝诒纯、苏德英等，1986，中国地层(12)中国的白垩系。北京：地质出版社。

何锦汉等，1983，桂西三叠系划分与对比。地层学杂志，7(2)：135—139。

侯鸿飞，1978，中国南部的泥盆系。见：中国地质科学院地质矿产研究所编，华南泥盆系会议论文集。北京：地质出版社。

侯鸿飞、鲜思远，1975，广西贵州下、中泥盆统腕足类化石。见：地质科学研究院地层古生物论文集编，地层古生物论文集，第一辑。北京：地质出版社。

侯鸿飞、季强、鲜思远、王金星等，1986，广西象州、马鞍山中上泥盆统界线。北京：地质出版社。

侯鸿飞、王士涛等，1988，中国地层(7)中国的泥盆系。北京：地质出版社。

侯佑堂，1955，广西泥盆纪地层中的几种介形类化石新种。古生物学报，3(4)。

湖北省地质科学研究所等编著，1977，中南地区古生物图册(二)。北京：地质出版社。

胡炎坤，1991，百色盆地地层的新认识。广西地质，4(3)：13—25。

贾慧贞、杨德骊，1979，泥盆系中南地区地层研究的进展。宜昌地质矿产研究所专刊。

邝国敦、赵明特、陶业斌，1989，广西六景泥盆系剖面。武汉：中国地质大学出版社。

李殿臣，1929，广西来宾武宣桂平地质矿产。前两广地质调查所年报卷2下册：21—36。

李捷，1936，广西罗城黄金寺门附近地质。地质论评，1(3)：311—321。

李捷、朱森，1932，南岭山脉地质调查记要。地质研究报告(甲)。前国立中央研究院二十一年度总结报告(四)。

李捷、朱森，1934，广西马平附近之地质（英文）。中国地质学会志，13(2)：215—232。

李捷、丘捷，1933，广西三江至凌云之地质。前国立中央研究院二十一年度总报告，166—171。

李四光、朱森，1930，栖霞灰岩及其有关地层（英文）。中国地质学会志，9(1)：37—43。

李四光、赵金科、张文佑合编，1941，广西地层表。前国立中央研究院地质研究所编印。

梁文基、赵明特，1986，南宁五象岭泥盆系一个新的地层单位——新坡组。地层学杂志，10(3)：212—215。

林宝玉等，1984，中国地层(6)中国的志留系。北京：地质出版社。

林英锡、武世忠，1988，广西隆林县隆或地区早石炭世皱纹珊瑚。古生物学报，27(5)：565—582。

刘鸿允，1955，中国古地理图。北京：科学出版社。

刘金荣，1978，广西象州泥盆纪地层。见：中国地质科学院地质矿产研究所编，华南泥盆系会议论文集。北京：地质出版社。

赫德伯格，1976，张守信译，1979，国际地层指南。北京：科学出版社。
孟宪民、张更，1932—1933，湘粤桂三省边境地质。前国立中央研究院二十一年度总报告，177—186。
穆道成、阮亦萍、王成源、施从广、陈挺恩、殷保安，1982，广西那坡三叉河海相泥盆纪生物地层。地层学杂志，6 (4)：294—301。
穆恩之等，1983，广西钦州、玉林一带志留纪及泥盆纪地层的新观察。地层学杂志，7 (1)。
穆恩之等，1988，广西钦州、玉林地区的志留系及泥盆系。地层学杂志，12 (4)。
潘江、王士涛、高联达、侯静鹏，1978，华南陆相泥盆系。见：中国地质科学院地质矿产研究所编，华南泥盆系会议论文集。北京：地质出版社。
全国地层委员会，1981，中国地层指南及中国地层指南说明书。北京：科学出版社。
阮亦萍、王成源、王志浩、戎嘉余、穆道成、邝国敦、殷保安、苏一保，1979，论那高岭组和郁江组的时代。地层学杂志，3 (3)：225—229。
阮亦萍、王尚启、穆道成、吴诒、何锦汉、梁建德，1985，广西鹿寨寨沙上泥盆统剖面的新观察。地层学杂志，9 (4)：262—269。
单勇，1990，关于广西下震旦统泗里口组命名与建议。广西地质，3 (3)：75—78。
盛金章，1962，中国的二叠系，全国地层会议学术报告汇编。北京：科学出版社。
盛金章，1963，广西、贵州及四川二叠纪的䗴类。北京：科学出版社。
盛金章，1963，广西宜山、德胜、新惠乡，平定村至肯堂村间剖面。中国古生物志。北京：科学出版社。
斯行健、周志贤，1962，中国中生代陆相地层，全国地层会议学术报告汇编。北京：科学出版社。
孙云铸，1939，广西二叠纪顶部菊石群及其在地层上之意义。国立北京大学40周年纪念刊。
汤英俊、尤玉柱、徐钦琦等，1974，广西百色盆地、永乐盆地下第三系。古脊椎动物与古人类，12 (4)：279—290。
田奇瑰，1936，中国之丰宁纪。地质论评，1 (3)：255—276。
田奇瑰，1936，中国之泥盆纪。地质论评，3 (4)：355—404。
王思恩等，1985，中国地层 (11) 中国的侏罗系。北京：地质出版社。
王成源、阮亦萍、穆道成、王志浩、戎嘉余、殷保安、邝国敦、苏一保，1979，广西不同相区下、中泥盆统的划分和对比。地层学杂志，3 (4)：305—311。
王克良，1987，化石层在广西的发现及其地层意义。微体古生物学报，2 (2)。
汪啸风，1978，广西钦州、防城一带晚志留世—早泥盆世地层和笔石群的初步研究。见：中国地质科学院地质矿产研究所编，华南泥盆系会议论文集。北京：地质出版社。
王钰，1955，腕足类的新属。古生物学报，3 (2)：83—113。
王钰，1956，广西南部郁江建造中的几种新腕足类。古生物学报，4 (2)：137—141。
王钰、白顺良，1978，广西象州大乐地区泥盆纪地层。见：中国地质科学院地质矿产研究所编，华南泥盆系会议论文集。北京：地质出版社。
王钰、俞昌民，1964，中国的泥盆纪，全国地层会议学术报告汇编。北京：科学出版社。
王钰、金玉玕、方大卫，1964，中国的腕足动物化石。北京：科学出版社。
王钰、俞昌民、方大卫，1964，广西中东部泥盆系那高岭组的时代及郁江组的分层。科学通报，11月号：1013—1016。
王钰、俞昌民、方大卫，1965，广西中部中泥盆统东岗岭组的分层与分带。科学通报，4月号：364—367。
王钰、俞昌民、方大卫等，1965，记述广西中南部中泥盆统一个新的地层单位——北流组。科学通报，12月号：1116—1120。
王钰、俞昌民、吴歧，1974，中国南方泥盆纪生物地层研究的进展。中国科学院南京地质古生物研究所集刊，第六号。北京：科学出版社。
王钰、俞昌民、许汉奎、廖卫华、蔡重阳，1979，华南泥盆纪地层。地层学杂志，3 (2)：81—89。
韦炜烈等，1987，广西桂林一个重要的泥盆系—石炭系界线剖面。桂林冶金学院学报，7 (3)：151—158。
韦仁彦、张是飞，1978，对广西泥盆纪地层划分的初步认识。见：中国地质科学院地质矿产研究所编，华南泥盆系会议论文集。北京：地质出版社。
韦仁彦，1989，桂西地区寒武纪地层新观察。广西地质，2 (2)：63—64。
翁金桃等，1986，桂林泥盆—石炭系碳酸盐岩剖面研究的新进展。中国岩溶，5 (3)：165—174。
吴望始等，1974，贵州西部的石炭系。中国科学院南京地质古生物研究所集刊，第六号。北京：科学出版社。
吴诒、梁演林，1992，下泥盆统岩石地层。见：钟铿等，1992，广西的泥盆系 (12—123页)。武汉：中国地质大学出版社。

吴诒、颜成贤，1980，广西德保、钦甲的下中泥盆统。地层学杂志，4（3）：201。
吴诒、周怀玲、蒋廷操等，1987，广西泥盆纪沉积相古地理及矿产。南宁：广西人民出版社。
鲜思远、周希云，1978，广西隆林、德峨地区早中泥盆世地层的新认识。见：中国地质科学院地质矿产研究所编，华南泥盆系会议论文集。北京：地质出版社。
鲜思远、王守德、周希云、熊剑飞、周天荣，1980，华南泥盆纪南丹型地层及古生物。贵阳：贵州人民出版社。
项礼文等，1981，中国地层（4）中国的寒武系。北京：地质出版社。
谢家荣，1938，广西西湾煤系之时代。中国地质学会志，20（1）：33—37。
谢家荣、王植，1938，广西西湾煤田地质。地质论评，3（1）：63—69。
徐怀大等，1959，广西地层。北京：地质出版社。
徐瑞麟，1933，广西西南部地质矿产。前两广地质调查所临时报告，29号：1—35。
徐瑞麟，1938，广西象县金河街泥盆纪地层。地质论评，3（5）：497—506。
徐瑞麟，1940，广西西湾煤田地质。地质论评，5（5）：392—398。
许寿永、林甲兴，1979，石炭系，中南地区地层研究的进展。国家地质总局宜昌地质矿产研究所。
杨敬之，1954，广西永淳中泥盆统之苔藓虫。古生物学报，2（2）。
杨敬之，1960，中国石炭纪地层。科学记录新辑，4（4）：185—195。
杨敬之等，1929，贵州普安、晴隆的上石炭统论石炭系的上界。见：西南地区碳酸盐岩生物地层。北京：科学出版社。
杨敬之、盛金章、吴望始、陆麟黄，1962，中国的石炭系，全国地层会议学术报告汇编。北京：科学出版社。
杨敬之、吴望始等，1979，我国石炭系分统的再认识。地层学杂志，3（3）：188—192。
杨遵仪、殷鸿福、吴顺宝、杨逢清、丁梅华、徐桂荣，1987，华南二叠-三叠系界线地层及动物群。地质专报二，地层古生物第6号。北京：地质出版社。
姚文光、乐森璕，1933，广西容县，北流、玉林、博白、兴业、桂平六属地质矿产。前广地质调查所年报告，卷4下册：1—24。
殷保安、周江、张淑玲等，1987，第十一届国际石炭纪地层和地质大会地质考察指南，6号。
尹赞勋等，1966，中国地层典（七）石炭系。北京：科学出版社。
俞昌民、殷保安，1978，广西中部泥盆系一个新的地层单位——二塘组。地层学杂志，2（1）：23—31。
俞昌民等，1988，中国桂林南边村泥盆纪—石炭纪界线一方位和地质记录（英文版）。北京：科学出版社。
俞昌民、包惠民、沈健伟、殷保安、张淑玲、殷德伟，1991，华南桂林泥盆纪礁组合。国际会议地质指南（英文版）。中国科学院南京地质古生物研究所出版。
俞建章，1933，中国下石炭纪珊瑚化石。中国古生物志，乙种12号3册。北京：科学出版社。
乐森璕，1928，广西南丹马平象县地质矿产。前两广地质调查所年报第一号。
乐森璕，1929a，广西北部之地质矿产。前两广地质调查所年报，卷2下册：53—90。
乐森璕，1929b，广西南丹河池宜山马平象县地质矿产。前两广地质调查所报告，卷1：89—92。
乐森璕，1929c，贵州南部地质矿产。前中央地质调查所地质汇报，第12号：21—26。
乐森璕，1938，中国南部海相上下及下中泥盆纪。中国地质学会志，18（1）：67—73。
乐森璕、张更，1928，广西南丹马平宜山天河等六县地质矿产。前两广地质调查所临时报告，第10号（6）。
乐森璕、张更，1929，广西古化中渡雒容柳城四县地质矿产。前两广地质调查所临时报告，第14号：1—14。
张更、杨志成、吴磊伯，1940，广西河池、南丹两县之锡、钨、锑矿。前中央研究院地质研究所简报，13号。
张捷芳，1959，粤西合浦地区“龙山系”的新认识。全国地层会议南岭地层现场会议资料汇编。地质部地质研究所编。
张文佑、陈家天，1938，广西迁江、合山大隆煤田地质。前国立中央研究院地质研究所简报，第7号。
张文佑等，1941，广西地层不整合。中国地质学会志，21（1）：131—153。
张文佑、孙殿卿、吴磊伯，1942，广西大浦白云岩之分布。中国地质学会志，22（1—2）：159—163。
张守信，1992，理论地层学——现代地层学概念。北京：科学出版社。
张兆瑾，1941，广西南丹县锡矿地质。地质汇报，第34号。前经济部地质调查所国立北平研究院地质学研究所。重庆北碚本所印行。
赵金科，1947，广西地层发育史。中国地质学会志，27（1—4）：321—346。
赵金科，1959，广西西部下三叠纪菊石。中国古生物志，新乙种第9号。北京：科学出版社。
赵金科、吴燕生等，1941，广西东北部地层表。见：李四光、 赵金科、张文佑合编，广西地层表。前国立中央研究院地质研究所编印。
赵金科、张文佑，1952，广西地质图。中国科学院地质研究所编。北京：中国科学院出版。
赵金科、张文佑，1959，广西地质（一）地质概要。北京：科学出版社。
赵金科等，1964，中国的三叠系，全国地层会议学术报告汇编。北京：科学出版社。
赵金科、梁希洛、郑灼官，1978，华南晚二叠世头足类。中国古生物志，新乙种12号。北京：科学出版社。
中国地质学编辑委员会、中国科学院地质研究所编，1956，中国区域地层表（草案）。北京：科学出版社。
中国科学院南京地质古生物研究所编，1974，西南地区地层古生物手册。北京：科学出版社。
中国科学院昆明地质研究所、昆明工学院地质系编，1959，云南省区域地层表（草案）。III8-1a—VIII4-6。
钟铿、吴诒、殷保安、梁演林、姚肇贵、彭金兰，1992，广西的泥盆系，广西地层之一。武汉：中国地质大学出版社。
中南地区区域地层表编写小组，1974，中南地区区域地层表。北京：地质出版社。
朱森、刘祖彝，1932，皖南贵池地质考察纪略。前中央研究院十九年度总报告：154—157。
朱庭祜，1928，广西贵县、横县、永淳、邕宁、宾阳五属地质矿产。前两广地质调查所年报，卷1。
朱庭祜、李殿臣，1928a，广西贵县横县地质矿产简报。前两广地质调查所临时报告，1号：1—8。
朱庭祜、李殿臣，1928b，广西邕宁永淳滨阳地质矿产。前两广地质调查所临时报告，3号：1—16。
周怀玲、王瑞刚、张振贤，1987，广西象州大乐地区泥盆纪沉积相。岩相古地理通讯，(3—4)。成都：四川科学技术出版社。
周志炎，1984，湘西南早侏罗世早期植物化石。中国古生物志，新甲种第7号。北京：科学出版社。

地质图说明书及区测（调）报告

陈刚等，1960，1：20万广西凭祥至横县间地质普查报告。
广东区域地质测量大队，1964，1：20万罗定幅地质图说明书。
广东省地质局综合研究大队，1966，1：20万合浦幅区域地质测量报告书。
广西区域地质普查大队，1963a，1：20万贺县幅区域地质测量报告书。
广西区域地质普查大队，1963b，1：20万桂平幅区域地质测量报告书。
广西区域地质普查大队，1964a，1：20万兴安幅区域地质测量报告书。
广西区域地质普查大队，1964b，1：20万兴安幅地质图说明书。
广西区域地质普查大队，1965a，1：20万梧州幅区域地质测量报告书。
广西区域地质普查大队，1965b，1：20万梧州幅地质图说明书。
广西区域地质普查大队，1965c，1：20万荔浦幅区域地质测量报告书。
广西区域地质普查大队，1965d，1：20万贺县幅地质图说明书。
广西区域地质测量队，1966a，1：20万容县幅区域地质测量报告书。
广西区域地质测量队，1966b，1：20万三江幅区域地质测量报告书。
广西区域地质测量队，1967a，1：20万融安幅区域地质测量报告书。
广西区域地质测量队，1967b，1：20万玉林幅区域地质测量报告书。
广西区域地质测量队，1968a，1：20万靖西幅区域地质测量报告书。
广西区域地质测量队，1968b，1：20万罗城幅区域地质测量报告书。
广西区域地质测量队，1968c，1：20万南丹幅区域地质测量报告书。
广西区域地质测量队，1969a，1：20万桂林幅区域地质测量报告书。
广西区域地质测量队，1969b，1：20万大新幅区域地质测量报告书。
广西区域地质测量队，1970a，1：20万贵县幅区域地质测量报告。
广西区域地质测量队，1970b，1：20万上林幅区域地质测量报告。
广西区域地质测量队，1970c，1：20万宜山幅区域地质测量报告。
广西区域地质测量队，1971a，1：20万田林幅区域地质测量报告。
广西区域地质测量队，1971b，1：20万东兰幅区域地质测量报告。
广西区域地质测量队，1971c，1：20万灵山幅区域地质测量报告。
广西区域地质测量队，1971d，1：20万柳州幅区域地质测量报告。
广西区域地质测量队，1972，1：20万来宾幅区域地质测量报告。

广西区域地质测量队，1973a，1∶20万乐业幅区域地质测量报告。
广西区域地质测量队，1973b，1∶20万，南宁幅区域地质测量报告。
广西区域地质测量队，1974a，1∶20万德隆、百色幅区域地质调查报告。
广西区域地质测量队，1974b，1∶20万田东幅区域地质调查报告。
广西区域地质测量队，1974c，1∶20万西林幅区域地质调查报告。
广西区域地质测量队，1974d，1∶20万小董、钦州幅区域地质调查报告。
广西区域地质测量队，1975，1∶20万凭祥、崇左、东兴、友谊关区域地质测量报告。
广西区域地质测量队，1976，1∶50万广西地质图说明书。
贵州省区域地质调查队，1980，1∶20万兴仁、安龙幅区域地质调查报告。

附录Ⅰ　广西壮族自治区地层数据库的建立及功能简介

广西壮族自治区岩石地层数据库是由广西壮族自治区区域地质调查研究院负责建立的。从 1992 年开始到 1995 年初，地层单位卡片的填写、地层数据库的建立、数据卡片的录入及修改已经全部完成，使用的微型计算机是北京 0540H386 型机，由于微机的内存不够，我们的地层数据库仍然是在 DOS 操作系统环境下使用，即软件支撑环境是 DOS3.30、Microsoft 6.0、UCDOS 3.0 FoxPro 2.0，硬件运行环境是 386 主机、LQ 系列 24 针打印机。通过地层清理工作，最终整理出被确认并已录入数据库的岩石地层单位数是 132 个，其中前震旦纪 9 个（包括 2 个群），震旦纪—志留纪 29 个，泥盆纪—三叠纪 70 个（包括 1 个群和 3 个段），侏罗纪—第三纪 24 个（包括 3 个群），剖面共有 545 条。通过地层对比研究，停止使用的岩石地层单位有 219 个。参加地层数据库的数据录入人员有：李英华、蔡贺清。进行数据卡片审核校对的人员有：殷保安、陈建、潘罗忠、张继淹、刘融涛、卢宏金、蔡宁红。通过大家的共同努力，广西的省库已经建立起来，并且按要求可以实现输出打印数据卡片、地层信息的查询检索、岩石地层单位的命名监控等功能，为今后的地质工作者使用以及查找有关地层方面信息提供更便利、更快捷服务。

附录Ⅱ　广西壮族自治区采用的岩石地层单位

附录Ⅱ-1

序号	岩石地层单位名称		编　号	代　号	地质时代	创　名　人*	创建时间	所在省	在本书页数
	英　文	汉　文							
1	Baping Fm	巴平组	45-0911	$C_{1-2}b$	C_{1-2}	广西区调队	1987	广西	140
2	Baqi Fm	巴漆组	45-0720	$D_{2-3}b$	D_{2-3}	白顺良、宁宗善等	1979	广西	104
3	Bawang member	拔旺段	45-1011	$P_{1-2}sd^{b}$	P_{1-2}	广西区调队四分队	1991	广西	149
4	Baidong Fm	白洞组	45-0501	O_1b	O_1	赵金科、张文佑	1959	广西	32
5	Baizhu Fm	白竹组	45-0202	Pt_3b	Pt_3	广西区测队	1966	广西	10
6	Baifeng Fm	百逢组	45-1207	T_2bf	T_2^1	广西区测队综合组 (广西区测队)	1974 (1974)	广西	168
7	Baigang Fm	百岗组	45-1506	E_2b	E_2	广西石油普查大队	1959	广西	219
8	Baixing Fm	百姓组	45-1305	J_1b	J_1	广西区测队	1975	广西	201
9	Banba Fm	板八组	45-1210	T_2bb	T_2	广西区测队	1975	广西	173
10	Bancheng Fm	板城组	45-0913	C_1P_1b	$C_1—P_1$	钟　铿、邝国敦等	1992	广西	144
11	Banna Fm	板纳组	45-1206	T_2b	T_2^1	广西石油普查大队	1961	广西	167
12	Beiliu Fm	北流组	45-0709	$D_{1-2}b$	D_{1-2}	王　钰、俞昌民等	1965	广西	91
13	Beisi Fm	北泗组	45-1205	$T_1T_2^1b$	$T_1—T_2^1$	张文佑、陈家天 (李四光、赵金科、张文佑)	1938 (1941)	广西	164
14	Bianxi Fm	边溪组	45-0402	$\in_{2-3}b$	$\in_{2-3}$	李　捷、朱　森	1932	湖南	27
15	Bocaitian Fm	博菜田组	45-0407	$\in_3bc$	$\in_3$	罗惠麟	1975	云南	32
16	Changan Fm	长安组	45-0301	$Z_1\hat{c}$	Z_1	赵金科、吴燕生等	1941	广西	17
17	Dagangding Fm	大岗顶组	45-0601	S_1d	S_1	广东区调队	1992	广东	43
18	Dale Fm	大乐组	45-0708	D_1d	D_1	贾慧贞、杨德骊	1979	广西	74
19	Daling Fm	大岭组	45-1309	J_1d	J_1	谢家荣、王　植	1938	广西	195
20	Dalong Fm	大隆组	45-1008	P_2d	P_2^2	张文佑、陈家天	1938	广西	155
21	Dapo Fm	大坡组	45-1402	K_1d	K_1	广西区测队	1966	广西	207
22	Dapou Fm	大埔组	45-0912	C_2d	C_2	张文佑	1941	广西	129
23	Danzhou Gr	丹洲群	45-0201	Pt_3D	Pt_3	赵金科、吴燕生等	1941	广西	10

* 创名人栏（　）内为介绍人；创建时间栏（　）内为介绍时间。

序号	岩石地层单位名称		编号	代号	地质时代	创名人	创建时间	所在省	在本书页数
	英文	汉文							
24	Dongcun Fm	东村组	45-0725	D_3d	D_3	殷保安等	1987	广西	86
25	Dongchong Fm	东冲组	45-0509	O_2d	O_2	广东区域地质调查队	1992	广东	41
26	Donggangling Fm	东岗岭组	45-0721	D_2d	D_2	乐森珥	1928	广西	79
27	Dongxing Fm	东兴组	45-1038	J_3d	J_3	广西区调队（广西第四地质队）	1992 (1993)	广西	199
28	Dongjun Fm	洞均组	45-1504	E_2d	E_2	广西区测队	1974	广西	216
29	Dongli Fm	岽力组	45-1307	J_3dl	J_3	梁振德	1979	广西	204
30	Doushantuo Fm	陡山沱组	45-0304	Z_2d	Z_2	李四光等	1924	湖北	21
31	Duan Fm	都安组	45-0906	$C_{1-2}d$	C_{1-2}	许寿永、林甲兴	1979	广西	126
32	Etoucun Fm	额头村组	45-0726	D_3e	D_3	殷保安等	1987	广西	89
33	Ertang Fm	二塘组	45-0706	D_1e	D_1	俞昌民、殷保安	1978	广西	71
34	Fangcheng Fm	防城组	45-0604	S_3f	S_3	张捷芳	1959	广西	46
35	Fulongao Fm	扶隆坳组	45-1212	T_3f	T_3	刘政琨等	1961	广西	192
36	Fulu Fm	富禄组	45-0302	Z_1f	Z_1	赵金科、吴燕生等	1941	广西	19
37	Fuping Fm	伏平组	45-1507	E_3f	E_3	广西石油普查大队	1959	广西	222
38	Gongdong Fm	拱洞组	45-0205	Pt_3g	Pt_3	广西区测队	1966	广西	14
39	Gufeng Fm	孤峰组	45-1003	P_1g	P_1^2	朱森、刘祖彝	1932	安徽	148
40	Gumu Fm	古墓组	45-0602	S_1g	S_1	广东区调队	1992	广东	44
41	guanqiao dolomite	官桥白云岩	45-0707	D_1g	D_1	王钰、俞昌民等	1965	广西	73
42	Guilin Fm	桂林组	45-0724	D_3g	D_3	冯景兰	1929	广西	83
43	Hepu Fm	合浦组	45-0603	S_2h	S_2	广西区测队	1976	广西	45
44	Heshan Fm	合山组	45-1007	P_2h	P_2	张文佑、陈家天	1938	广西	153
45	Hetong Fm	合桐组	45-0203	Pt_3h	Pt_3	广西区测队	1966	广西	12
46	Hexian Fm	贺县组	45-0704	D_1h	D_1	广西区测队	1976	广西	62
47	Huangai Fm	黄隘组	45-0502	O_1h	O_1	赵金科、张文佑	1959	广西	34

序号	岩石地层单位名称		编号	代号	地质时代	创名人	创建时间	所在省	在本书页数
	英文	汉文							
48	Huangdongkou Fm	黄洞口组	45-0404	$\in_{2-3}h$	$\in_{2-3}$	广西地矿局	1985	广西	30
49	Huangjin Fm	黄金组	45-0907	C_1h	C_1	赵金科、张文佑	1952	广西	120
50	Huangjingshan Fm	黄猄山组	45-0710	D_1hj	D_1	王　钰、俞昌民等	1965	广西	76
51	Huanglong Fm	黄龙组	45-0915	C_2hl	C_2	李四光、朱　森	1930	江苏	131
52	Jiandouling Fm	建都岭组	45-1508	E_3j	E_3	广西石油普查大队	1959	广西	223
53	Jiuxiao Fm	九小组	45-0104	Pt_2j	Pt_2	广西区测队	1968	广西	7
54	Lanweng Fm	兰瓮组	45-0506	O_3l	O_3	广东区调队	1992	广东	42
55	Lanmu Fm	兰木组	45-1208	T_2l	$T_1^1—T_2^2$	广西石油普查大队	1961	广西	170
56	Laobao Fm	老堡组	45-0305	Z_2l	Z_2	赵金科、张文佑	1952	广西	21
57	Lijiapo Fm	黎家坡组	45-0303	Z_1lj	Z_1	贵州区测队林树基	1964	贵州	20
58	Lianhuashan Fm	莲花山组	45-0701	$D_{1-2}l$	D_1	朱庭祜	1928	广西	53
59	Linghao Fm	领薅组	45-1009	P_2lh	P_2	贵州区域地质调查队	1980	广西	157
60	Lingshan Schist	灵山片岩	45-0510	$O_1l\hat{s}$	O_1	赵金科、张文佑	1959	广西	40
61	Liuchen Fm	六陈组	45-0505	O_1l	O_1	广西区测队	1976	广西	37
62	Liuchou Fm	六吜组	45-1503	E_1l	E_1	丁素因、郑家坚等	1977	广西	214
63	Liujiang Fm	榴江组	45-0728	D_3l	D_3	冯景兰	1929	广西	114
64	Longha Fm	龙哈组	45-0406	$\in_{2-3}l$	$\in_{2-3}$	罗惠麟	1975	云南	32
65	Longma member	龙马段	45-1010	$P_{1-2}sd^1$	P_{1-2}	广西区调队四分队	1987	广西	149
66	Longtan Fm	龙潭组	45-1006	$P_{1-2}l$	P_{1-2}	丁文江	1919	江苏	152
67	Luzhai Fm	鹿寨组	45-0904	$C_1l\hat{z}$	C_1	冯景兰、李殿臣（冯景兰）	1929 (1929)	广西	137
68	Luocheng Fm	罗城组	45-0909	C_1l	C_1	乐森玙	1929	广西	124
69	Luofu Fm	罗富组	45-0733	D_2l	D_2	地质部第五普查大队（广西区调队）	1961 (1968)	广西	111
70	Luolou Fm	罗楼组	45-1202	T_1l	T_1	李四光、赵金科、张文佑	1941	广西	160

序号	岩石地层单位名称		编　号	代　号	地质时代	创　名　人	创建时间	所在省	在本书页数
	英　文	汉　文							
71	Luowen Fm	罗文组	45-1405	K_2l	K_2	广西区测队综合组	1974	广西	210
72	Majiaoling Fm	马脚岭组	45-1204	T_1m	T_1	张文佑、陈家天（李四光、赵金科、张文佑）	1938 (1941)	广西	163
73	Maping Fm	马平组	45-0914	$C_2^2P_1^1mp$	$C_2^2—P_1^1$	丁文江（乐森玥）	1928 (1929)	广西	132
74	Maokou Fm	茅口组	45-1002	P_1m	P_1	乐森玥	1929	贵州	146
75	Maozifeng Fm	帽子峰组	45-0731	D_3m	D_3	徐瑞麟	1937	广东	68
76	Moding Fm	莫丁组	45-0713	D_1m	D_1	广西地矿局	1982	广西	99
77	Mintang Fm	民塘组	45-0722	D_2m	D_2	王　钰、俞昌民等	1965	广西	102
78	Nadang Fm	那荡组	45-1306	J_2n	J_2	陈刚等	1960	广西	203
79	Nadu Fm	那读组	45-1505	E_2n	E_2	广西石油普查大队	1959	广西	217
80	Nagaoling Fm	那高岭组	45-0702	D_1n	D_1	王钰	1956	广西	57
81	Najiao Fm	那叫组	45-0711	$D_{1-2}nj$	D_{1-2}	王钰、俞昌民等	1965	广西	90
82	Nazhouwei Fm	那周尾组	45-1302	J_1n	J_1	广西第四地质队	1993	广西	196
83	Nandan Fm	南丹组	45-0910	$C_2P_1^1n$	$C_2—P_1^1$	广西区调队	1987	广西	142
84	Nanhong Fm	南洪组	45-1203	$T_{1-2}nh$	$T_1—T_2^1$	张文佑、陈家天（李四光、赵金科、张文佑）	1938 (1941)	广西	162
85	Nankang Fm	南康组	45-1502	Nn	N	广西地矿局	1985	广西	225
86	Peidi Fm	培地组	45-0308	Z_2p	Z_2	广西区测队	1976	广西	25
87	Pengjiu Fm	彭久组	45-1005	P_2p	P_2	殷保安、陈建等	1994	广西	150
88	Pingdong Fm	平垌组	45-1211	T_3p	T_3	刘政琨等	1961	广西	191
89	Pingen Fm	平恩组	45-0715	$D_{1-2}p$	D_{1-2}	鲜思远等	1980	广西	100
90	Pingerguan Gr	平而关群	45-1209	T_2P	T_2	徐瑞麟（李四光、赵金科、张文佑）	1932 (1941)	广西	166
91	Qixia Fm	栖霞组	45-1001	P_1q	P_1	李希霍芬	1912	江苏	145
92	Qingxi Fm	清溪组	45-0401	$\in_{1-2}q$	$\in_{1-2}$	李捷、朱森	1932	湖南	26
93	Qinzhou Fm	钦州组	45-0712	D_1q	D_1	广西区测队	1974	广西	105

附录Ⅱ-5

序号	岩石地层单位名称		编　号	代　号	地质时代	创　名　人	创建时间	所在省	在本书页　数
	英　文	汉　文							
94	Rongxian Fm	融县组	45-0727	D_3r	D_3	田奇瑪	1938	广西	96
95	Sandu Fm	三都组	45-0405	$\in_3s$	$\in_3$	卢衍豪	1954	贵州	31
96	Sanmenjie Fm	三门街组	45-0204	Pt_3s	Pt_3	董宝林	1990	广西	13
97	Shangchao Fm	上朝组	45-0905	$C_{1-2}\hat{s}$	$C_1—C_2^1$	广西第七地质队	1993	广西	128
98	Shanglun Dolomite	上伦白云岩	45-0705	$D_1\hat{s}$	D_1	刘金荣	1975	广西	70
99	Shangyeushan Member	上月山段	45-0902	$C_1y^{\hat{s}}$	C_1	殷保安、周江等	1987	广西	118
100	Shengping Fm	升坪组	45-0503	$O_1\hat{s}$	O_1	广西区域地质普查大队	1964	广西	35
101	Shigui Fm	石圭组	45-0508	$O_{1-2}\hat{s}g$	O_{1-2}	赵金科、张文佑	1958	广西	41
102	Shijia Fm	石夹组	45-0723	$D_3C_1\hat{s}j$	$D_3—C_1$	钟铿、邝国敦等	1992	广西	113
103	Shipao Fm	石炮组	45-1201	$T_1\hat{s}$	T_1	张振贤	1982	广西	159
104	Shiti Fm	石梯组	45-1303	$J_2\hat{s}$	J_2	谢家荣、王植	1938	广西	198
105	Sibao Gr	四堡群	45-0101	Pt_2S	Pt_2	广西区测队	1973	广西	6
106	Sidazhai Fm	四大寨组	45-1004	$P_{1-2}sd$	P_{1-2}	肖伟民等	1986	贵州	148
107	Sipai Fm	四排组	45-0717	$D_{1-2}s$	D_{1-2}	冯景兰	1929	广西	66
108	Simen Fm	寺门组	45-0908	C_1s	C_1	冯景兰、乐森玥	1929	广西	122
109	Shuangyuzui Fm	双鱼咀组	45-1403	$K_1\hat{s}$	K_1	广西区调队	1966	广西	209
110	Tangding Fm	塘丁组	45-0732	D_1t	D_1	地质部第五普查大队（广西区调队）	1961（1968）	广西	108
111	Tangjiawan Fm	唐家湾组	45-0719	D_2t	D_2	殷保安等（俞昌民等）	1990（1991）	广西	77
112	Tianlingkou Fm	田岭口组	45-0504	$O_{2-3}t$	O_{2-3}	赵金科、张文佑	1952	广西	36
113	Tiantang Fm	天堂组	45-1301	J_1t	J_1	谢家荣、王植	1938	广西	194
114	Tiantangshan Gneiss	天堂山片麻岩	45-0507	ZOt	$Z—O$	姚文光、乐森玥	1933	广西	39
115	Tianziling Fm	天子岭组	45-0730	D_3t	D_3	徐瑞麟	1937	广东	82
116	Wangmen Fm	汪门组	45-1304	J_1w	J_1	广西区测队	1975	广西	200
117	Wentong Fm	文通组	45-0102	Pt_2w	Pt_2	广西区测队	1973	广西	7

序号	岩石地层单位名称		编号	代号	地质时代	创名人	创建时间	所在省	在本书页数
	英文	汉文							
118	Wuzhishan Fm	五指山组	45-0729	D_3w	D_3	张兆瑾	1941	广西	115
119	Xidong Fm	西垌组	45-1404	K_2x	K_2	广西区测队	1974	广西	209
120	Xiwan Gr	西湾群	45-1310	J_1X	J_1	乐森玥 （谢家荣、王植）	1933 (1938)	广西	194
121	Xialong Fm	下龙组	45-0307	Z_2x	Z_2	陈显伟、何崇泉	1983	广西	24
122	Xiaodong Fm	小董组	45-0714	$D_{1-2}xd$	D_{1-2}	广西区测队	1974	广西	110
123	Xiaoneichong Fm	小内冲组	45-0403	$\in_{1-2}x$	$\in_{1-2}$	广西区测队	1976	广西	28
124	Xindu Fm	信都组	45-0716	D_2x	D_2	广西区测队	1975	广西	64
125	Xinglong Fm	新隆组	45-1401	K_1x	K_1	广西区测队	1966	广西	205
126	Yaoyunling Fm	尧云岭组	45-0901	C_1y	C_1	广西区测队	1976	广西	117
127	Yingtang Fm	英塘组	45-0903	C_1yt	C_1	广西区测队	1976	广西	119
128	Yingyangguang Fm	鹰阳关组	45-0306	Z_1y	Z_1	李自惠	1979	广西	22
129	Yongfu Gr	永福群	45-1406	K_1Y	K_1	张文佑、吴磊伯	1941	广西	205
130	Yongning Gr	邕宁群	45-1501	EY	E	朱庭祜	1928	广西	217
131	Yujiang Fm	郁江组	45-0703	D_1y	D_1	赵金科 （王钰）	1950 (1956)	广西	60
132	Yuxi Fm	鱼西组	45-0103	Pt_2y	Pt_2	广西区测队	1968	广西	9

附录Ⅲ　广西壮族自治区不采用的地层名称

附录Ⅲ-1

序号	地层单位名称		编　号	地质时代	创名人	创建时间	所在省	不采用的理由
	英　文	汉　文						
1	Aulina limestone	管状珊瑚石灰岩	45-2037	C_1	乐森玥、张更	1929	广西	不是岩石地层单位，现已归属黄金组
2	Bading Fm	巴定组	45-2001	C_1	广西区调队	1987	广西	与鹿寨组同物异名
3	bageng lime shale	巴更灰页岩	45-2002	T	赵金科、吴燕生等	1941	广西	岩性相当于罗楼组
4	Bali Fm	把里组	45-2003	K_2	梁振德	1979	广西	双鱼咀组的同物异名
5	Baiji Fm	百济组	45-2004	J_3	陈刚等	1960	广西	新隆组的同物异名
6	baise bed	百色层	45-2005		李捷	1935	广西	含义不明、无剖面、无具体地点，泛指广西百色一带中三叠统砂页岩
7	Baishajiang (Baishagang) Fm	白沙江（岗）组	45-2006	N	广西物探队	1974	广西	与南康组为同物异名
8	Baishishan Gr	白石山群	45-2007	E_1	广西区域地质测量队	1974	广西	与六咀组为同物异名，因鲜为人知故未采用
9	Baiyanding Fm	白岩顶组	45-2008	Pt_2	广西区域地质测量队	1968	广西	命名剖面无底、与上覆地层分界标志不明显、现为九小组下部层位
10	Baiyan Fm	白奄组	45-2009	K	侯连海等	1975	广西	相当于新隆组
11	Banqiao series	板桥系	45-2010	K	斯行健、张文佑等	1938	广西	现归属白垩系的五个地层单位
12	banxiong shale	板雄页岩	45-2011	D_3	乐森玥	1929	广西	相当于英塘组下部碎屑岩部分
13	Baotan Fm	宝坛组	45-2012	D_{2-3}	广西区调队	1987	广西	与信都组同物异名、其命名在后
14	Beigao member	北高段	45-2013	C_1	张振贤	1974	广西	属生物地层单位，现属英塘组中上部
15	Beihu Fm	北湖组	45-2014	E_1	陈维田	1979	广西	岩性相当于伏平组和建都岭组
16	Beijuntang Fm	北均塘组	45-2015	D_1	施文蛟	1986	广西	相当于钦州组下部层位
17	Boqi member	播箕段	45-2016	C_1	张振贤	1974	广西	属生物地层单位，现属额头村组上部
18	butou coal bed	步头煤层	45-2017	C_1	乐森玥、张更	1929	广西	与寺门组为同物异名
19	Cangwu Fm	苍梧组	45-2018	D_1	广西泥盆系专题组	1982	广西	与莲花山组为同物异名
20	Changcun Fm	长村组	45-2019	D_2	侯鸿飞、鲜思远	1975	广西	相当于四排组的上部层位
21	changposhan bed	长坡山层	45-2020	D	冶金部 215 队	1955	广西	岩性不详，属鹿寨组
22	Changsheling Fm	长蛇岭组	45-2021		胡炎坤	1979	广西	与南康组岩性相近
23	Changtang series	长塘系	45-2022	C_1	丁文江	1928	广西	含义不清，其岩性与鹿寨组相当

序号	地层单位名称		编 号	地质时代	创名人	创建时间	所在省	不采用的理由
	英 文	汉 文						
24	chetian siliconizing bed	车田矽化层	45-2023	∈	赵金科、吴燕生等	1941	广西	与老堡组同物异名，很少有人使用
25	chongshan limestone	崇善灰岩	45-2024	T	李捷、张文佑	1941	广西	无人沿用，岩性相当于马脚岭组和南洪组
26	Chongzhuo Fm	崇左组	45-2025	D_1	白顺良、宁宗善等	1979	广西	为年代地层单位，现归属平思组下部
27	dagaoling limestone	大高岭石灰岩	45-2026	C_1	孟宪民、张更	1933	广西	含义不清，现归属黄金组上部
28	Daling Fm	大岭组	45-2027	D_1	白顺良、宁宗善等	1979	广西	为钦州组的同物异名
29	dashantang dolomite	大山塘白云岩	45-2028	C_1	广西区域地质调查队	1991	广西	其特征与大埔组相近相
30	Datang Fm	大塘组	45-2029	J_3	陈刚等	1960	广西	岩性与新隆组相当
31	Daweiding Fm	大围顶组	45-2030	E_1	广西区域地质测量队	1974	广西	与六吜组为同物异名
32	Dawudi Fm	大屋地组	45-2031	∈	广西区域地质测量队	1976	广西	分层标志不明显，现属黄洞口下部
33	Daxu Fm	大圩组	45-2032	C	龚兴宝、黄汉铎等	1992	广西	其特征与鹿寨组下部岩性相近
34	Dayaoshan Gr	大瑶山群	45-2033	D_1	白顺良、金善燏等	1982	广西	莲花山组的同物异名
35	Danchi series	丹池系	45-2034	C	乐森玥	1929	广西	含义不清，现归属泥盆系碳系，下二叠统的各个地层单位
36	Debao Fm	德保组	45-2035	D_{1-2}	吴诒、颜成贤	1980	广西	该组下部岩性划入平恩组、上部划入北流组
37	Dee Fm	德峨组	45-2036	D_{1-2}	鲜思远、周希云	1978	广西	北流组的同物异名
38	Dongkan Fm	垌坎组	45-2038	D_{1-2}	周怀玲	1981	广西	相当于信都组下部层位
39	Dongnan Fm	垌南组	45-2039	D_1	周怀玲	1981	广西	相当于信都组上部层位
40	Donglan Fm	东兰组	45-2040	T_2	许德佑	1939	广西	无剖面，是生物地层单位，现属兰木组和板纳组
41	Entelije limestone	恩特立介石灰岩	45-2041	P_2	乐森玥、张更	1928	广西	罗城组的同物异名
42	Fenghuangshan Fm	凤凰山组	45-2042		广西煤田勘探局130勘探队	1962	广西	与洞均组为同物异名
43	Fengxing member	凤兴段	45-2043	J	陈刚等	1960	广西	相当于汪门组、百姓组的岩性
44	Fuhe Fm	付合组	45-2044	D_2	翁金桃、龚兴宝等	1986	广西	巴漆组的同物异名
45	Gaofengjie Fm	高峰街组	45-2045	D_2	贵州石油勘探指挥部104地质队	1979	广西	北流组的同物异名
46	Gaohuang series	高荒系	45-2046		李捷、朱森	1934	广西	岩性与四大寨组相当

序号	地层单位名称		编 号	地质时代	创名人	创建时间	所在省	不采用的理由
	英 文	汉 文						
47	Gelan series	格兰系	45-2047	T_3	张文佑、吴磊伯	1939	广西	无剖面、含义不明确，现属平而关群上部层位
48	Gongkang Fm	公康组	45-2048	$E_2^3—E_3$	汤英俊等	1974	广西	与建都岭组、伏平组岩性相近似
49	Gubi Fm	谷闭组	45-2049	D_3	邝国敦、赵明特等	1989	广西	将中、下部归入民塘组，上部归入五指山组
50	Gubang Fm	古邦组	45-2050	D_{1-2}	广西区调队	1987	广西	信都组的同物异名，其命名在后
51	Guche Fm	古车组	45-2051	D_2	侯鸿飞、鲜思远	1975	广西	相当于四排组中部层位
52	Guhua series	古化系	45-2052	D_3	乐森珥	1929	广西	桂林组的同物异名
53	Guling Fm	古零组	45-2053	D_1	广西第四地质队	1991	广西	下部岩性与黄猄山组相当，上部岩性与北流组下部相当
54	Gupa Fm	古琶组	45-2054	D_2	侯鸿飞、鲜思远	1975	广西	相当于四排组下部层位
55	Guting Fm	古亭组	45-2055	E_1	广西地质研究所	1989	广西	与那读组的岩性相近似
56	Guangxi series	广西系	45-2056	D_2	丁文江	1947	广西	含义不清，包括了整个中泥盆统
57	Guohua Fm	果化组	45-2057	T_2	广西区调队	1974	广西	岩性与北泗组相同，二者无分层标志实属生物地层单位
58	guixian bed	贵县层	45-2058	?$D_2—P_1$	朱庭祜、李殿臣	1928	广西	含义不清，包括了石炭系和二叠系
59	Guitang Fm	贵塘组	45-2059	D_2	侯鸿飞、王士涛	1988	广西	现归为北流组下部
60	Haiyuan Fm	海渊组	45-2060	N	陈维田	1979	广西	与南康组为同物异名
61	Hanzhen Fm	旱圳组	45-2061	D_1	广西泥盆系专题组	1982	广西	与贺县组为同物异名
62	Heshui Fm	合水组	45-2062	Z_1	陈显伟、何崇泉	1983	广西	与长安组为同物异名
63	heluo coal series	河罗煤系	45-2063	$C_1^2—P_2$	乐森珥、张更	1929	广西	实包括了黄金组、寺门组、罗城组
64	Hekou Fm	河口组	45-2064	T_2	广西区域地质测量队	1974	广西	与兰木组为同物异名
65	Honggaoling bed	红高岭层	45-2065	T_3	张文佑、陈家天	1938	广西	分布局限，无代表性，不习用，现属板纳组
66	Hongshan Fm	红山组	45-2066	J	刘政琨等	1961	广西	相当于新隆组上部层位
67	Hongshuihe Fm	红水河组	45-2067	K—E	邓延忠	1974	广西	相当于新隆组的岩性
68	Huaiyuan bed	怀远层	45-2068	D_2	丁文江	1947	广西	含义不清，包含整个中泥盆统
69	Huiluo limestone	灰罗石灰岩	45-2069	D_2	张兆瑾	1941	广西	在不同地区分别归属巴漆组或北流组

序号	地层单位名称		编号	地质时代	创名人	创建时间	所在省	不采用的理由
	英文	汉文						
70	Huomucun Fm	火幕村组	45-2070	T_3	张振贤	1973	广西	生物地层单位，岩性与兰木组相似
71	Jide Fm	鸡德组	45-2071	D_2	白顺良、金善燏等	1982	广西	为东岗岭组的同物异名
72	Jiangwei Fm	江尾组	45-2072	C_1	龚兴宝、黄汉铎等	1992	广西	岩性与鹿寨组下部岩性相近
73	Jieshou bed	界首层	45-2073	C_1	丁文江	1928	广西	包括了黄金组、寺门组、罗城组的层位
74	Jinxiu Fm	金秀组	45-2074	D_1	地质矿产部562综合大队、广西石油地质大队	1986	广西	相当于莲花山组的部分层位
75	Jinzhuao series sandstone	金竹坳系砂岩	45-2075	S_1?	冯景兰	1929	广西	为莲花山组的同物异名
76	Jingkou Fm	径口组	45-2076	D_1	吴诒、梁演林	1992	广西	为莲花山组的同物异名
77	jiusuo bed	九索层	45-2077	P_1	赵金科	1947	广西	与孤峰组相当
78	Jiuxikeng Fm	九席坑组	45-2079	N_1	广西物探队	1974	广西	与建都岭组相当
79	Juntian Fm	军田组	45-2080	D_3	地质矿产部562综合大队广西石油地质大队	1986	广西	相当融县组下部层位
80	Kengma bed	坑马组	45-2081	D_2	赵金科、张更、吴磊伯	1941	广西	岩性与巴漆组相当
81	Lalang Fm	拉郎组	45-2082	D_1	广西区调队	1987	广西	下部岩性相当莲花山组，上部岩性相当于信都组
82	Lalang series	拉浪系	45-2083	T	李四光、赵金科	1941	广西	岩性相当南洪组和马脚岭组
83	Lazhutai Fm	腊烛台层	45-2084	D	赵金科、张更、吴磊伯	1941	广西	为榴江组的同物异名
84	laoxuchang bed	老圩场层	45-2085	D	张更、杨志成、吴磊伯	1940	广西	下部岩性相当于塘丁组，上部相当于罗富组
85	Leyie Fm	乐业组	45-2086	C_1	广西区调队	1993	广西	岩性与都安组相近
86	Licai Fm	里彩组	45-2087	E_1	陈维田	1979	广西	那读组的同物异名
87	Lianzhuo Fm	廉州组	45-2088	K_2	广西物探队	1974	广西	其钻孔资料的岩性相当于西垌组
88	Liangcai Fm	良材组	45-2089	T_3	陆中求、蔡培茂	1961	广西	与下伏兰木组无明显分层标志，属生物地层单位，现属兰木组上部
89	Lianghetang Fm	良禾塘组	45-2090	D_1	施文蛟	1986	广西	相当于钦州组中部层位
90	Liangshuiao bed	凉水坳层	45-2091	D_3	乐森玙	1928	广西	岩性似与巴漆组相当
91	Lingbei Fm	岭背组	45-2092	E_1	广西区测队	1974	广西	为六吜组的同物异名
92	Lingshan Gr	灵山群	45-2093	S_1	广西区测队	1976	广西	灵山群与灵山片岩重名

序号	地层单位名称		编　号	地质时代	创名人	创建时间	所在省	不采用的理由
	英　文	汉　文						
93	Liuhetan bed	六合滩层	45-2094	P	赵金科	1947	广西	岩性为合山组的一部分
94	Liulin Fm	六林组	45-2095	D_1	吴诒、梁演林	1992	广西	岩性大致相当莲花山组
95	Liupo Fm	六坡组	45-2096	∈	广西区域地质测量队	1976	广西	分层标志不明显，现属黄洞口组上部
96	Liuwan Fm	六湾组	45-2097	D_1	周棣康、鲜思远等	1976—1977	广西	属年代地层单位，现属塘丁组下部
97	Longan Fm	隆安组	45-2098	C_1	钟铿、邝国敦等	1992	广西	为英塘组的同物异名
98	Longhuo Fm	隆或组	45-2099	C_1	林英铴、武世忠	1988	广西	为都安组的同物异名
99	Long'an member	龙岸段	45-2100	C_1	张振贤	1974	广西	属生物地层单位，现属额头村组下部
100	Longshan series	龙山系	45-2101	∈—S	朱庭祜	1928	广西	在广西的"龙山系"均找到一定古生物，划分为寒武纪、奥陶纪和志留纪
101	Longtou Mn series	龙头锰系	45-2102	C_2	褚乙农	1956	广西	现归属巴平组
102	Longtoushan limestone	龙头山灰岩	45-2103	D_2	冶金部215队	1965	广西	与北流组为同物异名
103	Longxipu bed	龙溪铺层	45-2104	D_3	李捷、朱森	1933	广西	与融县组为同物异名
104	Lütang Fm	吕塘组	45-2105	D_1	侯鸿飞、鲜思远	1975	广西	与官桥白云岩为同物异名
105	Lunxu Fm	仑圩组	45-2106	N_2^2	刘后株	1964	广西	相当于建都岭组的岩性
106	Luocun Fm	螺村组	45-2107	D_2	姚肇贵	1992	广西	使用非正式地层单位—礁灰岩，相当于唐家湾组
107	Luoming Fm	罗明组	45-2108	D_3	翁金桃、龚兴宝等	1986	广西	相当于融县组上部层位
108	Luoxiu Fm	罗秀祖	45-2109	D_3	侯鸿飞、季强	1987	广西	在文章中只发表组名无文字描述，含义不清
109	Luomai Fm	落脉组	45-2110	D_1	白顺良、金善燏等	1982	广西	与二塘组为同物异名
110	Luojiacun Fm	骆家村组	45-2111	D_3	龚兴宝、黄汉铎等	1991	广西	相当于额头村组下部层位
111	Ma'anshan silicolites	马鞍山硅质岩	45-2112	D_2	徐瑞麟	1938	广西	与巴漆组为同物异名
112	Madong member	马峒段	45-2113	C_1	广西区域地质测量队	1975	广西	属生物地层单位，现属额头村组下部
113	majiaao limestone	马家坳灰岩	45-2114	D_2	赵金科、张更、吴磊伯	1941	广西	岩性似与巴漆组相当
114	Malutang series	马鹿塘系	45-2115	P_1	李捷、朱森	1934	广西	岩性与孤峰组相当
115	Maiqiu Fm	脉渠组	45-2116	D_1	地质矿产部562综合大队广西石油地质大队	1986	广西	相当于莲花山组的部分层位

序号	地层单位名称		编号	地质时代	创名人	创建时间	所在省	不采用的理由
	英文	汉文						
116	Mangchang Fm	芒场组	45-2117	C_2	广西区域地质调查队	1987	广西	与黄龙组岩性相近似
117	Meizicun Gr	梅子村群	45-2118	O_3	广西区测队	1976	广西	其棣属田岭口组的一部分
118	Mihai member	米海段	45-2119	J	陈刚等	1960	广西	相当于那荡组的一部分
119	Miqiang member	米强段	45-2120	J	石油工业部广西勘探大队101队	1959	广西	相当于扶隆坳组
120	Nabiao Fm	纳标组	45-2121	D_2	广西区测队(介绍)	1961	广西	为年代地层单位，现属塘丁组上部层位
121	Nalou Fm	那楼组	45-2122		广西石油地质普查勘探大队	1979	广西	其岩性与洞均组相近似
122	Napai Fm	那派组	45-2123	K_1	梁振德	1979	广西	使用新隆组
123	Napo series	那坡系	45-2124		李月三(李捷)	1933	广西	与邕宁群为同物异名
124	Nayi Fm	那艺组	45-2125	D_2	白顺良、宁宗善等	1979	广西	为年代地层单位，现归属平恩组上部
125	Nazhen series	那贞系	45-2126	K	李捷、张文佑	1941	广西	属白垩纪地层
126	Nanbiancun Fm	南边村组	45-2127	D_3—C_1	韦炜烈、戴国铦、麦波	1987	广西	相当于鹿寨组底部灰岩
127	Nanhu Fm	南湖组	45-2128	E_1	陈维田	1979	广西	与那读组为同物异名
128	nanling bed	南岭层	45-2129	Z	李捷、朱森	1932	广西	无人使用，原包括震旦系、丹洲群，现已细分
129	Nanzhai series	南寨系	45-2130	P_2	李捷、朱森	1934	广西	岩性与大隆组相当
130	Nanzhou Fm	南州组	45-2131	J	刘政琨等	1961	广西	相当于新隆组中、下部岩性
131	Ningming bed	宁明层	45-2132		徐瑞麟	1932	广西	为年代地层单位，现归属邕宁群
132	niubichong limestone	牛鼻冲石灰岩	45-2133	C_1	孟宪民、张更	1933	广西	其含义不清，现归属英塘组下部层位
133	Nongba Fm	弄坝组	45-2134	P_2	云南省石油地质科学研究所	1982	广西	岩性与领薅组下部相当
134	Pantang Fm	畔塘组	45-2135	C	龚兴宝、黄汉铎等	1992	广西	其特征与英塘组岩性相近似
135	Paoshui Fm	泡水组	45-2136	P_2	杨逢清	1987	广西	岩性与领薅组相当
136	Pingdizhai series	平地寨系	45-2137	C_1	谢家荣、王植	1938	广西	其包含的地层广，现已细分
137	Pingdong series	平洞系	45-2138	D_3—C	李殿臣	1929	广西	为榴江组的同物异名
138	Pinglongshan Fm	平隆山组	45-2139	T	刘政琨等	1961	广西	使用扶隆坳组
139	Putian Fm	蒲田组	45-2140	K_1	邓延忠	1974	广西	按层序相当于新隆组

序号	地层单位名称		编　号	地质时代	创名人	创建时间	所在省	不采用的理由
	英　文	汉　文						
140	Qibainong Fm	七百弄组	45-2141	C_1	许寿永、林甲兴	1979	广西	其特征与英塘组相近似
141	qianjiang coalseries	迁江煤系	45-2142	P	丁文江	1928	广西	岩性与合山组相当
142	Qiaoxian Fm	乔贤组	45-2143	T_2^1	陆中求、蔡培茂	1961	广西	与北泗组岩性相当
143	Qinjia Fm	钦甲组	45-2144	D_1	吴诒、颜成贤	1980	广西	该组下部岩性与北流组相当、上部与平恩组相当
144	Rongjiang series	溶江系	45-2145	O	赵金科、吴燕生	1941	广西	无人使用，现已细分为白洞组、黄隘组、升坪组、田岭口组
145	Rongjiang Fm	容江组	45-2146	D_1	王钰、俞昌民等	1965	广西	为北流组的同物异名
146	rongsan coalseries	融三煤系	45-2147	C_1—T	乐森珥、张更	1928	广西	此系包括太广，现属黄金组、寺门组、罗城组
147	Sanchahe Fm	三叉河组	45-2148	D_1	鲜思远	1980	广西	为年代地层单位
148	Sanjiangkou series	三江口系	45-2149	P_2	朱庭祜	1928	广西	岩性与大隆组、龙潭组相当
149	Sanli Fm	三里组	45-2150	D_3	宁宗善	1975	广西	与五指山组为同物异名
150	Sanmenjiang series	三门江系	45-2151	P	李捷、朱森	1934	广西	岩性与合山组相当
151	Sanjiazhai series	三家寨系	45-2152	C_1	林英锡、武世忠	1988	广西	与鹿寨组为同物异名
152	Shagang Fm	沙岗组	45-2153	N	广西物探队	1974	广西	与南康组为同物异名
153	Shanglü Fm	上吕组	45-2154	D_3—C_1	龚兴宝、黄汉铎等	1991	广西	与鹿寨组为同物异名
154	Shangsi Fm	上思组	45-2155	N	陈维田	1979	广西	与南康组为同物异名
155	Shizikou Fm	狮子口组	45-2156	N	陈维田	1979	广西	相当于南康组顶部的层位
156	Shiziling Gr	狮子岭群	45-2157	K	陈刚	1960	广西	与大坡组为同物异名
157	shibajin limestone	十八锦石灰岩	45-2158	C_1	孟宪民、张更	1933	广西	其含义不清，现归属黄金组下部
158	Shiwandashan Gr	十万大山群	45-2159	J	陈刚等	1960	广西	查明时代跨越三叠至白垩纪，其间有不整合接触关系
159	shibitan bed	石壁滩层	45-2160	P	赵金科	1947	广西	现为合山组的一部分
160	shilouti bed	石楼梯层	45-2161	D_3	赵金科、张更、吴磊伯	1941	广西	为五指山组的同物异名
161	shiqiao coal bed	石乔煤层	45-2162	C	乐森珥、张更	1929	广西	为寺门组的同物异名
162	Shiqiao Fm	石桥组	45-2163	D_1	广西区测队	1975	广西	为莲花山组的同物异名

序号	地层单位名称		编　号	地质时代	创名人	创建时间	所在省	不采用的理由
	英　文	汉　文						
163	Shiyong Fm	石埇组	45-2164	K_2	钟铿、糊永充	1978	广西	为西垌组的同物异名
164	Shuiling Fm	水淋组	45-2165	D_1	白顺良、金善燏等	1982	广西	相当郁江组的一部分
165	Sile series	思乐系	45-2166		徐瑞麟	1933	广西	无剖面及具体地点，无人沿用，现划入平而关群上部
166	Silikou Fm	泗里口组	45-2167	Z_1	广西区调队	1987	广西	为黎家坡组的同物异名
167	Sishan Fm	寺山组	45-2168	D_3	龚兴宝、黄汉铎等	1991	广西	为东村组的同物异名
168	Songlin Fm	松林组	45-2169	E	陈维田	1979	广西	为那读组的同物异名
169	Tanhe Fm	坛河组	45-2170	D_{1-2}	吴诒、梁演林	1992	广西	为榴江组的同物异名
170	Tansangling Fm	谭桑岭组	45-2171	T_3	陆中求、蔡培茂	1961	广西	属生物地层单位，属兰木组中部层位
171	Tangbao member	唐报段	45-2172	J	石油工业部广西勘探大队101队	1959	广西	相当于汪门组和百姓组
172	Tangxiang Fm	塘乡组	45-2173	D_2	王钰、俞昌民、吴岐	1974	广西	相当于塘丁组上部层位
173	Tianbao Fm	天保组	45-2174	D_2	吴诒	1987	广西	含义不清，在文章中只提组名，无文字描述
174	tianhe limestone	天河灰岩	45-2175	D_3	李四光、赵金科	1941	广西	相当于额头村组下部层位
175	Tiaodong Fm	田东组	45-2176	N_1^2	刘后珠	1964	广西	岩性相当于那读组
176	Tiechang Fm	铁厂组	45-2177	D_2	广西区调队	1987	广西	为信都组的同物异名
177	tongchejiang bed	同车江层	45-2178	C_1	张兆瑾	1941	广西	为鹿寨组的同物异名
178	Tonggeng Fm	同庚组	45-2179	D_1	白顺良、金善燏等	1982	广西	相当于郁江组下部层位
179	Tongkai Fm	通凯组	45-2180	J	陈刚等	1960	广西	相当于岽力组上部岩性
180	Wayaocun Fm	瓦窑村组	45-2181	E	广西地质研究所	1989	广西	相当于洞均组的岩性
181	wanggao limestone	望高石灰岩	45-2182	C	孟宪民、张更	1933	广西	含义不清，现划入英塘组上部
182	Weizhou Fm	涠洲组	45-2183	E_3	地质部第四普查大队	1964	广西	岩性与南康组相当
183	wucun shale	吴村页岩	45-2184	D_2	乐森玥	1928	广西	为郁江组的同物异名
184	Wujia Fm	乌家组	45-2185	$K_2—E_1$	广西物探队	1974	广西	为罗文组的同物异名
185	Wushijiang Gr	乌石江群	45-2186	O_2	广西区测队	1976	广西	属田岭口组下部
186	Wuxiangling Fm	五象岭组	45-2187	D_2	鲜思远、王守德等	1980	广西	为罗富组的同物异名

序号	地层单位名称		编号	地质时代	创名人	创建时间	所在省	不采用的理由
	英文	汉文						
187	Xilin Fm	西林组	45-2188	T_1	张振贤	1982	广西	与石炮组顶部岩性相似，实属生物地层单位
188	xixianbei bed	细线贝层	45-2189	C_2	乐森璕	1929	广西	划归黄龙组
189	Xiajiang Fm	下江组	45-2190	D_1	吴诒	1987	广西	含义不清，在文章中只提组名，无文字描述
190	Xiayeshan Fm	下叶山组	45-2191	D_1	地质矿产部562综合大队、广西石油地质大队	1986	广西	属莲花山组的部分层位
191	Xianli Fm	先力组	45-2192	D_{1-2}	周棣康、鲜思远等	1976	广西	属年代地层单位，现属塘丁组上部
192	Xianming Fm	先明组	45-2193	D_2	周棣康、鲜思远等	1976	广西	属年代地层单位，现属罗富组
193	Xiangtian Fm	香田组	45-2194	$D_3^1—D_3^2$	侯鸿飞、季强	1987	广西	与五指山组的部分岩性相当
194	Xiangxian Gr	象县群	45-2195	D_2	田奇瑪	1938	广西	为郁江组的同物异名
195	xiaorongjiang quartzitic sandstone	小溶江石英砂岩	45-2196	D_2	丁文江	1947	广西	无剖面，无人沿用，属信都组的一部分
196	Xiaoshan Fm	小山组	45-2197	D_1	徐瑞麟	1938	广西	相当郁江组的下部层位
197	Xinpo Fm	新坡组	45-2198	D_1	梁文基、赵明特	1986	广西	属榴江组的一部分岩性
198	xinxu coal bed	新圩煤层	45-2199	C_1	乐森璕、张更	1929	广西	为寺门组的同物异名
199	Xintang member	新棠段	45-2200	J	石油工业部广西勘探大队101队	1959	广西	岩性相当于那荡组和岽力组
200	xinzhoujie limestone	新周街石灰岩	45-2201	C_1	张更、杨志成、吴磊伯	1940	广西	含义不清，现属北流组
201	Xinzhou Fm	新州组	45-2202		刘后珠	1964	广西	与百岗组的岩性相近
202	xingquan coal series	兴全煤系	45-2203	C—P	冯景兰、李殿臣	1929	广西	为寺门组的同物异名
203	Xiuren series	修仁系	45-2204	D_1	田奇瑪	1938	广西	已解体，分别归于莲花山组、四排组等
204	Yarang Fm	鸭壤组	45-2205	D_2	侯鸿飞、王士涛	1988	广西	现归为北流组的上部
205	yanshishan limestone	岩石山石灰岩	45-2206	C_1	孟宪民、张更	1933	广西	含义不清，大致相当于额头村组和尧云岭组下部
206	Yanzi series	燕子系	45-2207	C_1	乐森璕	1929	广西	包括黄金组、寺门组和罗城组
207	Yangti Fm	杨堤组	45-2208	D_3	龚兴宝、黄汉铎等	1991	广西	为五指山组的同物异名
208	Yilan Fm	益兰组	45-2209	D_1	地质部泥盆系专题研究队	1965	广西	为郁江组的同物异名

序号	地层单位名称		编号	地质时代	创名人	创建时间	所在省	不采用的理由
	英文	汉文						
209	Yinggoudong member	英沟峒段	45-2210	C_1	广西区域地质测量队	1975	广西	生物地层单位，属额头村组上部
210	yingguagou limestone	阴瓜沟灰岩	45-2211	P	赵金科	1947	广西	岩性属合山组的一部分
211	Yingtang Fm	应堂组	45-2212	D_2	白顺良等	1978	广西	为四排组的同物异名
212	Yongli Fm	雍里组	45-2213	P_2	广西区调队	1987	广西	岩性与领薅组相当
213	Youjiang Gr	右江群	45-2214		汤英俊、尤玉柱等	1974	广西	为邕宁群的同物异名
214	Zhangmu Fm	樟木组	45-2215	D_1	施文蛟	1986	广西	相当于钦州组上部岩性
215	Zhelang Fm	者浪组	45-2216	P_2	云南省石油地质科学研究院	1982	广西	相当于领薅组上部地层
216	Zhenxu Fm	镇圩组	45-2217	D_3	广西第四地质队	1991	广西	为五指山组的同物异名
217	Zhimahe Fm	止马河组	45-2218	K_{1-2}	邓延忠	1974	广西	相当于新隆组的岩性
218	Zhongtuan Fm	中团组	45-2219	∈	广西区测队	1976	广西	分层标志不明显，现属黄洞口组中部
219	Zhonggu limestone	中谷灰岩	45-2220	P	赵金科	1947	广西	为合山组的一部分